DEUTSCHE FLUGZEUG-BEWAFFNUNG

IM ZWEITEN WELTKRIEG

Günther Nord

Motor
buch
Verlag

Einbandgestaltung: SchreiberVIS, Seeheim

ISBN 978-3-613-04631-3

Dieses Buch wurde nach den geltenden Vorschriften der General Product Safety Regulation (GPSR) entwickelt.
Bei Fragen oder Problemen wenden Sie sich bitte an den Verlag unter folgender E-Mail-Adresse:
gpsr@paul-pietsch-verlage.de

1. Auflage 2025

Sie finden uns im Internet unter
www.motorbuch-verlag.de

Lektorat: Alexander Burden, Günther Nord
Innengestaltung: Günther Nord
Druck und Bindung: Graspo CZ, 76302 Zlin
Printed in Czech Republic

INHALT

VORWORT

»Krieg ist ein Wettlauf zwischen Erfindung und Zerstörung.«
WINSTON CHURCHILL

Die Idee, ein Buch über die Geschichte der deutschen Flugzeugbewaffnung bis 1945 zu schreiben, entstand nicht plötzlich. Sie entwickelte sich über Jahre – aus einer Mischung aus technischer Faszination, historischer Neugier und dem Wunsch, ein Thema besser zu verstehen, das in vielen Darstellungen oft nur am Rande behandelt wird.

Denn diese Geschichte ist weit mehr als eine bloße Aufzählung von Kalibern, Typenbezeichnungen und technischen Daten. Sie erzählt von einem Wettlauf gegen die Zeit, von Innovationen unter Kriegsdruck, von taktischen und strategischen Herausforderungen – und von den Menschen, die in Konstruktionsbüros, Werkhallen oder Cockpits, oft unter extremen Bedingungen, versuchten, den Verlauf des Krieges aus der Luft zu beeinflussen oder sogar ihr Leben einsetzten und nicht selten auch verloren.

Dabei steht der Entstehungskontext stets im Vordergrund: Welche Anforderungen stellte das Reichsluftfahrtministerium? Wie reagierten Konstrukteure auf Erfahrungen aus dem Fronteinsatz? Welche politischen, wirtschaftlichen oder organisatorischen Hürden bremsten die Entwicklung – und welche Ideen verschwanden, bevor sie überhaupt über die Skizzenphase hinausgelangten?

Dieses Buch ist der Versuch, diese Prozesse und Hintergründe sichtbar zu machen. Es soll zeigen, wie aus ersten Konzepten funktionstüchtige Systeme wurden, wie politische Vorgaben und technische Möglichkeiten miteinander rangen – und wie entscheidend die Entwicklung der Bordbewaffnung den Luftkrieg prägte. Ziel war dabei nicht, ein rein technisches Nachschlagewerk zu schaffen. Vielmehr wollte ich ein Stück Technikgeschichte erzählen: eingebettet in ihren historischen Kontext, verständlich und nachvollziehbar auch für Leserinnen und Leser, die nicht täglich mit technischen Details arbeiten.

Über viele Jahre habe ich beruflich zu technik- und militärhistorischen Themen geforscht, Archive ausgewertet, Originalquellen studiert und mit Fachleuten gesprochen. In jüngerer Zeit konnten auch Dokumente berücksichtigt werden, die lange als verloren oder unzugänglich galten. Sie eröffnen neue Einblicke – und zeigen deutlich: Die Bordbewaffnung war kein Randthema, sondern ein zentraler Faktor der Luftkriegsführung – und ein Spiegel der Ambitionen, Widersprüche und Grenzen ihrer Epoche.

Das Ergebnis dieser langen Arbeit liegt nun in Ihren Händen: kein lückenloses Kompendium, das alle Fragen beantworten kann. Das kann es auch bei dieser umfangreichen Thematik innerhalb des begrenzten Umfangs einer Buchpublikation auch nicht sein. Wohl aber ein fundierter Überblick, der Technik und Geschichte miteinander verbindet. Es richtet sich bewusst nicht nur an Fachleute, sondern auch an Modellbauer, Luftfahrtbegeisterte und historisch Interessierte. Sicherlich kann und wird es keine abschließende Darstellung des Themas sein – aber bestimmt ein Schritt, es etwas greifbarer zu machen.

Mein herzlicher Dank gilt allen, die mich bei der Recherche unterstützt, mir Einblicke gewährt oder durch Gespräche neue Perspektiven eröffnet haben. In diesem Zusammenhang möchte ich ganz besonders Herrn Michael Noth und Herrn Jan Warsischek vom Bundesarchiv Militärarchiv Freiburg, Frau Melissa Culbertson vom San Diego Air and Space Museum, Frau Dora Beijersbergen vom Legermuseum Delft, Herrn Christian Schlafner vom Deutschen Museum in München, Herrn Siegfried Müller von der Wehrtechnischen Studiensammlung in Koblenz sowie die Herren Jörg Freudenstein und Patricc Petermann erwähnen.

Günther Nord
August 2025

EINFÜHRUNG
ENTWICKLUNGSLINIEN BIS 1945

Der Zweite Weltkrieg markierte in vielerlei Hinsicht den Höhepunkt einer beschleunigten technischen und taktischen Entwicklung der Kriegsführung. Im Zentrum dieser Dynamik stand die deutsche Luftwaffe, die als tragende Säule der nationalsozialistischen Militärstrategie eine zentrale Rolle einnahm. Deutschland hatte mit erheblichem Aufwand eine hochgerüstete Luftstreitmacht aufgebaut.

Grundlage ihres Einsatzes bildete die L.Dv.16 – eine Dienstvorschrift, die Mitte der 1930er-Jahre unter dem Einfluss der Erfahrungen aus dem Ersten Weltkrieg, dem Spanischen Bürgerkrieg und Ergebnissen aus Auseinandersetzungen aus der Zwischenkriegszeit entstand. Sie blieb während des gesamten Krieges nahezu unverändert. Die Doktrin legte den Schwerpunkt auf den offensiven Einsatz: Vorrang hatte die rasche Ausschaltung der gegnerischen Luftstreitkräfte, um eigene Operationen zu erleichtern. Parallel sollte die Luftwaffe das Heer durch direkte Gefechtsunterstützung begleiten. Angriffe auf feindliche Machtzentren und logistische Knotenpunkte dienten dazu, die Handlungsfähigkeit des Gegners gezielt zu untergraben.

Diese operative Ausrichtung lag im Sinne der deutschen Militärtradition und deren Ideale, die insbesondere Manövrierfähigkeit, Flexibilität und Taktik betonte, und damit bewusst auf die Vermeidung eines langwierigen, materialintensiven Stellungskriegs, wie er 1914–1918 geführt worden war, abzielte. Stattdessen verfolgte man die Idee eines raschen, durchschlagenden Erfolgs – gestützt auf neue Waffen und die Clausewitz'schen Prinzipien von Geschwindigkeit und Kräftebündelung. Der sogenannte »Blitzkrieg« war Ausdruck dieses Denkens: motorisierte Angriffe am Boden wurden mit Luftunterstützung koordiniert, um die feindliche Front schnell zu durchbrechen. Im Grunde eine Form der bereits 1918 erprobten sogenannten Hutier-Taktik, die kleine, bewegliche Stoßtrupps anstelle massiver Frontalangriffe einsetzte.

Die Rolle der Luftwaffe blieb dabei vor allem taktisch geprägt: Aufklärung, Feuerleitung, Artillerieunterstützung und gezielte Angriffe auf feindliche Stellungen. Eine strategische Luftkriegsführung war in der Doktrin kaum vorgesehen – nicht zuletzt, weil im Ersten Weltkrieg belastbare Erfahrungen zu ihrer Wirksamkeit fehlten. Die begrenzte Reichweite und Zerstörungskraft früherer Flugzeuge ließ der Vorstellung strategischer Luftherrschaft wenig Raum.

Zu Kriegsbeginn verfügte die Luftwaffe daher über keine klaren strategischen Prioritäten. Zwar existierten theoretische Konzepte für einen operativen und strategischen Luftkrieg, doch blieben sie angesichts wechselnder Einsatzschwerpunkte, organisatorischer Schwächen und der engen Bindung an das Heer weitgehend wirkungslos. Die L.Dv.16 war zu vage formuliert und überließ den Kommandeuren zu viel Spielraum, was zu häufigen Zielverschiebungen führte – ein wesentlicher Faktor im Scheitern der Luftschlacht um England.

Die frühen Erfolge in Polen, Frankreich und den Niederlanden verschleierten diese strukturellen Schwächen. Die gegnerischen Streitkräfte waren taktisch schlecht vorbereitet oder organisatorisch zersplittert, was die Wirksamkeit der Luftwaffe überzeichnete. In der Luftschlacht um England misslang die entscheidende Schwächung der britischen Luftverteidigung. Als sich der schnelle Erfolg nicht einstellte, verlegte Göring den Schwerpunkt von der Zerstörung militärischer Ziele hin zu Flächenbombardements britischer Städte – ein strategischer Fehler, der den Verlust der Luftherrschaft besiegelte.

Auch in Nordafrika und an der Ostfront zeigte sich die strukturelle Überforderung der Luftwaffe. Es fehlte an Frühwarnsystemen, logistischer Tiefe und Ersatzkapazitäten, um der wachsenden gegnerischen Luftüberlegenheit zu begegnen. Die sowjetische Luftwaffe profitierte zusätzlich von robusten Produktionskapazitäten, effektiver Tarnung und schneller Wiederauffüllung – Faktoren, auf die die deutsche Führung kaum vorbereitet war.

Ab 1943 war die Luftwaffe zunehmend in der Defensive. Die Alliierten gewannen systematisch die Kontrolle über den europäischen Luftraum – als Voraussetzung für die Landung in Frankreich. Deutschland hingegen musste seine knappen Luftstreitkräfte auf mehrere Kriegsschauplätze verteilen. Eine strategische Gegenoffensive war nicht mehr möglich. Im Mai 1944 verfügte die Luftwaffe über rund 6.800 Flugzeuge, während allein in Großbritannien mehr als 12.000 alliierte Maschinen einsatzbereit waren.

Die eigentlichen Schwächen der deutschen Luftwaffe lagen nicht in ihrer anfänglichen eingeschränkten Einsatzbereitschaft, sondern in der mangelnden strategischen Planung und industriellen Basis. Denn im Zweiten Weltkrieg wurde die Kontrolle über den Luftraum nicht allein durch moderne Technik oder einzelne Waffensysteme entschieden. Stattdessen hing der Erfolg vor allem davon ab, ob ein Land über längere Zeit genügend Flugzeuge und gut ausgebildete Piloten bereitstellen konnte. Diese Fähigkeit verschaffte einer Nation wichtige Vorteile: Sie konnte ihre Flugzeuge vielseitig einsetzen, Reserven aufbauen und flexibel auf Veränderungen im Krieg reagieren. Deshalb hatte der Luftkrieg eine starke wirtschaftliche Komponente – er war eng mit der industriellen Leistungsfähigkeit eines Landes verbunden. Zwischen 1940 und 1942 wäre eine deutliche Steigerung der Flugzeugproduktion möglich gewesen, doch die deutsche Führung unterließ die notwendige Mobilmachung. Stattdessen vertrauten Hitler und Göring zunehmend auf Vergeltungswaffen wie die V1 und V2 – ein technologischer Irrweg ohne strategischen Nutzen. Die Alliierten hingegen kombinierten industrielle Massenproduktion mit technischer Weiterentwicklung und einer systematischen Ausbildung ihrer Flugzeugbesatzungen – ein entscheidender Vorteil im Luftkrieg.

Der zentrale Denkfehler der deutschen Luftwaffe war das Festhalten an der Idee eines kurzen, entscheidenden Krieges. Frühere Erfolge verhinderten eine kritische Überprüfung der Doktrin. Die grundlegende Lehre des Ersten Weltkriegs – dass moderne Kriege auf Abnutzung und industrieller Durchhaltefähigkeit beruhen – wurde ignoriert. Als das Scheitern des strategischen Ansatzes offensichtlich wurde, war es für eine grundlegende Neuausrichtung zu spät.

An dieser Stelle soll ein Überblick über die Entwicklung der deutschen Flugzeugbewaffnung in den Jahren vor und während dem Zweiten Weltkrieg gegeben werden – ein technisches Feld, das für die taktischen, operativen und strategischen Einsatzmöglichkeiten der Luftwaffe eine zentrale Rolle spielte.

Aufbauphase 1934 bis 1938

Mit dem Beginn der nationalsozialistischen Aufrüstungspolitik ab 1933 rückte auch der Wiederaufbau einer eigenständigen deutschen Luftwaffe in den Mittelpunkt militärstrategischer Überlegungen. Die faktische Auflösung der Luftstreitkräfte durch die Bestimmungen des Versailler Vertrags hatte zur Folge, dass die deutsche Luftfahrtindustrie über ein Jahrzehnt lang keinerlei militärische Entwicklung offiziell betreiben durfte. Dennoch existierten bereits in der Weimarer Republik geheime Vorhaben zur militärischen Flugtechnik, insbesondere im Rahmen der Zusammenarbeit mit der Sowjetunion (z. B. der Flugplatz Lipezk). Als jedoch 1934 die Wiederaufrüstung offen eingeleitet wurde, musste die deutsche Luftwaffe im Bereich der Bewaffnung nahezu bei Null beginnen. Der Aufbau stellte in vielerlei Hinsicht ein gewaltiges Neuprojekt dar – nicht nur politisch oder militärisch, sondern auch technisch und industriell. In keinem anderen Teilbereich der Wehrmacht mussten Struktur, Technologie und industrielle Fertigung in so kurzer Zeit derart umfassend neu geschaffen werden wie im Bereich der Luftwaffe.

Der Neuaufbau der deutschen Militärflugzeuge und deren Bewaffnung begann mit einfachsten Mitteln. Die Jagdstaffeln verfügten lediglich über stoffbespannte Doppeldecker mit starrem Fahrwerk und verhältnismäßig leistungsschwachem Motor. Die Maschinen besaßen meist keine Funkausrüstung und waren ohne Bodenkontrolle. Zunächst griff man auf modifizierte Infanteriewaffen des Ersten Weltkriegs zurück und passte sie an die Erfordernisse des Luftkampfs an. Dabei ging es weniger um Innovation als um pragmatische Übergangslösungen, um in kurzer Zeit erste Serienflugzeuge bewaffnen zu können.

In dieser Anfangsphase wurde ein entscheidender Entwicklungspfad eingeschlagen: die differenzierte Anpassung von Bewaffnungssystemen an bestimmte Flugzeugtypen und Einsatzzwecke. Daraus resultierten zwei grundlegende Kategorien:

- Offensivbewaffnung für Jagd- und Schlachtflugzeuge im starren Einbau

- Defensivbewaffnung für Bomber in beweglich montierter Ausführung

Mit der Einführung erster einheitlicher, speziell für die Verwendung in Flugzeugen entwickelte Waffentypen – dem MG 15 in beweglichem und dem MG 17 in starrem Einbau – wurde ab etwa 1935 eine Standardisierung eingeleitet, die die Grundlage für alle weiteren Entwicklungen bildete. Ziel war es, Produktion, Wartung und Einsatzlogistik zu vereinfachen. Diese frühe Systematisierung erwies sich als entscheidend für die schnelle Skalierbarkeit der weiteren Aufrüstung.

In der zweiten Phase trat die rein technische Frage der Waffenmontage hinter die taktisch-strategische Rolle der Flugzeugbewaffnung zurück. Die Luftwaffe entwickelte ein eigenes Einsatzprofil, das eng mit den Vorstellungen eines sehr aggressiven, auf schnelle Niederringung des Gegners ausgerichteten Angriffskriegs, des sog. »Blitzkriegs« verknüpft war: enge Luft-Boden-Kooperation, schnelle Beweglichkeit und punktuelle Luftüberlegenheit. Daraus ergab sich eine klare Trennung zwischen:

- Jagdbewaffnung, deren Hauptfunktion der Schutz eigener Bomber sowie der Bekämpfung gegnerischer Jagdflugzeuge war.
- Schlacht- und Erdkampfbewaffnung, die auf Bodenziele wie Panzer, Transportwege oder Stellungen ausgerichtet war.
- Abwehrbewaffnung in Bombern, die gegnerische Angreifer abwehren und die eigene Staffel schützen sollte, um so das Angriffsziel zu erreichen.

Diese taktische Gliederung führte zu unterschiedlichen Anforderungen wie Waffenwirkung, Feuerrate, Reichweite und Einbauweise der jeweiligen Bordwaffen. Zugleich entstand damit ein Bedarf an neuen Konstruktionen, die nicht mehr einfach abgeleitet, sondern eigens für die jeweilige Aufgabe im Luftkampf entworfen werden mussten.

Bei der Entwicklung der Flugzeugmuster im Rahmen der beschriebenen taktisch-operativen Ausrichtung der Luftwaffe setzte man in dieser Aufbauphase auf leichte, zweimotorige Kampfflugzeuge, die vorrangig gegen militärisch bedeutende oder infrastrukturelle Ziele eingesetzt werden sollten. Ähnlich wie die Jagdflugzeuge sollten diese Maschinen vor allem durch hervorragende Flugeigenschaften überzeugen und im Gefecht wendig und überlegen agieren können. Die Bewaffnung beschränkte sich bewusst auf das für die jeweilige Aufgabe als notwendig erachtete Maß – ein minimalistischer Ansatz, der natürlich Gewicht sparte, um die Flugeigenschaften nicht zu beeeinträchtigen, aber die Waffenwirkung und die Einsatzflexibilität einschränkte.

Diese Konzeption erwies sich im weiteren Kriegsverlauf zunehmend als problematisch. Zum einen wurde die Notwendigkeit einer strategisch ausgerichteten Luftkriegsführung zu spät erkannt; die Entwicklung schwerer Langstreckenbomber blieb weitgehend aus. Zum anderen waren die bestehenden Flugzeugmuster nur bedingt umrüstbar und konnten den sich wandelnden Anforderungen des Krieges lediglich durch technisch und operativ kompromissbehaftete Nachrüstungen angepasst werden.

Frühphase Blitzkrieg und Lufthoheit 1938 bis 1941

Mit der beginnenden Serienproduktion moderner Jagdflugzeuge wie der Bf 109 ab 1937/38 und der entsprechenden zukünftigen gegnerischen Muster stieg der technische Anspruch an die Bewaffnung weiter. Es war schon seit geraumer Zeit absehbar, dass die verwendeten Maschinengewehre für all diese taktischen Aufgaben nicht mehr ausreichen würden. Die Antwort darauf war zunächst die 20-mm-Bordkanone des Schweizer Herstellers Oerlikon, die in überarbeiteter Version als MG FF in die Luftwaffe eingeführt wurde.

Wendepunkt in der Bewaffnungsentwicklung der Luftwaffe war die nun parallel zu den bereits in den frühen und mittleren 1930er-Jahren eingeführten und zu Kriegsbeginn eingesetzten Bordwaffen einsetzende Phase der konsequenten Weiterentwicklung der Waffensysteme. Die betreffenden Konstruktionen erreichten zwischen 1939 und 1940 einen ersten technischen Reifegrad und wurden bis 1941 zur Serienreife gebracht sowie in großer Stückzahl produziert. Damit leitete die Luftwaffe eine neue Phase der funktionalen Spezialisierung und Diversifizierung der Flugzeugbewaffnung ein, die durch höhere Feuerkraft, größere Vielseitigkeit und verbesserte Integration in die Flugzeugtechnik gekennzeichnet war. Neue Waffensysteme wurden nicht mehr universell konzipiert, sondern gezielt für bestimmte Rollen entwickelt:

- Rohrwaffen mit hoher ballistischer Leistung gegen Bodenziele und schwere Bomber.
- Kompakte Bordwaffensysteme für begrenzten Raum, z. B. für bewegliche Lafetten.
- Flexible modulare Systeme, die mit verschiedenen Lafetten- oder Steuermechanismen kombiniert werden konnten.

Zu den bedeutendsten Neuentwicklungen zählten mehrere Maschinengewehre und Bordkanonen, die auf verschiedene taktische Anforderungen zugeschnitten waren.

- Das MG 131 von Rheinmetall, ein 13-mm-Maschinengewehr mit Gurtzuführung, hatte das kleinste Kaliber, das noch fähig war, wirkungsvolle Brand- und Sprengmunition abzufeuern. Es war sowohl für den starren als auch für den beweglichen Einbau geeignet und somit vielseitig einsetzbar.
- Das MG 151 von Mauser, ursprünglich als 15-mm-Kanone konzipiert und später zur MG 151/20 mit 20 mm Kaliber umgebaut, überzeugte durch hohe Mündungsgeschwindigkeit von etwa 1.000 m/s und großer Reichweite. Diese Eigenschaften machte es besonders effektiv gegen gepanzerte Flugziele. Es löste das MG FF und das verbesserte MG FF/M ab.
- Das MG 81, welches ebenfalls von Mauser entwickelt wurde, war ein 8-mm-Maschinengewehr mit stark erhöhter Feuerrate von 1.400 bis 1.600 Schuss pro Minute und sehr kurzer Baulänge – ein großer Fortschritt in diesem Kaliber gegenüber älteren Modellen.

Mit den neuen Waffensystemen ging auch die Entwicklung spezialisierter Munition einher, beispielsweise der Entwicklung elektrisch gezündeter Munition, eine Notwendigkeit bei Waffen, die durch den Propellerkreis schießen mussten. Daraus resultierten wiederum elektrische und pneumatische Systeme zur Fernzündung, Durchladung und Steuerung der Bordwaffen – ein komplexes Zusammenspiel verschiedener Technologien, das höchste Präzision erforderte.

Auch in der Zielerfassung wurde die Technik deutlich verbessert: Optische Visiereinrichtungen – sowohl für Angriffs- als auch Abwehrwaffen – lösten zunehmend die einfachen mechanischen Zieleinrichtungen ab. Die wachsende Größe und Masse der Bordwaffen führte zudem zur Entwicklung maschinell gesteuerter Richtanlagen, insbesondere für die Verteidigung in größeren Flugzeugen.

Da der Platz im Flugzeug knapp war, erfolgte außerdem eine bauliche Trennung zwischen Waffenstand (der Ort, an dem die Waffe montiert war) und Richtsstand (von dem aus sie gesteuert wurde). Diese Anordnung sollte die Zahl der toten Winkel im Abwehrfeuer minimieren und den Bordschützen besser vor feindlichem Feuer schützen.

In diesen drei Jahren – von 1938 bis 1941 – musste nicht nur die Technik entwickelt, sondern auch die gesamte industrielle Infrastruktur geschaffen werden, um diese Waffen und Geräte in ausreichender Stückzahl herstellen zu können. Der Aufbau entsprechender Produktionskapazitäten war eine logistische und planerische Meisterleistung. Zu den wichtigsten Maßnahmen gehörten:

- Aufbau und Ausbau von Fertigungsstätten, etwa in Wittenberge für das MG 17, bei Krieghoff in Suhl für das MG 15, in Velten und Luckenwalde für die 2-cm-Kanonen.
- Erweiterungen bei Hänel in Hildburghausen, sowie Neu- und Ausbauten bei Rheinmetall in Tegel, dem Lafettenwerk in Guben, und Mauser in Oberndorf für MG 81 und MG 151.
- Produktionstechnische Ausweitungen bei Unternehmen wie Argus, Siemens, sowie beim neu gegründeten Luftapparatebau in Berlin und dem Siemens-Werk zur Herstellung von Steuergeräten und Lafetten.
- Aufbau spezialisierter Betriebe wie Steinheil und Oigee in Osterode für Visiereinrichtungen.
- Weitere Werke wurden in Leipzig, Altenburg, Sömmerda, Breslau, Karlsruhe, Lübeck und im tschechischen Holleischen für die Munitionsproduktion errichtet oder ausgebaut.
- Im Verlauf des Krieges wurde die industrielle Infrastruktur zunehmend auf die besetzten Gebiete ausgeweitet. Bedeutende Fertigungsstätten entstanden etwa in Budapest zur Herstellung des MG 17, in Litzmannstadt (Łódź) und Warschau, in Belgien (z. B. Fabrique Nationale d'Armes de Guerre), in Dänemark (Madsen), in den Niederlanden mit ihren staatlichen Arsenalen sowie in Frankreich, wo eine Vielzahl von Unternehmen unter deutscher Kontrolle weiterproduzierte.

Im Zuge der rasanten Aufrüstung der Luftwaffe und des steigenden Bedarfs an komplexen Flugzeugsystemen wurden ab Kriegsbeginn auch spezialisierte Hersteller für elektrische, pneumatische und hydraulische Anlagen und branchenfremde Betriebe einbezogen. Ein beispielhaftes Muster für diese industrielle Umwidmung stellt eine ehemalige Nähmaschinenfabrik in Altenburg dar, die in die Rüstungsproduktion integriert wurde. Solche Umstellungen illustrieren die Breite und Tiefe der Mobilmachung, und die immense industrielle Leistung mit der die deutsche Rüstungswirtschaft den gewaltigen Anforderungen der modernen Luftkriegsführung begegnete. Innerhalb kürzester Zeit wurde ein komplexes Waffen- und Produktionssystem hochgezogen, das die deutsche Luftwaffe technisch auf ein neues Niveau hob.

Die aufgeführte Auswahl an Unternehmen ist natürlich nicht vollständig, sondern dient lediglich dazu, ein Bild vom Umfang der organisatorischen und produktionstechnischen Herausforderungen zu vermitteln.

Parallel zur technischen Weiterentwicklung der Waffen selbst vollzog sich ein bedeutender Wandel in der Systemintegration: Bordwaffen wurden zunehmend Teil eines komplexen Gefüges aus Zündung, Steuerung, Visierung und Energieversorgung. Dies erforderte präzise Abstimmung mit den übrigen Komponenten des Flugzeugs – etwa mit den elektrischen Systemen, der Bordhydraulik und den Steuergeräten.

Eskalation und Überdehnung Die mittlere Kriegsphase 1941–1943

Zwischen 1941 und 1943 vollzog sich in der deutschen Flugzeugbewaffnung ein grundlegender Wandel, der weniger durch kontinuierliche technische Evolution als vielmehr durch eine Reaktion auf sich rasch verändernde militärische Anforderungen geprägt war.

Mit dem Beginn des Ostfeldzugs stand die Luftwaffe zunächst vor operativen Herausforderungen, die durch große Distanzen, mangelnde Infrastruktur und zunehmende personelle wie materielle Verluste gekennzeichnet waren. Die anfängliche Bewaffnung deutscher Jagd- und Schlachtflugzeuge war für diese Bedingungen nur bedingt geeignet. Während sie gegen die schwach geschützten sowjetischen Flugzeuge und die noch wenig koordinierte Verteidigung zu Beginn des Feldzugs ausreichte, zeigte sich bereits 1942, dass die bestehende Bewaffnung nicht den Anforderungen eines zunehmend industriell und zahlenmäßig erstarkenden Gegners entsprach.

Diese Einsicht führte zu einem grundlegenden Paradigmenwechsel in der deutschen Bewaffnungspolitik. Der bisherige Fokus auf leichte Bordwaffen, die auf Beweglichkeit und taktische Flexibilität ausgelegt waren, wich dem Bestreben, die Feuerkraft signifikant zu erhöhen.

Der wachsende Bedarf an Waffen mit höherem Zerstörungspotenzial war nicht allein eine Folge der Entwicklungen an der Ostfront, sondern auch der sich verschärfende Lage im Westen. Bereits im Herbst 1942 wurde dem Oberkommando der Luftwaffe (OKL) bewusst, dass bald mit groß angelegten Angriffen alliierter Bomberverbände zu rechnen war – Angriffe, denen man mangels ausreichender und wirksamer Jagdabwehr zu diesem Zeitpunkt kaum etwas entgegensetzen konnte.

Ab 1943 wurde es Realität. Die alliierte Bombenoffensive nahm zunehmend an Intensität zu und entwickelte sich rasch zu einer ernsthaften Bedrohung für die industrielle und militärische Substanz des Deutschen Reiches. Die systematische Zerstörung von Rüstungsbetrieben, Verkehrsknotenpunkten und städtischer Infrastruktur zwang die Luftwaffe, erhebliche Teile ihrer Jagdkräfte vom Fronteinsatz abzuziehen und in den defensiven Heimatschutz zu verlagern.

Diese strategische Neuausrichtung brachte tiefgreifende Veränderungen mit sich – insbesondere im Hinblick auf die Anforderungen an die Bordbewaffnung. Im Mittelpunkt dieser Entwicklung stand nicht länger die Fähigkeit zur Luftüberlegenheit über dem Schlachtfeld, sondern die Notwendigkeit, hochgeschützte, in engen Formationen fliegende Bomberverbände effizient bekämpfen zu können. Eine generelle Auf- und Nachrüstung hinsichtlich Kaliber und Geschosswirkung der Bewaffnung und deren taktischer Einsatzweise war die Folge – eine Maßnahme, die jedoch schwerwiegende Nebenwirkungen hatte. Das zusätzliche Gewicht verschlechterte die Flugeigenschaften der Trägerplattformen erheblich: Wendigkeit, Steigleistung und Reichweite litten – alles entscheidende Faktoren im Luftkampf.

Zu den wichtigen Maßnahmen in diesem Zeitabschnitt gehörten im Einzelnen:

- Übergang von leichter zu schwererer Bewaffnung: Zu Beginn des Ostfeldzugs 1941 waren deutsche Jagdflugzeuge noch mit leichten Waffen wie dem MG 17 (7,92 mm) oder dem MG FF/M (20 mm) ausgestattet. Das Aufkommen besser geschützter Gegner im Osten und schwerer Bomber im Westen zeigte sich der dringende Bedarf nach leistungsfähigeren Bordwaffen. Daraus resultierte die zunehmende Verdrängung von Maschinengewehren zugunsten von Maschinenkanonen im Kaliber 15 bis 30 mm.
- Einführung neuer Standardwaffen: Ab 1942/43 etablierte sich die 20-mm-Maschinenkanone MG 151/20 als Standardbewaffnung in Jägern. Sie kombinierte eine gute Feuerrate (ca. 700–750 Schuss/min), akzeptable Mündungsgeschwindigkeit (~700 m/s) und hochexplosive Munition (inkl. Minengranate).
- Parallel wurde das MG 131 im Kaliber 13 mm als Ersatz für das MG 17 eingeführt, da es bei vergleichbarem Einbauraum wesentlich höhere Wirkung zeigte. Diese Waffen bildeten das Rückgrat der Luftwaffenbewaffnung bis zum Kriegsende.
- Spezialisierung auf Bomberbekämpfung: Ab 1943 verlagerte sich die Flugzeugbewaffnung hin zu schweren Maschinenkanone gegen Bomber und gepanzerte Ziele. Bordkanonen im Kaliber 37–75 mm wurden in Ju 87, Bf 110, Ju 88 oder Me 410 eingebaut und gegen Panzer oder »viermotorige« Ziele eingesetzt.
- Modularisierung und Sonderausstattungen: Ein weiterer Trend war die Modularisierung der Bewaffnung.

Zusätzliche Kanonenbehälter (Gondeln) unter den Tragflächen (z. B. WB 151 mit zwei MG 151/20) wurden eingesetzt, um die Feuerkraft vor allem gegen schwere gegnerische Bomber zu erhöhen – besonders bei der Fw 190. Auch asymmetrische oder schräge Einbauten (z. B. »Schräge Musik« in Nachtjägern) wurden erprobt.

- Munitionstechnische Innovationen: Parallel zur Waffenentwicklung wurde die Munition weiter verbessert. Man erkannte, dass nicht allein die kinetische Energie eines Projektils entscheidend war, sondern vor allem dessen Explosivwirkung in der strukturellen Zerstörung gegnerischer Flugzeuge. Daraus resultierte der gezielte Einsatz der Minengranate, einem dünnwandigen Geschoss mit größerer Gasschlagwirkung. Es wurde im MG 151/20 und MK 108 äußerst effektiv gegen Bomber eingesetzt. Auch wurden Granaten mit kombinierter Zielwirkung wie panzerbrechender Brandmunition oder Spreng-Brandmunition vermehrt zum Einsatz gebracht.

Der Charakter der Waffenentwicklung in dieser Phase war nicht mehr durch eine konsequente, aufeinander aufbauende Struktur geprägt: Es entstanden zahlreiche parallel entwickelte Systeme, Ad-hoc-Lösungen und Versuchseinbauten, die weniger aus einem langfristigen Rüstungskonzept als aus unmittelbarem Handlungsdruck resultierten. Nun sollten Geräte, die wesentlich komplizierter waren, ein Vielfaches an Arbeitszeit erforderten im Vergleich zu den einfachen Vorkriegswaffen, trotz aller Rationalisierungsmaßnahmen, in wesentlich kürzerer Zeit in weit größeren Stückzahlen mitten aus der Entwicklung heraus, ja sogar vom einzig existierenden Musterstück aus, in Serie gefertigt werden. Dies alles mit erheblich weniger Fachkräften und unter stärkstem Materialmangel.

Entscheidend war auch die zunehmende Integration der Bewaffnung in das Gesamtkonzept der Kampfführung. Flugzeuge wurden nicht mehr allein auf Geschwindigkeit und Wendigkeit hin optimiert, sondern zunehmend als Trägerplattformen konzipiert, deren Hauptzweck in der Bekämpfung bestimmter Zieltypen lag. Dies führte zu strukturellen Anpassungen an Rümpfen, Tragflächen und Cockpitanlagen, um größere, schwerere oder mehrfach gelagerte Waffen einbauen zu können. Die Folge war jedoch häufig eine wesentliche Verschlechterung der flugtechnischen Eigenschaften, insbesondere in Wendigkeit, Beschleunigung und Reichweite – ein Nachteil, der vor allem im direkten Luftkampf zunehmend spürbar wurde.

Trotz technischer Neuerungen blieb die Entwicklung der deutschen Flugzeugbewaffnung weitgehend reaktiv. Die taktischen Gegebenheiten an der Front erforderten eine tiefgreifende Abkehr von bisherigen Standardkonzepten. Leichte, taktisch flexible Bewaffnung wurden in diesem Zeitabschnitt zunehmend durch schwere, spezialisierte Systeme ersetzt. Doch die Umsetzung dieser neuen Anforderungen erfolgte oft überstürzt und unter schwierigen Bedingungen: begrenzte Ressourcen, Zeitdruck und fehlende Erprobung führten nicht selten zu Problemen in Zuverlässigkeit und Wirksamkeit der neuen Waffenlösungen.

Zwischen 1941 und 1943 lässt sich die Entwicklung der Luftwaffenbewaffnung daher als Phase des Übergangs und der Beschleunigung beschreiben. Die Bewaffnung wandelte sich von leichter, taktisch orientierter Ausrüstung hin zu schweren Systemen, die gezielt auf die Bekämpfung schwerer Bomber und Panzer ausgerichtet waren. Dieser Wandel war notwendig – aber technologisch wie logistisch kaum zu bewältigen. Das Ergebnis war eine strukturelle Überlastung: immer schwerere Waffen trafen auf Flugzeugplattformen, die für diese Lasten nie konzipiert worden waren.

Trotz aller Schwierigkeiten war dies eine entscheidende Phase, in der die Luftwaffe versuchte, die Kontrolle über die Lufthoheit zurückzugewinnen – nicht mehr durch zahlenmäßige Überlegenheit, sondern durch technische Innovation. Doch angesichts der wachsenden industriellen und materiellen Übermacht der Alliierten geriet dieses Ziel zunehmend außer Reichweite. Die deutsche Reaktion blieb in vielen Fällen ein Wettlauf gegen die Zeit – und gegen die Grenzen des Machbaren.

Wachsende Überforderung Späte Kriegsphase 1944–1945

Ab dem Jahr 1943 geriet die deutsche Luftwaffe immer weiter in die Defensive. Die alliierten Luftstreitkräfte intensivierten ihren strategischen Bombenkrieg gegen das Deutsche Reich erheblich. Dabei richteten sich die Angriffe nicht mehr nur gegen militärische Ziele, sondern zunehmend auch gegen Städte mit industrieller und ziviler Infrastruktur – etwa Hamburg (Operation Gomorrha), Köln oder Dresden. Die Folgen waren katastrophal: Hunderttausende Zivilisten starben, zentrale Produktionsstätten wurden zerstört, und die deutsche Luftraumverteidigung stand einem übermächtigen Gegner gegenüber. Weitere erhebliche Kräfte der Luftwaffe mussten von den Fronten abziehen und in die Heimatverteidigung verlagern. Dies führte nicht nur zu einer Schwächung der Luftunterstützung der Bodentruppen, sondern auch zu einer Überforderung des Gesamtsystems. Die stark gepanzerten, hochfliegenden alliierten Bomber wie die B-17 Flying Fortress oder die B-24 Liberator, nun begleitet von wendigen und reichweitenstarken Begleitjägern wie der P-51 Mustang, machte deutlich, dass die bis dahin eingesetzten Bordwaffen nicht mehr ausreichten, um der Bedrohung wirksam zu begegnen.

Als Reaktion begann die Luftwaffe mit dem Einsatz einer Reihe technischer und taktischer Innovationen. Einer der zentralen Ansätze war die Aufrüstung schwerer Zerstörerflugzeuge wie der Messerschmitt Bf 110 und der Me 410. Diese Maschinen wurden mit schweren Maschinenkanonen und Raketen ausgestattet und gezielt gegen die alliierten Bomberverbände eingesetzt. Ihr Ziel war es, die engen Defensivformationen der Bomber zu durchbrechen und durch konzentrierte Angriffe empfindliche Verluste zuzufügen.

Auch neue Taktiken wurden erprobt. Eine besonders hervorzuhebende war die sogenannte Wilde-Sau-Methode gegen die nachts angreifenden britischen Bomber, die von Oberst Hajo Herrmann entwickelt wurde. Hierbei operierten Nachtjäger auf Sicht und nutzten das Licht brennender Städte oder von Flakscheinwerfern, um feindliche Bomber zu erkennen und gezielt zu bekämpfen. Diese Methode zeigte vor allem in den frühen Phasen der nächtlichen Bombenangriffe beachtliche Erfolge, da sie unabhängig vom Bodenradar funktionierte.

Parallel dazu entstand mit der sogenannten »schrägen Musik« eine weitere bemerkenswerte Innovation: Durch den schrägen Einbau von nach oben gerichteten Maschinenkanonen in Nachtjägern wie die Messerschmitt Bf 110 oder die Junkers Ju 88 konnten diese sich unbemerkt unter feindliche Bomber schleichen und aus deren toten Winkel angreifen – ein Bereich, der von der Defensivbewaffnung der Bomber kaum gedeckt war. Die Folge waren überraschende und oft verheerende Treffer, die die Effektivität der deutschen Nachtjagd erheblich steigerten.

In technischer Hinsicht stellte insbesondere die Einführung der Maschinenkanone MK 108 einen großen Fortschritt dar. Diese kompakte 30-mm-Waffe war speziell für den Einsatz gegen schwere Bomber konzipiert. Mit ihrer hohen Explosivkraft konnte sie bereits mit wenigen Treffern massive strukturelle Schäden anrichten oder ganze Maschinen zum Absturz bringen. Die MK 108 wurde in verschiedenen Flugzeugtypen wie der Bf 109, der Fw 190 oder der Me 262 integriert und entwickelte sich zu einer der zentralen Waffen der späten Kriegsphase.

Ein weiterer Höhepunkt in der Bewaffnungsentwicklung der späten Kriegsjahre war die Einführung der R-4/M-Rakete – einer ungelenkten Luft-Luft-Rakete, die in kompakten Salven von speziell umgerüsteten Jägern wie der Fw 190 oder der Me 262 abgefeuert werden konnte. Die R-4/M kombinierte einfache Herstellung mit hoher Waffenwirkung und erlaubte erstmals, aus sicherer Entfernung in dichter Formation fliegende Bomberverbände anzugreifen, ohne sich unmittelbar in den gefährlichen Wirkbereich der gegnerischen Abwehr zu begeben. In Verbindung mit der MK 108 – einer 30-mm-Maschinenkanone mit hocheffektiver Minengranate – entstand so ein leistungsfähiges Waffensystem, das auf maximale Wirkung bei kurzer Feuerrate ausgelegt war. Diese Innovationen waren Teil eines breiter angelegten Konzepts, die technische Unterlegenheit gegenüber den zahlenmäßig überlegenen alliierten Luftstreitkräften durch qualitativ überlegene Systeme zu kompensieren.

Im Zentrum dieser technischen Offensive stand die Entwicklung und Einführung der Messerschmitt Me 262 – des weltweit ersten serienreifen strahlgetriebenen Jagdflugzeugs. Ihre Geschwindigkeit, die teilweise in bestimmten Luftkampfsituationen doppelt so hoch lag wie die der alliierten Propellermaschinen, gepaart mit schwerer Bewaffnung, hatte das Potenzial, alliierte Bomberverbände wirkungsvoll zu bekämpfen und die alliierte Luftherrschaft zumindest punktuell zu durchbrechen. In der Realität jedoch blieb ihre Wirkung begrenzt: Verzögerungen in der Serienproduktion, akuter Materialmangel, die geringe Zuverlässigkeit der Triebwerke sowie alliierte Luftangriffe auf Fertigungsanlagen behinderten den flächendeckenden Einsatz. Hinzu kam der Mangel an ausreichend ausgebildeten und strahlflugzeugerfahrenen Piloten, der eine effektive Nutzung zusätzlich erschwerte. Entscheidenden Einfluss hatte zudem Hitlers strategische Fehleinschätzung, die Me 262 primär als Schnellbomber statt als Abfangjäger einzusetzen – ein Befehl, der Entwicklung und Einsatzfähigkeit des Musters nachhaltig behinderte.

Neben der Technik spielte auch die menschliche Komponente eine entscheidende Rolle. Die Jagdflieger der Luftwaffe, häufig als »Experten« bezeichnet, zählten zu den kampferprobtesten Piloten des Krieges. Viele von ihnen hatten bereits seit dem Polen- oder Frankreichfeldzug im Einsatz gestanden, was ihre hohen Abschusszahlen – bis in den dreistelligen Bereich – mit erklärte. Doch dieser Erfahrungsschatz wurde im Verlauf des Krieges zunehmend dezimiert: Die Verluste insbesondere in der Reichsverteidigung ab 1943 stiegen drastisch, da deutsche Jäger immer häufiger gegen überlegene, mit schwerer Abwehrbewaffnung ausgerüstete Bomberpulks mit engmaschiger Jagdbegleitung antraten. Gegen Ende des Krieges sank die durchschnittliche Lebenserwartung neuer Piloten dramatisch – man sprach mitunter von nur noch zwei bis drei Einsätzen, bevor ein Pilot verwundet, gefangen genommen oder getötet wurde.

Zudem verschärfte sich das Problem des qualifizierten Nachwuchses. Um der eskalierenden Personalknappheit zu begegnen, wurde die Pilotenausbildung stark verkürzt. Die zuvor gründliche Schulung wurde durch Notprogramme ersetzt, was dazu führte, dass viele junge Piloten mit unzureichender Ausbildung und ohne Gefechtserfahrung an die Front geschickt wurden. Hinzu kam der chronische Mangel an Treibstoff, Ersatzteilen und funktionstüchtigen Schulungsflugzeugen, wodurch selbst das begrenzte Training oft nur eingeschränkt stattfinden konnte. Der damit einhergehende Qualitätsverlust unterminierte die Kampfkraft der Jagdverbände zusätzlich und verstärkte die ohnehin bereits gefährdete Luftverteidigung des Reiches.

Doch die Krise der Luftwaffe war nicht allein ein Resultat technischer oder personeller Schwächen. Sie war eingebettet in eine umfassende strukturelle Überforderung des nationalsozialistischen Rüstungssystems. Die Umstellung auf moderne Hochtechnologie – vom Strahltriebwerk über elektronische Zielgeräte bis hin zu neuartigen Raketenwaffen – setzte eine hochleistungsfähige und koordinierte Industrie voraus. Doch gerade hier offenbarte sich die deutsche Rüstungswirtschaft als zunehmend dysfunktional: konkurrierende Zuständigkeiten zwischen Wehrmacht, SS, Luftwaffe und dem Rüstungsministerium, mangelnde Standardisierung sowie ein wachsendes Missverhältnis zwischen technischer Komplexität und verfügbarer industrieller Basis führten zu Ineffizienz und Ressourcenverschwendung. Während die Alliierten durch zentralisierte Organisation, arbeitsteilige Produktion und industrielle Massenfertigung eine kriegsentscheidende Überlegenheit erzielten, versank das deutsche System in einem lähmenden Mix aus Bürokratie, Rivalität und Illusionen technologischer Wunderwaffen.

Insgesamt lässt sich die Entwicklung der deutschen Flugzeugbewaffnung ab 1943 als Phase intensiver, teils verzweifelter Innovationsanstrengung begreifen – getragen von ingenieurtechnischer Brillanz, aber überfordert von der Realität eines kräftezehrenden Mehrfrontenkrieges. Angesichts der materiellen Überlegenheit der Alliierten versuchte die Luftwaffe, durch Qualität gegen Quantität zu bestehen – ein Versuch, der an strukturellen Mängeln, Ressourcenknappheit und strategischen Fehlentscheidungen scheiterte.

Auswirkungen auf die Nachkriegszeit

Gleichwohl bleibt festzuhalten, dass viele der während des Krieges entwickelten deutschen Technologien über das unmittelbare Einsatzfeld hinaus nachhaltige Wirkung entfalteten. Raketenwaffen wie die erwähnte R-4/M oder die lenkbare Luft-Luft-Rakete X-4, Maschinenkanonen wie die MK 108 oder der von der MK 213 abgeleitete Revolvermechanismus, aber auch aerodynamische Innovationen – etwa gepfeilte Flügel, triebwerksnahe Lufteinläufe, Hochgeschwindigkeitsprofile oder Druckkabinen – beeinflussten maßgeblich die Gestaltung moderner Militärluftfahrt nach 1945. Auch Entwicklungen im Bereich der Werkstoffe, der Steuerungstechnik und der ballistischen Optimierung erwiesen sich als wegweisend für spätere Luft- und Raumfahrttechnologien.

Sowohl in den USA als auch in der Sowjetunion griffen Ingenieure gezielt auf diese Errungenschaften zurück – teils auf Grundlage erbeuteter Konstruktionsunterlagen, teils durch Rekrutierung oder Internierung deutscher Fachkräfte. Bedeutende Wissenschaftler wie Wernher von Braun (Raketenentwicklung), Hans Multhopp (aerodynamisches Design) oder Kurt Tank (Flugzeugentwicklung) prägten die Nachkriegsentwicklung in Ost und West. Während die USA im Rahmen von Operation Paperclip Hunderte deutscher Spezialisten übernahmen, nutzte die Sowjetunion ganze Entwicklungsgruppen, die nach Kriegsende in sowjetische Forschungszentren verlegt wurden.

Die Me 262 diente als Vorbild für frühe Strahljäger wie die amerikanische F-86 Sabre oder die sowjetische MiG-15, die wesentliche Elemente des deutschen Designs übernahmen: gepfeilte Tragflächen, leistungsstarke Triebwerke, zentrale Bugbewaffnung und optimierte Cockpitgestaltung. In diesem Sinne wurde die Me 262 – obwohl kriegstechnisch zu spät gekommen – zum Katalysator eines weltweiten technologischen Umbruchs in der Luftkriegsführung und zum symbolischen Ausgangspunkt des Jet-Zeitalters.

Auch auf strategisch-operativer Ebene hinterließen die deutschen Konzepte Spuren: Die Idee des schnellen Abfangjägers mit hoher Feuerkraft sowie der Salveneinsatz ungelenkter Raketen fanden Eingang in die Luftraumverteidigungssysteme der NATO und des Warschauer Pakts. Taktiken wie der Hochgeschwindigkeitsangriff auf Bomberformationen und die kombinierte Nutzung optischer und elektronischer Zielsysteme prägten die Luftkampfdoktrin der frühen Nachkriegszeit.

KAPITEL 1
MASCHINENGEWEHRE UND -KANONEN

Nachtjäger Ju 88 C-2 mit MG 151/20 als starre Zusatzbewaffnung (Versuch).

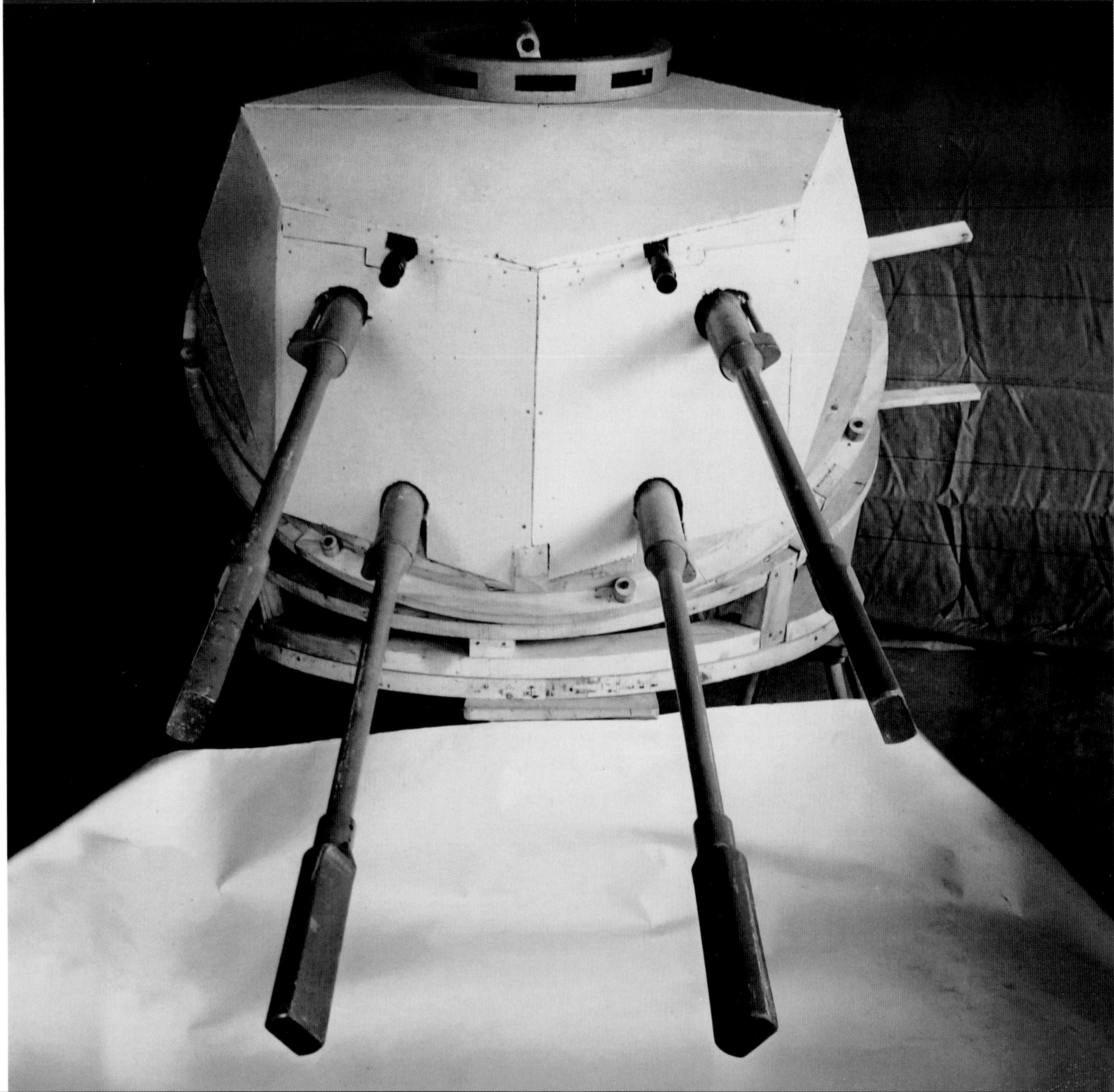

FEUERWIRKUNG DURCH IMMER GRÖSSERE KALIBER

VOM LEICHTEN MASCHINENGEWEHR ZUR REVOLVERKANONE

Maschinengewehre und Maschinenkanonen bildeten im Zweiten Weltkrieg das zentrale Instrument der Luftkampfführung – als Angriffs- wie auch als Verteidigungswaffe, in starrem oder beweglichem Einbau. Die Entwicklungsrichtung dieser Waffen war von klaren technischen und taktischen Prämissen geprägt. Sie vollzog sich dennoch nicht geradlinig, sondern war im Kriegsverlauf einer ständigen Anpassung ausgesetzt.

Zu Beginn des Krieges basierte die Bordbewaffnung noch weitgehend auf modifizierten Modellen aus der Zwischenkriegszeit, die in engem Bezug zu den Erfahrungen des Ersten Weltkriegs standen. Frühe Systeme wie das MG 15 oder MG 17 zeichneten sie sich durch Zuverlässigkeit, hohe Feuergeschwindigkeit, relativ geringes Gewicht, geringen Raumbedarf und einfache Handhabung aus – ideal für bewegliche Abwehrstände in Bombern oder starre Einbauten in Jägern. Doch mit der zunehmenden Beweglichkeit, Kampfdistanz und Flugzeugpanzerung der Gegner zeigten sie sich bald als begrenzt wirksame Waffen.

Mit der Eskalation des Luftkriegs etwa ab 1941 änderten sich die Einsatzszenarien dramatisch. Die steigende Geschwindigkeit moderner Jagdflugzeuge, immer weiter sich ausweitende Anforderungen in der Bekämpfung von Bodenzielen und die zunehmende Präsenz schwer gepanzerter Bomberformationen erforderten Waffen mit hoher Mündungsgeschwindigkeit (Vo), kombiniert mit Kalibern, die die Verwendung von hochexplosiven Sprenggranaten ermöglichten. Ziel war es, eine maximale Zerstörungswirkung in kurzer Zeit und auf typischen Luftkampfdistanzen zu erzielen.

Diese Überlegung führte zwangsläufig zu zwei entgegengesetzten, aber miteinander verzahnten Ansätzen: einerseits zum Einbau möglichst vieler, möglichst wirkungsvoller Waffen in konzentrierter Anordnung für offensive Aufgaben, um eine hohe Feuerdichte in Flugrichtung zu erreichen; andererseits zu einer eher dezentralisierten Anordnung im defensiven Bereich, insbesondere bei Bombern, um ein möglichst weites Abdeckungsfeld gegen Angriffe aus allen Richtungen zu schaffen.

Ein zentraler technischer Parameter blieb über alle Phasen hinweg die Geschossanfangsgeschwindigkeit. Eine gestreckte Flugbahn des Projektils war entscheidend, um die Treffsicherheit auf die typischen Kampfentfernungen von 300 bis 600 Metern zu optimieren. Gleichzeitig mussten das Gewicht und der Platzbedarf der Waffen in einem für Flugzeuge verträglichen Rahmen bleiben, insbesondere im Hinblick auf Geschwindigkeit, Manövrierfähigkeit und Belastung der Tragstrukturen.

Im Streben nach gesteigerter Geschosswirkung wurde das Kaliber schrittweise erhöht – zunächst auf 20 mm, dann 30 mm und darüber hinaus. Die Einführung der 3-cm-Waffen, etwa mit der MK 108, stellte einen bedeutenden Fortschritt dar, da ihre großkalibrigen, hochexplosiven Granaten in der Lage waren, alliierte Bomber mit wenigen Treffern schwer zu beschädigen oder gar zu zerstören. Die erhöhte Geschosswirkung ging jedoch mit einem Rückgang der mitführbaren Munitionsmenge einher. Diese Entwicklung verschob die Einsatzdoktrin zunehmend vom flächenwirksamen Feuerstoß hin zum gezielten Schuss. Unterstützt wurde diese Verlagerung durch neue Zielhilfen wie das Reflexvisier EZ 42 mit Entfernungsmessung und automatischer Vorhalteberechnung. Ziel war es, mit wenigen präzisen Treffern maximale Wirkung zu erzielen.

Versuche, das Kaliber noch weiter zu steigern, gipfelten in experimentellen Einbauten von Heereswaffen, wie etwa der 5-cm-PaK 38 in speziell modifizierten Maschinen. Weitere Versuche umfassten gar rückstoßfreie Aufhängungen für 8,8-cm-Geschütze. Diese Konzepte waren

Modell der Keil- oder Rundumlafette mit zwei MG 131 und vier MK 103.

BArch RL 3-4543

theoretisch vielversprechend, stellten aber extrem hohe Anforderungen an die Flugzeugstruktur, Flugstabilität und insbesondere an die fliegerischen Fähigkeiten der Piloten. Gleichzeitig zeigte sich, dass der Übergang zu großkalibrigen Einzelwaffen nicht uneingeschränkt sinnvoll war. Fronterfahrungen wiesen darauf hin, dass Abschusserfolge oft im Zusammenspiel mit konventionellen 20-mm-Waffen erzielt wurden. Auch die Ballistik großkalibriger Waffen – insbesondere deren gekrümmte Flugbahn und geringe Kadenz – erwies sich im dynamischen Luftkampf als limitierend.

Vor diesem Hintergrund kam es gegen Ende des Krieges zu einem bemerkenswerten Theoriewechsel: Die Rohrbewaffnung sollte durch andere Bewaffnungssysteme in ihrer Wirkung ergänzt werden. Hierbei wurde das Prinzip der »Schrotschussmethode« neu aufgegriffen. Anstelle großer Einzelkaliber wurde wieder auf hohe Feuerdichten, eventuell durch kleinere Kaliber und hohe Kadenz gesetzt – in Zwillings- oder Vierlingsanordnung der Waffen oder durch neue Waffentechniken. Auch wurden angesichts der durch die alliierten Bomberströme zunehmend kritischen Lage sogenannte Sonderwaffen entwickelt und erprobt. Diese Umorientierung wurde durch die zunehmende Knappheit an strategischen Materialien begünstigt und entsprach zugleich dem Bedürfnis nach vereinfachter Produktion. Besonders deutlich zeigte sich dieser Trend in der Einführung von dichtgebündelten Raketen wie der R-4/M. Diese erlaubten einen einmaligen, aber höchst effektiven Angriff auf dichte Bomberformationen, wenngleich mit begrenzter Einsatzfrequenz. Die R-4/M verband die hohe Munitionswirkung eines Minengeschosses mit der Streuwirkung eines Schrotschussansatzes – und wurde so zum Symbol eines hybriden Bewaffnungskonzepts. Ein Konzept welches weit in die Zukunft der Flugzeugbewaffnung wies.

Diese späten Entwicklungen waren jedoch symptomatisch für eine zunehmend improvisierte Rüstungslandschaft. In den letzten Kriegsjahren prägten Materialmangel, Zeitdruck und ein Mangel an koordinierter Planung viele Innovationen. Mehrere Dienststellen und Entwicklungsabteilungen arbeiteten parallel oder sogar gegeneinander, wodurch die Umsetzung selbst vielversprechender Konzepte erschwert wurde. Die Folge war eine zunehmende Unruhe in der Serienproduktion, eine ständige Modifikation laufender Fertigungsreihen und ein hoher Schulungsaufwand für das Personal.

Diese ständigen Richtungswechsel zeugen von einem strategischen Dilemma: Der Versuch, durch technische Innovation die wachsende Überlegenheit der Alliierten auszugleichen, war nachvollziehbar – doch ohne eine stabile Planungsbasis und ausreichende Erprobung konnten viele Entwicklungen ihre Wirkung nicht entfalten. Der Gedanke, dass man sich in einem waffentechnischen Wettlauf befand, mag berechtigt gewesen sein. Doch gerade im Bereich der Flugzeugbewaffnung war die deutsche Seite bis zuletzt keineswegs unterlegen. Im Gegenteil: In vielen Belangen – etwa im Bereich der Maschinenkanonen, Zieloptiken oder Spezialbewaffnung – verfügte die Luftwaffe über Systeme, die denen der Gegner technisch überlegen waren.

Entscheidend war daher nicht der Mangel an Qualität, sondern das Fehlen klarer strategischer Linien, die technische Exzellenz in nachhaltige Wirksamkeit überführt hätten. Das Scheitern lag nicht in der Bewaffnung selbst, sondern in der Organisation ihres Einsatzes. Hier offenbarte sich eine Schwäche, die weniger technischer als vielmehr struktureller Natur war – ein Ausdruck jener zunehmenden Fragmentierung, welche das gesamte Rüstungssystem des Dritten Reiches gegen Ende des Krieges prägte.

Die Rolle der Bordwaffen in der taktischen Ausrichtung der Luftwaffe darf dabei nicht unterschätzt werden. Sie waren nicht nur Mittel zur direkten Bekämpfung feindlicher Luft- und Bodenziele, sondern entwickelten sich zunehmend zu einem bestimmenden Faktor in der Auslegung ganzer Flugzeugtypen. Ob als Schwerpunktwaffe in Jägern, als integraler Bestandteil komplexer Abwehrsysteme in schweren Bombern oder als Sondereinbau in Jagdbombern und Erdkampfflugzeugen – die Bordbewaffnung beeinflusste Reichweite, Geschwindigkeit, Gewichtsauslegung und nicht zuletzt das taktische Einsatzprofil der Maschinen.

Hinzu kam die ständige Rückkopplung mit gegnerischen Entwicklungen. Die massive Zunahme alliierter Bomberverbände über dem Reichsgebiet, insbesondere ab 1943, zwang zu einer raschen Anpassung nicht nur auf technischer Ebene, sondern auch in der operativen Denkweise. Die Vorstellung vom einzelnen Fliegerass wich dem Prinzip des massierten Abfangs, bei dem die Wirkung der Waffe über das individuelle Können des Piloten gestellt wurde. Dies verlangte nicht nur neue Waffen, sondern auch ein Umdenken in Ausbildung, Taktik und Personalführung. Der Luftkrieg wurde zunehmend zu einem industriell geführten Materialgefecht, vergleichbar mit den Verhältnissen am Boden, in dem standardisierte Prozesse, zentrale Steuerung und die effiziente Nutzung vorhandener Ressourcen entscheidend wurden. In diesem Kontext gewann die Bordbewaffnung nicht nur als Waffensystem, sondern als systemischer Faktor in der Luftkriegsführung an Bedeutung.

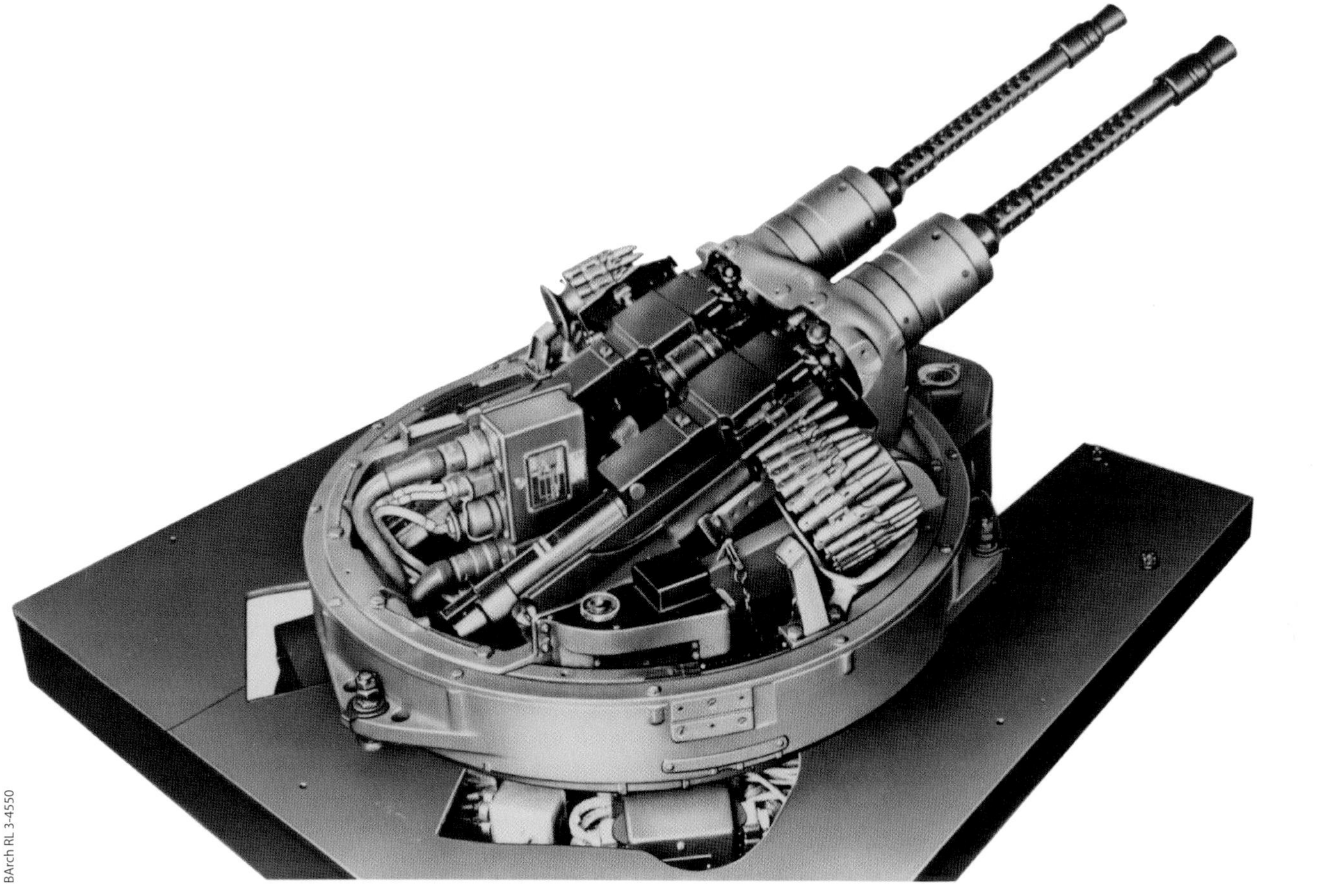

BArch RL 3-4550

Versuchseinbau des fernbedienten MG 131 Z in die FDL 131 Z. Die Lafette sollte u.a. in den B2-Stand der He 177 eingebaut werden.

Auch in der industriellen Dimension wird die zentrale Rolle der Bordbewaffnung deutlich: Hohe Stückzahlen, anspruchsvolle Fertigungstoleranzen, der Einsatz knapper Rohstoffe sowie die Notwendigkeit, unterschiedliche Plattformen (Jäger, Nachtjäger, Schlachtflieger, Bomber) gleichzeitig zu versorgen, machten Maschinengewehre und Maschinenkanonen zu einem logistischen Kernproblem. Ihre Produktion war zugleich ein Spiegelbild der gesamten Rüstungsdynamik im Dritten Reich – gekennzeichnet von punktuell herausragenden Leistungen, aber eingebettet in ein System, das zunehmend an innerem Gleichgewicht verlor. In der Praxis führte dies häufig zu Priorisierungskonflikten, Entwicklungsstaus und einem wachsenden Auseinanderklaffen zwischen technischer Innovation und tatsächlicher Einsatzfähigkeit.

Die nachfolgende Übersicht dokumentiert die wichtigsten Maschinengewehre und Maschinenkanonen, die in der Vorkriegszeit und im Verlauf des Krieges entwickelt wurden. Die meisten fanden ihre Verwendung in den unübersehbar zahlreichen Kampfeinsätzen der Luftwaffe. Dabei werden technische Kenndaten, Einsatzkonzepte, Einbauvarianten und taktische Bewertungen ebenso berücksichtigt wie ihre Bedeutung und mögliche Weiterentwicklungen. Ergänzt wird die Darstellung durch experimentelle und weniger verbreitete Waffensysteme, die gleichwohl wichtige Impulse für die technische Entwicklung gaben – auch wenn sie den Sprung zur flächendeckenden Verwendung nicht mehr vollziehen konnten.

James D. Julia 48648

James D. Julia 48648

Leichtes Maschinengewehr 08/15 (LMG 08/15)

Bereits gegen Ende der 1920er-Jahre, einer Phase, die in Deutschland von technischen Improvisationen und verdeckten militärischen Aufrüstungsmaßnahmen geprägt war, begannen unter strikter Geheimhaltung erste Versuche, Flugzeuge systematisch mit Maschinengewehren auszurüsten. Diese Entwicklungen knüpften unmittelbar an die Erfahrungen und Techniken des Ersten Weltkriegs an, insbesondere an die dort erprobten Waffensysteme für den Einsatz in starrem und beweglichem Einbau in Drehlafetten. Die Techniker griffen dabei auf vorhandene Konstruktionen zurück, die sich bereits in den Luftkämpfen des Ersten Weltkriegs bewährt hatten.

Im Zentrum dieser frühen Nachkriegsbemühungen stand das Maschinengewehr 08/15, das aus dem schweren MG 08 hervorgegangen war und sich im Ersten Weltkrieg als Standardwaffe bei den Bodentruppen und in der luftgekühlten Variante LMG 08/15 im starren Einbau bei Jagdflugzeugen etabliert hatte. Die im Ersten Weltkrieg für bewegliche Einsätze in Beobachterständen eingesetzten leichteren und handlicheren MG Parabellum und MG Bergmann 15n/A wurden hingegen nicht weiterentwickelt oder verwendet, da sie den neuen Anforderungen nicht mehr entsprachen.

In der Folgezeit bildeten die luftgekühlten Ausführungen LMG 08/15 und MG 08/18 den Ausgangspunkt der ersten konkreten Erprobungen für den Luftwaffeneinsatz in der Weimarer Republik. Diese beiden Modelle wurden von den Deutschen Waffen- und Munitionsfabriken AG (DWM) in Berlin-Spandau sowie der Waffenfabrik Loewe in Berlin hergestellt. Beide verwendeten das zu jener Zeit standardisierte Infanteriegewehr-Kaliber 7,92 × 57 mm Mauser und basierten technisch, wie das MG 08, auf dem Maxim-Prinzip, einem Kniehebelverschluss mit kurzem Rohrrücklauf.

Ursprünglich waren sie für den Einsatz in der Reichswehr konzipiert. Das leichtere MG 08/18, eine luftgekühlte Weiterentwicklung, war insbesondere für mobile Verbände wie Radfahr- und Kavallerieeinheiten gedacht, wurde jedoch nur in begrenztem Umfang eingeführt. Im Gegensatz dazu fand das wassergekühlte MG 08/15 in einer überarbeiteten Variante mit erhöhter Feuerrate weite Verbreitung als Standardwaffe des Heeres.

Ein zentrales Element der geheimen Wiederaufrüstung bildete der unter deutsch-sowjetischer Zusammenarbeit betriebene Luftwaffenstützpunkt Lipezk in der Sowjetunion. Ab 1926 wurden dort unter strenger Geheimhaltung deutsche Piloten ausgebildet und Versuche zur Bewaffnung und Taktikführung unternommen. Lipezk diente als ein Laboratorium für die Reaktivierung militärischer Luftfahrttechnologien, insbesondere unter der Mitwirkung deutscher Firmen und Militärs, die sich um eine Modernisierung der vorhandenen Ausrüstung bemühten. Die gesamte Ausrüstung und Infrastruktur des Stützpunkts wurde nach dessen Aufgabe im Jahr 1933 der Sowjetunion überlassen, was den kooperativen Charakter dieser geheimen Operation unterstrich.

Mit dem Aufkommen neuer einmotoriger Jagdflugzeuge in den frühen 1930er-Jahren, etwa der Arado Ar 65 – einem Doppeldecker, der in den Anfangsjahren der neu formierten Luftwaffe Verwendung fand – wurden die vorhandenen luftgekühlten LMG 08/15 sporadisch auch als Bordwaffen erprobt. In Ermangelung moderner Alternativen und bedingt durch politische Restriktionen sowie materielle Engpässe stellte dies eine notwendige, wenn auch unbefriedigende Übergangslösung dar. Die veralteten Waffen waren in ihren Leistungsparametern – insbesondere hinsichtlich Feuergeschwindigkeit, Reichweite und Durchschlagskraft gegen metallbeplankte Flugzeuge – nicht mehr genügend. Weder im starren Einbau zur Jagd auf gegnerische Maschinen noch in beweglichen Lafetten zur Abwehr konnten sie den gestiegenen Anforderungen der modernen Luftkampfführung nachkommen.

Diese Defizite führten ab 1936 zur schrittweisen Einführung des MG 15 und MG 17. Innerhalb weniger Jahre verdrängten sie die LMG 08/15-Varianten vollständig aus der Bordbewaffnung der Luftwaffe. In Kombination mit dem MG FF, einer Maschinenkanone mit größerem Kaliber, das vor allem in Flügelmontage verwendet wurde, bildete das MG 17 den Kern der neuen Standardbewaffnung der deutschen Jagdflugzeuge der späten 1930er-Jahre – etwa der Messerschmitt Bf 109.

Damit endete endgültig die Übergangsphase, in der noch improvisierte Waffensysteme aus dem Ersten Weltkrieg herangezogen worden waren. Deutschland verfügte nun über spezialisierte Maschinenwaffen, die den taktischen und technischen Anforderungen eines modernen Luftkriegs gerechter wurden – ein Meilenstein in der Entwicklung der Luftwaffenbewaffnung der 1930er-Jahre. Die systematische Integration moderner Bordwaffen legte somit den Grundstein für die hohe Schlagkraft der Luftwaffe in den ersten Kriegsjahren und spiegelte die zunehmende Industrialisierung und Professionalisierung der deutschen Rüstungsindustrie wider.

BArch RH 8-3622-59

Die beiden LMG 08/15 der Junkers A 35, die im Oktober 1929 zusammen mit den Mustern Junkers G27, Fokker D.XIII und Albatros L 78 in Lipezk in der Sowjetunion umfangreichen Bewaffnungsversuchen unterzogen wurde. Gut zu erkennen sind die beiden Durchladehebel, die Patronenzuführung und Hülsenabführung sowie das Hilfsvisier.

Die gesamte Waffenanlage der Junkers A 35. Im Vordergrund der Beobachterstand mit einem beweglichem LMG 08/15 auf einer Versuchs-Drehringlafette. Dahinter vor dem Cockpit die beiden starren LMG 08/15 als Angriffbewaffnung. Man beachte die Visierung der Beobachterwaffe mit Kreiskimme und Windfahnenkorn.

BArch RH 8-3622-61

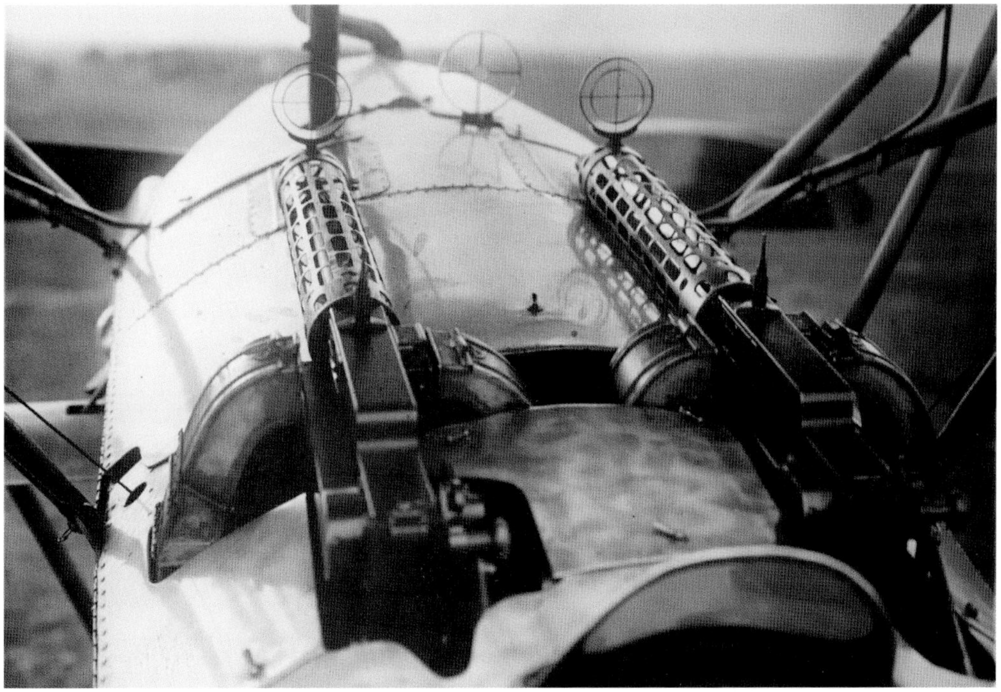

BArch RH 8-3622

Die Waffenanlage der Fokker D.XIII mit zwei starren MG 08/15 mit und ohne Gehäuse. Gut zu erkennen sind die Spannhebel beider Waffen, die Munitionszuführung und Hülsenabführung, sowie der Auslöseknopf der Waffen in der Mitte.

BArch RH 8-3622

WTS

Legermuseum Delft 003958

MG 15 von beiden Seiten. Die obere Abbildung zeigt das Schnittmodell der Waffe, welche zur Waffenausbildung der Bordschützen verwendet wurde.

Maschinengewehr 15 (MG 15)

Zu Beginn der organisierten Luftrüstung der Wehrmacht verfügte die junge Luftwaffe nur über wenige erprobte Bordwaffen. Das erste serienreife und in großer Stückzahl eingeführte System war das MG 15, ein luftgekühltes, handbedientes Maschinengewehr im Kaliber 7,92 mm. Es stellte einen wichtigen Meilenstein der Bordwaffenentwicklung dar, da es erstmals systematisch für den Einsatz in Kampfflugzeugen ausgelegt war – eine konsequente Abkehr von improvisierten Anpassungen infanteristischer Waffen.

Ab 1932 wurde das MG 15 von Louis Stange, dem späteren Chefkonstrukteur von Rheinmetall-Borsig, auf Basis des Mustermodells T6-220 entwickelt. Dieses wiederum beruhte auf dem MG 30, einer für die Infanterie konzipierten Waffe. Die Entwicklung des MG 15 war geprägt von dem Bestreben, eine Waffe zu schaffen, die den besonderen Anforderungen der Luftkriegführung gerecht wurde: geringes Gewicht, hohe Kadenz, gute Handhabung, möglichst geringer Raumbedarf und einfache Wartbarkeit im Flugbetrieb. So wurde etwa auf eine Schulterstütze verzichtet und stattdessen ein Pistolengriff eingebaut, was die Beweglichkeit der Waffe in engen Flugzeugkabinen deutlich erhöhte.

Technisch handelte es sich beim MG 15 um einen Rückstoßlader mit kurzem Rücklauf des Laufs, zentraler Drehwarzenverriegelung und mechanischer Durchladeeinrichtung. Eine Besonderheit stellte die Staudüse am Laufende dar, die den Rückstoß verstärkte und damit die Kadenz auf etwa 1.050 Schuss pro Minute erhöhte. Das gesamte System war so konzipiert, dass es mit konventionellen Werkzeugmaschinen hergestellt werden konnte – ein entscheidender Vorteil für die Serienfertigung in der kriegsnahen Rüstungswirtschaft.

Hauptsächlich kam das MG 15 als beweglich montierte Defensivbewaffnung in Bombern und Aufklärungsflugzeugen zum Einsatz – meist auf Drehring- oder Pivotlafetten, typischerweise in allen Abwehrpositionen wie A-, B- und C-Ständen, Fensterlafetten und Heckbereich, wo es zur Abwehr angreifender feindlicher Jäger diente. Als Zielhilfen kamen Kreiskimme mit Windfahnenkorn oder Kimme mit feststehendem Kreiskorn zum Einsatz. Das Windfahnenkorn war drehbar gelagert und richtete sich im Fahrtwind automatisch aus – ein früher Vorläufer ballistischer Korrektursysteme. Es berücksichtigte sowohl die Halterichtung der Waffe als auch die Fluggeschwindigkeit des Trägerflugzeugs, wobei das Korn manuell auf Eigengeschwindigkeiten zwischen 160 und 260 km/h eingestellt werden konnte. Das fest verbaute Visier verfügte über zwei Zielrahmen: Der äußere für Ziele bis 320 km/h, der innere für langsamere Flugobjekte bis 180 km/h. Diese Differenzierung trug der sich beschleunigenden Entwicklung der Luftfahrt Rechnung.

Die hohe Kadenz des MG 15 war ein entscheidender taktischer Vorteil im Luftkampf. Da angreifende Jäger oft nur wenige Sekunden in Schussreichweite blieben, ermöglichte das MG 15 durch kurze, präzise Feuerstöße eine maximale Geschossausbeute in minimaler Zeit. Allerdings brachte diese Konstruktion auch deutliche Nachteile mit sich: Die Munitionszufuhr erfolgte über 75-Schuss-Doppeltrommeln (Trommel 75), was ein ständiges Nachladen erforderte – eine Schwachstelle im Gefecht. Zudem neigte das MG 15 zur schnellen Überhitzung. Nach fünf Feuerstößen mit je 30 Schuss und einer Pause von sieben Sekunden stieg die Außentemperatur des Laufes auf rund 492 °C. Spätere Baureihen mit verstärktem Lauf senkten diesen Wert auf etwa 411 °C, was die Einsatzdauer jedoch nur begrenzt erhöhte.

Die Munitionsarten des MG 15 unterschieden sich ebenfalls deutlich. Die Standardmunition mit schwerem Spitzgeschoss (sS-Geschoss) wies eine Mündungsgeschwindigkeit von etwa 755 m/s auf. Die später entwickelte, verstärkte Variante (sSv) mit spezieller Treibladung erreichte rund 870 m/s. Diese Munition war ausschließlich für Bordwaffen zugelassen, da sie durch den höheren Gasdruck Infanteriewaffen beschädigt hätte. Spezialgeschosse wie die panzerbrechende PmK.n.A.-Patrone (mit Phosphorsatz) oder die Beobachtungspatrone (B-Patrone) mit explosiver Bleiazidfüllung erhöhten die taktische Flexibilität erheblich. Die PmK.n.A.-Patrone konnte auf 100 m Entfernung 6,5 mm Panzerstahl durchschlagen, was sie für den Einsatz gegen gepanzerte Flugzeugkomponenten tauglich machte. Die Treffergenauigkeit war im Luftkampf zufriedenstellend: 50 % aller abgegebenen Schüsse trafen in ein Zielareal von 35 × 50 cm auf 100 m Entfernung. Die effektive Einsatzschussweite betrug rund 800 Meter, wobei der tatsächliche Erfolg stark vom Geschützführer und dessen Erfahrung abhing.

Parallel zum MG 15 entwickelte die Luftwaffe das MG 17 – ein für den starren Einbau in Jagdflugzeugen konzipiertes Maschinengewehr im gleichen Kaliber. Auch das MG 17 basierte auf dem MG 30, war jedoch speziell für elektrisches Auslösen, Gurtzuführung und hohe Störsicherheit bei hoher Geschwindigkeit ausgelegt. In der Praxis wurde das MG 17 vorwiegend in den Tragflächen oder im Motorkopf von Jägern wie der Bf 109 montiert.

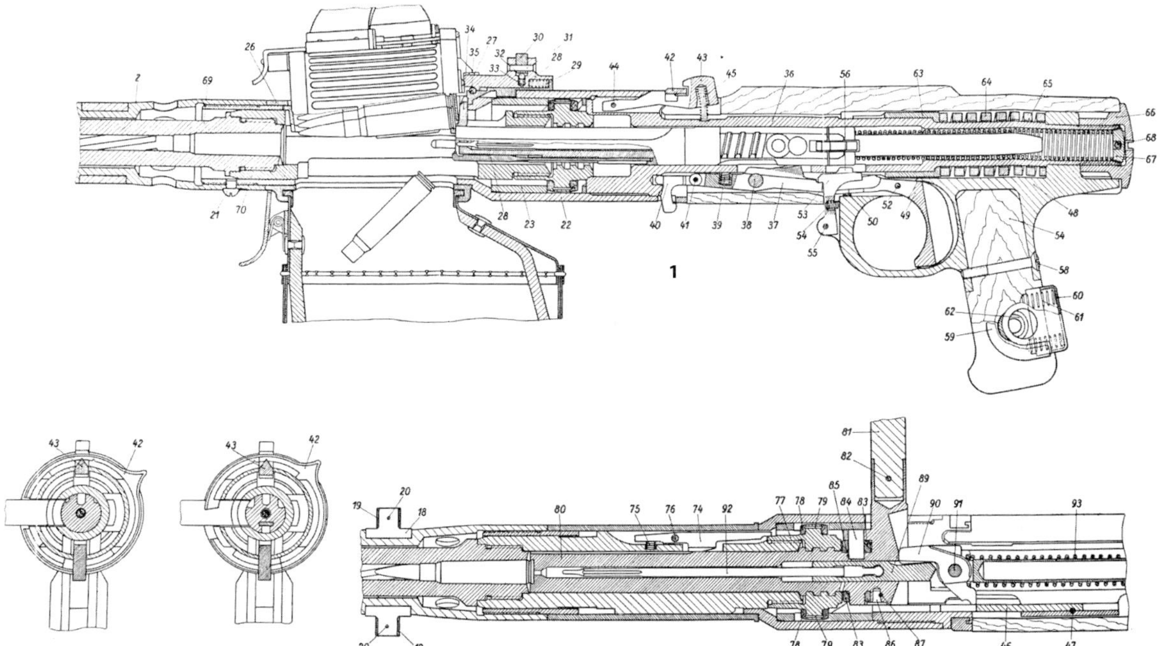

2 3 4

Schnittzeichnung des MG 15 mit Darstellung der Waffenfunktionen.

1. **Dauerfeuer, Augenblick der Patronenzuführung**
2. **Sicherungsstellung Feuer**
3. **Sicherungsstellung Sicher**
4. **Augenblick vor dem Abfeuern**

BArch RL 36-263

MG 15 mit Zusatzgerät zur Verwendung als Erdwaffe, wie es vor allem in den letzten Monaten des Kriegs eingesetzt wurde. In dieser Konstellation übernahm das MG 15 das Zweibein und Dreibein vom MG 13 und wurde auch in derselben Weise gehandhabt. Das Zweibein war durch weiße Striche auf der dem Schützen zugekehrten Seite gekennzeichnet. Zweibein in Mittelunterstützung.

Diese Konstellation – MG 15 für flexible Abwehr in Bombern, MG 17 für starren Frontalangriff in Jägern – bildete das Rückgrat der frühen Luftkriegsbewaffnung der deutschen Luftwaffe.

Mit zunehmender Dauer und Eskalation des Luftkriegs stießen jedoch beide Systeme bald an ihre Grenzen. Ab 1941 wurde das MG 15 durch das MG 81 ersetzt, das über eine Gurtzufuhr, eine noch höhere Kadenz (bis zu 1.600 Schuss/min) und bessere Kühlung verfügte. Insbesondere die Zwillingsausführung MG 81 Z erhöhte die Feuerkraft deutlich. Bald darauf folgte das schwerere MG 131 im Kaliber 13 mm, das sowohl beweglich als auch starr installiert werden konnte und eine wesentlich höhere Durchschlagskraft besaß. Auch das MG 17 wurde zunehmend durch Maschinenkanonen wie die MG 151/20 oder MK 108 ersetzt, die den Anforderungen des Angriffs auf schwere Bomber mit Panzerung und Selbstabdichtung der Tanks besser gewachsen waren.

Im Rückblick markiert das MG 15 den Übergang von improvisierter Adaption zu spezialisierter Luftwaffenentwicklung. Es war ein typisches Produkt der 1930er-Jahre: serienreif ausentwickelt, funktional, zuverlässig, unkompliziert zu warten – und als erstes speziell für Luftfahrzeuge entwickeltes deutsches Maschinengewehr eine wichtige technische Innovation. Gleichzeitig offenbarte sein Einsatz die Grenzen kleinkalibriger Waffen in einem Luftkrieg, der zunehmend von Geschwindigkeit, Panzerung und technologischer Überlegenheit geprägt war. Flugzeuge mit Metallrümpfen, selbstabdichtenden Treibstofftanks und geschützten Besatzungszonen erwiesen sich bald als widerstandsfähig gegen 7,92-mm-Geschosse. Die Erfahrung mit dem MG 15 und seinen Nachteilen floss dennoch unmittelbar in die Entwicklung leistungsfähigerer Nachfolger ein, sowohl im Hinblick auf Waffenwirkung als auch auf ergonomische Bedienbarkeit und logistische Wartung.

Das MG 15 war somit ein Pionier – nicht perfekt, aber richtungsweisend – und stellte einen wichtigen Entwicklungsschritt in der Bewaffnung der frühen Luftwaffe dar. Es symbolisiert die Phase des Übergangs vom improvisierten Luftkampf der 1920er- und frühen 1930er-Jahre hin zu einem zunehmend technisierten, hochdynamischen Luftkrieg, der neue Maßstäbe an Material und Personal stellte.

Die Trommelschiene diente zum Tragen der 75-schüssigen Trommeln und konnte bis zu drei Trommeln aufnehmen.

Die Visiereinrichtung ist ein vereinigtes Fliegerabwehr- (1) und Erdvisier (2), welches in den normalen Visierlagern auf der Waffe befestigt war. Das Erdvisier besteht aus einem Korn und einer exzentrisch drehbaren Rolle mit Kimme und läßt sich von 0 bis 1.200 m einstellen.

BArch RL 36-263

MG 15 mit dem Zusatzgerät als Fla-MG. Es zeigte sich mit seiner hohen Kadenz hierfür als durchaus brauchbar. Das Dreibein mit Mittelunterstützung erlaubte eine flexible und schnelle Höhen- und Seitenrichtbarkeit, was im Einsatz gegen tieffliegende Flugzeuge entscheidend war.

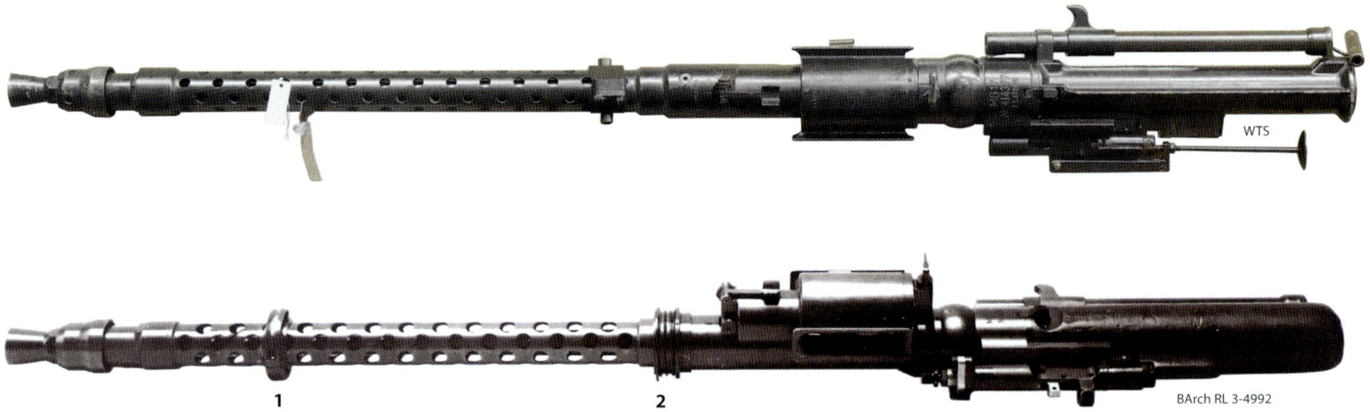

MG 17 von oben und von der linken Seite.

1 Waffenlagerung
2 Gasabdichtung

Maschinengewehr 17 (MG 17)

Das Maschinengewehr 17 (MG 17) war, wie das MG 15, eines der ersten eigens für den Einsatz in Flugzeugen entwickelten Maschinengewehre und wurde über viele Jahre hinweg als sogenannte Jägerwaffe in Jagd- und Zerstörerflugzeugen der deutschen Luftwaffe verwendet. Seine Entwicklung basierte auf einem Mustermodell mit der Bezeichnung T6-200, das von der Firma Rheinmetall-Borsig unter Leitung von Louis Stange in enger Abstimmung mit den Anforderungen der aufstrebenden Luftstreitkräfte ausgearbeitet wurde.

Im Fokus stand dabei der feste Einbau der Waffe in die Zellenstruktur des Flugzeugs, sei es im Rumpf oder in den Tragflächen. Da der Schütze – in diesem Fall der Pilot – aus der geschlossenen Kanzel heraus keine Möglichkeit hatte, direkt auf die Waffe zuzugreifen, wurde zunächst ein mechanisches System mit Seilzügen und einem integrierten Durchladegriff eingesetzt, um das MG 17 zu bedienen. Im Verlauf der Entwicklung wurde dieses System durch eine elektro-pneumatische Durchladevorrichtung und einen elektrischen Abzug ersetzt, wodurch das MG 17 zu einer der technisch fortschrittlichsten Waffen seiner Klasse wurde. Der Waffeneinbau konnte sowohl gesteuert, also synchronisiert mit dem Propellerkreis, als auch ungesteuert, etwa in den Tragflächen außerhalb des Propellerbereichs, erfolgen.

Technisch gesehen arbeitete das MG 17 nach dem gleichen Rückstoßprinzip wie das MG 15 und verfügte ebenfalls über eine sogenannte Staudüse am Laufende, die den Rückstoß verstärkte und damit die Funktion des Waffensystems unterstützte. Beide Waffen verschossen dieselbe Infanteriepatrone im Kaliber 7,92 × 57 mm, wobei im Flugzeugbetrieb bevorzugt verstärkte Munitionsarten verwendet wurden, um die Wirksamkeit gegen gegnerische Flugzeuge zu erhöhen. Die Munitionszuführung erfolgte entweder aus Doppeltrommeln mit jeweils 75 Schuss oder aus langen Munitionsgurten mit bis zu 250 Schuss, was die Feuerkraft im Gefecht deutlich steigerte. Trotz seiner guten Waffenleistung blieb das MG 17 mit einem Gewicht von rund 10,2 kg verhältnismäßig leicht, was die Integration mehrerer Waffen in einem Flugzeug ermöglichte, ohne die Geschwindigkeit, Flugstabilität oder Wendigkeit wesentlich zu beeinträchtigen.

Ein markanter Vorteil der starren Montage bestand in der nochmals erhöhten Kadenz im Vergleich zur beweglich gelagerten Version MG 15, was im Luftkampf ein nicht zu unterschätzender Vorteil war. Doch wie beim MG 15 brachte diese hohe Feuerrate von bis zu 1.200 Schuss/Min. jedoch gleiche Nachteile mit sich: Durch die unzureichende Luftkühlung bei fest eingebauten Waffen stieg die Gefahr der Überhitzung beträchtlich, was im Extremfall zu Laufsprengungen führen konnte. Um dieser Problematik entgegenzuwirken, wurden Lauf und Laufmantel verstärkt und die Werkstoffe verbessert, was die Standfestigkeit erhöhte und die Präzision unter Dauerfeuerbedingungen stabilisierte. Die Trefferleistung war auf kurze Distanz zufriedenstellend: Auf 100 Meter lag die Streuung in einem Bereich von etwa 0,95 mal 0,95 Metern, eine Präzision, die für den Einsatz gegen gegnerische Flugzeuge vollkommen ausreichend war.

Im Jahr 1938 wurde das MG 17 einer gründlichen Überarbeitung unterzogen, um den wachsenden Anforderungen im modernen Luftkrieg gerecht zu werden. Diese überarbeitete Version wurde als MG 17 n.A. – »neue Ausführung« – bezeichnet und ab September desselben Jahres standardmäßig in neue Flugzeugtypen eingebaut. Dennoch zeigte sich bereits in den ersten Kriegsjahren, dass die Wirkung der Kaliber-7,92-Waffen gegen immer stärker gepanzerte alliierte Flugzeuge, insbesondere bei Bombern und zweimotorigen Jägern, zunehmend unzureichend war. Im Grunde zeigten nur Treffer auf wichtige Funktionsteile des gegenerischen Flugzeugs oder gar auf dessen Piloten selbst eine entscheidende Wirkung. Trotz guter Ballistik und hoher Kadenz konnte das MG 17 den Anforderungen nicht mehr gerecht werden und wurde deshalb nach und nach durch stärkere Waffen ersetzt, insbesondere durch das MG 131 im Kaliber 13 mm, das über eine deutlich verbesserte Waffenwirkung verfügte.

Dennoch bleibt das MG 17 – wie auch das MG 15 – ein bedeutender technischer Meilenstein in der Geschichte der Flugzeugbewaffnung. Es markierte eine Phase, in der sich die Luftwaffe konsequent von improvisierten Lösungen hin zu spezialisierten, technisch durchdachten Waffensystemen entwickelte, die einen wesentlichen Beitrag zur anfänglichen Luftherrschaft der Wehrmacht leisteten und den Übergang zu schwereren Kalibern einleiteten.

Trotz seiner späteren Ablösung blieb das MG 17 bis etwa 1943 in vielen Maschinen im Einsatz, insbesondere in älteren Flugzeugtypen oder in Schulflugzeugen, die nicht sofort auf neuere Bewaffnung umgerüstet wurden. In einigen Fällen wurde das MG 17 nach seiner Ausmusterung aus Frontflugzeugen sogar demontiert und, ähnlich wie das MG 15, als improvisiertes Boden-MG für Luftabwehr- oder Schulungszwecke verwendet.

Manfred Griehl

Der Waffeneinbau von zwei gesteuert durch den Propellerkreis schießenden MG 17 vor dem Cockpit der Fw 190 A-1. Gut zu erkennen sind die Lagerungen und die Spannvorrichtungen der Waffen.

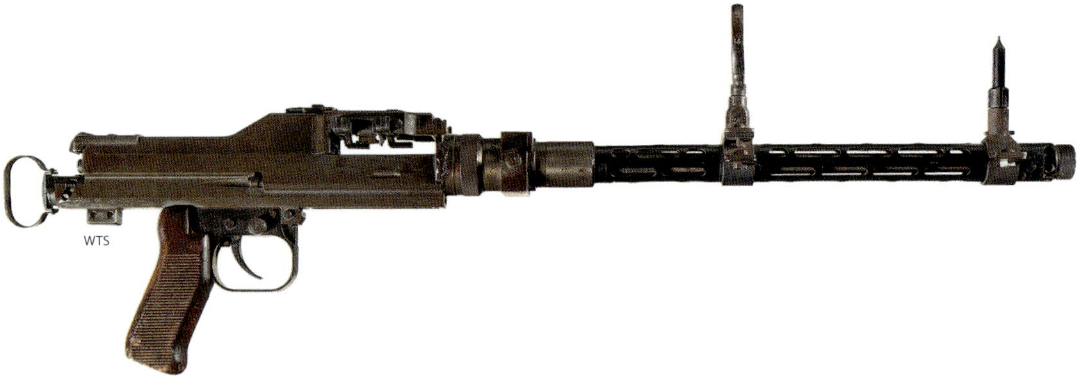

MG 81 ohne und mit Fliegervisierung.

Maschinengewehr 81 (MG 81)

Die begrenzte Munitionsmenge durch Magazinbeladung, die eher geringe Schussfrequenz und die Schwierigkeiten bei schnellen Richtungswechseln des MG 15 machten deutlich, dass eine neue Waffe notwendig wurde. Vor dem Hintergrund zunehmend verlustreicher Luftgefechte, etwa während der Luftschlacht um England oder in den Kampagnen auf dem Balkan und in Nordafrika, erkannte das Technische Amt des Reichsluftfahrtministeriums (RLM) eindrücklich die Notwendigkeit, nun ein deutlich leistungsfähigeres Nachfolgemodell für die bewegliche Defensivbewaffnung einzusetzen.

Bereits 1938 begann die Firma Mauser mit der Entwicklung eines modernen Nachfolgers für das MG 15: des MG 81. Dieses vollautomatische Maschinengewehr wurde speziell für den beweglichen Einsatz in Kampfflugzeugen konzipiert. Es zeichnete sich durch eine besonders hohe Feuerrate und eine äußerst kompakte Bauweise aus.

Das MG 81 basierte auf dem Prinzip des Rückstoßladers mit kurzem Rücklauf und war mit einem verriegelten Drehverschluss ausgestattet, was eine zuverlässige Funktion unter den besonderen Belastungen des Luftkampfs gewährleistete. Trotz seiner enormen Kadenz blieb die Waffe äußerst handlich und wog mit rund 6,5 Kg vergleichsweise wenig, was sie zu einer der leichtesten Maschinenwaffen ihrer Leistungsklasse machte. Die Bedienung konnte wahlweise mechanisch oder elektropneumatisch erfolgen – ein konstruktives Merkmal, das eine flexible Anpassung an unterschiedliche Einbausituationen in verschiedenen Flugzeugtypen erlaubte.

Die Waffe verwendete das standardisierte Gewehrkaliber 7,92 × 57 mm, was eine hohe logistische Kompatibilität innerhalb der Wehrmacht sicherstellte. Die Gurtzuführung war beidseitig möglich, wodurch sich das MG 81 flexibel in Lafetten einbauen ließ – sowohl als Einzelwaffe als auch in Zwillings- oder Mehrlingsanordnung. Die Verwendung bestehender Munitionskomponenten, etwa der Stahl- und Zerfallgurte des MG 34 oder MG 42, erleichterte die Integration in bestehende Versorgungssysteme.

Ein entscheidender Vorteil gegenüber dem MG 15 war die enorme Feuerrate: Mit bis zu 1.600 Schuss pro Minute – bei der Zwillingsversion MG 81 Z sogar 3.200 Schuss – konnte ein äußerst dichter Geschossvorhang erzeugt werden. Diese Eigenschaft war insbesondere im Abwehrkampf gegen schnelle, frontal oder schräg anfliegende Jäger von großer Bedeutung, da die Trefferwahrscheinlichkeit in der kurzen Zeitspanne des Vorbeiflugs erheblich gesteigert wurde.

Zu Beginn der Serienproduktion wurden aus Fertigungsgründen noch Laufteile des MG 15 verwendet. Diese längeren Läufe erwiesen sich jedoch bei schnellen Seitenbewegungen als hinderlich. Erst mit der Einführung neu entwickelter, kürzerer Läufe von 470 mm Länge ab etwa 1940 konnte die Richtbarkeit und Zielnachführung entscheidend verbessert werden – ein entscheidender Fortschritt angesichts der steigenden Fluggeschwindigkeiten von über 450 km/h, bei denen veraltete Waffen schnell an taktischer Wirksamkeit verloren.

Die Mündungsgeschwindigkeit variierte je nach verwendeter Munition: Mit Standardmunition lag sie zwischen 705 und 845 m/s. Die effektive Einsatzreichweite betrug rund 800 Meter – vergleichbar mit dem MG 15, jedoch durch die Gurtzuführung und Feuerrate weitaus schlagkräftiger. In Kombination mit panzerbrechender Munition wie der PmK n.A.-Patrone konnten auch geschützte Flugzeugbereiche, insbesondere Motorgehäuse oder Panzerkabinen gegnerischer Maschinen, durchschlagen werden. Auf 100 m Entfernung durchdrang das Geschoss noch 6,5 mm Panzerstahl – ein Wert, der dem Standard der damaligen Bordschutzsysteme vieler alliierter Flugzeuge entsprach.

Das RLM erkannte das taktische Potenzial des MG 81 früh und leitete schon 1939 die Serienproduktion bei Mauser ein. Die Konstruktion war auf kostengünstige und schnelle Fertigung ausgelegt: Das MG 81 bestand aus nur 191 Einzelteilen – ein vergleichsweise niedriger Wert, der angesichts der Komplexität damaliger Maschinenwaffen bemerkenswert war. Die einfache Bauweise ermöglichte zudem die Lizenzproduktion bei weiteren Unternehmen. Bis Ende 1944 wurden über 45.000 Exemplare bei Mauser gefertigt; die Gesamtzahl aller MG 81 dürfte deutlich höher gelegen haben.

Im taktischen Einsatz bewährte sich das MG 81 in zahlreichen Flugzeugtypen. Es wurde sowohl in kleineren Aufklärern wie der Arado Ar 196 und der Focke-Wulf Fw 189 als auch in mittleren Bombern wie der Heinkel He 111 H verbaut. In der Praxis zeigte sich, dass bereits eine einzige MG 81 Z-Stellung (doppelläufige Ausführung) in der Lage war, ganze Sektoren des Luftraums effektiv abzusichern. Die Feuerkraft entsprach etwa drei bis vier MG 15-Stellungen und konnte mit weniger Personal bedient werden – ein nicht zu unterschätzender Vorteil bei zunehmend personell ausgedünnten Besatzungen.

Die Zwillingsausführung MG 81 Z wurde ab 1941 serienmäßig produziert. Die beiden Läufe lagen dicht nebeneinander und konnten gemeinsam auf einem Pivot montiert werden. Eine kombinierte Munitionszuführung war ebenso möglich wie getrennte Zuführung mit linker

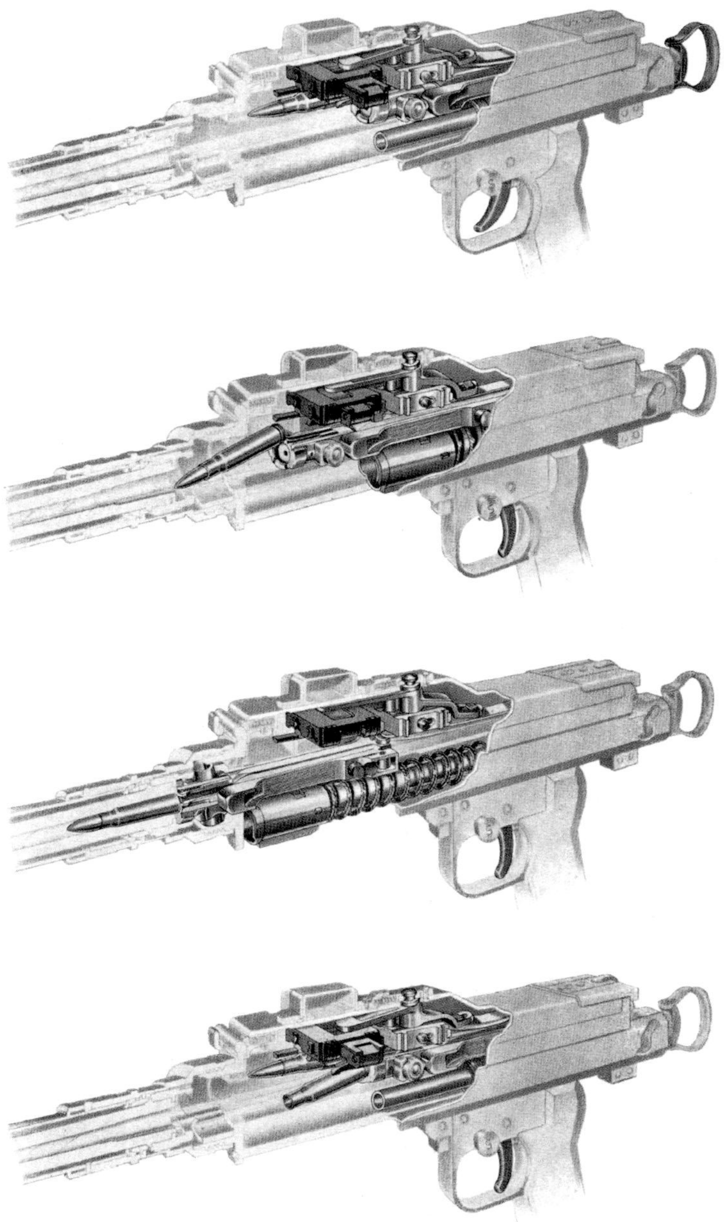

Schematische Darstellung der Waffenfunktion des MG 81. Gut sichtbar ist der Patronentransport in der Waffe.

Fl. Üb. 2-107/2 Stand: 1.12.1941

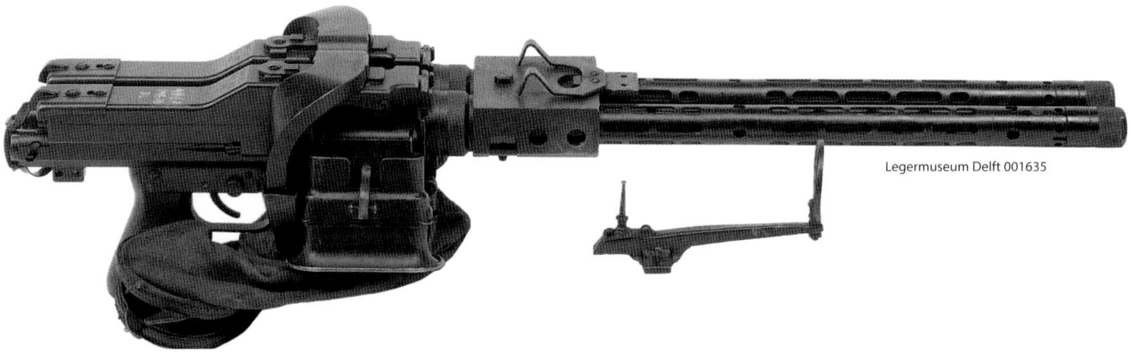

MG 81 Z mit Anbauteilen und Fliegervisierung. Die Waffe hatte in der Doppelausführung eine extrem hohe Feuerrate von etwa 3.200 Schuss/Min.

und rechter Gurtladeeinrichtung. Ein Hülsenauswurf nach unten über Schlauchsysteme erleichterte den Betrieb im engen Flugzeugrumpf. In der Junkers Ju 87 D – der weiterentwickelten Stuka-Variante – kam das MG 81 Z als bewegliche Heckbewaffnung zum Einsatz und ersetzte dort das veraltete MG 15. Auch in Transportflugzeugen wie der Ju 52 sowie in Nachtjägern wurde das System verwendet.

Parallel entstand beim Luftfahrtgerätewerk Hakenfelde (Berlin-Spandau) eine elektrisch auslösbare Version des MG 81 – das MG 81 E. Diese Variante war für den starren Einbau in schwer zugänglichen oder ferngesteuerten Waffenständen vorgesehen. Insbesondere bei größeren Flugzeugen wie der Heinkel He 177 oder Prototypen schwerer Bomber plante man automatische Verteidigungssysteme, die über Reflexvisiere oder Fernbedienung gelenkt werden konnten. In der Praxis zeigte sich jedoch, dass Aufwand und Komplexität solcher Systeme in keinem angemessenen Verhältnis zum Nutzen standen. Das MG 81 E blieb ein technologisches Experiment und wurde nie in größerem Umfang eingeführt.

Ein weiteres Experiment fand unter der Leitung von Dr. Karl-Heinz Stahl vom Kampfgeschwader 51 statt. In einer Junkers Ju 88 A-5 testete man starr eingebaute MG 81 E in den Tragflächen, um deren Einsatz als Bodenangriffswaffe zu prüfen. Die Ergebnisse waren jedoch enttäuschend: Die Trefferwirkung auf Bodenziele war trotz hoher Kadenz unzureichend, und das geringe Kaliber führte zu einer geringen Penetration von Fahrzeugen oder befestigten Stellungen. Diese Versuche belegen jedoch, wie sehr man gegen Kriegsende versuchte, mit vorhandenen Waffen neue taktische Optionen zu erschließen – selbst wenn sie sich als ineffektiv erwiesen.

Trotz der nur begrenzten Verwendung von elektrisch gesteuerten Varianten war das MG 81 insgesamt eine sehr zuverlässige und vielseitige Defensivwaffe. Es stellte das technisch Machbare im Bereich der Infanteriekaliber-Bewaffnung dar, bevor sich schwerere Bordkanonen mit größerem Kaliber und Munition mit kombinierter Spreng- und Brandwirkung (z. B. das MG 131 im Kaliber 13 mm oder die MG 151/20 mit 20 mm) durchsetzten. Gegen die gepanzerten und äußerst beweglichen Jagdflugzeuge, die in immer größerer Zahl erschienen, wie beispielsweise die P-51 »Mustang« oder die P-47 »Thunderbolt«, war das MG 81 letztlich nicht mehr ausreichend – doch es blieb dennoch als flexible Allzweckwaffe bis Kriegsende im Dienst.

Im letzten Kriegsjahr, angesichts des zunehmenden Mangels an Material, Kraftstoff und funktionsfähiger Flugzeuge, wurden viele MG 81 aus den Beständen der Luftwaffe an das Heer abgegeben. Diese Umrüstung erfolgte meist notdürftig: Durch die Anbringung von Schul-

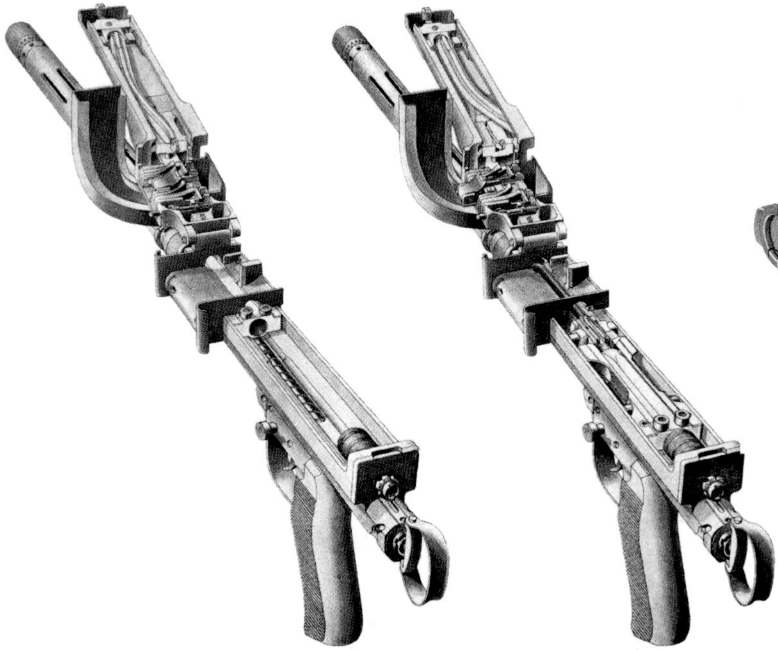

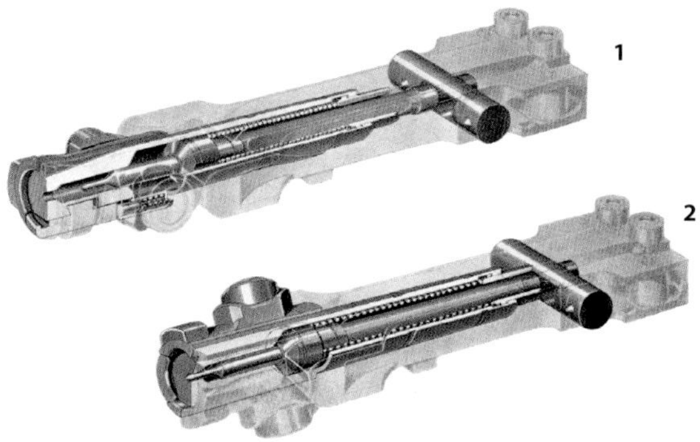

Schematische Darstellung des Schlosses.

1 Schlagbolzenfeder gespannt.
2 Schlagbolzenfeder entspannt.

terstützen und Zweibeinen wurde versucht, das MG 81 als leichtes Unterstützungs-MG für Fallschirmjäger, Volkssturm oder Luftwaffenfelddivisionen nutzbar zu machen. Im Einsatz zeigte sich jedoch, dass die extrem hohe Kadenz und der kurze Lauf im Erdkampf nachteilig wirkten. Die hohe Feuerrate führte zu enormem Munitionsverbrauch, die Treffergenauigkeit litt unter dem starken Hochschlag, und die Wärmeentwicklung machte längeren Einsatz kaum möglich. Dennoch wurde das MG 81 in den letzten Kriegsmonaten improvisiert als Bodenwaffe genutzt – auch als Flugabwehrwaffe auf Hilfslafetten.

Insgesamt bleibt das MG 81 ein bedeutender Schritt in der Entwicklung deutscher Flugzeugbewaffnung. Es kombinierte hohe Feuerkraft mit kompaktem Design, war industriell rationell herstellbar und bot taktisch mehr Optionen als sein Vorgänger. Auch wenn es bald von schwereren Systemen abgelöst wurde, stellt es ein Paradebeispiel für die technische Anpassung an sich verändernde taktische Bedingungen in der Luftkriegsführung dar. Seine einfache Bauweise und modulare Verwendbarkeit machten es zu einer jener Waffen, die trotz begrenzter Wirkung gegen moderne Ziele vor allem in der Version MG 81 Z bis zuletzt in unterschiedlichsten Rollen Verwendung fanden. Damit steht das MG 81 exemplarisch für den zunehmenden Pragmatismus in der deutschen Rüstungsproduktion der späten Kriegsjahre.

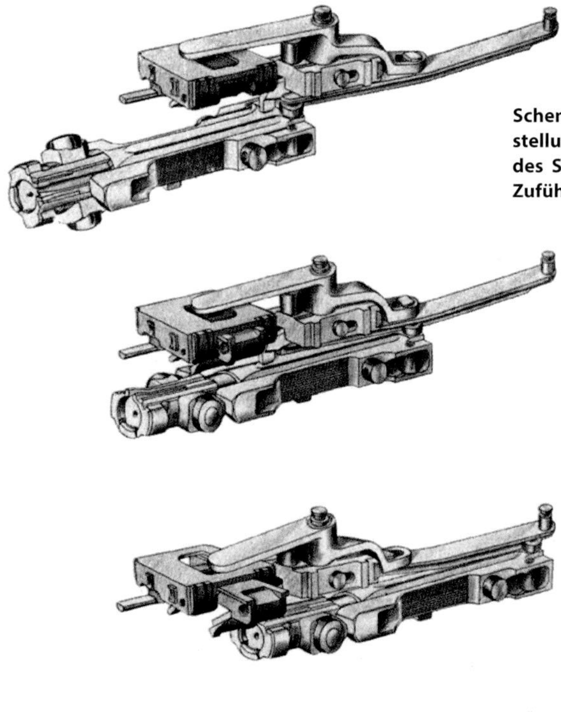

Schematische Darstellung der Funktion des Schlosses und der Zuführung.

Fl. Üb. 2-107/2 Stand: 1.12.1941

BArch RL 3-4546

Das bewegliche MG 131 (oben) mit Griffstück und das starr eingebaute MG 131 mit elektrischer Durchladeeinrichtung ED 131 (unten).

Maschinengewehr 131 (MG 131)

Die Maschinengewehre MG 15 und MG 17 prägten in den 1930er-Jahren und zu Beginn des Zweiten Weltkriegs maßgeblich die Bewaffnung der deutschen Luftwaffe. Als Standardbewaffnung zahlreicher Flugzeugtypen galten sie zunächst als ausreichend für die Anforderungen des Luftkampfs. Doch mit dem rapiden technischen Fortschritt in der Luftfahrt, dem Auftreten schnellerer, schwerer gepanzerter Metallflugzeugen und neuen Einsatzdoktrinen wurde zunehmend deutlich, dass diese leichten Maschinengewehre – insbesondere durch ihr kleines Kaliber und ihre begrenzte Durchschlagskraft – an ihre Leistungsgrenzen stießen.

Diese Entwicklung machte eine grundlegende Modernisierung der Bordbewaffnung erforderlich. Der technische und taktische Wandel im Luftkrieg stellte neue Anforderungen an Feuerkraft und Reichweite der eingesetzten Waffen. Die Limitierungen von MG 15 und MG 17 führten daher zu einem Umdenken innerhalb der Luftwaffenführung.

Bereits 1933 reagierte das Luftwaffenkommando auf diese erkannten Herausforderungen und beauftragte die Rheinmetall AG mit der Entwicklung eines neuen, deutlich leistungsstärkeren 13-mm-Bordmaschinengewehrs. Das daraus hervorgegangene MG 131 sollte nicht nur die bestehenden Modelle ersetzen, sondern eine vielseitige Waffe darstellen, die sowohl in Jägern als auch in Bombern verwendet werden konnte. Mit seinem größeren Kaliber, höherer Feuerrate und kompakter Bauweise stellte das MG 131 eine bedeutende technologische Antwort auf die gestiegenen Anforderungen dar und trug entscheidend zur Kampfkraft der Luftwaffe bei.

Die Entwicklung des neuen Maschinengewehrs verlief unter strenger Geheimhaltung. Dabei ging es darum, den Eindruck zu erwecken, Deutschland verfüge weiterhin ausschließlich über Bordwaffen im Gewehrkaliber von 7,92 mm. Erst im Jahr 1938 – also nach etwa fünfjähriger Entwicklungszeit – konnten die ersten Prototypen des MG 131 erfolgreich erprobt werden. In internen Tests zeigte sich früh, dass das MG 131 den geforderten Leistungsparametern entsprach und sich auch unter extremen Bedingungen als zuverlässig erwies.

Das MG 131 markierte einen entscheidenden technologischen Fortschritt gegenüber seinen Vorgängern. Es war das erste Maschinengewehr seiner Klasse, das sowohl Spreng- als auch Brandmunition abfeuern konnte – ein signifikanter Vorteil im Luftkampf.

Die Waffe arbeitete nach dem Prinzip des Rückstoßladers mit kurzem Rohrrücklauf und starrer Verriegelung. Sie konnte sowohl starr als auch beweglich eingebaut werden, was die Einsatzmöglichkeiten erheblich erweiterte. Die Verwendung einer Zentralpufferung beim Einbau reduzierte Vibrationen und Rückstöße, wodurch die Zielgenauigkeit verbessert und die strukturelle Belastung für die Flugzeugzelle minimiert wurde.

Die Patronenzuführung erfolgte entweder von rechts oder von links – je nach Einbaukonfiguration – über einen Metallgurt, der in zerfallender oder nicht zerfallender Ausführung vorlag. Die Munition wurde elektrisch gezündet, was eine präzise Abstimmung mit dem Bordnetz und anderen Steuersystemen ermöglichte. Bei synchronisiertem Schießen – etwa durch den Propellerkreis – erfolgte die Auslösung des Feuers durch einen vom Flugmotor angetriebenen Schussgeber. Die Bedienung konnte sowohl manuell über Handabzug und Handdurchladeeinrichtung als auch ferngesteuert über elektrische Systeme erfolgen. Insbesondere für bewegliche Waffenstände oder automatisierte Türme waren Varianten mit Luftspanneinrichtung und Magnetabzug vorgesehen. Je nach Einbauart und Ausführung erfolgte das Durchladen entweder automatisch oder durch manuelle Betätigung eines entsprechenden Schalters.

Ein weiteres bemerkenswertes Merkmal des MG 131 war der Mündungsfeuerdämpfer, der nicht nur die Sicht des Schützen im Nachtkampf verbesserte, sondern auch durch eine spezielle Düse zur rückstoßverstärkenden Wirkung beitrug. Dadurch konnte die Kadenz der Waffe gesteigert werden, was, wie beim MG 15, vor allem in Situationen mit kurzer Feuerdauer – wie beim Anflug auf ein Ziel – taktische Vorteile brachte. Trotz seines großen Kalibers war das MG 131 überraschend kompakt und leicht. Mit einer Gesamtlänge von nur 1,17 m und einem Gewicht von lediglich 16,6 kg konnte es auch in beengten Flugzeugzellen problemlos installiert werden. Diese Eigenschaften machten es sowohl für die Abwehrbewaffnung in Drehlafetten als auch für den starren Einbau im Flugzeugrumpf oder in den Tragflächen attraktiv.

Die Waffenleistung des MG 131 konnte sich sehen lassen: Es erreichte eine Feuerrate von bis zu 930 Schuss/Min. bei einer Mündungsgeschwindigkeit von etwa 750 m/s. Damit war es in der Lage, auch mittelstark gepanzerte Ziele auf mittlere Entfernungen zuverlässig zu bekämpfen. Die Treffgenauigkeit lag bei einer Entfernung von 100 m bei etwa 35 × 45 cm – ausreichend für den

MG 131 in der beweglichen Version in seine wichtigen Baugruppen zerlegt.

BArch RL 3-4546

präzisen Luftkampf gegen feindliche Bomber oder Jäger.

Aufgrund seiner Vielseitigkeit wurden im Laufe der Produktion mehrere Varianten des MG 131 entwickelt, die sich an unterschiedliche Einsatzanforderungen anpassten. Die Grundausführungen A und B unterschieden sich hauptsächlich in der Richtung der Patronenzuführung – entweder von links oder von rechts – und ermöglichten so eine flexible Integration in verschiedene Flugzeugtypen. Die Versionen C und D waren mit Magnetabzügen ausgestattet, was die Sicherheit und Präzision der Schussauslösung erhöhte. Die Modelle E und F verfügten über elektrische Durchlade- und Abzugseinrichtungen, was vor allem in ferngesteuerten Waffentürmen von Vorteil war. Die späteren Varianten G und H kehrten auf Wunsch der Truppe wieder zu manuellen Spannmechanismen zurück, da sich diese unter schwierigen Einsatzbedingungen als wartungsfreundlicher und robuster erwiesen hatten.

Es waren folgende Ausführungen vorhanden:

- MG 131 A mit Handdurchladeeinrichtung und Handabzug; Zuführung der Patronen von rechts.
- MG 131 B mit Handdurchladeeinrichtung und Handabzug; Zuführung der Patronen von links.
- MG 131 C mit Luftspanneinrichtung und Magnetabzug (MA 131); Zuführung der Patronen von rechts.
- MG 131 D mit Luftspanneinrichtung und Magnetabzug (MA 131); Zuführung der Patronen von links.
- MG 131 E mit elektrischer Durchladeeinrichtung und elektrischer Abzugseinrichtung (ED 131 u. EA 131); Zuführung der Patronen von rechts.
- MG 131 F mit elektrischer Durchladeeinrichtung und elektrischer Abzugseinrichtung (ED 131 u. EA 131); Zuführung der Patronen von links.
- MG 131 G mit Handdurchladeeinrichtung und Handabzug, Ausführung wie MG 131A, jedoch statt mit Kontaktplatte mit Kontaktplatte mit Steckeranschluß für elektrische Zündung; Zuführung der Patronen von rechts.
- MG 131 H mit Handdurchladeeinrichtung und Handabzug, Ausführung wie MG 131 B, jedoch mit einer Kontaktplatte mit Steckeranschluß für elektrische Zündung; Zuführung der Patronen von links.

Die elektrische Zündung machte das MG 131 auch für ferngesteuerte Waffenstände und als Zwilling (MG 131 Z), wie sie beispielsweise in der Heinkel He 177 oder in der Dornier Do 217 Verwendung fanden, oder für den Schuss durch den Propellerkreis geeignet.

Das MG 131 wurde sowohl in defensiven als auch offensiven Rollen eingesetzt. Im Defensivbereich kam es in beweglichen Waffenständen (B- und C-Stände) von Bombern und Seeaufklärern wie der Junkers Ju 88, der Heinkel He 111 oder der Focke-Wulf Fw 200 zum Einsatz. In starrer Montage fand es ab etwa 1943 zunehmend Verwendung in Jagdflugzeugen wie der Messerschmitt Bf 109 G, der Focke-Wulf Fw 190 A und der Messerschmitt Me 410. Dabei wurden ein oder zwei MG 131 synchronisiert über dem Motor montiert und ergänzten oder ersetzten die schwächeren MG 17. Diese Umrüstung erhöhte die Schlagkraft der Jagdflugzeuge deutlich.

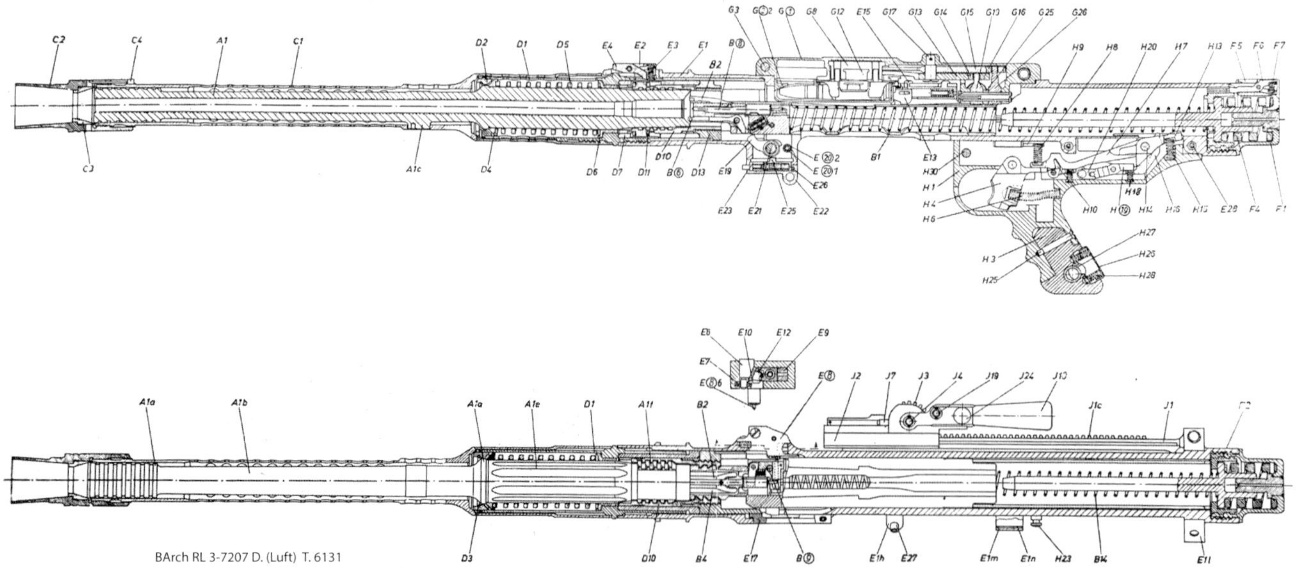

BArch RL 3-7207 D. (Luft) T. 6131

Schnittzeichnung des MG 131.

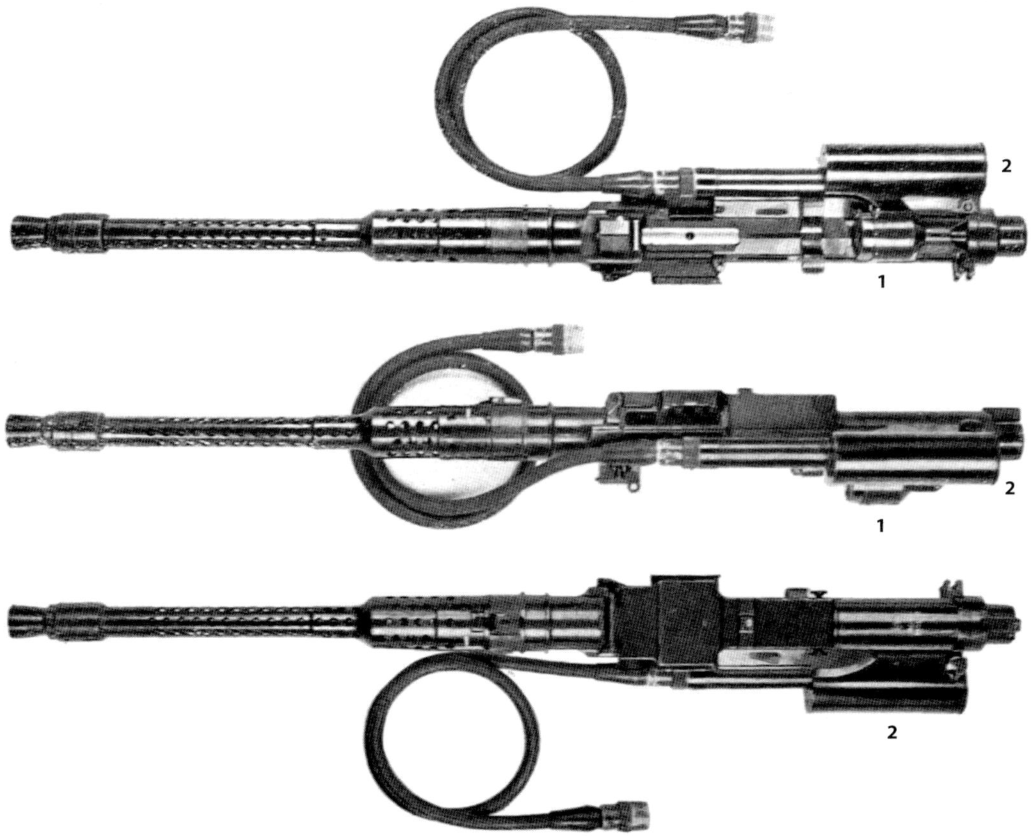

MG 131 F mit elektrischer Abzugseinrichtung EA 131 (1) und elektrischer Durchladeeinrichtung ED 131 (2).

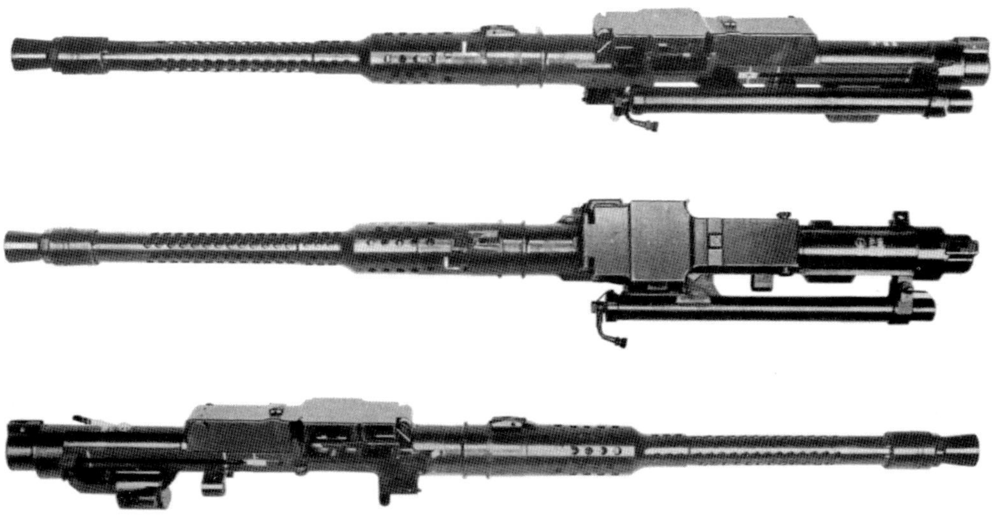

MG 131 C mit Magnetabzug und Luftspanneinrichtung.

BArch RL 3-7207 D. (Luft) T.6131

Schnittansichten der Funktionsweise des MG 131.

Zuführen der Patrone. Ansicht von der Seite.

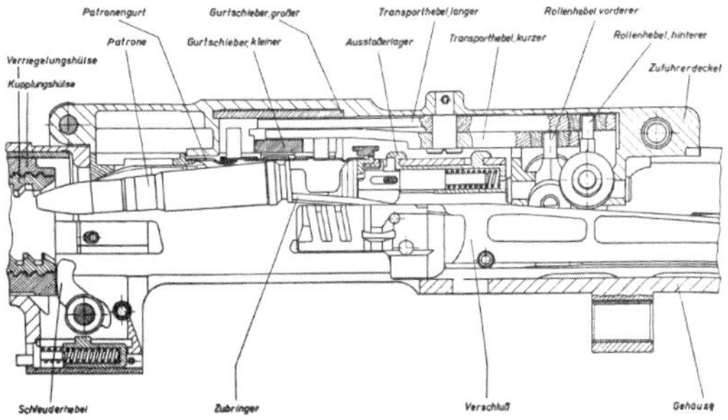

Verriegeln des Verschlusses. Ansicht von oben.

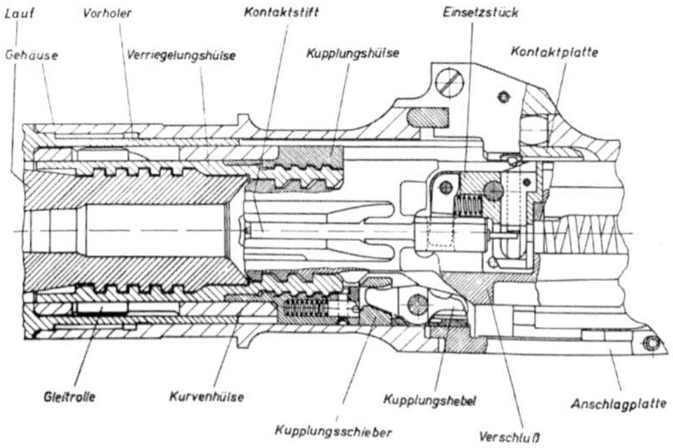

Entriegeln des Verschlusses. Ansicht von oben.

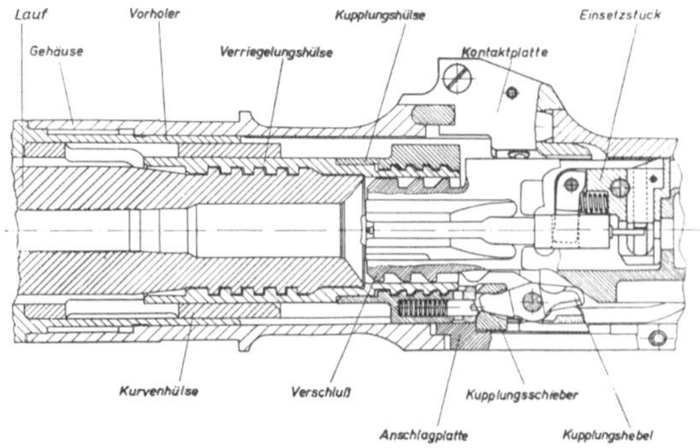

Auswerfen der leeren Patronenhülse. Ansicht von der Seite.

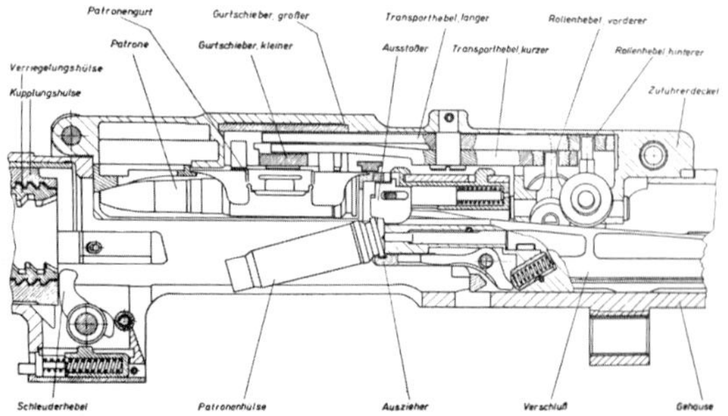

BArch RL 3-7207 D. (Luft) T. 6131

Die Munition des MG 131 bestand aus einem Mix verschiedener Geschosstypen, ab Kriegsmitte etwa Sprenggranatpatronen mit Leuchtspur (Spr.Gr.L'spur), Brandsprenggranatpatronen mit Leuchtspur (Br.SprGr.L'spur) und Panzerbrandgranatpatronen mit Phosphorbrandsatz (Pz.Br.Gr.Ph.). Durch die kombinierte Wirkung dieser Geschosse konnte die Waffe nicht nur strukturelle Schäden am Flugzeug verursachen, sondern auch kritische interne Komponenten wie Triebwerke, Treibstofftanks oder Cockpits treffen und zerstören. Die Leuchtspursätze wurden eingesetzt, um die Zielverfolgung zu optimieren.

Trotz der generellen Zuverlässigkeit des Systems zeigten sich zu Beginn der Serienfertigung Probleme bei der Zündung. 1940 kam es bei einer Funktionsprüfung bei 158 von 177 getesteten Patronen zu Kurzschlüssen im Zündhütchen – ein Problem, das durch verbesserte Fertigungsprozesse und strengere Qualitätskontrollen später weitgehend gelöst werden konnte.

Die hohe Produktionszahl des MG 131 – über 20.000 Stück allein bis 1944 – zeugt von seiner Bedeutung. Es wurde in mehreren Waffenfabriken produziert, darunter auch bei Lizenznehmern in anderen Teilen des Reichs. In vielen Maschinen ersetzte es sukzessive das MG 17, nicht nur wegen der höheren Leistung, sondern auch, weil es durch seine Kompaktheit und relativ geringe Masse kaum Umbauten erforderte.

Selbst unter Berücksichtigung der Tatsache, dass das MG 131 oft wegen unzureichender Leistung für ein solches Kaliber kritisiert wurde, durchbohrten panzerbrechende Brandgeschosse in einer Entfernung von 300 m souverän die 6-mm-Seitenpanzerung einer sowjetischen Iljuschin Il-2. Vergleichbare Waffen der Alliierten – etwa das US-amerikanische .50 Browning M2 oder die sowjetische Berezin UB – wiesen ähnliche Leistungsdaten auf, waren jedoch schwerer und größer. Das MG 131 stellte somit eine gelungene Kombination aus Feuerkraft, Gewicht und Anpassungsfähigkeit dar.

Ein späteres Einsatzszenario sah auch die Verwendung des MG 131 in modernen, elektrisch gesteuerten Waffentürmen vor, in denen es zusammen mit Maschinenkanonen eingesetzt wurde. Diese Konzepte, etwa bei Projekten wie der Heinkel He 219, zeigten die Flexibilität der Waffe, wurden aber nur begrenzt umgesetzt.

In der Gesamtsicht war das MG 131 ein technologisch ausgereiftes, leistungsfähiges und vielseitig einsetzbares Bord-Maschinengewehr, das die Lücke zwischen leichten MGs und schweren Maschinenkanonen schloss. Es war eine Antwort auf die wachsenden Anforderungen der modernen Luftkriegsführung und trug wesentlich zur Verlängerung der Kampffähigkeit deutscher Flugzeuge bei.

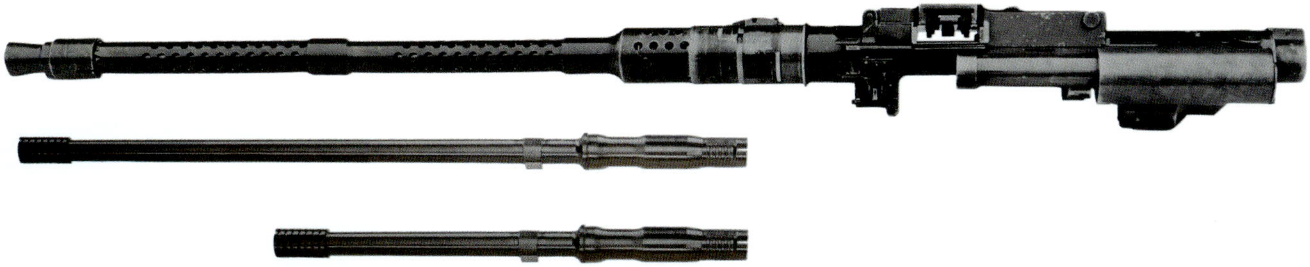

MG 131/8 mit dem auf 870 mm verlängerten Lauf. Darunter zum Vergleich der 550 mm lange Lauf des MG 131 im Kaliber 13 mm.

Maschinengewehr 131/8 (MG 131/8)

Auf der Suche nach dem optimalen Nachfolger des MG 17 erhielt die Entwicklungsgruppe WKW der Rheinmetall-Borsig AG den Auftrag, eine Bordwaffe zu entwickeln, die bereits auf eine Entfernung von 800 m einen Gegner abwehren konnte.* Das Geschoss musste die entsprechende Auftreffwucht und kurze Flugzeit besitzen. Zur schnellen Durchführung dieser Aufgabe wurde das MG 131 auf das Kaliber 8 mm abgeändert, der Lauf von 550 mm auf 870 mm bei gleichem Gewicht (2,7 kg) verlängert, und der Laufmantel mit einem Verlängerungsstück versehen. Weitere Änderungen zur Erhaltung der Funktion waren am Zubringer-Unterteil und an der Düse erforderlich.

Es konnten ohne weiteres die üblichen Infanterie-Geschosse (sS, SmK, SmK L'spur, PmK, und SmE) mit der 13-mm-Hülse benutzt werden (s. im Kapitel Bordmunition). Die damit erreichten Mündungsgeschwindigkeiten betrugen bei der Patrone SmK beeindruckende 1.130 m/s und für SmK L'spur sogar 1.160 m/s. Bei 400 m Entfernung lag die Geschossgeschwindigkeit noch bei 830 m/s. Etwas über der Mündungsgeschwindigkeit des MG 17. Der maximale Gasdruck betrug 3.600 kg/cm^2 bei einem Lauf mit vier Zügen, bei sechs Zügen bei 3.900 kg/cm^2.

Infolge der hohen Beanspruchung der Läufe sank deren Lebensdauer stark ab. Bei einer Belastung von je 50 Schuss Stoßfeuer und nachfolgender Abkühlung mit Luft konnte aus einem Lauf aus Laufstahl I mit vier normalen Zügen nur etwa 400 Schuss abgegeben werden, ehe mit SmK-Geschossen Querschläger auftraten. Besonders stark war dabei der Verschleiß am Beginn der Züge. Zur Herabsetzung des Verschleißes wurden zwei zusammengesetzte Läufe gefertigt, bei denen das Mundstück aus vergütetem Warmarbeitsstahl (2,3 % Chrom, 9 % Wolfram, und 1 % Molybdän) und das Mündungsstück aus Laufstahl I bestand. Der Warmarbeitsstahl behielt auch bei hohen Temperaturen seine Festigkeit. Die Lebensdauer erhöhte sich unter gleichen Bedingungen auf 1.000 Schuss mit SmK-Munition, mit verzinkter SmE-Munition sogar auf 1.150 Schuss.

Trotz der ballistischen Vorteile setzte sich das MG 131/8 nicht durch. Die Waffe konnte den höheren technischen Aufwand, den sie erforderte, nicht durch eine entsprechend größere Zerstörungswirkung kompensieren. Aufgrund des relativ kleinen Kalibers blieb die Wirkung der Geschosse eben begrenzt. Versuche im Kaliber 15 mm analog dem MG 151 vom Konkurrenten Mauser konnten ebenfalls nicht überzeugen, sodass sich die Luftwaffe letztlich weiterhin auf das Standard-MG 131 im Kaliber 13 mm konzentrierte.

* Auszug aus dem Entwicklungsbericht der WKW-Entwicklungsgruppe der Rheinmetall-Borsig AG Berlin-Tegel, 24.10.1940. Bearbeiter Dr. Eichhorn.

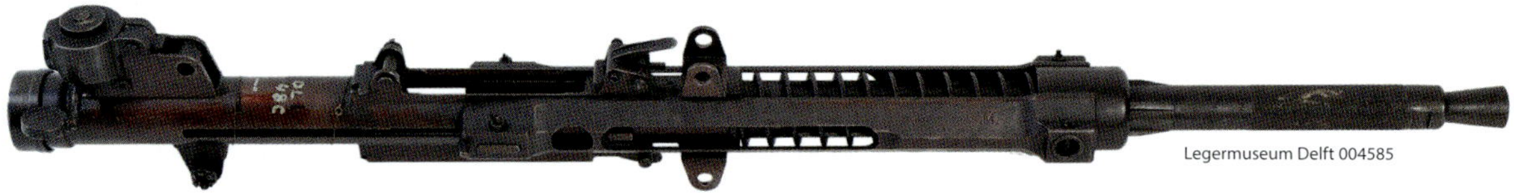

Legermuseum Delft 004585

Legermuseum Delft 004747

MG FF und MG FF/M mit Trommelmagazin und Schulterstütze.

Maschinengewehr FF und FF/M (MG FF und MG FF/M)

Obwohl Maschinengewehre in der Anfangszeit der Luftwaffe ausreichten, um leichte und ungeschützte Ziele zu bekämpfen, wurde bald deutlich, dass sie bald an ihre Leistungsgrenzen gerieten. Daraus ergab sich die dringende Notwendigkeit, Maschinenkanonen im Kaliber 20 mm zu beschaffen. Schnell zeigte sich dabei, dass die deutsche Industrie auf diesem Gebiet technologisch im Rückstand war. Zwar verfügte Rheinmetall über zwei Eigenentwicklungen – je eine für starren und beweglichen Einbau –, doch galten diese Modelle als zu schwer, technisch unausgereift und ungeeignet für den breiten Einsatz in der neuen Luftwaffe. Die starre Variante orientierte sich an der 2-cm-Flak 30, einer Bodenwaffe mit hoher Mündungsgeschwindigkeit, deren Gewicht jedoch den Einbau in Jagdflugzeuge erschwerte. Die bewegliche Version wiederum verursachte einen derart starken Rückstoß, dass sie kaum flexibel montiert werden konnte.

Da es an geeigneten inländischen Konstruktionen fehlte, entschied man sich 1936, die 2-cm-Kanone der Schweizer Werkzeugmaschinenfabrik Oerlikon zu übernehmen. Diese stellte eine moderne Weiterentwicklung der im Ersten Weltkrieg entwickelten Oerlikon-Becker-Kanone dar. Die Lizenzfertigung wurde der Ikariawerke Berlin GmbH übertragen, während die eigentliche Produktion bei der Veltener Maschinenfabrik nordwestlich von Berlin erfolgte. Dort wurde die Waffe technisch überarbeitet und an deutsche Fertigungsstandards angepasst. Unter der Bezeichnung MG FF (Maschinengewehr Flügel-Fest) wurde sie schließlich in die Luftwaffe eingeführt – ein Name, der auf ihren vorgesehenen Einbau in die Tragflächen von Jagdflugzeugen hinweist.

In den frühen Kriegsjahren wurden Jagd- und Erdkampfflugzeuge vor allem taktisch eingesetzt, um die Beweglichkeit der Bodentruppen zu unterstützen. In den Feldzügen gegen Polen 1939 und Frankreich 1940 erwies sich diese Strategie als wirksam. Besonders die gezielte Zerstörung feindlicher Kommunikations- und Versorgungslinien schwächte die gegnerischen Armeen entscheidend. Neben dem MG 17 im Kaliber 7,92 mm wurde das neue 2-cm-MG Oerlikon FF für diese Kampfaufgaben eingesetzt.

Es wurde breit eingesetzt – etwa in der Bf 109 E-Serie und der Fw 190 A-Serie – und bot eine für das Kaliber gute Feuerrate von rund 600 Schuss pro Minute. In Kombination mit der neu entwickelten, hochwirksamen Sprengmunition trug es wesentlich zur Feuerkraft der deutschen Jagdflugzeuge bei, insbesondere während der Luftschlacht um England 1940. Es war die einzige von der Luftwaffe eingesetzte Waffe in dieser Operation mit

Sprenggranaten. Die vergleichsweise geringe Mündungsgeschwindigkeit machte kurze Kampfentfernungen notwendig, was wiederum eine höhere Geschwindigkeit des angreifenden Flugzeugs voraussetzte. Dennoch bewährte sich das MG FF als effektive Übergangslösung, die bis zur Einführung leistungsstärkerer Systeme die Kampfkraft der Luftwaffe erheblich stärkte.

Das MG FF war ein vollautomatischer Rückstosslader mit beweglichem Lauf und Vorlaufzündung, mechanischer oder elektro-pneumatischer Durchladung und Abzugseinrichtung. Es arbeitete nach dem Prinzip des Masseverschlusses. Ein federbelastetes Verschlußstück stellte durch seine reine Masse den Verschluss dar. Dabei bestand keine starre Verbindung zwischen Lauf und Verschluss. Der Verschluss wurde bei diesem System durch die Schließfeder mit hoher Geschwindigkeit nach vorne gedrückt und die Patrone während der Vorwärtsbewegung des Verschlusses kurz vor Erreichen der vordersten Stellung gezündet, der sogenannten Vorlaufzündung. Der beim Abfeuern entstehende Gasdruck musste den Impuls aus dieser Bewegung und die Massenträgheit des schweren Verschlussstücks überwinden. Erst nach dem Austritt des Geschosses aus dem Lauf wurde der Rücklauf eingeleitet. Dieses verzögerte Öffnen reduzierte die mechanische Belastung der Bauteile, erhöhte die Lebensdauer der Waffe und erlaubte eine hohe Feuergeschwindigkeit. Auch machte dieses System eine einfach konstruierte, kompakte und leichte Waffe möglich.

Anfänglich stieß diese Technologie innerhalb konservativer Kreise im Technischen Amt des Reichsluftfahrtministeriums auf Skepsis. Man bevorzugte konventionelle Verriegelungssysteme und zweifelte an der Standfestigkeit des MG FF. Erst durch das energische Eintreten von Oberst Ernst Udet – einem Jagdflieger des Ersten Weltkriegs und späterem Generalluftzeugmeister – kam es zur Durchsetzung der Oerlikon-Konstruktion. Udet hatte den praktischen Nutzen kompakter Schnellfeuerkanonen bereits im Spanischen Bürgerkrieg erkannt und setzte sich entschieden für deren Integration in die Luftwaffe ein.

Das MG FF verwendete drei Munitionsarten: eine hochexplosive Sprenggranate (HE) gegen ungeschützte Ziele, eine panzerbrechende Granate (AP) mit Hartkerneinsatz für leicht gepanzerte Ziele auf kurze Distanzen, sowie die Minengranate mit Zerlegerzünder und Duplexkapsel (nur bei der Variante MG FF/M). Die Munitionszuführung erfolgte über ein Stangenmagazin mit 15 Schuss oder über Trommelmagazine mit 35, 60 oder 100 Schuss, die jedoch durch ihr Gewicht (bis zu 33,3 kg voll geladen) und ihren Raumbedarf die Einbaumöglichkeiten erheblich einschränkten. In Flugzeugen wie der Bf 109 E mussten daher Ausbeulungen an den Tragflächen vorgenommen werden, um Magazin und Waffe unterzubringen – was die Aerodynamik verschlechterte. Versuche, auf Zerfallgurte umzusteigen, waren technisch erfolgreich, wurden jedoch nicht serienmäßig umgesetzt.

Das MG FF galt als vergleichsweise wartungsarm. Eine gründliche Reinigung von Verschluss und Zündmechanismus war erst nach etwa 500 Schuss erforderlich. Bei Verwendung der korrekten Munition und regelmäßiger Pflege zeigte die Waffe eine hohe Betriebssicherheit und nur seltene Störungen. Dies bestätigte sich auch bei einem Dauerbelastungstest, bei dem vier MG FF im Bug einer Dornier Do 217 J montiert wurden: Insgesamt konnten 125.000 Schuss störungsfrei abgegeben werden.

Zur Standardausstattung gehörte ein elektrisches Zähl- und Verschlusskontrollgerät im Pilotenraum, das dem Flugzeugführer einen Überblick über den Munitionsvorrat und den Verschlussstatus ermöglichte. Die Waffe überzeugte auch in ihrer Präzision: Auf eine Distanz von 100 Metern lag die Streuung bei nur 15 × 15 cm – ein ausgezeichneter Wert für eine Maschinenkanone dieses Kalibers.

Nach dem erfolgreichen Einsatz als starre Bordwaffe wurde das MG FF auch als bewegliche Bordbewaffnung getestet – etwa in schwenkbaren Waffenständen mittlerer und schwerer Kampfflugzeuge. Zum Einsatz kam es unter anderem im A-Stand der Heinkel He 111 H und P sowie im vorderen C-Stand derselben Maschinen. Auch bei der Junkers Ju 88 A und der Focke-Wulf Fw 200 C wurde es in entsprechenden Positionen verwendet, um Schutz gegen feindliche Jäger aus schrägen Winkeln zu bieten. Die höhere Feuerkraft der 2-cm-Kanonen war gegenüber den bisherigen kleinkalibrigen Abwehrwaffen beim Beschuss gegnerischer Flugzeuge ebenso vorteilhaft wie bei Tiefflugangriffen auf Bodenziele.

Ein Versuch, das MG FF auch im seitlichen B-Stand der He 111 H zu integrieren, blieb eine Ausnahme. Das große Profil des oben angebrachten Trommelmagazins führte zu erhöhtem Luftwiderstand und erschwerte die Handhabung in engen Kabinen. Aufgrund dieser Einschränkungen wurde das MG FF in seitlichen Lafetten nicht weiterverwendet. Stattdessen setzte man dort weiterhin auf leichtere Maschinengewehre mit besserer Handhabbarkeit.

Ab 1937 entwickelte man eine verbesserte Version, die speziell für den Einsatz der neu entwickelten Minengranate ausgelegt war. Diese Granate war ein leichteres Sprenggeschoss mit höherem Sprengstoffanteil. Mündungsgeschwindigkeit und Zerstörungswirkung wurden deutlich gesteigert. Durch konstruktive Anpassungen

MG FF/M mit elektrischer Abzugseinrichtung EA-FF, 60-Schuss-Trommel, Kühlmantel und Schulterstütze mit Führungsgriff.

konnten auch einige Bauteile der Waffe leichter gestaltet werden. Die so optimierte Waffe wurde unter der Bezeichnung MG FF/M eingeführt und ersetzte fortan das ursprüngliche Modell vollständig.

Es gab Versuche, das MG FF/M als Motorkanone – also durch den Hohlpropellerwellenantrieb schießend – einzusetzen, etwa in der Arado Ar 80 oder der Messerschmitt Bf 109 V4. Diese Tests zeigten brauchbare Ergebnisse. Auch wurde das MG FF/M als »schräge Musik« erfolgreich in der Me 110 eingesetzt.

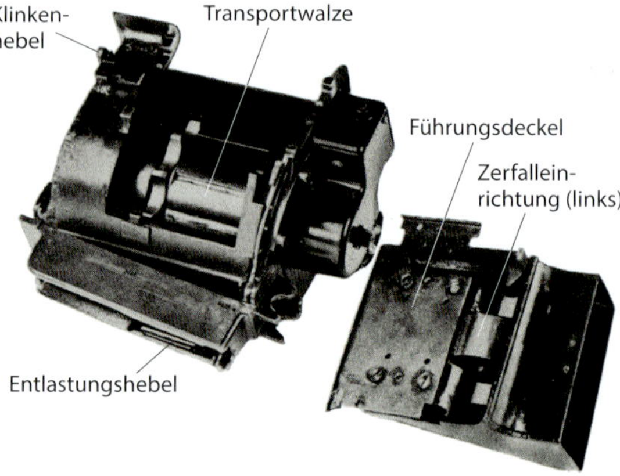

Gurtzuführer GZ-1 FF des MG FF. Der Deckel ist abgenommen.

Trotz ihrer Schwächen – darunter eine mit später entwickelten Waffen vergleichsweise geringe Mündungsgeschwindigkeit, begrenzte Reichweite, niedrige Feuerrate, begrenzte Munitionskapazität und eingeschränkte Einbaumöglichkeiten – stellte das MG FF einen wichtigen Meilenstein in der Bewaffnungsgeschichte der Luftwaffe dar. Sie markierte den Übergang von den leichten Maschinengewehren der frühen 1930er-Jahre hin zu den leistungsfähigeren Maschinenkanonen, die das Luftkriegsbild der 1940er-Jahre prägen sollten. Dabei war sie nicht nur in deutschen Flugzeugen im Einsatz: Verschiedene Varianten der Waffe fanden im Zweiten Weltkrieg auch Verwendung bei den Luftstreitkräften anderer Nationen.

Die Entscheidung, auf die bewährte Oerlikon-Konstruktion zurückzugreifen, bedeutete einen Wendepunkt in der deutschen Rüstungspolitik – weg von der ausschließlichen Eigenentwicklung hin zu pragmatischen, schnell realisierbaren Lösungen, um den zügigen Aufbau der Luftwaffe zu unterstützen. Mit der Einführung des deutlich überlegenen MG 151/20 verlor das MG FF/M jedoch bald an Bedeutung.

Bemerkenswert ist, dass das technische Prinzip des Masseverschlusses mit verzögertem Rücklauf später in der Entwicklung der MK 108 erneut erfolgreich aufgegriffen wurde – einer der leistungsstärksten Maschinenkanonen der späten Kriegsjahre.

BArch RL 36-277-84

Versuchseinbau der Drehringlafette DL FF V1 mit MG FF in einer He 111. Man beachte das sperrige 60-Schuss-Trommelmagazin, das weit über die winddruckschützende Plexiglaskuppel hinausragte. Vor der Kanone wurde ein Richtsperrbügel angebracht, der den versehentlichen Beschuss des eigenen Flugzeugs verhindern sollte.

BArch RL 36-277-84

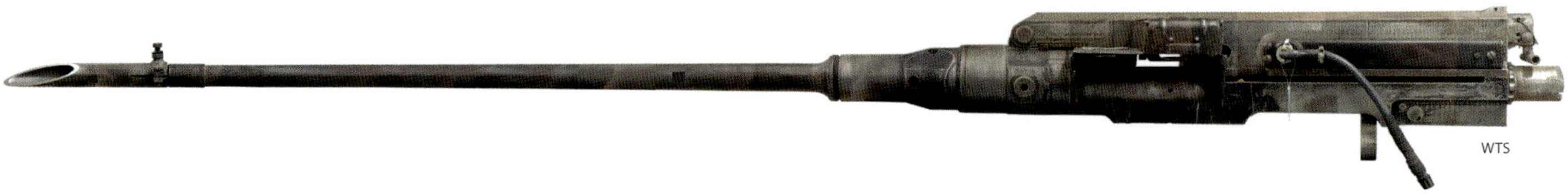

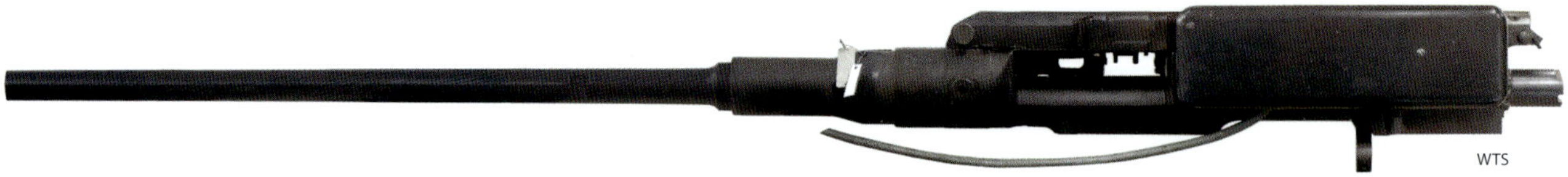

MG 151 und MG 151/20 ohne bzw. mit Spanneinrichtung.

Maschinengewehr 151 und 151/20 (MG 151/15 und MG 151/20)

Bereits ab 1934 begann die Firma Mauser in Oberndorf mit der Entwicklung einer neuen Maschinenkanone, die später die Grundlage für das bekannte MG 151 bilden sollte. Federführend waren dabei Direktor von Lossnitzer und der Ingenieur Dr. Doerge.

Ziel war es, eine gegenüber den bisherigen Waffensystemen überlegene Konstruktion zu entwickeln, die speziell für den Luftkampf optimale ballistische Eigenschaften bot. Man entschied sich für das Kaliber 15 mm, da es im Vergleich zur 20-mm-Bewaffnung eine höhere Mündungsgeschwindigkeit, eine gestrecktere Flugbahn sowie eine verbesserte Treffgenauigkeit und Reichweite versprach – und dies bei weiterhin hoher Geschosswirkung.

Die ersten Prototypen, die 1938 unter der Bezeichnung MG 151 vorgestellt wurden, galten allerdings noch als technisch unausgereift. Selbst innerhalb der Mauser-Werke gab es erhebliche Bedenken bezüglich der Haltbarkeit der Waffe. Besonders die enormen ballistischen Anforderungen führten zu Sorgen, dass die Laufiebensdauer unter Dauerfeuer extrem begrenzt sein könnte. Der beim Schuss erzeugte Gasdruck betrug immerhin etwa 3.000 Atmosphären – eine Belastung, die selbst für damalige Verhältnisse außergewöhnlich hoch war.

So musste im Spätsommer 1938 die erste Erprobung des MG 151 im Kaliber 15 mm vorzeitig abgebrochen werden. An der Erprobungsstelle Tarnewitz wurden erhebliche Mängel an den gelieferten Waffen festgestellt, darunter Materialermüdungen und mechanische Defekte. Trotz intensiver Zusammenarbeit zwischen der E-Stelle Tarnewitz und dem Hersteller Mauser kam die Weiterentwicklung nur schleppend voran. Die Waffen mussten umfassend überarbeitet, neu eingeschossen und erneut getestet werden. Erst Ende September konnten die Versuche in Tarnewitz wieder aufgenommen werden, wobei auch erste präzise Flugbahnvermessungen unter Verwendung unterschiedlicher Munitionssorten erfolgten.

Ein schwerer Rückschlag ereignete sich, als bei einem Testlauf die Verriegelungshülse brach, was eine sofortige Rückgabe der Waffe an Mauser zur Nachbesserung erforderte. Mauser wurde angewiesen, die aufgetretenen Schwächen umgehend zu beheben, um die geplanten Tests nicht weiter zu verzögern. Zwar sollte der Testbetrieb Anfang Oktober 1938 wieder aufgenommen werden, doch technische Probleme und Anpassungen an der Konstruktion führten dazu, dass sich die Arbeiten bis Anfang 1939 hinzogen.

Das MG 151 ist ein vollautomatischer Rückstoßlader im Kaliber 15 mm mit starr verriegeltem Drehverschluss und kurzem Rohrrücklauf. Die Waffe besteht aus zwei beweglichen Hauptteilen, dem Lauf und Verschluss, sowie vier feststehenden Bauteilen, dem Gehäuse, Deckel, elektrische oder mechanische Durchlade- und Abzugseinrichtung. Das MG 151 konnte entweder mit einer elektrischen oder mit einer mechanischen Zündungs-, Durchlade- und Abzugseinrichtung ausgerüstet werden. Die Mündungsgeschwindigkeit variierte je nach verwendeter Munition zwischen etwa 850 m/s und 1.010 m/s – für damalige Verhältnisse beeindruckende Werte. Die Munitionszufuhr war flexibel ausgelegt und konnte wahlweise von links oder rechts durch einen Metallzerfallgurt oder einem nicht zerfallenden Gurt mit 250 Patronen erfolgen. Ihr vergleichsweise günstigen Maßen und ihr geringes Gewicht von nur 41,5 kg machte sie besonders attraktiv für den Flugzeugeinbau.

Bei starrer Montage wurde der 1.250 mm lange Lauf durch spezielle Buchsen fixiert, um eine präzise Schussrichtung sicherzustellen. Der erstmalig eingerichtete Progressivdrall reduzierte die Laufabnutzung und verbesserte die Schusspräzision. Die Rückstoßkraft betrug etwa 430 kg, was beim Schuss abgefangen werden musste. Ein voll bestückter Gurt mit 100 Schuss wog inklusive Zerfallgurt rund 16,8 kg.

Trotz dieser überzeugenden Werte und der durch die vorzügliche Ballistik resultierende hohe Treffgenauigkeit fand das ursprüngliche MG 151 im Kaliber 15 mm letztlich nicht die breite Verwendung, die man sich erhofft hatte. Erst die spätere Umkonstruktion zur Version MG 151/20 im Kaliber 20 mm verhalf der Waffe zu großer Verbreitung. Diese Variante überzeugte durch eine noch höhere Zerstörungswirkung und wurde im weiteren Kriegsverlauf zur wichtigsten Bordkanonen der deutschen Luftwaffe.

Das MG 151/20 basierte konstruktiv auf dem bestehenden MG 151 im Kaliber 15 mm. Auf Anforderung des Reichsluftfahrtministeriums (RLM) sollte zur grundlegenden Verstärkung der Bordbewaffnung das MG FF abgelöst werden. Die Entwicklung der Waffe begann bei Mauser im Jahre 1935. Um Entwicklungszeit und Produktionskapazitäten zu schonen, übernahm man in Oberndorf

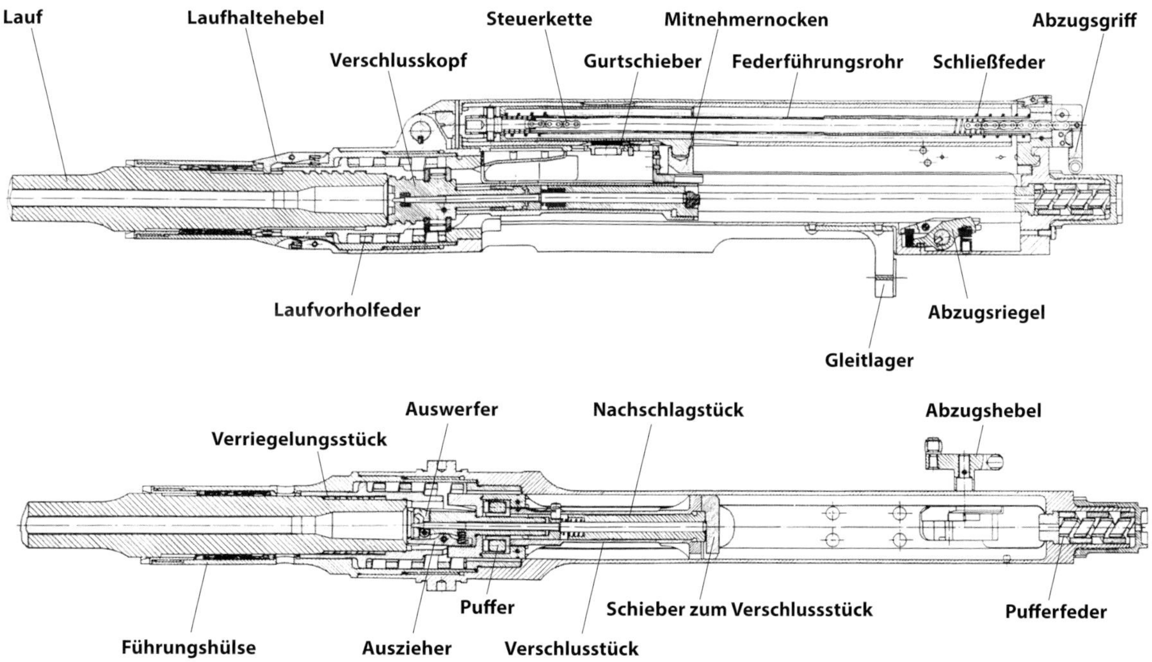

Schnittzeichnung des MG 151 im Kaliber 15 mm mit mechanischer Zündung.

BArch RL 3-7208 D. (Luft) T. 6151

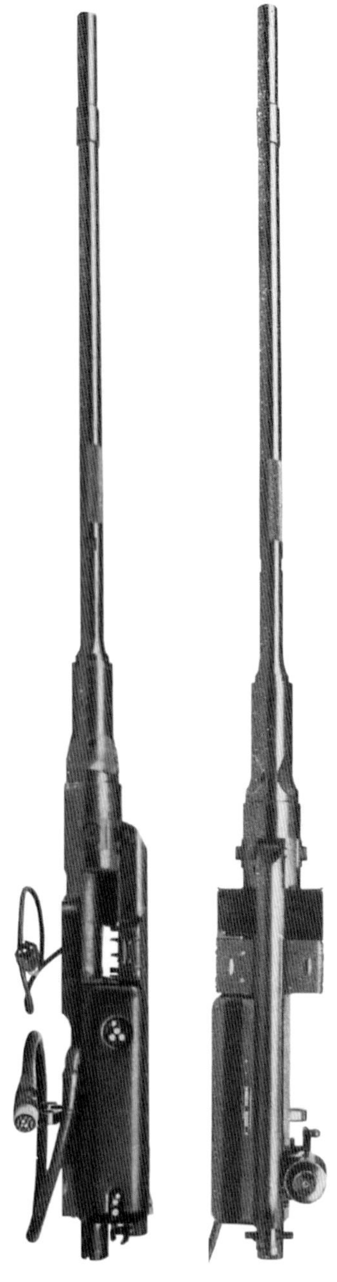

MG 151 von links und von oben gesehen.

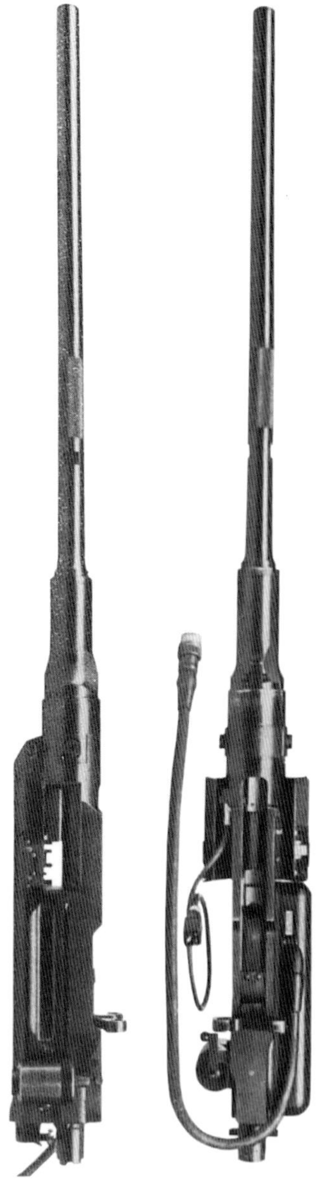

MG 151/20 für elektrische Zündung von rechts und von unten gesehen.

BArch RL 3-7208 D. (Luft) T. 6151

große Teile der Mechanik nahezu unverändert.

Wie das MG 151 war das MG 151/20 ein vollautomatischer Rückstosslader mit starr verriegltem Drehverschluss und kurzem Rohrrücklauf. Die Waffe war ausgerüstet mit der elektrischen Durchladeeinrichtung ED 151 B und der elektrischen Abzugseinrichtung EA 151/1. Das Durchladen der Waffe erfolgte selbsttätig. Dabei durfte die elektrische Abzugseinrichtung nicht gleichzeitig betätigt werden. Die Munitionszuführung war mit derjenigen des MG 151 identisch.

Der wichtigste Unterschied bestand im Austausch des ursprünglichen 15-mm-Laufs durch einen neuen 20-mm-Lauf, was der Waffe eine erheblich höhere Waffenwirkung bei Sprenggeschossen verlieh, insbesondere mit wirkungsvollen Minen-Granatpatronen (M.Gr.) mit guter Gasschlagwirkung oder Brandgranatpatronen (Br.Gr.) mit dickwandigerem Geschoss zur Bekämpfung von Flugzeugen oder anderen ungepanzerten Zielen.

Die Lauflänge wurde von ursprünglich 1.250 mm auf 1.110 mm reduziert. Dies erleichterte nicht nur die Handhabung und Integration in Flugzeugstrukturen, sondern senkte auch das Gewicht. Die Feuerrate blieb nahezu identisch zur 15-mm-Variante. Trotz der hohen ballistischen Leistung wies die Waffe ein akzeptables Rückstoßverhalten auf, was ihre Integration in verschiedenste Flugzeugtypen erleichterte. Bereits die ersten Schießversuche auf kurze Entfernungen zeigten die hohe Treffgenauigkeit des MG 151/20. Auf eine Distanz von 100 Metern ergab sich, wie bei der 15-mm-Waffe, ein Streukreis von lediglich 40 x 40 Zentimetern – ein beeindruckender Wert für eine Bordkanone dieser Klasse.

In simulierten Gefechtsszenarien ergaben sich folgende Ergebnisse bezüglich des zu erwartenden Munitionsverbrauchs beim Abschuss eines viermotorigen Bombers:

- aus 500 Metern Entfernung: etwa 275 Schuss (98 % Trefferwahrscheinlichkeit)
- aus 1.000 Metern: etwa 840 Schuss
- aus 1.500 Metern: bereits über 3.000 Schuss notwendig

Diese Werte machten klar, dass trotz der verbesserten Feuerkraft der Luftkampf weiterhin in möglichst kurzer Distanz zu führen war, um die Effizienz zu maximieren.

Ab 1941 wurde das MG 151/20 eingeführt und bei Mauser Oberndorf, Mauser Berlin und bei Heinrich Krieghoff in Suhl in Serie produziert. Es löste ältere Maschinengewehre und Kanonen ab.

Durch die kompakte Bauweise und das effektive Zusammenspiel von Feuerrate, Geschosswirkung und Gewicht eignete sich die 20-mm-Maschinenkanone hervorragend für verschiedenste taktische Anforderungen und den Einbau in unterschiedlichste Luftfahrzeugtypen.

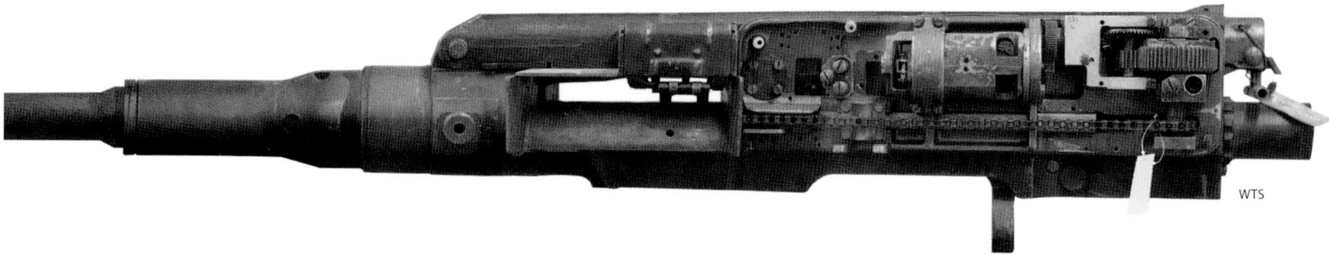

MG 151/20 mit entferntem Gehäuse der elektrischen Durchladeeinrichtung ED 151 B. In der Mitte ist der Antriebsmotor sichtbar, rechts daneben das Zahnradgetriebe. Unterhalb des Motors befindet sich der Kettentrieb.

Sie wurde typischerweise in den Tragflächenwurzeln einmotoriger Jagdflugzeuge wie der Messerschmitt Bf 109, der Focke-Wulf Fw 190 sowie später auch der Focke-Wulf Ta 152 installiert. Zusätzlich fand sie als sogenannte »Rüstsatz«-Bewaffnung in externen Waffenbehältern unter den Tragflächen Verwendung.

Der Einbau des MG 151/20 bedeutete eine wesentliche Kampfwertsteigerung für Jagdflugzeuge wie die Bf 109 und Fw 190, da die gesteigerte Feuerkraft sowohl im Luftkampf gegen feindliche Jäger als auch beim Einsatz gegen schwer gepanzerte Bomber von entscheidender Bedeutung war. In schweren Jägern und Zerstörern wie der Bf 110 oder der Me 410 wurde die Kanone fest eingebaut und trug maßgeblich zur Schlagkraft dieser Maschinen bei. Dank ihrer kompakten Dimensionen konnte die Kanone zudem problemlos in den engen Rumpfräumen von Nachtjägern untergebracht werden, häufig in Verbindung mit radarunterstützter Zielerfassung.

Diese vielseitige Einsetzbarkeit machte das MG 151/20 zu einer der wichtigsten Standardwaffen der Luftwaffe. Sie hatte sich in fest installierter Konfiguration in Jagd- und Zerstörerflugzeugen bewährt. Ab 1941 wurde die Waffe verstärkt in Flugzeugen wie der Bf 109, der Bf 110 sowie später auch in schweren Jägern wie der Me 210 und Me 410 eingesetzt. In der Folge fand sie auch breite Verwendung in mittleren Bombern wie der Dornier Do 217 und der Heinkel He 111, ebenso in Fernaufklärern und schwer bewaffneten Kampfflugzeugen wie der Focke-Wulf Fw 200 »Condor« und der Heinkel He 177. Vereinzelt auch als beweglich eingebaute Defensivwaffe.

Die hohe Durchschlagskraft der 20-mm-Munition machte das MG 151/20 auch im Erdkampf zu einer äußerst wirkungsvollen Waffe. Besonders bei Angriffen auf gepanzerte Fahrzeuge, konzentrierte Truppenansammlungen oder leicht geschützte Ziele konnte die Maschinenkanone ihre Stärken voll ausspielen. Infrastrukturell bedeutende Ziele gegnerischer Versorgungswege wie Eisenbahnlinien, Züge, Lokomotiven oder Bahnhöfe konnten mit 2-cm-Minengeschossen selbst mit kurzen Feuerstößen beträchtlich beschädigt werden.

Ein weiteres Einsatzfeld war die Bekämpfung maritimer Ziele, insbesondere ungepanzerter oder nur leicht gepanzerter Schiffe. Hier erwies sich das MG 151/20 als äußerst effektiv gegen empfindliche Strukturen wie Aufbauten, Flakstellungen und Deckbereiche. Während Torpedoangriffen wurde die Kanone zudem gezielt zur Unterdrückung gegnerischer Flugabwehr eingesetzt, um den Anflug der angreifenden Trägerflugzeuge abzusichern.

Für derartige Einsätze wurden häufig mehrere MG 151/20 gleichzeitig in Trägerflugzeugen eingebaut. In Maschinen wie der Heinkel He 111 oder der Junkers Ju 88 kamen bis zu drei dieser Kanonen gleichzeitig zum Einsatz – zumeist starr nach vorne gerichtet, seltener in schwenkbaren Lafetten. Damit entwickelte sich die Waffe zu einem der zentralen Elemente der Luftwaffe im taktischen Boden- und Seezielflug.

Mit zunehmender Kampferfahrung zeigte sich in der Spätphase des Krieges jedoch, dass das MG 151/20 trotz seiner Stärken in bestimmten Einsatzszenarien an seine Grenzen stieß. Gegen die massiv gepanzerten viermotorigen Bomber der Alliierten, den modernen Jagdflugzeugen, oder den nun auftretenden stärker gepanzerte Fahrzeugen war seine Wirkung oft nicht mehr ausreichend, was zur Weiterentwicklung schwererer Bordwaffen führte – insbesondere der 30-mm-Klasse.

In dieser Zeit wurde das MG 151/20 zunehmend auch in improvisierten Flak-Stellungen und sogar als Bewaffnung für gepanzerte Fahrzeuge eingesetzt.

Dennoch blieb die MG 151/20 bis Kriegsende in zahlreichen Maschinen im Einsatz und galt als zuverlässige und vielseitige Standardwaffe. Es war die meistverwendete deutsche Bordwaffe des Zweiten Weltkriegs.

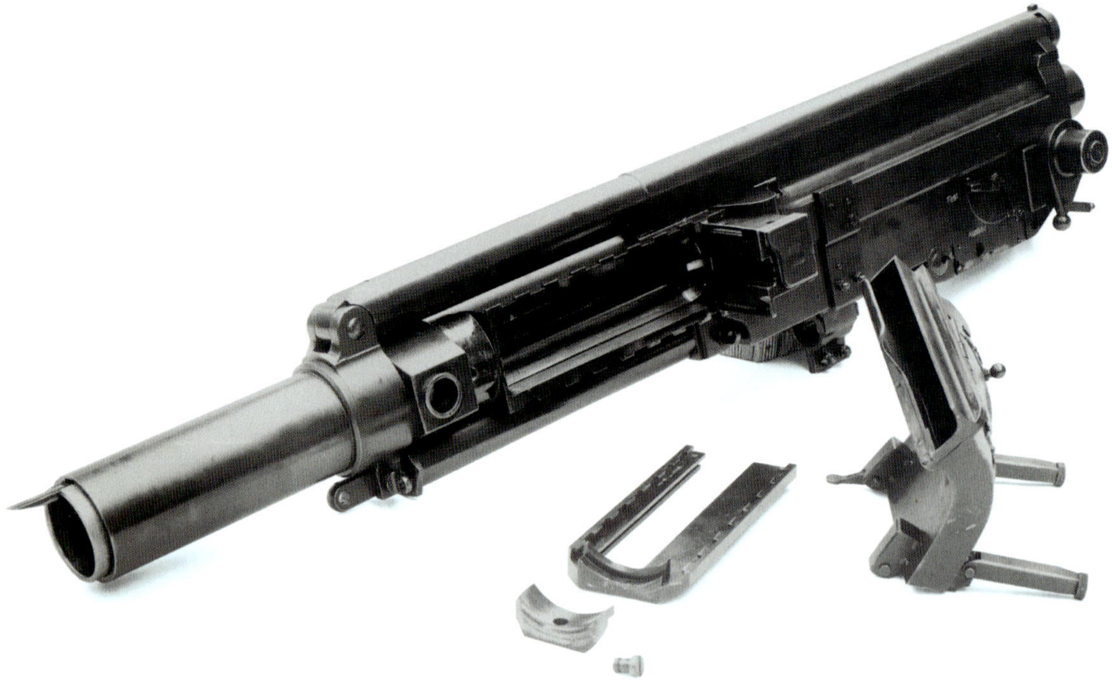

BArch RL 3-4992

MG 102 C/30 mit abgenommenem Lauf.

Maschinengewehr 102 C/30 L (MG 102 C/30 L)

In den späten 1930er-Jahren entwickelte Rheinmetall-Borsig auf Grundlage bereits vorhandener Flakwaffen das Maschinengewehr C/30 L im Kaliber 20 mm mit dem Ziel, eine besonders leistungsfähige starre Bordkanone für Jagd- und Zerstörerflugzeuge zu schaffen. Unter der geplanten Bezeichnung MG 102 sollte die Waffe in die Standardausrüstung der Luftwaffe aufgenommen werden.

Das MG 102 war auf eine deutlich größere effektive Kampfentfernung ausgelegt als das MG FF. Insbesondere plante man, die Kanone als Motorbewaffnung einzusetzen – eingebaut direkt in die Propellerachse von Jagdmaschinen, um so eine höchstmögliche Zielgenauigkeit bei frontalem Angriff zu erreichen.

Die Leistungsdaten des MG 102 waren durchaus beeindruckend. Es verschoss eine 134 g schwere Sprenggranate mit einer hervorragenden Mündungsgeschwindigkeit von 930 m/s. Dennoch offenbarte es gravierende Schwächen. Das Hauptproblem lag im enormen Gewicht der Waffe von etwa 185 kg. Mit dem zusätzlichen Gewicht des 100-Schuss-Magazins überstieg das gesamte System das Mehrfache eines vergleichbaren MG FF. Ein erheblicher Nachteil bei Jagdflugzeugen. Eine praktische Erprobung des MG 102 im Flugzeug fand daher nur begrenzt statt. Prototypische Einbauten – unter anderem in modifizierte Bf 109 und frühe Zerstörerentwürfe – zeigten rasch, dass die Waffe aufgrund ihrer hohen Masse und der aufwendigen Integration kaum praktikabel war. Der ohnehin schon enge Bauraum für Motorkanonen wie dem Daimler-Benz DB 601 oder Junkers Jumo 211 erlaubte es kaum, die sperrige Waffe samt Magazin sinnvoll unterzubringen. Obwohl das MG 102 ballistisch überlegen war, reagierte das RLM bald skeptisch und stellte die Unterstützung des Projekts ein. Man wandte sich stattdessen leichteren und leistungsfähigeren Alternativen zu, etwa der Weiterentwicklung der MG 151-Reihe, insbesondere der späteren 20-mm-Variante MG 151/20, die schließlich als Standard-Motorkanone in vielen deutschen Jägern eingeführt wurde. Interessant bleibt dennoch, dass das MG C/30 L in leicht abgewandelter Form später bei Boden- und Flakgeschützen noch eine gewisse Rolle spielte. Elemente der Konstruktion flossen außerdem in spätere Rheinmetall-Entwicklungen schwerer Kanonen ein, etwa bei Panzer- und Flugabwehrwaffen.

Das MG 102 war ein technologisch ehrgeiziger, aber in der Praxis verfehlter Versuch, die Feuerkraft deutscher Flugzeuge zu steigern – ein Projekt, das an den noch limitierten Möglichkeiten der Luftfahrttechnik scheiterte.

Maschinengewehr 204 (MG 204)

Die im Jahre 1939 von Rheinmetall-Borsig entwickelte Maschinenkanone MG 204 sollte das bisherige MG FF, das in vielen Jagdflugzeugen wie der Bf 109 verbaut wurde, deutlich in seinen Leistungen übertreffen. Sie war in erster Linie als starre Bordkanone für Jagd- und Schlachtflugzeuge vorgesehen.

Sie wurde in der zweiten Hälfte der 1930er-Jahre erstmals durch die Lehrgruppe See in Travemünde getestet. In einem frühen Versuch wurde die Waffe im vorderen, beweglichen Waffenstand (D 204) eines Seeaufklärers vom Typ Heinkel He 59 eingebaut. Diese Maßnahme diente vor allem der Erprobung des praktischen Einsatzes der Waffe in einer Drehlafette unter realen Bedingungen. Am 17. September 1938 wurde das Versuchsmuster nach Tarnewitz überführt, dem zentralen Erprobungsgelände für Bordwaffen der Luftwaffe, um dort detaillierte Beschuss- und Funktionsversuche durchzuführen. Die eigentlichen Tests begannen jedoch bereits im Sommer desselben Jahres.

Das MG 204 war in eine spezielle bewegliche Lafette integriert, die intern als HD 152 bezeichnet wurde. Erste Flugversuche fanden in einer Ju 52/3m statt, die eigens für diese Zwecke umgerüstet worden war. Aufgrund mechanischer Ausfälle und struktureller Schwächen der Lafettenkonstruktion, die sich gegenüber den Rückstosskräften der Waffe als unzureichend stabil erwies, musste das Flugzeug jedoch ab dem 14. Juli 1938 außer Dienst genommen werden, was eine mehrwöchige Unterbrechung der Erprobung bis zum 6. September zur Folge hatte.

Infolge dieser Mängel wurde die Fertigung der Waffenhalterung an das Brinker Eisenwerk übergeben, das die Aufgabe erhielt, eine verstärkte Ausführung zu entwickeln.. Ob die so überarbeitete Konstruktion den Anforderungen der Luftwaffe genügte, ist nicht eindeutig dokumentiert. Es existieren keine belastbaren Berichte über die Ergebnisse der anschließenden Versuchsflüge mit der verbesserten Lafette.

Auch die Einführung einer neuen, bundlosen Patrone, die in zahlreichen Versuchen mit panzerbrechenden Geschossen getestet wurde, brachte nicht die erhofften Vorteile und stellte stattdessen zusätzliche logistische Herausforderungen dar.

Unter all diesen Schwierigkeiten reichten offenbar die erzielten Resultate nicht aus, um das Reichsluftfahrtministerium (RLM) von der weiteren Verwendung der MG/MK 204 zu überzeugen. Ein entscheidender Nachteil zeigte sich im direkten Vergleich mit dem inzwischen weiterentwickelten MG 151/20. Das MG 151/20 bot bei ähnlichem Kaliber eine höhere Feuerrate, eine vergleichbare oder sogar bessere Mündungsgeschwindigkeit und eine robustere Gesamtkonstruktion. Zudem war das MG 151/20 leichter in die bestehende Infrastruktur zu integrieren und erwies sich als zuverlässiger im harten Luftkriegseinsatz.

Die offizielle Erprobung wurde daraufhin eingestellt und die vorhandenen Prototypen gelangten nie in den Fronteinsatz. Stattdessen konzentrierte man sich fortan auf die Einführung der bereits von Großbritannien eingeführten französischen Maschinenkanone Hispano Suiza H.S. 404, die technisch auf dem gleichen Konstruktionsprinzip basierte, aber als deutlich ausgereifter galt und sich später als Standardwaffe in zahlreichen alliierten Flugzeugen bewährte.

Das MG 204 markiert eine wichtige Zwischenstation in der deutschen Waffenentwicklung der späten 1930er-Jahre. Die Erfahrungen, die bei der Entwicklung gesammelt wurden, flossen später in andere Waffenprojekte ein, insbesondere in der Weiterentwicklung von leichten und mittelschweren Bordkanonen.

Mit der Einführung des MG 151/20 und späterer leistungsstärkerer Kanonen wie der MK 103 und MK 108 geriet das MG 204 schnell in Vergessenheit.

Die Dornier Do P 85, eine zum Flugboot umgerüstete Version der Do 217 sollte zur Bekämpfung von Schiffszielen als Starrbewaffnung zwei MG 17 und zwei MG 204 im verglasten Bugbereich erhalten.

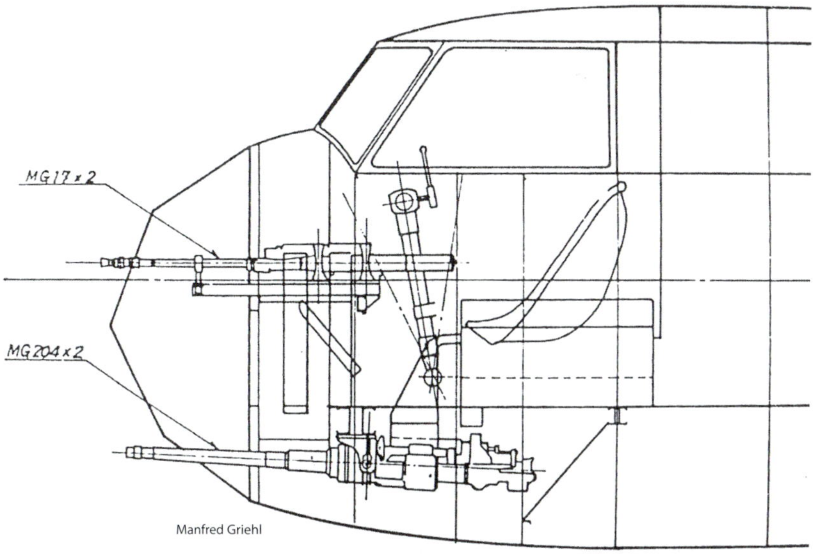

Manfred Griehl

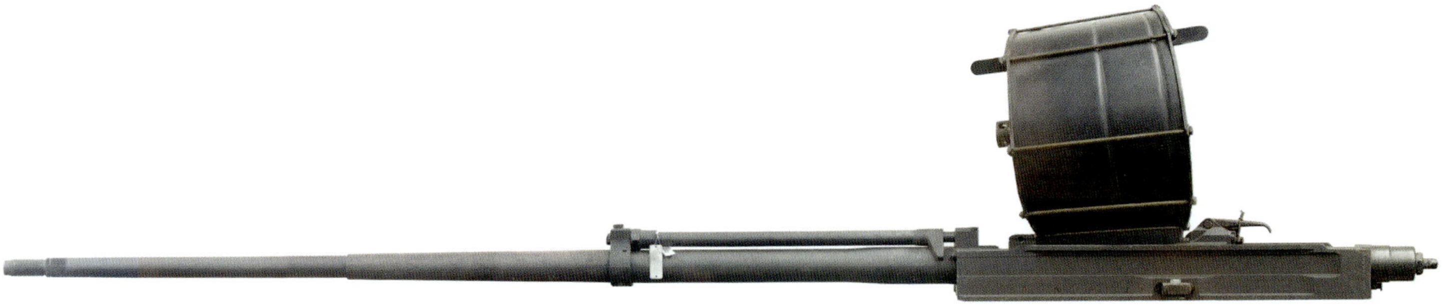

MG H.S. 404 mit 60-Schuss-Trommel HS 404 und abgenommener Mündungsbremse.

Maschinengewehr H.S. 404 (MG H.S. 404)

Ursprünglich wurde die Maschinenkanone H.S. 404 (Hispano-Suiza 404 oder HS 404) als starre Bordwaffe im Werk des französischen Unternehmens Hispano-Suiza in Bois-Colombes bei Paris entwickelt und gefertigt. Sie war für den Einsatz in Kampfflugzeugen konzipiert und kombinierte hohe Feuerrate mit einer beträchtlichen Sprengwirkung und Durchschlagskraft der Geschosse. Die H.S. 404 galt zu Beginn des Zweiten Weltkriegs als eine der modernsten und effektivsten Flugzeugkanonen ihrer Zeit.

Nach der deutschen Besetzung Frankreichs 1940 fielen zahlreiche Exemplare dieser Waffe und deren Fertigungseinrichtungen in die Hände der deutschen Wehrmacht. Die Luftwaffe unterzog die Beutewaffen eingehenden Tests zur Erprobung ihrer Einsatzfähigkeit. Dabei zeigte sich, dass die H.S. 404 trotz der begrenzten Kapazität ihrer Trommelmagazine von anfänglich nur 20 Schuss eine zuverlässige und leistungsfähige Waffe war, deren ballistische Eigenschaften mit einer Anfangsgeschwindigkeit der Geschosse von 880 m/s und einer Kadenz von 700 Schuss/Min. mit den zu diesem Zeitpunkt vorhandenen deutschen Kanonen absolut konkurrieren konnten.

Die Kanone H.S. der Bauausführung 404 – so lautete die offizielle deutsche Bezeichnung – zeichnete sich durch ein interessantes Funktionsprinzip aus. Es handelte sich um einen Gasdrucklader mit einem spezifischen Verriegelungsmechanismus. Die Verriegelung des Verschlussblockes erfolgte durch das Absenken eines Riegels. Der Verschlussblock selbst war mit zwei seitlichen Vorsprüngen versehen, die an der Vorderseite durch einen Querkeil miteinander verbunden waren. Dieser Querkeil trug gleichzeitig den Schlagbolzen. Am hinteren Ende des Verschlussblocks befanden sich schräg angesetzte Steuerflächen, die der Führung und Bewegung des Riegels dienten. Bei Eröffnung des Feuers wurden der bewegliche Verschlussblock und der Riegel nach vorn geschleudert, und zwar unter Zwischenschaltung der Stangen und des Schlagbolzens, welcher unter Einwirkung der Rückholfeder stand. Ein kurzes Stück vor dem Ende der Schliessbewegung senkte sich der Riegel und gab die Stangen frei, welche den Schlagbolzen mit nach vorn nahmen. Sobald das Geschoss die Öffnung für die Gasabnahme freilegte, erfolgte die Entriegelung durch die Einwirkung der aus dem Lauf entnommenen Gase. Der bewegliche Verschlussblock wurde dann unter dem Druck der Gase, welche auf den Boden der Geschosshülse wirkten, nach rückwärts geschleudert. Die auf den Verschlussblock durch diesen Impuls übertragene Energie wurde durch das Zusammendrücken der Dämpfungsfeder des Schlosses aufgenommen, welch letztere ausserdem die Aufgabe hatte, das Feuer zu beschleunigen. Mehr als die Hälfte der Energie der zurückgleitenden Masse wurde durch die Mündungsbremse aufgenommen. Der Rückstoss der Waffe betrug 18 bis 25 mm, wobei die Ladetrommel an der Bewegung nicht teilnahm.

Trotz ihrer beachtlichen ballistischen Leistung wurde die H.S. 404 im deutschen Luftwaffendienst nur in sehr begrenztem Umfang eingesetzt. Sie fand vor allem Verwendung in Drehringlafetten von Seeflugzeugen wie der Blohm & Voss BV 138 oder der Dornier Do 24, wo sie zur Abwehr feindlicher Jäger sowie zur Bekämpfung von See- und Bodenzielen diente. In dieser Rolle profitierte sie von ihrer guten Waffenleistung und ihrer Kompaktheit – Eigenschaften, die den flexiblen Einbau der Waffe begünstigten. Der eingeschränkte Einsatz der H.S. 404 hatte mehrere Ursachen. Zum einen erschwerte der große Platzbedarf der Trommelmagazine eine reibungslose Integration der Waffe in die Flugzeugzellen. Darüber hinaus behinderten fehlende Ersatzteile sowie die mangelnde Kompatibilität mit deutscher Munition eine umfassende Einbindung in die bestehende Logistik der Luftwaffe. Zum anderen verfolgte die Luftwaffenführung das Ziel, die Bordbewaffnung weitgehend zu vereinheitlichen, was zur Bevorzugung einheimischer Entwicklungen wie der MG 151/20 führte. Diese Waffe bot vergleichbare ballistische Leistungen, war jedoch besser in die deutsche Produktions- und Versorgungskette eingebunden.

International jedoch spielte die H.S. 404 eine deutlich bedeutendere Rolle: Sie wurde in großem Umfang von den Alliierten verwendet, insbesondere in britischen und amerikanischen Jagdflugzeugen. In der Royal Air Force ersetzte sie ab 1940 schrittweise die bisher eingesetzten Maschinengewehre .303 (7,7 mm) und wurde zur Standardbewaffnung in Flugzeugen wie der Supermarine Spitfire oder der Hawker Hurricane. Auch in der US-Luftwaffe fand die Waffe – in Lizenz als M1 und später M2 produziert – Verwendung, etwa in der P-38 Lightning oder in frühen Versionen der P-51 Mustang.

Die HS 404 trug maßgeblich zur Schlagkraft der alliierten Luftstreitkräfte bei. Trotz ihres begrenzten Einsatzes auf deutscher Seite bleibt sie damit ein wichtiges Beispiel erfolgreicher Waffentechnologie mit weitreichender Wirkung im Luftkrieg des Zweiten Weltkriegs.

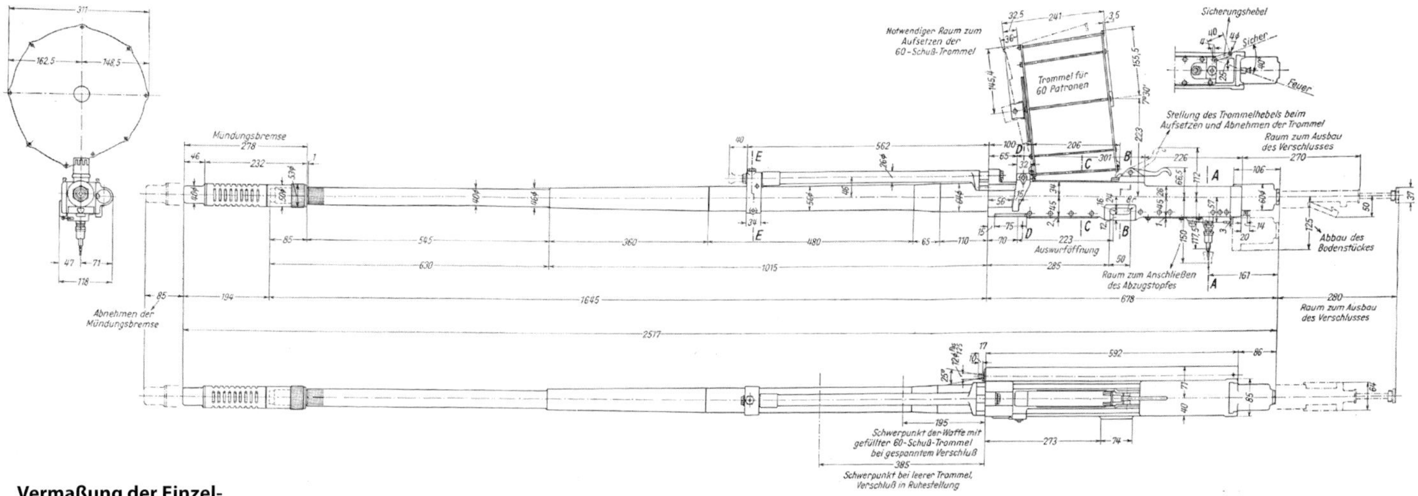

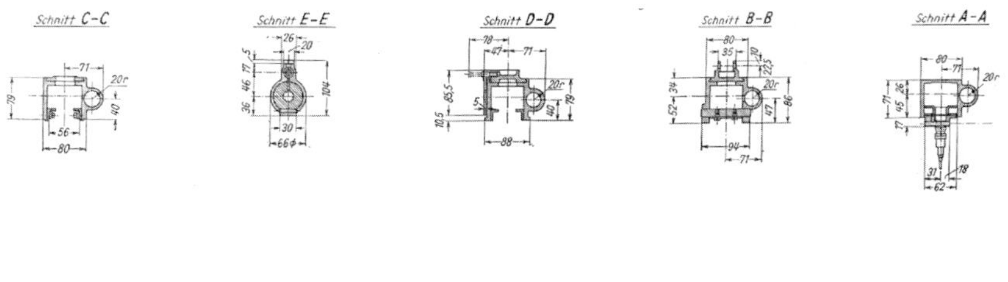

Vermaßung der Einzelteile des MG HS 404 mit 60-Schuss-Trommel. Der Raumbedarf der Trommel erschwerte den Einbau in die Zellen der deutschen Flugzeuge erheblich.

BArch RL 3-7213 D. (Luft) T. 6192

Manfred Griehl

MG H.S. 404 im B-Stand einer Do 24.

DTMB VI.1.006 03981 Quelle: Werkfoto Dornier, Fotograf unbekannt

Die rückwärtigen Waffenstände der Do 24. Die Waffen im B- und Heckstand sind ausgebaut.

MG H.S. 405

Das MG H.S. 405 war eine speziell für den beweglichen Einsatz entwickelte Variante der H.S. 404, die die relativ schwere und lange Standardwaffe für die flexible Montage in Drehringlafetten oder anderen beweglichen Waffenständen ersetzen sollte – etwa in Bombern oder Seeaufklärern. Zu diesem Zweck wurde der Lauf um etwa 60 cm gekürzt, sodass sich eine Gesamtlauflänge von 1,05 m ergab. Diese Maßnahme reduzierte nicht nur das Gewicht der Waffe, sondern auch das Trägheitsmoment, was die Schwenk- und Zielbewegungen in beweglichen Lafetten deutlich erleichterte. Durch die kürzere Lauflänge ging zwar ein Teil der Mündungsgeschwindigkeit verloren, die Leistung blieb jedoch im Rahmen der taktischen Anforderungen an bewegliche Abwehrwaffen ausreichend. Die verwendete Munition entsprach weiterhin dem Kaliber 20 mm der H.S.-Serie und war mit Spreng- oder Brandgeschossen ausgestattet.

Nach der Erprobung durch deutsche Stellen – vermutlich im Zuge der Auswertung französischer Beutewaffen nach 1940 – wurde das MG H.S. 405 in Deutschland zwar grundsätzlich für tauglich befunden, kam aber über die

Verwendung in wenigen Prototypen oder Musterflugzeugen nicht hinaus. Grund dafür war vor allem das zunehmende Bestreben des Reichsluftfahrtministeriums (RLM), die Luftwaffenbewaffnung zu standardisieren. Auch das MG H.S. 405 blieb letztlich ein interessantes Zwischenprodukt der Bordwaffenentwicklung, das die zunehmende Bedeutung beweglicher Abwehrbewaffnung in der ersten Kriegshälfte widerspiegelte, jedoch im Zuge der Schwerpunktverlagerung zugunsten leistungsstärkerer und einheitlicherer Waffensysteme aus dem Fokus rückte.

MG H.S. 406

Die Bordwaffe H.S. 406 war eine Weiterentwicklung aus dem Hause Hispano-Suiza und wies ein deutlich größeres Kaliber von 23 mm auf. Mit einer Lauflänge von etwa 1,15 m zählte sie zu den mittelschweren bis schweren Flugzeugkanonen und war grundsätzlich sowohl für starre als auch für bewegliche Lafettierungen vorgesehen. Ihre Dimensionen und das Kaliber machten sie prinzipiell geeignet für den Einsatz in flexiblen Waffenständen schwerer Bomber, insbesondere zur Abwehr gegen stark gepanzerte oder schnell anfliegende feindliche Flugzeuge.

Die H.S. 406 war als Gasdrucklader mit elektrisch gesteuerter Zündung ausgelegt und basierte konstruktiv auf dem erfolgreichen Design der H.S. 404, wurde jedoch in Richtung größerer Durchschlagskraft und Explosivwirkung weiterentwickelt. Die Patrone der H.S. 406 führte eine erheblich schwerere Sprengladung und versprach damit eine verbesserte Wirksamkeit gegen gepanzerte Flugzeuge.

Trotz ihrer vielversprechenden Eigenschaften wurde die H.S. 406 jedoch nie in Serie gefertigt. Dies lag vor allem an den organisatorischen und logistischen Vorgaben der deutschen Luftwaffe zur Vereinheitlichung der Bordbewaffnung. Zu diesem Zeitpunkt hatte sich das MG 151/20 mit seinem Kaliber von 20 mm bereits als Standard durchgesetzt und wurde in großen Stückzahlen produziert. Die Einführung eines weiteren Kalibers hätte nicht nur die logistische Versorgungslage verkompliziert, sondern auch die Schulung von Personal, Ersatzteilbeschaffung und ballistische Berechnungen erschwert.

Ein weiterer Aspekt war die strategische Ausrichtung der Luftwaffe ab 1942: Statt neue Waffensysteme mit nur geringen Leistungszuwächsen einzuführen, konzentrierte man sich zunehmend auf wirklich neuartige Entwicklungen wie das MG 213 oder die MK 103, die in puncto Feuerrate, Durchschlagskraft und Zukunftspotenzial deutlich überlegen waren.

MG H.S. 407

Die Hispano-Suiza Maschinenkanone H.S. 407 stellte als Weiterentwicklung der H.S. 406 einen weiteren bedeutenden Versuch dar, eine Leistungssteigerung der Offensiv-Bordbewaffnung zu erreichen. Mit einem Kaliber von 23 mm war sie als starre Bordwaffe mit einem Gewicht von etwa 60 kg konzipiert. Ursprünglich war die H.S. 407 speziell für den Einbau als Motorkanone in Jagdflugzeuge vorgesehen, wobei ihr Hauptziel darin bestand, eine präzisere und stärkere Feuerkraft für die Luftkämpfe zu bieten.

Die Entwicklung der H.S. 407 beruhte auf den Erfahrungen, die mit der H.S. 406 gesammelt wurden. Mit dem Fortschritt der Luftkriegsführung und der Entwicklung besser gepanzerter feindlicher Flugzeuge, stieg der Bedarf nach einer stärkeren, schneller schießenden Waffe. Die H.S. 407 sollte eine solche Waffe darstellen, die mit höherer Durchschlagskraft und größerer Mündungsgeschwindigkeit gegenüber ihren Vorgängern ausgestattet war, um den veränderten Anforderungen des Krieges gerecht zu werden.

Mehrere Muster der H.S. 407 wurden sowohl am Teststand als auch im Flug auf ihre Funktionsfähigkeit geprüft. Es stellte sich heraus, dass sie, obwohl sie in den Tests durchaus Potenzial zeigte, bei hoher Schussbelastung und in extremen Einsatzbedingungen nicht die notwendige Zuverlässigkeit aufwies, um in den Jagdflugzeugen der Luftwaffe eingesetzt zu werden. Auch die Belastung der Waffe bei längeren Feuerstößen und ihre Funktionsfähigkeit unter den anspruchsvollen Bedingungen eines Krieges führten zu unzureichenden Ergebnissen. Das Technische Amt des Reichsluftfahrtministeriums (RLM) konnte die Testergebnisse nicht vollständig überzeugen. Auf eine Einführung wurde verzichtet.

MG H.S. 410

Das MG H.S. 410 wies eine weiter gesteigertes Kaliber von 25 mm auf. Ursprünglich als leistungsgesteigerte, starre Bordwaffe für Jagdflugzeuge konzipiert erfüllte die H.S. 410 nicht die Erwartungen. Die Testergebnisse zeigten, dass die Kanone in der Praxis nicht die gewünschten Leistungswerte erreichte und nicht mit anderen bereits etablierten Waffen mithalten konnte. Besonders das bewährte MG 151/20 blieb in Bezug auf Effektivität und Zuverlässigkeit überlegen, was dazu führte, dass auch die H.S. 410 keine Chance hatte, als Ersatz für ältere Waffen in der Luftwaffe eingeführt zu werden.

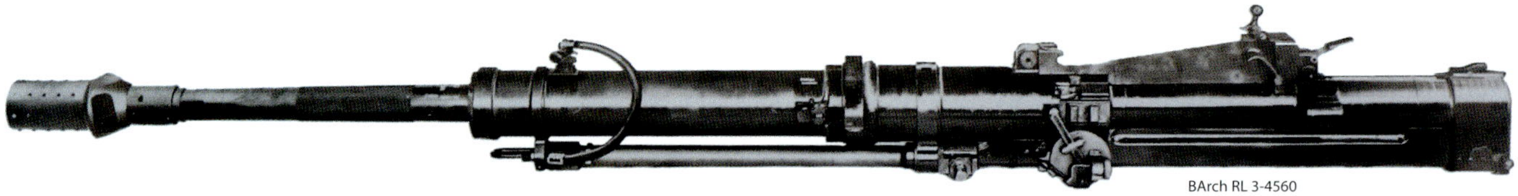

BArch RL 3-4560

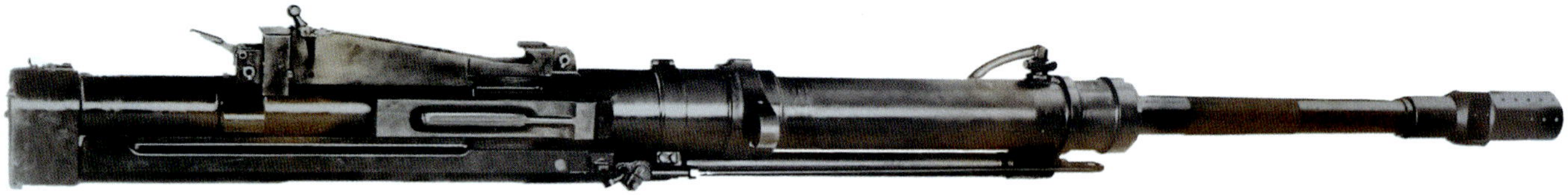

Maschinenkanone 101 (MK 101)

Ende der 1930er-Jahre brachte die Firma Rheinmetall-Borsig eine 30-mm-Bordkanone auf den Weg, die als starre Bewaffnung speziell auf maximale Durchschlagskraft ausgelegt war, um sie sowohl gegen gepanzerte Bodenziele als auch gegen schwer zu zerstörende Luftziele einsetzen zu können. Die Entwicklung begann bereits 1935 als maßstabsgetreue Vergrößerung der 20-mm-Panzerbüchse MK S-18-1000, wobei die Konstruktion der Waffe und der Munition gezielt auf gesteigerte kinetische Wirkung ausgelegt wurden.

Die resultierende Waffe, die unter der Bezeichnung MK 101 geführt wurde, war ein vollautomatischer Rückstoßlader mit beweglichem Rohr und zentral verriegeltem Verschluss. Der Verschluss konnte entweder manuell oder elektrisch-pneumatisch gespannt werden, wobei die mechanische Zündung über einen Schlagbolzen erfolgte. Ein elektrischer Abzug ermöglichte sowohl Einzelschuss- als auch Dauerfeuerbetrieb – ein Fortschritt gegenüber vielen vergleichbaren Waffen jener Zeit.

Die werkseitige Erprobung der MK 101 begann offiziell am 20. Oktober 1938. Als Versuchsträger diente eine modifizierte Messerschmitt Bf 110, deren Rumpf speziell für die Integration der schweren Kanone angepasst wurde. Bereits wenige Wochen später, am 11. November 1938, erfolgte eine Demonstration der MK 101 gegenüber Vertretern des Reichsluftfahrtministeriums (RLM, Abteilung LC 11). Dabei konnte die Kanone unter realitätsnahen Einsatzbedingungen ihre eindrucksvolle Feuerkraft unter Beweis stellen. Die hohe kinetische Energie der Projektile erregte dabei besonderes Interesse.

In der Frühphase der Erprobung wurden erste Versuchseinbauten sowohl in der Bf 110 – in einer halbstarren Unterrumpfkonfiguration – als auch experimentell im B-Stand des Seenotrettungsflugzeugs Dornier Do 24 T vorgenommen. Dabei offenbarte sich jedoch rasch ein schwerwiegender Nachteil: Die ursprünglichen Trommelmagazine fassten lediglich sechs Schuss, was sich als gravierende Einschränkung für einen effektiven Kampfeinsatz – insbesondere bei Hochgeschwindigkeitsangriffen – erwies. Ein später eingeführtes 30-Schuss-Trommelmagazin brachte zwar eine Verbesserung, konnte jedoch die grundsätzlichen Kapazitätsprobleme nur bedingt kompensieren.

Eine alternative Gurtzuführung wurde entwickelt, zeigte sich im Praxisbetrieb jedoch als störanfällig, vor allem bei schnellen Flugmanövern und den dabei auftretenden Vibrationen. Der mechanische Aufbau war zudem komplex und anfällig für Ladehemmungen, was sich im Fronteinsatz als erheblicher Nachteil erwies.

Trotz dieser Einschränkungen empfahl sich die MK 101 aufgrund ihrer überlegenen Feuerkraft prinzipiell für eine breitere Nutzung – vor allem in halbstarren Lafetten, da eine starre Montage in vielen Flugzeugzellen aus Platz- oder Schwerpunktgründen schlichtweg nicht möglich war. In der Bf 110 wurde deshalb eine mechanisch stabilisierte, halbstarre Aufhängung erprobt, welche die Zielgenauigkeit im Vergleich zur starren Montage deutlich erhöhte. Die dabei erzielten Trefferbilder bei beweglichen Zielen waren eng und präzise, was das taktische Potenzial der Waffe unterstrich. Dennoch erwies sich der konstruktive und logistische Aufwand für solche halbstarren Systeme als zu hoch, insbesondere hinsichtlich Gewichtsausgleich, Wartungsbedarf und Flugzellenbelastung. In mittleren Jagd- oder Zerstörerflugzeugen wie der Bf 110 führte dies zu spürbaren Leistungseinbußen – insbesondere in Hinblick auf Reichweite, Steigleistung und Manövrierfähigkeit. Der praktische Nutzen stand damit in keinem günstigen Verhältnis zum betrieblichen Aufwand. Eine breite Einführung unterblieb.

Ihre größte operative Relevanz erreichte die MK 101 schließlich im Rahmen der Henschel Hs 129 – einem speziell für den Tiefflugangriff konzipierten Erdkampfflugzeug. In der Variante Hs 129 B-2/R2 wurde die Waffe in einer Unterrumpfgondel fest verbaut. Hier konnte die robuste Zellenstruktur das hohe Gewicht der Kanone besser kompensieren, wodurch sich die MK 101 als wirksames Instrument zur Bekämpfung gegnerischer Panzerverbände – insbesondere sowjetischer T-34 und KW-1 – etablierte. Die panzerbrechenden Projektile der MK 101 waren in der Lage, auf Distanzen bis zu 300 Metern bis zu 40 mm Panzerstahl zu durchschlagen, was sie in den frühen Kriegsjahren zu einer der gefährlichsten panzerbrechenden Flugzeugwaffen machte.

Die Munitionierung der MK 101 war vielseitig und auf verschiedene Zieltypen ausgelegt. Standardmäßig wurde ein Gurt mit folgender Reihenfolge geladen: eine Sprenggranatpatrone mit einem 440 g schweren Geschoss und 27 g Nitropenta-Füllung, gefolgt von einem M-Geschoss mit Gasschlagwirkung oder einer Brandgranatpatrone mit 140 g Brandsatz. Zur ausschließlichen Bekämpfung gepanzerter Fahrzeuge stand zudem eine H-Panzergranatpatrone zur Verfügung, die bei direktem Treffer verheerende Wirkung erzielte.

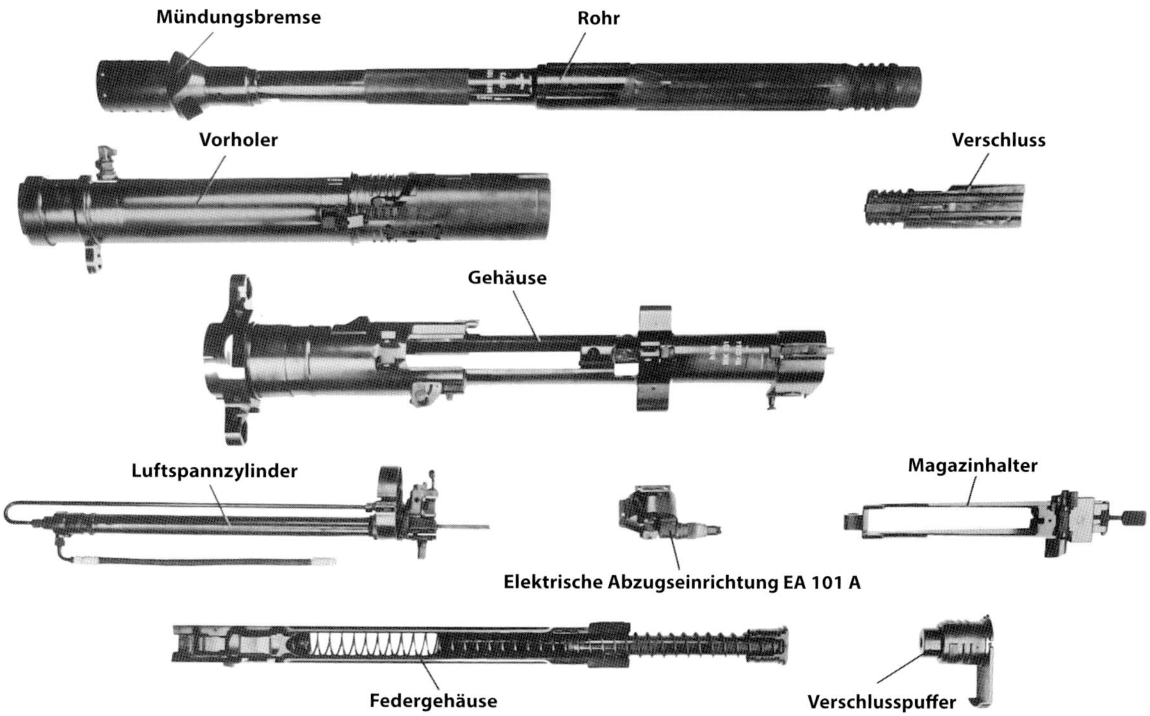

Die Hauptteile der MK 101.

Anders als bei den mittleren Jagd- oder Zerstörerflugzeugen gestaltete sich die Situation bei den schweren Kampfflugzeugen wie der viermotorigen Heinkel He 177 A-1 »Zerstörer«. Von dieser Maschine konnte das hohe Gewicht von zwei unter dem Bug montierten MK 101 vergleichsweise problemlos getragen werden. Die robuste Zelle und hohe Tragkraft dieses Typs ermöglichten eine stabile Integration, die andernorts nicht realisierbar war. Auch in den Entwurfsunterlagen für das strategische Fernkampfflugzeug Junkers Ta 400 waren mehrere MK 101 vorgesehen – vier im unteren Bug zur Abwehr anfliegender Jäger sowie drei weitere im Heckbereich zur Verteidigung des hinteren Sektors. Diese Planungen verdeutlichen, dass die MK 101 in luftwaffeninternen Konzepten durchaus als wirksame Defensivbewaffnung für schwere Bomber in Betracht gezogen wurde.

Der Einsatz der MK 101 in halbstarren Lafetten blieb auf wenige Versuchsmuster und spezielle Einzelanwendungen beschränkt. Aufgrund ihrer Masse und des komplexen Einbaus konzentrierte sich die Serienfertigung auf starre Montagen – eben der der Hs 129.

Die MK 101 markierte dabei einen wichtigen Zwischenschritt in der Entwicklung schwerer Bordbewaffnung und bildete die Grundlage für nachfolgende Systeme wie die MK 103, die bei gleichem Kaliber durch höhere Feuerrate und verbesserte Munition eine gesteigerte Gefechtswirkung erzielten.

Trotz ihrer begrenzten Verbreitung innerhalb der Luftwaffe war die MK 101 eine technologisch fortschrittliche Waffe. Sie verband hohe Durchschlagskraft mit gezielter Wirkungsweise und leistete in spezifischen Einsatzprofilen – insbesondere bei der Luftunterstützung gegen Panzerverbände – einen spürbaren Beitrag zur Wirksamkeit spezialisierter Kampfflugzeuge. Ihre Einführung markierte einen Wandel in der Ausrüstungsphilosophie: weg von universell einsetzbaren Bordwaffen hin zu taktisch fokussierten Hochleistungswaffen mit klar definierten Aufgabenprofilen. Darüber hinaus zeigte ihr Einsatz, dass selbst in einer zunehmend von Geschwindigkeit und Manövrierfähigkeit geprägten Luftkriegsführung spezialisierte Waffensysteme ihren festen Platz haben konnten.

Obwohl sie später durch leistungsstärkere Systeme ersetzt wurde, blieb die MK 101 ein bedeutender technischer Meilenstein auf dem Weg zur effektiven Luft-Boden-Bewaffnung der späteren Kriegsjahre. Die im Einsatz gewonnenen Erkenntnisse flossen direkt in die Entwicklung modernerer Waffen ein und prägten das Konzept der luftgestützten Panzerabwehr nachhaltig.

Schnittzeichnung der MK 101.

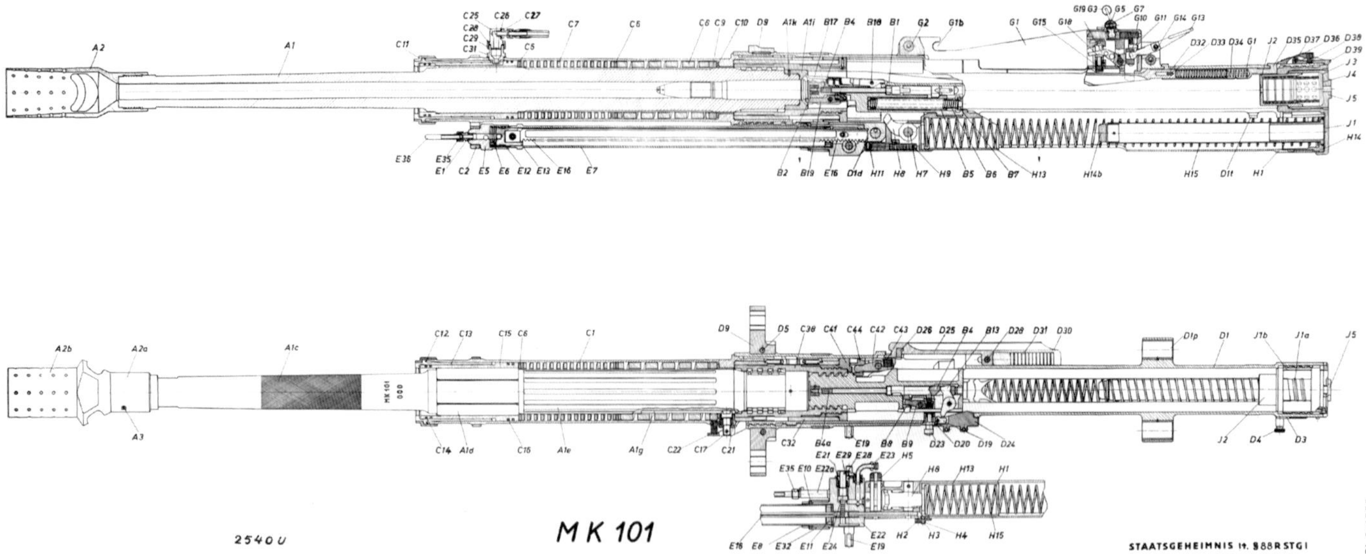

BArch RL 3-4555

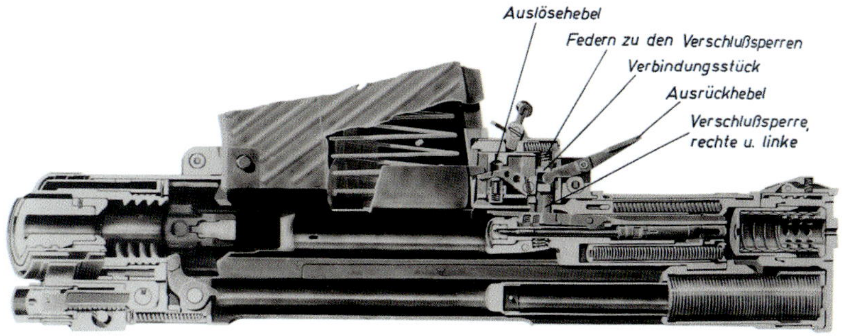

Schematische Darstellung der Vorgänge in der MK 101 beim Schuss.

Wirkungsweise der Verschlusssperre.

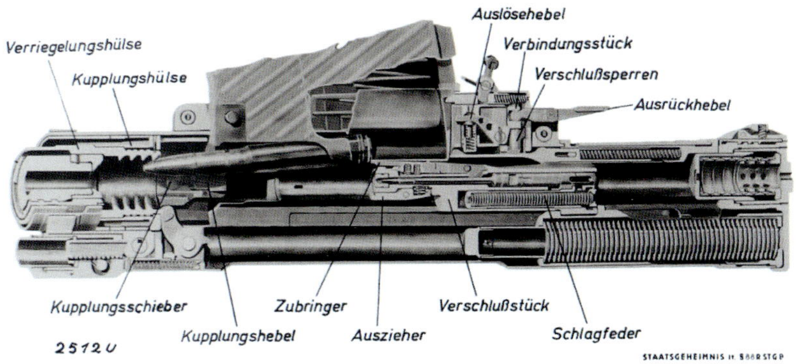

Zuführen der Patrone und Verriegeln des Verschlusses.

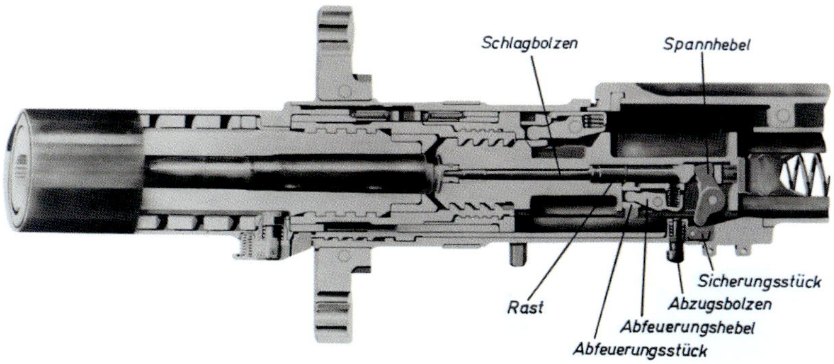

Abfeuern der Patrone.

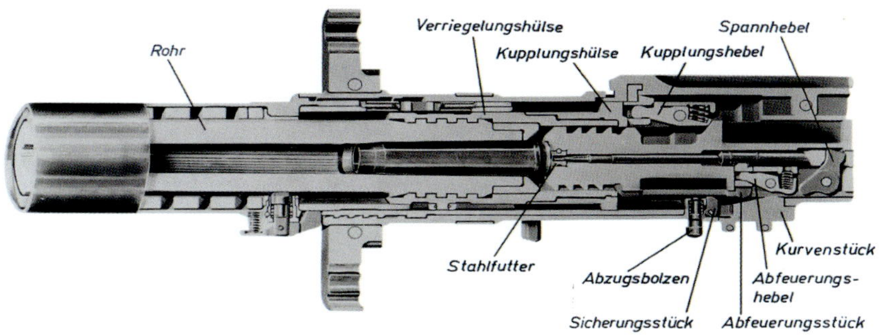

Entriegelungsvorgang und Rücklauf des Verschlusses nach dem Abfeuern der Patrone.

BArch RL 3-4555

Entriegeln und Wirkungsweise des Schleuderhebels.

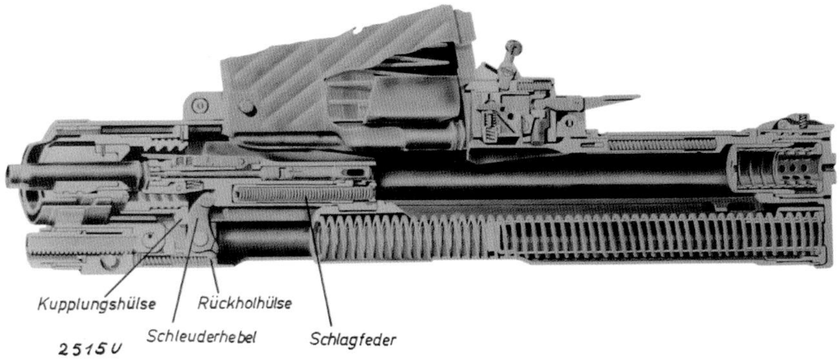

Auswerfen der leeren Patronenhülse.

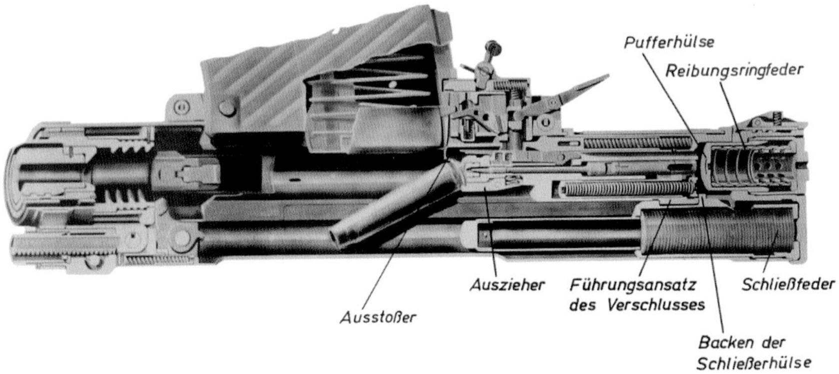

Kupplungshülse und Kupplungsschieber werden vom Fangstück gehalten.

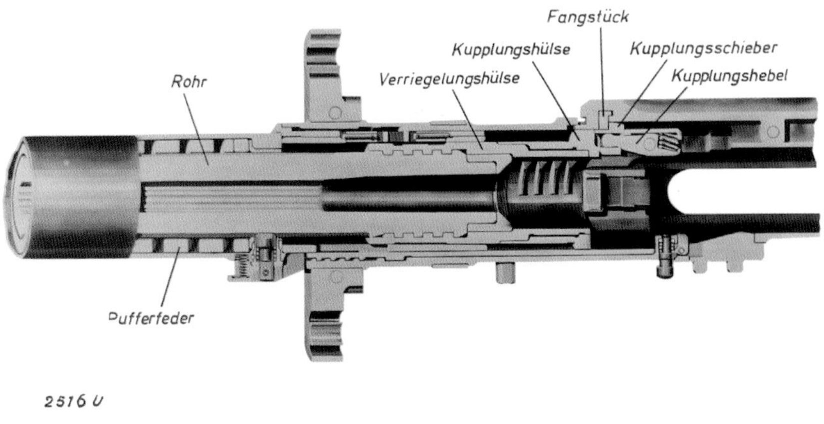

BArch RL 3-4555

BArch RL 36-265-0045-22

Erprobung der MK 101 V2 in der Messerschmitt Bf 110 BB+AK bei der optischen Zeit-Weg-Messung.

1 Meßstelle am Gehäuse
2 Meßstelle am Lauf
3 Meßstelle am Schloss
4 Meßstelle an der Lafette

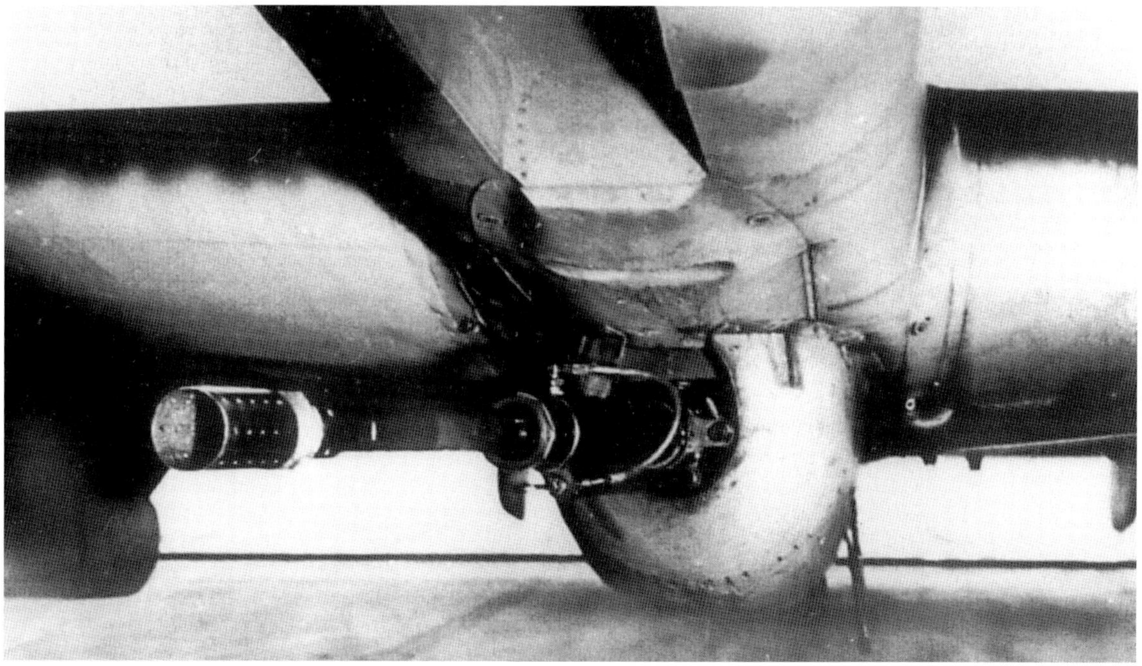

Manfred Griehl

Gondelbewaffnung mit MK 101 in halbstarrer Ausführung an einer Messerschmitt Bf 110 C-4.

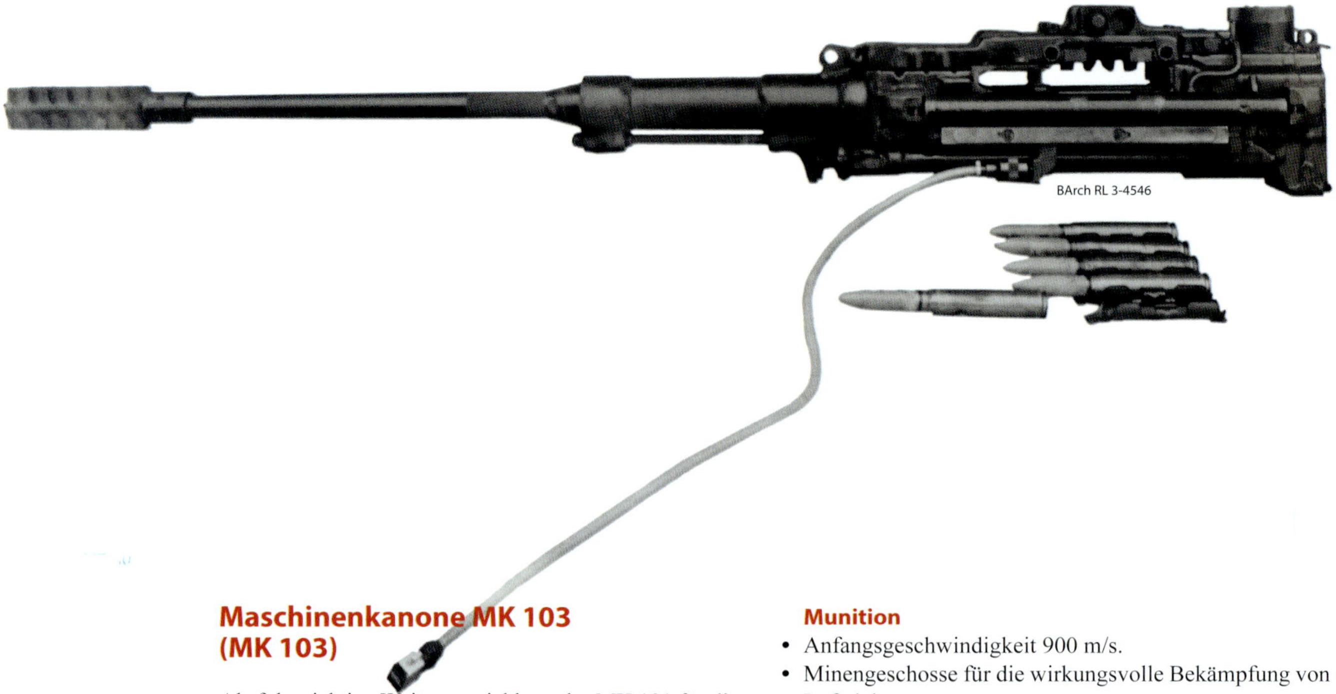
BArch RL 3-4546

Maschinenkanone MK 103 (MK 103)

Als folgerichtige Weiterentwicklung der MK 101 für die Bekämpfung von Kampfflugzeugen wurde bei Rheinmetall-Borsig die Entwicklung der schweren 3-cm-Flugzeugkanone MK 103 durchgeführt. Da keine Forderungen von militärischer Seite vorlagen, hatte die Fachabteilung für diese Entwicklung freie Hand. Rheinmetall-Borsig wurde hierfür für besonders geeignet gehalten, da sie bereits im Jahre 1936 die MK 101, eine 3-cm-Bootwaffe mit Munition, aus eigener Initiative entwickelt hatte. Sie stellte sich folgende Aufgabe:

Technische Forderungen

Es sollte eine 3-cm-Gurtwaffe mit möglichst hoher Feuerfolge für die Bekämpfung von modernen Kampffliegereinheiten entwickelt werden, für die die Patrone der MK 101 mit Vo = 900 m/s, jedoch mit elektrischer Zündschraube für elektrische Zündung zu verwenden ist. Die Waffe musste für den Rumpf- und Motoreinbau zu verwenden sein. Neben der Minenmunition war panzerbrechende Munition zum Einsatz der Waffe gegen gepanzerte Ziele, insbesondere auch Bodenziele, vorzusehen.

Munition

- Anfangsgeschwindigkeit 900 m/s.
- Minengeschosse für die wirkungsvolle Bekämpfung von Luftzielen.
- Panzergranate mit Hartkern (Wolfram) und zusätzlicher Brandwirkung für die Bekämpfung von Panzerkampfwagen.
- Sprenggranate, Panzerbrandgranaten und Panzerbrandsprenggranaten für die Bekämpfung von ungeschützten, bzw. eisengeschützten und gepanzerten Bodenzielen, Handelsschiffen und leichten Kriegsfahrzeugen.
- Minengeschoss mit mindestens vierfach gesteigerter Wirkung auf der Basis des 2-cm-Geschosses (Geschosshülle aus gezogenem Stahl, Sprengstoff: Hexogen 75 %, Aluminium 20 %, Montanwachs zur Phlegmatisierung 5 %).
- Aufschlagzünder mit Selbstzerlegung frühestens nach 1000 m Flugweg und 10 m Vorrohrsicherheit.
- Patronenhülse möglichst umgestellt auf Stahl.
- Zündhütchen für elektrische Zündung, sicher ansprechend bei 18 V, sowie unempfindlich gegen Schlag.

Waffe

- Waffensystem Gasdrucklader, Rückstoßlader, starr oder massenverriegelt freigestellt.
- Feuergeschwindigkeit mindestens 400 Schuss pro Minute.

Sichere Funktion bei Beschleunigung bis zu 3 g, entsprechend einem Gurthub von circa 2 m auf Stand, sowie Funktion bei -60°.
- Wenig bewegte Teile im Interesse der hohen Feuergeschwindigkeit.
- Möglichst geringes Gesamtgewicht und kurze Baulänge der Waffe.
- Einbaumöglichkeit im Rumpf, in den Flügelwurzeln und als Motorkanone.
- Gurtzuführung von rechts oder von links.
- Elektropneumatische Abfeuerung und Durchladeeinrichtung.
- Elektrische Zündung.
- Zentrale Waffenlagerung.
- Gesamtkonstruktion unter Berücksichtigung einfachster Fertigungsmethoden und des geringsten Leistungsaufwandes, wobei spanlose Verformung der spanabhebende Fertigung vorzusehen ist.
- Absolute Austauschbarkeit der Funktionsteile.
- Lebensdauer der Verbrauchsteile 1000 Schuss ohne Waffenstörung, die nicht durch Durchladen beseitigt werden kann.
- Sparstofffreie Werkstoffe beziehungsweise aus Austauschwerkstoffe für legierte Stähle.

Gurt

- Gliederzerfallgurt aus Stahlblech. Die einzelnen Glieder werden durch die Patronenhülsen zusammengehalten. Zerlegung des Gurtes in die Einzelglieder in Abhängigkeit von der Zuführrichtung nach rechts oder links.
- Keine Steifigkeit des gefüllten Gurtes, d.h. leichte Verwindbarkeit und geringer Biegeradius in jeder Richtung.

Das Entwicklungsergebnis

Die MK 103 wurde zeitlich etwas später als die MK 108, da sie zugunsten der MK 108 zeitweise zurückgestellt worden war, in ihrer Entwicklung zum Abschluss gebracht. Dieser nach dem Prinzip des Gasdruckladers konstruierte Kanone erfüllte wie die MK 108 alle an sie gestellten Forderungen. Mit der Ausnahme, dass die Vo auf 860 m/s wegen aufgetretener Verriegelungsabbrüche herabgesetzt werden musste. Außerdem war für den Spezial-Verwendungszweck als Motorkanone, der inzwischen aber schon ziemlich überholt war, eine Sonderausführung erforderlich, da das seitlich liegende Gasgestänge der MK 103 den Einbau in die hohle Motorachse nicht ermöglichte. Hierfür fand die Firma Rheinmetall-Borsig eine Lösung mit zentraler Ausführung, die aber weniger zuverlässig erschien

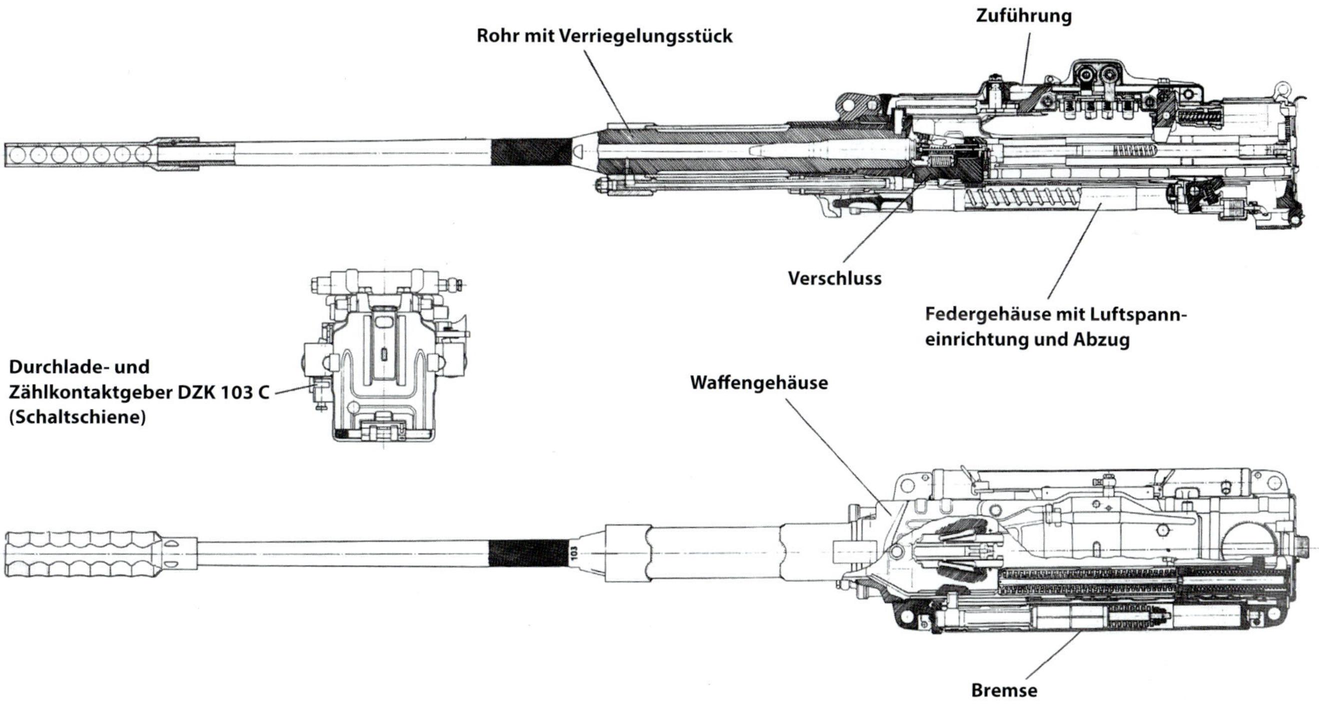

BArch RL 3-4559

Durch die Verwendung weniger hochwertiger Stähle und Blechprägeteile war die MK 103 weniger beschussfest als die MK 101. Beim Standbeschuss während der Erprobungphase zerstörte Waffe.

BArch RL 3-4547

BArch RL 3-4547

und daher nicht als Standardausführung gewählt werden konnte. Zu großen Treffbilder und Treffbilderverlagerungen beim Motoreinbau bereiteten Anfangsschwierigkeiten, konnten aber durch Laufabstützung und Änderungen an der Motoraufhängung behoben werden.

Fabrikatorisch war die MK 103 ebenfalls auf Blechprägetechnik umgestellt, soweit Konstruktion, Funktion und Lebensdauer nicht hochwertige Stähle und die Anwendung entsprechender Fabrikationsmethoden erforderten. Obwohl der Entwicklungsabschluss der Kanone unter ähnlich dringenden Verhältnissen wie der der MK 108 betrieben werden musste, erfolgte der Fabrikationsanlauf störungsfreier, da die Fabrikation im eigenen Betrieb der Firma Rheinmetall-Borsig erfolgte.

Die MK 103 war als Angriffswaffe gegen Luftziele und Entfernungen bis etwa 1.200 m und als Waffe zur Bekämpfung von Erdzielen insbesonders auch Panzerkampfwagen, geplant gewesen. Sie ist bis Kriegsende nur in kleinen Stückzahlen vorzugsweise zur Bekämpfung von Panzern zum Einsatz gekommen. Die Entwicklungsaufgabe war gelöst bei dem noch vertretbaren Waffengewicht von 140 kg für eine Vo = 860 m/s, einem Patronengewicht von durchschnittlich etwa 880 g und einer Feuergeschwindigkeit von 450 Schuss/Min. Konstruktiv wählte man bei dieser Waffe den sichereren Weg, um größere Entwicklungsschwierigkeiten aus Gründen der Zeitersparnis zu vermeiden. Dennoch war die MK 103 auch in Bezug auf Fabrikation die modernste eingeführte, automatische Waffe vom Kaliber 3 cm dieser Leistungsklasse, für die auch die anderen Wehrmachtsteile großes Interesse hatten. Außer dem Hauptanwendungsgebiet als Angriffswaffe hatte sich die Entwicklungsstelle gleich gute Erfolge von ihr auch als weitreichender automatische Abwehrwaffe auf maschinell gerichteten, beweglichen Waffenständen versprochen.

Die Waffenerprobung

Bei der Waffenerprobung der E-Stelle Tarnewitz fiel auf, dass die Funktionssicherheit der zuerst von Rheinmetall-Borsig angelieferten Waffen zwar zufriedenstellend war, aber es erhebliche Schwierigkeiten bei der Lebensdauer der Einzelteile der Waffen gab. Die später angelieferten Waffen zeigten eine noch wesentlich geringere Haltbarkeit der Waffenteile. Ein Austausch der Waffenteile war teilweise ohne Nacharbeit nicht möglich, sodaß eine flüssige Erprobung nicht durchgeführt werden konnte. Unter Kälteeinfluss sank die Haltbarkeit der Teile noch weiter ab. Die aus dem Stand geschossenen Trefferbilder lagen schlechter als bei sämtlichen anderen, bisher durch die Erprobung gegangenen Waffen.

Diese Beanstandungen wurden von der E-Stelle Tarnewitz in gemeinsamen Industriebesprechnungen im Beisein der Vertreter von GL/C-E6 zum Ausdruck gebracht.

Bei der laufenden Fertigung handelte es ich um eine 200-Stück-Serie, an die sich die endgültige Serie mit Blechgehäusen anschließen sollte. Die Vorgehensweise bei der MK 108-Fertigung schien sich zu wiederholen, mit der man schlechten Erfahrungen bei einer derartigen Umstellung gemacht hatte.

Die Erprobung der Flugzeugeinbauten mit der MK 103 war durch häufige Waffenstörungen, fehlende Ersatzteile und Unhandlichkeit der Waffe stark behindert, sodaß es nicht möglich war, kurzfristig zu klaren Ergebnissen zu gelangen.

Die Erprobung des Waffeneinbaus in die Hs 129 war am wenigsten behindert, da hierfür noch die ersten Musterwaffen zur Verfügung standen. Die Hauptschwierigkeit lag nach Beseitigung von Leergurt-Ableitungsstörungen, Verstärkung der Verkleidung usw. bei der Abstellung von Beschädigungen der Rumpfunterseite durch den Gasdruck, der im geringen Abstand unter dem Rumpf liegenden Waffe.

Der Waffeneinbau von zwei MK 103 unter den Flächen der Fw 190 war weit problematischer. Die Streuung der Waffen im angelieferten Zustand des Flugzeuges war untragbar hoch. Sie betrug bei elf Schuss Dauerfeuer pro Waffe auf 100 m Standentfernung etwa 1,5 x 1,5 m. Zur Verbesserung wurde die elektrische Verschaltung auf synchrones Schießen umgestellt, wodurch die Streuung auf etwa 80 x 80 cm verringert werden konnte; jedoch traten beim synchronisierten Schießen Zündstörungen auf, deren Ursache durch oszillografische Messungen auf eine Unterbrechung des Zündstroms in der Waffe festgestellt werden konnte. Da eine genaue Lokalisierung der Unterbrechung und somit eindeutige Abstellung nicht möglich war, wurde wieder auf asynchrones Schießen umgestellt und hiermit Luftbeschüsse auf Seescheiben durchgeführt. Diese hatten ein außerordentlich schlechtes Ergebnis und zwar wurden im Mittel (verschiedene Flugzeugführer) zwei bis vier Treffer bei 58 Schuss auf Scheiben von 4 x 4 m erzielt.

Eingeführte Munition

Für die Luftzielbekämpfung waren die wirkungsvollen Geschosse der MK 108-Granatpatrone vorgesehen. Allerdings in der mit elektrischer Zündung versehenen Hülse der MK 101. Vor allem sollten die schweren Minengeschosse mit und ohne Leuchtspur bzw. Glimmspur, aber ebenso auch eine Brandgranate zum Einsatz kommen.

Diese Patronen der MK 103 hatten mit einer Vo von etwa 860 m/s bei einem durchschnittlichen Gewicht von 800 g ausgezeichnete Leistungswerte. Die kombinierte Minenbrandgranate existierte für die MK 103 noch nicht. Die Einführung zur Ablösung der vorstehenden Munitionsarten war allerdings geplant.

Panzerbekämpfung mit der MK 103

Für die wirksame Panzerkampfwagen-Bekämpfung musste man notgedrungen auf ein Geschoss mit Wolfram-Kern zurückgreifen, dessen Magnesiumspitze Brand erzeugend wirkte (Wolfram war in Deutschland kaum noch verfügbar). Dieses Spezialgeschoss durchschlug aus 300 m Entfernung Panzerplatten von 70 mm Stärke und 100 kg/mm² Festigkeit bei einem Auftreffwinkel von 60° und Platten von 100 mm Stärke bei senkrechtem Aufschlag. Die Durchschlagsleistung der zur Bekämpfung von Handelsschiffen und leichten Kriegsfahrzeugen vorgesehenen Panzerbrandgranate betrug bei 60° Auftreffwinkel aus 1000 m Entfernung 20 mm Schiffsbaustahl. Die Durchschlagsleistung der Panzersprenggranate, die vorwiegend gegen eisengeschützte und schwach gepanzerte Bodenziele gedacht war, lag auf 300 m Entfernung und 60° Auftreffwinkel bei 25 mm Panzerstahl. In ihrer Wirkung und ballistischen Leistung entsprachen die für die Luftzielbekämpfung eingeführten Patronen den entsprechenden Munitionssorten der 3,7 cm Flak 18, von denen eine geringe Anzahl nach Aufbrauchen der vorhandenen 3-cm-Flugzeugkanonen MK 101 mit geringfügigen Änderungen für die Flugzeugbewaffnung übernommen worden war. Nur die für die Bekämpfung von Panzerkampfwagen bestimmte 3,7-cm-Panzermunition lag in ihrer Durchschlagsleistung um etwa 40 mm über der 3-cm-H-Panzergranate. Abgesehen von den 138 kg Gewichtsersparnis pro Waffe gegenüber der 3,7 cm Flak 18 reichte das 3-cm-Kaliber für die wirksame Bekämpfung der auf russischer Seite hauptsächlich eingesetzten Panzer vom Typ T 34 jedoch aus. Infolge ihrer dreifachen Feuergeschwindigkeit war die MK 103 mit der entsprechenden Munition als Kampfmittel gegen leicht gepanzerte Fahrzeuge und eisengeschützte Bodenziele der schwereren 3,7-cm-Bordkanone vorzuziehen.

Me 410 B-6 mit zwei MK 103 und Suchradar FuG 200 »Hohentwiel« ausgerüstet, um feindliche U-Boote oder Schiffe auf weitere Entfernung zu orten.

DTMB VI.1.006 06947 Fotograf unbekannt

Gesamtübersicht der Schusswaffenanlage der Me 410 B-2/U1 mit zwei MK 103 im Bombenraum.

1 MK 103
2 Waffenträger
3 Rumpfwanne
4 Vordere Lagerung
5 Hintere Lagerung
6 Zuführschacht
7 Gurtkasten der linken MK 103
8 Gurtkasten der rechten MK 103
9 Gurtgliederableitung
10 Leerhülsenableitung
11 SZKK 4 (Schalt-, Zähl- und Kontrollkasten)
12 Sicherungsschalter im SZKK 4
13 KG 13 B
14 B 1-Knopf
15 Magnetschütz P 262
16 Selbstschalter P 260 (Hauptschalter Zusatzwaffe)
17 Selbstschalter P 266 (Schauzeichen)
18 Selbstschalter P 3 (Magnetschütz)
19 entfällt
20 ADSK-A (Abfeuer- und Durchladeschaltkasten)
21 Zum 1 A (Zündumformer)
22 EPD-101 A
23 Verteilerkasten P 806
24 Waffenheizung
25 Elt-Haupttrennstelle P 800-P 264
26 Vorderer Aufhängebeschlag
27 Aufhängebeschlag am Hauptholm mit Stütze
28 Heißvorrichtung
29 Aufbewahrungsrohr für Heißseil
30 Pressluftflaschen
31 Durchladeknopf
32 Heißöse
33 ZFR-4 A

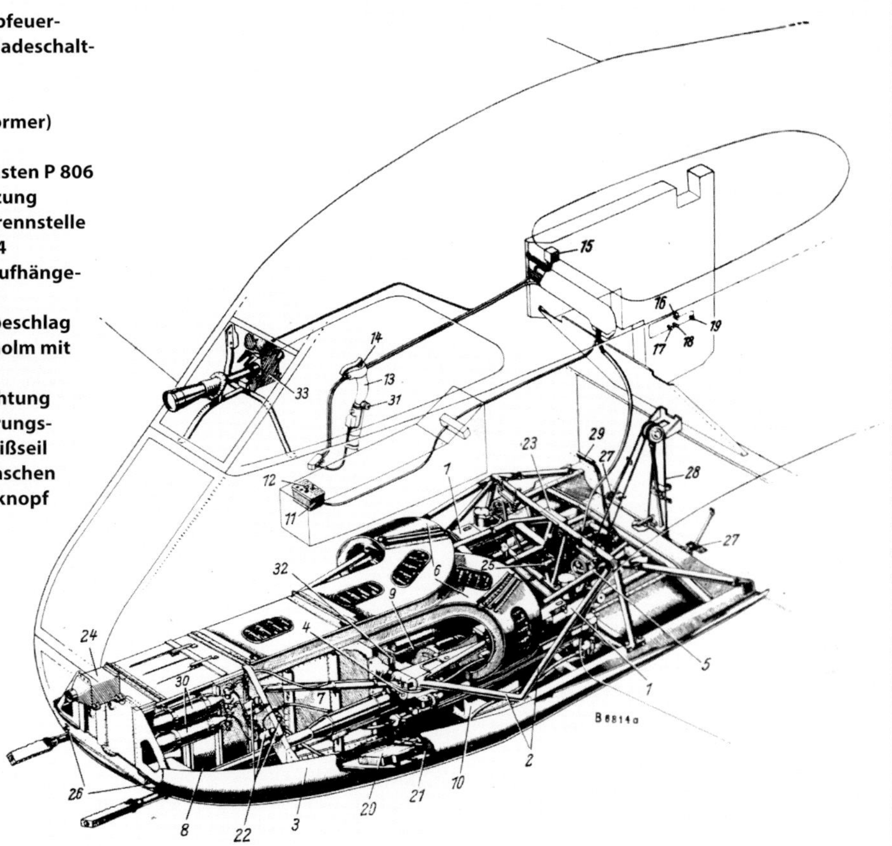

Gesamtübersicht der Heißanlage der MK 103.

1 Rumpfwanne mit zwei MK 103
2 Klappe der Heißanlage
3 Haltevorrichtung der Heißrollen in der Wanne
4 Heißseile
5 Rollenbock
6 Flaschenzug
7 Bewegliche Heißrollen
8 Beschlag am Hauptholm
9 Vorderer Aufhängebeschlag

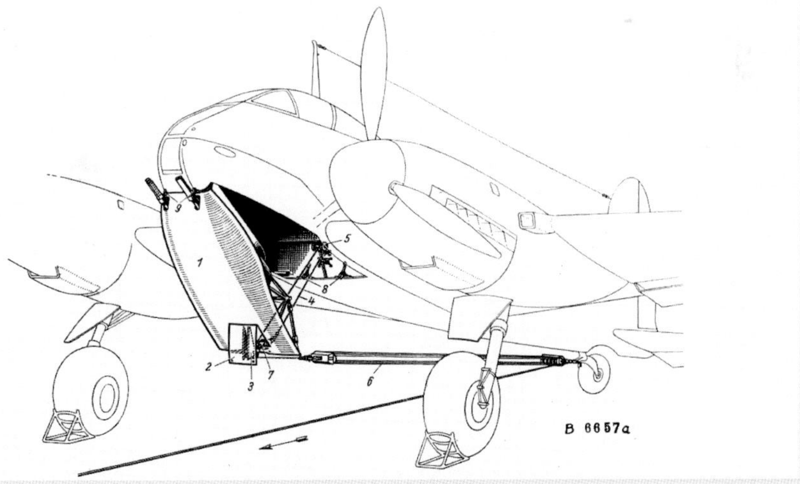

BArch RL 39-377

Maschinenkanone 108 (MK 108)

Die MK 108 wurde als kompakte, schlagkräftige Bordkanone speziell für die Bekämpfung schwerer alliierter Bomber entwickelt. Ihre Ursprünge reichen ins Jahr 1940 zurück, als in den Versuchswerkstätten von Rheinmetall-Borsig in Unterlüß die Arbeit an einem sogenannten »3-cm-Kurzgerät« begann. Da es von offizieller Seite keine genauen Vorgaben oder Anforderungen gab, hatte das Entwicklerteam bei der Gestaltung der MK 108 wie bei der MK 103 weitgehend freie Hand. Doch der damalige Generalluftzeugmeister Ernst Udet stand dem Projekt skeptisch gegenüber und setzte eine Einstellung der Entwicklung durch. Trotz der absehbaren Bedrohung durch die rapide wachsende alliierte Bomberflotte zeigte das Reichsluftfahrtministerium (RLM) zunächst wenig Interesse an der Einführung einer schweren Flugzeugkanone.

Erst 1941, als die Luftlage sich zunehmend verschärfte, kam es auf massives Drängen der Jagdverbände und insbesondere des Generals der Jagdflieger (GdJ) zu einer Neubewertung der Bedarfsanforderung. Rheinmetall-Borsig nahm die Entwicklungsarbeiten unter der neuen Bezeichnung MK 108 wieder auf, nunmehr am Standort Posen. Bereits in der Frühphase der Erprobung zeigten sich jedoch gravierende technische Probleme: Der ursprünglich entwickelte Verschlussmechanismus war den Belastungen des Schussvorgangs nicht gewachsen. Starke Vibrationen führten zu Materialermüdung, insbesondere bei den zahlreichen Pressteilen, die zur Vereinfachung der Fertigung eingesetzt worden waren.

Die Konstruktionslösung sah vor, den Lauf – ausgestattet mit einem progressiven Drall zur Stabilisierung der Geschosse – mit einem aus zwei gepressten Blechhälften bestehenden Gehäuse zu verschrauben und zusätzlich durch einen Stahlstift zu sichern. Im Gehäuse selbst war eine massive Pufferfeder untergebracht, während sich der pneumatische Ladekolben an der Frontseite befand.

Funktional setzte die MK 108 auf ein schweres, masseverriegeltes Verschlusssystem mit Vorlaufzündung. Beim Schussvorgang wurde der Verschluss von zwei Vorholfedern nach vorne beschleunigt, während ein Zuführungsschieber die nächste Patrone in das Patronenlager transportierte. Die Waffe besaß eine elektro-pneumatische Durchlade- und Abzugsvorrichtung. Die Munitionszuführung konnte von links oder rechts mittels eines 60-schüssigen Metallzerfallgurts erfolgen. Die Erstladung erfolgte elektrisch fernbedient über einen Luftspannzylinder. Die Zündung der Patrone erfolgte elektrisch über eine 24-Volt-Anlage kurz bevor der Verschluss die vordere Endstellung erreicht hatte. Der Gasdruck musste nun zuerst den Bewegungsimpuls und die Massenträgheit des schweren Verschlussblocks überwinden um die Rückwärtsbewegung einzuleiten. Die leere Patronenhülse wurde nach dem Schuss wieder in den Metallgurt gepresst und mit dem zerfallenden Gurt seitlich abgeführt.

Wie beim MG FF, von dem dieses System übernommen war, reduzierte der verzögerte Rücklauf den Rückstoss und die mechanische Belastung der Bauteile. Die gesamte Waffe konnte in ihrer Auslegung einfach, kompakt und leicht gehalten werden, was ihren Einbau in verschiedenste Flugzeugmuster erleichterte.

Die theoretische Feuergeschwindigkeit lag bei etwa 650 Schuss pro Minute – eine für ihre Zeit bemerkenswerte Leistung. Die Treffgenauigkeit lag auf 100 m bei beeindruckenden 25 x 30 cm.

Die MK 108 verwendete die schweren Geschosse der MK 101 und 103. Die kürzere gerade Patronenhülse mit eingezogenem Rand fasste allerdings eine wesentlich schwächere Treibladung, was die Mündungsgeschwindigkeit erheblich herabsetzte. Die Minen-Brandgranatpatrone, welche speziell zur Zerstörung schwer gepanzerter Bomber entwickelt worden war sollte die bisher eingesetzte Spreng- und Minengranaten als Einheitsmunition ersetzen. Mit ihr konnte eine ausgezeichnete Gasschlag- und Brandwirkung erreicht werden. Ein schwerer viermotoriger Bomber wie die Boeing B-17 konnte bei einer Kampfentfernung von 500 Metern bereits mit etwa 58 Schuss vernichtet werden. Bei größeren Entfernungen von etwa 1.000 Metern stieg der Munitionsbedarf auf rund 150 Schuss. Die massive Sprengladung der Minengranaten verursachte bei Treffern enorme Schäden.

Nach mehreren Prototypreihen und technischen Anpassungen ging die MK 108 im Sommer 1944 in die Serienproduktion. Der Einsatz eines überarbeiteten Laufs führte zu einer signifikanten Steigerung der Schusspräzision und Zuverlässigkeit. Probleme bereiteten jedoch weiterhin die Munitionszuführung und insbesondere der Gurtzerleger, der für einen reibungslosen Nachschub der Patronen verantwortlich war. Im Erprobungszentrum Tarnewitz wurde eine optimierte Gurtzuführung entwickelt, die im Juli 1944 der Deutschen Waffen- und Munitionsfabriken AG (DWM) zur Fertigungsübernahme übergeben wurde.

Parallel dazu wurde die Qualität der Blechpressteile verbessert, nachdem festgestellt worden war, dass mangelhafte Zulieferungen zuvor für viele der Zuverlässig-

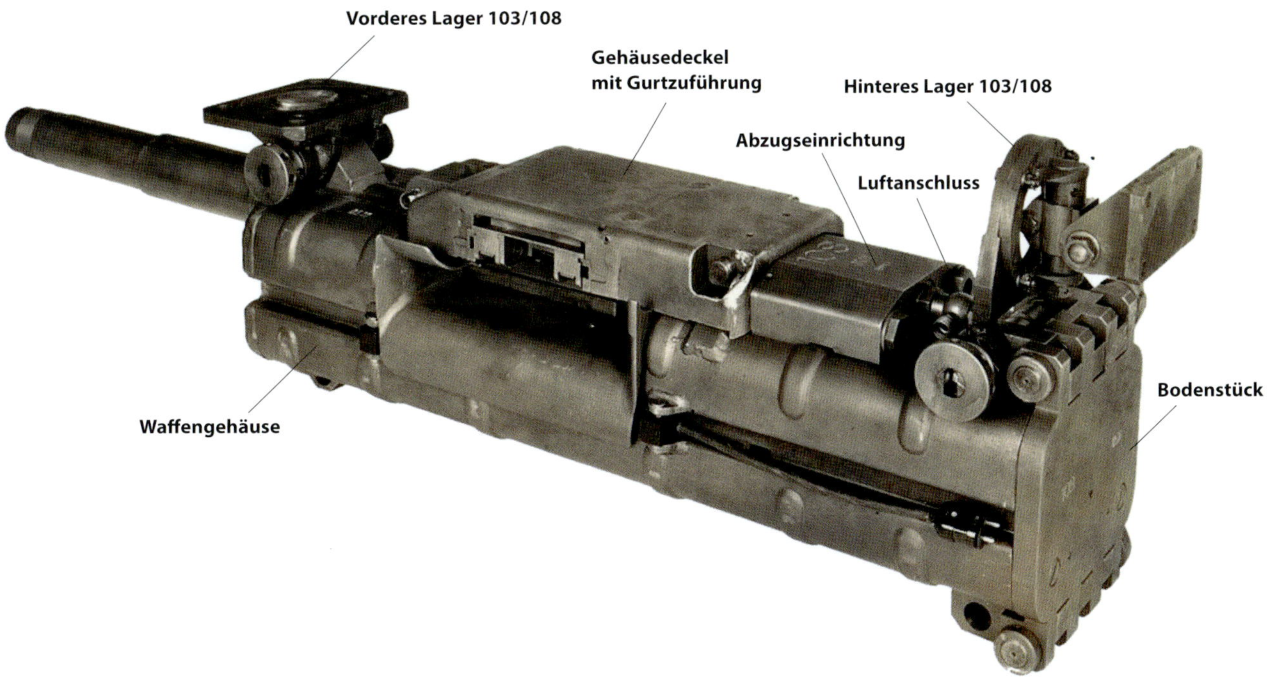

BArch RL 39-493-0045

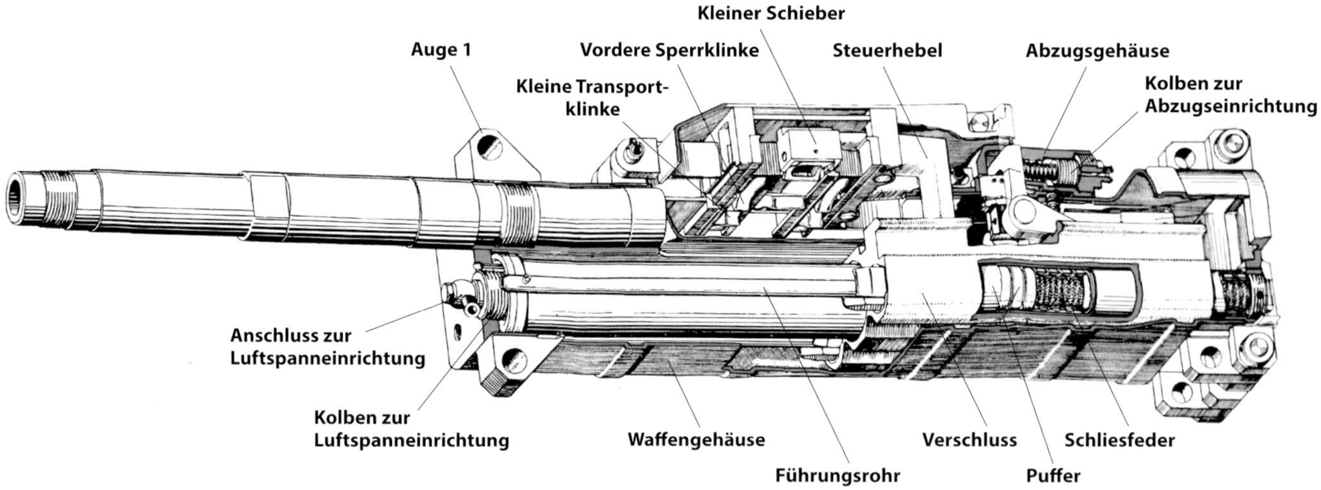

Schnittdarstellung der MK 108 mit Details der Gurtförderung und Luftspanneinrichtung.

keitsprobleme verantwortlich gewesen waren. Durch den hohen Anteil von etwa 80 Prozent an einfach herstellbaren Prägeteilen ließ sich die MK 108 schnell und kostengünstig fertigen – ein großer Vorteil angesichts der sich verschärfenden Rohstoff- und Produktionsengpässe im letzten Kriegsjahr.

Die MK 108 besaß eine solide Lauflebensdauer von etwa 4.000 Schuss. Im Verlauf der Weiterentwicklung wurde auch die Kadenz nochmals deutlich gesteigert und lag schließlich bei rund 850 Schuss pro Minute – ein enormer Fortschritt gegenüber der älteren MK 103, die nur 420 Schuss pro Minute erreichte. Diese hohe Feuerrate war entscheidend, da Jagdpiloten im Luftkampf oft nur Sekundenbruchteile Zeit hatten, ihr Ziel effektiv zu bekämpfen.

Die MK 108 fand ihren Hauptverwendungszweck in der neuen Generation deutscher Jagdflugzeuge, aber auch in der Focke-Wulf Fw 190 und der Messerschmitt Bf 109. Besonders effektiv erwies sie sich jedoch in der Bewaffnung der neuen strahlgetriebenen Messerschmitt Me 262 A-1a und A-2a sowie deren Nachtjäger-Variante mit vier dieser Kanonen in der Flugzeugnase. Durch die hohe Geschwindigkeit des Jets und die Feuerkraft der MK 108 konnte die Me 262 in kürzester Zeit große Schäden an Bomberformationen anrichten.

Auch schwere Jäger wie die Messerschmitt Bf 110 G, verschiedene Versionen der Bf 109 G sowie die Focke-Wulf Fw 190 A wurden mit der MK 108 ausgerüstet, häufig als Flächenbewaffnung. Der geplante breitflächige Einbau in Nachtjäger wie die Junkers Ju 88 G-7 und die Ju 388 J-Modelle kam jedoch durch die kriegsbedingte Lage nicht mehr zustande.

Auch eine Verwendung der MK 108 in beweglichen Waffenständen in schweren viermotorigen Bombern wurde Anfang 1944 in Erwägung gezogen. Die vorhandenen Pläne wurde allerdings wegen der weitgehenden Aufgabe dieser Flugzeugprojekte wieder verworfen.

Mit dem Verlust der Produktionsstätten, insbesondere des Werks in Posen, kam es ab Ende 1944 zu einer spürbaren Produktionsverknappung der MK 108, die schließlich die Einsatzmöglichkeiten der Luftwaffe erheblich einschränkte.

Zweifellos war die Wirkung der MK 108 eindrucksvoll. Die Konstruktion, wohl die ausgereifteste Version des Becker-Oerlikon-Systems, überzeugte in mehrfacher Hinsicht. Das Verhältnis von Waffengewicht, Einbaumaßen, einfacher Konstruktion, ausgezeichneter Feuerkraft und Waffenwirkung stellte eine sehr gelungene Gesamtkonzeption dar. Doch es zeigten sich in der Einsatzrealität auch Schwächen. So war die niedrige Mündungsgeschwindigkeit der MK 108 mit einer stark gebogenen Geschossflugbahn verbunden, die präzises Zielen erschwerte – besonders bei sich schnell bewegenden Zielen. Dies konnte nur durch exzellente Schießausbildung und vor allem Einsatzerfahrung kompensiert werden – ein Faktor, der angesichts zunehmender Verluste an erfahrenem Personal im Verlauf des Krieges immer schwerer ins Gewicht fiel.

Bis Kriegsende blieb sie die Standard-Maschinenkanone für Jagdflugzeuge im Kaliber 30 mm.

BArch RL 3-4546

Detailansicht von Verschluss und Gurtförderer der MK 108 mit am Verschlussstück angesetztem Zündstromprüfgerät. Die Waffenfunktion war entscheidend abhängig von der zuverlässigen und exakten Ansprache der elektrisch gezünderten Munition.

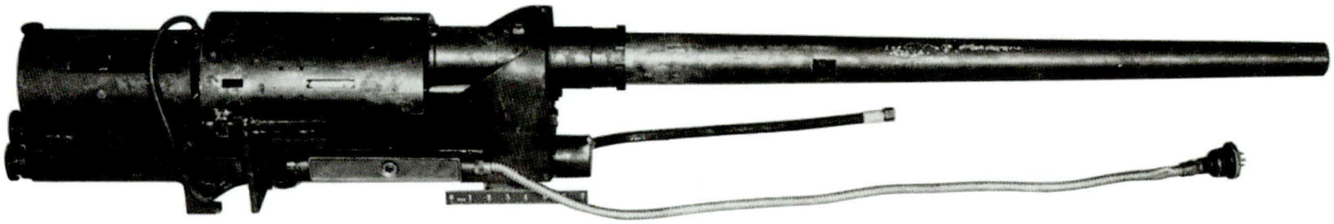

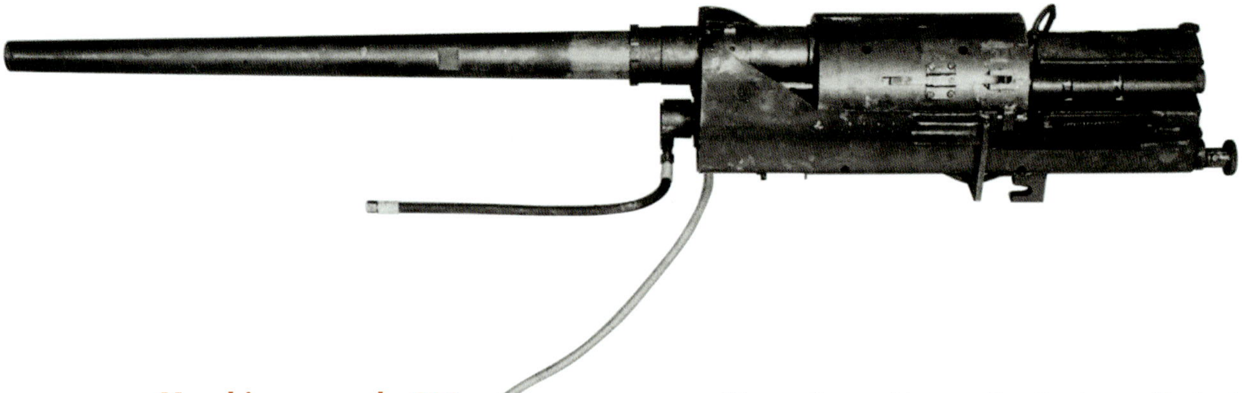

Maschinengewehr 213 (MG 213)

Das MG 213, welches von den Abteilungen 35 und 36 der Mauser-Waffenforschungsanstalt entwickelt wurde, gilt heute als eine der fortschrittlichsten und effizientesten Bordwaffen des Zweiten Weltkriegs.

Ursprünglich sollte das MG 213 das bewährte MG 151/20 ersetzen. Das MG 151/20 hatte sich jahrelang an der Front bewährt und galt noch als eine gute Waffe. Doch mit zunehmendem Fortschritt der Kriegsführung und der Verbesserung der gegnerischen Luftwaffen, insbesondere durch schnelle und stark gepanzerte alliierte Flugzeuge, wuchs der Bedarf nach einer leistungsfähigeren Waffe, die eine deutlich höhere Feuerrate aufwies. Anfang 1943 war die Luftwaffe daher auf der Suche nach einer 2-cm-Waffe, die mit einer deutlich höheren Feuerrate von über 1.000 Schuss pro Minute ausgestattet war und eine Geschossgeschwindigkeit von 1000 m/s aufzuweisen hatte.

Die erste große Herausforderung bei der Entwicklung des MG 213 bestand in der Umstellung auf eine neu konstruierte, leistungsstärkere Patrone. Das neu entwickelte und bereits vorliegende 2-cm-Langminengeschoss sollte Verwendung finden. Es handelte sich hierbei um ein neueres Minengeschoss von 5,5 Kaliberlängen. Auf die Einführung dieses wirkungsvollen Geschosses für das MG 151/20 musste bisher wegen des zu großen Vo-Abfalls bei der Verwendung der kurzen Hülse des MG 151/20 verzichtet werden.

Die neu entwickelte Patrone erreichte mit längerer Hülse mit einer Vo = 1000 m/s die geforderte hohe Rasanz. Das Langminengeschoss flog dabei einwandfrei stabil. Durch die längere Dimensionierung konnte der Sprengstoffinhalt des Geschosses von 19 g auf 24 g erhöht werden. Das Geschossgewicht betrug 112 g gegenüber 92 g beim MG 151/20, das Patronengewicht stieg auf 340 g. Durch diese Patrone wurden die Reichweite, Sprengkraft und Durchschlagsleistung spürbar gesteigert.

Der Entwicklungsauftrag der Waffe wurde zunächst an die Firma Krieghoff in Suhl vergeben, die jedoch noch keine Erfahrung auf dem Gebiet der Flugzeugbewaffnung hatte. Deshalb wurde die Aufgabe später an Mauser übergeben, die sich mit der Konstruktion der neuen Waffe und ihren Anforderungen auseinandersetzte.

Mauser entschied sich, das MG 213 nach dem Prinzip des Gasdruckladeprinzips zu entwickeln. Die hohe Feuergeschwindigkeit wurde durch die Anwendung des Prinzips des Trommelrevolvers, einer drehbaren Trommel mit fünf Patronenlagern, und einer zweistufigen Zuführung der Patronen erreicht. Als zusätzliche Vorteile dieses

Prinzips zeigten sich die geringeren Gewichte der bewegten Teilen und die entsprechend niedrigen Geschwindigkeiten der zuführenden Teile. Mit den zum damaligen Zeitpunkt verfügbaren Konstruktionen herkömmlicher Maschinenwaffen wäre eine weitere Erhöhung auf die geforderte Schussfolge nicht möglich gewesen. Sie hätte zu überhöhten Bewegungsgeschwindigkeiten im Mechanismus, insbesondere beim Verschluß geführt. Außerdem wäre die daraus resultierende Erhöhung der Bruchfestigkeit des Materials nicht möglich gewesen.

Zunächst konstruierte und fertigte man drei verschiedene Muster nach dem Prinzip des Gasdruckladeprinzips.

- MG 213 A (vorher: MG 213, Keilverschluss)
- MG 213 B (Kippverschluss)
- MG 213 C (Trommelzuführung)

Von diesen drei Modellen entschied sich das RLM nach umfangreicher Erprobung aller Muster schließlich im Dezember 1944 für die alleinige Weiterentwicklung und Ausführung des MG 213 C, welche unter Ausnutzung der bekannten Revolvertrommel den Zuführungsvorgang verteilte und dadurch die hohe Feuergeschwindigkeit von 1400 Schuss/Min erreichte.

Dennoch war die Herausforderung, diese hohe Feuerrate zu erreichen, nicht nur eine Frage der mechanischen Grundkonstruktion, sondern auch der Kühlung, der Vermeidung von Überhitzung und der Abdichtung zwischen Lauf und Trommel.

Ein bemerkenswertes Merkmal des MG 213 C war die hohe Flexibilität des Waffensystems. Während das MG 213 ursprünglich als 20-mm-Kanone konzipiert wurde, entschied sich die Luftwaffe, die Waffe auch auf das Kaliber 30 mm umzustellen. Der Umbau war technisch unkompliziert: Es mussten lediglich der Lauf und einige Bauteile ausgetauscht werden. Die beiden resultierenden Systeme erhielten die Bezeichnung MG 213/20 und MK 213/30. Die 30-mm-Version behielt die hohe Feuerrate von 1.100 Schuss pro Minute trotz der Kalibervergrößerung bei.

Funktion der Waffe

Die Anwendung des Drehtrommel-Prinzips erfordert bei einer Maschinenwaffe eine perfekte Gasabdichtung zwischen Trommel und Lauf. Insbesondere bei der Verwendung als Flugzeugbordwaffe. Eines der größten Probleme bei der Entwicklung des MG 213 C. Um das Spiel zwischen Trommel und Lauf abzudichten, verwendete

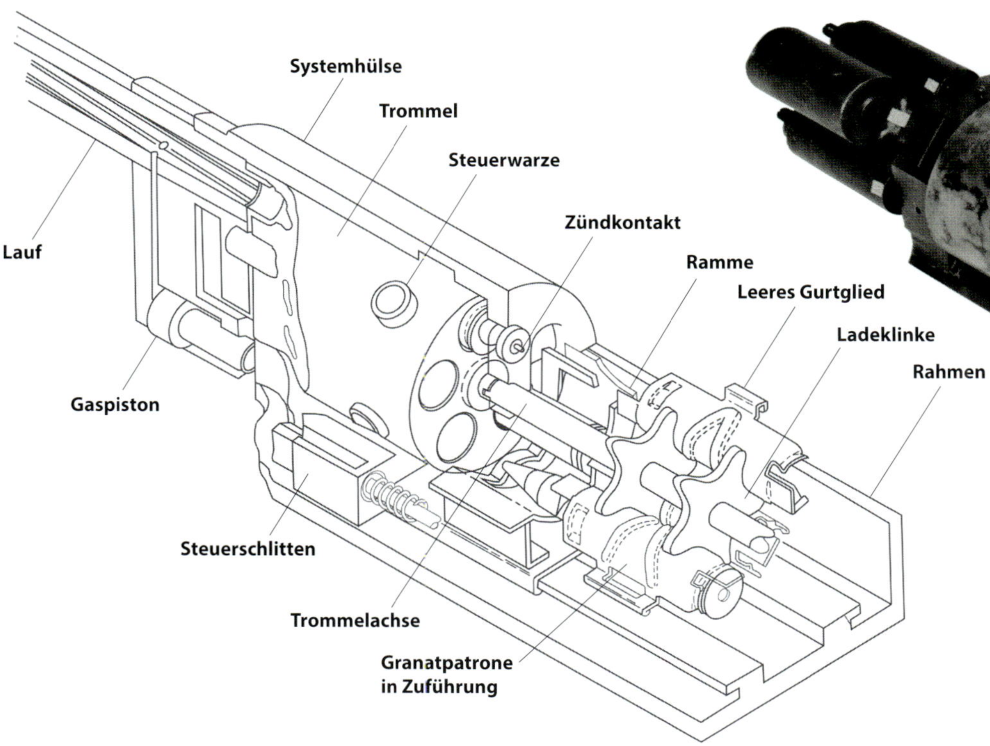

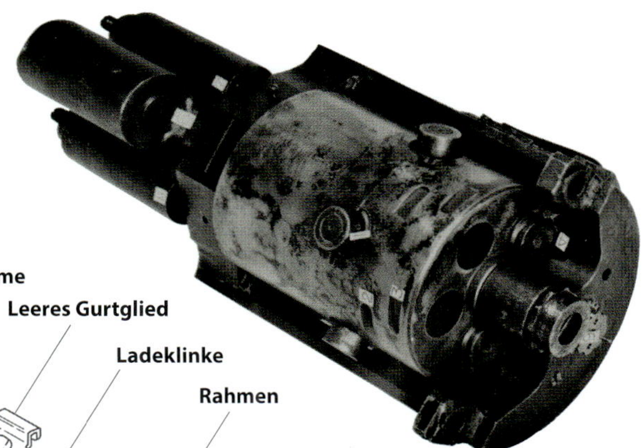

Schematische Darstellung des Aufbaus und der wichtigsten Funktionsteile des MG 213 C. Rechts die Trommeleinrichtung des MG 213 C mit fünf Patronenlagern.

man in Längsrichtung verschiebbare Dichtbüchsen, die durch den Gasdruck gegen das rückwärtige Ende des Laufes gepreßt wurden. Ursprünglich wurde die Stirnfläche der Gleitbüchsen konisch bearbeitet, um eine gute Gasabdichtung zu gewährleisten. Im weiteren Verlauf zeigte sich, daß plane Flächen genügten.

Die Trommel wurde durch einen Schieber bedient, der durch einen Gaskolben betätigt und durch eine Schließfeder zurückgestellt wurde. Die Waffe war somit ein Gasdrucklader. Mit dem Steuerschieber verbunden war der Patronenzuführer, der die Patronen in zwei Stufen aus dem Gurt beförderte und der Trommel zuführte. Der Gurt wurde über zwei Ladeklinken zugeführt, die sich auf der Rückseite der Trommel, aber auf derselben Achse befanden. Diese Klinken folgten der Trommelbewegung, wodurch die Ausrichtung der Patrone auf das entsprechende Patronenlager der Trommel erreicht wurde. Lauf und Trommel waren längsverschiebbar im Inneren des Gehäuses gelagert, wodurch sich die Belastung auf die Gehäuse-Lagerzapfen verringerte. Der Rücklauf betrug höchstens 15 mm.

Die Tests zeigten eine hervorragende Leistung. Es konnte in einem Dauerfeuerstoß bis zu 150 Schuss ohne signifikante Überhitzung abgefeuert werden. Unter realen Kampfbedingungen, in denen kürzere Feuerstöße erforderlich waren, konnten sogar bis zu 250 Schuss abgegeben werden, ohne dass es zu schwerwiegenden Funktionsstörungen kam. Die Kühlung der Waffe funktionierte in der Luft hervorragend, allerdings mussten für den Betrieb am Boden zusätzliche Maßnahmen zur Kühlung des Laufs ergriffen werden, da die Temperatur bei 250 Schuss zu hoch anstieg.

Der Einsatz des MG 213 C war auch als bewegliche Bordwaffe vorgesehen, insbesondere aufgrund der erwarteten Leistungsfähigkeit im Einsatz in doppelrohrigen Waffenständen. Ab Mitte 1944 wurde daher erwogen, künftige Langstreckenflugzeuge mit einer Zwillingslafette des MG 213 C auszurüsten. Letztlich wurde dieses Vorhaben jedoch nicht umgesetzt. Selbst bei den ersten starren Einbauten von Versuchsmustern zeigten sich noch Anfang 1945 in mehreren Bereichen unzureichende Ergebnisse.

Das MG 213 C war zum Zeitpunkt des Kriegsendes noch nicht in Serie gegangen. Einige der zehn Prototypen wurden während der Kriegswirren zerstört oder gingen verloren, während andere durch Bombenangriffe beschädigt wurden. Es zeigte Konstruktionsmerkmale, die so innovativ waren, dass sie bis heute in modernen Flugzeugwaffen weiterleben. Ein direkter Nachfolger des MG 213 C ist die heutige BK 27, die im Eurofighter der Verwendung findet. Somit bleibt das MG 213 C ein technisches Meisterwerk, das seiner Zeit weit voraus war und bis heute als eine der innovativsten Bordkanonen der Geschichte gilt.

Das MG 213/30 mit eingeführtem Gurtstück.

Manfred Griehl

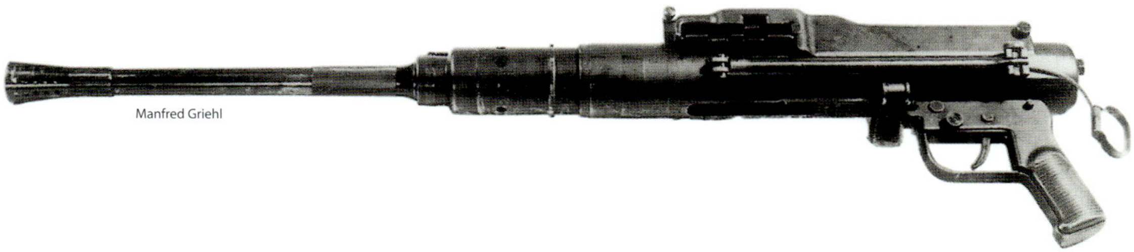

Manfred Griehl

Maschinengewehr 215 (MG 215)

Neben den verschiedenen zukunftsweisenden Varianten des MG 213 verfolgte die Mauser-Waffenforschungsanstalt mit dem MG 215 eine weitere Entwicklung im Bereich beweglicher Bordwaffen. Das MG 215 A1 wurde als Konkurrenzmodell zum bei Rheinmetall-Borsig entwickelten MG 131 konzipiert und zielte auf die Ausstattung von Flugzeugen mit einer kompakten, leichtgewichtigen und dennoch leistungsfähigen Abwehrwaffe ab. Es handelte sich um einen gasdruckbetriebenen Selbstlader mit Verriegelung durch einen Walzenverschluss – einem Konstruktionsprinzip, das bereits bei verschiedenen Infanteriewaffen wie dem MG 42 erfolgreich Anwendung gefunden hatte und für seine Zuverlässigkeit und Einfachheit bekannt war.

Für die Munitionszufuhr wurde ein Zerfallgurtmechanismus verwendet, der eine flexible Bestückung sowohl von der linken als auch von der rechten Seite der Waffe ermöglichte – ein Vorteil für den Einbau in asymmetrische Waffenstände. Die Zündung erfolgte elektrisch, analog zum MG 131, um eine präzise und gleichmäßige Schussfolge zu gewährleisten.

Die Waffe war zunächst für die Patrone 13,1 × 64 mm B ausgelegt, also für dieselbe Munition, die auch im MG 131 verwendet wurde – allerdings mit erhöhter Treibladung, um die ballistischen Eigenschaften zu verbessern. In der ersten Ausführung erreichte das MG 215 eine Mündungsgeschwindigkeit (Vo) von etwa 790 m/s und eine Feuerrate von 1.200 Schuss pro Minute. Diese Leistungswerte galten jedoch bald als unzureichend, insbesondere im Hinblick auf die zunehmende Panzerung alliierter Jagdflugzeuge und die gestiegenen Anforderungen an Reichweite und Durchschlagskraft.

Ingenieur Fröbel, einer der verantwortlichen Entwickler bei Mauser, schlug daher die Einführung einer verlängerten Patrone mit größerer Treibladung vor. Diese neue Patrone wies eine um 17 Gramm erhöhte Treibladung auf, was eine deutliche Steigerung der Mündungsgeschwindigkeit auf etwa 960 m/s ermöglichte. Gleichzeitig konnte durch Überarbeitung des Verschlussmechanismus die Kadenz auf etwa 1.350 Schuss pro Minute erhöht werden. Damit rückte das MG 215 zumindest auf dem Papier in einen leistungsfähigen Bereich beweglicher Bordwaffen auf.

Jedoch änderte sich mit der zunehmenden Betonung schwerer Kaliber durch das Technische Amt des Reichsluftfahrtministeriums (RLM) die Ausrichtung der Bewaffnungsplanung grundlegend. Das MG 215 als 13,1-mm-

System verlor damit zunehmend an Bedeutung. Das RLM strebte nun den Ersatz aller 13-mm-Waffen durch solche im 15-mm-Kaliber an, was zur Weiterentwicklung des MG 215 als MG 215/15 führte.

Die überarbeitete Variante sollte fortan ein neu konstruiertes 15-mm-Geschoss verschießen und wurde zugleich modernisiert, um sich an den neuen Richtlinien für kriegswirtschaftliche Produktion anzupassen. Besonderes Augenmerk galt der Verwendung von Pressteilen und der Vereinfachung der Fertigung. Auch der Lauf wurde überarbeitet: Während die Versuchsmuster einen kurzen 71-cm-Lauf besaßen, war für die Serienversion ein Lauf mit einer Länge von 95 cm vorgesehen. Das gesamte System blieb dabei mit nur 1,5 m Gesamtlänge bemerkenswert kompakt.

In ihrer finalen Ausführung erreichte die Waffe eine Schussfolge von etwa 1.400 Schuss pro Minute bei einer Mündungsgeschwindigkeit von rund 850 m/s. Für eine bewegliche Bordwaffe stellte dies einen durchaus konkurrenzfähigen Wert dar, zumal Konzepte zur weiteren Steigerung der Feuerrate auf bis zu 1.600 Schuss pro Minute und zur Entwicklung einer Zwillingswaffe (ähnlich dem MG 81 Z) bereits in Arbeit waren.

Doch all diese Ansätze blieben letztlich theoretisch. Mit der endgültigen Streichung der meisten deutschen Bomberprogramme im Juli 1944 entfiel auch das operative Interesse an einer neuen beweglichen Abwehrwaffe dieses Kalibers. Angesichts der Tatsache, dass leistungsstärkere Systeme wie das MG 213 mit höheren Kalibern, größeren Reichweiten und überlegener Schussleistung bald zur Verfügung stehen sollten, erschienen weitere Anstrengungen zur Serienreife des MG 215 aus militärischer Sicht zunehmend überflüssig.

Das MG 215 und seine Variante MG 215/15 sind heute weitgehend in Vergessenheit geraten – zu Unrecht, denn sie zeigen die Breite des technologischen Spektrums, das Mauser während des Krieges abdeckte. Zwar konnten sie sich nicht gegen die aufkommenden Revolverkanonen durchsetzen, doch ihre einfache Konstruktion, ihr innovativer Mechanismus und ihre modulare Konzeption geben interessante Einblicke in die Zwischenphase der Luftwaffenbewaffnung, die zwischen den klassischen Maschinengewehren und den modernen Maschinenkanonen stand.

MG 301

Die Entwicklung der 2-cm-Bordkanone MG 301 begann im August 1942 bei der Firma Krieghoff in Suhl. Die Idee war, eine Kanone zu entwickeln, die vor allem für den Einsatz in Jagdflugzeugen gedacht war und in der Lage sein sollte, gepanzerte Ziele auf Entfernungen von etwa 200 Metern effektiv zu bekämpfen. Die Munition, die für die MG 301 vorgesehen war, wurde von der Hugo Schneider AG (HASAG) geliefert.

Die Forderung des Reichsluftfahrtministeriums (RLM) nach einer Mindestgeschwindigkeit von 500 m/s für das Geschoss wurde bei den Tests der ersten Prototypen mit 750 m/s deutlich übertroffen. Trotz dieser vielversprechenden Ergebnisse wurde das Projekt nach eingehender Bewertung und weiteren Erprobungen schließlich eingestellt. Der Grund für diese Entscheidung war, dass man andere Waffensysteme wie das SG 113 A »Förstersonde« für deutlich effektiver zur Panzerbekämpfung hielt. Damit rückte das MG 301 trotz ihrea Potenzials in den Hintergrund.

Diese Entscheidung war Teil einer breiteren strategischen Neuausrichtung, bei der die Wehrmacht ihre Ressourcen zunehmend auf spezialisierte und effizientere Waffensysteme konzentrierte und eine weitere Entwicklung dieser Waffe unnötig machte.

MG 303

Die von Krieghoff entwickelte Maschinenkanone, die auf der bewährten MK 103 basierte, wurde als Gasdrucklader konstruiert. Ursprünglich unter dem Projektnamen »Gerät 303 BR« bekannt, wurde die Waffe im Waffenwerk Brünn (die Bezeichnung »BR« verweist auf diesen Standort) entwickelt. Das Ziel der Konstruktion war es, eine hochmoderne und leistungsfähige Kanone zu schaffen, die die Anforderungen der Luftwaffe erfüllen konnte, insbesondere bei der Bekämpfung von bodengestützten Zielen oder feindlichen Flugzeugen.

Nach der Fertigstellung mehrerer Prototypen wurden diese zur Erprobung an das Kommando der Erprobungsstellen (E-Stellen) geliefert. Die Tests, die sowohl unter Laborbedingungen als auch unter realen Einsatzbedingungen stattfanden, sollten aufzeigen, wie sich die Waffe in der Praxis bewährte. Trotz vielversprechender Anfänge und der hoffnungsvollen Perspektive einer Erweiterung der Luftwaffenbewaffnung wurde das Projekt schließlich nicht weiterverfolgt.

Der genaue Grund für die Ablehnung der MG 303 als Bordwaffe bleibt spekulativ. Möglicherweise könnte die fortschreitende Entwicklung anderer Waffensysteme und die Verbesserung bestehender Modelle, wie etwa des MG 151/20, dazu geführt haben, dass das MG 303 in den Hintergrund trat. Letztlich hat die Waffe trotz ihrer potenziellen Leistungsfähigkeit keinen Platz in der Luftwaffenbewaffnung gefunden.

KAPITEL 2
SCHWERE ROHRBEWAFFNUNG

Ju 87 G-2 »Kanonenvogel« mit zwei BK 3,7 zur Panzerbekämpfung.

SCHWERE KALIBER GEGEN DIE FEINDLICHE ÜBERMACHT

WIE DIE LUFTWAFFE AUF SCHWERE PANZER UND BOMBER REAGIERTE

Mit zunehmender Dauer des Zweiten Weltkriegs sah sich die deutsche Luftwaffe einer stetig wachsenden Herausforderung gegenüber: Sowohl in der Luft als auch am Boden traten vermehrt stark gepanzerte Ziele auf, die mit der bestehenden Bewaffnung nur unzureichend bekämpft werden konnten. Besonders ab 1942/43 erhielten alliierte Bomberflugzeuge wie die B-17 Flying Fortress und die B-24 Liberator eine verbesserte Panzerung und umfangreiche Defensivbewaffnung, was ihre Verwundbarkeit erheblich verringerte. Gleichzeitig machten die sowjetischen Bodentruppen mit der Einführung moderner Kampfpanzer wie dem T-34 oder dem schweren IS-2 große Fortschritte. Diese Fahrzeuge waren mit der Standardbewaffnung der deutschen Jagdflugzeuge – in der Regel MG 151/20 oder ähnliche Maschinenkanonen – kaum noch wirkungsvoll zu bekämpfen.

Als Reaktion auf diese Entwicklung wurde am 20. Oktober 1942 auf höchster Ebene innerhalb des Reichsluftfahrtministeriums beschlossen, künftig verstärkt auf Bordwaffen mit einem Kaliber von mindestens 30 mm zu setzen. Unter der Federführung von Generalfeldmarschall Erhard Milch wurden verschiedene Konzepte erörtert, um schwer bewaffnete Jagdbomber zur Verfügung zu stellen. Ein besonderes Augenmerk galt dabei der Möglichkeit, bestehende Bodenwaffen – darunter die 5-cm-Flak 41 oder die 5-cm-Kampfwagenkanone 39 – in zweimotorige Flugzeuge wie die Junkers Ju 88 oder die Messerschmitt Me 410 zu integrieren.

Ein besonders ambitioniertes Vorhaben stellte der Versuch dar, die 5-cm-Kanone MK 214 als Flugzeugbewaffnung zu nutzen. Diese Waffe war eine Weiterentwicklung der bewährten Panzerabwehrkanone Pak 38 und versprach mit ihrer hohen Mündungsgeschwindigkeit und Durchschlagskraft sowohl gegen schwere Bomber als auch gegen gepanzerte Bodenziele effektiv zu sein. Geplant war unter anderem ihre Verwendung in fortschrittlichen strahlgetriebenen Maschinen wie der Arado Ar 234 C-3, die gegen Kriegsende als potenzieller Träger infrage kam.

Auch für den Luft-Boden-Einsatz wurden parallel praxistaugliche großkalibrige Bordkanonen entwickelt. Besonders im Bereich der Erdkampfflugzeuge kamen spezialisierte Maschinenwaffen zum Einsatz, die mit Panzer- oder Spreng-Munition sowie hoher Feuerrate ausgerüstet waren. Sie sollten taktisch bedeutende Ziele wie Panzerkolonnen, Flugabwehrstellungen, Nachschubkonvois sowie infrastrukturelle Objekte wie Lokomotiven oder Schiffe wirksam bekämpfen und zerstören.

Einige dieser Waffen waren vollständige Neuentwicklungen, die schon in der Vorkriegszeit begonnen wurden – etwa die Maschinenkanonen MK 101 und MK 103 –, andere gingen während des Krieges aus Modifikationen bereits existierender Heereswaffen hervor, insbesondere Flakgeschützen und Panzerabwehrkanonen. Sie wurden gezielt an die Anforderungen des Flugzeugeinbaus angepasst und trugen maßgeblich zur gesteigerten Feuerkraft von Schlacht- und Jagdbombern bei – etwa bei der Henschel Hs 129 oder der als »Kanonenvogel« bekannten Junkers Ju 87 G, die gezielt zur Panzerbekämpfung eingesetzt wurden.

Allerdings brachte der Einbau solcher Waffen erhebliche technische Herausforderungen mit sich. Die Bordkanonen waren meist schwer und sperrig, was das Flugverhalten der Trägerflugzeuge negativ beeinflusste. Neben dem zusätzlichen Gewicht mussten auch strukturelle Verstärkungen am Rumpf und an den Tragflächen vorgenommen werden, um den Rückstoßkräften und der Belastung standzuhalten. Diese Maßnahmen führten wiederum zu Einbußen bei Wendigkeit, Steigrate und Reichweite. Aus diesen Gründen kamen solche Systeme trotz ihrer hohen

Wirksamkeit nur in begrenztem Umfang zum Einsatz.

Leichtere und bewährte Rohrwaffen boten dagegen ein ausgewogenes Verhältnis zwischen Gewicht, Feuerkraft und technischer Zuverlässigkeit. Auf sie konnte trotz ihrer limitierten Waffenwirkung bis Kriegsende nicht verzichtet werden.

Die Einführung drallstabilisierter Raketen mit Hohlladungssprengköpfen markierte einen entscheidenden Fortschritt in der Luft-Boden-Bewaffnung. Besonders das System »Panzerblitz« stellte einen technologischen Durchbruch dar: Es kombinierte hohe panzerbrechende Wirkung mit geringem Gewicht und erlaubte einen flexiblen Einsatz gegen verschiedenste Bodenziele. Im Vergleich zu herkömmlichen Bordkanonen erzielten diese Raketen eine deutlich höhere Durchschlagskraft und machten viele bisherige Übergangslösungen überflüssig.

Mit den Varianten Panzerblitz I und II zeichnete sich gegen Kriegsende ein grundlegender Paradigmenwechsel ab: weg von schweren, komplexen Kanonen hin zu leichteren, effektiveren Raketenwaffen, die sich in großer Stückzahl mit vergleichsweise geringem logistischen Aufwand herstellen und einsetzen ließen.

MK GL/50

Die GL/50 war eine großkalibrige Maschinenkanone mit einem Kaliber von 5 cm. Schon vor Kriegsbeginn begannen bei den Mauser-Werken in Oberndorf vielversprechende Vorarbeiten zur Entwicklung einer derartigen, besonders schweren Bordkanone. Eine zentrale Rolle spielte dabei die unter Leitung von Dr. Wilhelm von Lossnitzer stehende Entwicklungsgruppe. Es sollte eine durchschlagskräftige Maschinenkanone entwickelt werden, die vor allem gegen gepanzerte Luftziele eingesetzt werden sollte.

Die theoretischen Grundlagenarbeiten zur sogenannten Mauser-Kanone GL/50 (auch bekannt unter der späteren Bezeichnung MK GL/50) begannen im Laufe des Jahres 1938. Doch der Weg zur serienreifen Waffe erwies sich als technisch anspruchsvoll. Erst Mitte des Jahres 1941 konnte mit der Fertigstellung der dritten Prototypvariante (Versuchsnummer Vs 8378/C) ein funktionstüchtiges Muster präsentiert werden. Die ersten beiden Entwicklungsstufen waren zuvor aus unterschiedlichen technischen Gründen – insbesondere wegen Problemen mit der Zuführung und der Rückstoßenergie – verworfen worden.

was sie im Bereich der damaligen Bordwaffen zu einem der leistungsstärksten Modelle machte. Ihr Konzept beruhte auf einer gasdruckbetriebenem System mit verriegeltem Verschluss.

Ein zentrales Problem stellte das hohe Gewicht dar: Mit etwa 550 kg war die GL/50 deutlich schwerer als andere Bordwaffen ihrer Zeit. Für den Einsatz in einmotorigen Jagdflugzeugen – wie der Bf 109 oder Fw 190 – kam die Kanone daher in keiner Weise in Frage. Selbst für zweimotorige Maschinen wäre der Einbau mit erheblichen Einschränkungen bei der Flugleistung verbunden gewesen. Auch die geringe Kadenz in Verbindung mit der Größe der Waffe schränkte ihren taktischen Nutzen ein.

Angesichts dieser technischen Herausforderungen entschied sich das Reichsluftfahrtministerium (RLM), die Entwicklung der MK GL/50 Anfang der 1940er-Jahre einzustellen. Die vorhandenen Erfahrungen flossen jedoch in spätere Kanonenprojekte ein, etwa in die Entwicklung der MK 214, die in der Arado Ar 234 und anderen schweren Flugzeugmustern Verwendung finden sollte.

Bordkanone 3,7 (BK 3,7)

Angesichts des wachsenden Zeit- und Ressourcenmangels entschied sich die deutsche Luftwaffe dafür, vorhandene Waffensysteme aus der Heeresrüstung für den Einsatz in Flugzeugen weiterzuentwickeln, anstatt vollständig neue Konstruktionen zu entwerfen. Dieser Ansatz verkürzte Entwicklungszeiten, vereinfachte die logistische Versorgung und ermöglichte die Nutzung bereits etablierter Fertigungstechnologien.

Ein Beispiel für diese Strategie war die Entwicklung der Bordkanone BK 3,7, die auf der 3,7 cm Flak 18 basierte. Die Flak 18 war ein halbautomatischer Rückstoßlader mit zentral verriegeltem Verschluss, dessen Ursprünge auf Entwicklungen Anfang der 1930er-Jahre zurückgehen. Die Kanone selbst war 3,75 m lang und wog rund 275 kg. Bei einer Feuerrate von etwa 140 Schuss pro Minute erreichte das Geschoss eine Mündungsgeschwindigkeit von 860 m/s – eine für die damalige Zeit beachtliche Leistung.

Diese Kanone wurde nun speziell für den Einsatz als Bordwaffe gegen gepanzerte Bodenziele modifiziert. Zu den wesentlichen Anpassungen zählten ein auf 2,1 m verkürzter Lauf, um die Integration in Flugzeugzellen zu ermöglichen, sowie eine elektrische Abzugsvorrichtung, die dem Piloten das Auslösen der Waffe direkt vom Cockpit aus ermöglichte.

Die Erprobung der BK 3,7 in der Luft begann unter anderem mit zwei Versuchsmustern des zweimotorigen schweren Jägers Messerschmitt Bf 110 G-2. Beide Maschinen erhielten jeweils eine BK 3,7 in einer Lafette unter dem Rumpf, mit einem Munitionsvorrat von 72 Schuss. Für die Erprobung wurde auf die übrige Bewaffnung verzichtet. Die erste Maschine (Werknummer

BArch RL 36-245-56

Me 110 mit versuchsweise in einer Gondel eingebauten 3,7-cm-Bordkanone in der Erprobungsstelle Tarnewitz.

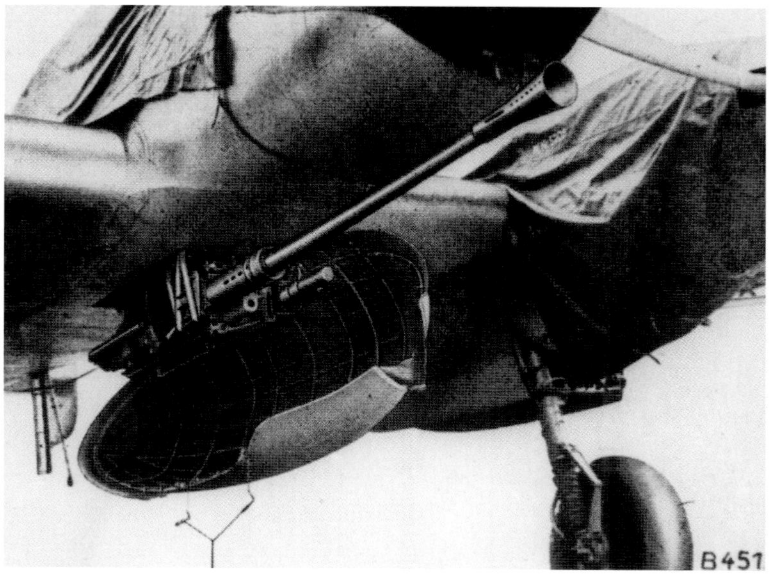

DTMB VI.1.006 06809 Fotograf unbekannt

Im Rahmen von Versuchsreihen in der Erprobungsstelle Tarnewitz wurde an dieser Messerschmitt Me 410 der Einbau einer 3,7-cm-Bordkanone erprobt. Auf den Aufnahmen sind die konstruktiven Anpassungen gut zu erkennen – besonders auffällig ist der markante Laderahmen der Waffe, der seitlich am Geschütz angebracht wurde.

BArch RL 36-260-44

BArch RL 36-260-44

Der Bombenraum erhielt eine provisorische Verkleidung zur Anpassung an die neue Bewaffnung. Es konnten bei diesem Muster nur 12 Schuss Munition mitgeführt werden.

5245, Kennung SL+JG) erhielt zunächst nur die Lafette und Verkleidung, da sich der eigentliche Kanoneneinbau verzögerte. Die zweite Maschine (SL+JY) war hingegen Ende April 1943 vollständig mit der Waffe ausgestattet und wurde zusammen mit der ersten bei den Ago-Flugzeugwerken auf die leistungssteigernde GM-1-Zusatzeinspritzung umgerüstet. Eine spezielle Heizvorrichtung für die Waffenanlage – notwendig für Einsätze in großen Höhen – war zu diesem Zeitpunkt allerdings noch nicht installiert.

Die ersten Luftbeschussversuche waren für den Frühsommer 1943 angesetzt. Am 2. Oktober desselben Jahres erfolgte ein erfolgreicher Testbeschuss in 9.200 m Höhe bei Außentemperaturen von bis zu −35 °C. Während dieses Versuchs wurden 120 Schuss abgegeben – fehlerfrei und ohne Störungen, was als technischer Erfolg gewertet wurde.

Ein weiteres Versuchsflugzeug war die Messerschmitt Bf 210 (Werknummer 2347, Kennung GE+KS), bei der die BK 3,7 im ehemaligen Bombenschacht untergebracht wurde. Die Umrüstungsarbeiten wurden durch Techniker der Erprobungsstelle Tarnewitz durchgeführt. Aufgrund der begrenzten Raumverhältnisse konnte allerdings nur ein Munitionsvorrat von 12 Schuss mitgeführt werden. Die durch den Waffeneinbau erhöhte Flugmasse führte dazu, dass die Maschine ohne zusätzliche Leistungssteigerung durch GM-1 nicht mehr ihre geplante Dienstgipfelhöhe erreichen konnte. Dennoch verliefen die Stand- und Luftbeschussversuche bis Ende April 1943 störungsfrei.

Am 24. April 1943 trafen schließlich zwei Maschinen des Typs Messerschmitt Me 410 bei der E-Stelle Tarnewitz ein (Werknummern 2330 und 2332), um – nach dem Vorbild der Bf 210 – mit je einer BK 3,7 ausgerüstet zu werden. Auch hier zeigte sich die enorme Durchschlags-

Die 3,7-cm-Bordkanone unter der rechten Tragfläche einer Ju 87 G während eines Erprobungseinsatzes auf dem Schießstand.

DTMB VI.1.006 06285 Fotograf unbekannt

Die unter der linken Tragfläche montierte Bordkanone ist auf dieser Aufnahme gut zu erkennen. Besonders deutlich sichtbar sind konstruktive Details wie die Aufhängung, das Waffengehäuse sowie der seitlich angebrachte Patronenrahmen.

Narodowe Archiwum Cyfrowe 3/2/0/-/13036

Details der an der Flügel-Unterseite der Ju 87 G eingebauten 3,7-cm-Bordkanone.

1 Hintere Lagerung
2 Rohrwiege
3 Vordere Lagerung
4 Verkleidung über Lufterhitzer
5 Rohr mit Rohrbremse
6 Dreiteilige Verkleidung
7 Abzugseinrichtung mit EPD-FF/C
8 Pressluftleitungen
9 Verkleidungs-Mittelteil
10 Verkleidungs-Vorderteil

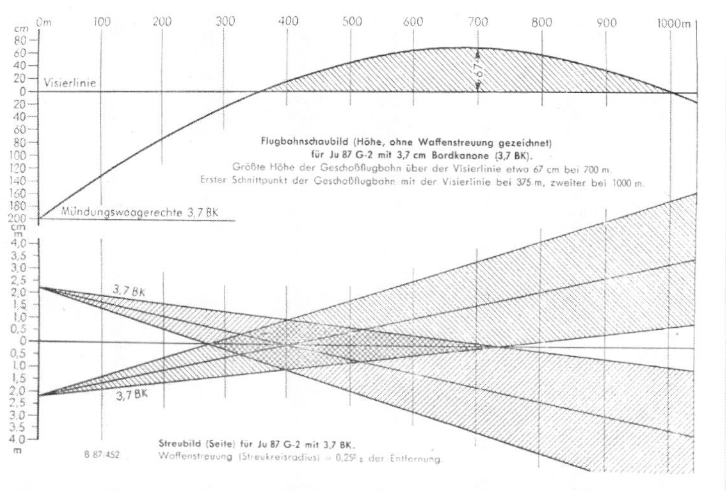

BArch RL 3-6520 D. (Luft) T. 2087 G-2 Teil 12 A

Flugbahnschaubild der 3,7-cm-Bordkanonen. Beachte die gekreuzten Flugbahnen.

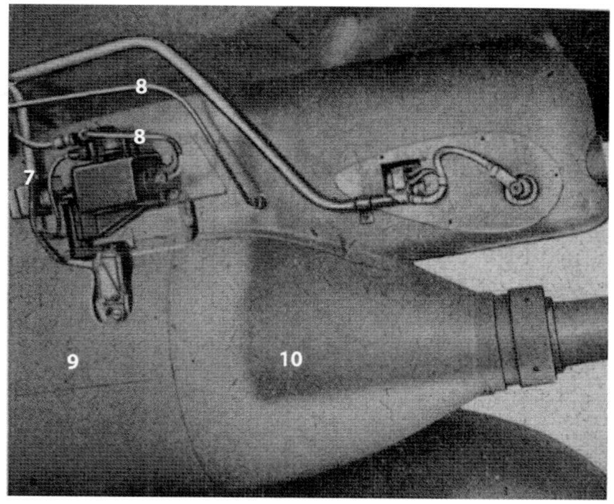

Abzugseinrichtung und Heizgerät

Patronenrahmen

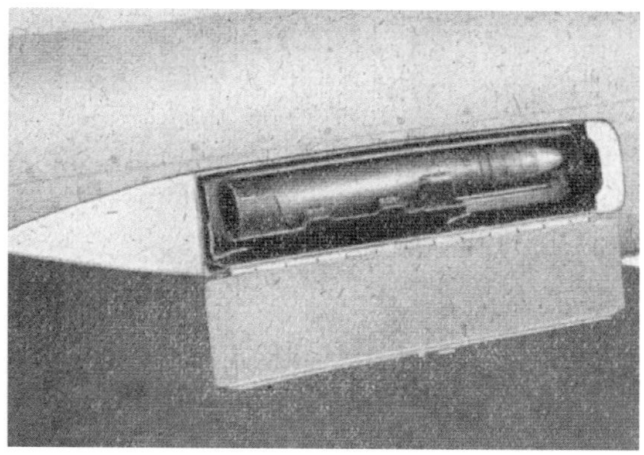

Munitionszuführung mit geöffneter Verkleidung

Im Mai 1945 fiel amerikanischen Truppen auf einem Flugplatz in Pilsen eine nahezu unversehrte Ju 87 G in die Hände. Die Maschine wurde anschließend eingehend untersucht. Offensichtlich wurde unter anderem das vordere Gehäuse der BK 3,7 demontiert, um detaillierte Einblicke in Aufbau und Funktionsweise der Waffe zu gewinnen. Da die Ju 87 wegen ihrer zunehmenden Verwundbarkeit gegenüber modernen Jagdflugzeugen schon frühzeitig aus den westlichen Kriegsschauplätzen abgezogen worden war, kam die G-Version nahezu ausschließlich an der Ostfront zum Einsatz. Umso größer dürfte daher das Interesse der Amerikaner an diesem seltenen Beutestück gewesen sein.

NARA 342-FH 3A49233-3A49759-00044

NARA 342-FH 000590

NARA 342-FH 000592

Manfred Griehl

Bei Tageseinsätzen gegen schwer gepanzerte Ziele oder stark gesicherte Bomberformationen griff die deutsche Luftwaffe auf speziell ausgerüsteten Zerstörer wie die Bf 110 G-2 in der Rüstsatz-Variante R1 zurück. Die BK 3,7 konnte gegen langsamere, schwerfällige Bomber schon mit einem Treffer empfindliche Strukturschäden verursachen. Zur Unterstützung verfügte sie zusätzlich über zwei MG 151/20 im oberen Bugbereich. Trotz ihrer Feuerkraft war die Bf 110 jedoch aufgrund ihrer Größe und vergleichsweise geringen Wendigkeit anfällig gegenüber Jagdflugzeugen, was schließlich ihren Einsatz auf spezifische Rollen wie den Tag-Zerstörer oder Erdkampfbomber beschränkte.

kraft der Kanone. Dennoch stellte sich heraus, dass die vergleichsweise geringe Schussfolge der BK 3,7 für den Einsatz gegen schnell bewegliche Luftziele nur bedingt geeignet war. Sie blieb daher eher ein Spezialwerkzeug gegen schwer gepanzerte Bomber oder Bodenziele.

Für die Verwendung als Panzerbekämpfungswaffe wurde eigens eine panzerbrechende Munition mit hoher Durchschlagskraft entwickelt. Selbst bei einem Auftreffwinkel von 60 Grad konnte aus einer Entfernung von nur 100 Metern noch eine Panzerung von bis zu 59 Millimetern durchschlagen werden – ausreichend, um die meisten mittleren sowjetischen Panzer zu zerstören.

Die erste dokumentierte Einsatzerprobung der BK 3,7 erfolgte im Rahmen von Umbauten an der Henschel Hs 129 B-2. Diese Maschinen, die im Bestand des Schlachtgeschwaders 9 (SG 9) geführt wurden, trugen eine einzelne BK 3,7 unter dem Rumpf. Die geringe Munitionskapazität von lediglich zwölf Granaten pro Flugzeug und die schwierige Handhabung der schweren Waffe in Gefechtssituationen führten jedoch dazu, dass sich dieses Konzept kaum durchsetzen konnte. Wäre es tatsächlich effektiv gewesen, hätte man vermutlich eine größere Zahl dieser Maschinen in Serie produziert.

Erfolgreicher war die Einführung der BK 3,7 bei der Junkers Ju 87, insbesondere in den Varianten G-1 und G-2. Diese Flugzeuge – mit jeweils einer Kanone unter jeder Tragfläche ausgerüstet – wurden ab Mai 1943 unter dem Beinamen »Panzertöter Gustav« auf der Krim (Raum Krimskaja) erprobt. Später wurden sie gezielt in sogenannten Panzerjäger-Staffeln eingesetzt, die einzelnen Schlachtgeschwadern unterstellt waren. In geübten Händen erwies sich die Bewaffnung als durchaus wirkungsvoll – selbst stark gepanzerte Fahrzeuge konnten im Tiefflug aus geringer Entfernung vernichtet werden. Allerdings war der Einsatz dieser vergleichsweise langsamen Maschinen riskant: Zur Deckung der angreifenden Ju 87 wurden oft mehrere Fw 190 F-8 benötigt, die mit Splitterbomben die feindliche Flak in Schach halten mussten.

Der Ausnahmepilot Hans Ulrich Rudel schoss mit dieser Maschine die unglaubliche Anzahl von über 500 russischen Panzern ab. Dabei nutzte er gezielt die deutlich

Ju 88 P-2 Tiefangriffsflugzeug mit zwei BK 3,7 als Gondelbewaffnung.

DTMB VI.1.006 06377 Messerschmitt-Archiv, Fotograf unbekannt

schwächer gepanzerte Oberseite sowie die vergleichsweise dünne Motorabdeckung gegnerischer Panzerfahrzeuge aus. Zusätzlich verringerte sich die Schutzwirkung abgeschrägter Panzerplatten beim Beschuss aus schrägem Winkel von oben, wodurch die Durchschlagswahrscheinlichkeit weiter anstieg.

Neben der Hs 129 und der Ju 87 wurde auch die zweimotorige Ju 88 für eine begrenzte Zeit als Trägerplattform für die BK 3,7 in Betracht gezogen. Im Sommer 1943 wurde zunächst eine Ju 88 S-1 zu Versuchszwecken mit zwei dieser Kanonen ausgestattet. Die Erprobung erfolgte durch die Erprobungsstelle Tarnewitz in Zusammenarbeit mit Rechlin und bewertete die Waffensysteme grundsätzlich als funktionsfähig. Dennoch traten bald strukturelle Probleme auf: Die Unterrumpfbeplankung der Ju 88 musste verstärkt werden, da es durch die Rückstoßwirkung der Kanonen zu Schäden an der Zelle kam. Auch wurden nach etwa 160 Schuss Abplatzungen an der Triebwerksverkleidung festgestellt – ein Effekt, der durch zusätzliche Panzerplatten hätte eingedämmt werden können. Die Waffenanlage selbst funktionierte hingegen zuverlässig.

Die Ju 88 P-3 sollte ebenfalls zwei BK 3,7 in einer Unterrumpfgondel tragen. Doch es fehlte an geeigneten Zellen sowie an Produktionskapazitäten, weshalb das Projekt nicht über den Prototypstatus hinauskam. Eine geplante Umrüstung von 50 Ju 88 S-1 zu »fliegenden Panzerjägern« in der Variante Ju 88 P-2 mit jeweils zwei Kanonen und 60 Schuss Munition wurde auf persönliche Anordnung von Generalfeldmarschall Erhard Milch ins Auge gefasst – letztlich aber aus logistischen Gründen eingestellt.

Ein zentraler Schwachpunkt dieser Idee bestand darin, dass die relativ schwach gepanzerten, zweimotorigen Maschinen wie die Ju 88 sich kaum für Tiefangriffe eigneten. Sie waren leichtes Ziel für gegnerische Jagdflugzeuge und Flakbatterien, was ihren taktischen Nutzen stark einschränkte.

Letztlich konnte die BK 3,7 nur in begrenztem Maße ihren Platz als effektive Luft-Boden-Waffe behaupten. Sie zeigte in einzelnen Szenarien zwar beachtliche Wirkung, konnte sich jedoch aufgrund technischer, logistischer und taktischer Einschränkungen nicht flächendeckend durchsetzen. Sie ist jedoch ein eindrucksvolles und auch relativ erfolgreiches Beispiel für den Versuch, durch die Adaption bestehender Heereswaffen kurzfristig die Luftwaffe aufzurüsten und schwerere gegnerische Ziele effektiv bekämpfen zu können.

Bordkanone 5 (BK 5)

Auch die BK 5 sollte im Kampf gegen die schwer gepanzerten, viermotorigen alliierten Bomber den Einsatz der deutschen Kampfflugzeugen erfolgreicher machen. Und auch bei der Entwicklung dieser Waffe entschloss man sich zu einer pragmatischen Lösung, um eine aufwändige Neukonstruktion zu umgehen: der Umrüstung der bewährten Kampfwagenkanone 9 (KWK 39) zur Luftwaffe-Bordwaffe BK 5 (Bordkanone 5).

Die Verwendung der KWK 39 als Bordwaffe erforderte einige grundlegende Anpassungen. So wurde die Waffe mit einer elektrischen Zündung ausgestattet. Ein automatischer Ladeapparat ermöglichte eine Serienfeuerfähigkeit. Die Granaten wurden in einem rund um die Waffe integrierten Munitionsbehälter untergebracht. Anfangs konnten 22, später bis zu 36 Granaten im Rumpf verstaut werden. Die BK 5 war sowohl für Einzelfeuer als auch für Dauerfeuer geeignet.

Mit einem Gesamtgewicht von rund 540 kg – davon entfielen allein 245 kg auf den Lauf – war die BK 5 eine der schwersten Bordwaffen, die je in einem deutschen Flugzeug eingesetzt wurde. Die Kadenz lag bei 45 Schuss pro Minute, während die Mündungsgeschwindigkeit je nach Munitionstyp zwischen 900 und 980 m/s variierte. Ursprünglich wurden Sprenggranaten verwendet, diese wurden jedoch bald durch Minengeschosse ersetzt, die eine wesentlich höhere Zerstörungskraft aufwiesen und sich besonders im Luftkampf als wirkungsvoll erwiesen.

Die technische Ausarbeitung für den Einbau in zweimotorige Flugzeuge war bis April 1943 bei Rheinmetall-Borsig in Arbeit. Nachdem sich die kleinere BK 3,7 in der Zwischenzeit als unzureichend gegen die alliierten »Fliegenden Festungen« erwiesen hatte, wurde das Projekt BK 5 zur Priorität. Das Technische Amt des RLM forderte nun den Übergang vom trägerlahmen Zerstörer Bf 110 auf leistungsfähigere Träger wie die Me 410.

Der erste Versuchseinbau der BK 5 erfolgte in einer Me 410 A-1 durch die Werft der Deutschen Lufthansa in Berlin-Staaken. Die Waffe wurde im vorderen Rumpf montiert. Ab Mai 1943 begannen Standbeschussversuche, bei denen unter anderem eine schrottreife He 111 mit nur einem Treffer regelrecht zerteilt wurde – ein Hinweis auf das zerstörerische Potenzial der neuen Kanone. Am 13. Juni 1943 erfolgte schließlich der erste Luftbeschuss. Bis Mitte August desselben Jahres wurden insgesamt 53 Schuss aus der Luft abgegeben, größtenteils mit der 5-cm-Panzersprenggranate 39.

Manfred Griehl

Zwei Me 410 A-1/U4 des Zerstörergeschwaders 26 (ZG 26) mit BK 5 während des Starts zum Einsatzflug.

Details der vorderen Waffenlagerung der BK 5 einer Messerschmitt Me 410 A-1/U4.

1 **Vordere Lagerung**
2 **Strebe**
3 **Lafette**
4 **Druckknopfstecker**

Heißvorgang der BK 5.

1 **Rollenbock**
2 **Flaschenzug**
3 **Heißseil**
4 **Heißösen der Waffe**
5 **Holzbock**

BArch RL 3-7207 D. (Luft) T. 2410 A1/U4

1 5 cm BK
2 Vordere Lagerung
3 Hintere Lagerung
4 Ringmagazin
5 Waffenträger
6 Beschlag am Sitz- und Waffenträger
7 Holmverstärkung
8 Heißrollen am Sitz- und Waffenträger
9 Heißrollen am Hauptholm
10 Heißseile
11 Heißösen an der Waffe
12 Aufbewahrungsrohr für Heißseile
13 Pneumatische Gurtzuführung
14 Pneumatischer Förderer
15 Pneumatischer Lader
16 Verkleidung
17 Hülsenabteilung
18 Beschlag am Hauptholm
19 Einbaublech
20 Strebe
21 Zündumformer
22 Steckerverbindung P 264/P 800
23 Elt-Schaltkasten 5 cm BK
24 SZKK 4
25 Kontrolllampe P 267
26 Verteiler V 28
27 Schaltschütz P 263
28 Selbstschalter P 260, P 266 und P 3
29 KG 13 B
30 B-Knopf
31 3 x EPD-101 A

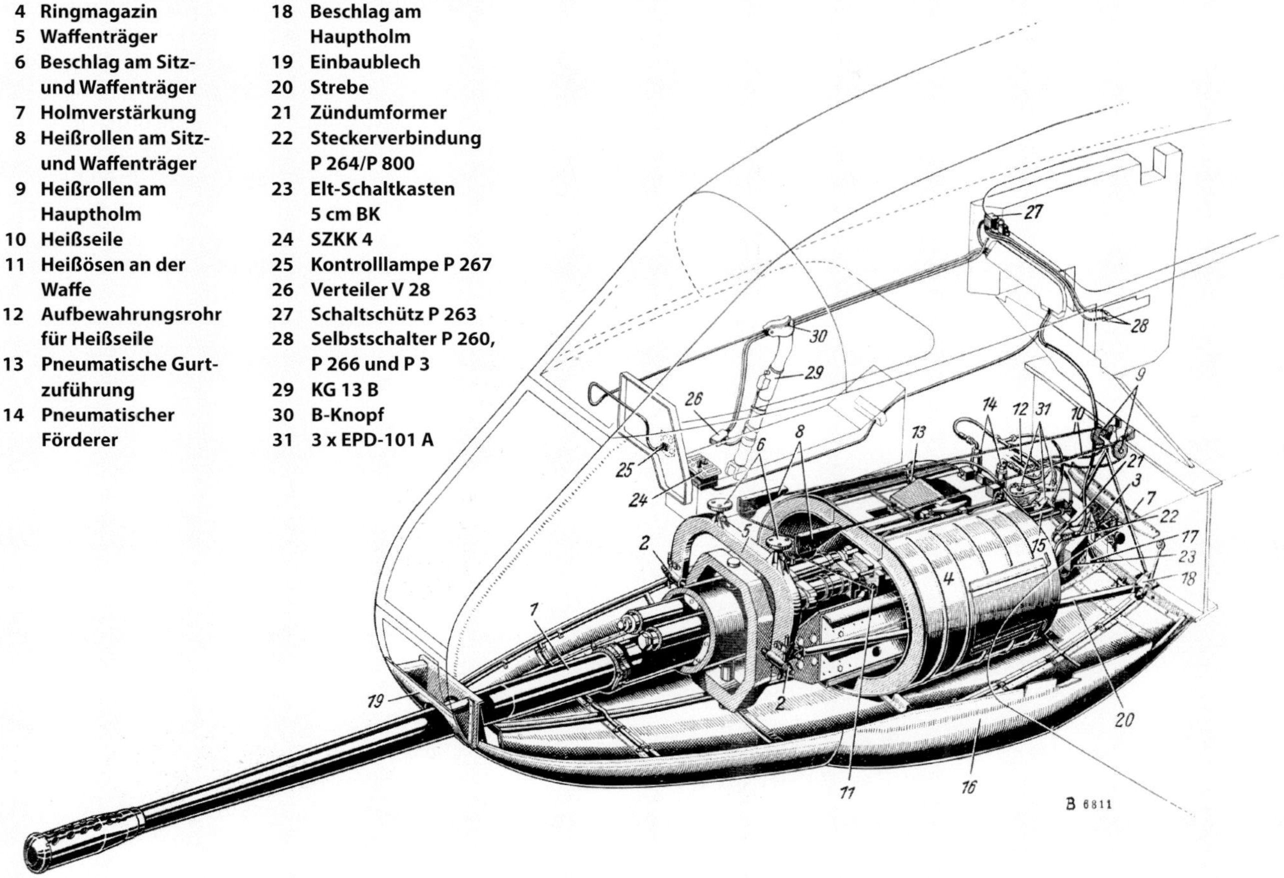

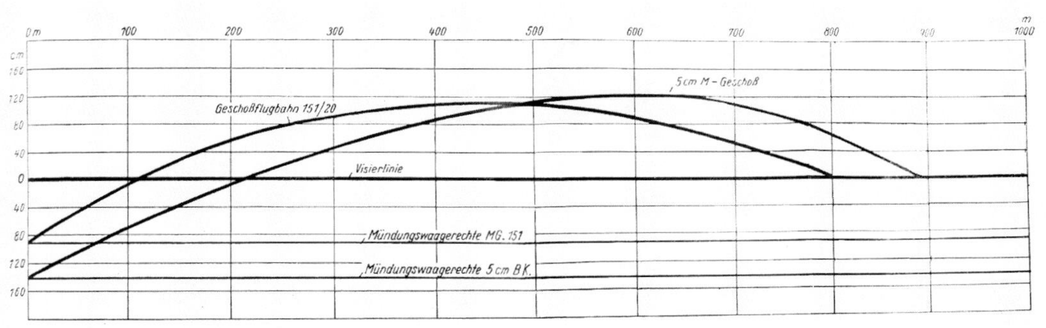

BArch RL 3-7207 D. (Luft) T.2410 A1/U4

Die beiden ähnlichen Flugbahnen der BK 5 und MG 151/20. Die beiden Schnittpunkte von Geschossflugbahn und Visierlinie der BK 5 lagen bei ca. 200 m und 900 m. Die größte Höhe der Geschossflugbahn über der Visierlinie lag bei 580 m bei 1,20 m. Ein Ziel von 1,2 m Rumpfbreite konnte auf allen Entfernungen erfasst werden.

Eine Mehrladeeinrichtung für 20 Schuss wurde bis Ende Juni 1943 entwickelt und erprobt. Zwei weitere Me 410-Musterflugzeuge wurden im Juli 1943 für diese modernisierte Konfiguration umgerüstet. Die verbesserte Ladeeinrichtung erwies sich ab September 1943 bei den Versuchsserien in Tarnewitz als zuverlässig. Bei der Abgabe von je 20 Schuss erzielte die BK 5 im Einzelschuss auf 100 m ein beeindruckend enges Trefferbild von nur 10 cm × 20 cm, bei Dauerfeuer lagen die Abweichungen lediglich bei 17 cm × 29 cm.

Trotz dieser technischen Erfolge kam es während des anschließenden Luftbeschusses zu ersten Störungen, die vor allem auf Munitionsprobleme zurückzuführen waren. Bis Mitte Dezember 1943 wurden insgesamt 905 Schuss im Stand und weitere 279 in der Luft abgegeben. Im Anschluss übernahm das Erprobungskommando EK 25 die erste vollständig ausgerüstete Me 410 zur Truppenerprobung.

Nach erfolgreicher Evaluation wurde das Zerstörergeschwader 26 (ZG 26) mit rund 60 Me 410 A-1 ausgestattet, die die BK 5 trugen. Zwischen dem 22. Februar und dem 11. April 1944 flog der Verband sechs Einsätze, bei denen 29 B-17 und vier B-24 mit nur neun eigenen Verlusten abgeschossen wurden. Die Angriffe erfolgten aus Distanzen von 750 bis 1.000 m – meist von hinten, unterstützt durch das Zielfernrohr ZFR 1a mit 2,5-facher Vergrößerung. Dieses erwies sich allerdings unter realen Gefechtsbedingungen unter anderem wegen der beschränkten optischen Leistungsfähigkeit als unzureichend, was in Kombination mit der zunehmenden Präsenz alliierter Begleitjäger die operativen Einsatzmöglichkeiten der BK 5 bald einschränkte.

Parallel wurde ab September 1943 ein weiterer Erprobungsträger vorbereitet: eine Ju 88 A-4, bei der die BK 5 unter dem Rumpf als Panzerbekämpfungswaffe eingebaut werden sollte. Die Arbeiten am Einbau der Waffenanlage verzögerten sich, da wichtige Umbauteile bei Junkers fehlten. Erst Ende Januar 1944 traf das fertige Musterflugzeug – mit der Versuchsausführung BK V06 – bei der E-Stelle Tarnewitz ein. Eine zweite Maschine unter der Bezeichnung Ju 88 P-4 war bereits vorgesehen, doch technische Nachbesserungen an der Waffe verzögerten auch dieses Projekt.

Letztlich kam es nie zur Serienproduktion der Ju 88 P-4. Die BK 5 selbst wurde nach nur etwa 300 gebauten Exemplaren nicht weiter produziert. Ausschlaggebend waren das hohe Einbaugewicht, die geringe Feuergeschwindigkeit sowie die bald verfügbare, leistungsstärkere Maschinenkanone MK 214, die bessere ballistische Eigenschaften bei geringerem Aufwand versprach.

Bordkanone 7,5 (BK 7,5)

Die geplante Einführung der Bordkanone BK 7,5 stellte einen weiteren Versuch der deutschen Luftwaffe dar, die zunehmend problematische Bekämpfung feindlicher Panzerverbände durch den Einsatz überschwerer Bewaffnung aus der Luft zu lösen. Im Zuge der immer stärkeren Panzerung sowjetischer Fahrzeuge und der zunehmend defensiv ausgelegten Bodentaktik war der Bedarf an durchschlagskräftigen Waffen auch aus der Luft beträchtlich gewachsen. Die BK 7,5 basierte konstruktiv auf der bewährten 7,5 cm Panzerabwehrkanone 40 L (PaK 40), die in großer Stückzahl vom Heer eingesetzt wurde. Für den Einsatz in der Luftwaffe wurde das Geschütz jedoch umfassend überarbeitet, um den besonderen Anforderungen eines fliegenden Trägersystems gerecht zu werden.

Zu den wesentlichen Änderungen gehörten eine Gewichtsreduzierung durch die Modifikation des Rücklaufsystems, die Verkürzung des Laufes sowie die Entwicklung eines elektro-pneumatischen Nachlademechanismus. Ergänzt wurde dieser durch eine elektrische Abzugsvorrichtung, die es dem Piloten erlaubte, die Kanone direkt aus dem Cockpit zu bedienen. Die Waffe konnte ein Magazin mit zwölf Patronen aufnehmen, wobei die verwendete Munition auf der schweren Panzergranate 39 basierte. Diese wog insgesamt 12 kg, wobei das eigentliche Projektil rund 6,8 kg ausmachte. Die Kanone selbst erreichte eine imposante Gesamtlänge von 6,11 m, davon entfielen 3,92 m auf den Lauf. Die Mündungsgeschwindigkeit betrug etwa 790 m/s bei einem Spitzengasdruck von rund 2.800 atü – Werte, die weit über dem Durchschnitt für Bordwaffen lagen. Aufgrund dieser extremen Belastungen war der Betrieb im Einzelfeuer zwingend erforderlich, da eine höhere Feuerrate die strukturelle Integrität des Flugzeugs gefährdet hätte.

Erste Erprobungen der BK 7,5 begannen im Sommer 1942 mit einer umgebauten Junkers Ju 88 A-4 (Werknummer 1182), die im Rheinmetall-Werk Unterlüß modifiziert wurde. Die Tests wurden zunächst mit reduzierter Treibladung durchgeführt, um die Rückstoßbelastung auf die Zelle zu verringern. In dieser Konfiguration verliefen die ersten Schüsse störungsfrei. Anschließend wurde die Maschine nacheinander bei mehreren Erprobungsstellen eingesetzt – darunter Tarnewitz, erneut Unterlüß sowie die zentrale Erprobungsstelle Rechlin –, wo im Februar 1943 erste Zielbeschussversuche gegen Panzerattrappen stattfanden. Obwohl dabei eine durchaus zufriedenstellende Zielwirkung festgestellt wurde, offenbarte sich rasch die hohe technische Komplexität der gesamten Waffenanlage. Bereits bis Ende März 1943 war klar, dass die Umset-

DTMB VI.1.006 06379 Fotograf unbekannt

Ju 88 P-1 mit BK 7,5. Man beachte die unterschiedliche Ausführung der Mündungsbremse.

San Diego Air and Space Museum 16-005440

Ju 88 P-1 mit BK 7,5 und Bodenwanne von vorne.

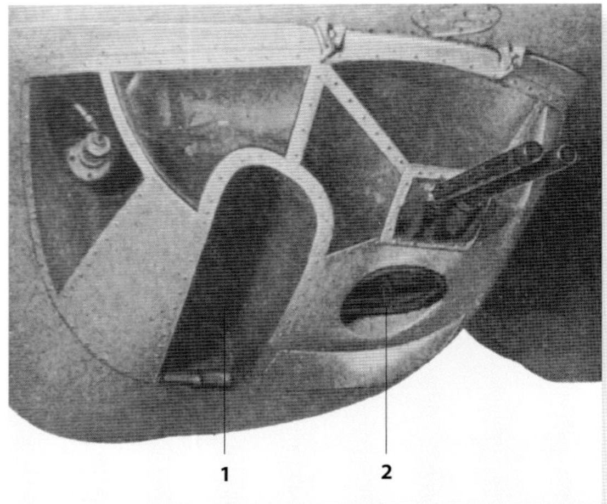

Die Bodenwanne von hinten mit Hülsenabführung der BK 7,5 (1) und Leergurtabführung des MG 81 Z (2).

BArch RL 3-6556 T. 2088 P-1

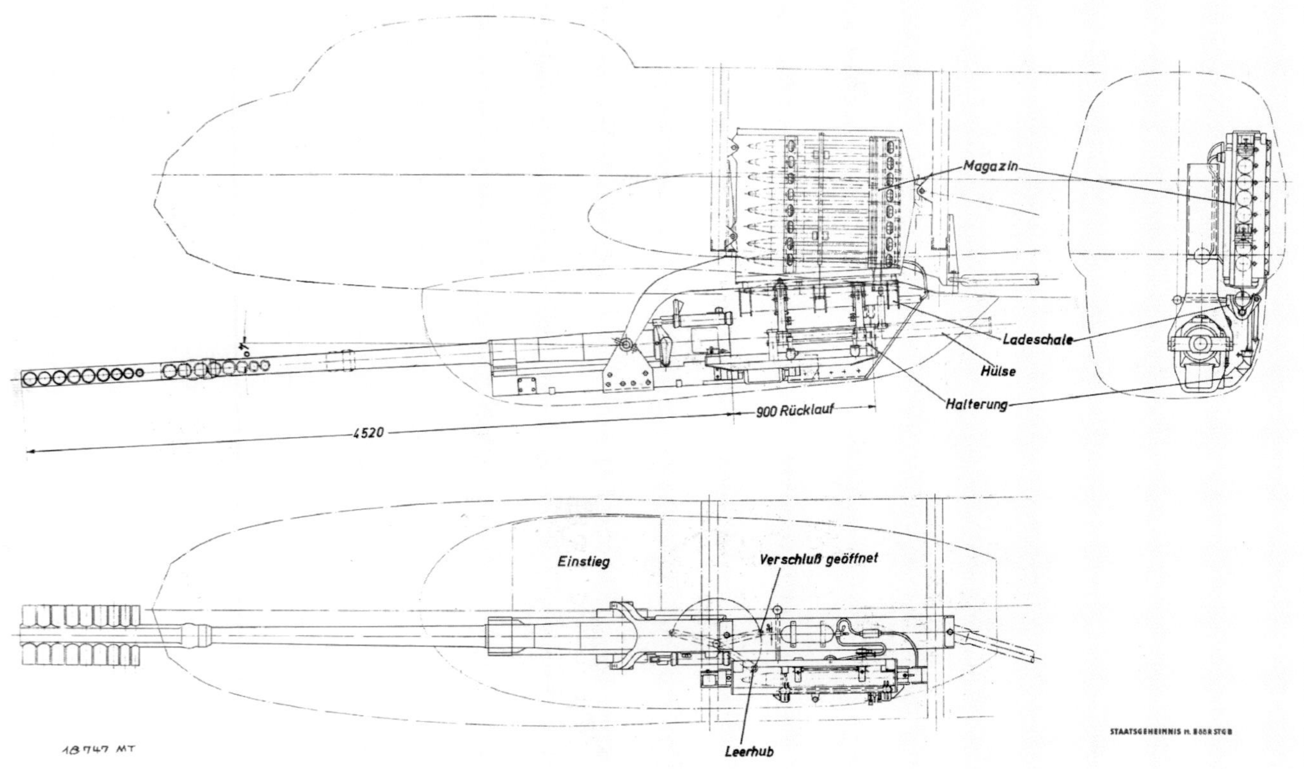

BArch RL 3-4550

Schematische Darstellung des Waffeneinbaus der Bordkanone BK 7,5 in die Junkers Ju 88 P-1.

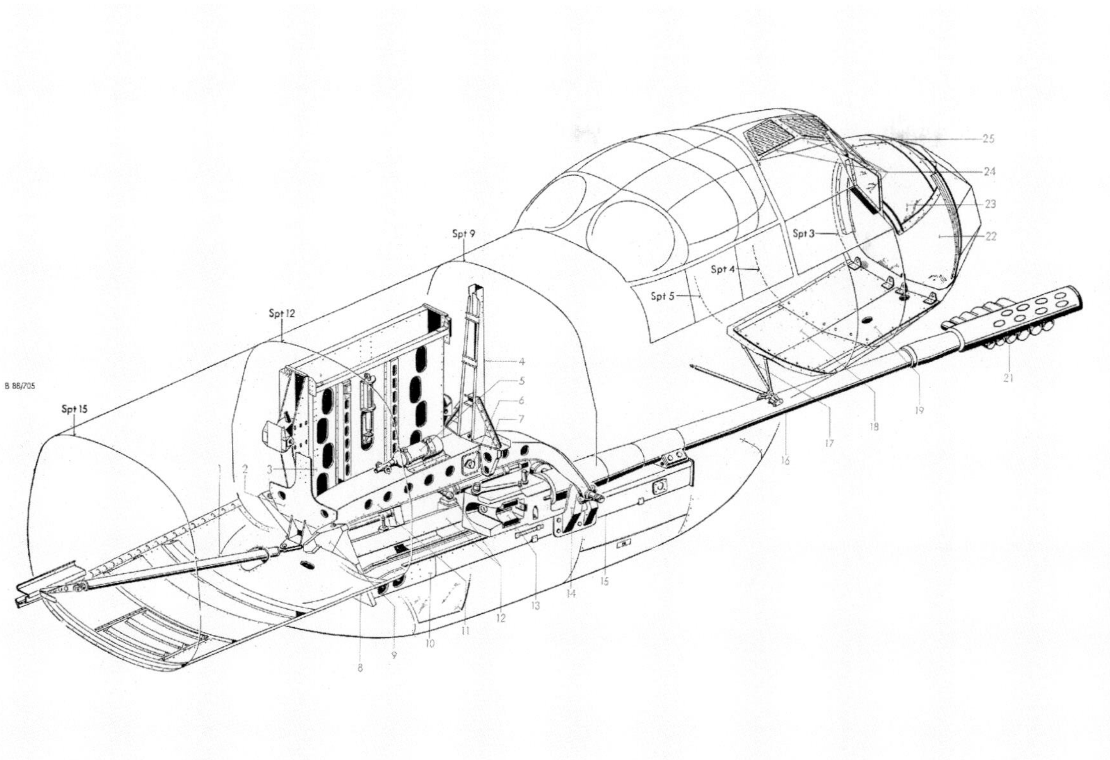

BArch RL 3-6556 T. 2088 P-1

Schematische Darstellungen der Ju-88 P-1 mit BK 7,5.

1 Rohrstrebe
2 Beschlag am Spt 12
3 Magazin
4 Beschlag am Spt 9
5 Pressluftflasche
6 Pressluftanschluss
7 Vordere Aufhängung
8 Klappe
9 Hintere Aufhängung
10 Aufnahmelager
11 Träger
12 Ladeschale
13 7,5 cm BK-Verschluss
14 Wiegenträger
15 Rohrwiege
16 Rohr
17 Rohrabstützung
18 Panzerplatte links
19 Panzerplatte rechts
21 Mündungsbremse
22 Panzerplatte am Spt 3
23 Panzerplatte rechts
24 Panzerscheibe
25 Panzerhaube links
26 Sandschutz-Mündungsbremse

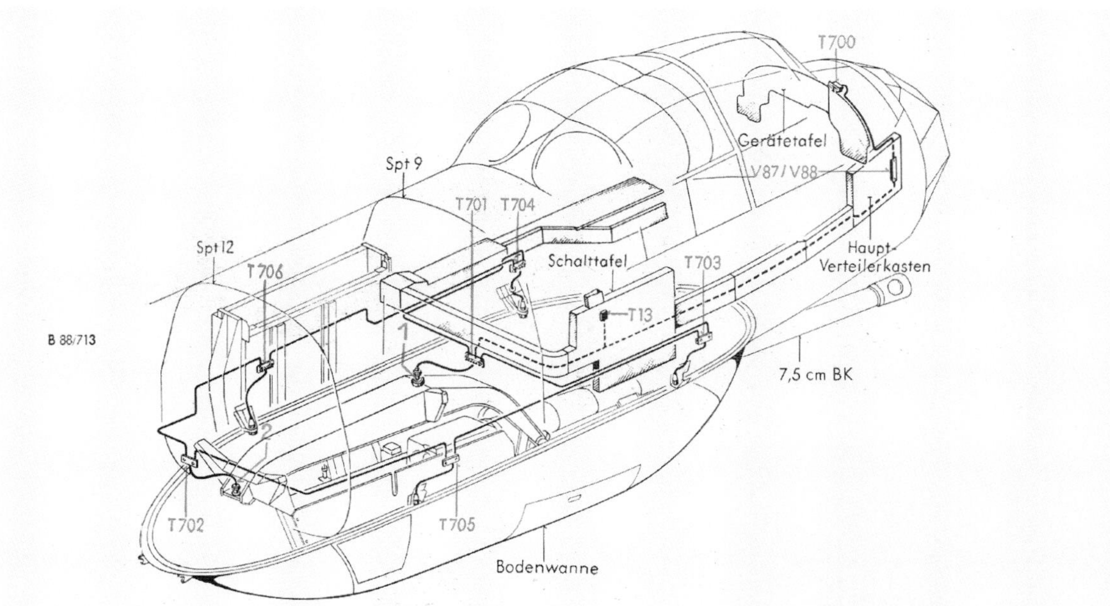

BArch RL 3-6556 T. 2088 P-1

Abwurf- bzw. Absprenganlage für BK 7,5 und Bodenwanne.

Bruchgelandete Ju 88 P-1 mit BK 7,5.

BArch RL 36-245-0056

BArch RL 36-245-0056

Ju 88 P-1 mit BK 7,5 der 1./Versuchskommando 200.

zung im Serieneinsatz mit erheblichen Schwierigkeiten verbunden sein würde. Tatsächlich wurden nur sieben Serienflugzeuge dieses Typs in Tarnewitz begutachtet, und insgesamt verließen weniger als 30 Ju 88 P-1 mit dieser Bewaffnung die Werkshallen.

Im operativen Einsatz konnte die Ju 88 P-1 kaum überzeugen. Als schwerfällige, vergleichsweise schlecht gepanzerte Maschine war sie für Tiefflugangriffe gegen feindliche Panzerstellungen ungeeignet. Die große Kanone beeinträchtigte die Wendigkeit erheblich, und ohne funktionierende Nachladeeinrichtung war pro Anflug oft nur ein einziger Schuss möglich – ein gravierender Nachteil, insbesondere bei stark verteidigten Zielen. Der erste dokumentierte Fronteinsatz fand am 12. September 1943 bei der Luftflotte 6 statt, doch die Erfolge blieben gering. Als später eine funktionierende automatische Nachladevorrichtung zur Verfügung stand, war der taktische Vorteil längst verloren gegangen. Inzwischen verfügten die sowjetischen Truppen über eine deutlich verbesserte Flugabwehr in Tiefflugbereichen, sodass langsame Maschinen wie die Ju 88 kaum noch eine Chance hatten, unversehrt in Angriffsreichweite zu gelangen.

Trotz intensiver Bemühungen um die Nachladetechnik, die in zahlreichen Tests an verschiedenen Standorten wie Unterlüß, Tarnewitz und im Rahmen des Versuchsprogramms des Kommandos für Panzerbekämpfung (VfP) weiterentwickelt wurde, blieben die Resultate unbefriedigend. Die Hülsenauswurfmechanik erwies sich als besonders störanfällig, und wiederholte Fehlfunktionen führten schließlich zur Rückgabe der Versuchsmuster an Rheinmetall.

Da die Ju 88 P keine weiterführenden Resultate erbrachte nahm man sich wieder der Hs 129 an. Das RLM verfasste am 10.12. 1943 an den General der Schlachtflieger folgendes Schreiben:[1]

Nachdem sich die Ju 88 P für die Verwendung dieser schweren Schusswaffe festigkeitsmässig als unzureichend und infolgedessen als nicht frontverwendungsfähig erwiesen hat, kommt GL/C nochmals auf die früher vertretene Verwendung der Hs 129 mit 7,5 cm BK zurück.

Die Schießeigenschaften der Hs 129 mit Kanone werden von Seiten der E-Stelle besonders lobend hervorgehoben. Eine Verschlechterung der Flugeigenschaften- und Leistungen ist laut übereinstimmendem Urteil der E-Stellen und der Frontoffiziere, die diese Einbauten nachgeflogen haben, nicht eingetreten.

Details des Waffeneinbaus der BK 7,5 einer Henschel Hs 129 B-3. (L.Dv.T.2129 B-3/Wa Hs 129 B-3 vom Juli 1944)

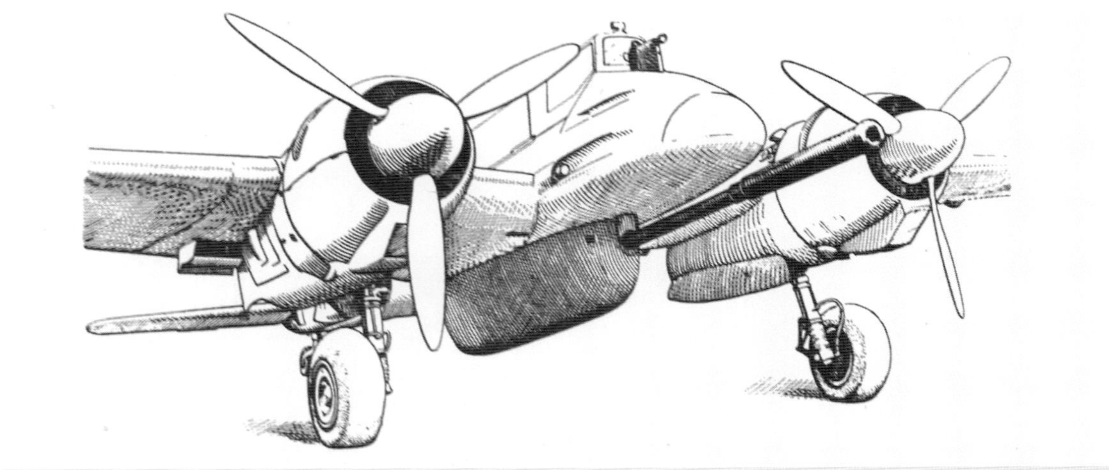

1 Gewindebuchse für Höhenjustierung
2 Gewindebuchse für Seitenjustierung

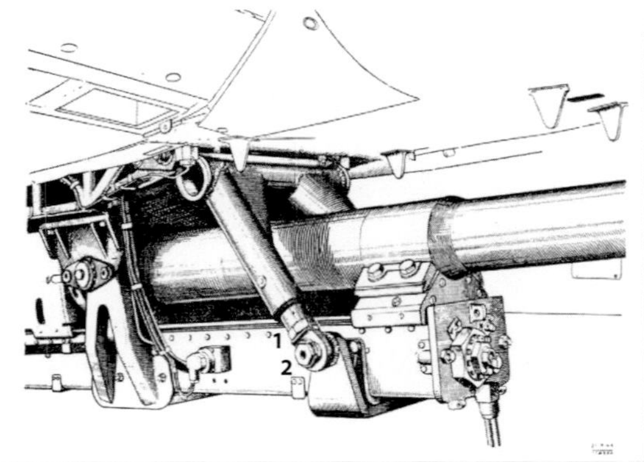

Vordere Waffenlagerung.

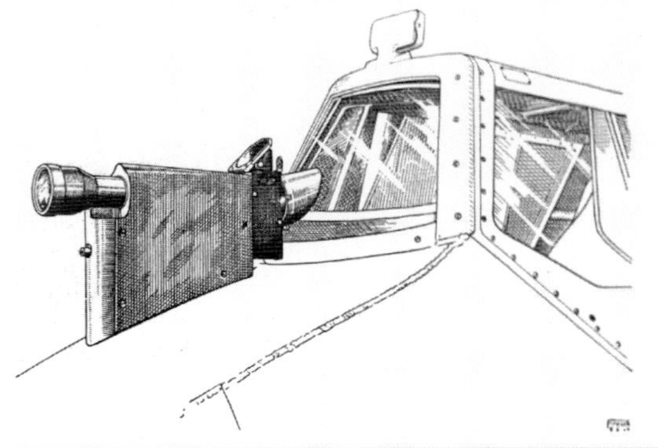

Zielfernrohr ZFR 3 A oder ZFR 3 B.

1 Eiltstecker
2 Leitungsschiene
3 Längsträger
4 Lagerbolzen
5 Öffnerkurbel

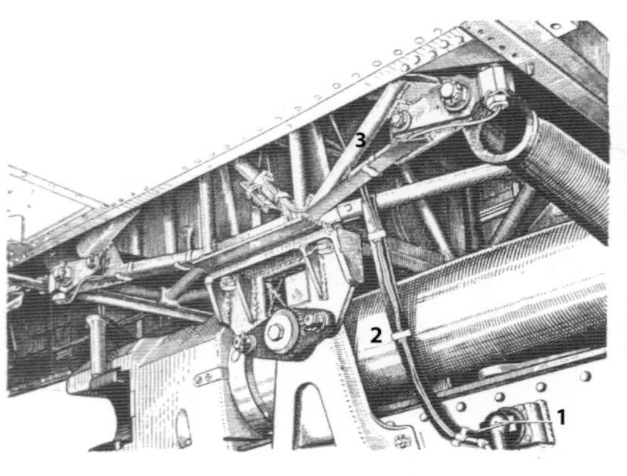

Befestigung des Längsträgers am Flugzeug.

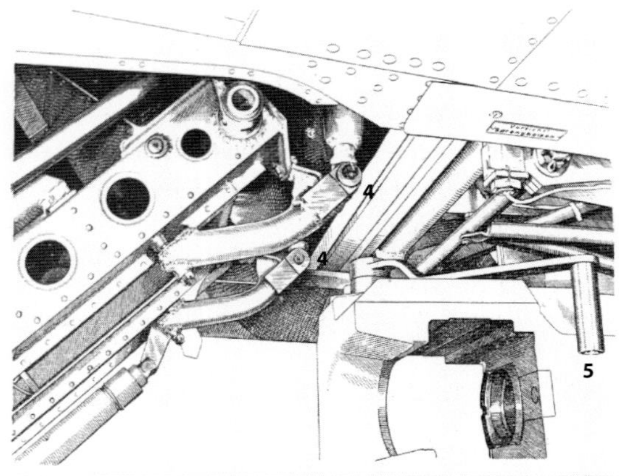

Vordere Aufhängung der Beladeeinrichtung.

BArch RL 3-7758 T. 2129 B-3/Wa

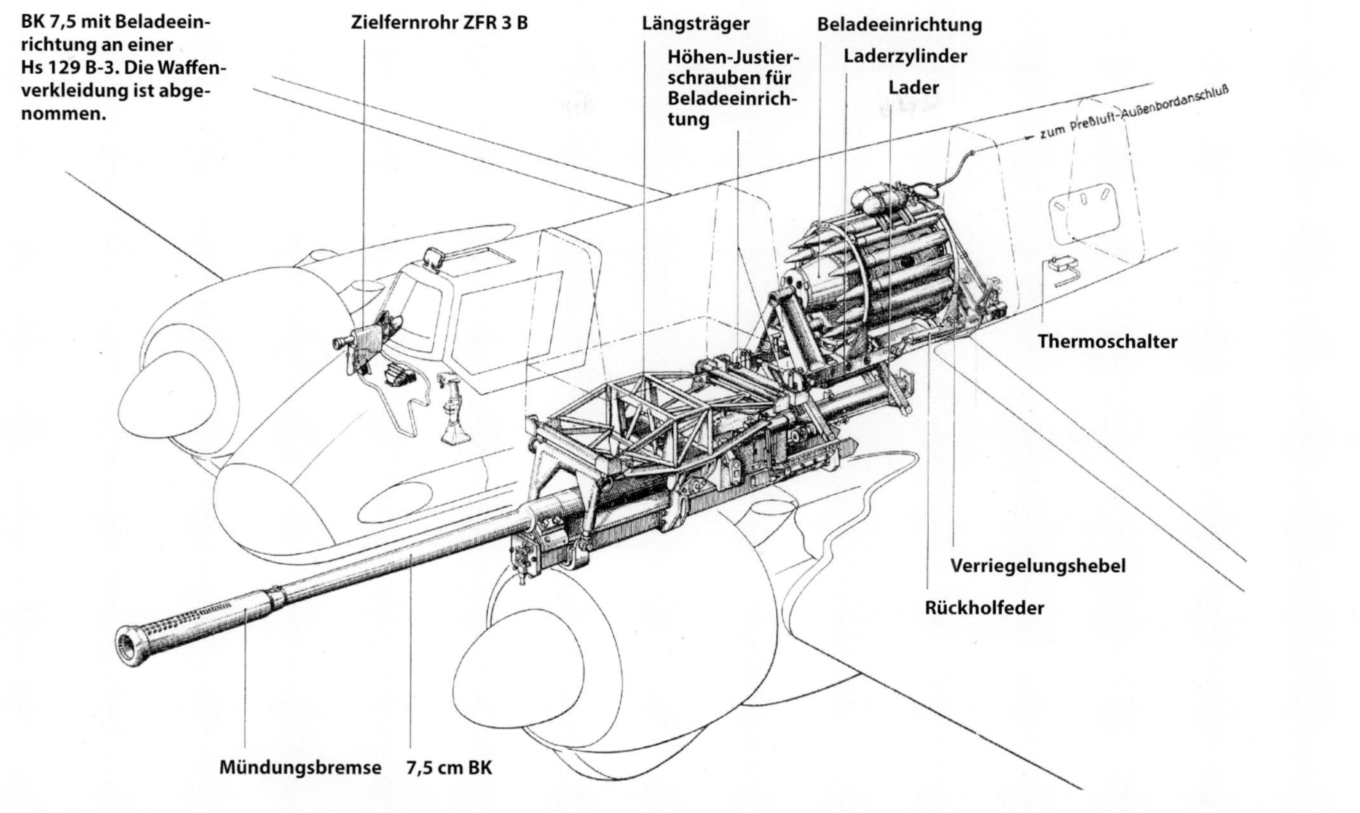

BK 7,5 mit Beladeeinrichtung an einer Hs 129 B-3. Die Waffenverkleidung ist abgenommen.

BArch RL 3-7758 T. 2129 B-3/Wa

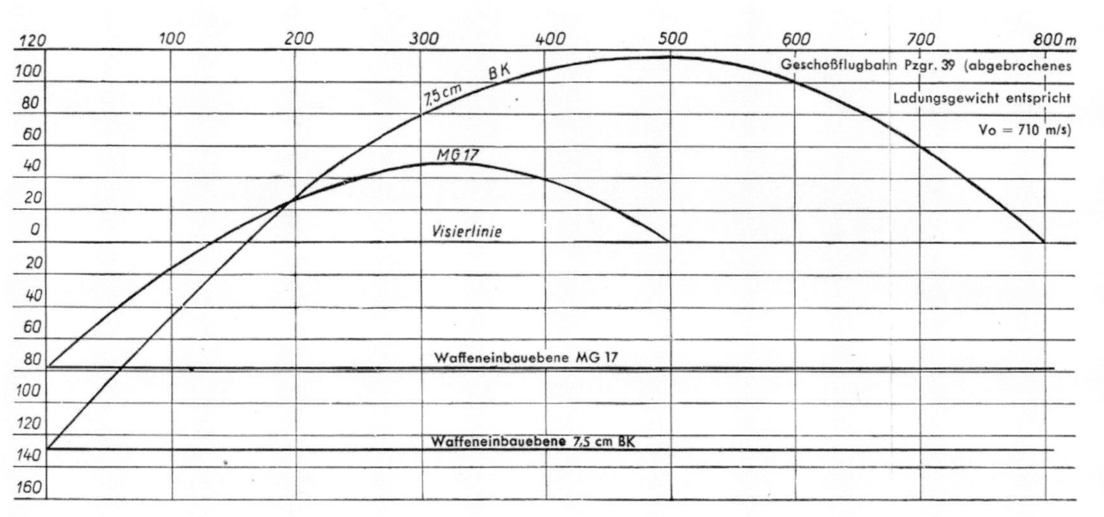

BArch RL 3-7758 T. 2129 B-3/Wa

Flugbahnschaubild der BK 7,5 im Vergleich zum MG 17 im Gewehrkaliber 7,92 x 57 mm. Die beiden Schnittpunkte von Geschossflugbahn und Visierlinie der BK 7,5 lagen bei ca. 150 m und 800 m. Die größte Höhe der Geschossflugbahn über der Visierlinie lag bei 500 m bei 1,16 m. Das waren wie bei der BK 3,7 und BK 5 recht vielversprechende ballistische Werte, die theoretisch eine Zielbekämpfung auf größere Entfernungen zuließen.

Manfred Griehl

Mustereinbau der BK 7,5 aus Holz bei einer Henschel Hs 129 B.

Infolge ihrer Rumpfkonstruktion als Panzerflugzeug haben sich bei Hs 129 die bei der Ju 88 aufgetretenen Zerstörungen an der Zelle nicht gezeigt. Die Verwendung der 7,5 cm BK für Panzerjäger aus der luft erscheint aus Gründen der Durchschlagsleistung ohne Wolframmunition unbedingt notwendig. Die Verwendungsmöglichkeit in einem für diesen Zweck geeigneten Flugzeugmuster besteht, wie Erfahrungen gezeigt haben, zur Zeit nur in Hs 129 und es wird daher nochmals nahegelegt, die Ausrüstung mit dieser Waffe vorzusehen.

Die inzwischen entwickelte Mehrladevorrichtung für 10 bis 12 Schuss ist so vereinfacht, dass Funktionsschwierigkeiten auch in dieser Hinsicht nicht über das normale Maß zu erwarten sind. Die Herstellung dieser Ladevorrichtung kann zum großen Teil von der Fa. Henschel übernommen werden.

Um die inzwischen gestoppte Entwicklungsarbeit so voranzutreiben, dass eine Lieferung der Hs 129 mit 7,5 cm BK im Januar/Februar 1944 erfolgen kann, wird um baldmöglichste Zustimmung gebeten.

DTMB VI.1.006 05560 Foto: Sammlung B. Lange

Zeichnerische Darstellung der Henschel Hs 129 B mit BK 7,5.

Damit startete bei Henschel erneut die Umrüstung der Hs 129: Die leichtere und auf Erdkampfeinsätze spezialisierte Hs 129 B-2 wurde zur Hs 129 B-3 umgebaut, um die modifizierte BK 7,5 zum Einsatz zu bringen. Der Umbau begann Mitte 1944, allerdings zunächst noch ohne Nachladeeinrichtung. Auch hier verliefen erste Schusserprobungen im August des Jahres enttäuschend. Probleme mit der Munitionszuführung, fehlerhafte Auswurfsysteme und mechanische Defekte wie beschädigte Ladetische machten eine zuverlässige Serienproduktion unmöglich. Das dritte Versuchsmuster, eine vollständig umgerüstete Hs 129 B-3, wurde am 25. August 1944 an das Erprobungskommando 26 (EK 26) übergeben. Doch bereits wenige Wochen später, Anfang September, wurde das Projekt aufgrund der anhaltenden technischen Mängel auf unbestimmte Zeit ausgesetzt. Rheinmetall konnte insbesondere das Problem des Hülsenauswurfs nicht lösen. Auch wenn weitere Versuchsmuster dem EK 26 überstellt wurden, verlief die Entwicklung schleppend und ohne greifbare Fortschritte. Im Spätherbst 1944 wurde das gesamte Projekt schließlich endgültig eingestellt – ein symbolträchtiges Ende für eine ambitionierte, aber praktisch nicht realisierbare Idee.

So scheiterte auch dieser Versuch, eine wirksame luftgestützte Panzerbekämpfungsplattform mit Hilfe überschwerer Bordkanonen zu schaffen, an einer Vielzahl technischer und taktischer Faktoren. Weder die Ju 88 P-1 noch die Hs 129 B-3 konnten die Anforderungen des Fronteinsatzes erfüllen. Neben strukturellen Problemen und der Unreife der Nachladetechnik stellte sich vor allem die veränderte Gefechtslage als hinderlich heraus: Tiefflugangriffe mit langsamen und schlecht geschützten Kampfflugzeugen waren im fortgeschrittenen Kriegsverlauf kaum noch durchführbar. Letztlich zeigte sich, dass selbst eine extrem durchschlagskräftige Waffe wie die BK 7,5 ohne ein funktionierendes Gesamtkonzept aus Trägersystem, Schutzmaßnahme und logistischer Machbarkeit keinen militärischen Mehrwert bieten konnte. Die Geschichte der BK 7,5 steht somit exemplarisch für die Grenzen technischer Überlegenheit im Krieg, wenn sie nicht durch praktikable Einsatzdoktrin, ausreichende Luftüberlegenheit und funktionierende Systeme flankiert wird.

Panzerabwehrkanone Pak 40 L als Bordwaffe

Während der Schlacht um Stalingrad im Spätsommer 1942 griff die Luftwaffe zu besonders unkonventionellen Maßnahmen: Aus akuter Notlage und mangels geeigneter Alternativen wurde erwogen, die bewährte 7,5 cm-Panzerabwehrkanone (PaK) 40 L – ursprünglich für den Bodeneinsatz entwickelt – als Bordwaffe in Flugzeugen einzusetzen. Im Rahmen eines improvisierten Umrüstprojekts in der Feldwerft der I. Gruppe des Fernkampfgeschwaders 50 (FKG 50) wurde eine begrenzte Anzahl von Heinkel He 177 A-1 zu sogenannten »Stalingrad-Ausführungen« modifiziert. Ziel war es, die schweren Maschinen nicht nur zur Versorgung der eingeschlossenen Truppen einzusetzen, sondern sie gleichzeitig mit einer durchschlagskräftigen Waffe zur Bekämpfung hochwertiger Bodenziele auszustatten.

Die modifizierte PaK 40 wurde im vorderen Rumpf der He 177 montiert, leicht nach unten geneigt (etwa 4 Grad), um gezielte Angriffe aus niedriger Flughöhe zu ermöglichen. Ihre Rohrmündung ragte dabei bis zu 5,75 Meter aus der unteren Bugsektion hervor – eine Maßnahme, die erhebliche Herausforderungen für Aerodynamik und strukturelle Integrität bedeutete. Eine Serienumrüstung wurde nicht vorgenommen; die Waffe kam ausschließlich in wenigen Einzelumbauten zum Einsatz.

Bereits bei den ersten Bodentests in Saporoshje zeigten sich massive Probleme: Das lediglich zehnschüssige Magazin schränkte die taktische Wirksamkeit deutlich ein. Schwerer wogen jedoch die extremen Belastungen beim Abfeuern. Die Mündungstemperatur erreichte über 2.000 °C, begleitet von enormem Mündungsdruck, was den Einbau eines speziell entwickelten Mündungsdämpfers erforderlich machte. Dennoch führten die entstehenden Vibrationen und Resonanzeffekte zu gravierenden strukturellen Schäden an der Flugzeugzelle. Selbst im Standbetrieb gefährdeten die Kräfte beim Schuss die Maschinen so stark, dass ein Einsatz im Flug als technisch kaum durchführbar erschien.

Diese Erfahrungen führten schließlich zum raschen Abbruch des Projekts noch in der Erprobungsphase. Zwei weitere Maschinen, die sich bereits im Umbau befanden, wurden umgehend wieder auf ihre ursprüngliche Bugbewaffnung mit Maschinengewehren bzw. leichten Bordkanonen im C-Stand zurückgerüstet.

Der Versuch verdeutlicht die zunehmende Verzweiflung und Improvisationsbereitschaft der Luftwaffe in der zweiten Kriegshälfte. Technologisch ambitioniert, aber realitätsfern in der Umsetzung, spiegelte das Projekt den zunehmend kritischen Ressourcenmangel und die strategische Überforderung wider, mit der selbst erfahrene Einheiten wie das FKG 50 konfrontiert waren. Es blieb ein eindrucksvolles Beispiel für den verzweifelten Versuch, konventionelle Waffenlösungen auf unkonventionelle Weise für die Luftkriegführung nutzbar zu machen.

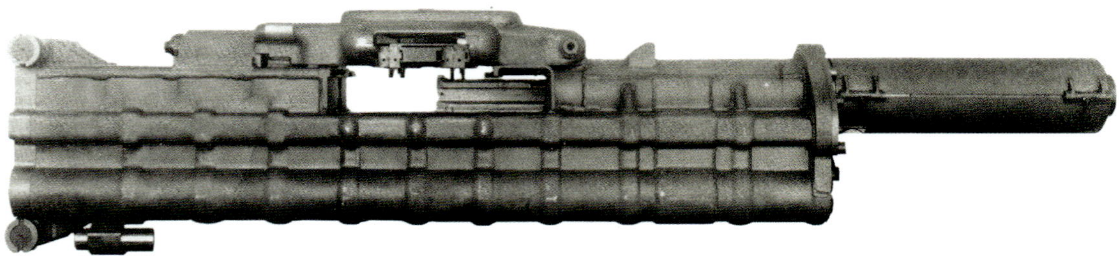

Maschinenkanone 112 (MK 112)

Einen bedeutenden Entwicklungsschritt auf dem Gebiet schwerer Bordbewaffnung stellte die Entstehung der Maschinenkanone MK 112 dar. Ursprünglich bei Rheinmetall-Borsig als 3-cm-Kanone konzipiert, sollte sie eine leistungsfähige Ergänzung zur bewährten MK 108 darstellen. Doch schon bald wurde deutlich, dass die weiter gestiegenen Anforderungen des Reichsluftfahrtministeriums (RLM) mit einem derart kleinen Kaliber nicht zu erfüllen waren. Insbesondere angesichts der enormen Robustheit alliierter viermotoriger Bomber verlangte das RLM nach einer noch deutlich schwereren Waffe – mit größerem Kaliber, höherer Durchschlagskraft und gesteigerter Sprengwirkung.

Die Erkenntnisse stammten aus der Einsatzpraxis: Auch die Wirkung der eingesetzten 3-cm-Minengeschosse reichten im Einsatz oft nicht aus, um ein derart großes und widerstandfähiges Ziel wie eine B-17 oder B-24 zuverlässig zu zerstören. Eine Analyse durch RLM-Fachvertreter ergab, dass durchschnittlich drei bis vier Treffer erforderlich waren, um eine solche Maschine sicher abzuschießen – ein Aufwand, der unter Gefechtsbedingungen für durchschnittliche Kampfpiloten schwer realisierbar war. Da das Oberkommando der Luftwaffe (OKL) aus diesen Erfahrungen nun eine Mindestladungsmenge von rund 400 Gramm Sprengstoff für den effektiven Abschuss eines viermotorigen Bombers ansetzte, war klar: Die Wirkung der 3 cm-Munition war zu gering, selbst die BK 5 mit 5 cm-Kaliber blieb unter dem gewünschten Wert mit 340 Gramm Sprengstoff pro Granate. Um diesem Defizit zu begegnen, wurde das Projekt auf ein noch größeres Kaliber umgestellt – die Entscheidung fiel auf 5,5 cm.

Die MK 112 war im Wesentlichen eine vergrößerte Variante der MK 108, sowohl in ihrer Funktionsweise als auch in der Konstruktion. Aufgrund der deutlich gesteigerten Rückstoß- und Beschleunigungskräfte mussten jedoch zentrale Komponenten massiv verstärkt werden. Wie bei der MK 108 erfolgte die Funktionsweise im Rückstoßlader-Prinzip mit Masseverschluss: Der durch den Schuss erzeugte Gasdruck bewegte den schweren Verschlussblock mit einer Geschwindigkeit von 12,5 m/s entgegen der Schussrichtung, wobei sich die gesamte Waffe um 0,61 m zurückbewegte.

Die technische Umsetzung brachte ein eindrucksvolles, wenn auch wuchtiges System hervor: Die MK 112 besaß eine Gesamtlänge von 2,01 m, eine Breite von 0,34 m und eine Höhe von 0,45 m. Der Lauf selbst hatte eine Länge von 1,05 m. Die Mündungsgeschwindigkeit betrug bei Verwendung von Minengeschossen etwa 600 m/s. Die Konstruktion erforderte einen massiven Verschlussblock, um die enormen Belastungen aufzunehmen. Die anfängliche Zielvorgabe des RLM – ein Waffenrohgewicht von maximal 300 kg – wurde bei den ersten sieben gefertigten Mustern nur knapp eingehalten, erwies sich in der

Praxis jedoch als zu hoch für den serienmäßigen Einbau in Kampfflugzeugen. Durch konsequente Gewichtsoptimierung konnte das Systemgewicht der Waffe schließlich auf 270 kg (ohne Lafette) reduziert werden. Bei Einbauversuchen im Rumpf lag das Gewicht inklusive Lafette bei etwa 320 kg, beim Flächeneinbau bei rund 348 kg – beides grenzwertig, aber prinzipiell vertretbar. Insgesamt wurden bis Kriegsende zehn vollständige Versuchsmuster gefertigt, fünf weitere befanden sich zu diesem Zeitpunkt noch in der Produktion.

In Standbeschussversuchen mit den ersten Serienexemplaren wurden bis zu 1.000 Schuss abgegeben. Dabei zeigte sich ein wesentliches Problem: Die ursprünglich eingesetzte pneumatische Ladeeinrichtung war den Kräften bei einer angestrebten Kadenz von 350 Schuss pro Minute nicht gewachsen. In der Folge erhielten die letzten drei Versuchsmodelle eine hydraulische Ladeeinrichtung. Gleichzeitig wurde die Schussfolge auf 300 Schuss pro Minute begrenzt, um die Belastung der Waffe zu verringern und die Lebensdauer deutlich zu erhöhen.

Ein operativer Einsatz der MK 112 war unter anderem für Zerstörervarianten der Dornier Do 335 B vorgesehen. Auch plante man, die Waffe versuchsweise in die Messerschmitt Me 262 A-1a zu integrieren. Modellversuche zeigten, dass das Systemgewicht – inklusive 30 Schuss Minenmunition – bei ungefähr 390 kg lag. Mitte Januar 1945 sollte außerdem die neue Arado Ar 234 C teilweise sogar mit je zwei MK 112 auszustatten.

Doch letztlich verhinderten mehrere Faktoren die Umsetzung dieser Pläne: Die MK 112 war zum geplanten Einführungstermin noch nicht vollständig ausgereift, und auch die vorgesehenen Trägerflugzeuge befanden sich zum großen Teil noch im Prototypenstadium. Angesichts der sich rasch zuspitzenden Kriegslage wurden sämtliche Einführungspläne im Frühjahr 1945 eingestellt. Die Produktion der MK 112 wurde nicht über die wenigen Versuchsexemplare hinaus fortgesetzt. Perspektivisch sollte die ebenfalls in Entwicklung befindliche MK 214 – mit höherer Kadenz, besserer Ballistik und einem moderneren Konstruktionsansatz – das bessere Potenzial bieten.

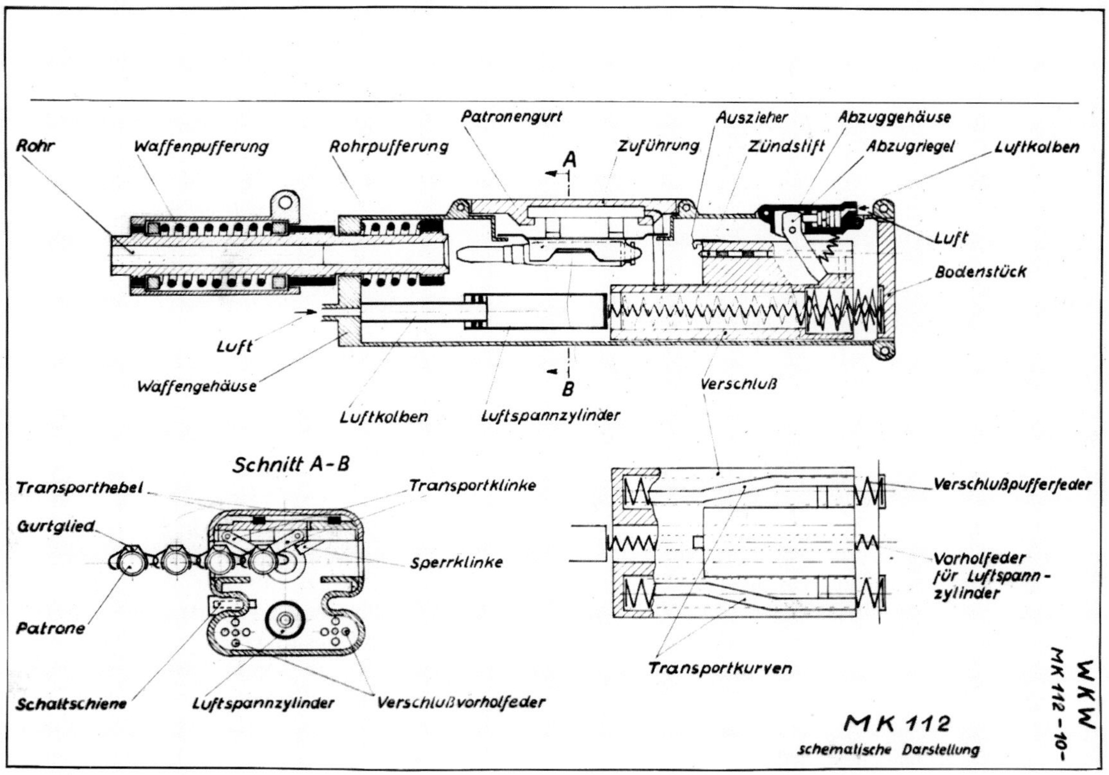

Schematische Darstellung der MK 112. Originalzeichnung der WKW, Rheinmetall-Borsig AG.

Maschinenkanone 114 (MK 114)

Als Ergänzung zur MK 103 entstand im Auftrag des Reichsluftfahrtministeriums (RLM) die Maschinenkanone MK 114 – ein ambitioniertes Projekt, das vor allem für den Fernkampf gegen großvolumige Luftziele ausgelegt war. Die neue Waffe sollte es ermöglichen, feindliche Flugzeuge bereits aus großer Entfernung – zwischen 1.500 und 2.000 m – gezielt zu bekämpfen. Der effektive Einsatzbereich der Waffe sollte dabei vor allem außerhalb der Reichweite der feindlichen Abwehr liegen, insbesondere vor dem massiven defensiven MG- und Bordkanonenfeuer alliierter Bomberverbände. Die erforderliche Leistung und Präzision konnten mit den bisher verfügbaren Waffen wie der MK 108 oder MK 103 nicht zufriedenstellend erreicht werden.

Rheinmetall-Borsig griff für die MK 114 auf frühere Arbeiten zur 5,5 cm-Flak (Gerät 58) zurück und überarbeitete das Konzept grundlegend für den Einsatz in Flugzeugen, einem Gasdrucklader mit elektro-pneumatischer Abzugs- und Ladeeinrichtung – eine moderne Lösung für die damalige Zeit.

Das ursprüngliche Kaliber von 3 cm wurde auf 5,5 cm erweitert, um der Forderung des RLM nach deutlich gesteigerter Feuerkraft und Sprengwirkung gerecht zu werden. Die Waffe verwendete die für Flak und Marine vorgesehene Einheitspatrone, deren Minengeschoss mit 450 g Sprengladung und 1.800 g Gewicht die Anfangsgeschwindigkeit von 1.050 m/s besaß. Das waren hervorragende ballistische Werte, die eine hohe Flugbahnstabilität und Zielgenauigkeit auf große Distanz – deutlich besser als bei der MK 108 oder BK 5 – versprachen. Diese Leistung ging jedoch auf Kosten des Gewichts. Bereits die Motormontage der Waffe brachte ein Systemgewicht von 708 kg mit sich, während der Einbau in die Tragflächenkonstruktion ein Gesamtgewicht von bis zu 990 kg erforderte. Der Lauf selbst maß in der Länge beeindruckende 4,21 m, was sich zwar positiv auf die Mündungsgeschwindigkeit auswirkte, jedoch ebenfalls zum hohen Gewicht beitrug.

Ein ursprüngliches Ziel war, die Bewaffnung mit 30 Schuss Munition zu realisieren – genug, um mehrere gezielte Feuerstöße auf entfernte Bomberformationen abgeben zu können. Doch auch mit dieser vergleichsweise geringen Munitionsmenge überschritt das Systemgewicht sämtliche Toleranzgrenzen. Letztlich gelang es Rheinmetall trotz zahlreicher Überarbeitungen und vereinfachter Entwürfe nicht, das Gesamtgewicht auf unter eine Tonne zu bringen. Selbst durch radikale Leichtbauweise konnte nur ein Minimalwert von etwa 1.265 kg erreicht werden – ein Wert, der weder praktikabel noch genehmigungsfähig war.

Die Versuche, durch Leichtbauweise Gewicht einzusparen, führten wiederum zu anderen Problemen: Strukturelle Instabilitäten zwangen die Konstrukteure dazu, einzelne Baugruppen mehrfach zu verstärken, was das Gewicht immer wieder steigen ließ. Der daraus resultierende Kreislauf aus Massereduktion, Stabilitätsverlust und erneuter Verstärkung führte das Projekt allmählich in eine Sackgasse. Die technisch angestrebten Verbesserungen konnten nicht ohne erhebliche Kompromisse in der strukturellen Belastbarkeit umgesetzt werden. Zudem zeichnete sich ab, dass es keine existierende Flugzeugzelle gab, die diese Waffe in voll funktionsfähiger Form hätte tragen können, ohne gravierende Leistungseinbußen in Kauf zu nehmen. Selbst die als möglicher Träger favorisierte leistungsstarke Me 410 wäre mit dem System überlastet gewesen, ganz zu schweigen von einmotorigen Jagdflugzeugen.

Trotz der vielversprechenden ballistischen Eigenschaften gelang es Rheinmetall nicht, die Waffe zu einem serienreifen System zu entwickeln. Es gab keine Testträger, keine Flugversuche, nicht einmal einen vollständigen Erprobungsträger. Während die Arbeiten am Boden langsam voranschritten, verschlechterte sich die strategische Lage zunehmend. Die Versorgungslage, Materialknappheit und der zunehmende Druck auf laufende Serienproduktionen führten letztlich dazu, dass das RLM im Herbst 1944 die Reißleine zog und das Projekt einstellte.

Maschinenkanone 115 (MK 115)

Parallel zur Entwicklung der MK 112 entstand bei Rheinmetall-Borsig ein weiteres ambitioniertes Projekt: die MK 115. Diese Bordkanone war als starre Flächenwaffe für schwere Jäger und Zerstörer vorgesehen, und stellte in mehrfacher Hinsicht einen radikalen Neuentwurf dar. Anders als konventionelle Flugzeugkanonen sollte die MK 115 nach dem Willen des Reichsluftfahrtministeriums (RLM) als rückstoßfreie Waffe ausgelegt werden – ein Konzept, das bis dahin im Bereich der Luftbewaffnung noch weitgehend unerprobt war.

Die Forderungen des RLM waren klar umrissen: Die Waffe sollte möglichst einfach konstruiert, aus nicht kriegswichtigen Materialien gefertigt und leicht in Serie zu bringen sein. Trotz ihres großen Kalibers von 5,5 cm durfte die MK 115 einschließlich 50 Schuss Munitionsvorrat nicht mehr als 360 kg wiegen. Dieses extrem anspruchsvolle Lastenheft erforderte kreative Lösungen – und Erfahrung mit unkonventionellen Waffensystemen. Da Rheinmetall bereits Kenntnisse mit rückstoßfreien Leichtgeschützen (LG) gesammelt hatte, erhielt das Unternehmen den Entwicklungsauftrag.

Unter Leitung von Ingenieur Theodor Rakula entstanden mehrere Entwürfe, die sich durch ein gemeinsames Merkmal auszeichneten: die gezielte Umleitung von Pulvergasen zur Kompensation des Rückstoßes. Zwei der frühen Varianten verfügten über je zwei Gasumleitungsrohre, während ein dritter Entwurf nur noch ein einzelnes Rohr vorsah. Die Rückstoßfreiheit erforderte eine gänzlich neuartige Munitionszuführung, da herkömmliche Patronen mit Metallhülsen nicht geeignet waren.

Der Zuführmechanismus wurde direkt am Waffenrohr montiert und war auf gegurtete Spezialmunition ausgelegt. Das Zündsystem arbeitete vollelektrisch, während der Ladevorgang der Waffe durch eine elektro-pneumatische Vorrichtung – ähnlich wie bei der MK 114 – erfolgen sollte.

Die Waffe hatte eine Länge von 3,3 m, war 0,42 m breit und 0,38 m hoch. Der Lauf selbst maß 1,2 m. Das reine Systemgewicht (ohne Anbauteile) belief sich auf etwa 190 kg, dazu kam eine 25 kg schwere Lafette. Ein voll bestückter Munitionsgurt mit 50 Granaten brachte weitere 157 kg auf die Waage – insgesamt lag die Waffe damit noch im Zielkorridor.

Die theoretische Kadenz lag bei rund 300 Schuss pro Minute. Die Mündungsgeschwindigkeit bei Verwendung von Minengeschossen wurde mit etwa 610 m/s angegeben – ein im Vergleich zu anderen 5,5 cm-Waffen moderater Wert, aber ausreichend für Einsätze auf kurze bis mittlere Distanzen.

Der Schussablauf der MK 115 war komplex und technisch innovativ: Nach dem Betätigen des elektrischen Abzugs bewegte eine Vorholfeder den Verschluss nach vorne und schob die Patrone in die Kammer. Beim Zünden verbrannte die Spezialhülse vollständig – zumindest in der Theorie – und die Gase wurden durch das Gasumleitungsrohr nach außen abgeführt. Gleichzeitig öffneten sie den Verschluss, der sich rund 0,6 m nach hinten bewegte und dabei das Bodenstück der Patrone entfernte.

Die größte Herausforderung stellte die Entwicklung der neuartigen Munition dar. Anfangs experimentierte man mit Nitroglyzerin getränkten Papphülsen, doch diese verbrannten nicht vollständig. Auch perforierte Hülsen erfüllten nicht die Erwartungen. Erst als man die Patronenkammer vergrößerte, gelang es, die Hülse in kleinen Fragmenten verbrennen zu lassen. Allerdings führte dies zu ungleichmäßiger Verbrennung, was wiederum zu Geschwindigkeitsdifferenzen von bis zu 15 m/s pro Schuss führte – für eine präzise Bordwaffe inakzeptabel.

Bis zum Jahr 1944 stellte Rheinmetall genügend Komponenten für drei Prototypen her. Der eigentliche Zusammenbau wurde jedoch an die Firma Archimedes Apparatebau GmbH im sächsischen Annaberg übertragen. Dort sollte ein erstes Versuchsmuster montiert und auf einem örtlichen Schießstand mit 500 Schuss erprobt werden. Trotz technischer Unterstützung von Rheinmetall kam es zu zahlreichen Waffenstörungen und Rückschlägen im Schussbetrieb.

Die Entwicklung schritt nur langsam voran. Eine Nullserie war frühestens für Sommer 1945 geplant, doch so weit sollte es nicht kommen. Im Frühjahr 1945 wurden die Arbeiten endgültig eingestellt. Das lag nicht nur an den technischen Schwierigkeiten, sondern auch am zunehmend restriktiveren Kurs des RLM und des Rüstungsstabs, die sich nun wieder verstärkt auf konventionelle, bewährte Waffensysteme konzentrierten. Die Priorität lag auf einsatzreifen Großkaliber-Kanonen wie der MK 103 oder den Weiterentwicklungen der MK 108.

So blieb auch die MK 115 ein interessantes, aber letztlich gescheitertes Experiment im Spätstadium des Zweiten Weltkriegs.

Maschinenkanone 214 A (MK 214 A)

Im Juli 1943 erteilte das Reichsluftfahrtministerium (RLM) der Firma Mauser den Auftrag zur Entwicklung einer leistungsstarken 5-cm-Flugzeugkanone, nachdem sich die zuvor von Rheinmetall-Borsig entwickelte MK 114 als zu schwer und unpraktisch für den Fronteinsatz erwiesen hatte. Mit einem Einbaugewicht von fast einer Tonne galt die MK 114 als unbrauchbar für einsitzige oder zweimotorige Jagdflugzeuge. Das RLM legte für das neue Projekt ein Zielgewicht von maximal 720 kg fest, um eine praktikable Integration in moderne Flugzeugzellen – insbesondere der Me 262 und Ar 234 – zu ermöglichen.

Mausers Konstruktionsteam unter Leitung von Bruno Nitschke entschied sich aus Zeitgründen, die bereits vorhandene 5-cm-Kampfwagenkanone KwK 39/1 als Grundlage zu verwenden. Diese wurde umfassend überarbeitet und in eine automatisch feuernde Bordwaffe umgewandelt. Das resultierende Projekt erhielt die Bezeichnung MK 214, wobei die Variante MK 214 A zunächst als Bordwaffe gegen Luftziele mit einem Minengeschoss geplant war. Parallel arbeiteten auch Rheinmetall, Krupp und Brünn an ähnlichen Waffen im selben Kaliberbereich.

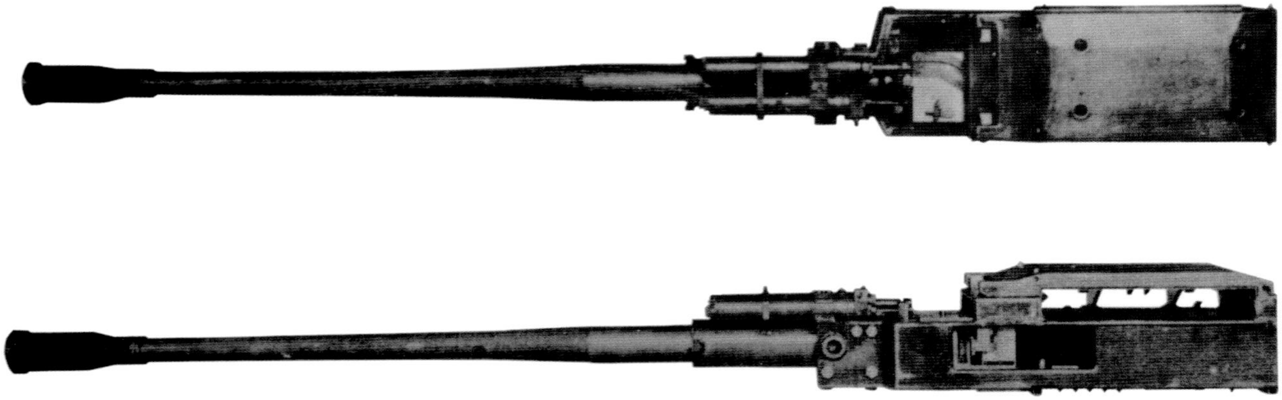

Manfred Griehl

Die MK 214 A war eine durch eine Mehrladeeinrichtung modifizierte 5-cm-Kampfwagenkanone KwK 39/1.

Die MK 214 A war eine gasdruckgeladene Maschinenkanone mit hydraulischer Rücklaufbremse und pneumatischem Vorlauf. Die elektrische Zündung wurde durch zwei Sicherheitskontakte im Verschluss- und Lademechanismus abgesichert, wodurch ein Schuss nur bei vollständig verriegeltem System ausgelöst werden konnte. Der mechanische Aufbau war komplex: Die Patrone wurde durch eine Klaue aus dem Gurt gezogen und in einen beweglichen Ladeschacht geführt, der sich während des Rücklaufs hinter dem Lauf positionierte. Von dort aus wurde sie ins Patronenlager gestoßen. Nachdem sich der Ladeschacht wieder zurückgezogen hatte, schloss sich der Verschlusskeil, und der nächste Schuss konnte ausgelöst werden.

Eine Schwachstelle blieb jedoch bestehen: Die erste Patrone musste manuell geladen werden, was bedeutete, dass die Waffe bei Ladehemmungen oder Zündversagern nicht während des Fluges durchgeladen werden konnte – ein erheblicher Nachteil im Luftkampf. Der Öffnungsmechanismus des Verschlusses war nur über einen Hebel auf der linken Seite der Waffe erreichbar. Ein vollautomatischer Notdurchladevorgang war nicht vorgesehen.

Technisch zeigte die MK 214 A dennoch beachtliche Leistungsdaten. Mit einem Gewicht von rund 490 kg und einer Gesamtlänge von 4,16 m erfüllte sie die Vorgaben des RLM nahezu exakt. Die Feuergeschwindigkeit betrug etwa 150 Schuss pro Minute. Mit 350 g schweren Minengeschossen erreichte die Kanone eine Mündungsgeschwindigkeit von 920 bis 930 m/s. Die panzerbrechenden Varianten konnten bei einem Auftreffwinkel von 60° Panzerplatten mit 65 mm Stärke und 100 kg/mm² Festigkeit durchschlagen, was auch den Einsatz in Schlchtflugezuegn gegen Panzerkampfwagen nahelegte.

Die ersten fünf Versuchsmuster wurden nicht bei Mauser in Oberndorf gefertigt, sondern in Handarbeit in den Metallwerken Spaichingen – einer getarnten Außenstelle in der Nähe von Tuttlingen. Für eine eventuelle Serienfertigung war ein Standort im Raum Frankfurt vorgesehen. Am 28. Februar 1945 erfolgte der erste Standbeschuss mit dem Prototyp MK 214 A V1. Kurz darauf folgten erste Erprobungen in der Luft, vermutlich in einer umgebauten Ju 88 P-1. Auch Messerschmitt bereitete den Einbau vor: Vier speziell modifizierte Bugsektionen der Me 262 wurden angefertigt – drei davon in Lechfeld, eine weitere zu statischen Tests in Oberammergau.

Die MK 214 A V2 wurde in die Me 262 A-1a/U4 mit der Werknummer 111 899 eingebaut. Bei Bodentests wurden 47 Schuss abgegeben, bei nachfolgenden Flugversuchen weitere 81. Der einzige bekannte Kampfeinsatz fand am 16. April 1945 durch Major Wilhelm Herget statt, der mit der MK 214 bestückt eine alliierte Bomberformation angriff. Noch in den letzten Kriegstagen wurde eine weitere Me 262 (Werknummer 170 083, Variante A-1/U5) mit der V3-Version der Kanone ausgestattet, kam jedoch vermutlich nicht mehr zum Einsatz.

Auch die Arado Ar 234 C-3 war als Trägerflugzeug vorgesehen. Arado schlug eine Montage der Kanone im unteren Rumpfbereich vor, direkt unter dem Cockpit. Diese Lösung hätte die Höchstgeschwindigkeit nur geringfügig reduziert – von 892 km/h auf rund 880 km/h. Eine alternative, aber weniger praktikable Option war die Anbringung der Waffe unter den Triebwerksgondeln, was zu größeren Geschwindigkeitseinbußen und Wartungsproblemen geführt hätte. Dennoch war ein erster voll ausgerüsteter Serienjäger mit MK 214 für Mitte 1946 vorgesehen.

Obwohl die MK 214 A als technisch ausgereift galt, verhinderten Zeitmangel, begrenzte Produktionskapazitäten und die zunehmend prekäre Kriegslage deren Einsatz. Bis zum Kriegsende im Mai 1945 waren insgesamt 55 Exemplare der MK 214 A gefertigt worden. Bauteile für weitere 500 Serienwaffen befanden sich bereits in der Produktion. Rückblickend bleibt die MK 214 ein Beispiel für eine waffentechnisch durchdachte, aber strategisch zu spät umgesetzte Entwicklung.

Maschinenkanone 214 B (MK 214 B)

Anfang 1944 erhielt Mauser den Auftrag zur Entwicklung der MK 214 B, einer Variante der MK 214 A im Kaliber 5,5 cm. Die ursprünglich für die Fliegerabwehr vorgesehene Waffe sollte mit einem fünfschüssigen Magazin – analog zur MK 114 – die 5,5 cm-Einheitspatrone von Flak und Marine verschießen. Das Waffengewicht war mit 650 kg angesetzt, die Kadenz sollte 180 Schuss/min betragen. Im Februar und März 1944 begannen in den Mauser-Werkstätten erste Arbeiten an Teilzeichnungen sowie an der Fertigung einzelner Komponenten. Die Montage von Verriegelungsstück, Verschlussträger und Verschluss war im August nahezu abgeschlossen. Die vollständige Fertigstellung war für Mitte August vorgesehen. Doch am 19.7.1944 wurden laut Beschluss der Sonderkommission »Automatische Kanonen« alle Arbeiten zugunsten der MK 214 A eingestellt, da kein Bedarf mehr an der MK 214 B als Flugzeugbewaffnung bestand. Dennoch wurde versucht, das erste Muster der Waffe zu montieren. Ob ein Standbeschuss noch erfolgte, ist unklar. Laut dem Mauser-Entwicklungsingenieur Bruno Nitschke war das Rohr der Waffe zu diesem Zeitpunkt noch nicht fertiggestellt.

DTMB VI.1.006 06885 Foto: Sammlung B. Lange

Die Me 262 V-083 wurde versuchsweise im Bug mit der schweren Maschinenkanone MK 214 A im Kaliber 5 cm ausgerüstet – einem experimentellen Bewaffnungskonzept zur Bekämpfung gepanzerter Ziele oder schwerer Bomber.

Maschinenkanone 412 (MK 412)

Die MK 412 war eine von der Firma Krupp initiierte Flugzeugbordkanone und stellte eine Parallelentwicklung zur MK 112 von Rheinmetall-Borsig dar. Beide Waffensysteme gehörten zu einer Generation schwerer automatischer Bordkanonen, die gegen Ende des Zweiten Weltkriegs zur Bekämpfung gepanzerter Ziele und schwerer Bomber vorgesehen waren.

Nach mehreren Entwicklungsschritten erreichte die MK 412 eine Gesamtlänge von 3,08 m, wobei allein der Lauf eine Länge von 2,21 m aufwies. Die Waffe war als Gasdrucklader konzipiert, doch erwies sich gerade dieses Funktionsprinzip bei Krupp als problematisch und konnte trotz erheblicher Entwicklungsaufwände nicht zufriedenstellend gelöst werden.

Im April 1944 entschied das Reichsluftfahrtministerium (RLM), die weitere Entwicklung der Waffe an die Mauser-Werke in Oberndorf zu übergeben, da man dort eine höhere technische Kompetenz erwartete. Bereits im Juni 1944 wurden sämtliche technischen Unterlagen, Prototypenteile und Testergebnisse nach Oberndorf transferiert. Mauser übernahm die Aufgabe mit dem Ziel, das Waffensystem zur Serienreife zu bringen und die technischen Mängel zu beheben.

Trotz einiger Fortschritte unter Leitung der Mauser-Ingenieure Dr. Niemann und Dr. Maier konnten die maßgeblichen Anforderungen des RLM in Bezug auf Gewicht, Zuverlässigkeit und Feuergeschwindigkeit nicht vollständig erfüllt werden. Die MK 412 wies in der bis dahin entwickelten Form ein Gesamtgewicht von etwa 490 kg auf, von denen rund 229 kg auf das reine Waffensystem entfielen. Die Mündungsgeschwindigkeit lag bei ungefähr 650 m/s, was im Vergleich zu anderen Bordkanonen dieser Klasse eher im mittleren Bereich lag.

Da die Waffe in ihrer bestehenden Konfiguration nicht den taktisch-operativen Anforderungen entsprach, war ein modifizierter Entwurf vorgesehen. Die Arbeiten an einem verbesserten Modell konnten jedoch – bedingt durch die sich rapide verschlechternde Kriegslage und den bevorstehenden Zusammenbruch des Deutschen Reiches – nicht mehr abgeschlossen werden.

Letztlich blieb nur ein unvollständiges Versuchsmuster der MK 412 erhalten. Dieses fiel gegen Kriegsende in die Hände amerikanischer Truppen und wurde als technische Beutewaffe sichergestellt. Wie bei vielen anderen deutschen Hochleistungswaffenprojekten dieser Zeit, wurden auch bei der MK 412 einige Konstruktionsmerkmale nach dem Krieg von alliierten Waffeningenieuren analysiert und dokumentiert, doch eine unmittelbare Weiterverwendung oder Serienproduktion fand nicht statt.

Schematische Darstellung des Gesamtbilds der MK 412.

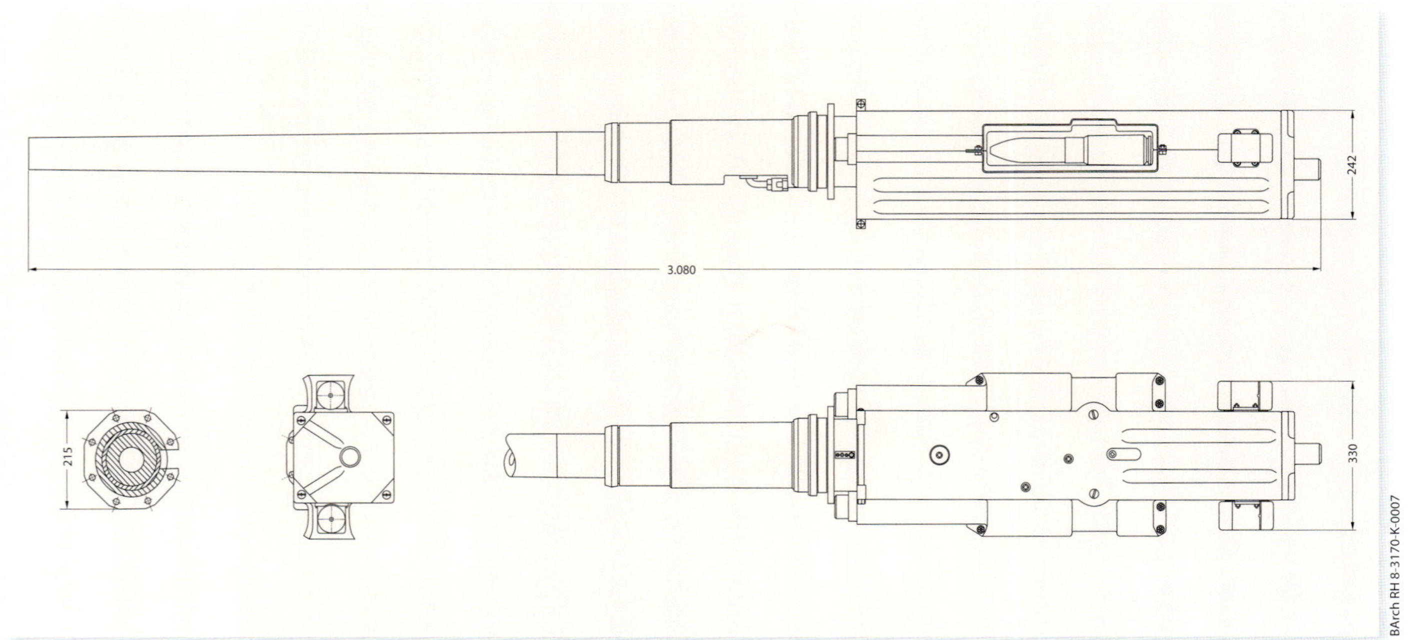

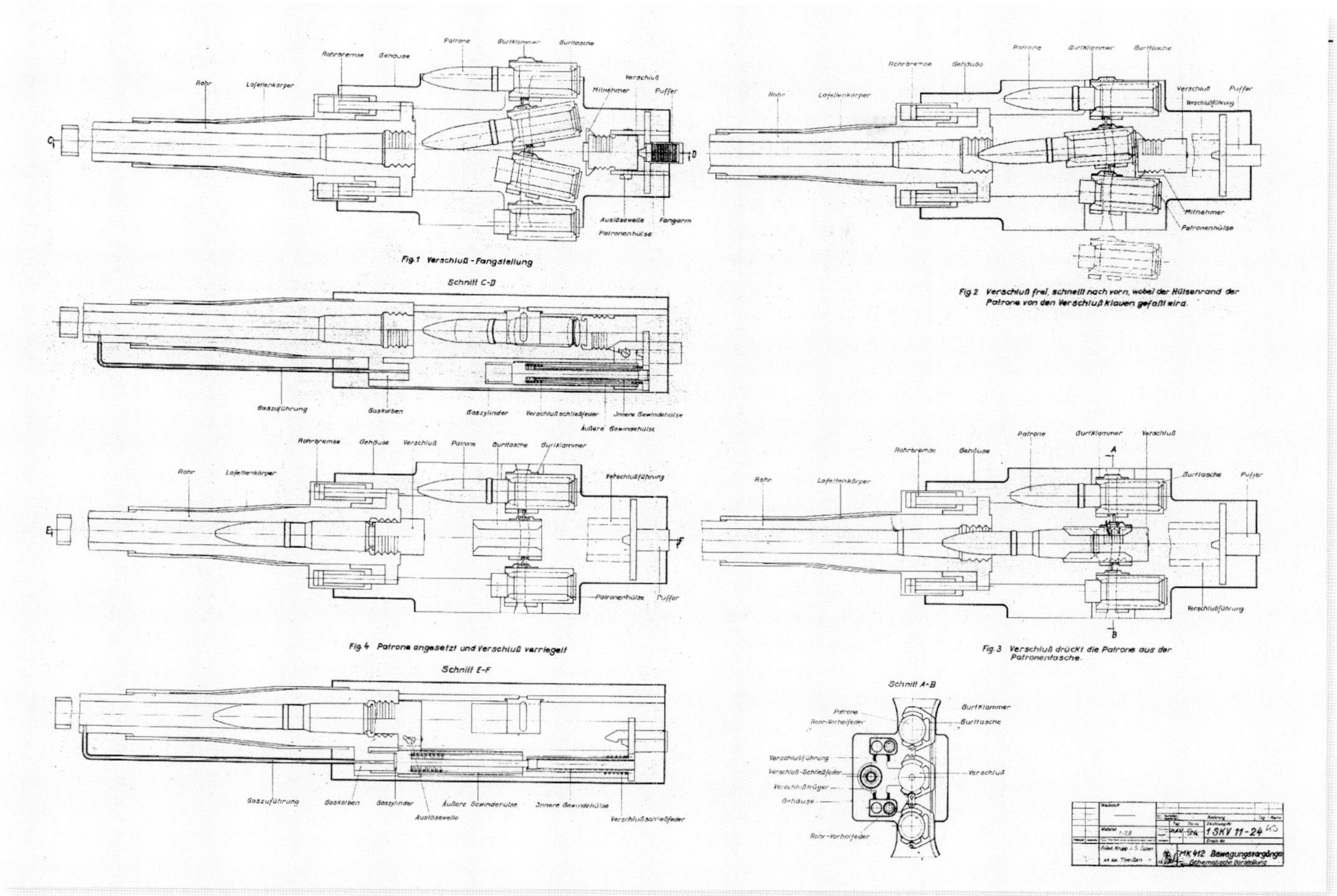

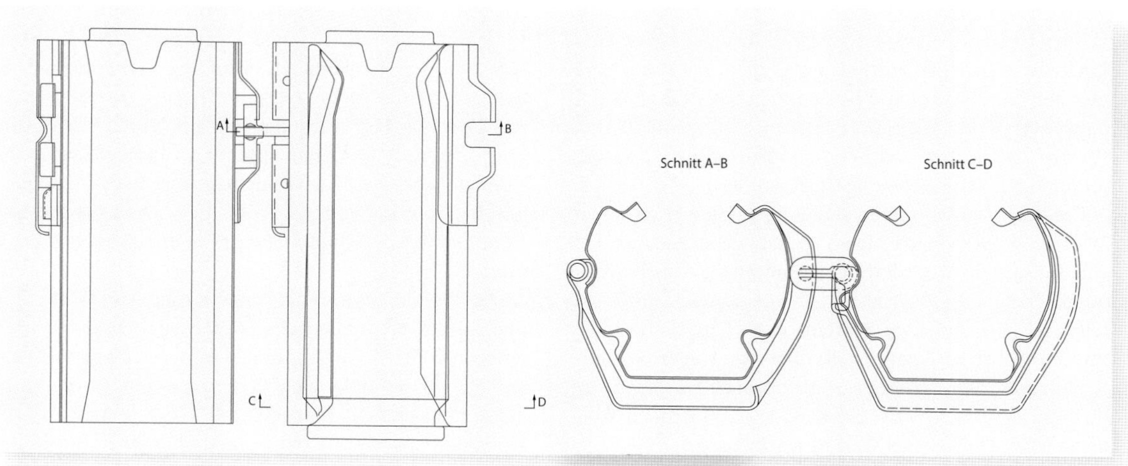

Schematische Darstellung der Funktionsweise der MK 412 (oben) und die Gurtstücke der Waffe (links).

Sonderentwicklungen

Da sich die modifizierten Panzerabwehrwaffen des Heeres – wie etwa die Pak 40 – für den luftgestützten Einsatz nur bedingt eigneten, beschritt die Luftrüstung ab Mitte des Krieges zunehmend neue, unkonventionelle Wege. Insbesondere die wachsende Herausforderung, stark gepanzerte Bodenziele wie schwere Kampfpanzer oder gut geschützte Fahrzeugverbände effektiv aus der Luft zu bekämpfen, verlangte nach innovativen Waffensystemen. Vor diesem Hintergrund begann Rheinmetall im Auftrag der Luftwaffe mit der Entwicklung neuartiger sogenannter Düsenkanonen (kurz: DüKa), bei denen nicht mehr auf klassische Geschützmechanismen zurückgegriffen wurde. Vielmehr sollten drei verschiedene Konzepte von rückstoßfreien Rohrwaffen realisiert werden, die mit Hilfe von Düsenantrieb bzw. Rückstoßausgleich einen besonders kraftvollen, aber kontrollierten Schuss ermöglichen sollten. Die Vorteile dieses Prinzips lagen auf der Hand: geringere Belastung für die Flugzeugzelle und eine höhere Durchschlagsleistung auf kürzester Distanz.

Parallel dazu entstand das sogenannte Gerät 104, eine weitere vielversprechende Entwicklung. Auch hierbei handelte es sich um eine experimentelle Rohrwaffe, die vor allem gegen Panzerziele gedacht war. Nach einer kurzen Phase der Erprobung zeigte sich jedoch, dass das System für den operativen Einsatz zu störanfällig und nicht ausreichend zuverlässig war – es wurde daher bereits in einem frühen Stadium wieder verworfen.

Da die technische Komplexität und logistische Belastung solcher überschwerer Kanonenlösungen immer offensichtlicher wurde, verlagerte sich das Interesse der Luftrüstung zunehmend auf alternative Bekämpfungsmittel. In den Fokus rückten nun insbesondere präzisionsgelenkte, im Flug nachsteuerbare Bomben sowie sogenannte Panzersprengbomben mit Raketenunterstützung. Letztere sollten mit einem zusätzlichen Triebwerk ausgestattet werden, um ihre Endanfluggeschwindigkeit und damit ihre Durchschlagskraft deutlich zu steigern – ein Prinzip, das in Ansätzen mit dem »Panzerblitz« und später mit dem »X-Gerät« umgesetzt wurde.

Die Luftrüstung suchte damit nicht nur nach neuen Waffen, sondern nach einem grundlegend anderen Lösungsansatz: Statt weiterhin herkömmliche Geschütze in ungeeignete Flugzeugmuster zu integrieren, sollten intelligente, spezialisierte Systeme entstehen, die das Ziel mit möglichst geringem Risiko für den Träger bekämpfen konnten. Der Übergang von der reinen Feuerkraft zur technisch präzisen Waffenwirkung markierte einen Wendepunkt im Denken der Waffenentwicklung.

Düsenkanone 75

Im Rahmen der Suche nach wirksamen Bordwaffen gegen schwer gepanzerte Bodenziele griff die deutsche Rüstungsindustrie auf bestehende Entwicklungen im Bereich der Leichtgeschütze (LG) zurück. Bereits ab Mitte der 1930er-Jahre war bei Rheinmetall-Borsig mit der Umrüstung eines 7,5-cm-Leichtgeschützes für den fliegenden Einsatz begonnen worden. Ziel war es, eine rückstoßarme Rohrwaffe zu schaffen, deren beim Abschuss entstehende Pulvergase über eine spezielle Umleitung kontrolliert nach außen abgeführt werden sollten.

Die erste experimentelle Ausführung entstand bereits 1936: Ein Prototyp mit einer sogenannten Umleitungseinrichtung für die Pulvergase wurde entwickelt. In weiteren Erprobungsphasen zeigte sich jedoch, dass eine zentrale Düse am Rohrende in Kombination mit einem vergrößerten Ladungsraum deutlich effizienter war. Diese Bauweise versprach eine gleichmäßigere Gasverteilung und damit eine bessere Kontrolle über Rückstoß und Schusswirkung.

Im August 1940 wurde ein erstes funktionsfähiges Modell eines solchen Leichtgeschützes – basierend auf dem Kaliber 7,5 cm – testweise unter dem Rumpf einer Messerschmitt Bf 110 montiert. Der Lauf wurde auf eine Länge von 3,07 m verlängert. Im Inneren des Abschussrohrs kam eine sogenannte Verdämmungsscheibe zum Einsatz – ein Verschlusskörper aus einer kunststoffähnlichen Masse mit eingearbeitetem Holzstaub. Diese Scheibe sollte dem Aufbau des erforderlichen Gasdrucks dienen und beim Abfeuern kontrolliert zerbersten. Die entstehenden Verbrennungsgase wurden über ein nach hinten geführtes Ableitungsrohr ins Freie geleitet.

In späteren Standversuchen mit einer nochmals auf 4,85 m verlängerten Rohrkonstruktion zeigte sich, dass Projektile mit einem Gewicht von bis zu 6,5 kg abgeschossen werden konnten. Allerdings verursachten die explosiv austretenden Gase trotz zusätzlicher Schutzbleche an der Flugzeugunterseite erhebliche Schäden am Trägerflugzeug – ein unübersehbares Problem bei einem Mündungsgasdruck in Verbindung mit einer Mündungsgeschwindigkeit von etwa 540 m/s. Dies machte eine Modifikation des Gasableitungssystems zwingend erforderlich.

Die Weiterentwicklung wurde daher den Škoda-Werken in Böhmen übertragen. Dort schlug man ein alternatives Konzept vor: Statt einer einzigen zentralen Düse sollten nun zwei kleinere, um je 30 Grad zur Hauptachse abgewinkelte Düsen zum Einsatz kommen. Diese Konstruktion verteilte die Gase seitlich nach hinten und reduzierte damit die punktuelle Belastung des Flugzeugrumpfs erheblich. Ein entsprechender Versuchsaufbau wurde realisiert. Erste Testschüsse im Einzelfeuer konnten durchgeführt werden.

Die daraus hervorgehende Waffe, intern als DüKa (Düsenkanone) bezeichnet, wurde mit einem drehbaren Trommelmagazin ausgestattet, das sechs Granaten aufnehmen konnte. Trotz dieses Fortschritts brachte das System ein erhebliches Gewicht von rund 650 kg auf die Waage – eine hohe Belastung für die meisten damaligen zweimotorigen Trägerflugzeuge. Durch weitere Verbesserungen an Rohr, Ladung und Gasabführung konnte die Anfangsgeschwindigkeit der verschossenen Granaten auf 780 m/s gesteigert werden – eine durchaus beachtliche Leistung für eine rückstoßarme Flugzeugwaffe.

Das letzte bekannte Versuchsmuster dieser innovativen Bordkanone fiel gegen Kriegsende amerikanischen Truppen in die Hände. Es wurde demontiert, sichergestellt und zur genaueren Untersuchung in die Vereinigten Staaten überführt. Dort trug die DüKa zum technischen Erkenntnisgewinn in der Erforschung rückstoßfreier Waffensysteme bei – auch wenn sie im Einsatz selbst nie über das Experimentalstadium hinauskam.

Düsenkanone 88

Die Düsenkanone 88 (DüKa 88) stellte einen weiteren bemerkenswerten Schritt in der Entwicklung rückstoßfreier Flugzeugbewaffnung dar. Mit einem Kaliber von 8,8 cm war sie deutlich größer als ihre Vorgängermodelle, insbesondere die DüKa 75, auf deren Konzept sie ebenso zurückgriff wie auf experimentelle Studien der Kriegsmarine im Rahmen der sogenannten DKM-Waffe.

Die Entwicklung der DüKa 88 wurde maßgeblich von Diplom-Ingenieur Kleinschmidt und seinem Team in Sömmerda vorangetrieben. Die rückstoßfreie Kanone sollte in zweimotorigen Kampfflugzeugen untergebracht werden, über ein Magazin mit zehn Schuss verfügen und eine praktikable Lösung für die Bekämpfung gepanzerter Bodenziele darstellen.

Ein früher Ansatz basierte auf dem Prinzip des symmetrischen Rückstoßausgleichs: Beim Abfeuern der Hauptgranate sollte gleichzeitig eine Ausgleichshülse in entgegengesetzter Richtung ausgestoßen werden. Dieses Konzept funktionierte grundsätzlich bei Einzelladungen, scheiterte jedoch bei der Umsetzung in einem rotierenden Trommelmagazin, wie es für einen kontinuierlichen

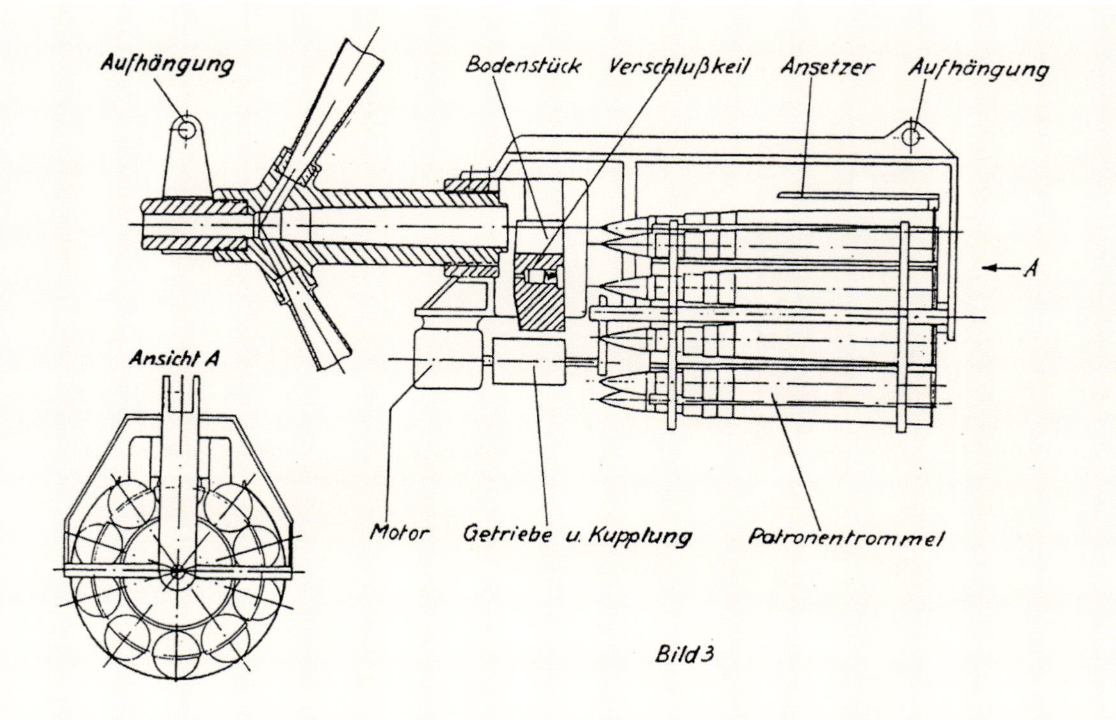

Die schematische Darstellung der Patronentrommel der »Düka 8,8« mitsamt Antrieb und Verschluss wurde bei Rheinmetall-Borsig erstellt.

Manfred Griehl

Schussbetrieb erforderlich war. Daraufhin griff Kleinschmidt auf weiterentwickelte Erkenntnisse der Škoda-Werke zurück und konstruierte eine neuartige Patrone, deren Design sich an der Hülse der MK 115 orientierte. Die Patronenhülse bestand aus mit Explosivstoffen getränktem Papiermaterial, das trotz seiner einfachen Struktur hohen Belastungen standhielt. Zwischen Hülse und Sprenggeschoss war eine Kunststoffscheibe eingebracht, die sich beim Abfeuern unter dem Druck der Pulvergase löste und so den Weg zu den beiden Gasableitungsrohren freigab. Diese Rohre führten die Verbrennungsgase unter einem Winkel von 51 Grad nach oben und unten aus dem Rumpf der Trägermaschine. Dadurch wurde der Rückstoß effektiv verteilt, ohne die Flugzeugstruktur übermäßig zu gefährden. Die Nachladeeinrichtung wurde nicht durch Rückstossenergie, sondern über einen elektrischen Antrieb gesteuert. Ein spezieller Schubarm – eine sogenannte Ansetzstange – transportierte die nächste Patrone mit einem Gewicht von 18,5 kg aus dem Trommelmagazin in die 0,84 m lange Patronenkammer. Anschließend schloss sich der Verschluss automatisch, und eine Kontrollleuchte im Cockpit zeigte dem Piloten die Feuerbereitschaft an.

Die Feuerrate der DüKa 88 lag theoretisch bei zehn Schuss pro Minute. Nach der Schussabgabe wurde die leere Hülse zurück in das Magazin befördert, das sich daraufhin um 46 Grad weiterdrehte und die nächste Patrone in Stellung brachte. Die Mündungsgeschwindigkeit der Geschosse wurde mit 605 m/s angegeben, bei einer geschätzten Reichweite von bis zu 12.000 m. Die Waffe selbst war 4,7 m lang, wovon 3,4 m auf den Lauf entfielen.

Mit einem Gesamtgewicht von rund 1.000 kg war die DüKa 88 für den internen Einbau in Standardflugzeuge ungeeignet. Stattdessen war eine externe Gondelmontage unter dem Rumpf vorgesehen – ein Kompromiss zwischen Tragfähigkeit und Waffeneffektivität.

Ein erstes Musterstück der Waffe wurde ausschließlich für Standversuche verwendet. Das zweite Exemplar wurde schließlich testweise unter einer modifizierten Junkers Ju 88 A-4 montiert. Die Kanone wurde dort in einer speziell angepassten Bodenwanne installiert. Im Rahmen dieser Versuchsreihe sollen etwa 20 Schuss im stationären Betrieb abgegeben worden sein. Über den Erfolg oder Misserfolg dieser Tests ist jedoch nur wenig bekannt, da

Der Prototyp der Ju 88 (Werknummer 2678) mit groß dimensionierter Bodenwanne wurde speziell für den Einbau der »Düsenkanone 8,8« umkonstruiert.

DTMB VI.1.006 06378 Foto: Sammlung B. Lange

keine detaillierten Berichte oder Auswertungen erhalten geblieben sind.

Trotz des innovativen technischen Konzepts kam es nie zu einer serienmäßigen Einführung der DüKa 88. Die Kombination aus hoher Komplexität, großem Gewicht und begrenztem taktischen Nutzen verhinderte eine breite Anwendung im Fronteinsatz. Dennoch markierte das Projekt einen wichtigen Zwischenschritt in der Entwicklung rückstoßfreier Flugzeugbewaffnung und demonstrierte eindrucksvoll den Erfindungsreichtum der deutschen Rüstungsingenieure in den letzten Kriegsjahren.

Düsenkanone 280

Unter der Leitung von Ingenieur Rommel entstand auf Grundlage der bisherigen Erfahrungen mit der DüKa 75 ein radikal neuer Entwurf: eine 28 cm-Düsenkanone – ein Konzept, das in seiner Dimension alle bisherigen Entwicklungen auf diesem Gebiet deutlich übertraf. Ziel war es, eine überschwere Luftwaffenbewaffnung zu schaffen, die speziell zur Bekämpfung großflächiger Seeziele, wie etwa schwer gepanzerter Kriegsschiffe, eingesetzt werden sollte.

Die gewaltige Kanone war für den Einbau unter einem mittleren Bomber, etwa einer modifizierten Junkers Ju 88 oder Heinkel He 177, vorgesehen und sollte im Sturzflug aus großer Höhe abgefeuert werden. Dieses Einsatzprofil versprach eine maximale Durchschlagskraft bei gleichzeitig gesteigerter Zielgenauigkeit. Die theoretische Mündungsgeschwindigkeit (Vo) der Waffe wurde auf etwa 560 m/s berechnet – ein vergleichsweise moderater Wert, der jedoch angesichts der enormen Masse des Geschosses als ausreichend galt.

Besonders bemerkenswert war das geplante Munitionskonzept: Die Waffe sollte in der Lage sein, Panzersprenggranaten mit einem Gewicht von bis zu 400 kg zu verschießen. Diese Geschosse wären in der Lage gewesen, etwa 20 cm Panzerstahl zu durchschlagen – eine Leistung, die selbst für Schiffsartillerie beeindruckend gewesen wäre. Damit hätte die 28 cm-DüKa ein enormes Zerstörungspotenzial gegen maritime Ziele entfaltet, insbesondere gegen Kreuzer und Schlachtschiffe.

Die Umsetzung dieses Projekts blieb jedoch auf dem Papier. Trotz der detaillierten Planungen und theoretischen Berechnungen stellte sich die technische Realisierung als kaum praktikabel heraus. Insbesondere die Unterbringung einer derart massiven Waffe unter einem Flugzeugrumpf war mit den damaligen technischen Möglichkeiten nicht zufriedenstellend lösbar. Probleme betrafen nicht nur das schiere Gewicht der Kanone, das auf mehrere Tonnen geschätzt wurde, sondern auch Fragen der Flugstabilität, Rückstoßkompensation sowie der Sicherheit für Besatzung und Flugzeugzelle.

Zudem wären umfassende strukturelle Verstärkungen am Trägerflugzeug nötig gewesen, was die Nutzlast und Reichweite erheblich eingeschränkt hätte. Auch die Handhabung der gigantischen Munition an Bord und die Ladevorgänge wären logistische Herausforderungen gewesen, für die es zu jener Zeit keine praktikablen Lösungen gab.

So blieb die 28 cm-DüKa ein visionäres Konzept, das letztlich nicht über die Planungs- und Versuchsstudien hinausgelangte.

Manfred Griehl

Mit der funktionsfähigen 8,8-cm-Düsenkanone wurde zunächst ein Standbeschuss durchgeführt, bei dem vermutlich lediglich 20 Schuss abgefeuert wurden.

Gerät 104 »Münchhausen«

Das sogenannte Gerät 104 „Münchhausen« stellte einen weiteren bedeutenden Versuch in der Entwicklung schwerer, starrer Luftwaffenbewaffnung dar und knüpfte an Konzepte wie die Düsenkanone (DüKa) 280 an. Die Arbeiten an diesem außergewöhnlichen Waffensystem begannen bereits 1939 bei der Firma Rheinmetall-Borsig. Ziel war es, ein extrem durchschlagskräftiges Geschütz so zu konzipieren, dass es unter Flugzeugen montiert werden konnte, um feindliche Kriegsschiffe effektiv aus der Luft bekämpfen zu können.

Ein zentrales technisches Problem bestand in dem enormen Rückstoß, der beim Abfeuern eines derart großkalibrigen Geschützes entstehen würde. Beim Gerät 104 entwickelten die Ingenieure zur Lösung dieses Problems eine innovative Rückstoßkompensation: Beim Abfeuern wurde nicht nur das Geschoss mit großer Kraft nach vorne beschleunigt, sondern gleichzeitig ein ebenso schweres Ausgleichsgeschoss nach hinten ausgestoßen.

Diese Technik beruhte auf einer präzise synchronisierten, zentral gesteuerten elektrischen Schussauslösung, bei der sowohl Projektil als auch Ausgleichsgeschoss exakt zeitgleich bewegt wurden. Das Ausgleichsgeschoss war dabei so angeordnet, dass es den Impuls des Schusses in entgegengesetzter Richtung aufhob. Durch dieses Verfahren konnte der Rückstoß nahezu vollständig neutralisiert werden, was die strukturelle Integrität und Flugstabilität des Trägerflugzeugs gewährleistete.

Um die Einsatzfähigkeit der neuen Waffe und der dazugehörigen Versuchsanlage zu testen, wurde eine Versuchsapparatur in Originalgröße auf einer Schienenkonstruktion montiert und unter dem Rumpf einer ausgemusterten Dornier Do 17 Z-1 installiert. Dieses Testflugzeug diente dazu, die Auswirkungen des massiven Kalibers und der enormen Gasdrücke zu erproben. Aufgrund der zu erwartenden extremen Belastungen wurden beidseitig am Rohr Mündungsfeuerdämpfer angebracht, um den explosionsartigen Gasdruck abzumildern und den Schallpegel zu reduzieren. Zusätzlich verstärkte man den vorderen und hinteren Bereich des Flugzeugrumpfes durch aufgeschweißte Stahlbleche, um die Struktur vor den abrasiven und korrosiven Wirkungen der Pulvergase zu schützen. Dennoch ergaben insgesamt 15 Beschussversuche mit der

Versuchsanlage des »Geräts Münchhausen« auf einer experimentellen Schienenkonstruktion nach dem Schuss. Interessant ist die Stahlrohrkonstruktion zwischen dem Kanzel- und Heckbereich der ausgemusterten Do 17 Z-1. Es kam durch den Gasdruck zu erheblichen Beschädigungen. Im Vordergrund ist eine der gigantischen Granaten im Kaliber 355,6 mm, die Treibladung und die Ausgleichsplatten zu sehen.

Manfred Griehl

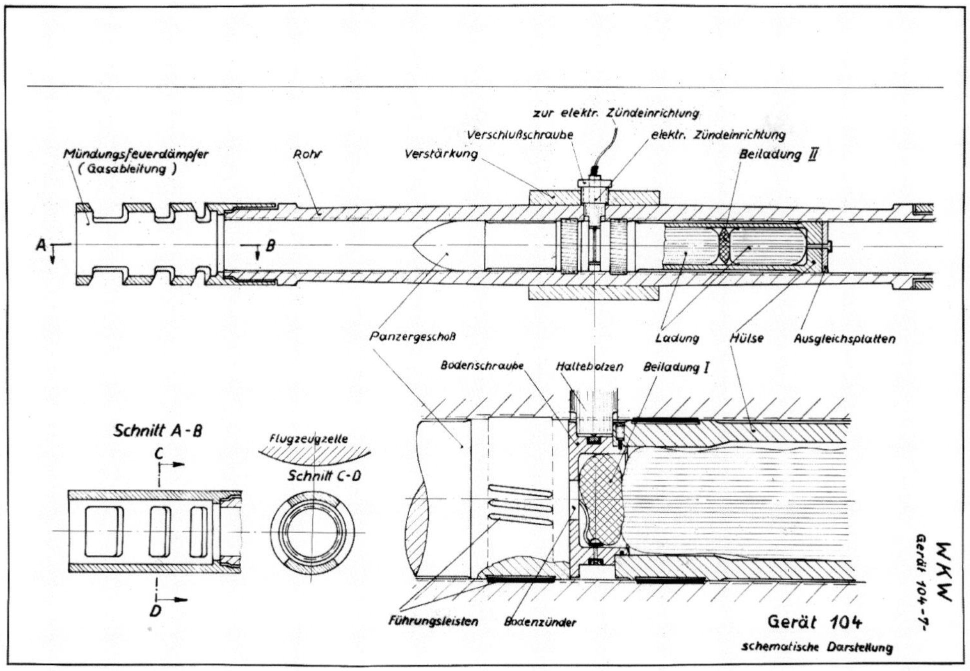

BArch RH 8-3528

Schematische Darstellung des Aufbaus und der Funktionsweise des Geräts 104. Originalzeichnung der WKW.

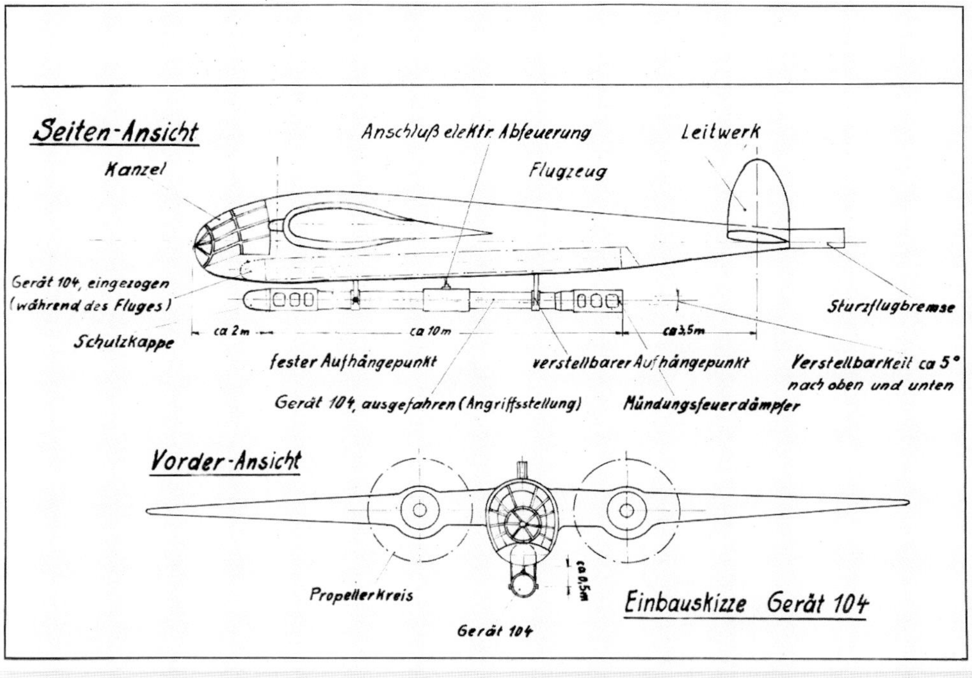

BArch RH 8-3528

Schematische Darstellung des Waffeneinbaus des Geräts 104 in eine Heinkel He 111. Das System war so konzipiert, dass es während des Fluges eingefahren blieb und nur für den Angriff ausgefahren wurde. Originalzeichnung der WKW.

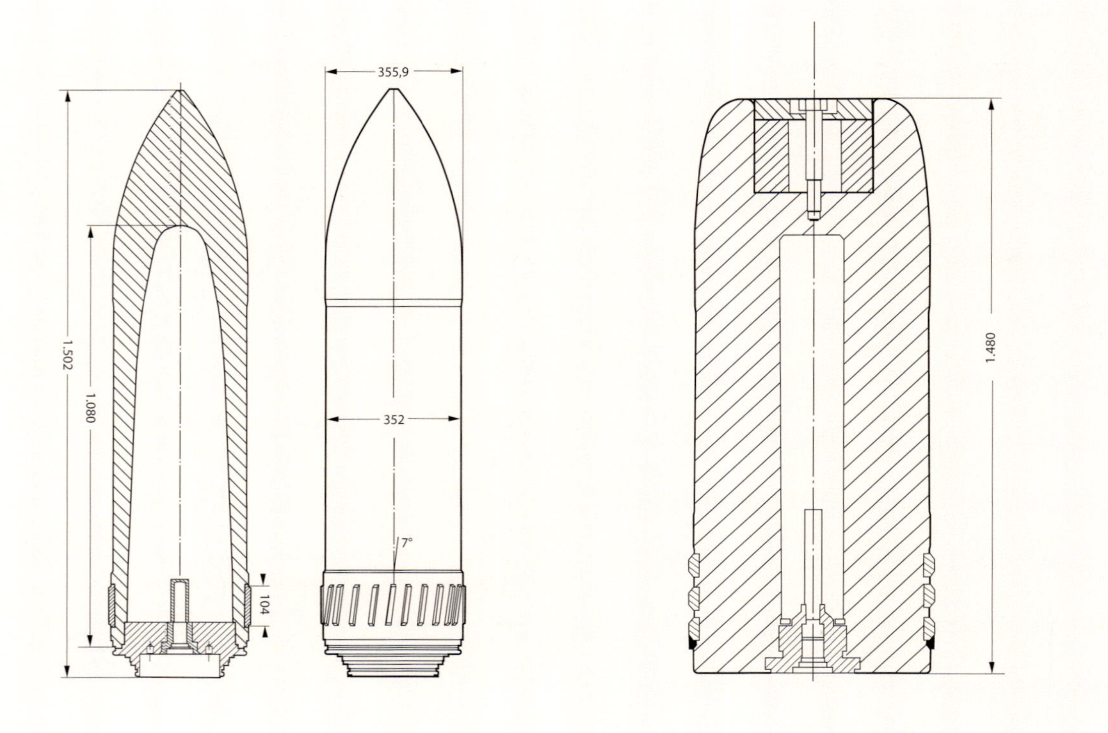

Die gigantische Panzersprenggranate des »Gerät Münchhausen« im Kaliber 355,6 mm und das massive Ausgleichsgeschoss, das beim Abschuss zur Kompensation des Rückstosses in die entgegengesetzte Richtung abgefeuert wurde. Interessanterweise war auch für das Ausgleichsgeschoss eine Sprengladung im Geschosskörper vorgesehen.

Do 17 Z-1, dass die Struktur des Flugzeugs der extremen Belastung beim Schussvorgang nicht gewachsen war. Das Flugzeug wurde schwer beschädigt.

Im feuerbereiten Zustand brachte die komplette Waffeneinheit 4.840 kg auf die Waage. Um eine spätere Integration in Einsatzflugzeuge praktikabler zu gestalten, war vorgesehen, die Waffe hydraulisch in den Rumpf ein- oder zumindest teilweise versenkbar zu machen. Eine eigens dafür konzipierte, aufwendige Hydraulikanlage sollte diese Funktion ermöglichen. Mit einer Gesamtlänge von 11,25 m war das Gerät jedoch gigantisch und konnte nur von speziell modifizierten Bombern oder schweren Jagdbombern wie der He 111, der Dornier Do 217 oder der Junkers Ju 288 getragen werden.

Die Waffe war für den Einzelschussbetrieb konzipiert, wobei jede Schussabgabe einen enormen Gasdruck von bis zu 2.200 Atmosphären erzeugte. Die berechnete Mündungsgeschwindigkeit (Vo) lag bei etwa 280 m/s, und die effektive Reichweite betrug unter idealen Bedingungen – etwa bei Windstille – etwa 4.000 m. Als Munition dienten massive Panzersprenggranaten mit einem Gewicht von 1.470 bis 1.600 kg. Der enthaltene Sprengstoffanteil betrug rund 35 kg pro Granate. Eine Besonderheit stellte die mächtige Treibladung dar, die je nach Ausführung zwischen 70 und 200 kg wog und auf eine maximale Durchschlagskraft und Reichweite ausgelegt war.

Obwohl das Reichsluftfahrtministerium (RLM) ursprünglich drei Serienexemplare der Waffe bestellt hatte, wurde der Auftrag nach den enttäuschenden Testergebnissen storniert. Weder eine Integration unter der He 111, Do 217 E-1 noch unter der Ju 288 war praktikabel, da die notwendige strukturelle Verstärkung der Flugzeuge zu aufwendig oder unmöglich erschien. Schließlich wurden die laufenden Arbeiten bei Rheinmetall beendet und die bis dahin entstandenen Kosten abgerechnet.

Das Gerät 104 war ein technisches Experiment und blieb im Prototypenstadium. Es gelangte, soweit bekannt, nie zur operativen Verwendung. Die Komplexität des Systems, das hohe Gesamtgewicht sowie die begrenzten Trägerkapazitäten der damaligen Flugzeuge erwiesen sich als unüberwindbare Hürden. In Umfang und technischer Zielsetzung überstieg das Projekt die Möglichkeiten der Zeit deutlich und kann als Beispiel für die systembedingte Fehleinschätzung technischer Machbarkeit gelten.

DTMB VI.1.040 5263

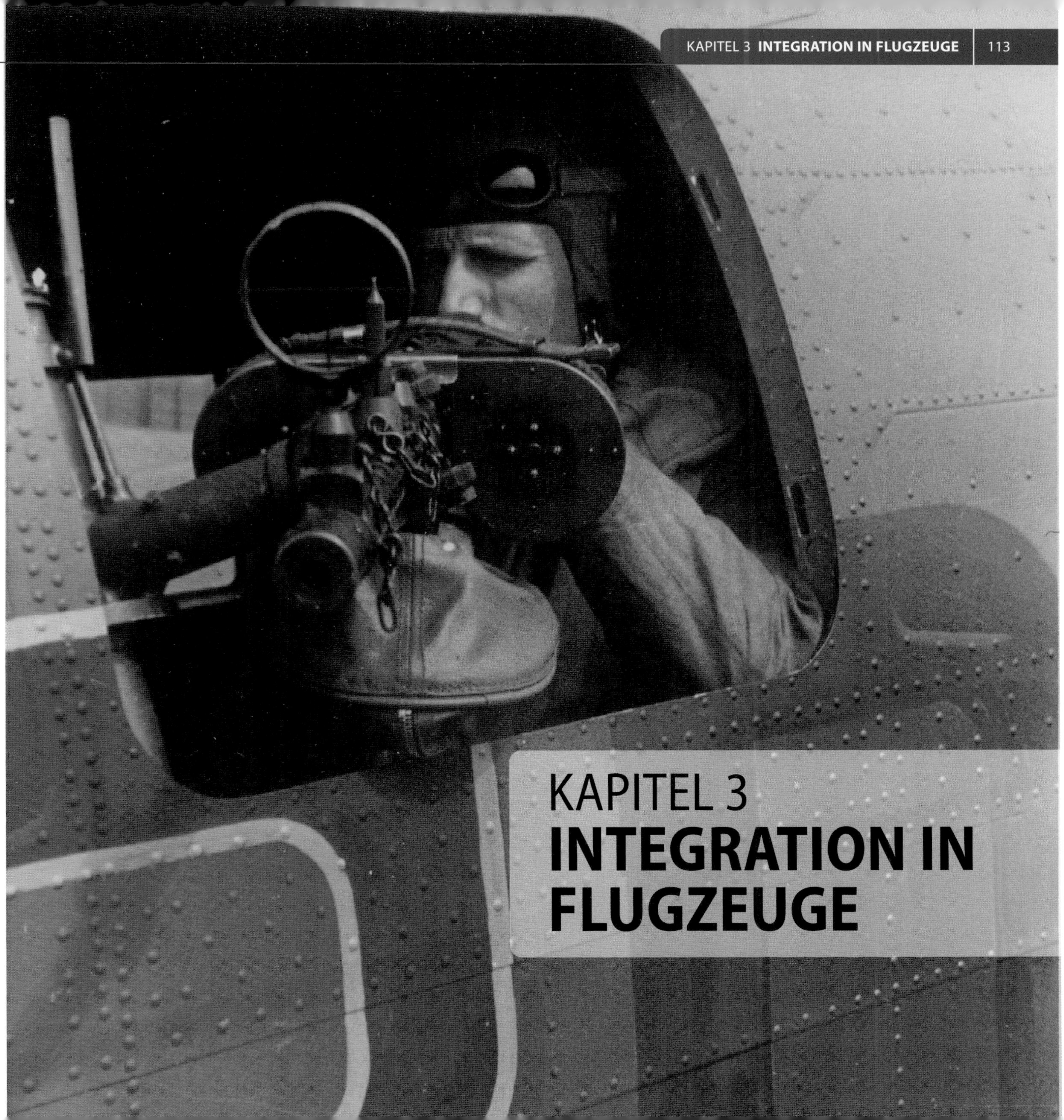

KAPITEL 3 **INTEGRATION IN FLUGZEUGE**

DER EINBAU DER ANGRIFFS- UND ABWEHRWAFFEN

TECHNIK, TYPEN UND TAKTISCHE BEDEUTUNG DER BEWAFFNUNGSPLATTFORMEN DEUTSCHER MILITÄRFLUGZEUGE

Im Verlauf des Zweiten Weltkriegs zeichnete sich die Entwicklung der Angriffs- und Abwehrbewaffnung deutscher Flugzeuge durch eine bemerkenswerte technische Vielfalt aus. Besonders deutlich wurde dies an der Vielzahl eingeführter Lafettentypen bei Kampfflugzeugen: Rund 150 unterschiedliche Modelle wurden im Laufe der Jahre entwickelt und eingesetzt. Diese auf den ersten Blick überhöhte Zahl erklärt sich aus mehreren Faktoren – vor allem aus dem großen konstruktiven Spielraum, den die Flugzeugfirmen bei der Auslegung ihrer Entwürfe genossen, der Vielzahl parallel laufender Entwicklungsprojekte sowie dem rasanten Fortschritt auf dem Gebiet fernbedienter Waffenstände.

Entwicklung und Herstellung der Waffeneinbauten

Der Einbau der Angriffs- und Abwehrbewaffnung in deutsche Militärflugzeuge war in weiten Teilen standardisiert und folgte einem systematisch organisierten Verfahren – unabhängig davon, in welchem konkreten Flugzeugtyp sie später zum Einsatz kommen sollten. Ziel dieser Standardisierung war es, eine einheitliche, geprüfte Qualität sicherzustellen und die Austauschbarkeit von Komponenten zu ermöglichen. Diese zentralisierte, normierte Herangehensweise hatte den Vorteil einer hohen Qualitätssicherung, allerdings auch den Nachteil begrenzter Flexibilität bei kurzfristigen Anpassungen im Feld oder während laufender Serienproduktion.

Die für den Einbau benötigten Einbauteile und Baugruppen – etwa Waffenhalterungen und Lafettierungen für die Bordwaffen, die Munitionszuführungen und deren Befestigungen – wurden in der Regel als eigenständige Geräte durch spezialisierte Entwicklungsfirmen im Auftrag des Reichsluftfahrtministeriums konstruiert. Diese Entwicklung erfolgte auf Grundlage verbindlicher Vorgaben, sogenannter »Amtsforderungen«, die von der Luftwaffenführung bzw. dem zuständigen Reichsluftfahrtministerium formuliert wurden.

Nach erfolgreicher Erprobung unter seriennahen Bedingungen wurden diese Geräte entsprechend präzise definierter Lieferbedingungen in Serie gefertigt und durch offizielle Prüfstellen abgenommen. Auf diese Weise sollte sichergestellt werden, dass jedes Gerät den militärischen Anforderungen entsprach – beispielsweise bei starr eingebauten Flugzeuglafetten die notwendige strukturelle Steifigkeit und Schwingungsfreiheit, um ein möglichst enges Trefferbild der Bordwaffe zu gewährleisten.

Die eigentliche Flugzeugindustrie – also die Herstellerfirmen der Flugzellen wie Messerschmitt, Focke-Wulf oder Junkers – trat nur in Einzelfällen und zumeist nur vorübergehend selbst als Entwickler solcher Waffeneinbauteile in Erscheinung. In der Regel beschränkte sich ihr Einfluss auf konstruktive Anpassungen, etwa in Bezug auf die äußere Formgebung, die Einbauorte oder die Abmessungen der Geräte. Diese Abstimmungen erfolgten in direktem Kontakt mit den Entwicklungsfirmen oder später über eine eigens eingerichtete Entwicklungskommission. Diese Kommission bestand aus erfahrenen Industriefachleuten sowie früheren Angehörigen des Reichsluftfahrtministeriums und fungierte als Schnittstelle zwischen den Waffensystementwicklern und den Flugzeugbauern.

Wichtig war dabei: Die Flugzeughersteller durften an diesen »reichseigenen« Geräten – das heißt offiziell vom Reich entwickelte und kontrollierte Einbauteile – keine eigenmächtigen Änderungen oder Anpassungen vornehmen. Jegliche Modifikation oder konstruktive Abweichung vom Serienstandard musste genehmigt und technisch abgestimmt werden. Ziel dieser strikten Vorgaben war es, die Interoperabilität, Austauschbarkeit und vor

Ein Waffenwart beim Aufmunitionieren eines Ju 88-Fernaufklärers an der Ostfront, Juli 1944. Gut zu erkennen sind ein MG 131 in einer Drehringlafette 131/1 C sowie ein weiteres MG 131, das darunter in eine kleine gepanzerte Linsenlafette des Typs LL-K 131 eingebaut ist. Neben der kleinen Linsenlafette befindet sich zusätzlich ein MG 81, das zur seitlichen und rückwärtigen Verteidigung in einer einfachen Kugellafette montiert wurde. Besonders auffällig sind die konstruktiven Details des Waffeneinbaus.

allem die Funktionssicherheit der Bewaffnung im Einsatz zu gewährleisten.

Einige Flugzeughersteller versuchten zeitweise, sich diesem Grundsatz zu entziehen – insbesondere dann, wenn die vorgeschriebene Verwendung einer Standardlafette die interne Konstruktion oder den Entwicklungszeitplan eines Flugzeugs erheblich beeinflusste. Diese Versuche, eigene Lösungen zu favorisieren, wurden jedoch zurückgewiesen. Die Auffassung, dass die Entwicklung von Waffenlafetten ausschließlich in die Zuständigkeit waffentechnisch geschulter Spezialisten fiel, setzte sich zunehmend durch. Diese Einsicht gewann zusätzliche Akzeptanz, als sich die Zusammenarbeit zwischen der Waffenindustrie, den Lafettenentwicklern und der Flugzeugindustrie intensivierte. Der konstruktive Austausch zwischen den verschiedenen Herstellerfirmen – insbesondere auf Ebene der Ingenieure – wurde durch koordinierende Maßnahmen des Reichsluftfahrtministeriums unterstützt und gefördert. Eine zentrale Rolle spielte dabei die sogenannte »Waffeneinbaugruppe«, die eigens zu diesem Zweck eingerichtet wurde.

Diese Waffeneinbaugruppe bestand aus erfahrenen Ingenieuren und spezialisierten Waffenmonteuren, die in Form einer »fliegenden Kolonne« eingesetzt wurden. Ihre Aufgabe war es, bei der Einführung neuer Flugzeugmuster alle Fragen des Waffen- und Lafetteneinbaus frühzeitig und möglichst umfassend zu klären – idealerweise bereits in der Phase der Vorserienentwicklung. Durch diese proaktive Einbindung konnten häufige Einbaufehler, technische Inkompatibilitäten oder ungünstige Schwingungsverhältnisse vermieden werden, die andernfalls erst bei der Erprobung des flugfertigen Musters zutage getreten wären. Die Arbeit dieser Gruppe trug wesentlich dazu bei, die Effizienz im Entwicklungsprozess zu steigern und sicherzustellen, dass neue Waffenanlagen reibungslos in den Flugzeugzellen untergebracht und funktionsfähig waren. Gleichzeitig wurde auf diese Weise ein Gleichgewicht zwischen standardisierter Ausrüstung und den konstruktiven Anforderungen unterschiedlicher Flugzeugtypen gefunden. Langfristig bewährte sich dieses Verfahren nicht nur technisch, sondern auch logistisch, da es die Ersatzteilversorgung und Wartung vereinfachte, die Ausbildung von technischem Personal erleichterte und die Produktionszyklen verkürzen konnte. Grundsatz für jede Lafettenentwicklung war, dass

- das Trefferbild einer Waffe durch die Lafette nicht wesentlich verschlechtert wurde, und
- die Rückstoßkräfte der Waffe in der Lafette weitestgehend gedämpft wurden.

Die an die starren und beweglichen Lafetten für großkalibrige Schusswaffen gestellten Forderungen waren:

- Trefferbild der eingelagerten Waffe auf 100 m Entfernung, wobei die Lafette auf einem starken Fundament zu befestigen war: 7 Schuss Einzelfeuer = 30 x 30 cm, Feuerstoß zu 7 Schuss Dauerfeuer.
- Aufnahme der Rückstoßkräfte durch eine einstellbare Puffer der Lagerung oder dergleichen.
- Justiermöglichkeit der Waffe bzw. Waffen bei beweglichen Zwillingslafetten nach Höhe und Seite.
- Eigensteife Verbindung von der vorderen zur hinteren Lagerung zwecks sicherer Funktion und Lebensdauer.
- Keine besondere Pflege im Flugzeugeinbau und kein Verschleiß beanspruchter Teile.

Elektrische und elektropneumatische Waffensteuerung

Die Steuerung der Bordwaffen in deutschen Militärflugzeugen erfolgte während des Zweiten Weltkriegs meist elektrisch oder elektropneumatisch. Bereits bei den ersten Waffenmustern wurde großen Wert auf eine systematische Entwicklung der elektrischen Waffensteuerung gelegt. Dies führte frühzeitig zu einem einheitlichen Konzept bewährter Bediengeräte und Bauelemente, das sich bei späteren Waffentypen und Einbauvarianten als äußerst vorteilhaft erwies. Zum Einbau kam dann die sog. »Eilt-Anlage«, die zur elektrischen Waffensteuerung in komplexeren Waffenanlagen eingesetzt wurde.

Elektropneumatische Einrichtungen wurden vor allem dann eingesetzt, wenn größere mechanische Kräfte benötigt wurden – etwa zum Spannen oder Durchladen schwerer Waffen. Die Kombination aus elektrischer Steuerung und pneumatischem Kraftaufbau bot eine präzise, zuverlässige und vergleichsweise wartungsarme Lösung.

Ein charakteristisches Merkmal der deutschen Waffenelektrik war die Einführung der elektrischen Zündung. Statt des klassischen mechanischen Schlagbolzens kam eine elektrische Zündvorrichtung innerhalb der Waffe zum Einsatz. Diese arbeitete mit Patronen, die mit elektrisch auslösbaren Zündhütchen ausgestattet waren. Dieses Zündsystem wurde ursprünglich beispielsweise für das gesteuert schließende MG 131 entwickelt und hatte sich in der Praxis als präziser, störsicherer und zugleich unempfindlicher gegenüber äußeren Einflüssen (z. B. Schlägen oder Vibrationen) erwiesen. Darüber hinaus verringerte es die Gefahr von Funktionsstörungen oder ungewolltem Abfeuern bei unvollständig geschlossenen Verschlüssen, insbesondere bei großkalibrigen Waffen.

Ein weiterer Vorteil der elektrischen Steuerung bestand in der flexiblen Verschaltung der Bordbewaffnung: Waffen konnten einzeln, in Gruppen oder synchronisiert abgefeuert werden – je nach taktischer Anforderung. Diese Möglichkeit war besonders wichtig, da viele Flugzeuge eine gemischte Bewaffnung mit unterschiedlichen Waffentypen aufwiesen (z. B. Maschinengewehre, Kanonen, Raketen), die jeweils eine unterschiedliche Kadenz und Munitionskapazität besaßen. Der gezielte Einsatz einzelner Waffen oder Waffenpaare erlaubte so eine effektivere Feuerdisziplin und eine gleichmäßigere Ausnutzung der vorhandenen Munition.

Die Munitionsvorräte der einzelnen Waffen wurden dem Piloten über sogenannte »Schusszähler« am Instrumentenbrett angezeigt. Zusätzlich informierten Kontrollleuchten oder Schauzeichen über den Ladezustand der Waffen. War eine Waffe nicht schussbereit, konnte sie über einen elektrischen Durchladekontakt aktiviert werden. In späteren Entwicklungen kamen auch vollautomatische Nachladeeinrichtungen zum Einsatz, die einfache Ladehemmungen selbsttätig beheben konnten. Diese Systeme waren ebenfalls elektrisch gesteuert und durch komplexe Schaltungen in das Gesamtsystem integriert.

Trotz ihrer Leistungsfähigkeit und bewährten Funktion auf verschiedenen Kriegsschauplätzen führte die zunehmende Komplexität der elektrischen Waffenanlagen zu Herausforderungen – insbesondere im Hinblick auf Wartung, Fertigungsaufwand und Störanfälligkeit unter Einsatzbedingungen. Aus heutiger Sicht erscheint es fraglich, ob der umfassende Einsatz elektrischer Schaltungen in diesem Maße tatsächlich notwendig war. Gegen Kriegsende bemühte man sich daher gezielt um Vereinfachungen in diesem Bereich – vor allem mit Blick auf den akuten Mangel an Material, qualifiziertem Personal und Fertigungskapazitäten.

Das Ziel, die elektrischen Schaltpläne der Bordbewaffnung auf das technisch notwendige Minimum zu reduzieren, ohne dabei die Einsatzfähigkeit und Sicherheit der Truppe zu gefährden, wurde jedoch nicht mehr vollständig erreicht.

Eilt-Anlage

Die »Eilt-Anlage« war ein elektrisches Schnellschaltsystem zur Waffensteuerung. Sie diente dazu, mehrere Bordwaffen (etwa Maschinengewehre oder Bordkanonen) elektrisch und koordiniert auszulösen – insbesondere bei Verwendung kombinierter Waffenanordnungen (z. B. Motorkanone + Flügelbewaffnung). Der Begriff »Eilt-Anlage« geht vermutlich auf einen Ingenieur oder

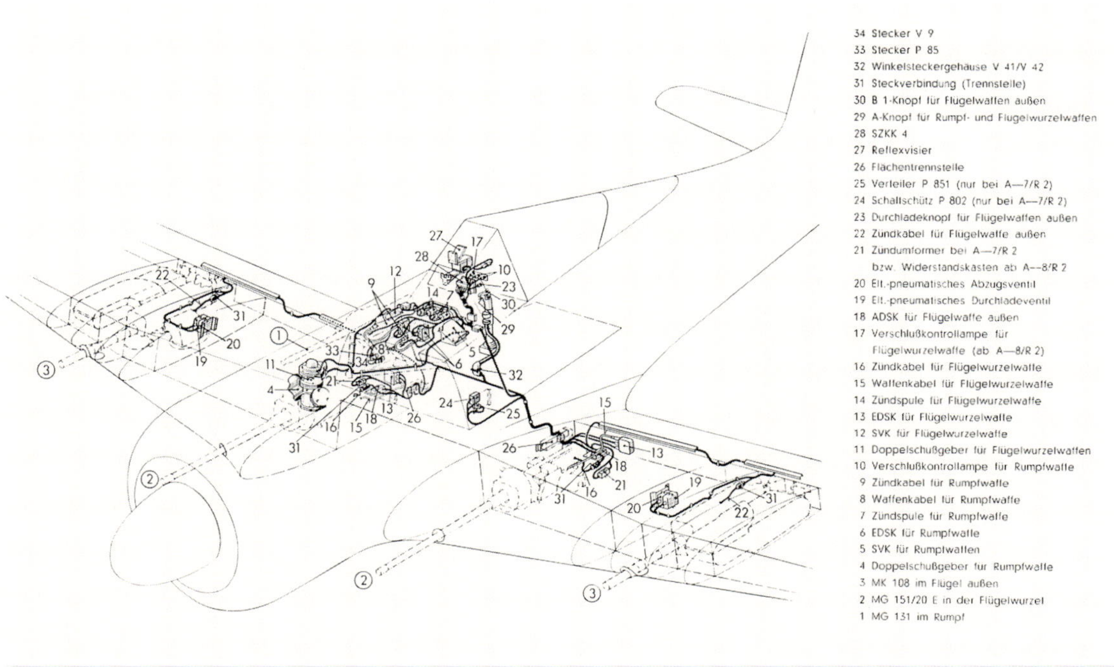

BArch R 3-3676-0050

Schematische Darstellung der Eilt-Anlage zur elektrischen Steuerung der Waffenanlage der Focke Wulf Fw 190 A-7/R-2 oder A-8/R-2.

Hersteller mit dem Namen »Eilt« zurück, wird aber in Originalunterlagen meist als Fachbegriff ohne weitere Erläuterung verwendet. Die Kernfunktionen und Merkmale der Eilt-Anlage waren

- elektrische statt mechanische Auslösung der Waffen über Kontakte im Steuerknüppel (»Knüppelschuss«),
- Koordination verschiedener Waffentypen (MGs, MKs) mit unterschiedlichen Zündsystemen und Feuerraten,
- Vermeidung von Zündverzögerungen durch präzise Steuerung der Abfolge,
- und teilweise Integration in den Waffenautomat bzw. in komplexere Feuerleitanlagen (z. B. bei Nachtjägern).

Die Eilt-Anlage wurde insbesondere in fortgeschritteneren Jagdflugzeugen wie der Fw 190, Bf 109 G/K oder Me 262 verwendet, um deren teils komplexe Waffenanordnung (mehrere Waffen mit unterschiedlichen Munitionsarten und Kalibern) effektiv bedienbar zu machen. Typischerweise bestand die Eilt-Anlage aus

- einem Waffenbedienkasten oder -schaltkasten,
- einer elektrischen Verkabelung zu den Waffen (z. B. MG 151, MK 108),
- Kontakten im Steuerknüppel und
- Relais oder Schaltmodulen zur zeitlich abgestimmten Waffenansteuerung.

Der Waffeneinbau

Jagdflugzeuge

Der Einbau automatischer Schusswaffen in deutschen Jagdflugzeugen wich in mehreren Punkten von traditionellen Konzepten ab – etwa durch die Möglichkeit, selbst großkalibrige 2-cm-Minenmunition durch den Kreis der rotierenden Luftschraube abzufeuern. Diese Ausführung war technisch nur möglich, da die betreffenden Waffen mit elektrisch gezündeter Munition ausgestattet war. Eine Synchronisierung mit der Propellerumdrehung erfolgte über einen kontaktgesteuerten Impulsgeber am Motor, wodurch sichergestellt wurde, dass der Schuss genau dann ausgelöst wurde, wenn keine Luftschraubenblatt den Schusskanal kreuzte. Die verwendeten Aufschlagzünder der Granaten waren zudem so konstruiert, dass sie sich erst einige Meter nach Verlassen der Mündung scharf stellten. Im Fall eines Synchronisationsfehlers hätte die Granate beim Aufprall auf die Luftschraube daher nicht detoniert, sondern als »Vollgeschoss« mechanisch gewirkt – ein entscheidender Sicherheitsgewinn.

Abgesehen vom Durchschuss durch den Propellerkreis wurden schwere Waffen in verschiedenen Positionen in die Flugzeugstruktur integriert: in die Tragflächenwurzeln, in den Außenflügeln, als Motorwaffe (Schuss durch die Propellernabe), sowie – bei mehrmotorigen Flugzeugen – in die Flugzeugkanzel. Dort konnten sie ohne Synchronisation mit voller Kadenz feuern.

Beim Einbau mehrerer Waffen – insbesondere in weit außen liegenden Positionen an den Tragflächen – wurde darauf geachtet, die Trefferdichte im Hauptkampfbereich zu optimieren. Dafür empfahl es sich, die Treffpunkte (»Gabeln«) der jeweiligen Waffensysteme auf unterschiedliche Entfernungen zu legen, etwa die äußeren Waffen auf 300 Meter und die inneren auf 150–200 Meter. Dieses sogenannte »Konvergenzfeuer« sollte eine möglichst gleichmäßige Trefferverteilung im Zielvolumen ermöglichen.

Besondere Sorgfalt wurde auch auf den sogenannten »Tiefeinbau« gelegt – das waren Waffeneinbauten mit vertikalem Versatz zur Visierlinie, etwa tief in der Rumpfstruktur. In solchen Fällen schnitten die Geschossbahnen die Visierlinie auf zwei Distanzen: einmal beim Anstieg, einmal beim Abstieg, was eine abgestimmte Justierung (»Fleckschuss«) auf zwei Zielentfernungen erforderte. Welche Justierverfahren in der Endphase des Krieges tatsächlich an der Front verwendet wurden, ist nicht mehr vollständig nachvollziehbar.

Nachtjagdflugzeuge

In der deutschen Nachtjagd des Zweiten Weltkriegs bestand die Hauptbewaffnung in der Regel aus vier bis sechs großkalibrigen, automatischen Waffen, die hauptsächlich frontal in der Flugzeugkanzel eingebaut waren. Dieser Bewaffnungsansatz erlaubte eine hohe Feuerdichte bei Frontalkontakten mit feindlichen Flugzeugen. Um auch bei automatischen Waffen eine minimale Sichtbarkeit der Schussabgabe zu gewährleisten, wurden diese mit langen Flammendämpfern ausgestattet. Zudem kamen speziell angepasste Munitionsarten zum Einsatz: Anstelle klassischer Leuchtspurmunition wurden sogenannte Glimm- oder Dunkelspurgeschosse verwendet, die eine reduzierte oder nicht sichtbare Leuchtwirkung aufwiesen, jedoch dennoch eine gewisse optische Kontrolle für den Schützen ermöglichten, ohne die Sichtverhältnisse für den Piloten zu gefährden.

Auch hatte sich die Verwendung von Schrägbewaffnung – also schräg nach oben eingebaute Bordwaffen – als wirksame Ergänzung zur konventionellen Frontalbewaffnung etabliert. Die Nachtjäger näherten sich feind-

San Diego Air and Space Museum 16 005097

Detail der Nase des Nachtjägers Dornier Do 215 B-5 (H4 + DC) von Hauptmann Helmut Lent. Die Maschine wurde von der 4. Staffel des Nachtjagdgeschwaders 2 (4./NJG 2) vom Fliegerhorst Leeuwarden aus eingesetzt. Das Flugzeug ist mit einem Radar vom Typ FuG 202 B/C ausgestattet, dem sog. »Liechtenstein-Gerät«. Unter den Antennen sind vier zusätzliche MG FF im Kaliber 20 mm eingebaut. Die Mündungen der Waffen sind für den Nachteinsatz mit Feuerdämpfern ausgerüstet. Die Aufnahme stammt von 1942.

lichen Bombern von schräg unten, einer Luftraumzone, die nicht im primären Überwachungsbereich der Bomberbesatzungen lag. Die ersten Varianten der Schrägbewaffnung bestanden aus zwei schräg eingebauten 20-mm-Maschinenkanonen MG 151/20 oder MG FF/M, die später durch zwei 30-mm-Kanonen MK 108 ersetzt wurden. Diese Waffen wurden hinter dem Cockpit zweimotoriger Flugzeuge unter einem festen Winkel von etwa 75 Grad schräg nach vorne oben installiert.

Der Einsatz von Raketenbewaffnung war für Nachtjäger hingegen nicht vorgesehen, da die Blendwirkung der Raketenflammen den Piloten bei Nacht stark beeinträchtigt hätte. Zusätzlich wäre die eigene Position durch die Leuchtspuren der Raketen sofort verraten worden – ein nicht akzeptables Risiko im nächtlichen Luftkampf.

Die Kombination aus starker Frontalbewaffnung und taktisch eingesetzter Schrägbewaffnung dem deutschen Nachtjagdflugzeug ein breites Spektrum an Angriffsmöglichkeiten bot. Insbesondere die Schrägwaffenstrategie stellte eine asymmetrische Taktik mit hoher Erfolgsquote dar und ermöglichte es, die zahlenmäßige Überlegenheit alliierter Bomberverbände zumindest punktuell wirkungsvoll zu kontern.

Schlachtflugzeuge

Der Waffeneinbau in deutschen Schlachtflugzeugen erfolgte häufig über sogenannte Rüstsätze – vormontierte Waffenanlagen, die mit geringem Aufwand am Rumpf angebracht oder entfernt werden konnten. Passstifte sorgten für präzise Ausrichtung ohne Nachjustierung, elektrische Anschlüsse ermöglichten eine schnelle Einsatzbereitschaft. So konnten Flugzeuge je nach Auftrag flexibel als Waffen- oder Bombenträger dienen.

Rückstoßkräfte schwerer Bordkanonen wurden durch Mündungsbremsen gemindert, die die Pulvergase nach hinten umleiteten. Dies schützte den Rumpf vor strukturellen Schäden. Ein markantes Beispiel war die Hs 219 mit einer kielförmigen Rumpfverkleidung, die neben besserer Fluglage auch höhere Zielgenauigkeit bot.

Bei der weitverbreiteten Ju 87 waren die 3,7-cm-Kanonen fest unter den Tragflächen montiert, was sich bei Tiefflügen und Panzerbekämpfung bewährte. Eine weitere Waffenlösung bildeten die sogenannten Waffenbomben – auch »Gießkannen« genannt. Diese bombenförmigen Behälter enthielten mehrere MG 81 (Zwillingsanordnung) und ein MG 151/20 mit nach unten geneigten Läufen, ideal für Bodenziele. Sie wurden in Bombenschlösser eingehängt und über das Bordnetz fernbedient.

Zur Panzerbekämpfung kamen auch unter den Tragflächen ontierte Raketen (»Panzerblitz«) zum Einsatz. Ergänzend erprobte man rückstoßfreie Rohre in Senkrechtbewaffnung – etwa beim Projekt »Sondergerät 500«.

Der schräge Einbau von Frontalwaffen (ca. 10° nach unten) erwies sich als taktisch günstig: Er ermöglichte längere Feuerzeiten bei geringerem Bodenkontakt-Risiko, bessere Zielübersicht und verkürzte die Schussentfernung beim Endanflug – was die Treffergenauigkeit deutlich erhöhte.

Kampfflugzeuge

Bereits ab den 1930er-Jahren setzte sich im militärischen Flugzeugbau die Erkenntnis durch, dass zur effektiven Selbstverteidigung mehrere strategisch platzierte Waffenstände nötig waren. Diese sollten möglichst alle Anflugrichtungen abdecken und feindliche Jäger abwehren. Standardmäßig verfügten frühe deutsche Kampfflugzeuge im Zweiten Weltkrieg über drei Hauptstände – A-, B- und C-Stand –, später über bis zu sechs. Diese defensive Struktur prägte die Auslegung mehrmotoriger Kampfflugzeuge bis weit in den Krieg.

Die Platzierung folgte einer funktionalen Logik: Der A-Stand lag im Bug und ermöglichte Vorwärtsabwehr, der B-Stand befand sich meist oberhalb oder hinter der Kabine zum Schutz des oberen Luftraums, und der C-Stand deckte das Heck – besonders wichtig, da die meisten Angriffe von dort kamen.

Die Flugzeugzellen wurden für optimale Schussfelder angepasst, ohne die Aerodynamik oder Stabilität übermäßig zu beeinträchtigen. Spätere Entwicklungen führten zu verglasten Kuppeln, drehbaren Türmen und ersten fernbedienten Waffenständen. Dennoch litten viele frühe Bomber unter toten Winkeln oder unzureichender Bewaffnung. Die Effektivität der Abwehr hing stark von der Ausbildung und Koordination der Besatzung ab, die meist in einem gemeinsamen Raum arbeitete.

Die Waffen waren in beweglichen Lafetten montiert, die horizontales und vertikales Schwenken ermöglichten. Diese wurden fest im Flugzeug installiert und konnten ein oder mehrere MGs aufnehmen, die bei Bedarf leicht austauschbar waren. Viele Lafetten waren spezifisch für bestimmte Flugzeugtypen konstruiert (z. B. Kugellafette, Bodenlafette Bola, Hecklafette HL); andere entwickelten sich zu vollwertigen Richt- oder Geschützständen weiter. Die einfachsten Ausführungen (z. B. Walzenlafette WL) verfügten über kugel- oder walzenförmige Lager, bei weiterentwickelten Modellen war das Waffenlager selbst beweglich, um den Schwenkbereich zu vergrößern.

Die Lafetten deutscher Kampfflugzeuge reichten von

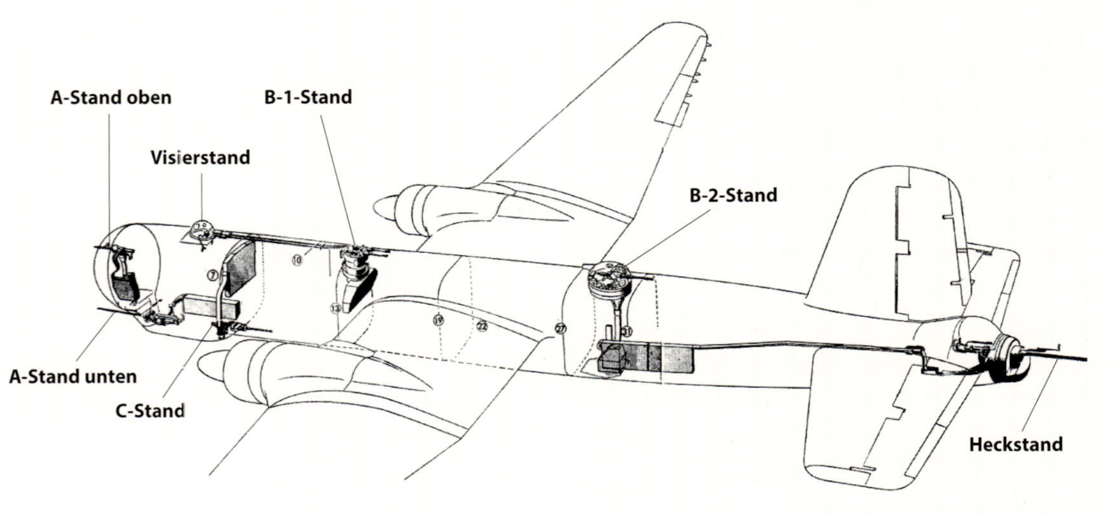

Schematische Darstellung der Waffenstände der Heinkel He 177 R 2. Der B-1-Stand war vom Visierstand aus ferngesteuert.

D. (Luft) T. 2177 A-3

einfachen, drehbaren Halterungen bis zu komplexen mechanischen oder hydraulischen Auslegern. Ziel war eine maximale Schwenkreichweite bei minimalen toten Winkeln und eine Überschneidung der Schussfelder, um auf kurze Distanz (unter 100 m) konzentriertes Abwehrfeuer zu ermöglichen. Bei leichten Waffen erfolgte die Bedienung manuell, unterstützt durch Wind- und Gewichtsausgleiche. Schwerere Waffen wurden über Motoren bewegt – etwa in hydraulischen Drehringlafetten (HD) – um Rückstoß und Schwingungen vom Schützen fernzuhalten und die Feuerkraft zu erhöhen.

Konnte ein Waffenstand nicht mit einem Besatzungsmitglied kombiniert werden – etwa aus Platz- oder aerodynamischen Gründen – setzte man ferngesteuerte Lafetten ein. Diese konnten an idealer Stelle im Flugzeug installiert werden, unabhängig von der Crewposition.

Mit Kriegsverlauf zeigte sich jedoch, dass viele Maschinen im Heckbereich – einem toten Winkel – unzureichend geschützt waren. Neue Bombertypen erhielten daher zusätzliche Heckstände. Wo diese nicht vorgesehen waren, behalf man sich mit starr montierten MGs, die der Pilot per Fernbedienung abfeuerte, meist über Rückblickfernrohre gezielt – allerdings mit geringer Genauigkeit.

Parallel testete man sogenannte Störkörper: 3,7-cm-Splittergranaten, die per Fallschirm gezündet wurden und angreifende Jäger abschrecken sollten. Ihre Anfälligkeit für Beschuss und das Risiko für das eigene Flugzeug führten jedoch zur Einstellung dieses Verfahrens.

Im Vergleich zu US-Bombern wie der Boeing B-17, die eine umfangreiche Rundumverteidigung mit mehreren MG-Ständen besaßen, war die deutsche Defensivbewaffnung deutlich schwächer. Deutsche Flugzeuge wurden primär auf Geschwindigkeit und Reichweite ausgelegt – der Schutz der Besatzung hatte geringere Priorität. Die Folge waren häufige technische Kompromisse und hohe Verluste in realen Gefechtssituationen.

Ein Beispiel dafür ist das Projekt Junkers Ju 187: Trotz geplanter Langstreckenfähigkeit beschränkte man sich auf eine Hecklafette mit zwei MG 213 (3 cm), die nur ein Schussfeld von ±15° boten. Eine zusätzliche MK 108 im Rumpfboden war zwar kardanisch gelagert, aber wegen schlechter Sicht und umständlicher Bedienung wenig effektiv. Man ging davon aus, dass feindliche Jäger ein schnelles Strahlflugzeug nur flach und mit geringerer Geschwindigkeit angreifen könnten – eine Fehleinschätzung, da man die rasche Entwicklung alliierter Abfangjäger unterschätzte.

Die deutsche Kampfflugzeugentwicklung stellte Flugleistung über Schutz. Die daraus resultierende Schwäche in der Defensivbewaffnung führte zu hohen Verlusten und konnte erst in den letzten Kriegsjahren – zu spät – teilweise korrigiert werden. Nachfolgend sind die Bezeichnungen der wichtigsten Lafetten zusammengestellt:

Lafettenart	Bezeichnung
Schwenkarmlafette	SAL
Gleitschienenlafette	GSL
Linsenlafette, klein	LL-K
Linsenlafette, groß	LL-G
Drehringlafette	DL
Seitenlafette	SL
Hecklafette	HL
Walzenlafette	WL
Hydraulische Drehringlafette	HD
Ferngerichtete Drehringlafette	FDL
Fernbediente Seitenlafette	FDSL
Fernbediente Hecklafette	FHL

Manuell bediente Drehlafetten

Beim Aufbau der Luftwaffe in den 1930er-Jahren orientierte man sich zunächst an Erfahrungen aus dem Ersten Weltkrieg. Frühe Bombertypen wie die Dornier Do 17, Heinkel He 111 und Junkers Ju 86 erhielten offene Waffenstände mit einfachen Drehringlafetten (z. B. D 30), die eine manuelle Schwenkung des Maschinengewehrs erlaubten. Diese Konstruktionen boten gute Rundumsicht, aber keinen Schutz vor Kälte, Wind und Sauerstoffmangel – und wurden mit zunehmender Flughöhe unbrauchbar.

Die Einführung geschlossener Waffenstände war daher nicht nur ein technischer Fortschritt, sondern betriebliche Notwendigkeit, vor allem mit Blick auf Fern- und Schnellbomber. Ab Mitte der 1930er-Jahre entwickelten Luftfahrtfirmen in Zusammenarbeit mit der Waffenprüfstelle drei grundlegende geschlossene Lafettentypen:

1. Helmlafette: Eine halbkugelförmige, meist verglaste Schutzkuppel mit guter Sicht und Windschutz, aber aufwendig in Fertigung und Einbau.
2. Schlitzlafette: Einfacher Aufbau mit MG, das durch einen schmalen Schlitz geführt wurde; geringere Sicht und Beweglichkeit.
3. Linsenlafette: In einer kleine und großen Version seitlich angebrachte, gewölbte Haube (aus Glas oder Plexiglas) mit schwenkbarer Waffe; ein Kompromiss zwischen Schutz, Aufwand und Kampftauglichkeit, der in Serie ging.

BArch RL 3-6502 D. (Luft) T. 2052

Drehkranzlafette DL 15 A mit Windschirm im A-Stand einer Ju 52/3m, von oben (links) und von unten (rechts) in Flugrichtung gesehen.

Allen drei Typen war gemeinsam, dass die Waffenbedienung weiterhin rein manuell erfolgte. Die Schützen mussten die MGs – zunächst das MG 15 mit Trommelmagazin – per Hand führen, zielen und feuern. Auch spätere Anpassungen der Lafettentypen, etwa die Integration leistungsstärkerer Bordwaffen wie des MG 81, MG 81 Z oder MG 131 änderten nichts am grundsätzlichen Bedienkonzept: Der Schütze blieb aktiv in den Feuerkampf eingebunden – eine Belastung, die bei schnellen Luftkämpfen oder in engen Waffenständen enorme Anforderungen an Reaktionsvermögen und Körperkraft stellte.

Trotz der Bemühungen, den Waffeneinsatz zu modernisieren und den Luftkampfbedingungen anzupassen, blieb die Entwicklung deutscher Abwehrstände in den Anfangsjahren inkonsequent. Erst mit zunehmender Luftüberlegenheit der Alliierten und den Erfahrungen aus dem Fronteinsatz wuchs der Druck, automatisierte oder zumindest halbautomatisierte Waffenstände mit optimierter Ergonomie und verbesserter Zielausrüstung zu entwickeln – eine Entwicklung, die allerdings erst spät und vielfach zu spät in Serie einsetzte.

Drehkranzlafette DL 15

Die Drehkranzlafette 15 (abgekürzt D 15 oder DL 15) war eine drehbare Ringlafette, die typischerweise im A-Stand von Mehrzweckflugzeugen und Bombern installiert war, etwa in Maschinen wie der Focke-Wulf Fw 200 »Condor«, oder der Ju 52/3m.

Der Drehring der DL 15 war kugelgelagert und ermöglichte einen horizontalen Schwenkbereich von 360 Grad. In den fest mit dem Drehring verbundenen Pivotring wurde das MG eingesetzt und über einen Lagerzapfen fixiert. Dadurch war eine vertikale Ausrichtung der Waffe gewährleistet. Die Konstruktion war einfach, aber auch robust und zuverlässig.

Eine charakteristische Ausführung der D 15 war die sogenannte »Condorhaube« im Rüstsatz Condorhaube DL 15A. Dabei handelte es sich um eine geschlossene Plexiglas-Kanzel, die auf dem Führerraumdach des Flugzeuges eingebaut wurde. Bei Nichteinsatz wurde die Öffnung mit einer abwerfbaren Abdeckplatte verschlossen. Die Kombination aus Drehringlafette 15 und Condorhaube war ein typisches frühes Merkmal deutscher mittlerer und schwerer Flugzeuge zur Selbstverteidigung. Die Bezeichnung »Condorhaube« geht auf die Fw 200 »Condor« zurück, in der diese Art von Verglasung prominent zum Einsatz kam. Sie bot dem Schützen Schutz vor Fahrtwind, Wetter und gegnerischem Feuer, während er gleichzeitig einen guten Rundumblick behielt. Im Gegensatz zu offenen Schießständen früherer Bauart stellte die Condorhaube eine erhebliche Verbesserung von Komfort und Gefechtseffektivität dar.

Drehringlafette D 30

Die Drehringlafetten D 30 (abgekürzt D 30 oder DL 30), war eine mechanisch einfache, aber wirkungsvoll konstruierte Vorrichtung zur flexiblen Aufnahme eines Maschinengewehrs. Sie wurde weitestgehend in B-Ständen verwendet. Der Drehring war um 360 Grad schwenkbar und verfügte über einen einstellbaren Windabweiser sowie eine sogenannte Beschleunigungsfeder, die das schnelle Nachführen der Waffe erleichterte. Das montierte MG – in der Frühphase meist ein MG 15 mit 75-Schuss-Trommelmagazin – war in einem schwenkbaren Bügel (dem sogenannten Schwenkhebel) aufgehängt, der dem Schützen eine gewisse vertikale Bewegungsfreiheit ermöglichte.

Der Bediener des Waffenstandes befand sich in einer je nach Schussrichtung unterschiedlichen Position: Für den Horizontal- und Hochschuss saß der Bordschütze unterhalb des Drehrings, während er für den Tiefschuss aufrecht in den Stand steigen musste. Die vertikale Schwenkbarkeit des Waffenbügels betrug etwa 100 Grad, was – kombiniert mit der vollen horizontalen Drehbarkeit des Drehrings – ein relativ großes Abdeckungsfeld ermöglichte. Die Bedienung selbst war rein mechanisch und erforderte eine gute Koordination. Der Schütze führte das MG 15 mit der rechten Hand und konnte das Ziel innerhalb des durch den Bügel vorgegebenen Bewegungsbereichs nachverfolgen. Um weiter gefasste Zielbewegungen zu kompensieren, musste er mit der linken Hand einen Hebel betätigen, mit dem sich der Bügel samt MG nach oben oder unten schwenken ließ – ein Vorgang, der eine gewisse Kraft und Aufmerksamkeit erforderte, insbesondere unter Gefechtsbedingungen oder bei unruhigem Flugverhalten.

Der Drehring selbst wog etwa 24 kg und war aus Leichtmetall gefertigt. Seine maximale Breite betrug rund 85 cm, die Gesamthöhe etwa 1,28 m. Damit war der D 30 nicht nur relativ kompakt, sondern konnte auch an anderen Positionen im Flugzeug eingebaut werden – etwa im vorderen Rumpfbereich (als sogenannter A-Stand) bei frühen Varianten der Do 17 oder He 111. Trotz seiner mechanischen Einfachheit bot der Drehringstand der frühen Luftwaffe eine solide Plattform für die Defensivbewaffnung. Allerdings zeigte sich bald, dass die begrenzte Reichweite des MG 15 sowie die manuelle Zielverfolgung bei schnellen Luftkämpfen und gegen koordinierte Jägerangriffe an Wirksamkeit verloren. Im späteren Kriegsverlauf wurde der B-Stand deshalb zunehmend durch verbesserte, teils gepanzerte oder verglaste Waffenstände mit leistungsfähigeren Maschinenwaffen (z. B. MG 81 Z oder MG 131) ersetzt – teilweise auch als ferngesteuerte Türme mit periskopischer Visierung. Doch in der Frühphase blieb die DL 30 ein zentrales Element der Bordverteidigung – robust, wartungsarm und universell einsetzbar.

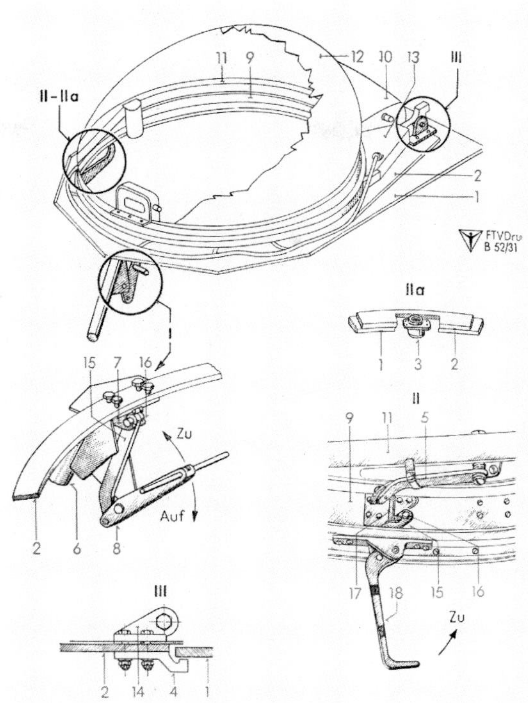

BArch RL 3-6502 D. (Luft) T. 2052

Einbau des Rüstsatzes »Condorhaube« DL 15 A.

1 Grundplatte
2 Zwischenring
3 Haltebolzen
4 Lagerklaue
5 Zurrung
6 Vordere Strebe
7 Haken am Zwischenring
8 Verschlusshebel der Notauslösung
9 Fundamentring
10 Windausgleich
11 Drehkranz-Lafette
12 Haube
13 Lagerarm
14 Lagerung am Zwischenring
15 Riegelhebel
16 Riegel
17 Haken am Fundamentring
18 Verschlusshebel der Verriegelung

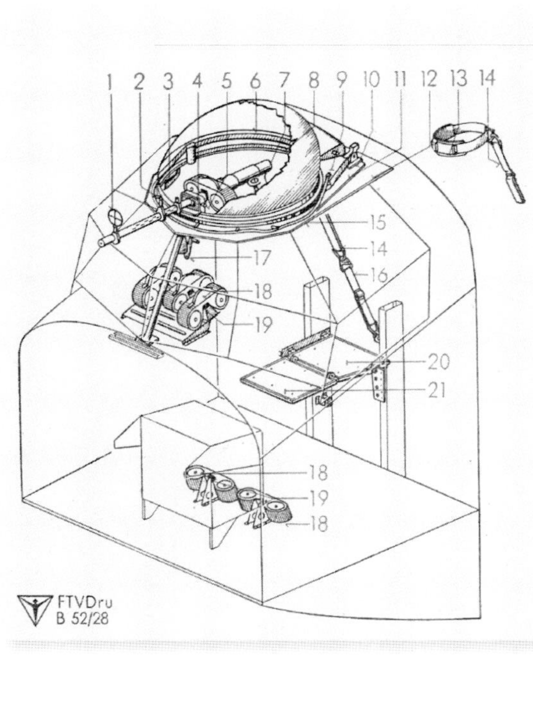

BArch RL 3-6502 D. (Luft) T. 2052

Rüstsatz »Condorhaube« DL 15 A mit MG 15.

1 Visierung V 65
2 Visierlager VL 266
3 Verriegelung
4 MG-Lagerung
5 Hülsensack 15 n.A.
6 Drehkranzlafette DL 15 A
7 MG 15
8 Fundamentring
9 Lagerarm
10 Lagerung
11 Zwischenring
12 Grundplatte
13 Bauchgurt
14 Zurrgurt
15 Schussabweiser
16 Stehgurt
17 Notauslösung
18 Doppeltrommel DT 15
19 Trommelträger Tt 39
20 Not-Sitz
21 Klappe

Schematische Darstellung des in die Rumpfoberseite einer Ju 52/3m integrierten Drehkranzes D 30 mit Windschirm.
1 Drehkranz
2 Sitzbügel
3 Einbauring
4 Windausgleich
5 Windschirm

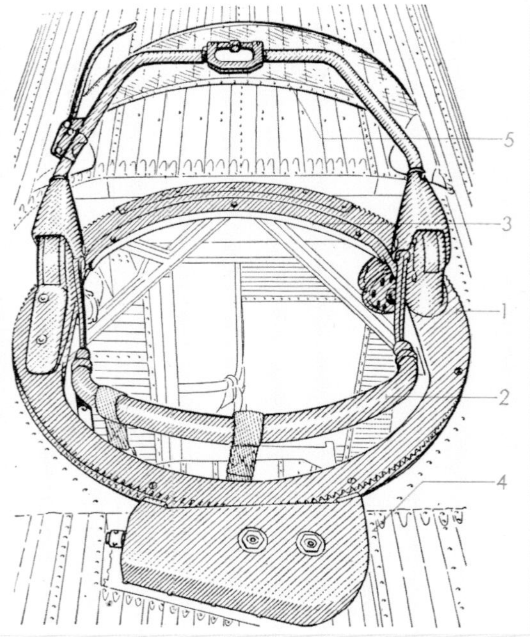

BArch RL 3-6502 D. (Luft) T. 2052

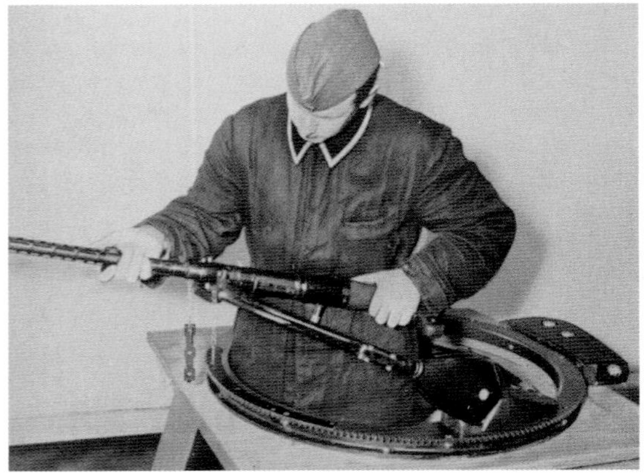

L. Dv. 110/1

Einbau des MG 15 in die Drehringlafette D 30.

Drehringlafette D 30 mit MG 15 als B-Stand einer Fw 58.

DTMB VI.1.040 1398 Fotograf: Hans Schaller

DTMB VI.1.040 1020 Fotograf: Hans Schaller

DTMB VI.1.040 1019 Fotograf: Hans Schaller

Die Drehringlafette D 30 verfügte über einen vergleichsweise weiten Bewegungsbereich zur Zielverfolgung. Mit der rechten Hand führte der Bordschütze das Maschinengewehr und konnte Ziele innerhalb des durch den Führungsbügel definierten Schwenkbereichs anvisieren. Um weiter reichende Zielbewegungen auszuführen, betätigte er mit der linken Hand einen Hebel, der das Anheben oder Absenken des gesamten Bügels samt Waffe ermöglichte. Für den Horizontal- und Hochschuss saß der Bordschütze unterhalb des Drehrings, während er für den Tiefschuss aufrecht in den Stand steigen musste.

B-Kuppel 15

Zwischen Ende 1937 und dem Sommer 1939 fanden bei der E-Stelle in Tarnewitz umfangreiche Versuchsreihen mit neuartigen Bordwaffenständen statt, um die Effizienz der Defensivbewaffnung von Kampfflugzeugen unter den Bedingungen zunehmender Fluggeschwindigkeiten zu verbessern. Im Fokus stand nach wie vor die Standard-Bordwaffe MG 15.

Eine der bemerkenswertesten Neuentwicklungen war die sogenannte »B-Kuppel 15« – ein halbkugelförmiger, teilverglaster Waffenstand mit drehbarer Lafette, der erstmals mit einem elektrischen Hilfsantrieb zur horizontalen Schwenkung ausgestattet war. Diese Innovation stellte einen erheblichen Schritt in Richtung Automatisierung und mechanischer Unterstützung dar, da der Bordschütze nun nicht mehr ausschließlich auf Muskelkraft angewiesen war, um die Waffe dem Ziel nachzuführen.

Die B-Kuppel 15 war konzipiert worden, um den klassischen B-Stand, also die obere Rumpfwaffenposition bei mehrmotorigen Kampfflugzeugen, zu ersetzen oder zu ergänzen. Eine Musteranlage wurde im September 1938 in eine Heinkel He 111 der Erprobungsstelle Rechlin eingebaut, um ihre Praxistauglichkeit unter realistischen Flugbedingungen zu testen. Die Versuche, die noch im selben Herbst abgeschlossen wurden, bestätigten eine gewisse ergonomische Entlastung des Bordschützen. Durch den elektrischen Antrieb konnte das MG 15 spürbar schneller und präziser horizontal nachgeführt werden, was insbesondere bei langen Gefechtsphasen oder schnellen Zielwechseln von Vorteil war.

Trotz dieser technischen Verbesserung blieben die tatsächlichen Zugewinne in der Kampfeffektivität wegen der geringen Waffenleistung des MG 15 begrenzt. Auch die vertikale Beweglichkeit der Kuppel blieb mechanisch limitiert, wodurch bestimmte Anflugwinkel nicht ausreichend abgedeckt werden konnten. Ein weiteres Hemmnis für eine breite Einführung war der hohe technische Aufwand bei Konstruktion und Einbau. Die B-Kuppel erforderte nicht nur komplexe Fertigungsprozesse, sondern erhöhte auch das Gewicht und die elektrische Belastung des Flugzeugs. In einer Zeit, in der Leichtbau und Produktionsvereinfachung oberste Priorität hatten, wurde die Serienfertigung der B-Kuppel 15 deshalb nicht weiterverfolgt. Dennoch markierte das Projekt einen wichtigen Zwischenschritt in der Entwicklung moderner Bordwaffenstände. Die Idee, Bordschützen durch mechanische oder elektrische Unterstützung zu entlasten und ihre Reaktionsfähigkeit zu verbessern, blieb ein wiederkehrendes Motiv in der späteren Entwicklung von Kugelstände, ferngesteuerten Türmen und periskopisch ausgerichteten Abwehrsystemen – vor allem bei schweren Bombern wie der He 177 oder der Ju 290. Insofern lässt sich die B-Kuppel 15 als frühes technisches Bindeglied zwischen den mechanisch dominierten Waffenständen der 1930er-Jahre und den zunehmend automatisierten Lösungen der Spätzeit des Krieges verstehen.

Schlittenlafette 15/2 und 15/1 mit MG 15

Die Schlittenlafette 15/2 der Firma Argus wurde als verbesserte B-Standlafette für die Do 17 E und F nach Vorschlag der Front entwickelt. Sie stellte eine erhebliche Verbesserung gegenüber den bisherigen Ausführungen des B-Standes mit festem Pivot dar. Die Waffe war oben auf einem Schlitten in einem Pivot mit ± 30° feiner Seite und 65° feiner Höhe gelagert. Der Schlitten lief auf einem halbkreisförmigen Bügel, der wiederum um eine horizontale Drehachse geschwenkt werden konnte. Die Drehzapfen wurden in zwei Lagerböcken gelagert, die im Flugzeugrumpf befestigt wurden. Die Bedienung des Schlittens erfolgte mit der linken Hand an einem Griff. Durch Drehung des Griffes wurde die Rastung des Schlittens, die durch Eingriff eines Raststiftes in Bohrungen des Bügels erfolgte, ausgelöst. Der Bügel wurde durch einen Hebel geschwenkt, der auf der linken Seite, vom Schützen aus gesehen, als tangentiale Verlängerung des Bügels angebracht war. Die Rastung erfolgte hier mit je einem Raststift links und rechts in Rastlöchern, die auf Kreissegmenten in den Lagerböcken angeordnet waren. Beide Raststifte wurden über Bowdenzüge von einem Rasthebel am Bedienungshebel des Bügels betätigt. Der Schwenkwinkel des Bügels betrug 0° - 60° mit Raststellungen von 10° zu 10°.

Die Schlittenlafette 15/1, eine Variante der Schlittenlafette 15/2, wurde mit einem Ve-Visier von Askania ausgerüstet und von der E-Stelle Tarnewitz erprobt. Die Waffe war kardanisch auf einen Schlitten gelagert und mittels eines Schnellverschlusses, der durch Drehen eines Ringes betätigt wurde, befestigt. Der Schlitten war auf Kugellagern auf einem kreisförmigen Bügel verschiebbar angeordnet. Die Lagerung ermöglicht der Waffe eine feine Seite von ±15° und eine feine Höhe von 80°. Die Bewegung des Schlittens erfolgte mittels eines Drehgriffes, der über einen Raststift auch die Feststellung des Schlittens auf dem Bügel ermöglicht. Der Bügel hatte zu diesem Zweck 35 Rastlöcher, in die der Raststift eingreifen konnte. Das mechanisch gesteuerte Ve-Visier war links neben der Waffenlagerung auf dem Schlitten befestigt. Die Steuerung des Visiers nach der feinen Seite und Höhe

BArch RL 36-263

Das Mustergerät der Schlittenlafette 15/2 der Firma Argus.

BArch RL 36-263

Das Mustergerät der Schlittenlafette 15/2 wurde im März und April 1939 von der E-Stelle Tarnewitz einer Erprobung im Standbeschuss unterzogen. Es wurden mit einem MG 15 insgesamt 1.848 Schüsse abgegeben. Die Lafette wurde als voll verwendungsfähig eingestuft. Horizontales Schießen nach links.

Schlittenlafette 15/2 der Firma Argus. Erprobung des Mustergeräts im Standbeschuss mit MG 15. Höchste Erhöhung bei höchster Stellung des Pivotrings.

BArch RL 36-263

BArch RL 36-263

Schlittenlafette 15/1 der Firma Argus mit Ve-Visier von Askania bei der Erprobung der E'Stelle Tarnewitz. Horizontales Schießen nach rechts.

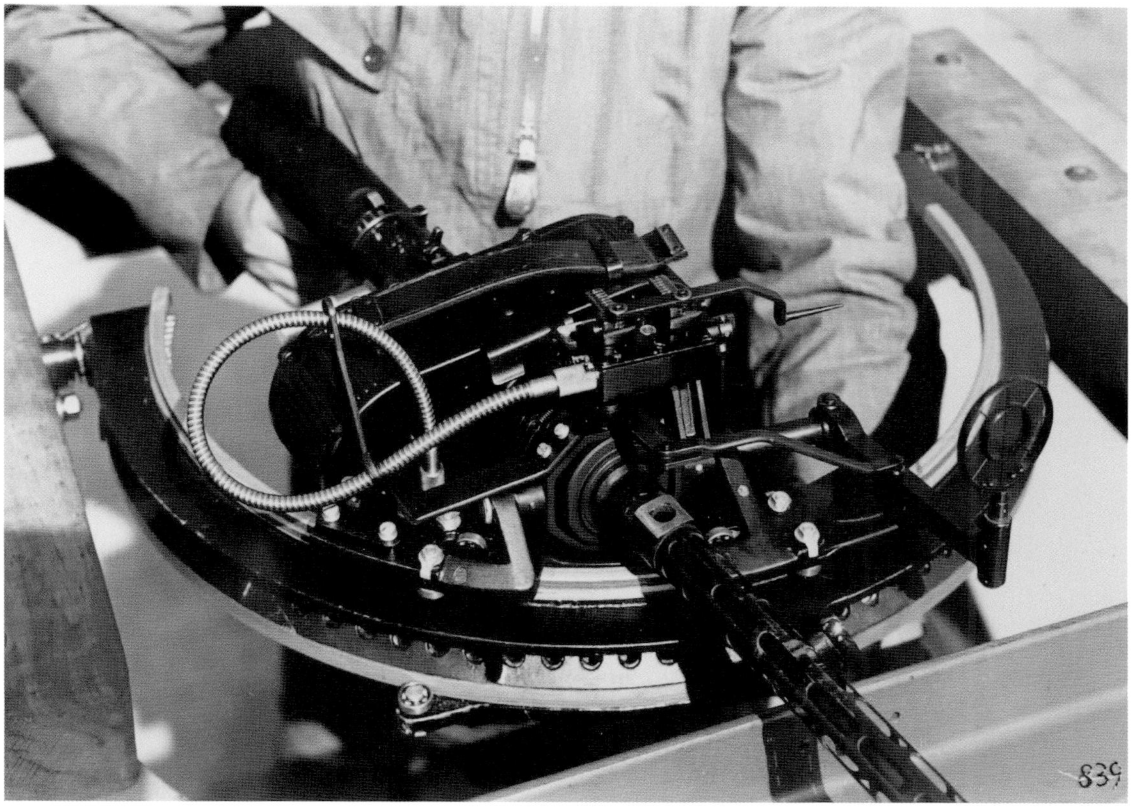

BArch RL 36-263

Gesamtansicht der Schlittenlafette 15/1. Die Lafette steht mit voller feiner Seite nach links.

erfolgte durch je ein Parallelogrammgestänge; während die Steuerung nach der groben Seite durch ein Ritzel, das in einen Zahnkranz des Bügels eingriff, erfolgte. Das Ritzel war durch eine biegsame Welle mit dem Getriebekasten verbunden, von dem aus dann das Korn verstellt wird. Der Bügel war seitlich mit zwei fluchtenden Drehzapfen in Lagerböcken gelagert; dadurch war der Bügel schwenkbar.

Die Lafette sah für den Bügel zwei Stellungen vor, eine horizontale Gefechtsstellung und eine um 33° nach unten geschwenkte zum Verschwindenlassen der Lafette im Reiseflug. Diese beiden Stellungen wurden durch einen Rastbügel begrenzt. In Gefechtsstellung wurde der Rastbügel um 90° nach oben geschwenkt. Ein Rastbolzen, der im Bügel gelagert war und mittels eines Hebels betätigt wurde, rastete in entsprechende Löcher des Rastbügels ein und hielt so den Lafettenbügel in seinen Endstellungen fest.

Eine Einführung oder Weiterentwicklung war trotz zufriedenstellender Versuchsergebnisse nicht vorgesehen.

Helmlafette mit MG 15

Ein besonders ambitioniertes Projekt in der Phase intensiver Rüstungsexperimente der späten 1930er-Jahre war die sogenannte Helmlafette – ein kugelförmiger, vollständig verglaster Schützenstand, der als geschlossene Kampfstation konzipiert war.

Diese Lafette erhielt ihren Namen aufgrund der äußerlichen Ähnlichkeit mit einem Schutzhelm. Ihre Konstruktion bestand aus einer rundum gewölbten Glashaube, die dem Bordschützen – zumindest theoretisch – einen nahezu uneingeschränkten Überblick über das umgebende Luftraumgeschehen bieten sollte. Er sollte vor dem Fahrtwind abgeschirmt sein und sich zugleich in einer vor feindlichem Beschuss geschützten Position befinden. Erste funktionslose Attrappen wurden ab 1937 im Maßstab 1:1, zumeist aus Holz, zur Erprobung von Einbauoptionen und Sichtverhältnissen gefertigt. Die nächste Entwicklungsstufe sah die Integration einer voll funktionalen Version in ein Erprobungsflugzeug vor. Als Ver-

Helmlafette mit MG 15 in Ruhestellung. Versuchseinbau in einer Heinkel He 270.

BArch RL 36-277-72

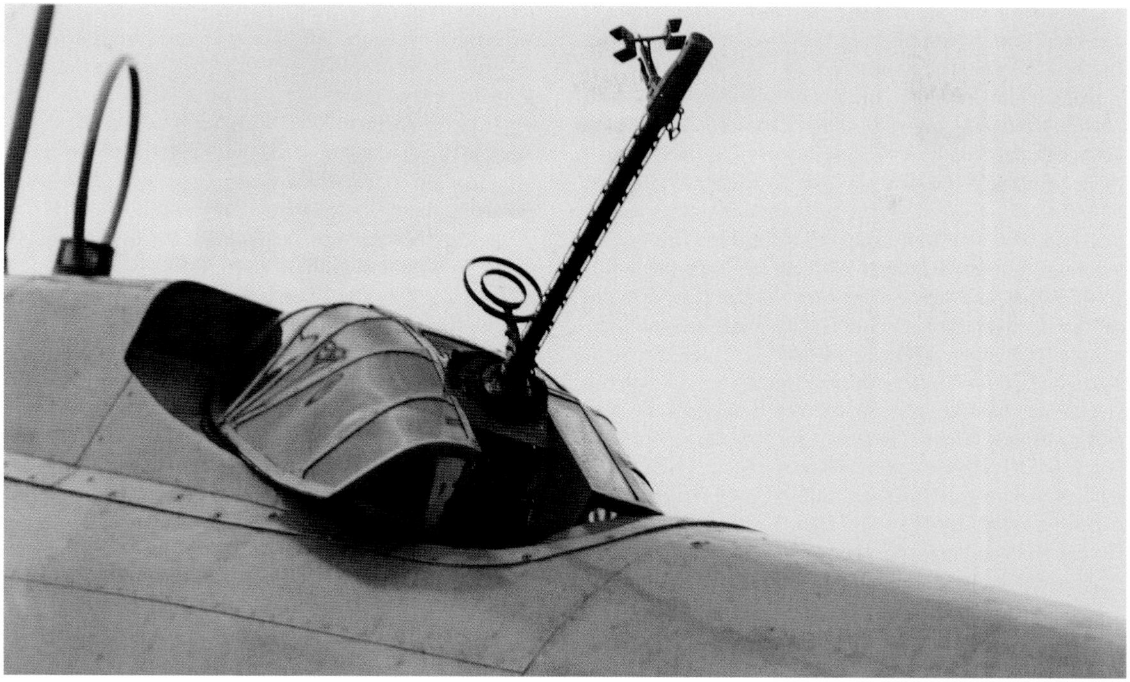

BArch RL 36-277-73

Helmlafette mit MG 15 in Gefechtsstellung.

BArch RL 36-277-75

suchsträger diente die Heinkel He 270 V1, die Mitte Juli 1938 auf dem Schießplatz Tarnewitz ersten Boden- und Luftbeschusstests unterzogen wurde.

Doch schon die frühen Erprobungsergebnisse fielen ernüchternd aus. Die kugelige Glaskonstruktion erwies sich als nicht nur konstruktiv anspruchsvoll, sondern auch in der Praxis problematisch: Die Waffenbeweglichkeit innerhalb der Kuppel war stark eingeschränkt, was das Erfassen schneller Ziele erheblich erschwerte. Besonders bei Angriffen aus schrägen Winkeln ließ sich die Bordwaffe kaum zielführend ausrichten. Hinzu kam, dass die gebogenen Sichtflächen zu optischen Verzerrungen führten und bei ungünstigem Licht oder Beschlag die Sicht zusätzlich einschränkten. Darüber hinaus stellte sich die Herstellung der kugelförmigen Verglasung als kosten- und ressourcenintensiv heraus. Die Fertigung erforderte komplexe Verfahren und hochwertige Materialien, während Reparaturen im Einsatzfall nur mit erheblichem Aufwand möglich gewesen wären. Auch die Integration in verschiedene Flugzeugzellen gestaltete sich wegen des großen Platzbedarfs schwierig.

Bereits im August desselben Jahres kam man daher zu dem Schluss, dass sich die Helmlafette nicht als Standardwaffenstand eignete. Ihre strukturelle Komplexität, ihre mangelhafte Zielnachführung und die problematische Wartbarkeit ließen sie im Vergleich zu konventionelleren Lösungen wie der Schlitzlafette oder der Linsenlafette als nicht wettbewerbsfähig erscheinen. Diese Systeme boten eine deutlich bessere Kombination aus Fertigungsaufwand, Richtbereich und praktischer Einsatzfähigkeit.

Die Helmlafette verschwand daraufhin rasch aus den Entwurfsplänen der Luftwaffe und wurde nicht weiterverfolgt. Rückblickend bleibt sie ein Beispiel für die Herausforderungen früher Hightech-Konzepte im Luftkriegswesen – ambitioniert in ihrer Idee, aber letztlich überfordert von den Anforderungen des realen Einsatzes.

Schlitzlafette mit MG 15

Noch vor der Etablierung moderner, flexibler Waffendrehstände kam in den späten 1930er-Jahren ein einfacher, aber bald als unzureichend erkannter Waffenstand zum Einsatz: die sogenannte Schlitzlafette. Dieses System stellte einen Versuch dar, die defensive Feuerkraft zweisitziger Kampfflugzeuge mit minimalem konstruktivem Aufwand zu verbessern – ein Kompromiss zwischen technischer Einfachheit und militärischem Anspruch.

Konstruktiv war die Schlitzlafette vergleichsweise simpel aufgebaut. Die Bordwaffe, meist ein leichtes MG 15, war innerhalb eines schmalen vertikalen Schlitzes montiert, durch den sie auf und ab geschwenkt werden konnte. Die Seitenbewegung hingegen war stark begrenzt. Diese Form des Waffenstandes ließ sich schnell in die Zelle eines Flugzeugs integrieren und stellte keine großen Anforderungen an Platz oder Struktur. Aus diesem Grund fand sie Verwendung in den Prototypen der Junkers Ju 87 (V1–V7) und den ersten Serienversionen des bekannten Sturzkampfbombers (Ju 87 A-1 und A-2).

Zunächst galten die eingeschränkten Richtmöglichkeiten als akzeptabel. Die Planer im RLM gingen davon aus, dass die Hauptbedrohung für Sturzkampfbomber aus dem hinteren Luftraum kam – eine Vorstellung, die sich bald als überholt erweisen sollte. Als deutsche Flugzeuge im Spanischen Bürgerkrieg erstmals intensiveren Luftkämpfen ausgesetzt waren, zeigte sich, dass gegnerische Jagdflugzeuge Angriffe aus allen Winkeln ausführten – nicht nur von hinten, sondern auch von unten, oben oder seitlich. In der Folge wurde sie schnell von leistungsfähigeren Lösungen verdrängt, wie etwa der Linsenlafette, die ein breiteres Schussfeld abdeckte, oder später der Walzenlafette, die zudem mechanisch stabiler und besser geschützt war. Heute gilt die Schlitzlafette als frühes Entwicklungsstadium in der Geschichte der Luftwaffenbewaffnung – technisch pragmatisch, aber bald überholt. Sie dokumentiert ein wichtiges Lernmoment auf dem Weg zu effektiveren Waffensystemen in der Luftkriegsführung.

Schwenk- oder Schwenkarmlafette (SAL) mit MG 15

Mit der fortschreitenden Spezialisierung der Waffeneinbauten entwickelte sich gegen Ende der 1930er-Jahre die sogenannte Schwenkarmlafette (SAL) zu einer praktikablen Lösung für beweglich montierte, leichte Bordwaffen. Speziell für den Einsatz in mittleren Aufklärungs- und Kampfflugzeugen konzipiert, zeichnete sich diese Lafettenbauart durch ihre hohe Beweglichkeit bei gleichzeitig geringem Platzbedarf aus – eine ideale Antwort auf die beengten Verhältnisse in den Flugzeugrümpfen jener Zeit.

Kernstück der Konstruktion war ein gebogener Trägerarm, der einer Kurbelwelle ähnelte. Am schwenkbaren Endpunkt dieses Arms befand sich der sogenannte Pivotkopf, in dem der Waffenaufnahmepunkt – der Pivotzapfen – drehbar gelagert war. Dieser ermöglichte nicht nur die sehr flexible horizontale und vertikale Ausrichtung der Waffe, sondern erlaubte auch die Montage unterschiedlicher MG-Typen, wie das MG 15 und – in späteren Modellen – das MG 81 Z.

Der Tragarm war in ein statisches Trägersystem eingebunden, dessen vorderes Lager frei auskragend zur Über-

L. Dv. 110/1

Schwenkarmlafette (SAL) mit gezurrtem MG 15.

BArch RL 36-277-124

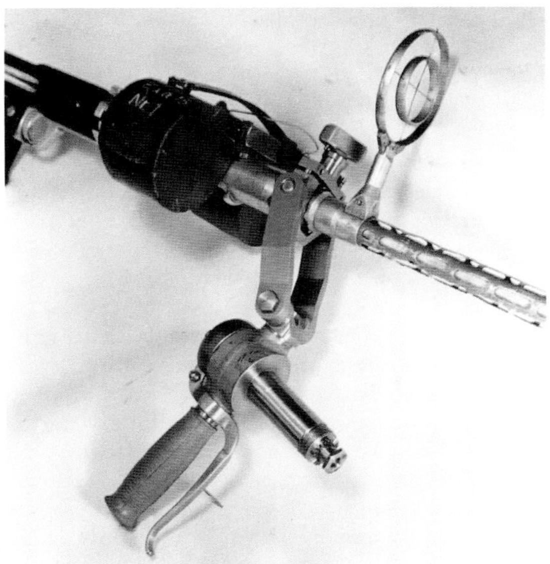

BArch RL 36-277-124

Schwenkarmlafette (SAL) mit MG 15: Deutlich erkennbar sind der Pivotkopf mit Handgriff und Bedienhebel sowie verschiedene Ausführungen der Pivotgabel. Die Waffe auf der linken Abbildung ist mit einer MBK 1000 B ausgestattet – einer Filmkamera, die zur Zielübungsdokumentation in Verbindung mit visuell-elektronisch gesteuerten Visieren (Ve-Visieren) eingesetzt wurde.

tragung der Krafteinwirkungen auf den Rumpf fungierte. Das hintere Lager war als drehbarer Flansch in einem festen Rohrträger integriert und fing die durch Rückstoß und Bewegung erzeugten Kräfte auf. Eine verzahnte Scheibe nahe der vorderen Lagerstelle ermöglichte ein präzises Arretieren des gesamten Systems. Ein Exzenter mit Spannfeder sorgte für Gewichtsausgleich – eine wichtige Unterstützung für den Schützen, insbesondere bei längerer Gefechtsbereitschaft.

Die Lafette ließ sich entlang einer Achse bewegen, die parallel zur Flugzeuglängsachse lag. Durch das Schwenken des Tragarms konnte die montierte Waffe großräumig zwischen beiden Rumpfseiten verschoben werden – bis zu einem Gesamtwinkel von 180 Grad. Die Bedienung erfolgte über zwei Handgriffe: Mit der linken Hand wurde über einen Hebel am Pivotkopf die Arretierung gelöst, während die rechte Hand die Waffe führte. Die Vorrichtung rastete nach Loslassen automatisch wieder sicher ein, was schnelle Zielwechsel ohne komplexe Mechanismen ermöglichte.

Ein großer Vorteil dieser Konstruktion war der geringe Kraftaufwand beim Bewegen der Waffe sowie das sehr niedrige Eigengewicht der Lafette – etwa 9 kg. In Verbindung mit der flexiblen Einbaumöglichkeit erwies sich die SAL besonders in Maschinen wie der Henschel Hs 126, aber auch in Prototypen von Arado und Focke-Wulf als praxistauglich. Die Verwendbarkeit in engen Kabinen machte sie attraktiv für Beobachterstände, Bodenwannen oder seitliche Fensteröffnungen. Im Einsatz ermöglichte die Schwenkarmlafette beeindruckende Zielbereiche: Querab waren bis zu 90 Grad möglich, vertikal nach oben und unten bis etwa 70 Grad – abhängig von der verwendeten Waffe und deren Montagehöhe. Gerade in tiefer hängenden Positionen entlang der Rumpfseiten konnte der Schütze effizient auf aus tiefem Winkel heranfliegende Feinde reagieren. Ab etwa 1938 wurde die SAL systematisch erprobt. Erste Versionen wurden in verschiedenen Flugzeugtypen installiert, insbesondere in der Arado Ar 96 und später serienmäßig in der Arado Ar 196 – dem wichtigsten Bordaufklärer der Kriegsmarine. Dort löste sie einfache Pivot-Montierungen ab und wurde bald mit stärkeren Waffen kombiniert. So ersetzte etwa das MG 81 Z das ursprüngliche, zu leistungsschwache MG 15.

Obwohl später durch motorisierte Drehtürme oder Walzenlafetten weitgehend abgelöst, markierte die Schwenkarmlafette einen bedeutenden Schritt in der Evolution der Bordverteidigung: Sie verband kompakte Bauweise mit hoher Feuerflexibilität und bot in einem beweglichen System das Maximum an Schussfeld, das in engen Rümpfen realisierbar war.

Kleine Linsenlafette (LL-K) mit MG 15

Im Zuge der zunehmenden Anforderungen an defensive Bewaffnung in militärischen Flugzeugen entwickelte sich Ende der 1930er-Jahre in Deutschland eine bemerkenswert platzsparende Lösung: die sogenannte Linsenlafette. Ihr Name leitete sich von der flachen, linsenförmigen Kontur des drehbaren Grundträgers ab, der gleichzeitig als Lagerung für die Bordwaffe und als Teil der Sicht- und Schutzverkleidung diente. Die Lafette wurde unter verschiedenen Kürzeln geführt – darunter »L-LK« oder »LL-K« – und stellte eine Zwischenlösung dar, die vor allem bei beengten Rumpfstrukturen Vorteile bot.

Im Gegensatz zu den größeren, halbkugelartigen Kugellafetten war die Linsenlafette für den Einbau in engen Raumverhältnissen optimiert. Sie bestand aus einem flachen Drehsegment mit integrierter, splitterfester Klarsichtscheibe und konnte sowohl waagerecht als auch senkrecht oder schräg im Flugzeugrumpf eingebaut werden. Dadurch ließ sie sich flexibel als unterer Bodenstand, seitlicher Abwehrposten oder auch als nach hinten gerichteter Heckstand einsetzen – besonders bei kleineren oder mittleren Kampfflugzeugen, bei denen Platz und Gewicht stets begrenzende Faktoren darstellten.

Die Steuerung der Waffe übernahm ein Bordschütze, der je nach Positionierung der Lafette im Sitzen, Knien oder Liegen arbeitete. Die Lafette war so ausgelegt, dass sie mit minimalem Kraftaufwand in alle Richtungen bewegt werden konnte. Der Schütze bediente die Waffe direkt, führte sie mit der rechten Hand und bewegte die gesamte Lafetteneinheit mithilfe eines verstellbaren Griffs mit der linken Hand. Die Konstruktion ermöglichte ein Abdeckungsfeld von bis zu 130 Grad – genug, um anfliegende Gegner in einem breiten Winkelbereich zu erfassen.

Die Maße der Lafette fielen mit einem Durchmesser von knapp 60 cm und einer Bauhöhe von lediglich 24 cm sehr kompakt aus. Trotz dieser geringen Dimensionen war sie voll funktionsfähig und ausreichend stabil für den Einsatz von leichten bis mittleren Maschinengewehren. Ursprünglich kam meist das MG 15 zum Einsatz. Im Verlauf des Krieges wurde es jedoch zunehmend durch leistungsfähigere Waffen wie das MG 81 oder das schwerere MG 131 ersetzt, deren höhere Feuerraten und Geschosswirkung für den zunehmenden Luftkampf erforderlich wurden.

Die Entwicklung der Linsenlafette begann offiziell 1938. Erste Testmuster wurden an der Erprobungsstelle Tarnewitz sowohl am Boden als auch unter realen Flugbedingungen erprobt. Die Tests verliefen erfolgreich,

Kleine Linsenlafette (LL-K) im Detail. Ansicht von innen (links) und außen (rechts).

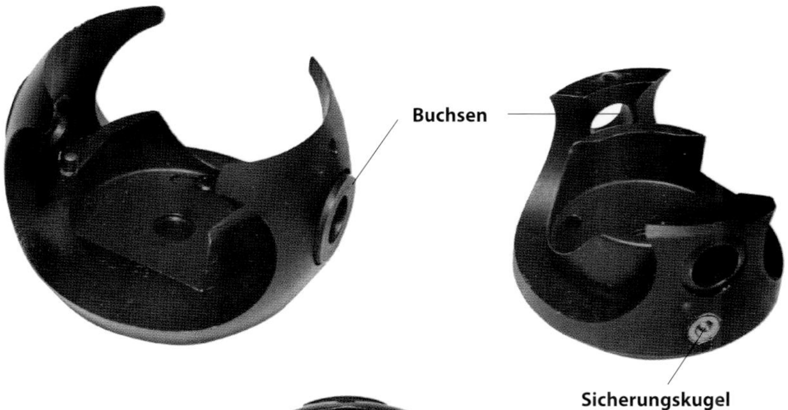

Zerlegte Lagerkugel.

Lagerkugel mit eingeschobener Waffe. Man beachte die Aufschriften.

BArch RL 36-277-160, 161, 171, 172, 178

L. Dv. 110/1

Kleine Linsenlafette LL-K 15 mit eingesetztem MG 15.

L. Dv. 110/1

Einsetzen des MG 15 in die Lagerkugel der LL-K 15.

sodass bereits im Sommer desselben Jahres erste Serienbeschreibungen und Truppenvorschriften ausgegeben wurden. Ziel war der flächendeckende Einbau der Lafette als B-Stand in nahezu allen mittleren Bombern und Sturzkampfflugzeugen.

Ab 1939 führte man die Linsenlafette sukzessive in den Serienversionen der Junkers Ju 88 C/F ein und übertrug sie später auf die Heinkel He 111 H-Reihen. Die Besatzungen lobten die deutlich gesteigerte Zielgenauigkeit bei Nacht- und Tagoperationen und die verbesserte Überlebensrate bei plötzlichen Abfangmanövern. Auch kam die Linsenlafette insbesondere in der frühen Ju-87-Serie (Typen B und R) umfangreich zum Einsatz. Mit dem Übergang zur Ju-87 D und später G-Maschinen, die verstärkt für Schlachtflüge und Panzerbekämpfung eingesetzt wurden – wurde die Linsenlafette schließlich durch die robustere Walzenlafette mit dem doppelläufigen MG 81 Z ersetzt. Diese bot eine erheblich gesteigerte Feuerkraft und wurde zum neuen Standard bei defensivem Rückenschutz.

Obwohl die Linsenlafette letztlich ein Übergangsmodell blieb, verdeutlicht ihre Entwicklung das Spannungsfeld zwischen technischer Innovation, begrenztem Bauraum und den wachsenden Anforderungen moderner Luftkriegsführung.

In den letzten Kriegsjahren nutzte man die gewonnenen Erfahrungen, um elektromechanische Türme zu entwickeln, in denen per Steuerknüppel gesteuerte, ferngelenkte Lafetten mit ballistischen Rechnern kombiniert wurden. Diese Entwicklungslinie bildete den Grundstein für moderne, vollautomatische Bordwaffensysteme, wie sie nach 1945 weltweit Schule machten.

Hülsensäcke des MG 15. Links der Hülsensack für 225 Patronenhülsen. Er wurde durch einen Verschluss am unteren Teil entleert; rechts der Hülsensack n. A. für 300 Patronenhülsen. Das Öffnen erfolgte durch einen Reißverschluss.

Kleine gepanzerte Linsenlafette (LL-K 81 oder LL-K 81 VE)

Im Zuge der kontinuierlichen Weiterentwicklung defensiver Flugzeugbewaffnung entstand Ende der 1930er-Jahre mit der sogenannten kleinen gepanzerten Linsenlafette eine Konstruktion, die eine Zwischenstufe zwischen den einfachen, offenen Waffenlagern früherer Jahre und den späteren vollautomatisierten Drehturmstellungen darstellte. Unter der Bezeichnung LL-K 81 oder auch LL-K VE bekannt, verband diese Lafettenanlage eine verbesserte Schutzwirkung für den Schützen mit gesteigerter Zielgenauigkeit und vielseitigen Einbaumöglichkeiten. Sie war nicht nur für das in vielen Flugzeugmustern eingesetzte MG 15 geeignet, sondern wurde darüber hinaus für das modernere MG 81 angepasst, wodurch sich eine spürbare Steigerung der Feuerkraft erzielen ließ. Die technische Basis bildete eine Drehkranzlafette mit einer bewusst exzentrisch ausgeführten Waffenlagerung. Durch diese asymmetrische Konstruktion wurde ein weiter Schwenkbereich ermöglicht, ohne die statische Belastung auf die Zelle signifikant zu erhöhen. Der gesamte Aufbau war so konzipiert, dass er in unterschiedlichsten Einbaulagen verwendet werden konnte, etwa als Seiten- oder Bodenlafette, aber auch für speziellere Positionen innerhalb der Kabine von Aufklärern oder leichten Bombern.

Ein wesentliches Augenmerk lag auf dem Schutz des Bordschützen, der sich in einer zunehmend gefährlicheren Gefechtsumgebung behaupten musste. Die LL-K 81 war daher mit einem vorgesetzten Panzerglas und zusätzlichen Stahlblechpanzerungen versehen, was die Wahrscheinlichkeit schwerer Verwundungen durch Splitter oder Heckfeuer erheblich reduzierte. Die Verbindung zwischen Waffe, Lafette und Visierträger war so gestaltet, dass ein nahezu freies Verkanten der gesamten Baugruppe möglich war, was wiederum die Zielverfolgung auch unter instabilen Fluglagen erleichterte. Eine wesentliche Neuerung stellte die Visiereinrichtung vom Typ VE 22 dar, die fest um die Waffenaufnahme installiert war und selbst bei einem Waffenwechsel nicht entfernt werden musste. Sie ermöglichte dem Schützen, den sogenannten Rückhaltewinkel – die durch die Eigengeschwindigkeit des Flugzeugs bedingte Zielverlagerung – während des Zielvorgangs automatisch mitzuführen. Die Ermittlung des Vorhalts, also die Einschätzung der Seiten- oder Höhenabweichung eines sich bewegenden Gegners, oblag weiterhin der Erfahrung und Intuition des Schützen, was die Bedeutung gut ausgebildeter Besatzungen unterstrich.

Mit einem Durchmesser von etwa 46 cm, einer Höhe von rund 45 cm und einem Gesamtgewicht von etwa 23 kg stellte die Lafette einen praktikablen Kompromiss zwischen Mobilität und Schutz dar. Ihre strukturelle Einbindung in die Flugzeugzelle erfolgte über lediglich drei Verschraubungspunkte, was den Austausch oder Umbau vereinfachte. Die LL-K 81 konnte sich in zahlreichen Einsatzmustern bewähren, fand allerdings im Zuge der zunehmenden Technisierung der Bordverteidigung rasch Konkurrenz. Mit der Einführung elektrisch oder hydraulisch gesteuerter Geschütztürme verloren manuell richtbare Lafetten ihrer Art an Relevanz. Dennoch blieb die kleine gepanzerte Linsenlafette bis weit in den Krieg hinein bei bestimmten Maschinen im Einsatz – insbesondere dort, wo aus konstruktiven oder logistischen Gründen keine aufwändigeren Alternativen zur Verfügung standen.

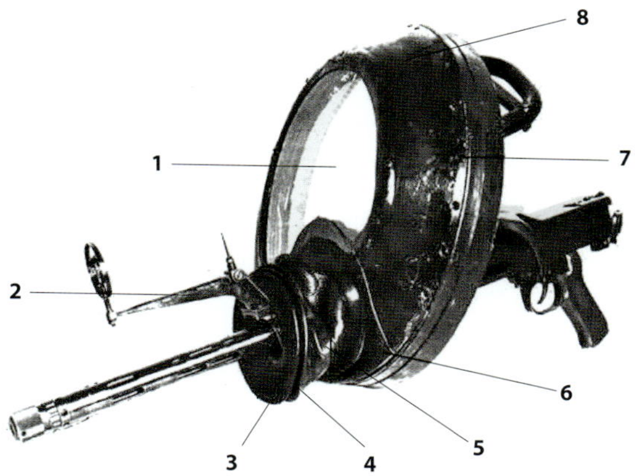

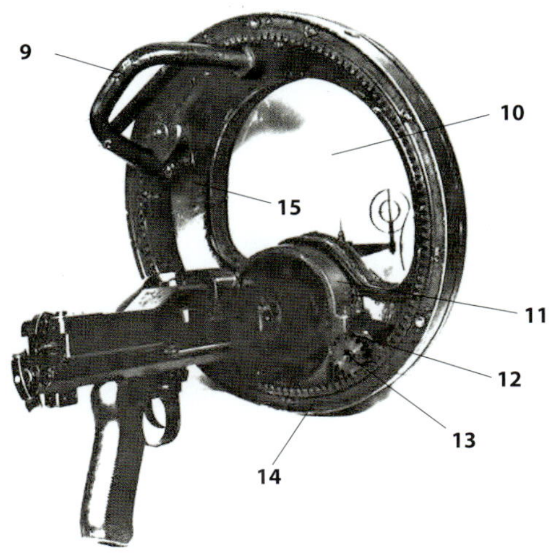

Kleine gepanzerte Linsenlafette mit MG 81.

1 **Panzerglas**
2 **Visierträger**
3 **Ringfeder**
4 **Ringhälfte**
5 **Lederbalg**
6 **Deckblech**
7 **Schrauben**
8 **Panzerung**
9 **Griff**
10 **Panzerglas**
11 **Deckel**
12 **Lagerstück**
13 **Zahnrad**
14 **Grundring**
15 **Halterung**

Zwei MG 81 in kleiner Linsenlafette als Abwehrbewaffnung einer Ju-88 A-4.

DTMB VI.1.006 06343 FFotograf unbekannt

Kleine gepanzerte Linsenlafette 81 einer Ju-88 D-1. Die Maschine wurde an Rumänien ausgeliefert und wurde 1943 auf Zypern von britischen Streitkräften erbeutet. Heute befindet sie sich in der Ausstellung des National Museum of the US Air Force.

AFM 191203-F-IO108-008

Gleitlafette GG-B 171 Ikaria

Die Gleitlafette GG-B 171 bestand aus einem halbreisförmigen horizontal liegenden Bügel, auf dem ein Schlitten gleitete. Auf dem Schlitten war ein um eine horizontale Achse schwenkbarer Bügel angebracht, der in einer Lagerkugel die Waffe aufnahm. Der Schlitten trug gewölbte Glasscheiben, deren Seitenteile beweglich waren, und damit bei grober Seitenverstellung der Gleitbahn folgen konnten. Zur Höhenverstellung bewegte sich die Waffe in einem breiten Schlitz, der oben teileweise durch eine Scheibe, unten durch Jalousieverschluss abgedeckt war. Die Rastung erfolgte durch stirnseitig verzahnte Scheiben, bei der Höhe direkt, bei der Seite über ein Zahnrad, das in die Verzahnung des Gleitbügels eingriff; das gleiche Zahnrad übertrug die Bewegung des Schlittens auf den Windausgleich. Die Seitenrastung war von der Höhenrastung abhängig und konnte nur mit dieser ein- und ausrasten. Das Gewicht der Waffe usw. wurde durch zwei nicht einstellbare Federn über Seilzüge ausgeglichen. Die Lafette wog ohne Haube mit Verglasung 21 kg, komplett mit Haube 26 kg. Die Höhe der Haube über Flugzeugrumpf war ca. 350 mm. Die Einbaubreite lag bei 700 mm. Das Schussfeld der geschlossenen Ausführung lag in der Seite bei +- 65°, in der Höhe bei 0 bis + 80°.

BArch RL 36-277-33

BArch RL 36-277-32

Die Gleitlafette GG-B 171 war mit Verglasung vorgesehen für B-Stände der Do 17 (Bezeichnung ZNO a) und als offene Version für Do 22 (Bezeichnung ZNO b).

BArch RL 36-277-33

Große Linsenlafette (LL-G) mit MG 15

Gegen Ende der 1930er-Jahre suchte die Luftwaffe nach neuen Lösungen, um den wachsenden Anforderungen an defensive Flugzeugbewaffnung gerecht zu werden. In diesem Zuge entwickelte man verschiedene Lafettenformen, darunter die sogenannte große Linsenlafette, abgekürzt je nach Quelle als »LLG«, »LL-G« oder »L-Lg«. Ihre Einführung spiegelte den Willen wider, mit der technologischen Entwicklung der Luftkriegsführung Schritt zu halten – doch ihre Lebensdauer sollte begrenzt bleiben.

Die LL-G zeichnete sich durch eine halbversenkte, linsenförmige Verglasung aus, die dem Bordschützen ein vergleichsweise weites Sichtfeld bot. Diese speziell geformte Lafette war darauf ausgelegt, die Bordwaffe innerhalb eines stabilen Rahmens in einem weiten Winkelbereich zu bewegen, ohne das aerodynamische Profil des Flugzeugs wesentlich zu stören. Sie wurde ab 1938 intensiv erprobt – sowohl am Boden als auch in der Luft – und galt schon nach kurzer Zeit als technisch zuverlässig und feldtauglich. Eingesetzt wurde die LL-G primär in mehrmotorigen Aufklärern und schweren Bombern, wo sie als flexible Lösung für defensiv exponierte Bereiche diente. Ein besonders markantes Beispiel war ihr Einbau im A-Stand der He 111 H oder im unteren C-Stand der Focke-Wulf Fw 200 C-1 und C-2, wo der Bordschütze liegend hinter der Waffe postiert war. Die Positionierung ermöglichte ihm, sowohl den Luftraum vor dem Flugzeug als auch Bereiche unterhalb zu überwachen – insbesondere zur Abwehr von Jägern im Tiefflug oder bei Annäherung aus toten Winkeln.

Ursprünglich wurde die Lafette mit dem weit verbreiteten MG 15 ausgerüstet. Trotz seiner hohen Feuerrate galt dieses Maschinengewehr jedoch bald als zu schwach, insbesondere gegen gepanzerte oder stark motorisierte Angreifer. Deshalb ersetzte man es nach und nach durch das 20-mm-MG FF oder später durch das leistungsstärkere MG 151/20. Diese Aufrüstung brachte jedoch erhebliche Herausforderungen mit sich: Die Rückstoßkräfte, das Gewicht und die Dimensionen der neuen Waffen überforderten die ursprüngliche Lafettenkonstruktion. Die LL-G war für diese Entwicklungen nicht ausgelegt und geriet zunehmend ins Hintertreffen.

Der technische Fortschritt und die wachsenden Anforderungen an defensive Flugzeugbewaffnung führten dazu, dass die LL-G relativ bald durch robustere Systeme wie die Walzenlafette 131 abgelöst wurde. Letztere war gezielt für stärkere Waffen wie das MG 131 konzipiert und bot gleichzeitig besseren Schutz für den Schützen.

Trotzdem hielt sich die LL-G in bestimmten Nischen weiter – vor allem in Sonderflugzeugen wie den »Führermaschinen« vom Typ Fw 200 C-4, bei denen weniger auf Kampfeinsatz als auf Kommunikation, Transport und Repräsentation geachtet wurde. Darüber hinaus blieb sie in einigen späten Ju-88-Varianten (etwa den Serien S, T und G) als Teil der hinteren Kabinenbewaffnung bis Kriegsende in Verwendung – zumeist als modernisierte Ausführung LL-G 131 VE.

Die große Linsenlafette steht heute exemplarisch für eine kurze Phase von Übergangslösungen in der Luftwaffenentwicklung. Ihre einst ambitionierte Konstruktion konnte mit der rasanten Eskalation der Anforderungen im Luftkrieg nicht Schritt halten.

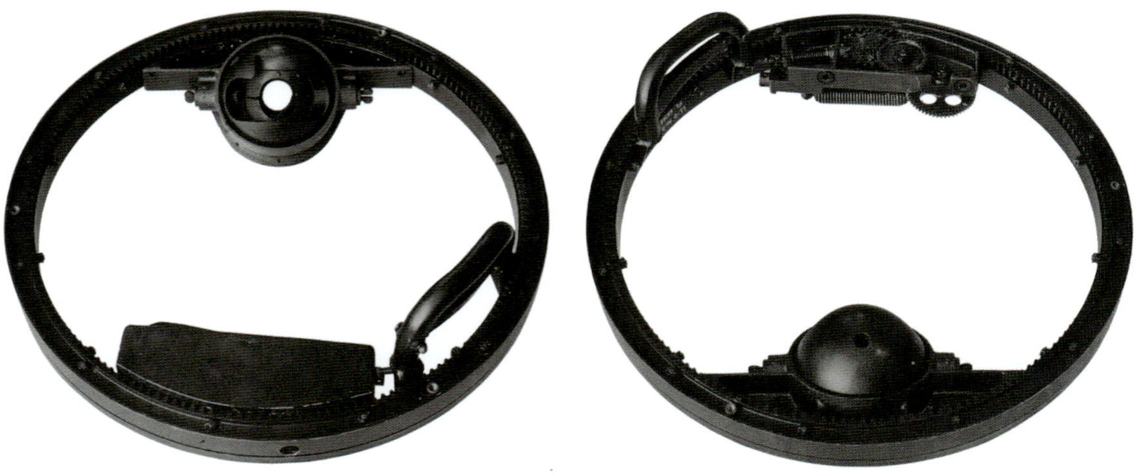

Große Linsenlafette (LLG), Innenansicht. Auf dem rechten Foto ist die Schutzkappe entfernt, sodass das Zahngetriebe der Lafette sichtbar wird.

BArch RL 36-277-6

BArch RL 7-3-714-0089

Große Linsenlafette mit MG 15 in einer Do 17 Z. Die seitlich eingebauten MG 15 sind in der hinteren MG-Halterung in Schussrichtung nach vorne gezurrt (Stellung der MGs bei Start und Landung).

BArch RL 7-3-714-0093

Blick vom Leitwerk aus auf die Kanzel. Die MGs sind nach oben gerichtet. Bei der Waffe links wurde probeweise ein Schussabweiser angebaut.

Kuppellafette

Die Entwicklung moderner, vollständig verglaster Buglafetten stellte für die Konstrukteure der späten 1930er- und frühen 1940er-Jahre eine der technisch anspruchsvollsten Herausforderungen im Flugzeugbau dar. Ziel war es, einen Waffenturm zu schaffen, der einerseits den gestiegenen Anforderungen der Luftkriegsführung gerecht wurde und gleichzeitig aerodynamisch so optimiert war, dass er die Flugleistungen der Trägerflugzeuge nicht übermäßig beeinträchtigte. Die dabei zu berücksichtigenden Faktoren standen oft in einem Spannungsverhältnis zueinander: Ein möglichst geringes Gewicht musste mit ausreichender Schutzwirkung und einem weitreichenden Schussfeld kombiniert werden, während gleichzeitig eine gute Rundumsicht sowie Witterungsbeständigkeit gewährleistet sein mussten.

Frühere offene Waffenstände wie die Drehkranzlafetten DL 15 oder DL 30, bei denen der Schütze exponiert in einem freistehenden Ringaufsatz saß, hatten sich zunehmend als unzeitgemäß erwiesen. Diese Konstruktionen boten nur begrenzten Schutz, waren aerodynamisch ungünstig und setzten die Besatzung gerade bei höheren Geschwindigkeiten oder in größeren Höhen starken Belastungen aus. Mit dem Fortschritt in der Zellenentwicklung, insbesondere dem Übergang von gedrungenen Rumpfformen zur gestreckten, aerodynamischen Gestaltung, wurde klar, dass neue Lösungen erforderlich waren. Flugzeuge wie die Do 217 oder die Ju 88 erreichten im Horizontalflug nunmehr Geschwindigkeiten von über 500 km/h – Werte, bei denen offene Stände nicht mehr sinnvoll bedient werden konnten.

Den Durchbruch brachten schließlich die vollständig verglasten Kuppellafetten, wie sie unter anderem bei der He 111 und später auch bei der Do 17 eingeführt wurden. Diese Kuppelstände vereinten erstmals alle Anforderungen in einem geschlossenen System: Die Verglasung, häufig aus dicken Plexiglasplatten gefertigt, erlaubte eine fast uneingeschränkte Sicht, ohne den Schützen der Kälte, dem Luftdruck oder gegnerischem Feuer schutzlos auszusetzen. Zugleich konnte die Lafette innenliegend über Handkurbeln oder hydraulische Systeme geschwenkt und die Waffe exakt ausgerichtet werden. Die Einführung dieser Kuppellafetten war jedoch mit langwierigen Erprobungsphasen verbunden, da sich Fragen zur Belastbarkeit des Materials, zur Entspiegelung der Scheiben und zur thermischen Ausdehnung in größeren Höhen nur durch praktische Versuche klären ließen.

Ein weiterer technischer Fortschritt war die Integration der Lafetten in das Gesamtprofil des Flugzeugs. Anstatt außen aufgesetzter Stände entstanden harmonisch eingefügte Glaskanzeln, die sowohl aerodynamische als auch ballistische Vorteile boten. Die Bugbereiche vieler späterer Bombertypen entwickelten sich dadurch zu multifunktionalen Kommandostellen, in denen Bombenschütze, Bordschütze und manchmal auch der Navigator Platz fanden – ein deutliches Zeichen für die zunehmende Komplexität der Luftfahrzeuge jener Zeit.

Die Firma Ikaria setzte das neue Konzept des in die Zellenkonstruktion aerodynamisch integrierten Waffenstands konsequent mit ihrer kugelförmigen Kuppellafette um. Diese sogenannte Ikaria-Kuppellafette stellte einen bedeutenden Schritt im Bereich geschützter und gleichzeitig beweglicher Bordwaffenstände dar, insbesondere im Hinblick auf den Schutz des Bordschützen und die Verbesserung der Zielerfassung.

Die Lafette war vollständig mit Plexiglas umschlossen und um eine zentrale Achse konstruiert, auf der sich das ursprünglich verwendete MG 15 kardanisch gelagert befand. Die gesamte Waffenhalterung war im Kreuzungspunkt eines tragenden Rahmengerippes befestigt, das vier gewölbte Plexiglasscheiben zu einer durchgehenden, winddichten Halbkugel verband. Ein ausgeklügeltes Gewichtsausgleichssystem entlastete den Schützen – meist der Beobachter im Bugbereich des Flugzeugs – bei der Handhabung, sodass er sich ganz auf das Aufspüren und Bekämpfen anfliegender Feindflugzeuge konzentrieren konnte.

Ein entscheidendes Konstruktionsmerkmal war der in Flugrichtung offene Zielkegel, der als mechanische Begrenzung für das Schussfeld fungierte. Diese Vorrichtung verhinderte zuverlässig, dass der Schütze bei Auslenkung der Waffe versehentlich die eigenen Propeller beschädigte. Das effektive Schwenkfeld der Lafette umfasste etwa 120 Grad nach vorne, was eine gute Überdeckung des frontal angrenzenden Luftraums ermöglichte.

Die gesamte Kugelkuppel war auf einem vertikal montierten Drehring gelagert, was eine hohe Beweglichkeit bei gleichzeitig fester struktureller Einbindung in den Flugzeugrumpf erlaubte. Eine zusätzliche Abdichtung im Übergangsbereich zwischen Waffenlagerung und Kuppelgehäuse sorgte dafür, dass kein Luftstrom in das Innere dringen konnte. Im Gegensatz zu offenen Waffenständen früherer Bauart war der Schütze somit vollständig vor dem Fahrtwind geschützt, was nicht nur seinen Komfort und seine Konzentrationsfähigkeit steigerte, sondern auch den Einsatz bei höheren Fluggeschwindigkeiten ermöglichte.

Ein weiterer Vorteil dieses geschlossenen Systems bestand darin, dass keine Drucktrennung mehr zwischen

BArch RL 3-1845-0062

Kuppellafette der Firma Ikaria mit MG 15 in der Bugverglasung des Cockpits der He 111 H-3. Der Bordschütze sicherte hinter der Waffe liegend den Luftraum nach vorne und unten ab.

BArch RL 3-1845-0060

BArch RL 36-277-48

BArch RL 36-277

BArch RL 36-277-48

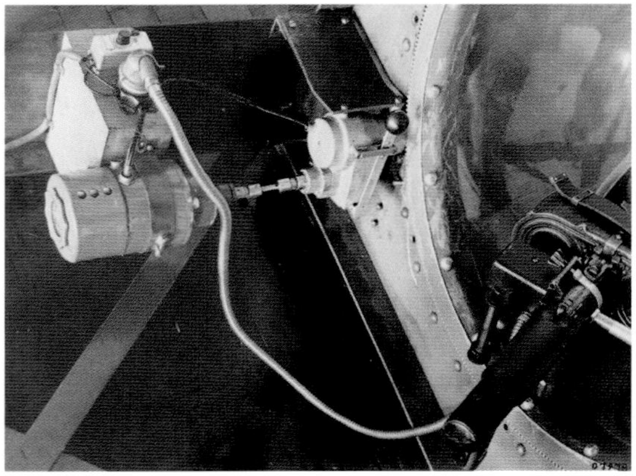

BArch RL 36-277

BArch RL 36-277

Elektrische Kuppellafette EKL mit MG 15 der Firma SAM.

Details des elektrischen Hilfsantriebs MKL.

dem Waffenstand und dem Cockpit erforderlich war. Der direkte räumliche Anschluss an die Kabine erleichterte die Kommunikation zwischen dem Schützen und der übrigen Besatzung erheblich – insbesondere in Maschinen, in denen mehrere Funktionen im sogenannten »Kampfkopf« vereint waren.

Die ursprüngliche Lafetteneinheit hatte einen Kopfdurchmesser von etwa 86 cm bei einer Bauhöhe von 42 cm und wog lediglich 21 kg – ein bemerkenswert niedriger Wert angesichts der gebotenen Stabilität und Schwenkfähigkeit. Diese kompakte Bauweise erlaubte die Installation auch in kleineren Flugzeugtypen, ohne das aerodynamische Profil wesentlich zu beeinträchtigen.

Im Verlauf der Kriegseinsätze zeigte sich jedoch auch hier, dass das eingebaute MG 15 den steigenden Anforderungen des Luftkriegs nicht mehr genügte. In vielen Fällen wurden die Lafetten daher umgerüstet, zunächst auf das effizientere MG 81, später zunehmend auf das MG 131 im Kaliber 13 mm. In vereinzelten Fällen kam auch das MG FF im Kaliber 20 mm zum Einsatz, um die Feuerkraft deutlich zu erhöhen. Diese Umrüstungen erforderten mitunter Anpassungen der Lafettenhalterung und Kühlung, steigerten jedoch erheblich die Abwehrfähigkeit der Flugzeuge gegen gegnerische Jäger.

Die Entwicklung der Ikaria-Kuppellafette war ein Paradebeispiel für den Versuch, Schutz, Feuerkraft und Integration in ein aerodynamisches Gesamtkonzept sinnvoll zu vereinen. Auch wenn diese Art der Bewaffnung vor allem bei leichten bis mittleren Bombern und Aufklärern zum Einsatz kam, markierte sie eine bedeutende Etappe auf dem Weg zu den späteren ferngesteuerten Waffenständen mit geschlossener Visier- und Steuerkanzel.

Bodenlafette (Bola) 30

Die sogenannte Bodenlafette war ein technisches Provisorium, das in der Frühphase der deutschen Luftwaffe entwickelt wurde, um improvisierten Kampfflugzeugen eine erweiterte Abwehrmöglichkeit gegen Angriffe aus dem unteren Luftraum zu verschaffen. Ursprünglich für Maschinen wie die Ju 52/3m konzipiert und später auch in Typen wie der Ju 86 und der He 111 erprobt, handelte es sich bei dieser Einrichtung um eine ungewöhnliche und geheime Maßnahme, die den defensiven Fähigkeiten dieser Flugzeuge ein neues Element hinzufügen sollte.

Die Konstruktion bestand aus einem nach unten mechanisch ausfahrbaren Waffentopf, der einem einzelnen Bordschützen den Zugriff auf einen bisher kaum gesicherten Bereich ermöglichte: den toten Winkel direkt unterhalb des Rumpfs.

Der Waffentopf bot dem Schützen im Inneren nur wenig Platz. Er musste hinter dem beweglichen Oberteil der Lafette Platz nehmen, auf dem in der Regel ein einzelnes Maschinengewehr MG 15 montiert war. Zwei kräftige Zugfedern, oben am Gestänge angebracht, unterstützten die Handhabung der Waffe durch einen gewissen Gewichtsausgleich. Der Richtbereich der Lafette war relativ großzügig bemessen – horizontal ließ sich die Waffe um etwa 100 Grad, vertikal um rund 140 Grad bewegen. Damit war es möglich, anfliegende Feindjäger in einem breiten unteren Sektor abzuwehren – zumindest in der Theorie.

Im praktischen Einsatz jedoch zeigte sich schnell, dass diese Lösung mit erheblichen Nachteilen behaftet war. Der ausgefahrene Waffentopf wirkte sich sehr nachteilig auf die Aerodynamik des Flugzeugs aus, was zu einem deutlichen Leistungsverlust von durchschnittlich 25 km/h führte – ein erheblicher Nachteil für Maschinen, die ohnehin keine hohen Geschwindigkeiten erreichten. Zudem stellte das enge Arbeitsumfeld für den Schützen eine nicht unerhebliche Belastung dar. Die Lafette selbst hatte eine Breite von etwa 52 cm und ragte bei eingefahrener Stellung 45 cm in den Rumpf hinein. Sie wurde in zwei Ausführungen gefertigt: Für Seeflugzeuge stand eine robuste Version aus Hydronalium zur Verfügung, die rund 13 kg wog; eine leichtere Ausführung aus dem Magnesium-Aluminium-Gemisch Elektron kam mit nur 10 kg Gewicht aus.

Bodenlafette 30 mit MG 15 im nach unten ausfahrbaren Waffentopf.

L. Dv. 110/1

Ein interessantes Detail war die Notfalllösung: Im Ernstfall konnte der Waffentopf über eine Schnelllösevorrichtung aus seiner Führung gelöst und vollständig entfernt werden. Diese Funktion war besonders wichtig, da sie der Besatzung den Weg zum Notausstieg freimachte – ein entscheidender Vorteil in einer kritischen Fluglage, wenn der Einsatz des Fallschirms notwendig wurde.

Infolge der ernüchternden Einsatzrealität begann man, verbesserte Varianten dieser Abwehrlösung zu entwickeln. Ein Beispiel war der fest in den Rumpfboden integrierte Bodenstand bei bestimmten Versionen der Do 17 – etwa bei der E-1 und F-1. Hier wurde die Lafette hinter dem Cockpit im Rumpfboden montiert, was dem Schützen erlaubte, in liegender oder kniender Haltung zu arbeiten. Diese Positionierung verbesserte sowohl seine Feuerkraft als auch seine körperliche Bewegungsfreiheit, da sie keine ausfahrbare Mechanik benötigte und die Silhouette des Flugzeugs nicht veränderte.

Obwohl die Bodenlafette als Zwischenlösung schnell von fest eingebauten, besser geschützten Waffenständen verdrängt wurde, stellt sie ein interessantes Kapitel der frühen Luftwaffenentwicklung dar. Sie spiegelt den pragmatischen Erfindungsgeist wider, mit dem versucht wurde, taktische Schwächen durch technische Improvisationen auszugleichen – auch wenn diese sich nicht immer langfristig durchsetzen konnten.

Bodenlafette (Bola) 39 und 81 Z

Die Bodenlafette 39, eine entscheidende technische Weiterentwicklung in den späten 1930er-Jahren, wurde in zahlreichen Varianten produziert und über die Jahre hinweg kontinuierlich verbessert. Diese Lafette war ursprünglich für das Maschinengewehr MG 15 vorgesehen, doch schon bald wurde sie auch für den Einsatz mit dem leistungsstärkeren MG 81 Z modifiziert. Ihre Konstruktion zeichnete sich durch eine Reihe innovativer Merkmale aus, die sie zu einer bedeutenden Waffe für die Luftwaffe machten.

Die Bola 39 war mit einer Geschwindigkeit gesteuerten Visiereinrichtung (VE 26) ausgestattet, die es ermöglichte, sowohl auf unbewegliche als auch auf sich bewegende Ziele zu zielen. Der Bordschütze konnte so trotz wechselnder Fluggeschwindigkeiten und unterschiedlichen Schusswinkeln stets präzise auf den Gegner feuern. Diese Visiereinrichtung war ein bedeutender Fortschritt, da sie die Zielgenauigkeit unter schwierigen Bedingungen erheblich verbesserte.

Die Lafette selbst war sicher an der Flugzeugzelle befestigt, wobei sie durch stabile Bolzen mit dem Rumpf verbunden wurde und zusätzlich durch einen Zangenverschluss am Anschlussspant der Bodenwanne fixiert war. Diese Konstruktion war Voraussetzung für eine unkomplizierte Montage und Demontage der Lafette, was den Bordschützen und der Besatzung ermöglichte, die Maschine schnell zu verlassen, falls diese beschädigt wurde oder bei einem Notfall abgeworfen werden musste.

Ein charakteristisches Merkmal der Bola 39 war der als »Korb« gestaltete Waffenträger. In diesem Korb war das MG 15 sicher gelagert. Das Maschinengewehr konnte präzise in der Höhe und der Seite ausgerichtet werden, wobei die Feinjustierung über eine spezielle Lagergabel erfolgte. Die Waffe selbst war so konzipiert, dass sie sich horizontal in einem bogenförmigen Schlitz schwenken ließ, der von einer robusten Panzerblende umgeben war. Diese Blende bot nicht nur einen effektiven Schutz vor feindlichem Beschuss, sondern diente auch dazu, die Waffe vor äußeren Witterungseinflüssen zu bewahren.

Die Bodenlafette war zudem mit kleinen Plexiglasscheiben ausgestattet, die nicht nur als Schutz vor äußeren Einflüssen dienten, sondern auch eine klare Sicht für den Bordschützen gewährleisteten. Das Gehäuse war vollständig zugdicht, um die interne Mechanik vor Staub, Schmutz und Wasser zu schützen. Im Inneren der Lafette war eine Panzerwanne integriert, die zusätzliche Stabilität verlieh und eine praktische Klappe für den Abwurf von Leerhülsen beinhaltete, was den Nachladevorgang effizienter gestaltete.

Die Visiereinrichtung der Bola 39 stellte beim Schwenken der Waffe automatisch den Rückhaltewinkel ein, der sich durch die Geschwindigkeit des Flugzeugs ergab. Diese Automatik erleichterte es dem Bordschützen, auch bei schnellen Manövern präzise Schüsse abzugeben, da er sich nicht ständig auf manuelle Anpassungen konzentrieren musste. Für das grobe Seitenrichten der Waffe sorgte ein Rückdrehgetriebe, das dafür verantwortlich war, dass die Waffe immer in der gewünschten Position blieb.

Die Waffe konnte in einem beeindruckenden Winkel von bis zu -50 Grad nach unten ausgerichtet werden, was es dem Schützen ermöglichte, feindliche Flugzeuge zu bekämpfen, die sich unterhalb der eigenen Maschine befanden. Der horizontale Schwenkbereich betrug bis zu 53 Grad in beide Richtungen, wodurch der Schütze in der Lage war, ein weites Feld abzudecken und auf Ziele in nahezu jeder Position zu reagieren.

Mit einer Länge von 0,91 m, einer Breite von 0,71 m und einer Höhe von 0,43 m war die Bola 39 kompakt und dennoch leistungsstark. Ihr Gewicht von rund 44 kg war für die damalige Technik relativ gering, was sie für den Einsatz in verschiedenen Flugzeugmodellen der Luft-

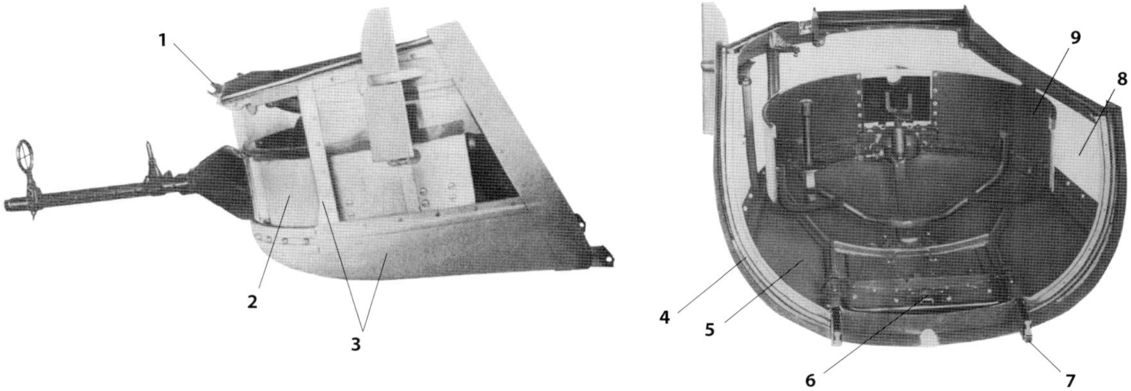

Bodenlafette (Bola) 39 C mit MG 15 von außen mit Waffe (links) und von innen ohne Waffe.

1 Gabelstück
2 Panzerschild
3 Deckbleche
4 Wulstdichtung
5 Panzerwanne
6 Panzerblech
7 Zangenverschluss
8 Plexiglasscheibe
9 Panzerschild

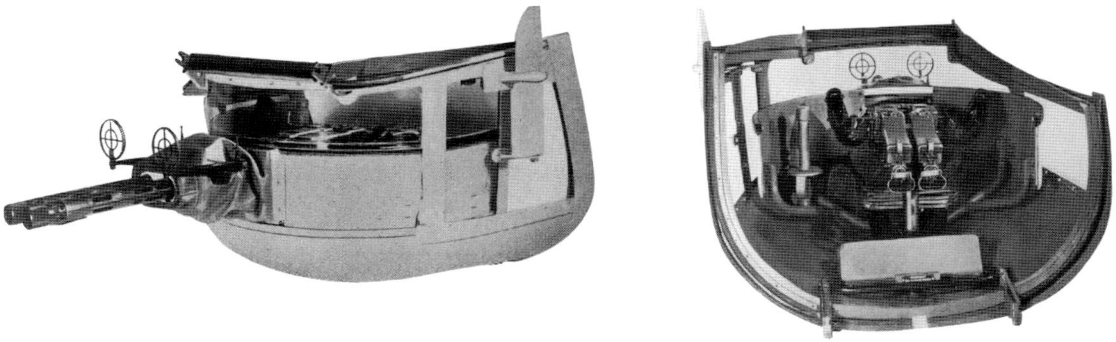

Bodenlafette (Bola) 81 Z mit MG 81 Z von außen mit Waffen (links) und von innen ohne Waffen.

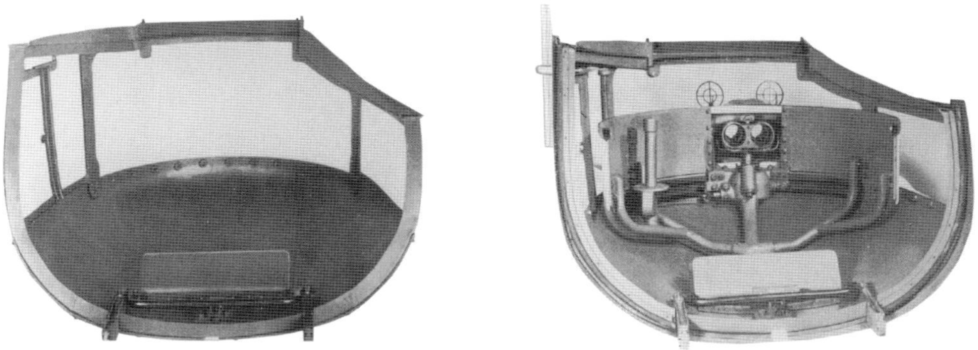

Der »Korb« der Bola 81 Z (links) und die Lafette von innen ohne Waffen (rechts).

BArch RL 3-7223 D. (Luft) T. 6238

waffe geeignet machte. Trotz des zusätzlichen Luftwiderstands, den sie verursachte, wurde die Bola 39 aufgrund ihrer Vielseitigkeit und der effektiven Feuerkraft als wertvolle Ergänzung im C-Stand angesehen.

Die Entwicklung und der Einsatz der Bola 39 stellten einen wichtigen Entwicklungsschritt dar. Während die Lafette anfangs für das MG 15 konzipiert wurde, ermöglichte die spätere Anpassung an schwerere Waffen wie das MG 81 Z eine deutlich gesteigerte Feuerkraft, was sie insbesondere in der Bekämpfung von Luftzielen äußerst effektiv machte. Insgesamt war die Bola 39, trotz der Herausforderung durch den Luftwiderstand, ein erfolgreiches System, das den Bordschützen ermöglichte, aus nahezu jeder Position präzise zu schießen. Ihre Vielseitigkeit und der flexible Einsatz in verschiedenen Flugzeugen der Luftwaffe unterstrichen ihre Bedeutung in der Weiterentwicklung der Flugzeugbewaffnung jener Zeit.

Walzenlafette (WL) 81 und 131

Mit dem zunehmenden Bedarf an durchsetzungsfähigerer Bordbewaffnung und effektiveren Verteidigungsständen in Kampfflugzeugen der deutschen Luftwaffe ab 1942 setzte sich die Walzenlafette 131 (WL 131) als neue Standardlösung durch. Sie verdrängte schrittweise ältere Bodenlafetten, deren offene Konstruktion und eingeschränkte Stabilität nicht mehr den Anforderungen des modernen Luftkriegs genügten.

Die WL 131 war für das schwere Maschinengewehr MG 131 ausgelegt und zeichnete sich durch eine teils gepanzerte, modulare Bauweise aus, die sie besonders für den Einsatz in stark gefährdeten Waffenständen wie dem hinteren C-Stand prädestinierte. Die Lafette bestand im Kern aus einer drehbar gelagerten Zylinderkonstruktion – der eigentlichen »Walze« – die in einem höhenrichtbaren Rahmen integriert war. Dieser Rahmen wiederum wurde fest an zwei Punkten mit der Zelle des Flugzeugs verbunden, was eine gleichmäßige Verteilung der Rückstoßkräfte erlaubte.

Eine technische Besonderheit der Walzenlafette war ihre kugelgelagerte Waffenaufnahme: eine beweglich geführte Halterung mit Pufferung zur Reduzierung des Rückstoßes. Die einzusetzende Waffe – das MG 131, seltener ein Zwillings-MG 81 – wurde über eine innenliegende Verriegelungseinrichtung fixiert. Dank austauschbarer Adapter ließen sich prinzipiell auch andere Bordwaffen integrieren, was die Lafette ausgesprochen vielseitig machte.

Zur Zielerfassung war die WL 131 mit einer geschwindigkeitsgekoppelten Visiermechanik ausgerüstet. Der am Rahmen angebrachte Visierbügel trug einen Visierträger mit Reflexvisier, der über eine Gelenkkonstruktion mit der Waffenhalterung verbunden war. Diese mechanische Kopplung erlaubte eine automatische Ausrichtung des Visiers bei jeder Bewegung der Waffe – sowohl in Seitenrichtung als auch in der Höhe. Dadurch wurde dem Schützen eine zielsichere und schnelle Zielaufnahme unter Gefechtsbedingungen ermöglicht.

Im praktischen Einsatz wurde die Walzenlafette bevorzugt im C-Stand von Flugzeugen wie der Dornier Do 217 (Baureihen E bis M) verwendet, kam aber auch in anderen Flugzeugmustern und in anderen Positionen zur Anwendung – etwa im A-Stand der Heinkel He 177 A-6 oder im B-Stand der Heinkel He 111 H-16. Zur Umrüstung der Focke Wulf Fw 200 in ein Kampfflugzeug im Jahre 1942 wurde die WL 131 versuchsweise auch in eine Fw 200 C-5 eingebaut. Trotz ihres Volumens konnte sie durch ihre kompakte Zylinderform auch unter beengten Raumbedingungen verbaut werden. Die Kombination aus gepanzerter Lafette, Rückstoßdämpfung und präziser Zieloptik erhöhte die Überlebensfähigkeit der Besatzung spürbar.

Walzenlafette WL 131 mit MG 131.

1. **Reflexvisier**
2. **Pufferung**
3. **Lagerung**
4. **Wind- und Gewichtsausgleicher**
5. **Leergurt- und Hülsenabführung**

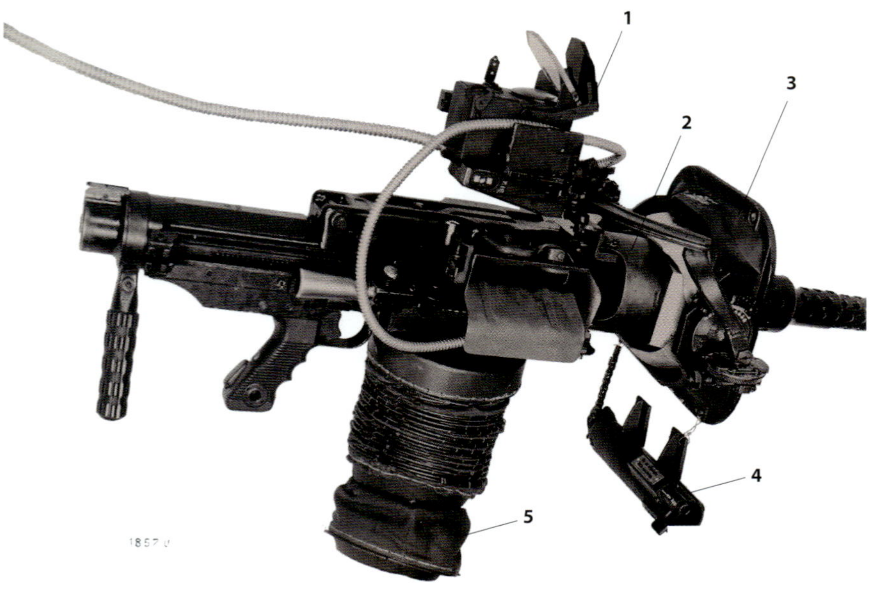

BArch RL 3-4543

BArch RL 36-262-0045

Seitenstand einer Focke Wulf Fw 200 C-5 mit WL 131 von innen. Die Waffe war mit einem Revi 16 A ausgerüstet. Man beachte den Ring durch den der Gurt zugeführt wurde und den an der Bordwand befestigten Fenstereinsatz auf der rechten Seite.

Seitenstand mit WL 131 von außen. Die Windabweiserklappe auf der linken Seite ist eingeklappt.

Gegen Ende 1943 plante das Reichsluftfahrtministerium (RLM), die WL 131 als Grundausstattung in einer neuen Generation schwerer Langstreckenflugzeuge zu etablieren – insbesondere in den viermotorigen Flugzeugmustern Heinkel He 177 B und Junkers Ju 290. In diesen Maschinen sollten mehrfach gelagerte Walzenlafetten in Kombination mit erweiterten Feuerleitständen für eine möglichst geschlossene Rundumverteidigung sorgen. Erste Prototypen wurden entsprechend vorbereitet, doch durch das kriegsbedingte Ausbleiben der Serienfertigung dieser Flugzeugmuster im Sommer 1944 blieb die Umsetzung unvollständig.

Trotz des eingeschränkten strategischen Erfolgs hinterließ die Walzenlafette 131 einen bleibenden Eindruck als wegweisendes Bindeglied zwischen einfacher, manuell gerichteter Waffenführung und komplexeren, halbautomatischen Verteidigungssystemen späterer Generationen. Ihre robuste Konstruktion, hohe Zielgenauigkeit und gute Bedienbarkeit machten sie zu einem der effizientesten beweglichen Bordwaffenhalter der späten Kriegsjahre.

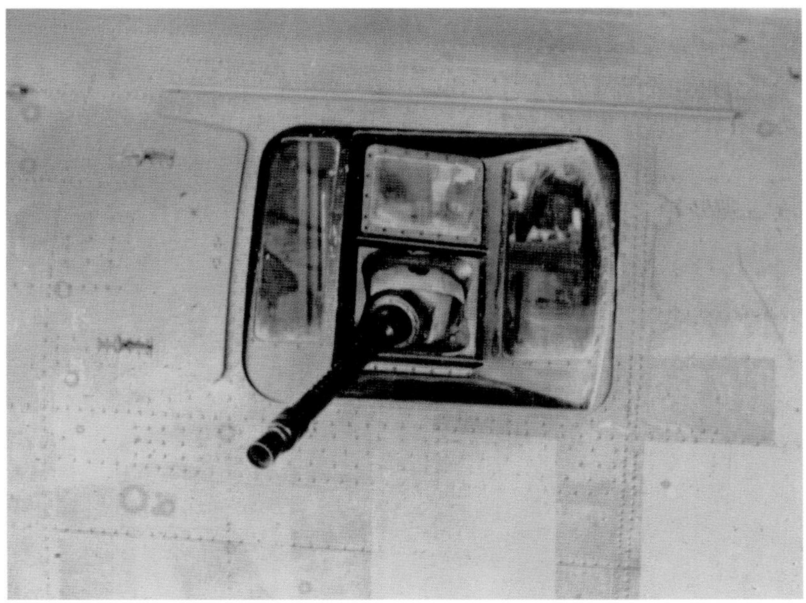

BArch RL 36-262-0045

C-Stand der Fw 200 C-5 mit MG 131 in einer WL 131.

1 **Drehbare Plexiglasverkleidung**

BArch RL 36-262-0047

Der C-Stand von innen. Gut erkennbar ist die Walzenlafette und die Einbauten der Munitionszuführung.

1 **Zuführrrolle**
2 **Rastgriff für drehbare Plexiglasverkleidung**
3 **Zuführbahn**
4 **Revi 16 A**
5 **Zündkabelbefestigung**

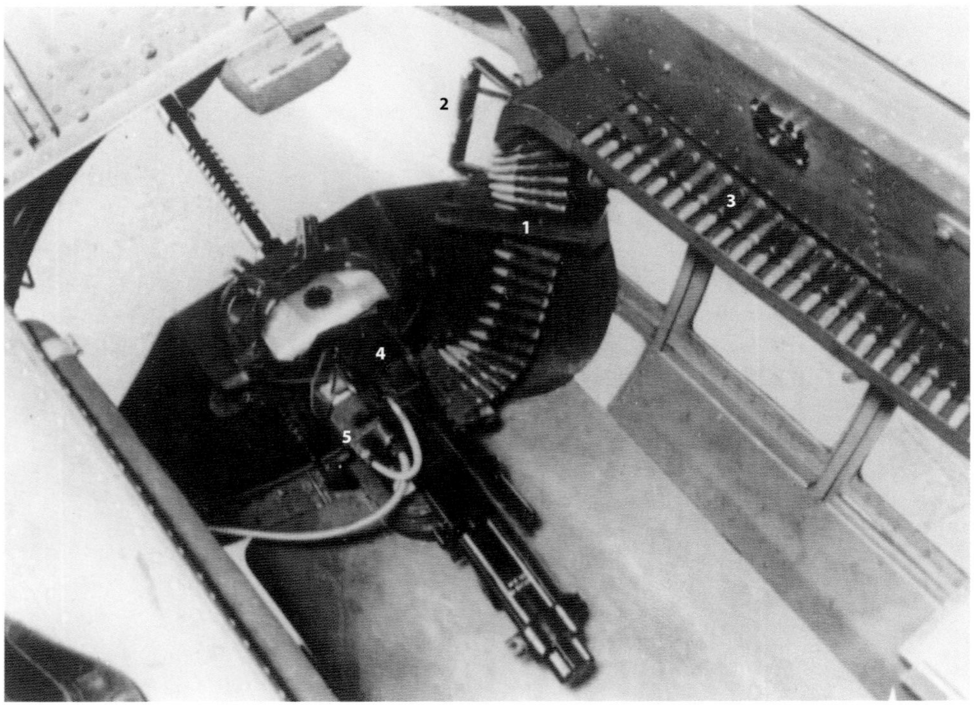

BArch RL 36-262-0047

Fensterlafette (FL)

Bereits ab 1940 begann Focke-Wulf in Bremen damit, für seinen viermotorigen Fernaufklärer Fw 200 »Condor« erste, in kleiner Serie gefertigte Fensterlafetten zu entwickeln. Diese »Fw-Fensterlafetten« waren für den seitlichen Selbstschutz des Flugzeugs vorgesehen und bestanden konstruktiv aus einer schmalen, senkrecht im Rumpf montierten Säule aus Rundstahl. An deren oberem Ende befand sich eine höhenverstellbare und schwenkbare Halterung zur Aufnahme eines leichten Maschinengewehrs MG 15 im Kaliber 7,92 mm. Die Lafette war so konstruiert, dass der Bordschütze das Maschinengewehr aus einem seitlichen Fenster heraus bedienen konnte, wobei sich das Waffenrohr außerhalb des Rumpfes bewegte, während der Schütze innerhalb des Flugzeugs stand oder kniete.

Diese Konstruktion war einfach herzustellen und bot ein gewisses Maß an Beweglichkeit, jedoch war sie in ihrer Wirkung von Anfang an begrenzt. Das MG 15 war ursprünglich als flexible Bordwaffe für kurze bis mittlere Distanzen konzipiert worden und besaß eine hohe Feuerrate, allerdings bei relativ geringer Geschosswirkung. Im praktischen Einsatz zeigte sich schnell, dass diese Form

BArch RL 36-277-16

Fensterlafette (FL) mit MG 15 bei der Ju-52/3m von außen.

BArch RL 36-277-16

Waffeneinbau des MG 15 in die Lagerkugel der Fensterlafette (FL) der Ju-52/3m.

BArch RL 36-277-15

BArch RL 36-277-15

Fensterlafette (FL) mit eingebautem und ausgebautem MG 15 der Ju-52/3m. Gut zu erkennen ist die Panzerverglasung über der Lagerkugel.

der Bewaffnung nicht ausreichte, um die Fw 200 gegen ernsthafte Bedrohungen aus der Luft zu schützen. Insbesondere ab 1941, als alliierte »Catapult-Hurricanes« von speziell ausgerüsteten Frachtschiffen (CAM ships) gestartet wurden, waren die Fw-200-Besatzungen in ihren Einsätzen zunehmend gefährdet. Diese Katapultjäger konnten die schwerfällige Condor in kurzer Zeit erreichen und waren der Bordverteidigung meist deutlich überlegen.

Nicht nur die Fw 200 verfügte über solche Fensterlafetten. Auch in anderen Flugzeugtypen der frühen bis mittleren Kriegsjahre wurden vergleichbare Vorrichtungen eingesetzt, etwa in der Junkers Ju 52/3m – dem Arbeitspferd der Luftwaffe für Transport-, Versorgungs- und Fallschirmjägeroperationen. In ihrer militärischen Konfiguration war die Ju 52 mit seitlichen Fensterlafetten ausgestattet, die an den großen Kabinenfenstern auf beiden Rumpfseiten montiert waren. Auch hier kam zumeist das MG 15 zum Einsatz, das über schwenkbare Halterungen bedient wurde. Der Schütze musste sich dabei entweder an das Fenster knien oder aus einer Luke lehnen, was seine Beweglichkeit einschränkte und ihn weitgehend ungeschützt ließ. Die Verteidigungsmöglichkeit war in erster Linie gegen feindliche Tiefflieger gedacht oder zur Abschreckung im Falle eines plötzlichen Angriffs aus kurzer Distanz.

Ähnlich war die Lage bei der Dornier Do 17, einem zweimotorigen Schnellbomber, der insbesondere in den frühen Kriegsjahren eine wichtige Rolle spielte. Die Do 17 Z verfügte in ihrer Standardausführung über mehrere Waffenstände, darunter Fensterlafetten in der Seite und im Boden des hinteren Rumpfbereichs. Dort waren MG 15 in schwenkbaren Halterungen untergebracht, mit denen der Bordschütze Ziele im seitlichen und unteren Bereich abdecken konnte. Zwar wurde der Sichtbereich durch zusätzliche Fenster vergrößert, doch waren die Schussfelder weiterhin beschränkt, was insbesondere bei koordinierten Angriffen durch feindliche Jäger zu gravierenden Nachteilen führte. Zudem waren die Fensteröffnungen vergleichsweise klein, sodass das Sichtfeld und der Bewegungsspielraum des Schützen in engen Kabinenräumen stark eingeschränkt war.

Ein zentrales Problem aller Fensterlafetten bestand, wie bereits erwähnt, in ihrer begrenzten Feuerkraft und dem begrenzten oder gar fehlenden Schutz für den Bordschützen. Die offene Fensterposition war anfällig für gegnerisches Feuer, und im Gegenzug konnten die verwendeten MGs gegen gepanzerte oder gut manövrierende feindliche Jagdflugzeuge meist nur wenig ausrichten.

Während die britischen und später auch amerikanischen Bomber zunehmend mit drehbaren Geschütztürmen, schwereren Kalibern (z. B. .50 Browning M2) und gepanzerten Schussständen ausgestattet wurden, hielt die deutsche Luftwaffe zunächst am Prinzip der flexiblen Einzelwaffen in offenen Positionen fest – auch aus Gewichts- und Produktionsgründen. Das erwies sich vor allem bei den großen See- und Langstreckenaufklärern wie eben der Fw 200 als fatal, denn sie agierten oft fernab vom eigenen Jagdschutz und waren auf sich allein gestellt.

Als Reaktion auf die zunehmenden Verluste wurden etwa ab dem Jahre 1942 Versuche unternommen, die Verteidigungsfähigkeit der betreffenden Flugzeuge zu

BArch RL 36-277-194

BArch RL 36-277-192

Fensterlafette (FL) mit eingebautem und ausgebautem MG 15 im Boden einer Do 17.

verbessern. Bei der Focke Wulf Fw 200 kamen neben stärkeren Maschinengewehren (etwa MG 131 im Kaliber 13 mm) auch verbesserte Lafetten zum Einsatz. Teilweise wurden improvisierte Drehringlafetten oder Schwenklafetten mit verbesserter Beweglichkeit eingebaut, später kamen auch geschlossene, gepanzerte Waffentürme hinzu – ein Zeichen für den stetig wachsenden Stellenwert des Selbstschutzes in der Konzeption militärischer Luftfahrzeuge.

Dennoch blieb die Fensterlafette – trotz aller Schwächen – ein typisches Element vieler deutscher Flugzeugkonstruktionen in der ersten Kriegshälfte. Sie war technisch unkompliziert, schnell zu fertigen und konnte in bestehenden Zellen relativ einfach nachgerüstet werden. In Verbindung mit dem MG 15 oder dem später eingeführten doppelläufigen MG 81 Z stellte sie zumindest ein Mindestmaß an Verteidigungsfähigkeit sicher – auch wenn es im Luftkampf gegen moderne alliierte Jäger kaum einen echten Schutz bedeutete. Ihre Präsenz in Flugzeugen wie der Ju 52, der Do 17 oder der Fw 200 zeugt von den taktischen Annahmen jener Zeit – insbesondere vom Glauben an die Geschwindigkeit oder Flughöhe als primäre Schutzmaßnahme –, eine Annahme, die der Realität des Luftkriegs bald nicht mehr standhalten konnte.

Seitenlafette SL 131 und SL 151/20

Im Rahmen der defensiven Ausrüstung deutscher Bomber wurde unter der Bezeichnung Seitenlafette 131 eine zusätzliche Bewaffnungsstation eingeführt, die den Schutz gegen seitlich und schräg von hinten angreifende Feindflugzeuge deutlich verbessern sollte. Pro Rumpfseite war je ein Maschinengewehr MG 131 in einer beweglichen Halterung installiert, die durch seitliche Fenster bedient werden konnte.

Die Konstruktion erlaubte es, das Maschinengewehr nicht nur in einem breiten seitlichen Schwenkbereich zu bewegen, sondern auch in Richtung des Hecks auszurichten. Dadurch entstand eine wertvolle Überschneidung mit dem Feuerbereich der auf dem Rumpfrücken und im Leitwerk montierten Abwehrwaffen. Besonders bei Angriffen in Schräglage oder bei gestaffelten Anflügen gegnerischer Jäger konnte so eine effektivere Verteidigung organisiert werden. Das MG 131 im Kaliber 13 mm verfügte zwar über eine hohe Kadenz und gute Handhabung, stieß aber hinsichtlich Reichweite und Geschosswirkung an seine Grenzen. Dennoch stellte die seitliche Bewaffnung eine sinnvolle Ergänzung zum bestehenden Verteidigungsnetz dar.

Die Seitenlafetten SL 131 wurde in der Fw 200 C-5 und zeitgleich in der Ju 290 A-3 eingebaut. Doch auch die beiden MG 131, nun in eigens ausgeformten Rumpfaussparungen untergebracht, konnten die Fernaufklärer nur ungenügend vor den schnellen, oft in Rotten anrückenden Jägern schützen. Deshalb ging man im Verlauf des Krieges dazu über, die zuvor mit mehreren MG 131 bestückten Seitenöffnungen großer Bomber und Fernaufklärer durch jeweils eine 20-Millimeter-Kanone des Typs MG 151/20 zu ersetzen. Die dafür geschaffene Seitenlafette 151/20 verband eine massige Stahlrohr-Gestellkonstruktion mit einem galvanisierten Galgen-Träger, in dessen Mitte die Bordkanone in einer dreh- und neigbaren Wiege ruhte. Ein Klappmechanismus erlaubte es, den gesamten Fensterrahmen samt Lauf vollständig nach oben zu schwenken, sodass der Schütze den Kanonenlauf weit aus der Rumpföffnung herausführen und so auch jene Winkel erfassen konnte, die vorher im toten Raum lagen. Windabweiser an Backbord und Steuerbord leiteten den Fahrtwind ab und gewährleisteten auch bei hoher Geschwindigkeit eine stabile Haltung der Waffe.

Seitenlafette SL 151/20 mit MG 151/20 bei einer Ju 290 A-5 oder A-7. Gut zu erkennen ist das massive Stahlrohr-Gestell mit Galgenträger, in dem die schwere Waffe aufgehängt wurde sowie der modifizierte Abzugsmechanismus mit zwei Handgriffen, ähnlich dem amerikanischen Browning M2.

Manfred Griehl

Die Granatpatronen wurden über einen Zerfallgurt zugeführt, und leere Hülsen sowie Gurtreste glitten durch einen flexiblen Schlauch nach innen in zwei separate Stoffsäcke. Auf diese Weise blieb der Kampfraum frei von herumwirbelnden Metallteilen. Obwohl jede Lafette mit rund 84 kg Zusatzgewicht zu Buche schlug und den Spritverbrauch sowie die Steigleistung geringfügig beeinflusste, eröffnete die weit größere Geschosswirkung der 20-mm-Granatpatrone neue Möglichkeiten: Panzerplatten, Treibstofftanks und andere geschützte Bauteile gegnerischer Jäger konnten nun zuverlässig beschädigt oder zerstört werden.

Eingeführt wurde diese Aufrüstung vor allem in viermotorigen Großmustern wie der Heinkel He 177 A-5, der Focke-Wulf Fw 200 »Condor« und den weiträumig operierenden Junkers Ju 290/Ju 390. In ihnen verbesserte die SL 151/20 spürbar die Flankensicherung gegen schnelle und zunehmend widerstandsfähiger gepanzerte Angreifer. Anschließend kam die HD 151 Z-Konstruktion zur Einführung. Sie war mit zwei synchronisierte MG 151/20 ausgerüstet, die die Waffenwirkung noch weiter entscheidend verbesserten.

Die frühen Fensterlafetten und Handlafetten bewährten sich vor allem als unmittelbarer Schutz gegen vereinzelte Überfälle. Sie galten bis zur Einführung verbesserter Bewaffnungssysteme als wirkungsvolle Zusatzbewaffnung, mit der die Luftwaffe versuchte, ihre verschiedene Bomber und Fernaufklärer die notwendige Abwehrfähigkeiten zu verschaffen, um in zunehmend gefährlichen Lufträumen zu bestehen.

BArch RL 36-262-0043

BArch RL 36-262-0043

Links: Innenansicht des Seitenstands an Backbord der Fw 200 C-5 mit SL 131 und MG 131. Die Waffe befindet sich bei eingesetztem Fenstereinsatz in eingeschwenkter und verzurrter Position. Man beachte die Hülsen- und Leergurtabführung mit Leergurtkasten.
Rechts: Blick auf den Seitenstand an Steuerbord. Die Waffe ist ausgeschwenkt und gezurrt.

1 **Fenstereinsatz**
2 **Vollgurtkasten (nicht hochgestellt)**
3 **Leergurtkasten**
4 **Zurrriemen für eingeschwenkte Waffe**
5 **Zurrriemen für ausgeschwenkte Waffe**
6 **Panzerplatte**
7 **Hochgestellter Vollgurtkasten**
8 **Leergurtkasten**

BArch RL 36-262-0043

Im Seitenstand der Fw 200 C-5 befanden sich auf beiden Seiten des Flugzeugs ein MG 131, das in einer SL 131-Lafette montiert war. Die gut sichtbare Windabweiserklappe diente dazu, das Seitenrichten der Waffe auch bei hohen Geschwindigkeiten zu unterstützen. Die Richtkräfte waren laut Bericht auch im Flug mit Kampfleistung (330 km/h) noch tragbar. Das Schussfeld wurde als gut bewertet.

Hecklafette 151/20

Nur in den ersten Varianten der Heinkel He 177 A-1 bis A-5 setzte man überhaupt noch auf eine von Hand geführte Heckbewaffnung. Statt der ursprünglich geplanten MG 131 montierte man hier jeweils eine 20-mm-Kanone vom Typ MG 151/20, da das leistungsschwache MG 131 im Kaliber 13 mm den Ansprüchen an Waffenwirkung und Reichweite nicht genügte. Die Bordkanone war in einer stabilen Stahlrohrwiege untergebracht, die per Zahnstangen und Handrädern sowohl horizontal als auch vertikal justiert werden konnte. Technisch orientierte sich der Heckstand weitgehend an jenen Lafetten, die ansonsten im Bug der He 177 oder in den vorderen Ständen der Ju 290 verwendet wurden.

Unverzichtbar war der Mündungsfeuerdämpfer, der das Mündungsfeuer der 20-Millimeter-Patronen minimierten und so verhinderten, dass der Schütze durch sein eigenes Abfeuern verraten wurde. In der Praxis erwies sich die enge Heckkuppel jedoch als unbequemer Standplatz, und die starken Vibrationen der Maschine erschwerten das genaue Zielen. Dennoch bot die einfache Handlafette zumindest einen begrenzten Schutz gegen Angriffe aus schräg-hinteren Richtungen, bis ferngesteuerte Türme und schwerere Mehrfachlafetten diese Übergangslösung ablösten.

Manfred Griehl

Manfred Griehl

Den rückwärtigen Luftraum sicherte ein Bordschütze mit einem im Heck eingebauten MG 151/20. Waffenanlagen wie diese waren vor allem bei der He 177 und der Ju 290 zu finden.

Elektro-hydraulische Waffenstände

Nach ersten erfolgversprechenden Erprobungen im Jahr 1937 intensivierten sich ab dem Sommer 1938 die Arbeiten an automatisierten Drehkranzantrieben für Bordwaffenstände. Ziel war es, die manuelle Steuerung der Waffen durch technische Hilfssysteme zu entlasten und die Zielnachführung unter Gefechtsbedingungen zu verbessern – ein immer dringlicher werdendes Anliegen angesichts steigender Fluggeschwindigkeiten und komplexer werdender Luftkampfmanöver.

Die Entwicklung umfasste dabei eine Vielzahl unterschiedlicher Antriebskonzepte: elektrisch, pneumatisch und hydraulisch betriebene Systeme wurden erprobt, verglichen und auf ihre Frontverwendbarkeit hin analysiert. Die Versuchsreihen fanden unter der Leitung der Erprobungsstelle in Tarnewitz statt, die zu dieser Zeit als zentrales Testzentrum für Bordbewaffnung galt. Die dortigen Spezialisten erkannten bald, dass insbesondere der von Argus-Askania entwickelte hydraulische Drehkranzantrieb das größte Potenzial bot, in absehbarer Zeit zu einer serienreifen, kampftauglichen Lösung zu werden.

Der Argus-Askania-Antrieb überzeugte durch eine vergleichsweise kompakte Bauweise, eine präzise Steuerbarkeit und eine robuste Funktion auch unter widrigen Einsatzbedingungen. Die Steuerung erfolgte über ein hydraulisch unterstütztes Handvisier, das dem Schützen erlaubte, das Waffensystem mit minimalem Kraftaufwand in der Horizontalen zu führen. Dies erwies sich als entscheidender Vorteil gegenüber rein mechanisch oder elektrisch arbeitenden Alternativen, deren Reaktionszeiten und Belastbarkeit in den frühen Entwicklungsphasen oft unzureichend waren.

Nach dem erfolgreichen Abschluss der Musterprüfungen des Argus-Askania-Systems wurde dessen Funktionsprinzip zum Maßstab für weitere Entwicklungen genommen. In der Folge entstanden mehrere Varianten hydraulisch gestützter Waffenstände, die unter anderem in Flugzeugtypen wie der He 177, Ju 290 oder in späteren Entwürfen wie der Ta 400 vorgesehen waren. Parallel dazu wurden auch elektrische und kombinierte Antriebskonzepte weiterentwickelt, insbesondere für ferngesteuerte Waffentürme und Turmvisiereinheiten.

Die systematische Erprobung und Weiterentwicklung verschiedener Drehkranzantriebe trug entscheidend dazu bei, die Bordverteidigung deutscher Großflugzeuge ab der zweiten Kriegshälfte auf ein höheres technisches Niveau zu heben – auch wenn der großflächige Fronteinsatz vieler dieser Systeme aus produktionstechnischen und logistischen Gründen nur eingeschränkt möglich war. Dennoch markierten die Entwicklungen in Tarnewitz einen technologischen Wendepunkt: Sie leiteten den Übergang von manuell gesteuerten, offenen Waffenständen hin zu integrierten, teilautomatisierten Abwehrsystemen ein – ein Weg, den auch andere Luftwaffen im Verlauf des Krieges einschlugen.

Arten und Wirkungsweise der Richtantriebe hydraulischer Lafetten

Für die schwereren, bemannten Waffenstände deutscher Kampfflugzeuge im Zweiten Weltkrieg setzte man bevorzugt elektrohydraulische Antriebe ein. Diese boten gegenüber rein mechanischen oder elektrischen Lösungen den Vorteil hoher Leistungsdichte bei vergleichsweise kompakter Bauweise. Besonders häufig kam der sogenannte THOMA-Antrieb zum Einsatz, ein elektrohydraulisches System, das ursprünglich aus dem zivilen Maschinenbau stammte und in Verbindung mit einem elektrischen Leonard-Aggregat betrieben wurde. Die Wahl fiel auf diesen Antriebstyp, weil er sich durch hohe Betriebssicherheit und fein abstimmbare Bewegungsdynamik auszeichnete – Eigenschaften, die für die präzise Ausrichtung schwerer Waffenstände entscheidend waren.

Die Bewegungscharakteristik dieser Anlagen sah eine maximale Drehgeschwindigkeit von 60 Grad pro Sekunde vor, während die minimale Geschwindigkeit bei zwei Grad pro Sekunde lag. Die Steuerung erfolgte über einen Steuerknüppel nach dem Prinzip der Winkel-Geschwindigkeitssteuerung: Je nach Ausschlagrichtung und -stärke des Knüppels wurde die Drehrichtung sowie die Geschwindigkeit der Lafettenbewegung bestimmt. Dieses System erlaubte dem Richtschützen eine intuitive Kontrolle des Waffenstandes, insbesondere unter den Bedingungen eines bewegten Luftkampfes. Der am weitesten verbreitete Vertreter dieser Technik war die elektrohydraulische Drehringlafette HD 151 für das MG 151, die sich im Fronteinsatz als zuverlässig und effektiv erwies.

Bei *Lafetten einfacher Ausführung* insbesondere für das leichtere MG 131, geschah die Schwenkbewegung mit Hilfe einfacher schnellaufender Elektromotoren, die durch Schalter in Tätigkeit gesetzt wurden. Der Schütze konnte beispielsweise bei der DL 131 seine Waffe sehr schnell in die Richtung bringen, aus der der Gegner seinen Angriff ansetzte. Das weitere Richten der Waffe nach Seite und Höhe geschah von Hand. Zur Ausnutzung des Richtbereichs der Höhe nach war bei Drehringlafetten außerdem der Sitz verstellbar. Diese boten ausreichend Leistung bei geringerem Gewicht und geringerem technischem Aufwand, waren allerdings hinsichtlich Präzision und Nachführgeschwindigkeit begrenzt. Eine vollständig durch die Eigenkraft des Schützen zu bewegende Lafette besaß natürlich Grenzen in der Richtgeschwindigkeit: Dies mußte durch erhöhte Fertigkeit des Schützen bei der Bedienung seines Waffenstandes ausgeglichen werden.

Bei Lafetten mit *hydraulischer Stützung* wurde die vom Schützen von Hand eingeleitete Richtbewegung hydraulisch durchgeführt. Die Richtbewegung erfolgte so lange, wie der Schütze von Hand mitführte. Durch die Größe des Einleitens und Mitführens von Hand wurde die hydraulisch bewirkte Richtgeschwindigkeit geregelt.

Bei Lafetten mit *Geschwindigkeitssteuerung*, zum Beispiel der HD 151, wurde die Richtgeschwindigkeit der Waffe und die Richtung der Bewegung nach Höhe und Seite vom Schützen mit Hilfe eines Steuerknüppels, ähnlich einer Flugzeugsteuerung, zügig gesteuert. Beherrschte der Schütze sein Gerät, so konnte er der Zielbewegung besonders glatt folgen, zumal er sich selbst in seinem Richtstand nicht zu bewegen brauchte.

Bei ferngerichteten Lafetten wurde im Wesentlichen die *Phantomsteuerung* angewandt. Der Schütze richtete die Nachbildung eines Waffengriffes (*Phantom*) mit Hilfe des Zielgerätes auf den Gegner. Die Richtbewegung wurde parallel nach Höhe und Seite getrennt unter Zwischenschaltung einer Kraftüberstärkung auf die Waffe übertragen ohne daß der Waffenstand der Richtbewegung nacheilte. Die Bedienung eines solchen Gerätes bedurfte keiner besonderen Gewöhnung, jedoch musste der Schütze vermeiden, dieses durch zu hastiges Bedienen beim Anfahren zu überlasten. Bei den Drehringlafetten der Messerschmitt Me 210 und Me 410, ein Meilenstein auf dem Gebiet der fernbedienten Waffenstände, bediente der Schütze ein sogenanntes *Phantomvisier*, bei dem sich Visierausrichtung und Waffenlauf stets synchron zueinander bewegten. Diese Steuerung war ergonomisch vorteilhaft, wies jedoch einen konstruktiven Nachteil auf: Die Steuerimpulse mussten über starre Wellen übertragen werden. Dies führte bei größerer Entfernung zwischen Visier- und Waffenstand zu Problemen beim Einbau und zu einer verminderten Zielgenauigkeit, insbesondere wenn zusätzliche Gelenke erforderlich wurden. Dennoch konnte mit dieser Lösung eine beachtliche Richtgenauigkeit von etwa vier Bogenminuten (4‘) erreicht werden; die maximale Schwenkgeschwindigkeit lag ebenfalls bei 60 Grad pro Sekunde.

Später wurden zunehmend Waffenstände mit *Periskopsteuerung* erprobt. Diese arbeiteten entweder mit Winkelgeschwindigkeits- oder mit Weg-Geschwindigkeitssteuerung. Bei Flugzeugen wie der Arado Ar 240 erreichte man mit der ersten Variante ebenfalls eine Maximalgeschwindigkeit von 60 Grad pro Sekunde. In der Weg-Geschwindigkeitsausführung lag die Schwenkgeschwindigkeit bei 36 Grad pro Sekunde in der Horizontalen und 18 Grad pro Sekunde in der Vertikalen. In beiden Fällen erfolgte die Steuerung über einen Handknüppel, wobei die Variante mit Weg-Geschwindigkeitssteuerung taktisch überlegen war. Vergleichende Versuche ergaben, dass ein anfliegender feindlicher Jäger mit dieser Variante in durchschnittlich fünf Sekunden in einem Luftraumbereich von 120 Grad erfasst und ins Visier genommen werden konnte – im Gegensatz zu etwa der doppelten Zeit bei der winkelgeschwindigkeitsgesteuerten Ausführung. Bei einer Beschränkung auf den gefährlichsten Anflugbereich reduzierte sich die Zielerfassungszeit sogar auf 2,7 Sekunden.

Bei der *Ve-Steuerung* war zwischen Visierträger (Zielstachel-Kreiskorn oder Revi) und Waffenlager ein mechanisches Getriebe angebracht, das dafür sorgte, daß das Visier stets in die Richtung der resultierenden Geschoßflugbahn gesteuert wurde, wenn die Eigengeschwindigkeit des Flugzeuges an der Ve-Skala eingestellt wurde. Bei Lafetten, bei denen die Verstellung des Waffenlagers zur Vergrößerung des Richtbereiches möglich war, war eine Rückdrehvorrichtung angebracht, die die Steuerorgane bei Schwenkung der Lafette stets in der gleichen Lage zur Flugrichtung hielt. Das Revi E2A war ein Ve-gesteuertes Reflexvisier. Damit das Gerät arbeiten konnte, wurde beispielsweise bei der HD 151 die Schussrichtung (Richtung des Laufes) getrennt nach Höhe und Seite von der Lafette abgegriffen und durch biegsame Wellen auf das Zielgerät übertragen.

Drehringlafette DL 81 Z/1 und DL 81 Z/2

Zu den fortschrittlichsten Bordwaffenständen der frühen 1940er-Jahre zählten die vollständig verglasten B-Stände der Typen DL 81 Z/1 und DL 81 Z/2. Beide Varianten basierten auf einer drehbaren Zwillingslafette für das Maschinengewehr MG 81 Z (Zwilling), einem der modernsten Maschinengewehre der Luftwaffe in dieser Kategorie. Diese Waffenstände gehörten zur Ausstattung der geplanten Serienversionen der Junkers Ju 88 B-0 – einer Weiterentwicklung des berühmten Schnellbombers, die jedoch nie in Großserie ging.

Die DL 81 Z/1 stellte die erste Entwicklungsstufe dar und zeichnete sich durch eine vergleichsweise schmale Ausführung aus, die allerdings den ergonomischen Ansprüchen der Bordschützen nicht mehr genügte. Sie wurde daher rasch durch die weiterentwickelte, geräumigere Variante DL 81 Z/2 ersetzt, die ein komfortableres Arbeiten im Gefecht ermöglichen sollte.

Konstruktiv basierten beide Waffentürme auf einem identischen Grundprinzip: Ein fest mit der Flugzeugzelle verbundener Basisring trug einen beweglichen Drehring, der über ein Präzisionslager frei um 360 Grad drehbar war. Als äußerer Abschluss diente eine halbkugelförmige Plexiglashaube, die dem Schützen eine nahezu uneingeschränkte Rundumsicht gewährte und gleichzeitig als Notausstieg diente – sie konnte im Ernstfall abgesprengt werden, um den Absprung mit dem Fallschirm zu ermöglichen. Die Hauptbewaffnung – das MG 81 Z – war in einer kardanischen Lagerung montiert, die direkt mit dem oberen Drehring verbunden war. Diese Lagerung erlaubte eine flexible Höhen- und Seitenausrichtung der Waffe. Die Höhenverstellung erfolgte manuell durch den Schützen, während die Seitenrichtung durch ein fein abgestuftes Getriebe unterstützt wurde. Dieses wurde hydraulisch über eine Ölpumpe betrieben, die wiederum von einem Elektromotor angetrieben wurde. Das System ermöglichte eine präzise und zugleich kraftschonende Zielnachführung, insbesondere bei längeren Feuergefechten oder schnellen Zielwechseln.

Ein schwenkbarer Sitz, direkt am Oberring befestigt, folgte automatisch den Bewegungen der Waffenanlage und sorgte dafür, dass der Schütze stets in optimaler Position zur Zieloptik und zur Waffe blieb. Stromversorgung und Signalübertragung zum elektrischen Antriebssystem erfolgten über einen Schleifringsockel an der Unterseite der Konstruktion. Zusätzlich war der Schütze durch vor ihm montierte Panzerglasscheiben gegen frontal einfliegende Projektile geschützt – ein Detail, das insbesondere bei Anflügen gegnerischer Jäger von entscheidender Bedeutung war. Mit einem Außendurchmesser von 0,95 m, einer Gesamthöhe von 1,39 m und einem Leergewicht von 57 kg stellte der Waffenstand eine durchaus kompakte Lösung dar. In voller Ausrüstung – mit montierter Waffe und einem Munitionsvorrat von 2.000 Schuss – wog die Anlage etwa 129 kg.

Trotz ihres durchdachten Designs und technischer Fortschritte wurde die DL 81 Z/2 nicht in größerem Umfang eingeführt. Der Hauptgrund lag in der Einstellung der Serienproduktion der Ju 88 B-Reihe, die über das Prototypenstadium nicht hinauskam. Dennoch bleibt die DL 81 Z/2 ein bemerkenswertes Beispiel für den technischen Stand der deutschen Bordwaffenentwicklung zu Beginn der 1940er-Jahre und verdeutlicht den Übergang von offenen, manuell bedienten Waffenständen hin zu geschlossenen, mechanisch unterstützten Systemen mit höherem Schutz- und Bedienkomfort.

Manfred Griehl

Nur versuchsweise wurde ein mit einem MG 81 Z bestückter Drehstand (DL 81 Z/1) erprobt. Da dessen Waffenwirkung jedoch im Vergleich zu einer 2 cm-Waffe zu gering war, blieb es bei Musterstücken.

Drehringlafette DL 131/1 und DL 131/2

Parallel zur Einführung des MG 131 entstand in Tarnewitz die erste speziell auf diese Waffe abgestimmte Waffenanlage: die Drehlafette DL 131. Im Oktober 1938 traf eines der ersten Musterstücke zur praktischen Erprobung auf dem dortigen Schießplatz ein. Die Lafette erwies sich rasch als zukunftsweisend für den Einsatz schwerer Defensivbewaffnung auf mehrmotorigen Flugzeugen.

Die entscheidende Weiterentwicklung dieser Anlage manifestierte sich in der überarbeiteten DL 131/2, die ab 1942 zunehmend in Maschinen wie der Heinkel He 111 H-20 und der Focke-Wulf Fw 200 Condor verbaut wurde. In diesen Flugzeugen diente sie als wichtiger Bestandteil der Rumpfverteidigung, meist in der oberen Rumpfmitte – einer strategisch günstigen Position zur Abwehr von Angriffen aus dem oberen Luftraum.

Die DL 131/2 war als drehbarer Waffenturm mit einer abwerfbaren Plexiglaskuppel konstruiert, die dem Schützen einen nahezu ungehinderten Rundumblick ermöglichte. Die gesamte Anlage bestand – wie bei Drehringlafetten üblich – aus einem festen Grundring, der mit der Flugzeugstruktur verbunden war, und einem darauf gelagerten Drehring. Dieser diente als Trägerelement für alle übrigen Komponenten, einschließlich der Waffenhalterung, des Schwenkmechanismus, der Sitzanlage und der Zieloptik. Die Waffenhalterung war mit einer in der Höhe verstellbaren Walzenlagerung ausgestattet, welche die vertikale Ausrichtung des MG 131 ermöglichte. Die Seitenrichtung konnte über ein fein abgestuftes Getriebe manuell angepasst werden. Für grobe Seitenbewegungen stand ein elektrisch betriebener Schwenkmotor zur Verfügung. Im Falle eines Stromausfalls war ein mechanischer Notantrieb vorgesehen, der eine eingeschränkte manuelle Bewegung des Drehrings erlaubte.

Ein besonderes Merkmal der DL 131/2 war die elektromagnetische Schusssperre. Diese Sicherheitsvorrichtung verhinderte, dass der Schütze das eigene Flugzeug unter Beschuss nahm. Sobald das MG 131 in Richtung solcher Flugzeugkomponenten ausgerichtet wurde, unterbrach ein elektrisches Signal die Feuerfreigabe automatisch.

Der Sitz für den Bordschützen war höhenverstellbar und direkt mit dem Waffenstand gekoppelt, sodass er dem Bewegungsablauf der Waffe in der Schussachse folgen konnte. Eine Panzerglasscheibe bot zusätzlichen Schutz vor gegnerischem Beschuss.

Die Lafette bewährte sich nicht nur in strategischen Fernaufklärern und Seefernaufklärern, sondern wurde bis Kriegsende auch in speziellen Störflugzeugen wie der Siebel Si 204 E-0 verbaut. Dort diente sie zur Selbstverteidigung bei nächtlichen Operationen über feindlichem Gebiet. Insgesamt stellte die DL 131/2 einen bedeutenden Schritt in der Entwicklung halbautomatisierter, geschützter Waffenstände dar. Sie legte den Grundstein für spätere, vollautomatisierte Turmsysteme der deutschen Luftwaffe.

He 111 mit MG 131 in Drehringlafette DL 131/1 V1 von außen.

BArch RL 3-4549

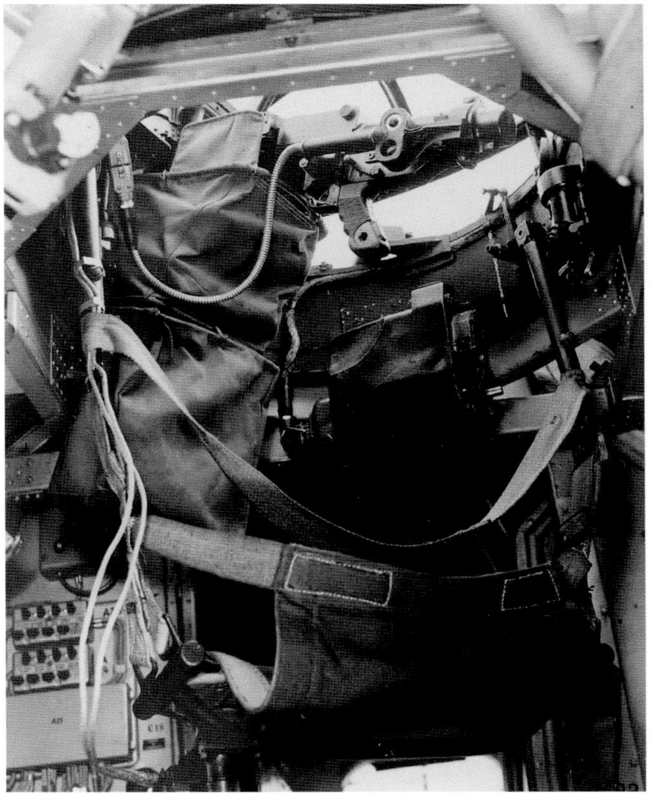

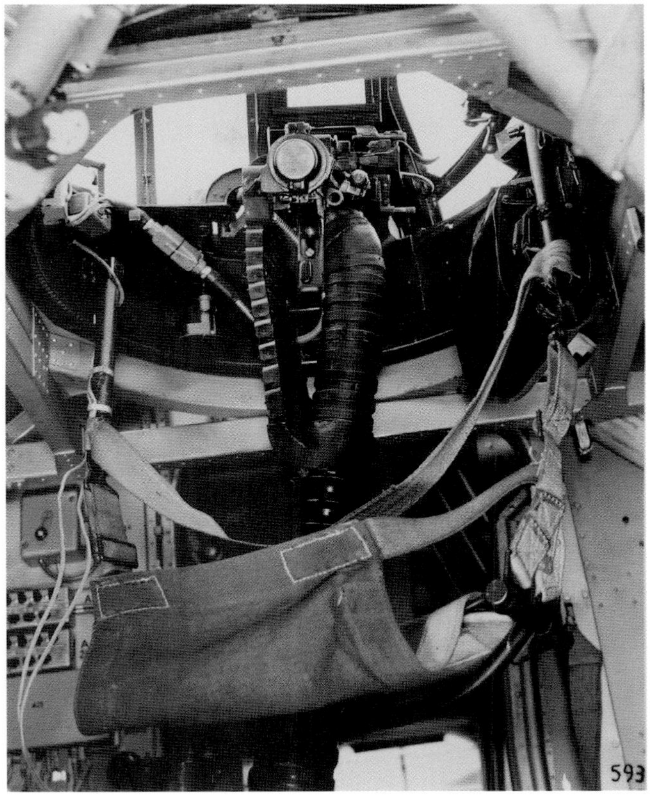

BArch RL 3-4549

Drehringlafette DL 131/1 V1 mit Gurtsitz und alter Hülsen- und Leergurtabführung in der Innenansicht.

Drehringlafette DL 131/1 als B-2-Stand einer He 111. Gut zu erkennen sind Details wie die Haubenabdichtungen und der Entlüftungsschieber auf dem Dach der Plexihaube.

Die Drehringlafette DL 131/1 C mit MG 131 kam unter anderem in der Heinkel He 111 H-20 in der oberen Rumpfmitte zum Einbau. Die Lafette hatte eine abwerfbare Plexiglas-Haube und einen elektrisch betriebenen Schwenkmotor.

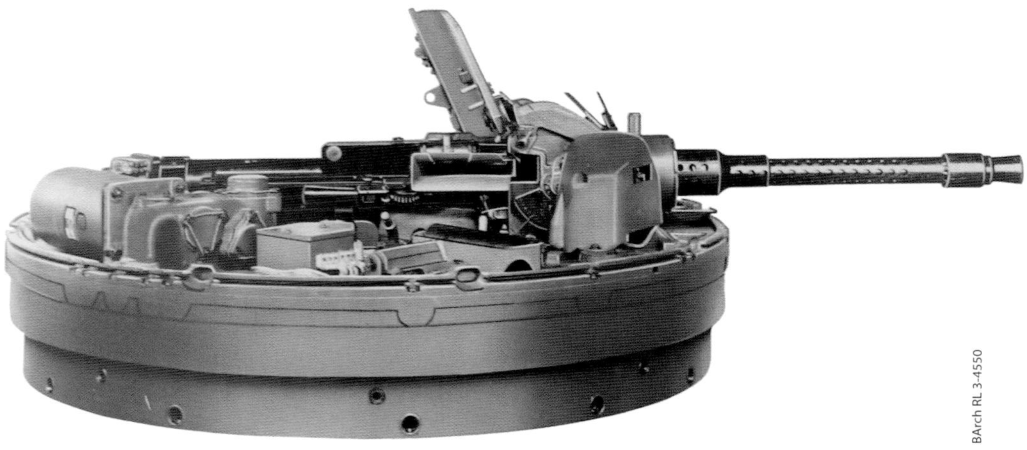

BArch RL 3-4550

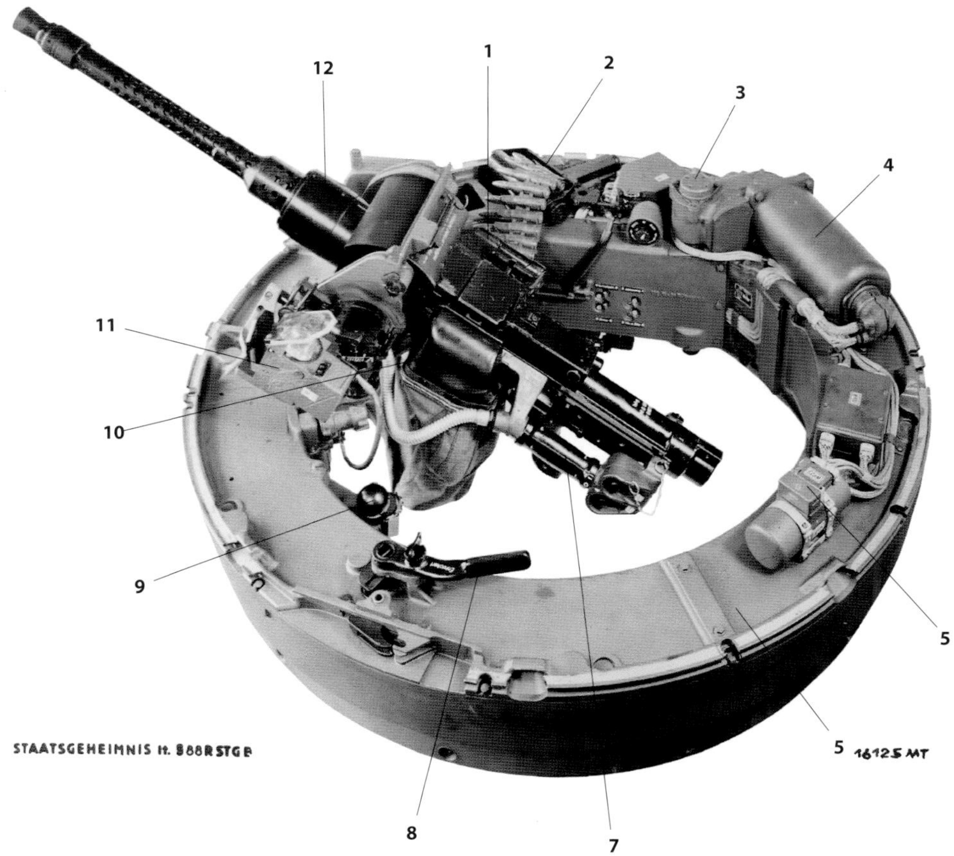

Details der DL 131/1 C. Die Haube und die Panzerplatte ist abgenommen.

1 Gurteinführung
2 Gurtkasten
3 Notbatterieschalter
4 Schwenkmotor
5 Zündumformer
6 Drehkranz
7 Schaltgriff mit Druckknöpfen
8 Abwurfhebel für Plexiglashaube
9 Hilfsseitenantrieb (Kurbel in Ruhestellung)
10 Mundstück des Ableitschlauchs
11 Revi 16 A
12 Pufferung

BArch RL 3-4550

Grafische Darstellung einer Ju-188 mit in der Kanzel eingebauter Drehringlafette DL 131/1 C.

BArch RL 3-4549

Schematische Darstellung der Drehringlafette DL 131/1 C mit Vermaßung. Die Lafette zeigt eine aerodynamisch optimierte Plexiglashaube.

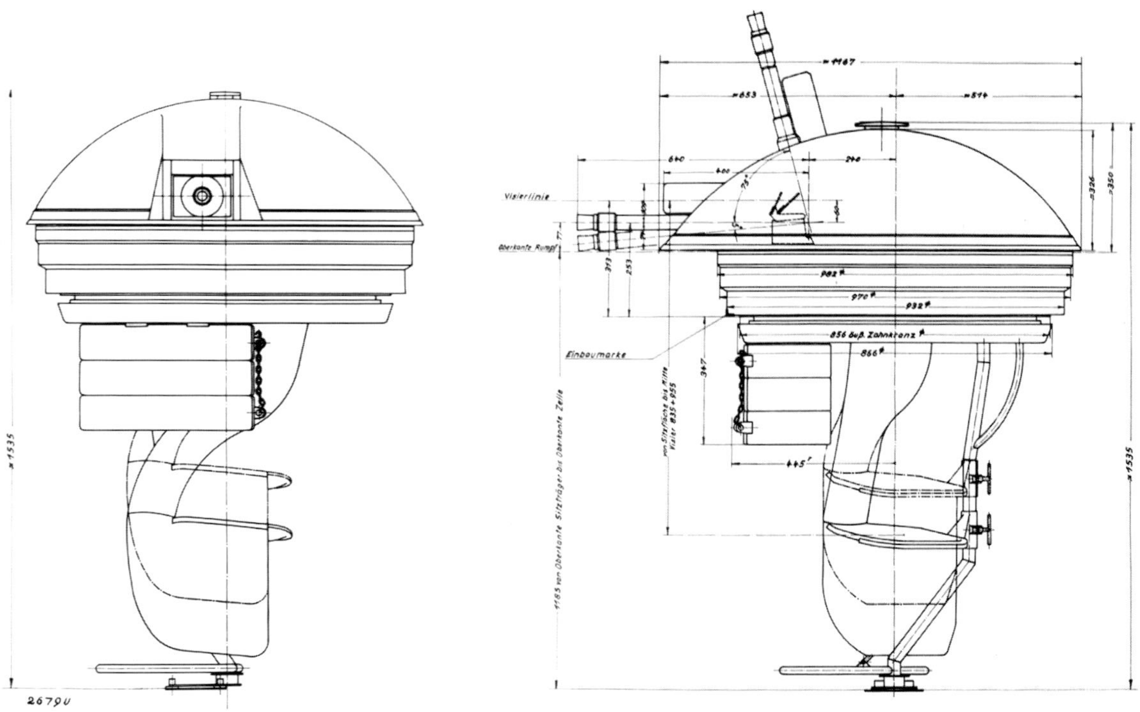

BArch RL 3-4549

Hydraulische Drehlafette HD 151/1, HD 151/2 und HD 151/3

Mit dem Ziel, die Defensivbewaffnung deutscher Langstreckenflugzeuge entscheidend zu verbessern, wurde ab Herbst 1939 in der Erprobungsstelle Tarnewitz eine neue Lafette in einem neuen elektro-hydraulisch betriebenen Drehturm getestet – die HD 151. Diese neuartige Waffenanlage stellte eine bedeutende Weiterentwicklung gegenüber den zuvor verwendeten manuell bewegten Waffenständen dar. Die Kombination aus elektrischer Steuerung und hydraulischer Kraftübertragung erlaubte eine für damalige Verhältnisse außergewöhnlich präzise und reaktionsschnelle Zielverfolgung.

Das System basierte auf einem drehbaren Unterbau, der fest mit der Flugzeugzelle verbunden war. Auf diesem war ein Rohrrahmen montiert, der vollständig mit einer transparenten Plexiglashaube verkleidet war. Diese bot dem Bordschützen nicht nur eine uneingeschränkte Rundumsicht, sondern schützte ihn auch vor Wind, Wetter und Fahrtwind, insbesondere in größeren Flughöhen. Um im Notfall eine Rettung per Fallschirm zu ermöglichen, war der rechte Teil der Haube als abwerfbares Segment ausgelegt – eine für damalige Systeme außergewöhnliche Sicherheitsmaßnahme.

Zentraler Bestandteil des Turms war das Bordgeschütz MG 151/20 – eine 20-mm-Maschinenkanone, die auf der linken Seite der Konstruktion in einer schwimmend gelagerten Wiege installiert war. Diese spezielle Lagerung diente der Reduzierung von Rückstoßwirkungen und erlaubte eine stabilere Zielerfassung während des Feuerns. Die Rückstoßkräfte wurden durch eine ausgeklügelte Rücklaufeinrichtung absorbiert, bestehend aus vier Spiralfedern und zwei hydraulischen Bremszylindern. Die Durchführung der Waffe durch die Plexiglashaube wurde über eine flexible, jalousieartige Dichtung gegen äußere Einflüsse abgeschirmt.

Das Herzstück des Bewegungsmechanismus bildete der sogenannte »Thoma-Trieb« – ein stufenlos arbeitendes Getriebe, das mittels Elektromotor angetrieben wurde. Der Trieb wandelte elektrische Energie in hydraulischen Druck um, mit dem wiederum zwei Ölmotoren gespeist wurden: einer für die Seitenrichtung, einer für die Höhenverstellung. Die Zielausrichtung erfolgte über einen zentralen Steuerknüppel, der dem Bordschützen ermöglichte, mit feinfühliger Handbewegung das gesamte Geschütz

BArch RL 36-262-0037

Der A-Stand der Fw 200 C-5 war mit einem in einer HD 151- Lafette montierten MG 151/20 ausgestattet. Vor dem Waffenturm befand sich ein Richtsperrbügel, der verhindern sollte, dass das eigene Flugzeug versehentlich unter Beschuss geriet. Gut sichtbar ist das Reflexvisier in der Mitte des offen verglasten Sichtbereichs des Schützen.

Hydraulische Drehlafette HD 151/1 ohne Haube mit Munitionszuführung von links.

Das Funktions- und Antriebsschema des Doppel-Thoma-Antriebs der Lafette.

1 **Elektromotor**
2 **Ölpumpe für Seite**
3 **Ölpumpe für Höhe**
4 **Füllpumpe**
5 **Handgriff**
6 **Ölmotor für Seite**
7 **Ölmotor für Höhe**
8 **Höhenrichtwerk**
9 **Seitenrichtwerk**

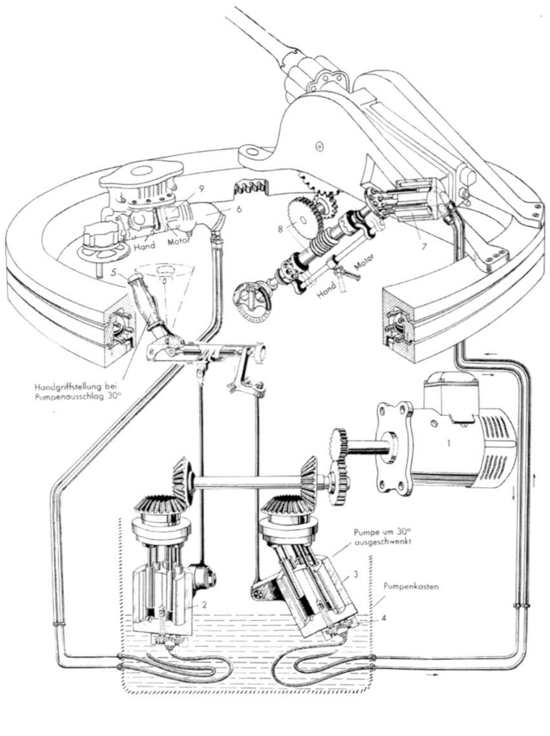

BArch RL 3-7261 D. (Luft) T. 6217

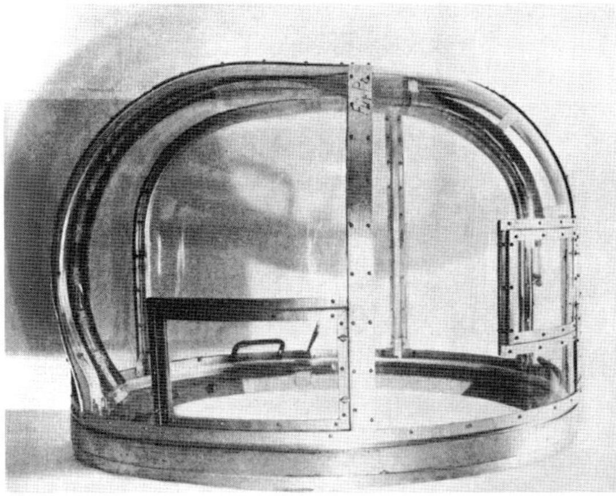

BArch RL 3-7261 D. (Luft) T.6217

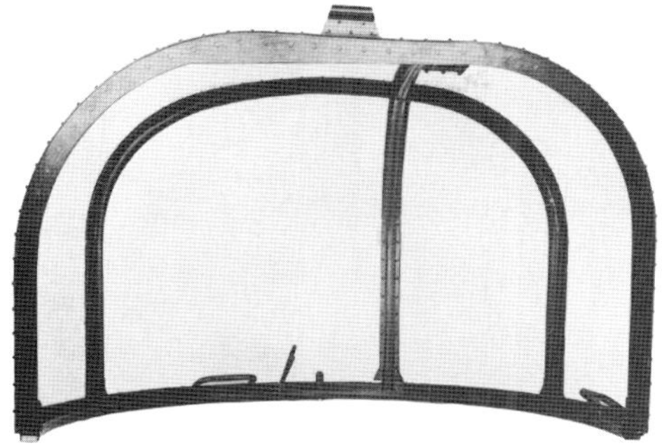

Haube der HD 151/1. Rechts der abwerfbare Teil der Haube.

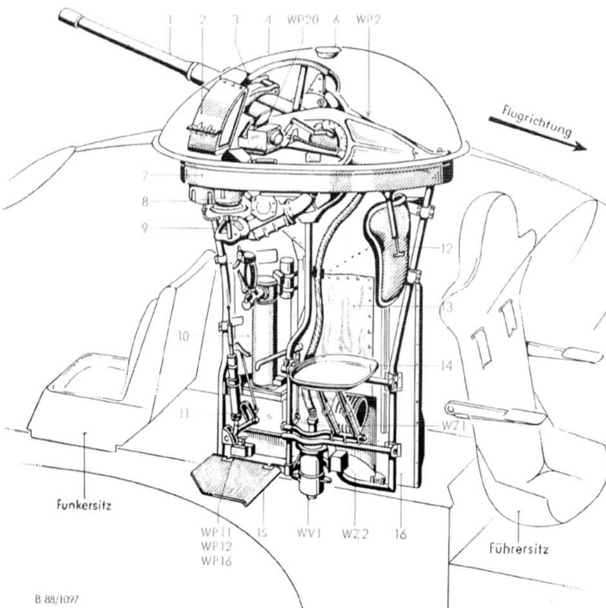

1. Mechanischer Teil		2. Elektrischer Teil	
1	MG 151/20	WP 10	Zündumformer
2	Panzerscheibe	WP 3	ADSK 151/131 F
3	Waffenlagerung	WP 2	ED 151
4	Plexi-Haube	WP 18	Schußzähler SZ 1
5	Haubenverriegelung	WP 15	Schaltzähler-Kontrollkasten SZKK 1
6	Belüftungs-Öffnung	WV 1	Schleifringkupplung SKU 15 A
7	Drehkranz	WV 2	Selbstschalterkasten
8	Handrad für Seite	WP 17	Vorholknopf
9	Handrad für Höhe	WP 11	Umschalter
10	Richtknüppel	WP 12	Umschalter
11	Fußhebel	WP 16	Umschalter
12	Rückenlehne	WP 20	Revi E 2 A
13	Leergutbehälter	WV 3	Sperre
14	Schützensitz	WV 14	Abzugsknopf
15	Fußstütze	WZ 1	Antriebsmotor
16	Gurtkasten	WZ 2	Schaltschütz
17	Anschlußdose ADb 11	WZ 3	Motorschalthebel

BArch RL 3-6306

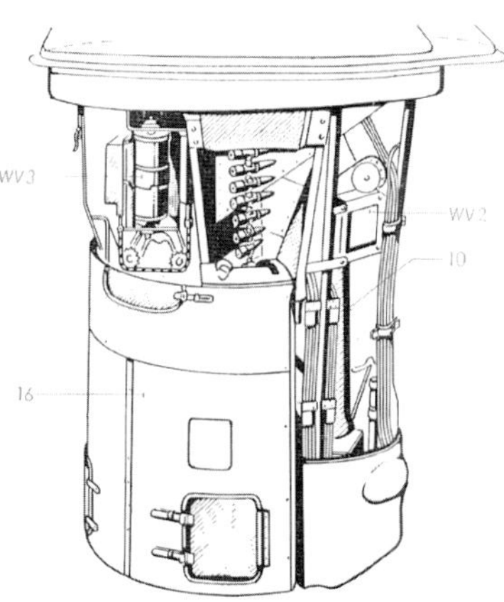

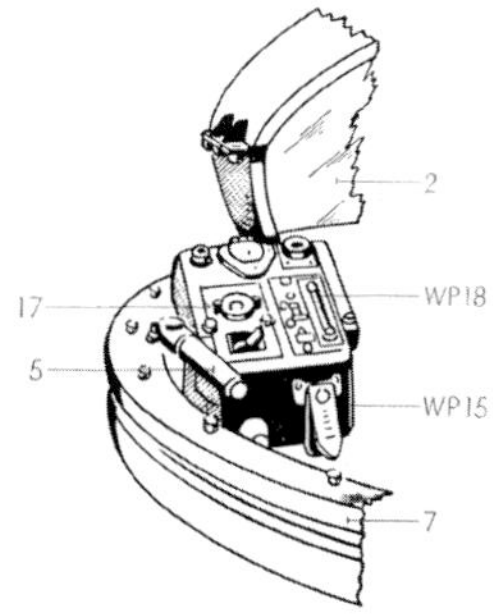

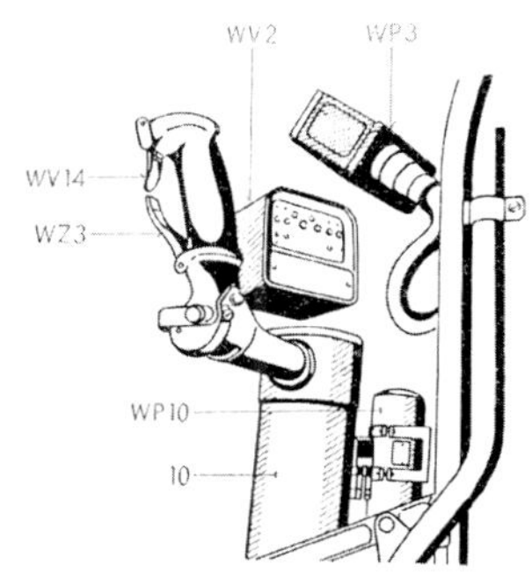

Schematische Darstellung der HD 151/2 im B-Stand einer Ju 188 A-2, A-3 und D-2 mit MG 151/20. Die Plexi-Haube ist im Vergleich zum Vorgängermodell HD 151/1 aerodynamisch erheblich besser gestaltet.

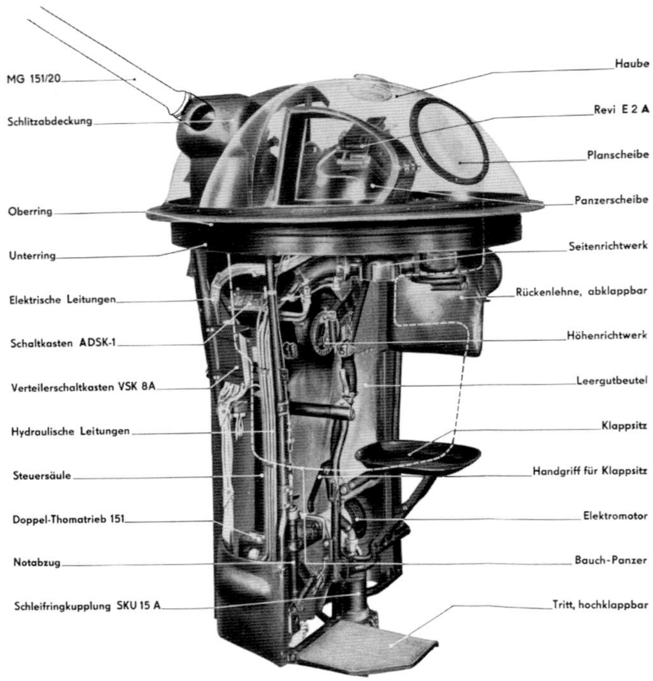

Vorderansicht des Waffenturms mit der Lafette HD 151/2 A und der Maschinenkanone MG 151/20.

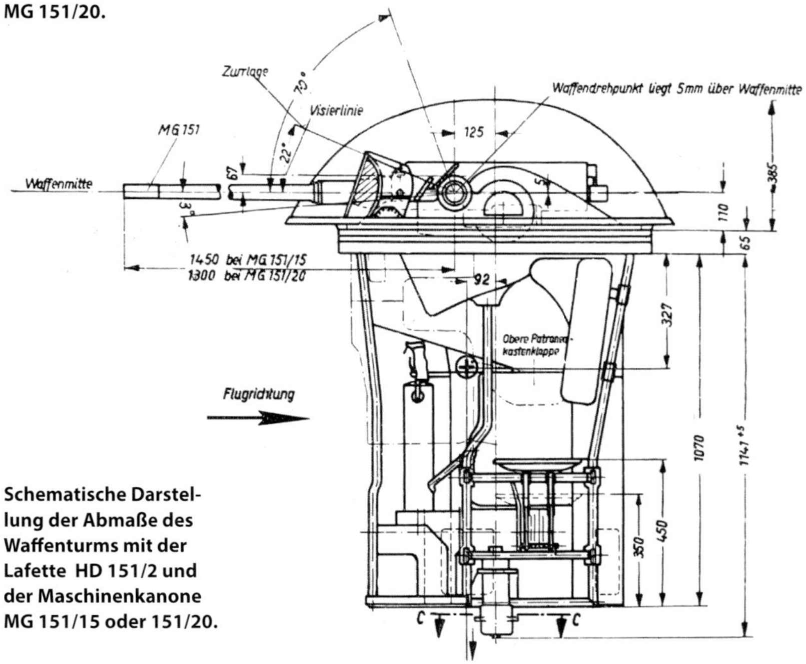

Schematische Darstellung der Abmaße des Waffenturms mit der Lafette HD 151/2 und der Maschinenkanone MG 151/15 oder 151/20.

stufenlos in beide Achsen zu lenken. Zusätzlich war unterhalb des Drehrings ein zweites Rohrgerüst angebracht, das nicht nur die Sitzvorrichtung für den Bordschützen trug, sondern auch die Aufnahmen für Munitionskästen (für Voll- und Leergurte), die hydraulische Antriebseinheit und die Energieversorgung beinhaltete. Letztere erfolgte über einen am Rahmen verschraubten Schleifring, über den der Elektromotor kontinuierlich mit Strom versorgt wurde – selbst während des Rotierens.

Der Waffenturm HD 151/1 war für seine Zeit relativ kompakt: Mit einem Außendurchmesser von 1,20 Metern und einer Gesamthöhe von 1,78 Metern passte er in die meisten größeren Flugzeugzellen. Das Leergewicht betrug 215 kg, während die voll ausgerüstete Anlage – inklusive MG 151/20, Lafette, Antriebssystem und 500 Schuss 2-cm-Munition – rund 448 kg auf die Waage brachte.

Waffentürme dieses Typs wurden vor allem in Fernaufklärern und maritimen Großflugzeugen eingesetzt. Zu den Hauptträgerplattformen gehörten unter anderem die Focke-Wulf Fw 200 C »Condor«, die Junkers Ju 290 A sowie das gigantische Flugboot Blohm & Voss BV 222 C. In diesen Maschinen diente der HD 151 nicht nur der Selbstverteidigung gegen feindliche Jagdflugzeuge, sondern auch der Sicherung von Seeoperationen über weiten Distanzen.

Trotz ihrer Komplexität war die HD 151 Teil eines bemerkenswert robusten und leistungsfähigen Waffenturms, der mit seinem elektro-hydraulischen Antrieb einen wichtigen Schritt in Richtung automatisierter Abwehrsysteme darstellte – ein Konzept, das erst über zehn Jahre später zur Serienreife in modernen Flugzeugen und Helikoptern führte.

Die HD 151/2 stellte eine konsequente Weiterentwicklung des elektrohydraulischen Waffenturms HD 151/1 dar und sollte die aerodynamische Effizienz und den Gefechtswert gegenüber ihrem Vorgängermodell deutlich steigern. Der auffälligste Unterschied lag in der neu konstruierten, strömungstechnisch optimierten Plexiglashaube. Diese neue Verkleidung war nicht nur windschnittiger ausgeführt, sondern bot dem Bordschützen auch ein deutlich verbessertes Sichtfeld mit reduziertem Luftwiderstand – ein wichtiger Aspekt für Langstreckenflugzeuge, bei denen Reichweite und Geschwindigkeit von entscheidender Bedeutung waren.

Die Erprobung der HD 151/2 als B-Stand (oberer Rumpfwaffenstand) begann planmäßig Ende Oktober 1943 in der Erprobungsstelle Tarnewitz. Als Trägerflugzeug war die Ju 188 V27 vorgesehen, eine Variante des weiterentwickelten Schnellbombers Ju 88. Allerdings verzögerte sich die Bereitstellung eines geeigneten Versuchsflugzeugs erheblich, sodass die Flugerprobung des überarbeiteten Turmsystems erst mit nennenswerter Verspätung beginnen konnte.

Erst nach Abschluss umfangreicher Bodentests sowie der verspäteten Flugerprobung konnte der Waffenturm auf seine Einsatztauglichkeit bewertet werden. Die Ergebnisse fielen insgesamt positiv aus: Die verbesserten Sichtverhältnisse, die stabilisierte Waffenausrichtung sowie die geringeren aerodynamischen Störungen machten die HD 151/2 zu einem der fortschrittlichsten Defensivlösungen für große Kampfflugzeuge der späten Kriegsjahre.

Nach der erfolgreichen Bewertung wurde die HD 151/2 in die Serienausrüstung ausgewählter Fernflugzeuge übernommen. Besonders häufig fand sie sich auf dem oberen Rumpfrücken zweier bedeutender Langstreckenflugzeuge der Luftwaffe: der Focke-Wulf Fw 200 C »Condor« und der Junkers Ju 290 A. In beiden Fällen diente die Anlage der Verteidigung gegen alliierte Begleitjäger, insbesondere bei Seepatrouillen oder Versorgungsflügen über dem Atlantik und den Weiten Russlands.

Wie ihr Vorgänger kombinierte die HD 151/2 elektrische Steuerimpulse mit hydraulischer Kraftübertragung (»Thoma-Trieb«) zur feinfühligen, stufenlosen Ausrichtung des Bordgeschützes – in der Regel ein 20-mm-MG 151/20. Die Anlage verfügte über alle gängigen Sicherheitsmechanismen, darunter eine elektromagnetische Schusssperre zum Schutz eigener Flugzeugteile. Für Notfälle war die verbesserte Haube ebenfalls abwerfbar konstruiert, um dem Bordschützen eine Rettung per Fallschirm zu ermöglichen.

Im Vergleich zu den oft rudimentär ausgestatteten Waffenständen der frühen Kriegsjahre war die HD 151/2 ein klarer Ausdruck des technischen Fortschritts der späten Luftwaffenrüstung – allerdings kam diese Innovation zu einem Zeitpunkt, als die strategische Lage Deutschlands sich bereits zunehmend verschlechterte.

Die dritte Ausführung des HD 151-Waffenturms, die ab 1944 zur Erprobung kam, stellte eine vereinfachte Variante der bereits etablierten HD 151/2 dar. Sie wurde in einer Zeit entwickelt, in der die Luftwaffe dringend auf eine schnelle und kostengünstige Lösung angewiesen war, um den zunehmenden Bedarf an effektiven Bordwaffensystemen zu decken. Der zunehmende Druck auf die Produktion und die ständig wachsenden Anforderungen an die Einsatzfähigkeit der deutschen Luftstreitkräfte führten dazu, dass die Konstrukteure versuchten, die komplexeren und aufwändigen Komponenten der HD 151/2 zu vereinfachen, ohne die Grundfunktionen und die Effektivität des Waffensystems zu gefährden.

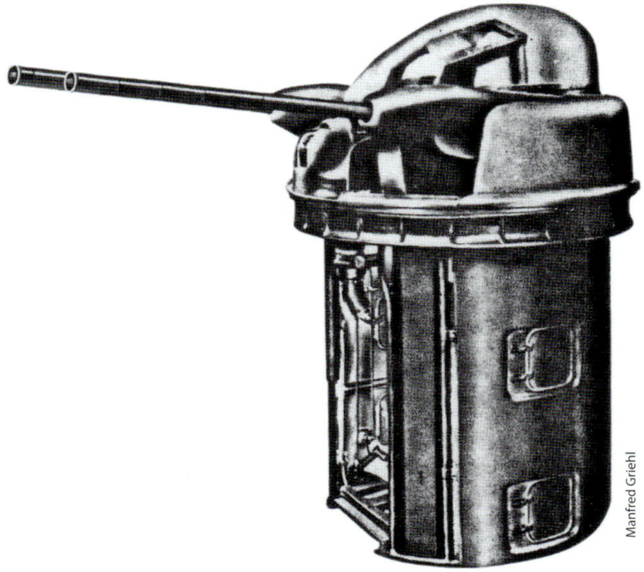

Manfred Griehl

Ab 1944 entstand mit dem HD 151 Z ein deutlich leistungsfähigerer Waffenturm, der mit zwei MG 151/20 ausgerüstet war. Die Arbeiten wurden jedoch nicht vollendet, sodass nur wenige Versuchsmuster produziert wurden.

Trotz der vereinfachten Bauweise ist davon auszugehen, dass die grundlegenden Funktionen wie die Schwenkmechanismen, die Waffenausrichtung und die Sicherheitsmechanismen (wie die Schusssperre) auch in der vereinfachten Ausführung erhalten geblieben sind. Auch der Einsatz in bekannten Langstreckenflugzeugen wie der Fw 200 C oder der Ju 290 A dürfte in Betracht gezogen worden sein, um die Effektivität dieser Maschinen in feindlichen Lufträumen zu erhöhen.

Da detaillierte Informationen und spezifische technische Daten über diese dritte Ausführung noch fehlen, bleibt vieles über diese vereinfachte Version der HD 151 unklar. Es ist jedoch zu vermuten, dass sie nie in großer Zahl gefertigt wurde, da zu dieser Zeit die Luftwaffe mit anderen, dringlicheren Entwicklungen und dem Mangel an Ressourcen konfrontiert war.

Hydraulische Drehlafette HD 151 Z

Mit dem zunehmenden Druck durch alliierte Jagdflugzeuge forderte das Oberkommando der Luftwaffe (OKL) für verschiedene Langstreckenflugzeuge wie die Focke-Wulf Fw 200, Heinkel He 177, Junkers Ju 290 und Ju 388 eine deutlich verbesserte Abwehrbewaffnung. Im Fokus stand dabei die Entwicklung besonders durchsetzungsfähiger Waffenstände, um die Verwundbarkeit dieser

Maschinen bei Fern- und Langstreckeneinsätzen zu verringern.

Als Antwort darauf entstand gegen Ende 1943 ein neu konzipierter, hydraulisch betriebener Zwillingswaffenstand mit bemannter Besatzung. Er war für den Einbau auf dem Rumpfrücken vorgesehen – idealerweise als eine von zwei Einheiten auf vier- oder sechsmotorigen Flugzeugtypen. Der neue Turm sollte nicht nur besonders kampfstark sein, sondern auch eine flexible Besetzung während des Fluges ermöglichen. Entsprechend wurde Wert auf ergonomisches Design gelegt: Der Schütze sollte sich auch bei langen Missionen ausreichend bewegen können. Eine großzügig verglaste Plexiglashaube ermöglichte eine nahezu uneingeschränkte Rundumsicht – ein entscheidender Vorteil bei der Erfassung schnell angreifender Jäger.

Als Bewaffnung war ein doppelläufiges MG 151/20 vorgesehen, für das das Technische Amt einen Munitionsvorrat von mindestens 1.200 Schuss pro Waffenstand anstrebte. In einem frühen Stadium wurden zunächst eine maßstabsgetreue Holzattrappe im Maßstab 1:1 sowie mindestens zwei verschiedene Funktionsattrappen zur Erprobung gebaut. Ziel war es, bereits am Boden die Einbaubedingungen, Bewegungsfreiheit und Schusswinkel realistisch zu simulieren.

Ein erster konkreter Erprobungsträger dieser Anlage war die Heinkel He 177 V34 (Werknummer 5364), die bereits mit dem HL 131 V-Heckstand ausgestattet war. Diese Maschine sollte zusätzlich mit dem neu entwickelten Zwillingsstand auf dem Rumpfrücken ausgestattet werden. Der Einbau konnte im November 1943 abgeschlossen werden, woraufhin das Flugzeug ab Dezember desselben Jahres für weitere Tests zur Erprobungsstelle Tarnewitz überführt wurde. Dort sollten insbesondere Schussfeld, Visieroptik, Zielverfolgung und die mechanische Stabilität des Waffenturms unter Flugbedingungen überprüft werden.

Über die Testergebnisse und das weitere Schicksal der He 177 V34 liegen keine gesicherten Informationen vor. Vermutlich wurde das Projekt jedoch nicht weitergeführt, da sich im Laufe des Jahres 1944 die Prioritäten der deutschen Luftwaffenproduktion drastisch verschoben. Mit der fast vollständigen Einstellung der Entwicklung und Fertigung neuer schwerer Bomber verlor auch die Weiterentwicklung des MG-151-Zwillingswaffenstands an Bedeutung. Spätestens Mitte 1944 wurde das Vorhaben endgültig eingestellt.

Obwohl die Anlage nie in Serie ging, verdeutlicht dieses Projekt den fortwährenden Versuch der deutschen Luftwaffe, ihre großen Fernbomber trotz der alliierten Luftherrschaft durch leistungsfähige Eigenbewaffnung verteidigungsfähig zu halten – ein technologisch aufwendiger und letztlich vergeblicher Versuch im letzten Kriegsdrittel.

Drehlafette DL 204 mit MG H.S. 204

1938 wurde für die neu entwickelte 2-cm-Maschinenkanone MG 204 die Drehlafette D 204 entwickelt. Ziel war es, die Waffe flexibler in Flugzeugen einsetzbar zu machen, indem sie auf einem drehbaren Gestell montiert wurde, das eine bessere Zielverfolgung erlaubte. Die erste Erprobung fand im Sommer 1938 auf dem Luftwaffen-Schießplatz Tarnewitz statt.

Im September desselben Jahres wurde der Einsatz der Kombination MG 204 und D 204-Lafette in der Heinkel He 59 vorgeschlagen – einem zweimotorigen Seeaufklärer, der u. a. im Spanischen Bürgerkrieg von der Legion Condor verwendet wurde. Die Erprobung in Spanien sollte taktische Vorteile unter realen Bedingungen aufzeigen.

Die neue Lafette stieß jedoch auf Kritik. Vor allem bemängelte man ihre mangelnde Stabilität beim Schuss: starke Vibrationen und Verwindungen beeinträchtigten die Zielgenauigkeit erheblich. Trotz des innovativen Konzepts galt die Waffenlagerung als zu »weich« und technisch unausgereift.

1939 wurde das Projekt zugunsten der technisch überlegenen HD 151/1 eingestellt. Dieses System erwies sich als robuster und besser geeignet für moderne Bordkanonen. Die D 204 blieb damit ein Beispiel für viele experimentelle Entwicklungen der Zeit, die trotz Potenzials nicht den Anforderungen der Luftwaffe genügten.

Hydraulische Bug- und Hecklafetten

Ab dem Frühjahr 1943 verschlechterte sich die Lage der deutschen Luftstreitkräfte zunehmend. Die bislang vorhandene Luftherrschaft schwand, insbesondere über dem offenen Meer. Immer häufiger mussten deutsche Fernaufklärer und Seefernbomber bei ihren Einsätzen über dem Nordmeer und dem Atlantik mit Angriffen alliierter Langstreckenjäger und schwer bewaffneter Zerstörerflugzeuge rechnen. In Anbetracht dieser wachsenden Bedrohung wurde die Notwendigkeit einer umfassenden Verbesserung der defensiven Bordbewaffnung offensichtlich – ein einfacher Selbstschutz durch leichte MGs genügte nicht mehr.

Als Reaktion darauf nahmen Techniker der Erprobungsstelle Tarnewitz im Frühjahr 1944 eine vergleichende Untersuchung zweier moderner Waffenstände vor. Getestet wurden ein Vierlingsstand mit dem 13-mm-MG 131 sowie ein Doppelstand mit der 20-mm-Maschinenkanone MG 151/20. Die ersten Analysen und stationären Tests ließen vermuten, dass der Zwillingsstand mit den stärkeren 2-cm-Kanonen dem Vierling mit kleineren Kalibern in puncto Durchschlagskraft, Reichweite und Wirksamkeit überlegen sei. Diese erste Einschätzung führte dazu, dass die E-Stelle vorschnell vorschlug, zukünftige Ausrüstungsvarianten standardmäßig auf das MG 151-Zwillingssystem auszurichten.

Doch die nachfolgenden Flugversuche zeichneten ein deutlich differenzierteres Bild. Trotz der nominell größeren Feuerkraft des Zwillingsstandes erwies sich der MG 131-Vierling in der Praxis als effektiver. Die hohe Kadenz der vier Maschinengewehre erzeugte eine deutlich größere Feuerdichte, was insbesondere beim Bekämpfen schneller, manövrierfähiger Ziele Vorteile bot. Die hohe Wahrscheinlichkeit, Treffer in kurzen Feuerstößen zu erzielen, kompensierte den Nachteil des geringeren Kalibers.

Diese Erkenntnisse stellten sich jedoch nicht plötzlich ein, sondern waren das Ergebnis eines langen und evolutionären Prozesses in der Entwicklung der Bordbewaffnung. Ursprünglich waren deutsche Flugzeuge, insbesondere im Bereich der Fernaufklärung und Seeüberwachung, lediglich mit dem leichten MG 15 ausgerüstet, das bereits zu Kriegsbeginn als zunehmend unzureichend galt. Die progressive Einführung schwererer und mehrläufiger Waffenstände markierte einen kontinuierlichen Versuch, auf die sich wandelnden Bedingungen des Luftkrieges zu reagieren.

Letztlich machte der Vergleich zwischen MG 131-Vierling und MG 151-Zwilling deutlich, dass nicht allein das Kaliber, sondern die taktische Einsatzweise, Schussfolge und Trefferwahrscheinlichkeit über die Eignung einer Defensivbewaffnung entschieden.

Hecklafette HL 15 VE und HL 81

Während des Zweiten Weltkriegs bemühten sich deutsche Flugzeugentwickler, die Defensivbewaffnung insbesondere im Heckbereich ihrer Kampfflugzeuge zu optimieren, um deren Anfälligkeit gegenüber Angriffen von hinten zu verringern. In diesem Zusammenhang entstanden bewegliche Waffenstände wie die Hecklafetten HL 15 und HL 81. Sie ermöglichten die flexible Lagerung eines Maschinengewehrs oder einer leichten Maschinenkanone in einer drehbaren Drehringlafette, um ein möglichst weites Schussfeld nach hinten und zu den Seiten zu gewährleisten.

Diese Lafettentypen konnten jedoch baulich nur in wenigen Flugzeugmustern integriert werden, was ihre Verbreitung einschränkte. Neben Umbauten bei der Junkers Ju 90 fanden sie vor allem in Spezialflugzeugen wie der asymmetrischen Blohm & Voss BV 141 und dem Aufklärer Focke-Wulf Fw 189 (»fliegendes Auge«) Verwendung. Technisch galten die HL-Lafetten dennoch als bemerkenswertes Konzept.

Kernstück war der geschlossene Drehring, auf dem die komplette Lafette samt Waffenstand montiert war. Dieser ließ sich durch einen Siemens-Elektromotor mit zweistufigem Planetengetriebe horizontal bewegen. Über ein Antriebsritzel, das in den Zahnkranz der hinteren Kanzel griff, wurde die verglaste Kanzel mitsamt Lafette bewegt. Gesteuert wurde das System über einen an der Waffe angebrachten Kippschalter (»Schaltgriff«), mit dem der Bordschütze die gewünschte Zielrichtung ansteuerte – die Lafette richtete sich automatisch dorthin aus.

Für den Fall eines akuten Stromausfalls, etwa durch feindlichen Beschuss, war eine mechanische Entkupplung integriert. Diese erlaubte es dem Bordschützen, den Drehkranz manuell über einen Griffkranz zu bewegen – ein wirkungsvolles, redundantes Sicherheitsmerkmal. Ein Gegengewicht sorgte zudem für eine ausgewogene Waffengewichtsverteilung, was die Handhabung der Waffe erleichterte.

Ein weiterer Bestandteil war das Visiersystem VE 23 – eine visuelle Zielhilfe, deren Funktionsweise mit der Fluggeschwindigkeit gekoppelt war, um Vorhaltewinkel bei beweglichen Zielen automatisch zu berechnen. Diese Geschwindigkeitskorrektur erhöhte die Trefferwahrscheinlichkeit deutlich.

Die Richtcharakteristik war beachtlich: Der Höhenrichtbereich reichte von +30° bis -90°, seitlich waren je 30° nach links und rechts möglich. Durch die volle Rotation der HL 15 VE-Einheit war ein lückenloser 360°-Überwachungsbereich im Heckbereich realisierbar. Trotz ihrer Komplexität wog die gesamte Einheit inklusive Visier nur 32 kg. Sie maß 1,73 m in der Länge bei einem Durchmesser von 0,86 m.

In späteren Kriegsjahren wurde das MG 15 durch das leistungsstärkere MG 81 ersetzt. Bei dieser Umrüstung wurde die grundlegende Konstruktion der Lafette beibehalten.

Trotz begrenzter Verbreitung infolge baulicher Komplexität und Platzbedarfs galt die HL 15/81-Lafette unter Fachleuten als eine der fortschrittlichsten beweglichen Waffenplattformen ihrer Klasse. Sie war eine der wenigen technisch wirksamen Lösungen der Luftwaffe zur Verbesserung der schwachen Heckverteidigung.

Hydraulische Lafette HL 131 und HL 131 Z

HL 131 Z/1 am Heck einer Ju 188 G-2.

Im Zuge der ständigen Weiterentwicklung defensiver Bordbewaffnung bei der deutschen Luftwaffe wurde die Hecklafette HL 131 Z/1 als spezialisierter Waffenstand für mittelschwere Kampfflugzeuge konzipiert. Es handelte sich um eine gepanzerte Zwillingslafette für zwei übereinander montierte MG 131. Die Anlage war für die manuelle Bedienung durch einen Heckschützen ausgelegt, jedoch mit technischer Unterstützung durch hydraulische Komponenten, um Zielverfolgung und Waffenführung zu erleichtern. Zur Zielerfassung kam die Visiereinrichtung VE 47 B zum Einsatz, ein mechanisch-optisches Visier, das eine präzise Bekämpfung von Luftzielen – auch bei hohen Eigengeschwindigkeiten von bis zu 500 km/h – ermöglichte. Diese Leistungsfähigkeit entsprach dem allgemein steigenden Bedarf nach defensiven Waffenanlagen gegen immer schnellere alliierte Jäger.

Der Richtbereich der HL 131 Z/1 war auf die typischen Anforderungen der Heckverteidigung abgestimmt: Horizontal konnten jeweils 30 Grad nach links und rechts erfasst werden, während in der Vertikalen ein Schussfeld von -30 Grad bis +40 Grad zur Verfügung stand. Diese Werte stellten einen akzeptablen Kompromiss zwischen Bewegungsfreiheit, Schutz der Waffenanlage und Platzverhältnissen im Flugzeugheck dar.

Erste Erprobungen der neuen Lafette erfolgten an der Ju 188 V2, einem Prototyp der modernisierten Weiterentwicklung der Ju 88. In diesem Muster war der HL 131 Z/1-Heckstand hydraulisch ansteuerbar, was die Bedienung durch den Heckschützen vereinfachte. Die Boden- und Flugtests verliefen bis Ende September 1943 weitgehend problemlos, wobei vor allem die Funktionalität der Lafette im Flugbetrieb überzeugte. Eine Einschränkung bestand jedoch in der beengten Position des Heckschützen: Der Arbeitsplatz war sehr knapp bemessen und bot weder Bewegungsfreiheit noch Komfort – was besonders bei längeren Einsätzen zu rascher Ermüdung führte und die Effektivität der Bedienung einschränken konnte.

Bis Mitte Oktober 1943 war der überwiegende Teil der Erprobung abgeschlossen. Noch offen waren allerdings

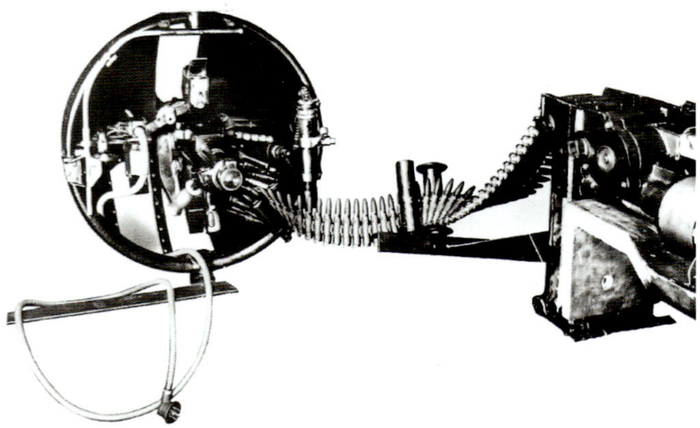

HL 131 in der Außen- und Innensicht mit Munitionszuführung.

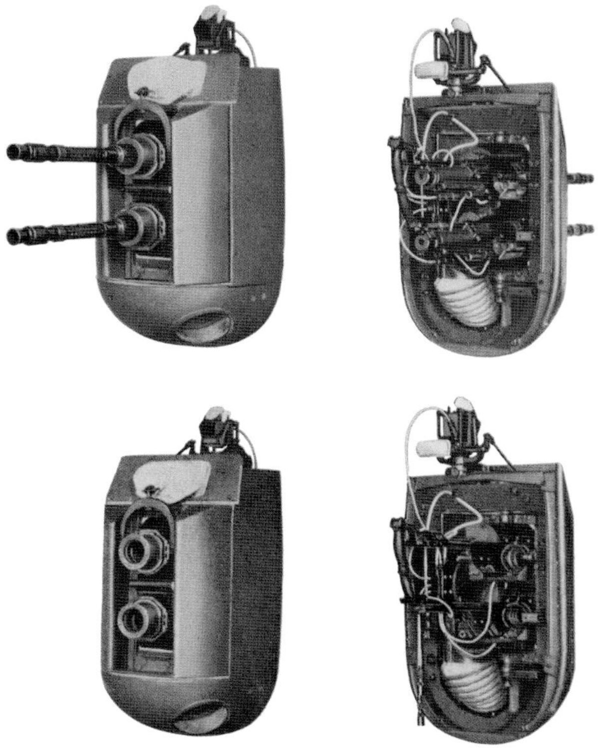

HL 131 Z/1 mit und ohne Waffen.

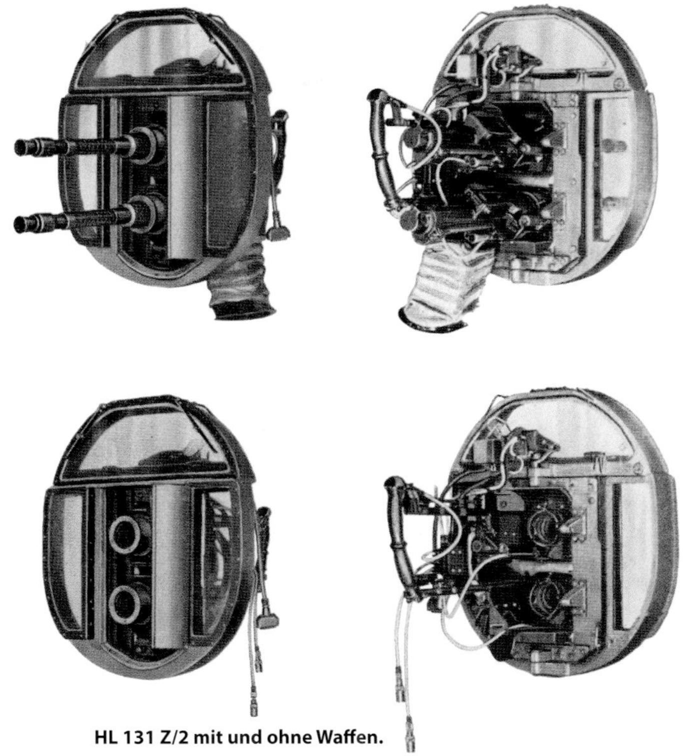

HL 131 Z/2 mit und ohne Waffen.

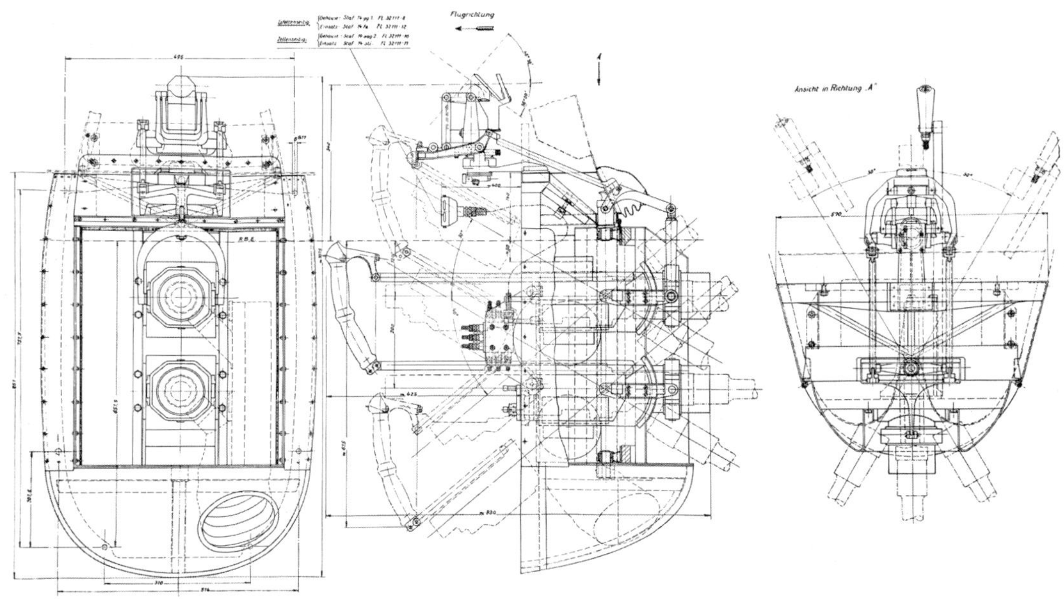

D. (Luft) T. 6265

Einbauzeichnung der HL 131 Z/2.

Tests im Bereich der Gurtfördermechanik – also der Munitionszuführung – sowie Funktionsprüfungen bei großer Flughöhe und bei unterschiedlichen elektrischen Belastungen. Im Sommer 1944 wurde die Erprobung vollständig abgeschlossen. Die Veröffentlichung des Gerätehandbuchs im November 1944 dokumentiert die offizielle Einführung der Lafette in den Truppendienst.

Die HL 131 Z/1 wog im eingebauten Zustand etwa 125 kg und war vor allem für die ab Ende 1944 geplanten Serienmodelle der Ju 188 und die hochfliegenden Varianten der Ju 388 vorgesehen. Diese Maschinen sollten Aufklärungsflüge in großer Höhe oder Angriffe mit begrenztem Jagdschutz ausführen und benötigten daher eine wirkungsvolle Heckbewaffnung. Der HL 131 Z/1-Waffenstand stellte eine kompakte, wirksame und technisch ausgereifte Lösung für dieses Anforderungsprofil dar.

Die Hecklafette HL 131 Z/2 war eine weiterentwickelte Variante der zuvor getesteten Z/1-Ausführung, wobei wesentliche strukturelle Elemente beibehalten wurden. Der Unterschied lag vor allem in der verwendeten Visiereinrichtung: Anstelle des älteren VE 47 B kam nun die modernere VE 48 zum Einsatz. Diese optische Zielhilfe war speziell dafür ausgelegt, auch bei Fluggeschwindigkeiten von bis zu 600 km/h eine präzise Zielverfolgung zu ermöglichen – eine Reaktion auf die weiter zunehmende Geschwindigkeit der gegnerischen Jäger.

In Bezug auf die Beweglichkeit der Waffe gab es ebenfalls eine Veränderung: Anders als bei der Z/1-Version, bei der die Höhenrichtbarkeit von −30° bis +40° reichte, wurde bei der HL 131 Z/2 ein einheitlicher Schwenkbereich von jeweils 30 Grad in alle Richtungen definiert. Dies sollte die Steuerung vereinfachen und eine gleichmäßigere Zielerfassung ermöglichen, hatte jedoch den Nachteil eines geringfügig reduzierten vertikalen Abdeckungsbereichs.

Für die Erprobung dieser neuen Waffenanlage sollte ursprünglich eine Heinkel He 177 A-3 als Versuchsträger dienen. Doch am 14. August 1943 war der Einbau dieser Hecklafette in das Flugzeugmuster noch immer nicht abgeschlossen – der Einsatzträger blieb unklar. Dadurch verzögerten sich auch die geplanten Beschussversuche, die unter der Leitung der Erprobungsstelle Tarnewitz durchgeführt werden sollten. Diese Versuche galten als entscheidend, um die taktische Eignung der HL 131 Z/2 für den Fronteinsatz zu bewerten.

Nachdem die Testreihen schließlich durchgeführt werden konnten, fiel das Urteil der Techniker in Tarnewitz jedoch nüchtern aus: Die Waffenanlage wurde als nicht ausreichend kampfstark eingestuft. Zwar wies sie eine höhere Zielgenauigkeit durch die verbesserte Visiereinrichtung auf, doch das eingesetzte Doppel-MG 131-System wurde gegen die neuen gepanzerten Jagdmaschinen der Aliierten als unzureichend eingestuft.

Infolge dieser Bewertung lehnte das Oberkommando der Luftwaffe (OKL) eine weitere Erprobung oder gar Einführung der HL 131 Z/2 für die He 177 ab. Stattdessen wurden zwei alternative Waffenstände ins Auge gefasst: Einerseits der HL 131 V, ein Vierlingsstand mit vier MG 131 in dichter Anordnung, der eine deutlich gesteigerte Feuerdichte bot; andererseits der HL 151 Z, ein Zwillingsstand mit zwei 20-mm-Maschinenkanonen vom Typ MG 151/20, die aufgrund ihres größeren Kalibers eine weit höhere Wirkung gegen feindliche Flugzeuge entfalten konnten. Beide Alternativen boten zweifelsohne eine überlegene Kampfkraft im Vergleich zur HL 131 Z/1 und Z/2. Gleichzeitig war mit diesen Verbesserungen jedoch auch ein erheblicher Anstieg des Gewichts verbunden. Die schwereren Waffenstände beeinflussten die Flugeigenschaften der Trägerflugzeuge spürbar, insbesondere in Bezug auf Reichweite, Steigleistung und Manövrierfähigkeit – Faktoren, die bei schweren Bombern wie der He 177 bereits kritisch waren.

In der Gesamtbewertung stellte sich die HL 131 Z/2 somit als Übergangslösung dar: ein technischer Zwischenschritt, der zwar auf die dynamische Entwicklung des Luftkrieges reagierte, aber letztlich nicht den strategischen Anforderungen entsprach. Ihre Weiterentwicklung wurde daher zugunsten schwerer und durchschlagskräftigerer Systeme eingestellt.

Hydraulische Lafette HL 151 Z (Zwilling)

Die hydraulisch betriebene Hecklafette HL 151 Z stellte eine der fortschrittlichsten defensiven Waffenanlagen dar, die im Verlauf des Zweiten Weltkriegs für deutsche Großflugzeuge entwickelt wurden. Ursprünglich als leistungsstärkere Alternative zu den zuvor getesteten Hecklafetten HL 131 Z/1 und Z/2 konzipiert, war sie mit zwei 20-mm-Maschinenkanonen vom Typ MG 151/20 ausgerüstet. Diese Kanonen galten zu dieser Zeit als besonders wirkungsvoll im Luftkampf, da sie sowohl hohe Feuerraten als auch erhebliche Geschosswirkung aufwiesen.

Der gesamte Waffenstand HL 151 Z brachte ein erhebliches Gewicht mit sich: Mit rund 683 kg war er nahezu genauso schwer wie der auf vier MG 131 basierende HL 131 V-Vierlingsstand. Die erste Erprobung der neuen Anlage begann im Sommer 1943 mit dem Einbau in das Heck einer modifizierten Heinkel He 177 A-3. Die Standversuche wurden auf dem Gelände der Erprobungsstelle Tarnewitz durchgeführt.

Vergleichstests mit der HL 131 V zeigten zunächst, dass in beiden Fällen eine ähnliche Anzahl an Schüssen erforderlich war, um einen Treffer zu erzielen. Jedoch stellte sich rasch heraus, dass die MG 151/20 der HL 151 Z durch ihr größeres Kaliber eine deutlich höhere Waffenwirkung innerhalb kürzester Zeit entfalten konnten. Während der Tests konnten 500 Schuss in lediglich 47 Sekunden abgegeben werden. Aus taktischer Sicht ergab eine Simulation, dass bei der Abgabe von 290 Schuss auf ein bewegliches Luftziel mit etwa 20 direkten Treffern gerechnet werden konnte – ein beachtlicher Wert, der die Effektivität dieser Bewaffnung unterstrich.

Trotz der vielversprechenden Leistungsdaten traten im Verlauf der Erprobung auch verschiedene technische Schwächen zutage. Bereits im Juli 1943 sah sich das Heinkel-Werk Süd (HES) in Wien gezwungen, erneut in die Konstruktion der Gurtniederhalte-Vorrichtung einzugreifen. Bei Beschussversuchen in Tarnewitz kam es unerwartet zu Munitionszuführungsstörungen. Bis Ende Juli konnten diese Mängel beseitigt und entsprechende Verbesserungen an das Reichsluftfahrtministerium (RLM) gemeldet werden.

Ein zweiter Prototyp des HL 151 Z-Waffenstands wurde parallel entwickelt, wobei dieser eine reduzierte Panzerung zum Schutz des Bordschützen aufwies. Diese Maßnahme sollte Gewicht einsparen und gleichzeitig eine bessere Rundumsicht ermöglichen – ein wichtiges Kriterium bei der Erkennung sich nähernder feindlicher Jäger.

Zur Produktionsvereinfachung war geplant, möglichst viele Bauteile der bereits bestehenden HL 131 Z/1 und Z/2-Lafetten zu übernehmen. Dieses Vorhaben ließ sich jedoch nur teilweise realisieren, da sich wesentliche Komponenten nicht ohne Weiteres integrieren ließen. Nachdem auch die letzten Arbeiten an der Munitionszuführung abgeschlossen waren, verblieben lediglich kleinere technische Restarbeiten, deren Behebung an die Firma Rheinmetall übergeben wurde.

Im Oktober 1943 wurde die laufende Standbeschussreihe fortgesetzt, trotz gelegentlicher Störungen, die vor allem mechanischer Natur waren. Schließlich erfolgte die Freigabe des Waffenstandes für den Einsatz in der He 177 A-3 sowie für spätere Modellreihen. Nach dem erfolgreichen Abschluss der Erprobung wurde das Versuchsmuster der He 177 im Dezember 1943 an Heinkel Süd zurückgegeben.

Obwohl der HL 151 Z-Waffenstand für eine Serienverwendung in schweren Bombern wie der He 177 oder der Ju 290 vorgesehen war, wurde er letztlich nie flächendeckend eingebaut. Der Grund hierfür lag weniger in technischen Mängeln als vielmehr in der sich wandelnden strategischen Ausrichtung der deutschen Luftwaffe. Ab dem Sommer 1944 wurden die Produktionskapazitäten nahezu vollständig auf den Bau von Jägern konzentriert. Die Fertigung großer Bomber- und Fernaufklärer-Modelle wurde drastisch reduziert oder ganz eingestellt – entsprechend kam auch die geplante Serienfertigung und Integration der HL 151 Z nicht mehr zustande.

Die mit zwei schweren MG 151/20 versehene HL 151 Z wurde nur als Versuchsstand im Heck einer He 177 A-3 eingebaut.

Manfred Griehl

Hydraulische Lafette HL 131 V (Vierling)

Die Entwicklung des HL 131 V-Vierlingswaffenstands, einer schweren Defensivbewaffnung für Großflugzeuge der Luftwaffe, stellte einen ambitionierten Versuch dar, die Abwehrkraft deutscher Bomber gegen alliierte Jäger entscheidend zu verbessern. Die Anlage kombinierte vier 13-mm-MG 131-Maschinengewehre in einem drehbaren, gepanzerten Waffenturm. Einschließlich Waffen, Panzerung, Lafette und technischer Komponenten brachte der komplette Turm ein Gewicht von etwa 628 kg auf die Waage. Der Turm war für eine flexible Abdeckung des Hecksektors konzipiert und sollte eine kontinuierliche Feuerführung bei sich schnell nähernden Jägern ermöglichen. Mit seiner kompakten Bauweise stellte er eine der leistungsfähigsten Defensivwaffenanlagen dar, die je für ein deutsches Großflugzeug entwickelt wurde.

Trotz der höheren Anzahl an Rohren war die effektive Feuerdauer dieses Vierlingssystems im Vergleich zur Zwillingsanlage HL 151 Z (mit zwei 20-mm-Kanonen) deutlich reduziert – sie betrug nur etwa 36 % der Feuerzeit. Dies ergab sich aus der kumulierten Munitionskapazität und der deutlich höheren Kadenz der vier MG 131. Dennoch wurde die Gesamtwirkung beider Systeme als vergleichbar eingestuft, da die größere Munitionsmenge des HL 131 V die deutlich höhere Durchschlagskraft der 2-cm-Munition der Konkurrenzwaffe zumindest teilweise kompensierte. In taktischer Hinsicht blieb somit ein Gleichgewicht zwischen Munitionsvorrat, Feuervolumen und Durchschlagskraft erhalten.

Auswertungsergebnisse aus Erprobungsflügen in Tarnewitz zeigten, dass bei einer durchschnittlichen Bekämpfungsdauer von rund 37 Sekunden – etwa 500 Schuss – im Einsatzfall bis zu 800 Schuss pro Angriff abgegeben wurden. Rechnerisch führten etwa 23 Geschosse zu direkten Treffern am Zielobjekt. Dabei ging man von einem typischen Einsatzprofil aus, bei dem der Bordschütze zunächst kurze Feuerstöße abgab und bei Annäherung des Angreifers in Dauerfeuer überging. Diese Trefferquote entsprach den taktischen Erwartungen für eine Abwehrwaffe dieser Größenordnung und wurde als zufriedenstellend beurteilt, insbesondere im Vergleich zu älteren Bewaffnungskonfigurationen.

Die technische Umsetzung gestaltete sich jedoch als äußerst anspruchsvoll. Bereits im Juli 1943 gelang es Heinkel, im Werk Zwölfaxing bei Wien, den Prototyp He 177 V34 mit einem vollständig ausgestatteten HL 131 V-Heckwaffenstand fertigzustellen. Nach ersten Standtests erfolgte am 29. Juli 1943 die Übergabe an Rheinmetall-Borsig zur detaillierten Waffenerprobung. Anschließend wurde die gesamte Anlage zur Evaluierung an die Luftwaffenerprobungsstelle Tarnewitz überführt. Dort zeigten sich jedoch verschiedene technische Mängel, darunter Leckagen an der Hydraulikanlage, erhebliche Schwingungen an der Visiereinrichtung, eine unzureichend abgedichtete Einstiegsluke sowie ein zu unpräzise arbeitender Steuerknüppel für die Zielnachführung.

Diese Probleme konnten nur teilweise am zweiten Versuchsmuster (V2) von den Technikern in Tarnewitz bis Oktober 1943 behoben werden. Es folgte die Flugerprobung, bei der jedoch erneut hydraulische Störungen auftraten. Infolgedessen wurde die V34 zur werkseitigen Nachbesserung nach Zwölfaxing zurückgeführt, wo Heinkel die firmeneigene Erprobung wieder aufnahm. Wegen anhaltender Probleme bei der Munitionszuführung wurde der neu entwickelte Gurtförderer GF 6A aus der V2 entnommen und in die V34 eingebaut, um dessen Funktionsfähigkeit unter realen Flugbedingungen zu überprüfen. Erst Mitte Dezember 1943 konnte die Maschine für den Rückflug nach Tarnewitz vorbereitet werden – Verzögerungen durch weitere technische Nacharbeiten verschoben jedoch den geplanten Zeitplan.

Am 20. Dezember 1943 traf die V34 schließlich erneut in Tarnewitz ein, wo nun eine finale militärtechnische Abnahme des Vierlingsturms vorgesehen war. Erst im Frühjahr 1944 konnte die Anlage als grundsätzlich einsatzbereit eingestuft werden. In der Folge erging ein Produktionsauftrag an das Unternehmen Ikaria zur Fertigung einer Vorserie. Der erste seriennahe Turm dieser Reihe erreichte im August 1944 Tarnewitz zur abschließenden Qualitätskontrolle.

Zu diesem Zeitpunkt war die Lage für Großflugzeugprojekte der Luftwaffe jedoch bereits dramatisch verschärft. Im Zuge des sogenannten »Jägernotprogramms« wurde die Fertigung schwerer Bomber stark eingeschränkt. Der Fokus verlagerte sich auf die verstärkte Produktion von Jagdflugzeugen.

In der Folge wurden bis zum Herbst 1944 lediglich sechs Exemplare der He 177 A-6 mit dem HL 131 V-Heckturm ausgeliefert. Geplante Ausstattungen späterer Baureihen wie der He 177 A-7, B-5 oder B-6 mit dem Vierlingsturm kamen nicht mehr über das Entwurfsstadium hinaus. Auch die ursprünglich vorgesehene Ausrüstung der Langstreckenmaschine Ju 290 B-1 mit je einem HL 131 V-Turm im Bug- und Heckbereich wurde letztlich gestrichen. Statt einer Serienproduktion beschränkten sich die Maßnahmen auf den Bau einiger maßstäblicher 1:1-Attrappen in Holzbauweise sowie die Fertigung einzelner Prototypen – eine Realisierung für den Fronteinsatz erfolgte nicht mehr.

BArch RL 3-4549

Seltene Aufnahme des Prototyps der HL 131 V bei Rheinmetall-Borsig.

HL 131 V-Holzattrappe im eingebauten Zustand im Heckbereich einer Ju 288 c (links) und in eine He 177 A (rechts).

Manfred Griehl

Manfred Griehl

Eingebaute HL 131 V-Vierlingslafette, bestückt mit vier MG 131.

DTMB VI.1.006 05472 Fotograf unbekannt

Druckdichte Waffenstände

Im Laufe des Jahres 1941 wurde dem Reichsluftfahrtministerium (RLM) zunehmend bewusst, dass die neuen Höhenaufklärer und Störbomber der Luftwaffe – etwa die Henschel Hs 130 A oder die geplante Heinkel He 274 – ohne geeigneten Flankenschutz im Höhenkampf praktisch wehrlos waren. Ausschlaggebend war die rasche Einführung alliierter Höhenjäger wie der Supermarine Spitfire Mk IX und der de Havilland Mosquito. Beide Maschinen verfügten über leistungsstarke Merlin- bzw. Rolls-Royce-Griffon-Motoren, die selbst in Höhen zwischen zehn- und zwölftausend Metern noch effektive Abfangaktionen ermöglichten. Die ersten Höhenversionen der Ju 86 P und R hatten zwar versucht, sich durch ihre extreme Dienstgipfelhöhe dem feindlichen Zugriff zu entziehen, doch bereits im Frühjahr 1942 zeigten steigende Verluste die Grenzen dieses Ansatzes auf.

Als kurzfristige Gegenmaßnahme sahen die Planungen des RLM vor, die Aufklärungsmaschinen mit einer zusätzlichen Heckbewaffnung auszustatten. Hinter dem Cockpit sollte dazu eine verstärkte Druckkabine eingerichtet werden, in der ein oder zwei mittlere Maschinengewehre – entweder MG 81 oder MG 131 – auf beweglichen Schwenkarmen montiert und ferngesteuert zum Einsatz gebracht werden konnten. Diese sogenannte »Höhenkammer« wurde mechanisch mit dem Leitwerk gekoppelt, um trotz möglicher Nickbewegungen des Rumpfes eine möglichst stabile Waffenführung zu gewährleisten. Zur Zielerfassung griff man auf optische Periskopvisiere und reflektierende Tageslichtspiegel zurück – eine technische Neuerung, die unter den widrigen Sichtverhältnissen in großer Höhe zumindest eine eingeschränkte Schussgenauigkeit versprach.

Die praktische Umsetzung dieser Idee erwies sich jedoch als weitaus komplizierter als zunächst angenommen. Die nachträgliche Integration der Bewaffnung in Prototypen und Vorserienmuster erforderte tiefgreifende strukturelle Anpassungen: Die Druckkabinen mussten verstärkt, Rumpfsegmente neu verschweißt und zusätzliche Leitungswege für Munitionszuführung sowie Hülsenauswurf geschaffen werden. Auch die elektromagnetisch gesteuerten Visiermechanismen führten zu wiederkehrenden Störungen und Wartungsproblemen.

Parallel dazu verfolgten die Firmen Dornier und Focke-Wulf weiterführende Konzepte für spezialisierte Höhenflugzeuge. So war bei der Do 217 P-1 sowie der weiterentwickelten Do 317 A-1 von Beginn an ein schwer gepanzerter Heckstand mit Waffenturm vorgesehen. Ergänzt wurde dieser durch eine mittlere Rumpfbewaffnung, bestehend aus synchronisierten Zwillingskanonen des Typs MG 151/20. Gekoppelt mit einem elektronischen Zielrechner sollte diese Konfiguration eine automatische ballistische Anpassung an Flughöhe und Geschwindigkeit ermöglichen. Gleichzeitig bot der Turm dem Schützen erheblich besseren Panzerschutz.

Erprobungen zeigten, dass die Do 217 P-1 mit dieser integrierten Bewaffnung eine deutlich größere Abschreckungswirkung gegenüber britischen Höhenjägern entfalten konnte – wenn auch auf Kosten der maximal erreichbaren Gipfelhöhe, die sich infolge des Mehrgewichts um mehrere hundert Meter reduzierte. Dennoch blieb der erhoffte Durchbruch aus. Eine enge Entwicklungszeitschiene, chronischer Materialmangel und anhaltende technische Probleme – insbesondere bei den elektrisch angetriebenen Turmachsen und der Wärmeableitung in großen Höhen – verhinderten eine serienreife Umsetzung. Die Entwicklung der geplanten Heinkel He 274-Prototypen, die bereits über eine druckdichte Kabine mit integriertem Steuerstand und umlaufenden Maschinengewehrstellungen verfügen sollten, verzögerte sich immer weiter und rutschte tief ins Jahr 1944 hinein.

Bis zum Kriegsende verfügten lediglich wenige Höhenflugzeuge wie vereinzelte Exemplare der Dornier Do 217 P oder der Junkers Ju 86 R über einen rudimentären Heckstand mit leichter Bewaffnung. Der Großteil der Henschel Hs 130-Modelle hingegen musste praktisch ungeschützt operieren und war gezwungen, seine Einsätze ausschließlich über Flughöhe und Geschwindigkeit abzusichern. Die Erfahrungen aus diesen Projekten verdeutlichten zwei wesentliche Erkenntnisse: Erstens erwies sich die Balance zwischen aerodynamischer Leistungsfähigkeit und effektiver Bordverteidigung in extremen Höhen als kaum realisierbar – jede zusätzliche Waffe bedeutete ein spürbares Minus an Gipfelhöhe und Geschwindigkeit. Zweitens wurde deutlich, dass eine leistungsfähige Höhenbewaffnung nicht durch nachträgliche Anpassungen zu erzielen war, sondern von Beginn an in das Gesamtkonzept eines Flugzeugs integriert werden musste.

Diese Einsicht führte in der Spätphase des Krieges zu einem Strategiewechsel: Bei fortgeschrittenen Entwürfen wie dem Strahlbomber Junkers Ju 287 oder der Fernbomberstudie Arado E.555 setzte man auf ferngesteuerte Waffenstände, zentrale Feuerleitgeräte und hydraulisch unterstützte Lafetten. Die mühseligen Lehren aus den Hs 130-, Do 217- und Do 317-Initiativen flossen so direkt in die Entwicklung moderner elektromechanischer Bordwaffensysteme ein – Systeme, deren Grundprinzipien nach 1945 von den Industrienationen weiterentwickelt und in die militärische Serienproduktion übernommen wurden.

Fernbediente Waffenstände

Ab Ende 1937 legte das Technische Amt der Luftwaffe großen Wert auf die Entwicklung von Fernbedienungssystemen für Waffenstände – speziell solche mit Druckkabinen oder hochfliegende Höhenflugzeuge.

Ziel dieses Konzepts war es, die gesamte Besatzung in einer zusammenhängenden Kabine – dem sogenannten Kampfraum – unterzubringen und gleichzeitig dem Bordschützen eine effektive und sichere Steuerung der Abwehrbewaffnung zu ermöglichen, ohne dass er sich direkt an den Waffenständen aufhalten musste. Stattdessen konnte er die Bordwaffen zentral über einen Visierstand innerhalb der Kabine anvisieren und bedienen.

Die fernbedienbaren Lafetten ermöglichten nicht nur eine koordinierte Waffensteuerung aus der Distanz, sondern verbesserten auch die interne Kommunikation der Besatzung und erhöhten den Schutz des Schützen erheblich. Darüber hinaus konnten die Waffenstände flexibel an verschiedenen Positionen des Flugzeugs angebracht werden – etwa unterhalb oder oberhalb des Rumpfes, im Bug, im Heck oder sogar auf der hinteren Motorenverkleidung. Diese konstruktive Freiheit erleichterte eine effizientere Gestaltung der Flugzeugzelle und setzte die Feuerkraft durch optimierte Abdeckung des Luftraums erheblich gezielter ein – ein bedeutender Beitrag zur Erhöhung der Überlebenswahrscheinlichkeit von Bomberbesatzungen bei immer intensiver geführten Luftoperationen.

Nach den Richtlinien des Reichsluftfahrtministeriums (RLM) aus dem Jahr 1938 war es vorgesehen, dass diese neuartigen Fernbedienungsanlagen aus drei Hauptkomponenten bestehen sollten: der Visiereinrichtung, dem Fernantrieb und der Waffe selbst. Die mit Reflexvisieren ausgestatteten Visierstände der Fernrichtlafetten besaßen ähnliche mechanische Getriebe für die Ve-Steuerung wie Lafetten mit Handbedienung. Periskopstände wurden nach dem Prinzip des Revi E2A Ve-gesteuert.

Der Fernantrieb übertrug die Bewegungen des Schützen, der die Waffe steuerte, auf den Waffenturm. Diese Fernantriebe wurden von verschiedenen Firmen entwickelt, darunter AEG, die Argus-Askania Werke AG, Ikaria-Neumann & Born sowie Siemens (LGW). Die Systeme bestanden in der Regel aus einem Höhen- und Seitenrichtgeber, der die Befehle des Schützen an die Waffe weitergab. Die Impulse des Richtgebers wurden zunächst verstärkt und dann über einen hydraulischen oder elektrischen Antrieb auf den Waffenstand übertragen, der sich in die gewünschte Richtung bewegte.

Trotz der technischen Fortschritte und der vielversprechenden Konzepte wurden diese Anlagen häufig nur in sehr geringen Stückzahlen produziert oder als Einzelprototypen gebaut. Zwischen 1937 und 1941 entstanden insgesamt 28 unterschiedlich konzipierte Fernrichtanlagen für den Einsatz in Kampfflugzeugen der Luftwaffe, was die Komplexität und die Vielfalt der Entwicklungen in diesem Bereich verdeutlicht. Aufgrund der Herausforderungen, die der Krieg mit sich brachte, und der begrenzten Produktionskapazitäten war es jedoch nicht möglich, alle entworfenen und getesteten Systeme in die Serienproduktion zu überführen. Das Technische Amt des RLM entschied daher, die Anzahl der zu entwickelnden Fernbedienungssysteme auf einige wenige, vielversprechende Modelle zu reduzieren, um die Ressourcen effizienter zu nutzen und den bestmöglichen Nutzen aus den verfügbaren Technologien zu ziehen.

Trotz dieser technischen Fortschritte waren die Arbeiten an einer endgültigen Standardlösung für fernbediente Waffenstände zum Zeitpunkt des Kriegsendes noch nicht abgeschlossen. Insgesamt wurden nach erfolgter Reduktion der Projekte zehn verschiedene Fernrichtantriebe weiterentwickelt und zum Teil erprobt, wobei jede Variante spezifische Vor- und Nachteile hinsichtlich Präzision, Gewicht, Steuerbarkeit und Einbaubarkeit aufwies. Aufgrund der immer dringlicher werdenden Priorisierung anderer Rüstungsvorhaben – insbesondere im Bereich der Strahltriebwerke und der Luftverteidigung – wurden die weiterführenden Untersuchungen jedoch nicht mehr mit der gebotenen Dringlichkeit vorangetrieben.

Richtmittel und Fernbedienung

Im Sommer 1938 erreichten erste Komponenten fernbedienter Waffenstände die Erprobungsstelle Tarnewitz. Die von Ikaria-Neumann & Born entwickelte »Fernwegsteuerung« erwies sich jedoch als ungenau und störanfällig – grundlegende Konstruktionsmängel machten eine Serienreife unmöglich. Damals befand sich die Industrie noch im Stadium stationärer Versuchsanlagen.

Im September 1938 wurden zwei weitere Anlagen, FA 1A, mit MG 81 Z entwickelt – ein Gemeinschaftsprojekt von Argus und Askania, basierend auf einer Initiative von Messerschmitt. AEG entwickelte darauf aufbauend den FA 1B (Fernantrieb 1B) mit hydraulischer Steuerung. Auch dieses System blieb unausgereift. Das RLM forderte dennoch beide Systeme bis Ende 1939, doch technische Mängel verhinderten die Auslieferung. Das vorherrschende Steuerprinzip, bei dem der Schütze die Waffen über ein Visier und einen Pistolengriff steuerte, dessen Bewegungen auf ein mechanisches Gestänge übertragen wurden, der sog. »Wegesteuerung«, war zu träge und unpräzise. Fast alle Projekte blieben im Prototypenstadium, das RLM begann an der Eignung fernbedienter Systeme zu zweifeln.

Ab 1942 setzte sich mit der sogenannten »Geschwindigkeitssteuerung« ein neues Prinzip durch: Der Schütze übermittelte über einen Steuerknüppel Bewegungsrichtung und -geschwindigkeit, die elektrisch oder hydraulisch weitergegeben wurden. Erste Systeme wie der FA 3A verfügten über separate Getriebe für Höhen- und Seitenrichtung, doch auch hier blieb die Steuerpräzision problematisch.

Der FA 5 integrierte erstmals zwei Richtverstärker für elektrische Impulse und war für MG-131-Türme vorgesehen. Die Weiterentwicklung FA 6/2, mit rein elektrischer Signalübertragung, zeigte 1942 erstmals befriedigende Ergebnisse – vorgesehen für die He 177, Ju 288 und Me 264. Doch das RLM verweigerte 1943 eine Serienfreigabe aufgrund ungenügender Zielgenauigkeit. Spätere Systeme wie FA 7 und FA 8 wurden vermutlich verworfen. Der FA 9 – entwickelt von LGW und Arado – übernahm Elemente des FA 4 für drehbare MG-81-Z-Lafetten der Arado Ar 240. Doch auch hier versagte die Signalübertragung. Zur Erprobung kamen u. a. Ju 90, He 111 und modifizierte He 177 A-1 zum Einsatz.

Mit dem FA 10/1 gelang AEG eine verbesserte elektrische Steuerung. Ein Waffenrichtwertgeber leitete Zielbewegungen an Richtverstärker, die sie über Umformer an die Motoren übermittelten. Eine Serienfreigabe scheiterte am hohen Gewicht. Der FA 10/2 kombinierte FA-3-Bauweise mit hydraulischer Steuerung.

1942 entstand der FA 13, der mit dem FA 12 in Kältekammern getestet wurde. Dabei traten neue Probleme auf: Optiken beschlugen, Antriebe versagten bei Kälte. Goerz schlug beheizte Luftzufuhr zur Lösung vor, bemängelte aber auch das eingeschränkte Sichtfeld aller bisherigen Zielsysteme.

Der FA 14 von Askania gehörte zur elektrohydraulischen Reihe. Beim FA 15 griff man mangels ausgereifter Alternativen wieder auf die einfache Schiebersteuerung des FA 1 zurück – über einen Pistolengriff mit Reflexvisier. Eine geplante Serienproduktion im Arado-Werk Brandenburg kam nicht über Mustergeräte hinaus, da sich der Kriegsverlauf auf dringlichere Rüstungsprojekte verlagerte.

DTMB VI.006 06793 Luftfahrt-Archiv H.J. Nowarra (Berlin), Fotograf unbekannt

Eine Me 110 C diente als Erprobungsträger für die ferngesteuerte Drehringlafette FDL, die sowohl auf als auch unter dem Rumpf installiert wurde. Die Erprobung erfolgte im Hinblick auf einen möglichen Einsatz in der Arado Ar 240.

Leichte fernbediente Waffenstände

Im Verlauf der Entwicklung der ferngesteuerten Abwehrsysteme zeigte sich, dass leichte Maschinengewehre wie das MG 81 – sowohl in der Einfachausführung (I) als auch als Doppellaufvariante (Z) – in ihrer Wirksamkeit erheblich begrenzt waren. Besonders im zunehmenden Einsatz gegen schwer gepanzerte feindliche Jäger ab 1943 war ihre Leistungsfähigkeit ungenügend.

Daher begann man auch hier, das deutlich wirksamere MG 131 sowohl einzeln als auch als Doppellaufvariante (MG 131 Z) zu bevorzugen. In einigen Fällen kamen auch Vierlingskonfigurationen zum Einsatz, die speziell auf maximale Feuerkraft ausgelegt waren. Ergänzt wurde dieses Arsenal durch das MG 151/20.

Diese Bewaffnung fand hauptsächlich in sogenannten »Fernbedienten Drehringlafetten« (FDL) Anwendung – Waffenplattformen, die auf dem oberen (B-Stand) oder unteren (C-Stand) Rumpfbereich der Maschine montiert wurden. Für die seitlichen Abwehrpositionen kamen spezialisierte Varianten zum Einsatz: Die »Fernbediente Drehring-Seiten-Lafette« (FDSL) wurde eigens für die Montage an den Rumpfseiten entwickelt. Am hinteren Ende des Flugzeugs war schließlich die »Fernbediente Hecklafette« (FHL) vorgesehen – ein besonders kritischer Bereich, da Angriffe aus dem toten Winkel von hinten zu den häufigsten Bedrohungen zählten.

FDL-A 131

Ab dem Jahr 1942 verfolgte die deutsche Luftfahrtindustrie – unter Leitung von Rheinmetall-Borsig – die Entwicklung einer neuen, ferngesteuerten Waffenplattform für den Bugbereich schwerer Mehrzweckflugzeuge: die sogenannte Fernbediente Drehringlafette FDL-A 131. Dieses Waffensystem war speziell für die Montage im unteren Rumpfbug vorgesehen und sollte zwei MG 131 aufnehmen. Ziel war es, die bis dahin üblichen, manuell bedienten Waffenstände – insbesondere den vorderen C1- und C2-Stand – durch ein automatisiertes, besser geschütztes System zu ersetzen.

Die Einführung dieses Systems war als Reaktion auf die sich verändernde Bedrohungslage in der zweiten Kriegshälfte zu verstehen. Während in den frühen Kriegsjahren die Möglichkeit von Tiefflugangriffen und Bodenbeschuss eine bedeutende Rolle gespielt hatte, verlagerte sich der Schwerpunkt der Bedrohung ab etwa 1943 zunehmend auf den Abwehrkampf gegen hochfliegende und schnell manövrierende feindliche Jäger. Das Reichsluftfahrtministerium (RLM), genauer das Technische Amt, erkannte daher die Notwendigkeit, den unteren Frontbereich schwerer Bomber effektiver zu schützen und forderte den Einbau eines sogenannten A-Standes mit erhöhter Feuerkraft. Dieser sollte mit einem Zwillings-MG 131 (MG 131 Z) ausgerüstet werden und vor allem die Abwehr nach vorn-unten übernehmen – ein Bereich, der bislang nur unzureichend gedeckt war.

Die Bedeutung dieser Bugbewaffnung wurde insbesondere bei der späten Version der Heinkel He 177 – der A-7 – sowie bei den in Entwicklung befindlichen Höhenbombern wie der He 274 und dem strategisch konzipierten Fernbomber Focke-Wulf Ta 400 deutlich. In diesen Projekten spielte die FDL-A 131/2 eine Schlüsselrolle im Verteidigungskonzept. Der Grund dafür war nicht zuletzt eine grundlegende Änderung im Gestaltungsprinzip: Bei diesen Maschinen verzichtete man zunehmend auf bemannte Waffenstände im Bugbereich. Die bis dahin übliche Position eines Bordschützen in der Mitte der verglasten Kanzel galt nicht mehr als zweckmäßig, da sie die aerodynamische Form störte und das Gewicht erhöhte. Stattdessen sollten voll automatisierte, ferngesteuerte Systeme die Abwehr übernehmen. Das Konzept der FDL-A 131/2 trug diesen Anforderungen Rechnung, was bei Hochleistungsbombern mit großem Höhenleistungsprofil wie der He 274 von entscheidender Bedeutung war.

Obwohl viele dieser Systeme nicht über das Prototypenstadium hinauskamen, markierte die FDL-A 131/2 dennoch einen wichtigen Schritt in der technischen Evolution defensiver Flugzeugbewaffnung: weg von bemannten Waffenständen – hin zu automatisierten Verteidigungsanlagen mit zentralisierter Feuerleitung.

FDL-B 131/1 und FDL-B 131/2

Im Zuge der Weiterentwicklung ferngesteuerter Defensivbewaffnung für schwere Bomber der Luftwaffe wurde die ursprünglich entwickelte Waffenstandvariante FDL-B 131/1 rasch durch das verbesserte Modell FDL-B 131/2 ersetzt. Diese von Rheinmetall-Borsig konstruierte Drehringlafette war für den Einbau auf dem Rumpfrücken vorgesehen und konnte zwei Maschinengewehre des Typs MG 131 aufnehmen. Abgesehen von Herausforderungen in der Zielnachführungstechnik schien das Technische Amt der Luftwaffe in dieser Lösung eine vielversprechende Grundlage für eine standardisierte fernbedienbare Bewaffnung gefunden zu haben. Das System wurde in mehreren Varianten produziert, um unterschiedlichen Anforderungen verschiedener Flugzeugmuster zu erfüllen. So existierten spezifische Ausführungen unter anderem für die Ju 288, He 177 und Fw 191.

Ferngesteuerte Drehlafette FDL-B 131/1A

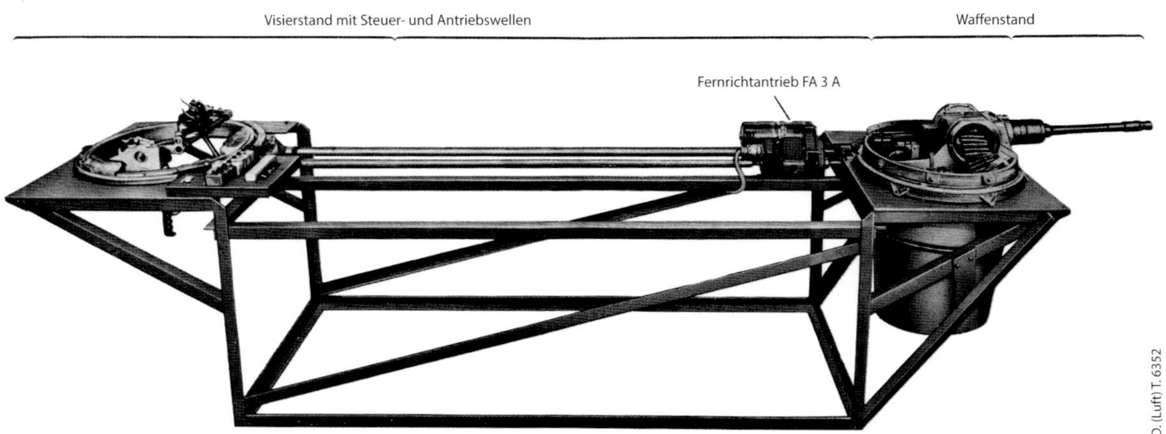

D. (Luft) T. 6352

Die ferngesteuerte Drehlafette FDL-B 131/2 A mit MG 131 Z in der Draufsicht und in der Seitenansicht in oberster Richtposition.

1 **Befestigungspunkte**
2 **Waffenabweiser zum Schutz B-1-Visierstand**
3 **Waffenabweiser zum Schutz B-2-Stand**
4 **Verriegelungsknopf**
5 **Strichmarke am Wiegenträger (verdeckt durch Waffenabweiser)**
6 **Deckring mit 360° Teilung**
7 **Planparallele Flächen am Wiegenträger**
8 **EDSK-B**
9 **Abweisarm**

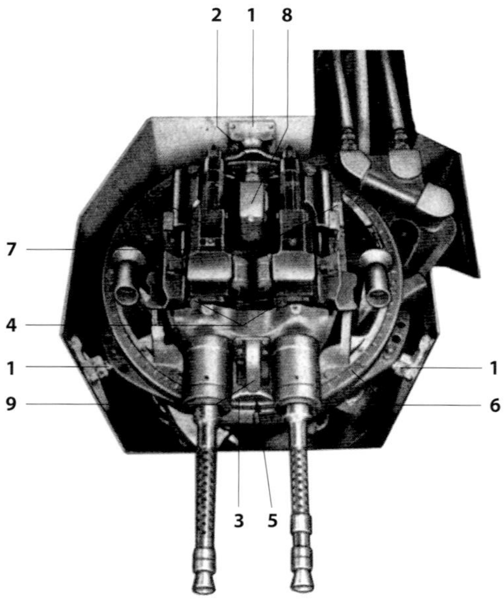

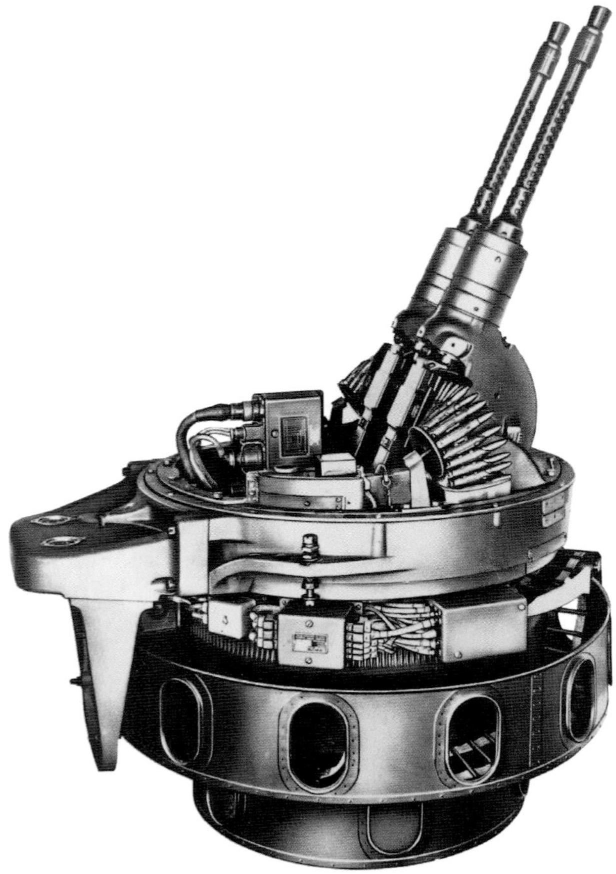

BArch RL 3-4551

Darstellung der ferngesteuerten Drehlafette FDL-B 131/2 A im B-1-Stand einer Heinkel He 177 R 2.

1 **Visierstand VSE-B 177/1 B**
2 **Waffenstand FDL-B 131/2 A**
3 **Fernrichtantrieb FA 3 V**
4 **Fernrichtantrieb FA 3 D**
5 **MG 131 E 2 und F 2**
6 **Gurte 131**
7 **Kühlung für FA 3 D**
8 **Panzerblende**

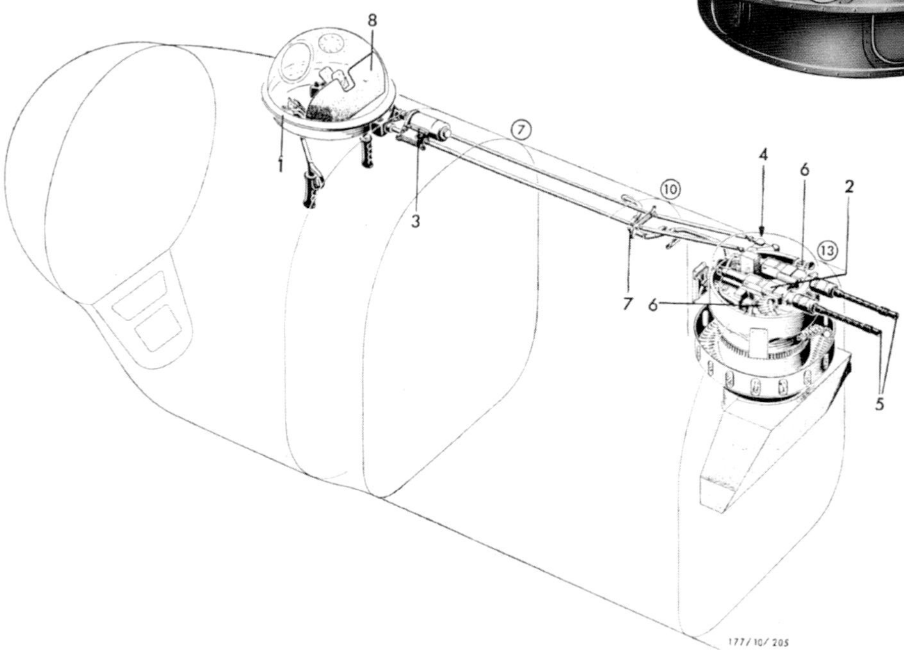

D.(Luft) T. 2177 A-3

Ein Waffenwart inspiziert nach dem Abnehmen des oberen Waffengehäuses die Bewaffnung des B-1-Standes einer He 177 R 2. Die dort verbaute ferngesteuerte Drehlafette FDL-B 131/2 A mit dem elektrischen Fernrichtantrieb FA 3 V trägt ein MG 131 Z. Im Hintergrund ist der Visierstand des Bordschützen gut zu erkennen.

Versuchsaufbau der ferngesteuerten Drehlafette FDL-C 131/2 B mit MG 131 Z und VSE-C 177/1A bei Rheinmetall-Borsig.

1 Waffenstand
2 Visierstand

BArch RL 3-4551

Anfang Juni 1943 wurden erste Standbeschussversuche im Rahmen der werkseitigen Erprobung mit einer Ju 288 durchgeführt. Dabei kam bereits die verbesserte FDL-B 131/2-Lafette zum Einsatz. Für die fliegerische Erprobung dieser Waffenanlage stand wenig später eine Heinkel He 177 A zur Verfügung. Diese war mit zwei MG 131 ausgerüstet, für die jeweils 1.000 Schuss Munition mitgeführt wurden. Im Juli 1943 konnten die abschließenden technischen Modifikationen am Rumpfrücken-Waffenstand an ihr vollzogen werden.

Ein entscheidender Fortschritt wurde erzielt, als im Sommer 1943 durch die E-Stelle der Luftwaffe die Probleme bei der Gurtzuführung erfolgreich behoben wurden. Damit war der Weg frei für die Serienfreigabe des B-Standes für spätere Produktionslose der He 177 A-3. Auch bei den nachfolgenden Varianten A-5 und A-6 wurde dieser Waffenstand in das Standardbewaffnungskonzept übernommen. Langfristig war vorgesehen, das System auch im Do 335-Zwilling zu verwenden. Aufgrund der fortschreitenden Kriegslage kam es Anfang 1945 jedoch nicht mehr zur praktischen Umsetzung dieser Pläne.

FDL-C 131

Im Rahmen der Bemühungen um eine moderne, ferngesteuerte Abwehrbewaffnung für mehrsitzige Kampfflugzeuge entwickelte Rheinmetall-Borsig eine weitere Variante der bekannten Drehringlafette – die FDL-C 131/2. Im Gegensatz zur parallel entstandenen Ausführung FDL-B 131/2, die für den Rumpfrücken konzipiert war, handelte es sich bei der »C«-Version um eine Bodenlafette zur Abwehr von Zielen unterhalb des Flugzeugs – ein Bereich, der bei vielen Bombern als besonders verwundbar galt.

Wie auch bei der B-Version kamen bei der FDL-C 131/2 zwei Maschinengewehre des Typs MG 131 zum Einsatz. Die beiden MGs wurden zentral in eine ringförmige Lafettenstruktur eingebettet, die eine präzise Ausrichtung in horizontaler und vertikaler Ebene ermöglichte.

Eine Besonderheit dieses Systems war das unkonventionelle Munitionsversorgungskonzept: Anstatt der sonst üblichen Gurtzuführung von der Seite kam ein flacher, rechteckiger Magazinkasten zum Einsatz, der oberhalb der Waffenanlage montiert war. Diese Bauweise sollte die Integration in beengte Rumpfräume erleichtern und gleichzeitig eine möglichst flache Silhouette der Waffenstation gewährleisten.

Die Zielnachführung und -verfolgung erfolgte über ein zentralisiertes Richtsystem, das beiden MGs gemeinsam diente. Dieses System war vollständig in die Lafettenstruktur integriert und wurde elektrisch bzw. hydraulisch ferngesteuert – ein technologisch anspruchsvoller Ansatz, der seiner Zeit voraus war.

Ein funktionsfähiger Prototyp der FDL-C 131/2 wurde im Rheinmetall-Werk Unterlüß fertiggestellt und dort unter Laborbedingungen getestet. Die Versuche bestätigten grundsätzlich die technische Umsetzbarkeit des Konzepts, offenbarten jedoch erhebliche Schwächen im Betrieb: Insbesondere die Richtantriebe – verantwortlich für die exakte Ausrichtung der Waffen – zeigten sich als störanfällig, mechanisch komplex und in der praktischen Anwendung wenig zuverlässig. Vibrationen, Temperaturunterschiede und elektromagnetische Störungen beeinträchtigten die Funktionalität teils erheblich.

Vorgesehen war ursprünglich eine Integration der FDL-C 131/2 in ein neuartiges Fernaufklärungsflugzeug, bei dem es sich vermutlich um die Ju 635 handeln sollte – eine geplante Weiterentwicklung der Dornier Do 335 mit Tandemtriebwerken, hoher Geschwindigkeit und Reichweite. Dieses Projekt kam jedoch über das Entwurfs- und Planungsstadium nicht hinaus. Die sich ab Anfang 1945 rapide verschlechternde Kriegslage, massive Engpässe in der Rüstungsproduktion und der zunehmende Verlust industrieller Infrastruktur führten schließlich zur vollständigen Einstellung sämtlicher Entwicklungsarbeiten an diesem Waffensystem.

Der C-Visierstand VSE-C177/1A der ferngesteuerten Drehlafette FDL-C 131/2 B, der für den Einbau in den C-Stand der He 177 vorgesehen war.

BArch RL 3-4551

FDSL 131

Während der weiteren Entwicklung moderner Abwehrkonzepte für mehrsitzige Einsatzflugzeuge wurde bei der Luftwaffe auch der Einsatz seitlich angebrachter, fernbedienbarer Seitenlafetten für das MG 131 (FDSL 131) erprobt. Diese Maßnahme blieb jedoch auf einige wenige Flugzeugtypen beschränkt, da sich die Kombination aus technischer Komplexität, begrenztem Raum und eingeschränkter Sicht in der Praxis als problematisch erwies.

Zu den wenigen Maschinen, bei denen solche seitlichen Waffenanlagen konkret vorgesehen oder realisiert wurden, zählten die zweimotorigen Zerstörer Messerschmitt Bf 210 und Me 410.

Darüber hinaus wurde das Prinzip bei einigen großdimensionierten Seeflugzeugen und Fernaufklärern erprobt, darunter verschiedene Prototypen von Dornier (wie die Do 24 oder geplante Varianten der Do 26) sowie Blohm & Voss (z. B. BV 222 oder das Projekt BV 238), bei denen die seitliche und hintere Abwehr feindlicher Jäger und Zerstörer bei Aufklärungsflügen auf See verbessert werden sollte.

Die seitlich installierten Waffenstände waren mit je einem Maschinengewehr MG 131 im Kaliber 13 mm ausgestattet und sollten zur Abwehr feindlicher Jäger und Zerstörer dienen, die aus der Flankenposition angriffen – ein besonders verwundbarer Bereich bei Großflugzeugen. Die Steuerung dieser Anlagen erfolgte über ein fernbedienbares System, das dem Bordschützen eine Zielverfolgung aus dem hinteren Kabinenbereich heraus ermöglichte. Zur Zielerfassung diente ein Reflexvisier, das auf eine mit Spiegeln gekoppelte Sichtoptik ausgerichtet war. Teilweise erhielten diese Visierstände eine rudimentäre Teilpanzerung, um den Schützen vor direktem Beschuss zu schützen.

Trotz einzelner Prototypen und vielversprechender Planungen blieb die flächenmäßige Einführung dieser Waffenanlagen aus. Der sich zunehmend zuspitzende Mangel an Rohstoffen, Produktionskapazitäten und qualifiziertem Personal sowie die Fokussierung auf vereinfachte Serienmuster führten dazu, dass alle diesbezüglichen Arbeiten im Bereich der Fernkampfflugzeuge als auch die Entwicklung der benötigten Abwehrwaffen im Laufe des Jahres 1944 endgültig eingestellt wurden.

Die FDSL 131 kam lediglich bei der Bf 210 und Me 410 tatsächlich in den Fronteinsatz. Gut erkennbar ist der Richtstand im Heck der Kanzel und seine spezielle Heckverglasung.

Manfred Griehl

BArch RL 3-4551

Prototyp der Barbette mit der FDSL-B 131/1 bei Rheinmetall-Borsig. Links befindet sich der Richtstand, in der Mitte der Fernrichtantrieb FA3A, und rechts die Doppelwaffenanlage.

San Diego Air and Space Museum Permann 000192

Blick auf den Richtstand im Heck des Cockpit mit der Visieranlage VSE-B 219/1 der Me 410.

Doppelwaffenanlage der FDSL-B 131/1 im Waffengehäuse. Unten das Gesamtgerät mit Visieranlage VSE-B 219/1 (1), Fernrichtantrieb FA3A (2) und Doppelwaffenanlage (3).

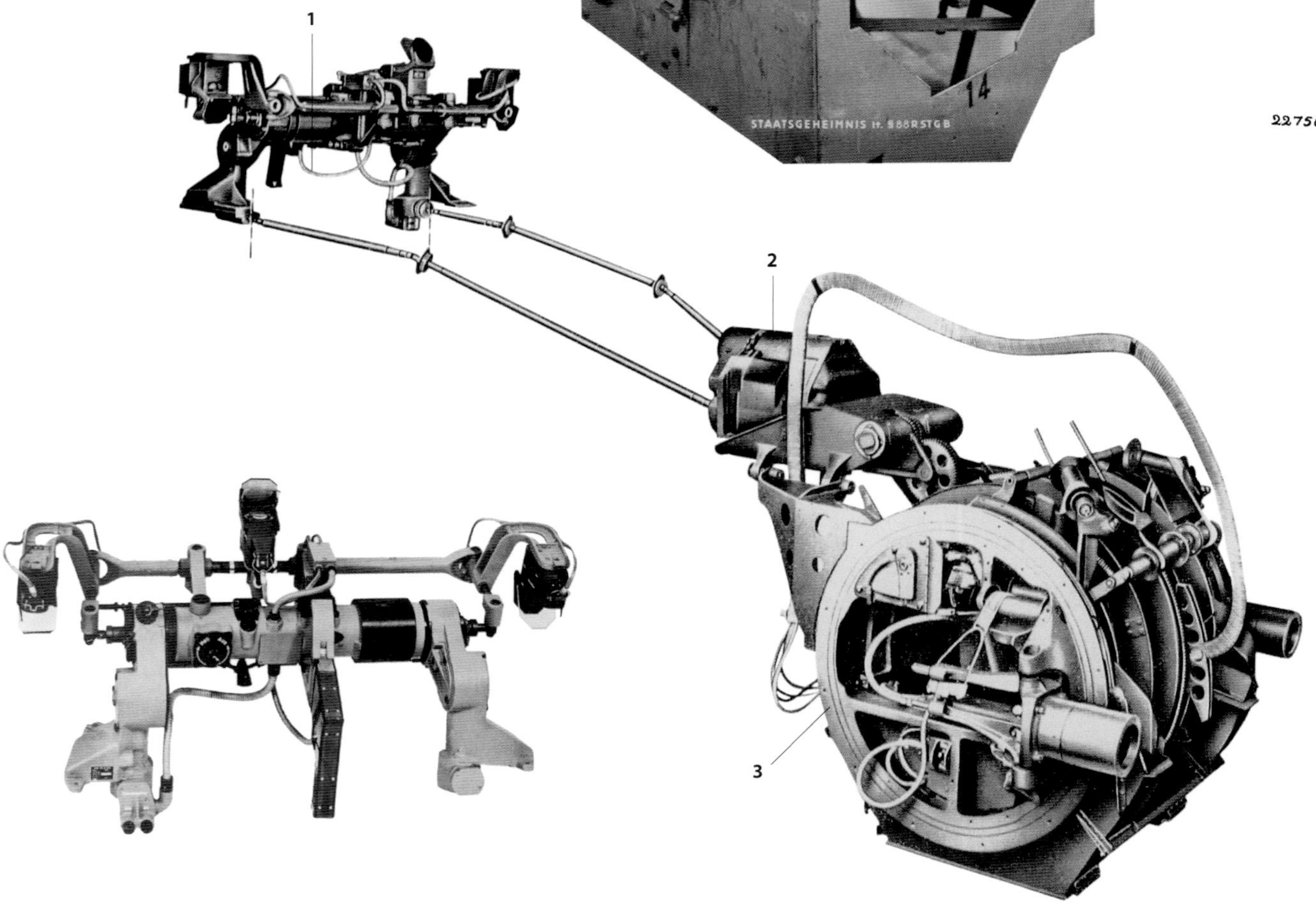

BArch RL 3-4551

FHL 131 Z

Im Rahmen der fortgeschrittenen Bomberkonzepte der späten Kriegsjahre setzte das Reichsluftfahrtministerium (RLM) besonderes Augenmerk auf eine modernisierte Heckbewaffnung, die sowohl leistungsstark als auch unter den Bedingungen hermetisch abgeschlossener Druckkabinen voll funktionsfähig sein musste. Ein zentrales Projekt in diesem Zusammenhang war die Entwicklung eines ferngesteuerten Zwillingswaffenstandes für die Junkers Ju 388 – einem leistungsfähigen Höhenaufklärer und Nachtjäger, der als Weiterentwicklung der Ju 188 konzipiert worden war.

Kern der neuen Abwehrlösung bildete eine doppelläufige fernbedienbare Waffenanlage, zunächst unter der Bezeichnung FDL 131 Z (Fernbedienbare Drehringlafette mit zwei MG 131) geführt, später offiziell in FHL 131 Z (Fernbedienbare Hecklafette) umbenannt. Diese Anlage, konstruiert von Rheinmetall-Borsig, war für den Einbau in das Druckkabinenheck der Ju 388 vorgesehen, wobei der Schütze die Waffenanlage über Spiegeloptiken und elektrischen Antrieb aus dem abgeschlossenen Crewraum heraus bedienen konnte.

Als Erprobungsträger diente das Versuchsflugzeug Ju 388 V6, das am 22. August 1944 bei der Erprobungsstelle Tarnewitz eintraf. Die Anlage wurde zunächst werkseitig eingebaut, zeigte aber zu Beginn Schwächen bei der Gurtzuführung. Nach entsprechenden Modifikationen durch das technische Personal vor Ort konnte ab Ende August mit der intensiven Funktions- und Schussfelderprobung begonnen werden. Parallel dazu wurden Trefferbilder aufgenommen, um die Präzision der Anlage bei realistischen Einsatzbedingungen zu analysieren.

Die FHL 131 Z war jedoch nicht exklusiv für die Ju 388 konzipiert worden. Sie sollte auch in den künftigen schweren Strahltriebwerksbombern der Luftwaffe Anwendung finden – insbesondere in der Ju 287, einem avantgardistisch konzipierten Strahlbomber mit Pfeilflügelanordnung, sowie im konkurrierenden Heinkel-Projekt He P 1068. Während bei Letzterem keine konkreten Einbauversuche dokumentiert sind, erreichte die Umsetzung der Waffenanlage im Rahmen des Ju 287-Projekts zumindest die Prototypphase. Mitte August 1944 besichtigten Fachingenieure der E-Stelle Tarnewitz eine erste seriennahe Attrappe des Heckwaffenstandes und bewerteten dessen Konzeption grundsätzlich positiv.

Im Spätsommer 1944 wurde schließlich ein voll funktionsfähiger FHL-131-Z-Waffenstand in die Ju 388 V6 integriert. Fünf Schießflüge wurden unter Testbedingungen durchgeführt – mit dem Ziel, die Betriebssicherheit und die Wirksamkeit der Zwillingsbewaffnung zu bewerten. Obwohl diese Tests weitgehend erfolgreich verliefen, blieb der praktische Nutzen letztlich beschränkt: Mit dem schrittweisen Rückzug von Entwicklungsressourcen aus der Ju 388-Programmlinie – die im Februar 1945 offiziell eingestellt wurde – verlor auch die FHL 131 Z an Bedeutung. Parallel dazu gerieten die Pläne für großformatige strahlgetriebene Kampfflugzeuge angesichts der militärischen Lage ins Stocken oder wurden vollständig aufgegeben.

Somit blieb die FHL 131 Z eine technologisch interessante, aber kriegsbedingt fragmentarisch gebliebene Episode innerhalb der späten Luftwaffenrüstung – ein Beispiel für den technologischen Ehrgeiz, der letztlich an den Realitäten des untergehenden NS-Staates scheiterte.

Schwere fernbediente Waffenstände

Im Verlauf des Zweiten Weltkriegs wurde zunehmend klar, dass die alliierten Jagd- und Zerstörerflugzeuge durch ihre Feuerkraft aus großen Entfernungen eine erhebliche Bedrohung für die deutschen Flugzeuge darstellten. Diese Bedrohung zwang das Kommando der Erprobungsstellen der Luftwaffe, dringend Lösungen zu finden, um feindliche Angriffe bereits in der Ferne abwehren zu können. Ziel war es, den Angriffen durch eigene Feuerkraft frühzeitig zu begegnen oder, wenn möglich, diese vollständig zu unterbinden.

Besonders vielversprechend erschienen dabei Kanonen mit einem Kaliber von 2 bis 3 cm, die als effektiv genug erachtet wurden, um die angreifenden Flugzeuge in großen Entfernungen zu bekämpfen, ohne dabei zu schwer und unhandlich zu sein. Auch wenn drallstabilisierte und ferngelenkte Raketen eine gewisse Rolle spielten, waren sie noch nicht ausreichend ausgereift, um eine breitere Anwendung zu finden.

Angesichts der begrenzten Kapazitäten der deutschen Industrie und der Schwierigkeiten, solche komplexen Waffen in größeren Stückzahlen herzustellen, blieben die entsprechenden Systeme zunächst auf Einzel- oder Prototypenebene. Erst gegen Ende des Jahres 1944 nahmen die Arbeiten an der Serienproduktion von Waffensystemen für Fernkampfflugzeuge Formen an.

Doch diese schwereren Waffen, die größere Reichweite und Feuerkraft ermöglichten, konnten aufgrund ihres Gewichts nur in mehrmotorigen Langstreckenflugzeugen, wie beispielsweise Fernaufklärern und Bombenflugzeugen, sinnvoll eingesetzt werden. Ein bedeutendes Beispiel für den Einsatz dieser Waffen fand sich in der Junkers Ju 290, einem schweren Fernaufklärer, der besonders für

Missionen über dem Atlantik von Bedeutung war. Um zu verhindern, dass diese Flugzeuge frühzeitig von feindlichen Jägern abgefangen oder zerstört wurden, mussten sie mit einer besonders effektiven Abwehrbewaffnung ausgestattet werden. Dies führte zu der Entwicklung und dem Einbau leistungsstarker, fernbedienbarer Waffenstände, die den Flugzeugen eine umfassende Verteidigungsmöglichkeit gegen Angriffe aus allen Richtungen boten.

Zu den zentralen Waffensystemen gehörten die FL A 103 Z (A-Stand) und FL B 103 Z (B-Stand), die ursprünglich für den defensiven Einsatz gedacht waren, aber in einigen Fällen auch offensive Eigenschaften aufwiesen. Diese Waffenstände ermöglichten es, feindliche Angreifer schon frühzeitig zu bekämpfen, was nicht nur der Verteidigung diente, sondern auch als Abschreckung gegen feindliche Angriffe fungierte.

Die Entwicklung und Integration dieser fortschrittlichen Waffen waren von entscheidender Bedeutung für die Sicherheit der deutschen Langstreckenflugzeuge, die zunehmend über feindlichem Gebiet operierten. Ohne eine adäquate Bewaffnung hätten diese Flugzeuge eine erhöhte Gefahr gelaufen, bereits in den Anfangsphasen ihrer Einsätze abgeschossen zu werden, was den strategischen Einsatz von Fernaufklärern und Langstreckenbombern gefährdet hätte.

Trotz der hohen Bedeutung dieser Waffen blieb die Anzahl der tatsächlich produzierten und eingesetzten Systeme aufgrund von Produktionsengpässen und den zunehmend schwierigeren Kriegslage begrenzt. Besonders im Jahr 1944, als die Ressourcen der Luftwaffe zunehmend erschöpft waren, konnte die Serienproduktion dieser fortschrittlichen Waffen nur in begrenztem Umfang aufrechterhalten werden.

Diese Entwicklungen unterstreichen die zunehmende Wichtigkeit von effektiven Verteidigungsstrategien bei Langstreckenflugzeugen, die sowohl als strategische Angriffswaffen als auch als potenzielle Ziele für feindliche Angriffe eine bedeutende Rolle spielten.

FDL-B 151 Z und FDL-C 151 Z

Im Dezember 1943 wurde das erste Prototypmuster eines deutschen Kampfflugzeugs mit der neu entwickelten FDL-B 151 Z-Waffenanlage für die He 177 A-3 fertiggestellt und war flugbereit. Mitte des Monats wurde die Maschine nach Tarnewitz überführt, wo sie umfassend getestet werden sollte. Hier begann die Erprobung der neuen Bordwaffen sowohl bei Standbeschuss- als auch in Flugtests, um die Effektivität und Einsatzfähigkeit der Waffenanlage unter realen Bedingungen zu überprüfen.

Die FDL-B 151 Z-Waffenanlage war speziell für den Einsatz im Rumpfbereich konzipiert und wurde durch einen Bordschützen bedient. Dieser saß in einer vollständig verglasten Sichtkuppel, die am hinteren Ende der Kabine montiert war und eine 360-Grad-Überwachung sowie präzise Zielverfolgung ermöglichte. Der Schütze konnte die Waffe über eine präzise Steuerung richten und auf feindliche Ziele feuern.

Zusätzlich zur Rumpfoberseite war eine weitere Waffenanlage für den unteren Bereich vorgesehen – die FDL-C 151 Z. Diese sollte mit zwei MG 151/20-Kanonen ausgestattet werden, die deutlich mehr Feuerkraft als klassische Maschinengewehre boten. Ziel war es, die He 177 A-3 gegen Angriffe aus allen Richtungen optimal zu bewaffnen.

Während der Tests in Tarnewitz wurden erste Rückmeldungen zur Handhabung und Integration der Waffenanlage ins Gesamtkonzept gesammelt. Besonders die Fähigkeit des Schützen, die Waffe effektiv zu bedienen, spielte eine große Rolle für die Weiterentwicklung.

Der Einsatz solcher fortschrittlicher Fernbedienungswaffenstände war ein bedeutender Schritt für die Luftwaffe. Diese Technologien sollten vor allem die Abwehrfähigkeit deutscher Bomber auf Langstreckenflügen in feindlichem Luftraum verbessern.

Die FDL-B 151 Z fand nie in der benötigten Stückzahl den Weg in die Serienproduktion. Verzögerte Kapazitäten, viele Parallelprojekte und die verschärfte Kriegslage führten dazu, dass die Waffenanlagen nur als Prototypen und in wenigen Einheiten Verwendung fanden.

FHL 151/1

Die schwergewichtige, fernbediente Hecklafette FHL 151/1 A und FHL 151/1 B wurde speziell für die Bestückung von Heckständen in mittleren und schweren Bombern entwickelt. Diese fortschrittliche Waffenanlage, die von der Firma L.A.B. produziert wurde, war mit einem MG 151/20 ausgestattet – einer Kanone, die in der Lage war, feindliche Angreifer auch aus größerer Entfernung effektiv zu bekämpfen. Im Rahmen der Erprobung wurde die FHL 151/1 A und FHL 151/1 B in mindestens einem Prototypen der Ju 288 eingebaut, einem Bomber, der für Langstreckenaufklärungs- und Angriffseinsätze vorgesehen war.

Darüber hinaus fand die FHL 151/1-Anlage auch in den Entwürfen weiterer Bombenflugzeuge Verwendung, die unter der Bezeichnung »Bomber B« bekannt wurden. Dazu gehörte unter anderem das Projekt Fw 191, ein schwerer Bomber, der in den späten Kriegsjahren zur Verstärkung der Luftwaffe geplant war. Die FHL 151/1 sollte den Bomberbesatzungen eine verbesserte Verteidigungsmöglichkeit gegen feindliche Jäger und Zerstörer bieten, insbesondere während Langstreckeneinsätzen oder bei Angriffen aus dem Heckbereich.

Für eine noch präzisere Zielverfolgung und Bedienung der Hecklafette entwickelte die Firma L.G.W. einen speziell konstruierten verglasten Visierstand, der auf der Rumpfoberfläche des Flugzeugs montiert werden sollte. Dieser Stand war nicht nur für die optische Zielerfassung gedacht, sondern auch mit einer elektrischen Fernübertragung ausgestattet, die es dem Bordschützen ermöglichte, die Richtkommandos direkt an die Hecklafette zu übertragen. Dadurch wurde die Reaktionsgeschwindigkeit und Präzision des Feuerwechsels erheblich verbessert, da der Schütze nicht mehr auf eine manuelle, direkte Steuerung angewiesen war.

Die Fernbedienung der schweren Waffenstände stellte einen bedeutenden Fortschritt in der Bomberverteidigung dar, da sie die Effektivität der Verteidigung gegen Angriffe aus dem Heckbereich, den in den meisten Luftgefechten besonders gefährdeten Bereich, optimierte. Besonders bei den angedachten Einsätzen der schweren Bomber – wie der Ju 288 oder der Fw 191 – war eine leistungsstarke Heckverteidigung von entscheidender Bedeutung, um den Bombern zu ermöglichen, ihre Missionen über feindlichem Gebiet zu erfüllen und sich gleichzeitig vor den feindlichen Jagdflugzeugen zu schützen, die ihre größte Bedrohung darstellten.

Die Integration von verglasten Visierständen und elektrischen Steuerungen war Teil eines umfassenden Konzepts, das darauf abzielte, die Feuerkraft und Verteidigungsfähigkeit der Bomber zu maximieren, ohne das Gewicht und die Komplexität der Bordsysteme unnötig zu erhöhen. Die FHL 151/1-Anlage war jedoch, trotz ihrer vielversprechenden Eigenschaften und des technologischen Fortschritts, niemals Teil einer breiten Serienproduktion. Der Mangel an Produktionskapazitäten und die sich verschlechternde Kriegslage führten auch hier dazu, dass viele dieser fortschrittlichen Waffenanlagen nur in vereinzelten Prototypen und wenigen Einheiten verwendet wurden.

San Diego Air and Space Museum 16-005470

Heckstand einer Ju 188 oder Ju 388, bei dem anstelle eines MG 131-Zwillings eine einzelne MG 151/20-Kanone eingebaut wurde.

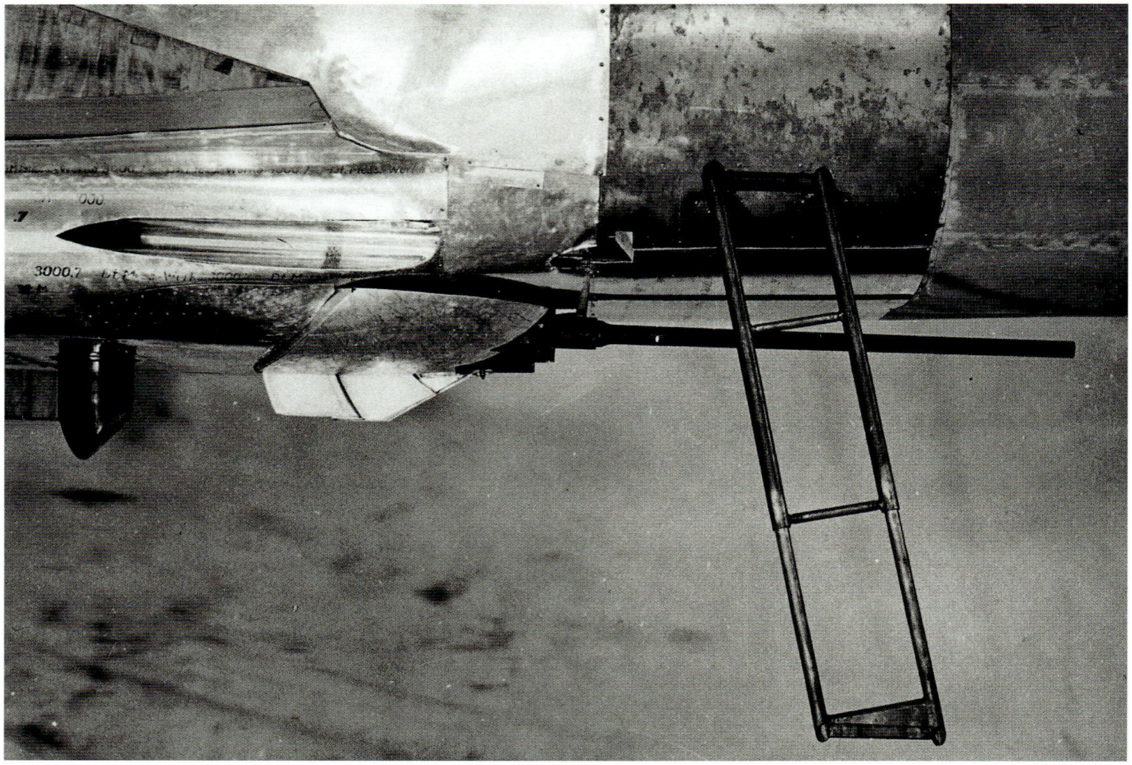

Im Zuge der Serienplanung der Ar 240 wurden fernbediente Waffenstände mit MG 151/20 entwickelt und bis zur Erstellung einer 1:1-Attrappe konstruktiv umgesetzt.

Manfred Griehl

FHL 151 Z

Die FHL 151 Zwillingslafette war ursprünglich so konzipiert, dass sie mit zwei MG 151/20-Kanonen ausgestattet wurde, um den rückwärtigen Luftraum eines Flugzeugs gegen feindliche Jagdflugzeuge zu verteidigen. Diese leistungsstarken Kanonen sollten eine erhebliche Feuerkraft bieten, um Angriffe aus dem Heckbereich abzuwehren, der aufgrund der Flugzeuggeometrie als besonders anfällig für feindliche Angriffe galt. Die FHL 151 Zwillingslafette stellte eine vielversprechende Lösung für die Luftwaffe dar, da sie die Möglichkeit bot, diesen gefährdeten Bereich durch eine automatische und gezielte Feuerwirkung effektiv zu schützen.

Allerdings wurden die Arbeiten an dieser fortschrittlichen Waffenanlage letztlich eingestellt, als eine andere Lösung als effektiver erachtet wurde: der bemannte Heckturm HL 131 V, der mit vier MG 131 Maschinengewehren bestückt war. Diese Entscheidung beruhte auf der Überzeugung, dass der bemannte Heckturm mit seiner größeren Feuerkraft und Flexibilität im Einsatz eine bessere Verteidigung gegen Angreifer aus dem Heckbereich bieten würde. Der HL 131 V ermöglichte es einem Bordschützen, auf Angriffe in allen Richtungen zu reagieren, während er gleichzeitig von der besseren Zielerfassung und Beweglichkeit profitierte, die mit einer manuellen Bedienung der Waffen verbunden waren.

Die Entscheidung, die Entwicklung der FHL 151 Zwillingslafette zugunsten des HL 131 V aufzugeben, spiegelte die strategischen Prioritäten und die praktischen Herausforderungen wider, denen die Luftwaffe im Laufe des Krieges gegenüberstand. Die Komplexität der Entwicklung neuer, automatisierter Waffensysteme und die fortschreitenden Engpässe in der Produktionskapazität machten es notwendig, bestehende Lösungen weiter zu optimieren und auf bewährte Systeme zurückzugreifen. Der bemannte Heckturm bot zudem die Flexibilität, die für die dynamischen Anforderungen des Luftkampfes erforderlich war.

Trotz des Abbruchs der FHL 151 Zwillingslafette blieb die Idee, den rückwärtigen Luftraum eines Flugzeugs durch leistungsstarke Waffen zu sichern, ein zentrales

Ziel in der Weiterentwicklung der deutschen Bomberverteidigung. Während die FHL 151 nicht in die Serienproduktion ging, trugen ihre Entwicklungsstadien und die gesammelten Erkenntnisse dazu bei, die späteren Systeme zu verbessern und weiterzuentwickeln, die die Besatzungen der Langstreckenflugzeuge in den letzten Jahren des Krieges schützten.

FL-A 103 Z und FL-B 103 Z

Neben der Verwendung der MK 103 als starre 3-cm-Bewaffnung in Zerstörern und Nachtjägern war auch ihr Einsatz als fernbediente Waffenanlage für mehrmotorige Kampfflugzeuge vorgesehen. Ein zentrales Beispiel war die geplante Installation der FL-A 103 Z im Bugbereich der Ju 388 K, als Ersatz für den ursprünglich vorgesehenen MG-131-Stand. Ziel war eine Reichweitenerhöhung der Feuerkraft gegen feindliche Angreifer.

Die Entwicklung begann im Februar 1944 mit der Produktion von 50 Prototypen. Die Anlage sollte insbesondere in schwereren Bombern zur Abwehr im Bugbereich dienen. Aufgrund verzögerter Erprobung durch die E-Stelle Tarnewitz und der Räumung des Geländes im Frühjahr 1945 wurde das Projekt jedoch nie abgeschlossen. Bis Dezember 1944 wurden lediglich sechs Prototypen gefertigt. Einer davon wurde testweise unter dem Rumpf einer Ju 88 montiert, doch über einen möglichen Einsatz gibt es keine belastbaren Berichte.

Das Konzept einer schweren, ferngesteuerten Abwehrbewaffnung fand auch in den Projekten strahlgetriebener Bomber Anwendung. Besonders Messerschmitts Oberbayrische Forschungsanstalt in Oberammergau arbeitete an der Integration dieser Systeme. Ende 1944 wurde ein weiteres System – die Lafette L 103 Z – im Bug einer Me 410 eingebaut. Dieses per Periskopvisier gesteuerte System besaß eine halbstarre Lagerung und wurde Anfang 1945 im Stand getestet, kam aber nicht mehr zum Fronteinsatz.

Die Entwicklungen rund um FL-A 103 Z und L 103 Z zeugen von den fortschrittlichen Bestrebungen, die Defensivfähigkeit deutscher Flugzeuge zu verbessern. Produktionsengpässe und der zunehmend aussichtslose Kriegsverlauf verhinderten jedoch eine Serienfertigung.

Im Zuge der Weiterentwicklung entstand der Drehturm FL-B 103 Z, gedacht als Nachfolger bisheriger Waffentürme mit MG 151/20. Diese Anlage sollte auf der Rumpfoberseite schwerer Fernbomber wie He 177, Ju 290, Ju 390 und Ta 400 eingesetzt werden. Sie versprach höhere Feuerkraft und Schutz durch fernbediente Bedienung.

Doch die strategische Neuausrichtung durch den Jägerstab im Sommer 1944, der die Jagdflugzeugproduktion priorisierte, führte zur Einstellung aller Entwicklungen schwerer Abwehrsysteme. Die FL-B 103 Z blieb ein ambitioniertes Projekt, das nie über wenige Prototypen hinauskam, jedoch den technologischen Anspruch der späten Luftwaffenplanung widerspiegelt.

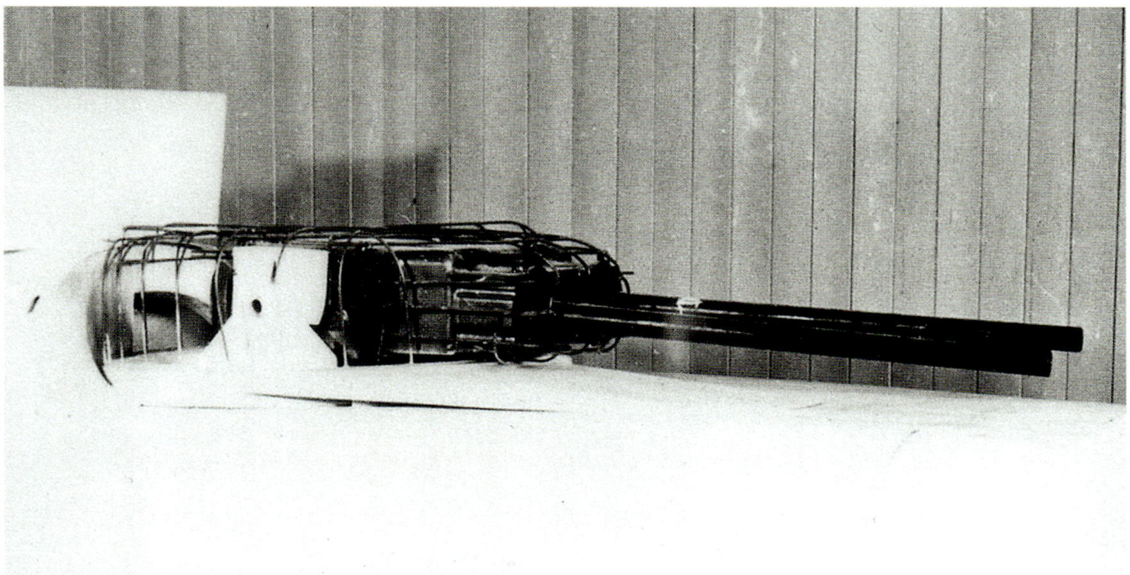

Modellversuch eines schweren ferngesteuerten Waffenturms mit zwei MK 103 als Doppelbewaffnung. Ein Metallgitter dient zur Simulation des Waffengehäuses.

Manfred Griehl

Gondelbewaffnung

Bei der Gondelbewaffnung handelte es sich um zusätzliche Waffenbehälter, die in Form von Rüstsätzen unter den Tragflächen montiert wurden – zumeist bestückt mit Maschinenkanonen. Ziel dieser Zusatzbewaffnung war es, die Feuerkraft deutscher Jagdflugzeuge insbesondere im Einsatz gegen stark gepanzerte alliierte Bomber wie die B-17 oder B-24 spürbar zu erhöhen.

Ein typisches Beispiel war die Messerschmitt Bf 109 G-6 mit dem Rüstsatz R6, bei dem zwei 20-mm-Kanonen des Typs MG 151/20 in Unterflügelgondeln integriert wurden. Auch die Focke-Wulf Fw 190, die sich durch ihre besonders robuste Konstruktion auszeichnete, wurde häufig mit Gondelkanonen nachgerüstet. Besonders die Varianten der A-Serie – etwa die Fw 190 A-6/R1 oder A-8/R2 – erhielten unter den Tragflächen montierte 20-mm- oder sogar 30-mm-Kanonen, was die Feuerkraft deutlich erhöhte. Durch ihren luftgekühlten Sternmotor und die stabile Flugzelle konnte die Fw 190 das zusätzliche Gewicht und die mechanische Beanspruchung dieser schweren Waffen deutlich besser verkraften als andere Jägertypen.

Die in Flügelgondeln montierten MK 103 wiesen beim Dauerfeuer auf eine Entfernung von 100 m jedoch eine erhebliche Streuung von etwa 1,5 × 1,5 m auf. Zudem beeinträchtigte der starke Rückstoß beim unsynchronen Feuern das Flugverhalten spürbar. Da die Kanonen außerhalb des Visierbereichs eingebaut waren, war eine exakte Justierung auf eine Zielpunktkreuzung erforderlich, was in Kombination mit der hohen Geschwindigkeit der Fw 190 im Einsatz nur zwei kurze, gezielte Feuerstöße pro Anflug erlaubte. Zur Verbesserung von Präzision und Flugstabilität wurde die elektrische Verschaltung auf synchrones Schießen umgestellt, wodurch sich die Streuung deutlich auf etwa 80 × 80 cm verringerte.

Die Gondelbewaffnung war Ausdruck der sich verändernden Einsatzdoktrin der Luftwaffe im späteren Kriegsverlauf: Sie markierte den Wandel vom wendigen Luftüberlegenheitsjäger hin zum schwer bewaffneten Abfangjäger, der gegen dichte Bomberformationen operieren sollte – meist unter dem Schutz gegnerischer Begleitjäger, was die taktische Herausforderung zusätzlich verschärfte. Die durch Bewaffnung und Zusatzgewicht stark beeinträchtigte Geschwindigkeit und Wendigkeit führte dazu, dass man diese Flugzeuge im Einsatz zusammenfasste, die ihrerseits von leichteren Begleitjägern beim Angriff auf die Bomberverbände gedeckt wurden.

Ein Jagdbomber vom Typ Fw 190 A-5/U11 war mit zwei MK 103 an den Außenflügeln sowie mit zwei MG 17 und zwei MG 151/20 ausgerüstet – eine Konfiguration, die später in der Serienvariante A-6/R3 übernommen wurde.

DTMB VI.1.006 04759 Fotograf unbekannt

DTMB VI.1.006 04758 William Green (Kent), Fotograf unbekannt

Manfred Griehl

Die aufgeklappte Gondel erlaubt einen detaillierten Blick auf den Einbau der beiden MG 151/20-Maschinenkanonen. Auch bei den Varianten Bf 110 G-2 bis G-4 konnte eine zusätzliche Waffenwanne montiert werden.

Ein Jagdbomber vom Typ Fw 190 A-5/U12 mit zwei MG 17 im Rumpf sowie je drei MG 151/20 in beiden Flügeln diente als Prototyp für die schwerste Bewaffnung, die bei der Fw 190 zur Bekämpfung viermotoriger alliierter Bomber vorgesehen war. In der späteren Variante Fw 190 A-8/R1 wurden die MG 17 im Rumpf durch stärkere MG 131 ersetzt.

Starre Schrägbewaffnung

Im Verlauf des Zweiten Weltkriegs entwickelte sich die sogenannte Schrägbewaffnung – eine nach schräg oben ausgerichtete Bordbewaffnung – zu einem wichtigen taktischen Mittel der deutschen Nachtjagd. Besonders gegen die im Nachteinsatz befindlichen viermotorigen britischen Bomber vom Typ Avro Lancaster oder Handley Page Halifax, erwies sich dieses Waffenkonzept als äußerst effektiv. Durch das Anfliegen unterhalb der feindlichen Flugzeuge konnten Treffer auf besonders empfindliche Bereiche wie die Kanzel, Kraftstofftanks oder Triebwerke erzielt werden, ohne in das direkte Feuerfeld der gegnerischen Abwehrwaffen zu geraten. Während Angriffe mit Frontalbewaffnung üblicherweise vom vorderen Luftraum aus erfolgten und häufig durch Radar oder Sichtmittel erkannt wurden, blieb der Bereich unterhalb der Flugzeuge oft unbeobachtet.

Beim Einsatz der Schrägbewaffnung hielten die deutschen Nachtjäger Kurs und Geschwindigkeit synchron zum gegnerischen Bomber. Der Angriff erfolgte dann aus kurzer Distanz, meist auf Höhe der Tragflächenwurzel des Bombers. Diese Waffen wurden hinter dem Cockpit zweimotoriger Flugzeuge unter einem festen Winkel von etwa 75 Grad schräg nach vorne oben installiert. Das Zielen übernahm der Pilot selbst durch ein auf einer Schwenkplatte montiertes Reflexvisier, das unter demselben Winkel schwenkbar war. Diese einfache, aber effektive Zieloptik ermöglichte präzises Feuer auch bei schlechter Sicht.

Bereits vor dem systematischen Einsatz dieser Bauform hatten Bordfunker in improvisierten Einsätzen mit beweglich montierten Waffen einzelne Abschusserfolge erzielt. Die ersten gezielten Versuche zur Integration solcher Waffen erfolgten ab Herbst 1942 an Maschinen der Baureihe Dornier Do 217. Ein frühes Testflugzeug, eine modifizierte Do 217 J-2/U2 (Werknummer 1384), wurde mit vier nach oben schräg eingebauten MG 151/20 ausgerüstet, die im ehemaligen Bombenschacht Platz fanden. Die gesamte Anlage konnte im Notfall über eine Abwurfvorrichtung abgestoßen werden – ein Indiz dafür, dass man zunächst mit Vorsicht an das neue Konzept heranging.

Im Oktober desselben Jahres begannen erste Bodenversuche, ehe man die Konfiguration auf andere Flugzeugmuster übertrug. Der sogenannte Rüstsatz R22 ermöglichte auch den Einbau in die fortschrittlicheren Do 217 N-1 und N-2. Weitere Entwicklungen zielten auf eine Leistungssteigerung durch sechs Bordkanonen – wie bei der Versuchsausführung Do 217 J-1/U2/U4 –, doch diese Modifikation führte aufgrund des massiven Gewichtsanstiegs zu erheblichen Leistungseinbußen und wurde daher verworfen.

Ein ähnlicher Ansatz wurde parallel bei der Messerschmitt Bf 110 G-4 verfolgt. Diese war zwar für Nachtjagdeinsätze konzipiert, wies jedoch aus Platzgründen nur beschränkte Möglichkeiten für eine Schrägbewaffnung auf. Zwei MG FF wurden provisorisch am hinteren Ende der Kabine eingebaut, wobei man aus Sicherheitsgründen auf längere Waffen wie das MG 151/20 verzichtete. Die Entwicklung begann im Sommer 1943; erste Tests mit zwei MK 108 fanden im Juli statt, gefolgt von Truppenversuchen bei der II./NJG 5. Auch improvisierte Umbauten einzelner Maschinen durch Verbände selbst waren keine Seltenheit – etwa der Umbau einer Bf 110 F-1 zu Versuchszwecken.

Trotz technischer Einschränkungen erwiesen sich die neuen Waffen in ersten Fronteinsätzen ab Ende 1943 als durchaus erfolgreich. Eine Weiterentwicklung der Bewaffnung führte sogar zu experimentellen Einbauten eines MG 131 – so bei Oberleutnant Drewes – blieb jedoch ein Einzelfall. Die MK 108 setzte sich schließlich als bevorzugte Lösung durch, fand aber in Maschinen wie der Bf 109 G-4 nur begrenzte Anwendung aufgrund ihrer geringen Reichweite und Zuladung.

Auch an der Ju 88 – dem Arbeitspferd der Nachtjagd – wurde die schräge Zusatzbewaffnung umfangreich getestet. Im August 1943 sollte eine Ju 88 C-6 mit zwei schräg eingebauten MK 108 in Tarnewitz getestet werden, doch logistische Engpässe verzögerten die Erprobung. Schließlich übernahm das Erprobungskommando 25 (EK 25) die Maschine. Trotz technischer Schwierigkeiten wurde der Beschusstest im Dezember 1943 erfolgreich abgeschlossen. Eine Trefferquote von nur 16 % bei Schleppscheibenbeschuss aus 250 Metern Entfernung zeigte jedoch, dass praktische Erfahrungen und Zieloptiken verbessert werden mussten.

Weitere Entwicklungen fanden an der Ju 88 G-Serie statt. Neben der Standardbewaffnung wurden hier zunehmend zwei MG 151/20 im Winkel von 70 Grad nach oben integriert – unter anderem in der Ju 88 G-1 (Werknummer 710406), die zusätzlich eine seitlich versetzte dritte Kanone erhielt. Auch individuelle Umbauten, etwa durch Oberfähnrich Strassner, verdeutlichen die Flexibilität und Einsatzvielfalt dieser Waffenanlage. Größere Kaliber oder gar sechs Waffen wurden aus Gewichtsgründen jedoch nicht realisiert.

Die Schrägbewaffnung setzte sich schließlich als Standardkonfiguration in späteren Varianten der Ju 88 G-6 durch und wurde auch für geplante, aber nicht mehr in

San Diego Air and Space Museum Permann 20096

Ju 88 G-6 in der Konfiguration als Nachtjäger mit zwei MG 151/20 in Schrägbewaffnung, vier MG 151/20 in der Rumpfunterseite sowie dem Funkmessgerät »Lichtenstein«.

San Diego Air and Space Museum Permann 20095

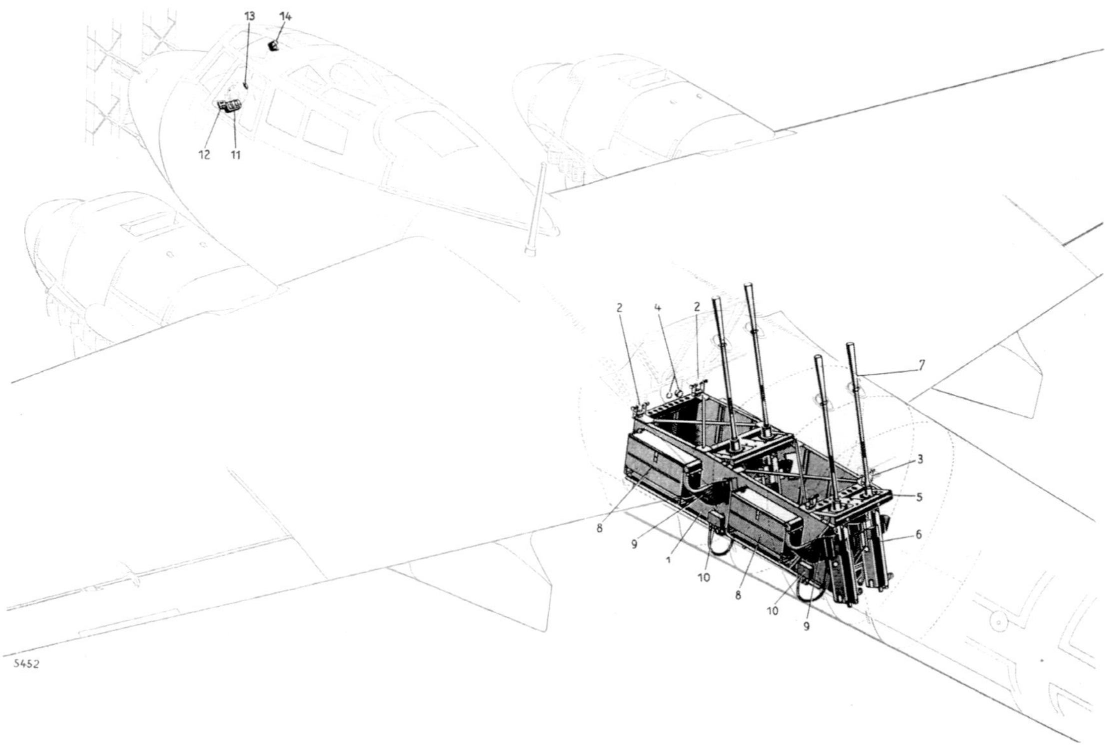

Grafische Darstellung des starren Schrägeinbaus (70°) der Schusswaffenanlage einer Do 217 N-1, N-2 mit vier MG 151/20.

1 Waffenträger
2 Befestigung des Waffenträgers am Hinterholm
3 Befestigung des Waffenträgers an Spant 21
4 Steckeranschluss des Waffenträgers
5 Lafette St. L.151/7
6 MG 151/20 mit ED 151 B
7 Feuerdämpfer 151/20
8 Gurtkasten
9 Gurtzuführhals
10 Durchladeschaltkasten EDSK-B 1
11 Schalt-, Zähl-, und Kontrollkasten SZKK 4
12 Schauzeichen der Verschlussstellungsanzeige der MG 151/20
13 Abfeuerknopf
14 Revi 16 B

BArch RL 3-6845 D. (Luft) T. 2217 N-1, N-2

Serie gegangene Modelle wie die Ju 88 G-7 oder die Ju 388 J-Reihe vorgesehen. Auch bei der Heinkel He 219, einem der modernsten Nachtjäger Deutschlands, kam sie ab Ende 1943 zum Einsatz. Die Prototypen V24 und V26 erhielten schräg eingebaute MK 108. Weitere Maschinen wie die A-053 wurden mit MG 151/20 ausgerüstet und auch unter realen Einsatzbedingungen getestet. Die geplante Integration von sechs MK 103, darunter zwei in Schrägstellung, konnte aufgrund der mangelnden Verfügbarkeit der Jumo 222-Triebwerke nicht verwirklicht werden.

Selbst bei der Do 335 und der hölzernen Ta 154 wurden Einbauoptionen für Schrägbewaffnung entworfen, und teils bereits in frühen Konstruktionsunterlagen vorgesehen. Jedoch blieb es bei theoretischen Planungen. Bis zum Kriegsende kamen nur wenige Maschinen zum Einsatz, meist ohne die zusätzliche schräge Feuerkraft.

Eine Renaissance erlebte das Konzept nochmals mit der Me 262. In ihren zweisitzigen Nachtjagdvarianten (etwa der B-2) wurde wieder mit schräg nach oben gerichteten MK 108 gearbeitet – auch bei Projekten, die noch im März 1945 in Oberammergau vorbereitet wurden. Eine frühe Me 262 A-1a wurde sogar mit einem schräg eingebauten MG 131 versehen und im Rahmen des Kommandos Welter einsatzmäßig verwendet.

Nicht zuletzt wurde auch bei der Arado Ar 234 P-Serie eine Schrägbewaffnung in Erwägung gezogen. In der P-5-Variante waren zwei MK 108 oder alternativ MG 151/20 vorgesehen, eingebaut im Rumpf hinter der Funkanlage – doch der Kriegsverlauf machte eine Umsetzung unmöglich.

Die Schrägbewaffnung war keine revolutionäre Neuerfindung, sondern eine pragmatische Antwort auf die Herausforderungen der nächtlichen Luftabwehr. Ihre Anwendung zog sich durch nahezu alle späten deutschen Nachtjägermodelle – von improvisierten Umbauten über experimentelle Prototypen bis hin zu serienreifen Rüstständen.

Zusammenfassend lässt sich feststellen, dass die Kombination aus starker Frontalbewaffnung und taktisch eingesetzter Schrägbewaffnung den deutschen Nachtjägern ein breites Spektrum an Angriffsmöglichkeiten bot. Insbesondere die Schrägwaffenstrategie stellte eine asymmetrische Taktik mit hohem Erfolgspotential dar und ermöglichte es, die zahlenmäßige Überlegenheit alliierter Bomberverbände zumindest punktuell wirkungsvoll zu kontern.

Trotz technischer Rückschläge und logistischer Probleme bewährte sich das Prinzip mehrfach im Fronteinsatz und gilt heute als eine der bemerkenswerten taktischen Anpassungen der deutschen Luftwaffe im Verteidigungskampf gegen alliierte Bomberströme.

Schrägbewaffnung bei Zerstörern

Bereits 1943, zu einem Zeitpunkt, als die alliierte Luftüberlegenheit zunehmend spürbar wurde, erprobte die deutsche Luftwaffe Möglichkeiten, schwere Bomber auch bei Tag aus der Unterseite heraus anzugreifen – ein Konzept, das ursprünglich aus der Nachtjagd stammte. In diesem Zusammenhang wurde eine Junkers Ju 88 A-4 zu Versuchszwecken umgerüstet und mit vier nach oben gerichteten 20-mm-MG 151/20 ausgestattet. Die Kanonen waren in einem Winkel von etwa 70 Grad im mittleren Rumpfsegment eingebaut und sollten dem Piloten ermöglichen, gegnerische Bomberverbände im Vorbeiflug von unten zu beschießen – eine Taktik, die sich in der Nachtjagd mit der sogenannten »Schräge Musik« bereits bewährt hatte.

Allerdings erwies sich die Ju 88 A-4 im Tageskampf zunehmend als überfordert. Ihre vergleichsweise geringe Geschwindigkeit und Manövrierfähigkeit machten sie zu einem leichten Ziel für alliierte Begleitjäger, insbesondere für die P-47 Thunderbolt und die P-51 Mustang. Infolge dieser klaren Unterlegenheit wurde das Konzept der zusätzlichen Schrägbewaffnung bei zweimotorigen Zerstörern rasch wieder verworfen. Die Umrüstung erwies sich nicht nur als technisch aufwendig, sondern taktisch zunehmend als sinnlos, da die Maschinen im Tageskampf kaum eine realistische Überlebenschance hatten.

Ungeachtet dieser Rückschläge wurde parallel ein weiteres Schrägbewaffnungssystem erprobt, diesmal in enger Zusammenarbeit zwischen Junkers und der Firma Rheinmetall-Borsig. Auch hier diente eine Ju 88 A-4 als Trägerplattform. In ihrem Rumpf installierte man zwei MK 108 – 30-mm-Maschinenkanonen mit hoher Explosivkraft – ebenfalls in schräger Anordnung. Das Besondere an diesem Versuchsaufbau war die Kopplung der Bewaffnung an ein spezielles Zielgerät: Eine Mechanik erlaubte es, die Waffen in Verbindung mit einem modifizierten Reflexvisier des Typs Revi 16 B zu steuern. Das zugehörige Richtsystem stammte von Rheinmetall-Borsig und sollte die Schussauslösung und Zielverfolgung während eines Anflugs vereinfachen.

Diese Weiterentwicklung sollte die Schlagkraft der Zerstörer insbesondere gegen alliierte viermotorige Bomber wie die B-17 »Flying Fortress« oder die B-24 »Liberator« verbessern. Die Idee war, ähnlich wie bei Nachtjägern, einen Angriff von unten durchzuführen, bei dem der gegnerische Bomber dem Feuer der Bordschützen kaum etwas entgegensetzen konnte. Theoretisch hätte dieses Vorgehen auch bei Tag funktionieren können – in der Praxis verhinderten jedoch dieselben taktischen und technischen Probleme wie bei der MG-151/20-Version den operativen Erfolg.

Abgesehen von der mangelnden Überlebensfähigkeit der Trägerflugzeuge waren es auch die zunehmenden Materialengpässe und die immer chaotischeren Produktionsbedingungen im letzten Kriegsdrittel, die eine Weiterentwicklung dieses Systems unmöglich machten. Weder die komplexe Waffenmechanik noch das spezielle Zielsystem erreichten je die Einsatzreife. Zudem setzte sich im Luftwaffenkommando zunehmend die Erkenntnis durch, dass zweimotorige Tagjäger gegen die massierte Stärke der alliierten Bomber- und Jagdverbände keine Zukunft mehr hatten. Die vielversprechende Taktik mit einer Schrägbewaffnung überraschend aus toten Winkeln anzugreifen, blieb damit weitgehend auf die Nachtjagd beschränkt. Eine umfassende Integration in das reguläre Bewaffnungskonzept von Zerstörern unterblieb.

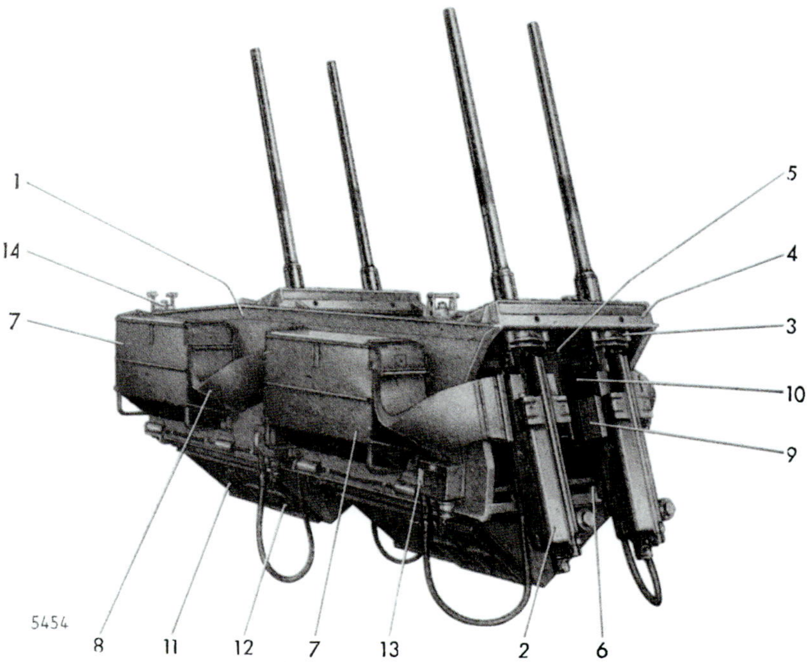

BArch RL 3-6845 D. (Luft) T. 2217 N-1, N-2

Der ausgebaute Waffenträger mit vier MG 151/20 in 70°-Schrägeinbau.

- **1** Waffenträger (Traggerüst)
- **2** MG 151/20 mit ED 151 B
- **3** Vorderes Lager der St. L. 151/7
- **4** Querträger
- **5** Rückwand
- **6** Hinteres Lager der St. L. 151/7
- **7** Gurtkästen für 200 Schuss
- **8** Gurtzuführhals
- **9** Leergurtabführhals
- **10** Hülsenabführschacht
- **11** Hülsen- und Leergurtkasten
- **12** Elektrischer Durchladeschaltkasten EDSK-B 1
- **13** Aufhängebeschläge des Waffenträgers

Schrägbewaffnung mit zwei MK 108 im Cockpit einer Me 110.

Manfred Griehl

Schrägbewaffnung bei Tagjägern

Im Sommer 1944, gegen Ende des Zweiten Weltkriegs, suchte die deutsche Luftwaffe nach neuen Mitteln zur effektiveren Bekämpfung alliierter Bomberverbände. Beeinflusst von der relativ erfolgreichen Schrägbewaffnung in Nachtjägern, entstand die Idee, jetzt auch einmotorige Tagjäger mit nach oben gerichteten Bordwaffen auszustatten.

Die übliche starre Jägerbewaffnung in Richtung der Flugzeuglängsachse hatte den Mangel, dass ein Angriff mit einigermaßen erträglichen Vorhaltewinkeln nur bei verhältnismäßig kleinen Flugwinkeln von hinten oder vorne möglich war, dass also das feindliche Flugzeug stets mit seiner kleinsten Projektionsfläche dem Feuer des Jägers ausgesetzt war und dass der Augenblick, in den der Jäger den Kurs des Gegners kreuzte vom Jäger nicht erkannt werden konnte, sodass ein Zielanflug auf dem Gegnerkurs, also unter dem Flugwinkel 0°, in den meisten Fällen nicht möglich war, sondern auf einer Hundekurve also mit Vorhalt, angeflogen werden mußte. Diese Nachteile konnten durch den Schrägschuss und Anflug auf dem Rammkurs vermieden werden.

Die ersten praktischen Versuche betrafen eine modifizierte Messerschmitt Bf 109 G-6, in die man eine MK 108 einbaute, die um 70 Grad nach vorn oben ausgerichtet war. Nach einer kurzen Bodenerprobung kam es Ende Juli 1944 zu einem ersten Schussversuch in der Luft. Dabei traten sofort strukturelle Probleme auf: Der große Rückstoß der Waffe beschädigte die Rumpfstruktur. Zusätzlich verschob die schwere Kanone den Schwerpunkt des Flugzeugs so weit nach hinten, dass eine Überführung zur Erprobungsstelle Rechlin zur genaueren Untersuchung erwogen wurde. Dennoch wurde der Umbau weiterverfolgt – teilweise war sogar der Einbau von zwei oder drei MK 108 hinter dem Cockpit vorgesehen. Diese Pläne scheiterten jedoch an der zunehmenden Instabilität der Maschine: Bei weiteren Tests drehte sie sich unkontrolliert um die Querachse.

Am 19. August 1944 wurde eine Kamera installiert, um das Flugverhalten bei der Schussabgabe zu dokumentieren. Zwar erfolgten weitere Testeinsätze, doch die Zweifel an der praktischen Einsatzfähigkeit des Konzepts wuchsen. Parallel entstand bei der Deutschen Lufthansa ein zweites Versuchsmuster mit einem schräg eingebauten MG 131. Doch angesichts der geringen Feuerkraft

BArch RL 3-4546

Versuchsaufbau der Lafette MK 108 Z/1 B mit zwei schräg eingebauten MK 108 im Rahmen von Erprobungen bei Rheinmetall-Borsig.

BArch RL 3-4546

dieser Waffe gegenüber der MK 108 wurde auch dieses Projekt rasch eingestellt.

Ungeachtet dieser Rückschläge begann man zeitgleich, eine Focke-Wulf Fw 190 A mit einer ebenfalls schräg eingebauten MK 108 auszurüsten. Für diese Maschine plante man zusätzlich eine automatische Auslösung der Bordkanone, gesteuert durch ein modifiziertes Funkhöhenmessgerät FuG 101 in Kombination mit Fotozellen – ein System mit dem Codenamen »Stechmücke«. Auch hier führte der Einbau zu einer unerwünschten Schwerpunktverlagerung, die zunächst durch die Reduktion der Treibstoffmenge kompensiert wurde – eine Notlösung ohne operative Perspektive.

Im August 1944 wurde das Auslösesystem erstmals in die Flugzeugzelle integriert. Pläne, ein weiteres Flugzeug mit drei schrägen MK 108 und dieser Technik auszurüsten, wurden zügig ausgearbeitet und vom RLM unterstützt. Doch auch in diesem Fall erwiesen sich die technischen Schwierigkeiten als unüberwindbar. Die Fotozellen reagierten zu langsam, arbeiteten unzuverlässig und lösten oft bei bloßen Wolkenrändern aus. Farbfilter halfen kaum, und auch verbesserte Geräte aus der Nullserie der Opta-Radio GmbH lieferten keine konsistenten Ergebnisse. Trotz intensiver Modifikationen blieb die »Stechmücke« unbrauchbar.

Während der Einbau zweier MK 108 in die Fw 190 Anfang September 1944 abgeschlossen wurde, waren die Schießversuche weiterhin von Fehlfunktionen geprägt. Ende des Monats wurden sämtliche Arbeiten an diesem Projekt eingestellt. Die Technik war nicht nur unausgereift, sondern unter den gegebenen Bedingungen auch nicht mehr zur Serienreife zu bringen.

Anfang 1945 sollte selbst die neu entwickelte Heinkel He 162 A-2 eine schräg eingebauten 3-cm-Kanone erhalten. Sogar die ältere MK 101 wurde kurzzeitig in Betracht gezogen – eine schwere Waffe, die ursprünglich aus der Henschel Hs 129 stammte und zur Panzerbekämpfung eingesetzt worden war. Diese Überlegungen, eine kleine und hochsensible Maschine wie die He 162 mit einer großkalibrigen Schrägbewaffnung zu bestücken, zeugen von technischer Verzweiflung und mangelnder Realitätsnähe in den letzten Kriegsmonaten.

Rückblickend lässt sich sagen, dass alle Versuche zur Ausstattung einmotoriger Jäger mit Schrägbewaffnung an technischen, aerodynamischen und operativen Problemen scheiterten. Der späte Zeitpunkt, die fehlende Reife der verwendeten Technologien sowie die zunehmend chaotische Kriegslage verhinderten eine erfolgreiche Umsetzung. Die Projekte blieben experimentell und wurden spätestens im Herbst 1944 endgültig aufgegeben.

Waffenbehälter im Einsatz der Luftwaffe

Zur Verstärkung der starren Bordbewaffnung deutscher Kampfflugzeuge wie der Ju 87 B und D sowie der Ju 88 A bestand ab Beginn des Krieges die Möglichkeit, unter den Tragflächen sogenannte Waffenbehälter an ETC-Trägern (Elektrischer Träger für Container) mitzuführen. Diese zusätzlichen Waffenanlagen sollten insbesondere im Tiefflug die Feuerkraft gegen Bodenziele erhöhen. In der Praxis konnten sich die untergehängten Behälter jedoch nicht flächendeckend durchsetzen, da sie den Luftwiderstand erheblich steigerten und damit die Flugleistung der ohnehin bereits durch Zuladung und Panzerung belasteten Maschinen weiter einschränkten.

Dennoch kam diese Zusatzbewaffnung in bestimmten Situationen bis zum Kriegsende punktuell zum Einsatz – so beispielsweise unter dem Rumpf einzelner strahlgetriebener Aufklärungsflugzeuge wie der Arado Ar 234 B-2b. Auf dem norditalienischen Kriegsschauplatz setzte das Kommando Hecht gegen Kriegsende noch einige wenige dieser Waffenbehälter-Rüstsätze ein, insbesondere um die verwundbaren Aufklärer mit einer gewissen Eigenschutzfähigkeit auszustatten.

Zusatzwaffenbehälter WB 81

Ab dem Jahr 1943 wurde mit dem WB 81 ein erster standardisierter Zusatzwaffenbehälter in begrenzter Stückzahl eingeführt, vorgesehen für Flugzeugmuster wie die Ju 87 D-4 sowie die Ju 88-Varianten C-4 und A-4. Der WB 81 beinhaltete drei doppelläufige MG 81 Z, die fest auf Lafetten des Typs L 81 Z/2 montiert waren. Die Waffen waren in leicht nach unten geneigter Stellung (etwa 10 Grad) im Behälter integriert und ermöglichten so eine breit gefächerte Feuerwirkung im Tiefangriff.

Pro Waffe standen 200 Schuss zur Verfügung, untergebracht in separaten Munitionskästen im hinteren Teil des Behälters – insgesamt also 1.200 Schuss je WB 81. Der Behälter konnte unter einem ETC 250-Träger montiert und im Notfall durch den Piloten abgeworfen werden, beispielsweise bei Feindkontakt mit überlegenen gegnerischen Jägern oder zur Verbesserung der Flugleistung.

Trotz dieser Optionen zeigte sich schnell, dass der erhöhte Luftwiderstand und die begrenzte Leistung der Junkers-Maschinen die Effektivität stark einschränkten. Besonders im Tiefflug, für den die Waffenbehälter eigentlich vorgesehen waren, blieb ihr Nutzen begrenzt. Dennoch kam der WB 81 in Einzelfällen – insbesondere 1943 an der Ostfront – noch zum operativen Einsatz.

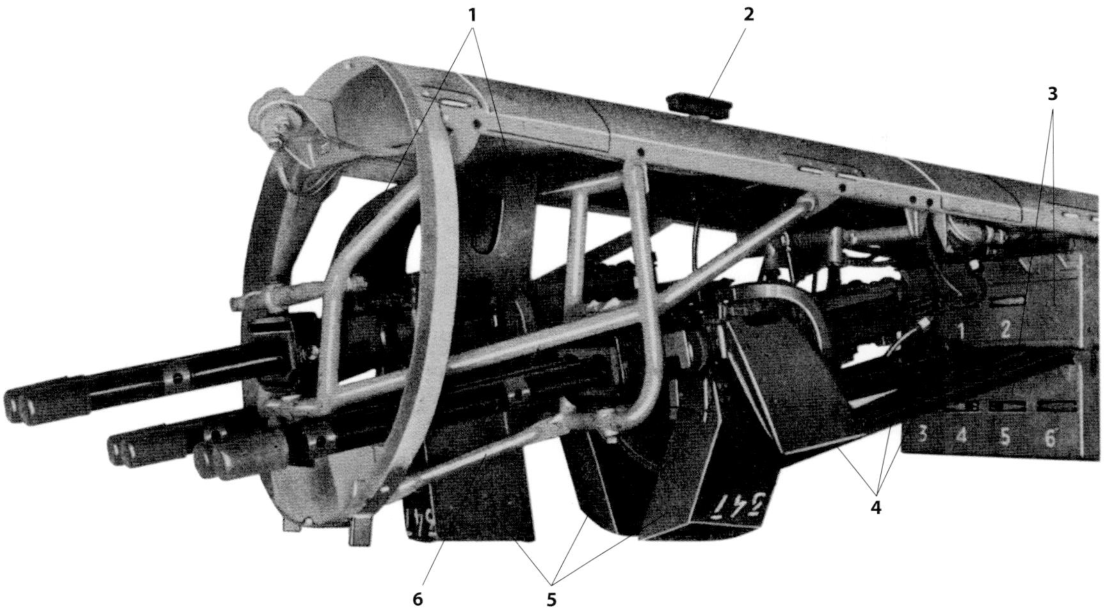

Zusatzwaffenbehälter WB 81 A mit drei MG 81 Z in der Innenansicht. Die Waffen sind nach unten geneigt, um eine bessere Feuerwirkung im Tiefangriff zu ermöglichen.

1. **Gurtzuführungen für die mittleren MG 81 Z**
2. **Aufhängung**
3. **Oberer und unterer Gurtkasten**
4. **Gurtzuführungen für die unteren MG 81 Z**
5. **Leergurt- und Hülsenableiter**
6. **Lafette**

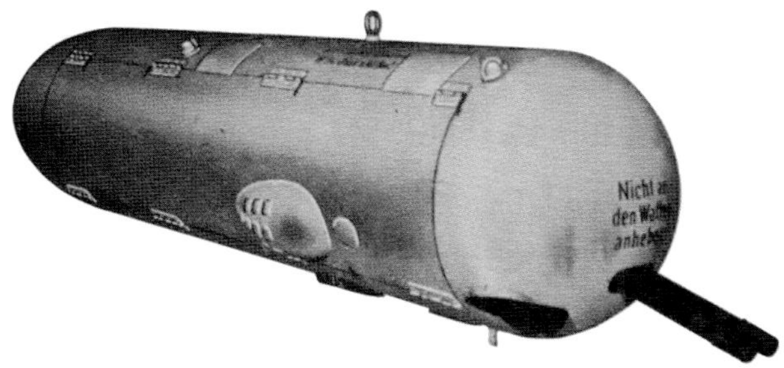

Zusatzwaffenbehälter WB 81 A mit geschlossenem Gehäuse.

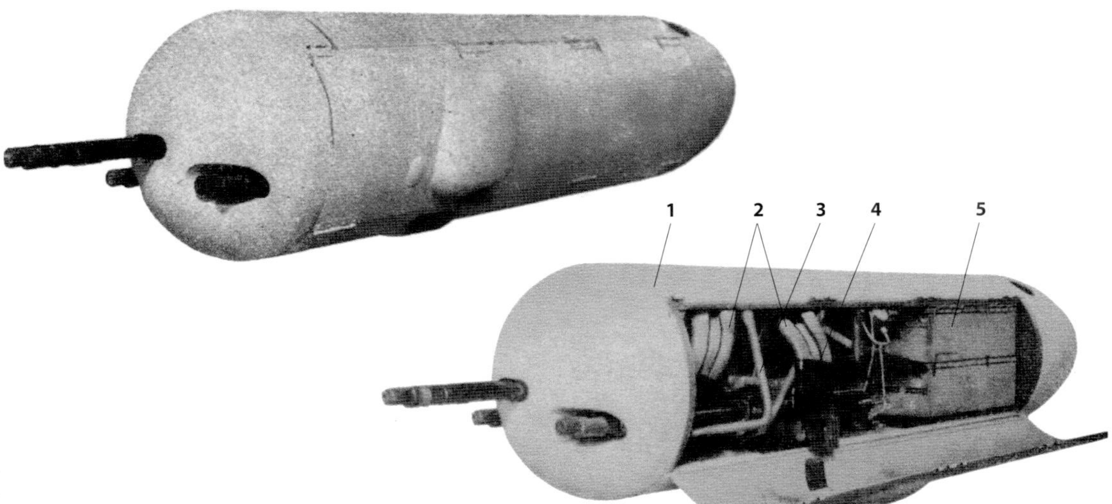

Zusatzwaffenbehälter WB 81 B mit geschlossenem und geöffnetem Gehäuse. Die Waffen sind bei dieser Version horizontal ausgerichtet.

1. **Gehäuse**
2. **Gurtzuführung**
3. **Lafette**
4. **Leergurt- und Hülsenableitung**
5. **Gurtkästen**

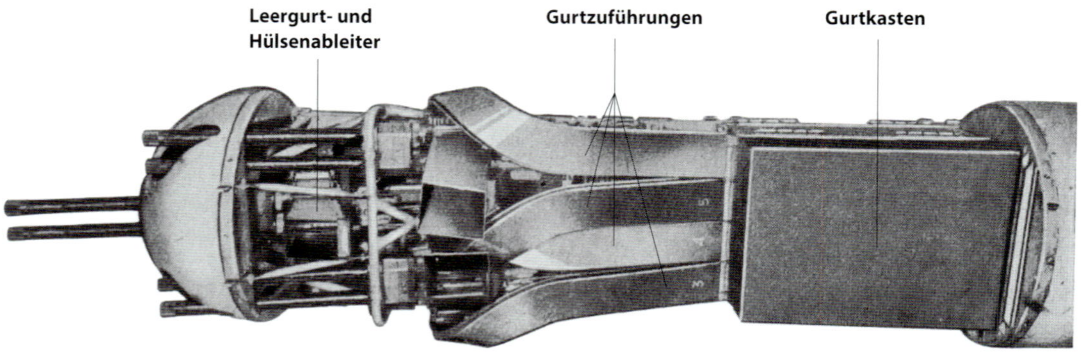

Zusatzwaffenbehälter WB 81 A mit abgenommenem Gehäuse. Ansicht von unten.

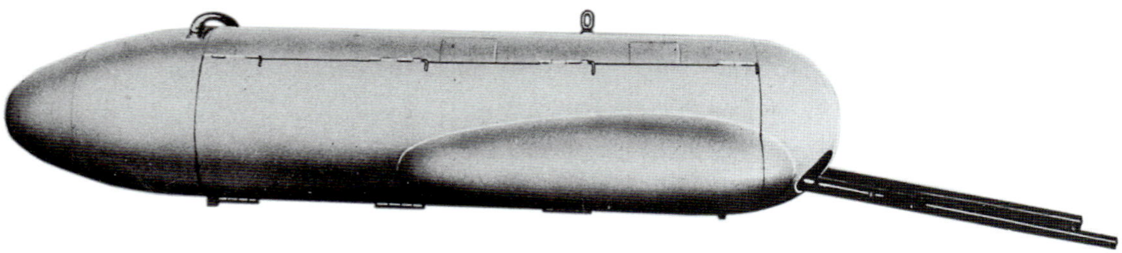

Zusatzwaffenbehälter ZWB 151/20 mit zwei nach unten geneigten MG 151/20.

Zusatzwaffenbehälter ZWB 151/20

Der technisch weiterentwickelte Zusatzwaffenbehälter ZWB 151/20 wurde speziell für die strahlgetriebenen Arado Ar 234 B-2 entwickelt, die serienmäßig über keine feste Bordbewaffnung verfügte. Der Behälter beherbergte zwei nebeneinander angeordnete MG 151/20-Maschinenkanonen, die um etwa 75 Grad geneigt montiert waren. Die Waffen wurden vollständig fernbedient – sowohl das Durchladen als auch die Schussabgabe erfolgten direkt aus dem Cockpit.

Für jede Kanone standen 200 Schuss bereit, gelagert im Inneren des Metallcontainers. Die eingebauten Waffen brachten ein Gesamtgewicht von rund 245 kg auf, während der Waffenbehälter selbst zusätzlich etwa 150 kg wog. Eine strömungsgünstige Verkleidung reduzierte den Luftwiderstand und fügte weitere 15 kg hinzu. Die Hülsen wurden über eine spezielle Auswurföffnung ins Freie geleitet. Konstruktion und Aufbau ähnelten dem WB 81, jedoch war der ZWB 151/20 deutlich schwerer bewaffnet und leistungsfähiger.

Der Einsatz dieser Zusatzbewaffnung verfolgte das Ziel, den unbewaffneten Strahlaufklärern Ar 234 eine begrenzte Offensivkraft zu verleihen – insbesondere für Tiefangriffe oder zur Selbstverteidigung bei feindlichen Luftbegegnungen. Im März 1944 prüfte das Oberkommando der Luftwaffe (OKL) sogar die Möglichkeit, zwei oder drei solcher Behälter pro Flugzeug zu montieren, um aus der Ar 234 B-2 kurzfristig ein schwer bewaffnetes Jagdflugzeug zu machen. Diese provisorische Lösung erhielt intern die Tarnbezeichnung »Magirusbombe«.

Auch für die geplanten Höhenjäger-Versionen der Ar 234 war vorgesehen, unter jedem der beiden Triebwerks-ETC je einen ZWB 151/20 mitzuführen. Damit wären insgesamt vier MG 151/20 verfügbar gewesen. Trotz der starken Bewaffnung wäre ein erfolgreicher Einsatz jedoch stark von der Erfahrung und dem fliegerischen Können eines speziell geschulten Jägerpiloten abhängig gewesen.

Waffenbehälter mit Mischbewaffnung

Versuche, Waffencontainer mit gemischter Bewaffnung – etwa eine Kombination aus MG 81 und MG 151 – zu entwickeln, blieben letztlich ohne Erfolg. Weder der WB 81 noch der ZWB 151/20 fanden breite Akzeptanz innerhalb der Truppe. Die begrenzte taktische Wirksamkeit, der erhöhte Luftwiderstand sowie der erhebliche technische Aufwand bei der Kombination verschiedener Waffenarten führten schließlich zur Einstellung aller weiteren Entwicklungsarbeiten in diesem Bereich.

KAPITEL 4
SONDERGERÄTE

Die »Große Rohrbatterie« wies 32 Rohre vom Kaliber 3 cm auf und war für den Einbau in die Ba 349 »Natter« vorgesehen.

AUTOMATISCHE BORDBEWAFFNUNG IM SPÄTKRIEG

MAXIMALE ZERSTÖRUNG BEI MINIMALEM AUFWAND

Die Entwicklung solcher Waffensysteme begann meist erst gegen Ende des Zweiten Weltkriegs. Ziel war es, neue und vor allem technisch überlegene Waffen zu bauen, um so feindliche Flugzeuge oder Panzer möglichst effektiv zu bekämpfen.

Da Deutschland ab etwa 1944 immer stärker unter Ressourcenmangel litt, mussten neue Waffen mit möglichst wenig Material- und Produktionsaufwand auskommen. Gleichzeitig wurde großer Wert auf eine möglichst hohe Kampfkraft gelegt. Nur Entwürfe, die diesen Anforderungen gerecht wurden – also einfach herzustellen und gleichzeitig besonders wirkungsvoll waren – hatten überhaupt eine Chance, von den zuständigen Stellen, wie dem Chef der Technischen Luftrüstung (TLR) oder dem Rüstungsstab, ernsthaft gefördert zu werden.

Einsatz gegen Luftziele

Gegnerische Flugzeuge sollten durch die neuartigen Sondergeräte durch automatische Schussauslösung bekämpft werden. Die Idee dahinter war, dass die Bordwaffe eines deutschen Jagdflugzeugs auslöst, sobald ein feindliches Flugzeug eine bestimmte Position erreicht – beispielsweise wenn es unter dem gegnerischen Flugzeug durchfliegt – ähnlich der Schrägbewaffnung. Dafür kamen moderne Zielerfassungssysteme wie Fotozellen oder ähnliche Sensoren zum Einsatz.

Das Ziel war es, aus sehr geringer Entfernung nahezu senkrecht auf das gegnerische Flugzeug zu schießen, um mit wenigen Treffern maximalen Schaden anzurichten. In der Theorie sollte der Pilot durch diese Technik das Ziel mit hoher Wahrscheinlichkeit ausschalten können – ganz automatisch. Doch bis dieses Prinzip zuverlässig funktionierte, mussten die Entwickler noch viele technische Hürden überwinden.

Ende 1944 wurden die ersten Prototypen solcher Waffen auf dem Erprobungsgelände der E-Stelle Tarnewitz getestet. Die Kaliber dieser Bordwaffen lagen zwischen 2 cm und 5 cm. Dabei zeigte sich: Ein einziges direktes Geschoss aus einer 5-cm-Kanone hätte theoretisch ausgereicht, um ein schweres, viermotoriges feindliches Flugzeug zu zerstören. Bei kleineren Kalibern – zum Beispiel 3 cm – waren dafür schon etwa drei Treffer notwendig, bei 2-cm-Kanonen sogar mindestens zehn. Diese Zahlen basierten jedoch zunächst auf theoretischen Berechnungen. Konkrete praktische Tests zur Bestätigung fehlten noch weitgehend.

Die geplante Angriffssituation war hochkomplex: Die Geschwindigkeit des gegnerischen Bombers betrug etwa 370 bis 430 km/h, die des angreifenden deutschen Jägers rund 450 bis 550 km/h. Der Angriff sollte aus nur etwa 50 m Entfernung erfolgen. Dabei wurden die Schüsse automatisch senkrecht nach oben abgegeben, sobald der Zielsensor ein Flugzeug erkannte. Die Geschosse wurden in Serie abgefeuert, also schnell hintereinander, sodass eine enge Trefferstreuung entstand. Bei 2-cm-Kalibern sollten die Einschläge nur etwa 30 cm voneinander entfernt liegen, bei 3-cm-Waffen etwa einen Meter und bei 5-cm-Waffen rund zwei Meter. Eine derart hohe Trefferdichte versprach schweren Schaden an Rumpf und Tragflächen eines Großbombers – vorausgesetzt, die automatische Auslösung funktionierte fehlerfrei.

Allerdings hatte dieses System auch erhebliche Schwächen. Besonders problematisch war, dass der Pilot seine Geschwindigkeit stark reduzieren musste – auf etwa 350 km/h –, wenn er beispielsweise mit einem Strahlflugzeug einen Frontalangriff fliegen wollte. Diese Verlangsamung machte ihn anfällig für feindliches Abwehrfeuer, besonders durch die Bordschützen der Bomber. Beim Angriff von hinten konnte die Geschwindigkeit zwar beibehalten werden, die Gefährdung durch Abwehrfeuer blieb jedoch bestehen.

Noch schwieriger wäre der Einsatz dieser Waffen gegen wendige Jagdflugzeuge gewesen. Ihre geringe Größe und hohe Geschwindigkeit machten es nahezu unmöglich, ausreichend Treffer zu erzielen – es sei denn, man hätte die Anzahl der Waffen deutlich vergrößert. Das aber hätte wiederum das Gewicht und die Komplexität des Flugzeugs stark erhöht.

Automatische Schussauslösung auf Luftziele

Zur automatisierten Schussauslösung der Rohrblock-Bewaffnung kam ab Ende 1944 eine neuartige Auslösungstechnik zum Einsatz: das sogenannte »Opta«-Gerät, benannt nach der Herstellerfirma. Dabei handelte es sich um ein fotoelektrisches Auslösegerät, das über eine oder mehrere Fotozellen gesteuert wurde. Sobald ein feindliches Flugziel – insbesondere ein von unten angeflogener Bomber – die Lichtempfindlichkeit der Fotozellen veränderte, löste das Gerät automatisch den Schuss aus. Dieses Verfahren sollte es ermöglichen, die Waffen ohne manuelles Eingreifen in einem optimalen Moment abzufeuern und so die Trefferwahrscheinlichkeit zu erhöhen – eine wichtige Voraussetzung für den geplanten Überraschungsangriff aus toten Winkeln, etwa bei schräg eingebauten Rohrblöcken.

Der Erprobungsstelle (E-Stelle) Tarnewitz sollten schnellstmöglich drei dieser »Opta«-Auslösegeräte zur Verfügung gestellt werden. Die Lieferung der hierfür vorgesehenen 200 Fotozellen verzögerte sich jedoch aufgrund technischer Mängel. Um die begonnene Erprobung nicht aufzuhalten, fertigten technisch versierte Mitarbeiter der E-Stelle kurzerhand 20 funktionstüchtige Fotozellen in Eigenregie an.

Der erste Einbau des Systems erfolgte in zwei Maschinen des Typs Focke-Wulf Fw 190 A-8, die zur Jagdgruppe 10 gehörten. Diese Maschinen wurden bis Mitte Dezember 1944 für Standversuche herangezogen, bei denen das Zusammenwirken von Waffe und Auslösemechanik überprüft wurde. Im weiteren Verlauf des Monats wurden zwei weitere Fw 190 dieser Einheit mit einer vom Bordstromnetz unabhängigen Energieversorgung – in Form eines Akkus – für den Betrieb des »Opta«-Systems umgerüstet. Damit standen ab Jahresende 1944 insgesamt vier Versuchsträger zur Verfügung.

Als Zielobjekt für die Waffentests wurde eine schwere Heinkel He 177 bereitgestellt, die mit den vier umgerüsteten Fw 190 A-8 auf dem Flugplatz Parchim stationiert blieb. Aufgrund der anhaltend schlechten Wetterlage konnten jedoch bis Ende Februar 1945 keine planmäßigen Erprobungsflüge stattfinden.

In dieser Phase wurde zunehmend deutlich, dass die automatische Waffenaktivierung – insbesondere bei schräg nach vorn unten gerichteten Angriffen – nur dann zuverlässig funktionierte, wenn die Auslösegeräte hochpräzise arbeiteten. Die ursprünglich gelieferten Muster der Nullserie zeigten erhebliche Defizite, darunter fehlerhafte Schaltkreise und unzureichende Empfindlichkeit der Sensorik. Die ersten 20 Geräte mussten daher vollständig überarbeitet werden. Nach ihrer Modifikation entsprachen sie dem von der Luftfahrtforschungsanstalt (LFA) in Braunschweig erstellten neuen Schaltplan, der eine erhöhte Auslösegenauigkeit und damit eine gesteigerte Trefferwahrscheinlichkeit versprach.

Die überarbeiteten »Opta«-Seriengeräte wurden umgehend wieder nach Parchim geschickt, wo Techniker mit dem Einbau in die vier Fw 190 A-8 der Jagdgruppe 10 begannen. Bis zum 15. Februar 1945 befanden sich alle Geräte auf dem neuesten technischen Stand. Nur wenige Tage später, am 19. Februar, konnte die Funktionsprüfung der mit dem automatischen Auslösegerät ALG 1 ausgerüsteten Maschinen erfolgreich abgeschlossen werden.

Anfang März 1945 erfolgten erste Schießflüge mit Drachenscheiben als Ziel. Die Ergebnisse waren jedoch enttäuschend. Aufgrund unzureichender Feineinstellungen am Auslösegerät und der vergleichsweise geringen Relativgeschwindigkeit der Fw 190 traf der Großteil der abgefeuerten Rohrblock-108-Geschosse das Ziel nicht. Die erhoffte automatische Zielerfassung blieb aus, was den operativen Nutzen der Anlage infrage stellte. Wenige Wochen später wurden alle weiteren Versuche eingestellt, da sich alliierte Bodentruppen dem Flugplatz Parchim schneller als erwartet näherten und ein Fortführen der Arbeiten unmöglich machten.

Parallel zu diesen Versuchen arbeitete seit Herbst 1944 auch die Firma AEG an einem eigenen Konzept zur automatischen Luftzielbekämpfung. Dabei handelte es sich um eine alternative Ausführung des Auslösegeräts ALG 1, das als stark vereinfachtes und industriell leichter zu fertigendes Modell konzipiert war. Das erste Versuchsmuster wurde für Januar 1945 erwartet. Die initialen Standversuche im Dezember 1944 verliefen vielversprechend, zeigten aber bereits Grenzen im praktischen Einsatz.

Im Februar 1945 begann die fliegerische Erprobung des AEG-Geräts – mit ernüchterndem Ergebnis: Mehrere Fehlauslösungen machten deutlich, dass auch diese Konstruktion noch nicht ausgereift war. Die Versuche mussten abgebrochen und weitere Flüge vertagt werden, bis AEG eine umfassende Überarbeitung durchgeführt hatte.

Versuchseinbau eines SG 116 »Zellendusche« in eine Fw 190 F-8. (Technik Museum Berlin)

DTMB VI.1.006 04770 Foto: Sammlung B. Lange

Die ursprünglich für März 1945 geplante Wiederaufnahme der Flugversuche kam jedoch nicht mehr zustande. Der fortschreitende Zusammenbruch der militärischen Infrastruktur machte die Fortführung unmöglich – die Entwicklung des AEG-Systems wurde nie abgeschlossen.

Sondergerät SG 116 »Zellendusche«

Ähnlich wie das noch in Entwicklung befindliche Sondergerät SG 113 – das jedoch für Angriffe auf Bodenziele gedacht war – sollte das SG 116 speziell zur Bekämpfung feindlicher Flugzeuge eingesetzt werden. Der Codename dieses Systems lautete »Zellendusche«.

Das SG 116 bestand aus mehreren serienmäßigen Rohren der 3-cm-Maschinenkanone MK 103, die in modifizierter Form verwendet wurden. Während beim SG 113 die Geschosse nach unten abgefeuert wurden, war das SG 116 für den Abschuss nach oben konzipiert. Das bedeutete, dass das feindliche Flugzeug sehr nah über dem angreifenden Jäger hindurchfliegen musste, damit der automatische Beschuss ausgelöst werden konnte.

Der eigentliche Abschussvorgang erfolgte durch ein fotoelektrisches Zielsuchsystem: Sobald das Ziel von der Sensorik erkannt wurde, leitete ein Auslösegerät (kurz ALG) einen elektrischen Impuls zum Zündmechanismus der Waffe. Dadurch wurde der Schuss automatisch abgegeben, ohne dass der Pilot eingreifen musste. Die Geschosse verließen die Waffe mit einer Geschwindigkeit von etwa 845 m/s und waren durch den Laufdrall stabilisiert. Um den Rückstoß möglichst gering zu halten, war die Waffe mit einem Gegengewicht ausgestattet, wodurch sie nahezu rückstoßfrei funktionierte.

Das gesamte System wog nur etwa 96 kg und hatte eine Länge von 1,38 m bei einem Durchmesser von 15 cm – also relativ kompakt für damalige Verhältnisse. Insgesamt wurden 19 dieser Systeme mit der sogenannten »Anlage Wurzen« ausgestattet. Ab Ende August 1944 war ihre Erprobung geplant. Ein Exemplar diente ausschließlich

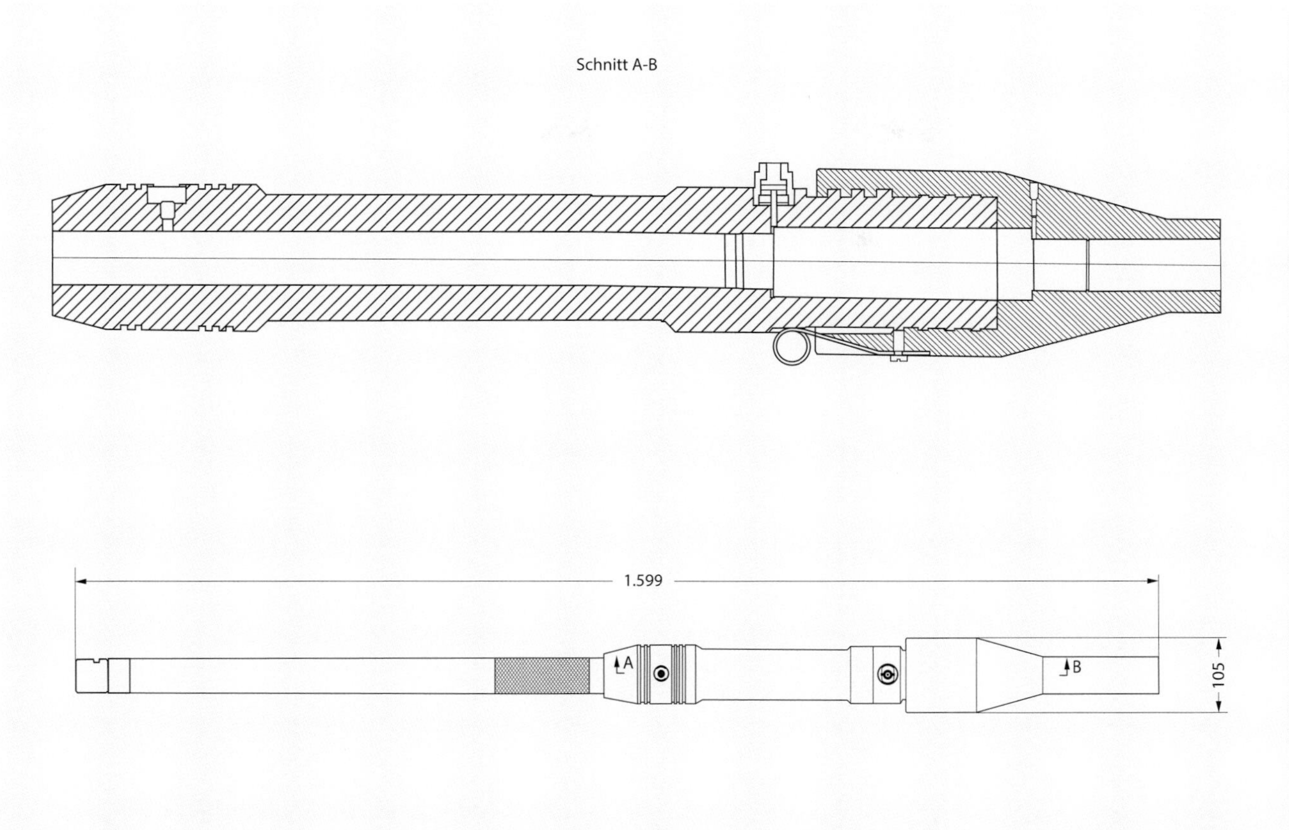

Schematische Darstellung des SG 116 »Zellendusche«.

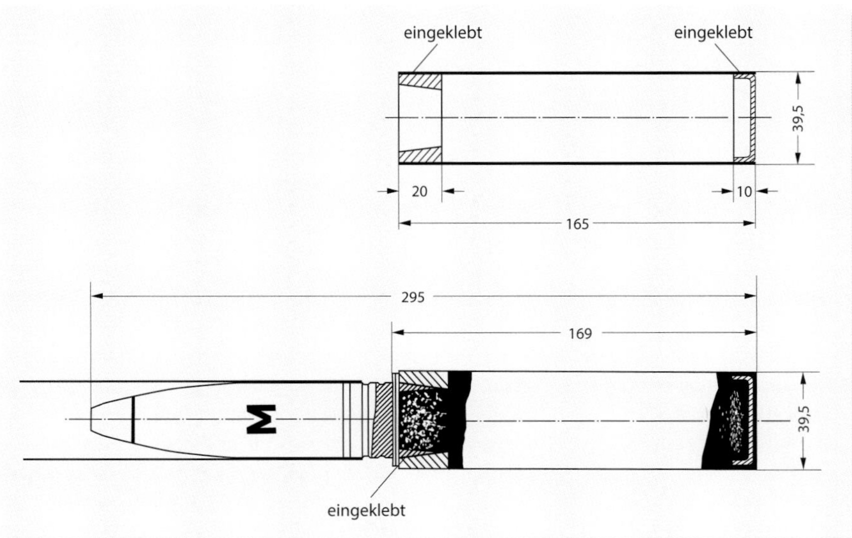

Schematische Darstellung der Granathülse und Patrone des SG 116 »Zellendusche«. Die Metallteile und die 30-mm-Minengranate wurden in die Hülse mit Kunstschelllack eingeklebt.

zu Bodentests, die übrigen 18 sollten in Flugzeugen der Jagdgruppe 10 (JGr. 10) zum Einsatz kommen.

Im Oktober 1944 waren alle 18 funktionsfähigen Geräte bei der JGr. 10 eingetroffen. Kurz darauf wurde die Waffenelektrik nochmals überarbeitet und in die ersten Focke-Wulf Fw 190 eingebaut, die auf dem Flugplatz Parchim für Tests bereitstanden. Am 9. Oktober 1944 waren zwei Maschinen mit dem SG 116 ausgerüstet und bereit, eine zugewiesene Heinkel He 177 als Ziel im Testeinsatz zu beschießen.

Zwischen dem 22. und 28. Oktober 1944 wurde die He 177 über Parchim tatsächlich von den beiden Jägern angegriffen. Der Pilot der ersten Fw 190 erzielte mit zwei Schüssen zwei Treffer. Allerdings hatte eines der eingebauten SG 116-Systeme eine Fehlzündung. Bei der zweiten Maschine kam es zu einem technischen Defekt – einem sogenannten Masseschluss (Kurzschluss).

Daraufhin wurden im November neue Versuche vorbereitet. Die Waffenelektrik wurde überarbeitet, um unerwünschte oder vorzeitige Schussauslösungen zu verhindern. Eine neue Schaltung wurde zunächst am Boden und später im Flug getestet. Diese reduzierte die Verzögerung zwischen Zielerfassung und Schussauslösung von einer Strecke von ursprünglich 11 m auf nur noch 5 m. Das Luftwaffenkommando (OKL) hoffte daraufhin kurzfristig auf deutlich bessere Trefferquoten.

Trotz dieser Optimierungen kam es auch im Dezember 1944 bei weiteren Tests über Parchim erneut zu Problemen. Die He 177 diente weiterhin als Ziel. Um Fehlerquellen auszuschließen, wurde die zusätzliche Bordelektrik, die sich im Rumpf befand, von der übrigen Anlage getrennt. Später testete man das SG 116 auch auf ein anderes Ziel: einem nachgeschleppten, schwarzen Drachen.

Parallel dazu entwickelten die Techniker drei verschiedene Einbauvarianten für das SG 116. Die erste sah den Einbau der Waffe in rhombischer Form im Rumpf der Fw 190 vor, die zweite eine Anordnung von sechs Rohren in zwei Dreiecksformationen. Beide Varianten erwiesen sich jedoch als zu aufwendig oder aerodynamisch ungünstig. Als praktikabel erschien schließlich nur die dritte Variante: der Einbau von jeweils drei Rohren pro Tragfläche, also sechs insgesamt, direkt in die Flächen einmotoriger Jäger.

Laut Fritz Hahn kam es bei der JGr. 10 – die aus dem Erprobungskommando EK 25 hervorgegangen war – tatsächlich noch zum Einbau von etwa 40 dieser SG 116-Gerätesätze in Maschinen vom Typ Fw 190 A-8 zum Einsatz gegen Luftziele.

Als anschließenden Truppenversuch entstand beim Erprobungskommando 25 der Einbau von drei SG 116 im Rumpf einer Fw 190 F-8. Das Kommando sollte damit – gemäß einer Weisung vom 21.08.1944 – versuchen, bei Nacht Angriffe auf Bodenziele durchzuführen. Die Erprobung kam angesichts der zu bewältigenden Probleme nur sehr langsam voran. Als Zielmittel wurden schließlich verbesserte Fotozellen-Sonden verwandt. Vermutlich kam es Ende 1944 nur zu einem einzigen Flugversuch, der fehlgeschlagen sein soll. Allerdings konnten all diese Vorhaben kriegsbedingt nicht mehr abgeschlossen werden. Hinzu kam ein akuter Munitionsmangel. Daher wurden Anfang 1945 die meisten der rund 50 noch einsatzfähigen Fw 190 – soweit überhaupt noch Treibstoff vorhanden war – ohne Sonderbewaffnung geflogen.

Trotz aller technischen Ambitionen offenbarte das SG 116 die Grenzen automatisierter Luftkampfsysteme in der Praxis. Die aufwendige Sensorik war gegenüber Umweltfaktoren wie Bewölkung, Lichtverhältnissen oder unruhiger Fluglage empfindlich, während die enge Distanzanforderung für eine Auslösung nur selten im Gefecht erreicht werden konnte. Zudem stand das System in Konkurrenz zu anderen neuartigen Waffenprojekten – etwa schräg eingebauten MK 108 oder R-4/M-Raketen –, die einfacher zu integrieren und robuster im Einsatz waren. Das SG 116 blieb so ein Beispiel für die experimentelle Vielfalt der späten deutschen Luftwaffenrüstung, deren Innovationen meist an mangelnder Reife oder schlicht an den realen Bedingungen des Krieges scheiterten.

Sondergerät SG 117 »Rohrblock 108«

Das sogenannte SG 117 war eine experimentelle Waffenentwicklung aus der Endphase des Zweiten Weltkriegs, die im Rahmen der Suche nach alternativen, rückstoßarmen Bordwaffensystemen konzipiert wurde. Die Entwicklung wurde durch die Firma Rheinmetall-Borsig vorangetrieben und verfolgte das Ziel, eine kompakte und technisch einfache Waffe mit hoher Anfangswirkung für den Einsatz in leichten Jagdflugzeugen oder Raketenjägern zu schaffen.

Kernstück der SG 117 war ein sogenannter »Rohrblock« – ein starr verbundener Satz aus sieben gezogenen Rohren im Kaliber 30 mm, identisch mit denen der bewährten Maschinenkanone MK 108. Die einzelnen Rohre waren mechanisch durch eine massive, zylindrische Hülse miteinander verbunden und bildeten ein geschlossenes Modul. Im Gegensatz zu herkömmlichen Bordwaffen, bei denen die Hülsen ausgezogen und nachgeladen werden mussten, war das SG 117 als Einwegwaffe konzipiert: Nach Abfeuern der sieben Patronen wurde der gesamte Rohrblock als Einheit aus dem Flugzeug ausgestoßen.

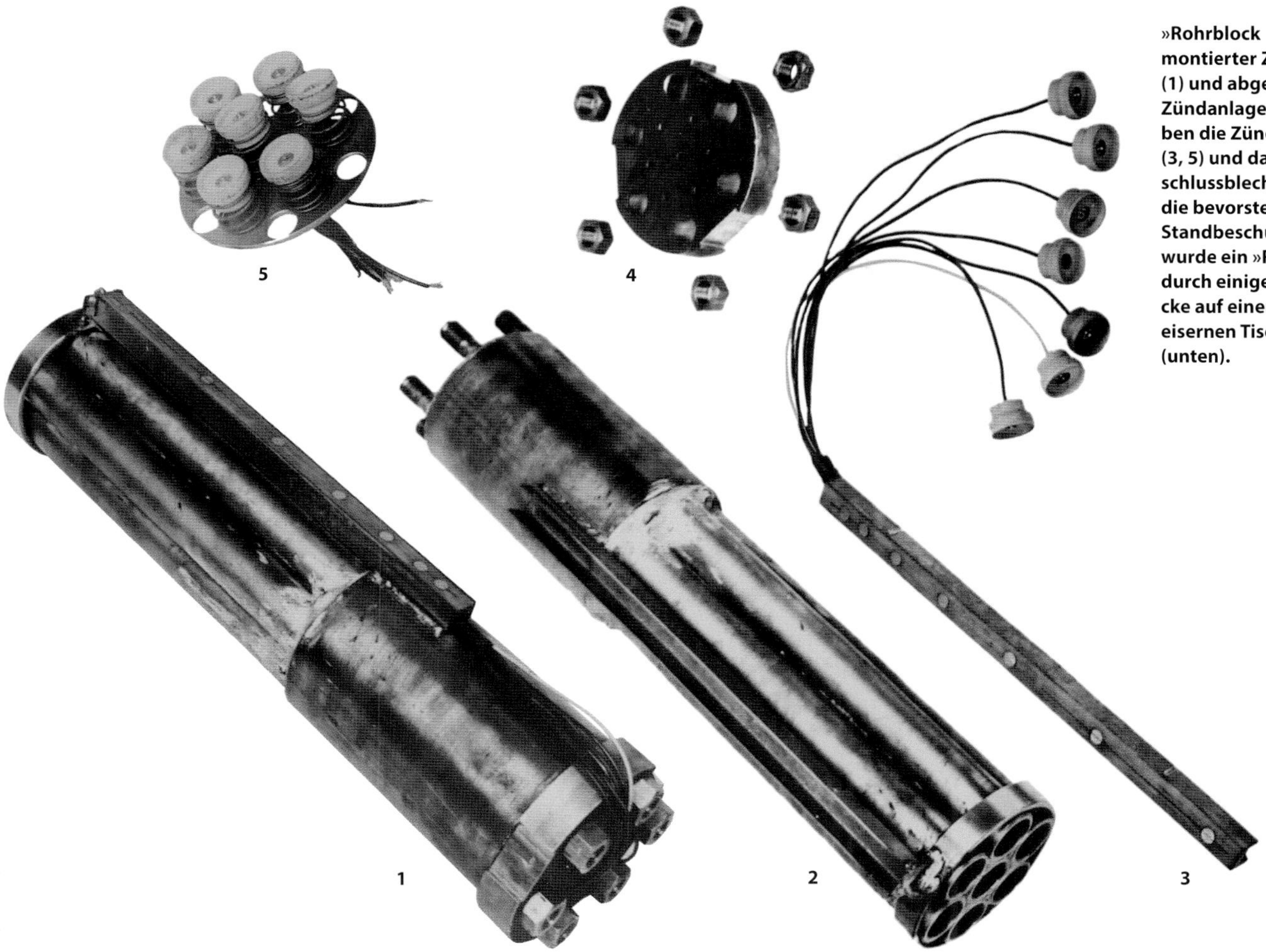

»Rohrblock 108« mit montierter Zündanlage (1) und abgebauter Zündanlage (2). Daneben die Zündanlage (3, 5) und das Verschlussblech (4). Für die bevorstehenden Standbeschussversuche wurde ein »Rohrblock« durch einige Profilstücke auf einem massiven eisernen Tisch befestigt (unten).

BArch RL 3-4554

Manfred Griehl

Verschlussvariante des »Rohrblock 108«. Die erste Version des »Rohrblock 108« wies nur eine Länge von 600 mm auf. Aus ihm konnten insgesamt sieben 3-cm-Granaten der MK 108 schräg nach oben abgefeuert werden.

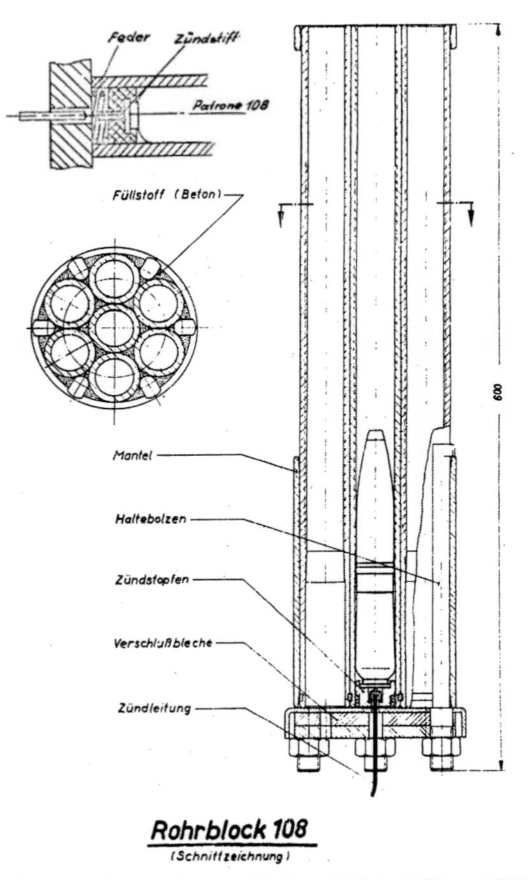

Manfred Griehl

Einbau zweier »Rohrblock«-Anlagen im Rumpf einer Fw 190 A.

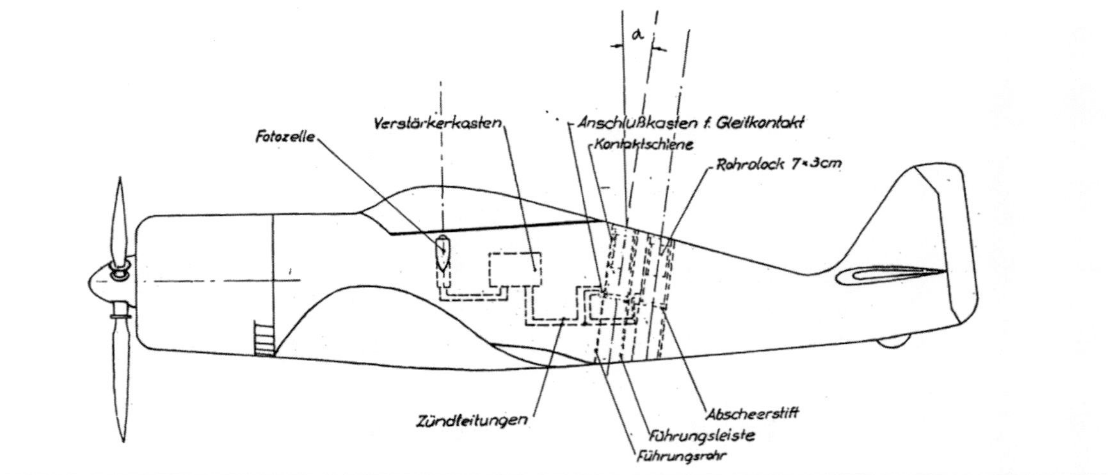

Manfred Griehl

Dieses Prinzip eliminierte den Rückstoß nahezu vollständig und machte komplexe Nachlade- oder Auswurfsysteme überflüssig. Das Konzept war besonders für Kurzzeiteinsätze geeignet, bei denen auf kleinstem Raum maximale Feuerkraft konzentriert werden sollte.

Trotz seiner sieben Schuss war das gesamte System bemerkenswert kompakt: Mit Munition wog der Rohrblock lediglich 28 kg – ein bedeutender Vorteil für den Einbau in Flugzeuge mit begrenztem Raum- und Traglastvolumen. Die Mündungsgeschwindigkeit der 30-mm-Geschosse lag bei etwa 480 m/s, was im Vergleich zu konventionellen Waffen relativ niedrig war. Entsprechend war die effektive Reichweite begrenzt, ebenso wie die Durchschlagskraft auf größere Distanzen. Dennoch versprach das SG 117 im Tiefflug oder bei überraschenden Nahangriffen eine hohe Zerstörungswirkung – insbesondere, wenn mehrere Rohre gleichzeitig oder in schneller Folge abgefeuert wurden.

Ein erstes Bodenversuchsmuster wurde Anfang Dezember 1944 erprobt – allerdings noch ohne Flugzeugintegration. Bereits beim ersten Standbeschuss kam es zu einer strukturellen Beschädigung des Prototyps, was eine grundlegende Überarbeitung notwendig machte. Daraufhin wurden weitere Muster angefordert, die für Einbauversuche in Focke-Wulf Fw 190-Flugzeuge der Jagdgruppe 10 am Flugplatz Parchim vorgesehen waren. Parallel übernahm die Erprobungsstelle Tarnewitz die technische Analyse und Weiterentwicklung.

Die ersten Tests verliefen jedoch ernüchternd. Bis Weihnachten 1944 gelang es nicht, die sieben Rohre zuverlässig hintereinander abzufeuern. Grund hierfür war die unzureichende elektrische Zündvorrichtung, insbesondere eine fehlerhafte Kontaktschiene, die den Zündimpuls an die einzelnen Patronen weiterleiten sollte. Diese zentrale Schwachstelle machte eine grundlegende Neukonstruktion der Auslösemechanik erforderlich.

Ein verbessertes Muster war für Januar 1945 geplant. Zu diesem Zeitpunkt existierten bereits Überlegungen, das SG 117 in das neue Strahlflugzeug Heinkel He 162 zu integrieren – eine sinnvolle Option angesichts des geringen Rückstoßes, des geringen Gewichts und der einfachen Bauweise. Auch für den bemannten Raketenjäger Bachem Ba 349 »Natter« wurde das System als potenzielle Hauptbewaffnung in Betracht gezogen. Aufgrund der kurzen Einsatzdauer und der Notwendigkeit rascher Feuerwirkung passte das Einwegprinzip des SG 117 gut zu diesem Konzept.

Die Weiterentwicklung wurde jedoch zunehmend durch äußere Umstände behindert. Ein alliierter Luftangriff im Januar 1945 traf die Produktionsstätten des betei-

Details der Grundplatte und Zündung und gehäuse des »Rohrblock 108«.

BArch RL 3-4554

ligten Herstellers schwer, was die Lieferung weiterer Versuchseinheiten erheblich verzögerte. Erst am 19. Februar 1945 traf schließlich eine umgerüstete Fw 190 F-8 aus Parchim mit einer überarbeiteten SG 117-Anlage bei der Erprobungsstelle Tarnewitz ein. Diese Maschine war mit zwei schräg nach oben gerichteten Rohrblöcken hinter der Pilotenkanzel ausgestattet – eine Konfiguration, die an das Prinzip der schräg feuernden »Schrägen Musik« bei Nachtjägern erinnerte und sich besonders für überraschende Angriffe gegen Bomberformationen von unten eignete.

Bis Mitte Februar konnten die Bodentests mit der neuen Version abgeschlossen werden. Das verbesserte System wies nun eine zuverlässigere elektrische Zündung, optimierte mechanische Eigenschaften und eine leicht gesteigerte Mündungsgeschwindigkeit von etwa 500 m/s auf. Der schräge Einbau erwies sich als technisch praktikabel, wenngleich die Zelle der Fw 190 F-8 angepasst werden musste, um Raum für Munition und Auswurfmechanismus zu schaffen. Mit einem ersten flugfähigen Prototyp rechnete man bis zum 25. Februar.

Ein erster Vermessungsflug mit eingebautem System konnte Anfang März 1945 erfolgen. Eine zweite, identisch ausgerüstete Maschine war vorgesehen, doch angesichts der sich rapide verschlechternden Lage – insbesondere durch Treibstoffmangel, Personalengpässe und die alliierte Luftüberlegenheit – wurde ihre Fertigstellung zunehmend unwahrscheinlich. Zeitzeugen zufolge wurden sämtliche Arbeiten an der SG 117 im Laufe des März 1945 eingestellt. Weder eine Serienproduktion noch ein operativer Einsatz erfolgten.

Somit blieb das SG 117 ein technisches Konzept mit interessanten Ansätzen, das jedoch nicht über das Prototypenstadium hinauskam. Dennoch steht es exemplarisch für die Vielzahl experimenteller Waffenentwicklungen in der Endphase des Krieges – getrieben von akutem Ressourcendruck, technologischem Innovationszwang und der strategischen Hoffnung, durch unkonventionelle Systeme einen taktischen Vorteil zu erlangen.

Sondergerät SG 118 »Rohrblock« und »Rohrblocktrommel«

Die schräg nach vorn gerichtete Variante der Bordwaffe SG 117, ursprünglich für Angriffe im Horizontalflug gegen feindliche Bomberverbände konzipiert, wurde im Verlauf ihrer Entwicklung zu einem eigenständigen Waffensystem weiterentwickelt. Dieses trug die Bezeichnung Sondergerät SG 118 »Rohrblock« und stellte eine modulare Fortschreibung des Einweg-Waffenkonzepts dar. Anders als das fest im Rumpf installierte SG 117 war das SG 118 nicht mehr als integrierte Bordbewaffnung vorgesehen, sondern als abwerfbarer, externer Waffencontainer, der unter dem Rumpf eines Flugzeugs getragen werden konnte.

Die Montage sollte über einen standardisierten Außenlastträger vom Typ ETC 250 erfolgen – ein in der Luftwaffe weit verbreitetes Trägersystem, das ursprünglich für Bombenlasten verwendet wurde. Durch diese modulare Konfiguration erhofften sich die Entwickler mehrere operative Vorteile: Der Waffenbehälter konnte bei Bedarf rasch gewartet oder ausgetauscht werden, ließ sich an unterschiedlichen Flugzeugtypen adaptieren und ermöglichte eine vergleichsweise unkomplizierte Nachrüstung auch älterer oder bereits ausgelieferter Maschinen. Darüber hinaus erleichterte die externe Befestigung die Wartung und Logistik, da der Rohrblock außerhalb des Flugzeugs zugänglich blieb.

Trotz dieses konzeptionellen Fortschritts verlief die Entwicklung zunächst schleppend. Innerhalb des Reichsluftfahrtministeriums (RLM), insbesondere in der zuständigen Abteilung für Bordbewaffnung, wurde dem SG 118 anfangs nur geringe Priorität eingeräumt. Man betrachtete das System als zu unkonventionell und zu stark vom etablierten Standard der MK 108-Kanonen abweichend. Erst angesichts dramatischer Versorgungsengpässe gegen Ende des Krieges – insbesondere nach der Zerstörung des Rheinmetall-Borsig-Werks im polnischen Posen, das einen Großteil der Serienproduktion von 30-mm-Kanonen abdeckte – gewann das Projekt an Bedeutung. Als Reaktion auf den zunehmenden Mangel an einsatzfähiger Standardbewaffnung wurde das SG 118 schließlich für den Einsatz am neuen Strahljäger Heinkel He 162 »Volksjäger« freigegeben.

Technisch stellte die SG 118 eine bemerkenswerte Konstruktion dar: Es handelte sich um eine sogenannte »Rohrblocktrommel« – ein drehbares Zylindermodul, das aus drei einzelnen, vom SG 117 abgeleiteten 30-mm-Rohren bestand. Diese waren symmetrisch um eine zentrale Achse angeordnet und in einem kompakten Metallkörper gelagert. Mit einer Gesamtlänge von rund 55 cm, einem Durchmesser von etwa 31 cm und einer voll bestückten Munitionsladung wog das System etwa 165 kg.

Das Funktionsprinzip war mechanisch ausgeklügelt: Der Rückstoß eines abgefeuerten Geschosses sorgte über einen simplen mechanischen Impuls dafür, dass sich die Trommel um ein Drittel weiterdrehte und das nächste Rohr automatisch in Schussposition gebracht wurde. Auf diese Weise konnte auf aufwendige elektrische oder hydraulische Komponenten vollständig verzichtet werden –

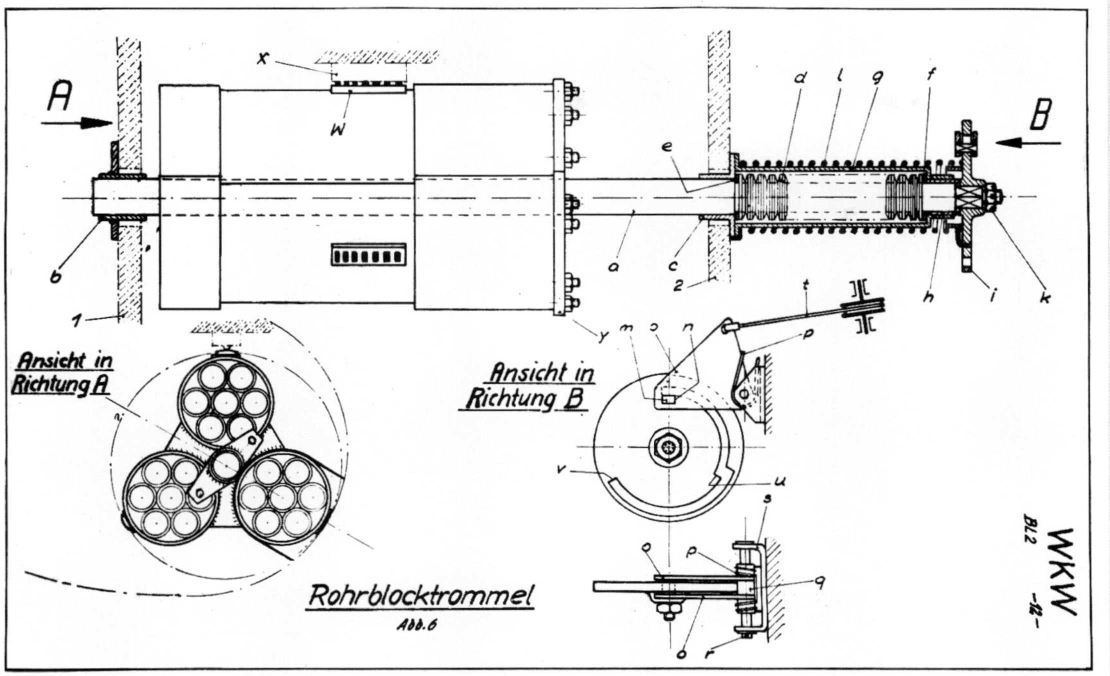

BArch RL 3-4554

Die »Rohrblocktrommel« bestand aus drei gebündelten, drehbaren »Rohrblock«-Anlagen, die sich für den Einbau auch in leichte Jagdflugzeuge eignete.

ein entscheidender Vorteil in einer Phase, in der die deutsche Kriegswirtschaft zunehmend unter Rohstoff- und Fertigungsmangel litt. Zur Rückstoßdämpfung verfügte das System über eine doppelte Federhülse, die Belastungsspitzen bei der Schussabgabe auf die Flugzeugzelle abfing und so die strukturelle Integrität des Waffenträgers wahrte.

In Bezug auf die Treffergenauigkeit rechneten die Entwickler bei Salvenfeuer mit einer Erfolgswahrscheinlichkeit von etwa einem Treffer pro sieben Schuss – ein für den geplanten Einsatzzweck gegen große, langsam fliegende Bomberverbände durchaus akzeptabler Wert. Durch die Schrägstellung der Rohre konnte der Angriff aus einem ungeschützten Winkel erfolgen, etwa von unterhalb und schräg vor der Flugrichtung eines Bomberpulks – vergleichbar dem Einsatzprinzip der »Schrägen Musik« bei Nachtjägern.

Bereits im Verlauf des Jahres 1944 wurden zudem Überlegungen angestellt, das SG 118 mit der neuen ungelenkten Luft-Luft-Rakete R-4/M »Orkan« zu kombinieren. Die R-4/M, ursprünglich von der Firma Henschel entwickelt, war mit einem Minengefechtskopf ausgerüstet und konnte in Salven abgefeuert werden, wobei ihre Streuwirkung besonders für den Einsatz gegen dichte Bomberformationen prädestiniert war. Ziel war es, durch eine koordinierte Salve aus Rohrblockgeschossen und Raketentreffern eine maximale Zerstörungswirkung zu erzielen.

Eine erste Versuchsanlage, in der beide Systeme kombiniert wurden, entstand tatsächlich. Der Prototyp bestand aus einem Doppelbehälter, bei dem der Rohrblock zentral montiert war, flankiert von je drei Startrohren für die R-4/M. Erste Bodentests und vereinzelte Montageversuche an Erprobungsträgern fanden noch statt, doch angesichts der sich rapide zuspitzenden Kriegslage – geprägt durch Treibstoffmangel, logistische Ausfälle und den Zusammenbruch zentraler Rüstungsstrukturen – wurde das Vorhaben nie zur Serienreife gebracht.

So blieb das SG 118 ebenso wie sein Vorgänger ein technisches Konzept mit Potenzial, das jedoch nie über das Prototypenstadium hinauskam. Rückblickend verdeutlicht das Projekt die zunehmende Verlagerung der Rüstungsanstrengungen auf unkonventionelle und modular gedachte Waffensysteme – getrieben vom Ziel, mit minimalem Ressourcenaufwand eine maximale taktische Wirkung zu erzielen.

Die »Rohrbatterie« bestand aus vier innerhalb von Führungsbuchsen gefedert gelagerten Waffenrohren der MK 108, die elektrisch gezündet wurden.

1. **Vordere Führungsplatte**
2. **Vordere Führungsbuchsen**
3. **Mittlere Führungsplatte**
4. **Rohrbündel mit Grundplatte und Federeinheit**
5. **Grundplatte**
6. **Rohr (MK 108)**
7. **Hintere Führungsbuchse**
8. **Verschlussschraube mit Zündvorrichtung**

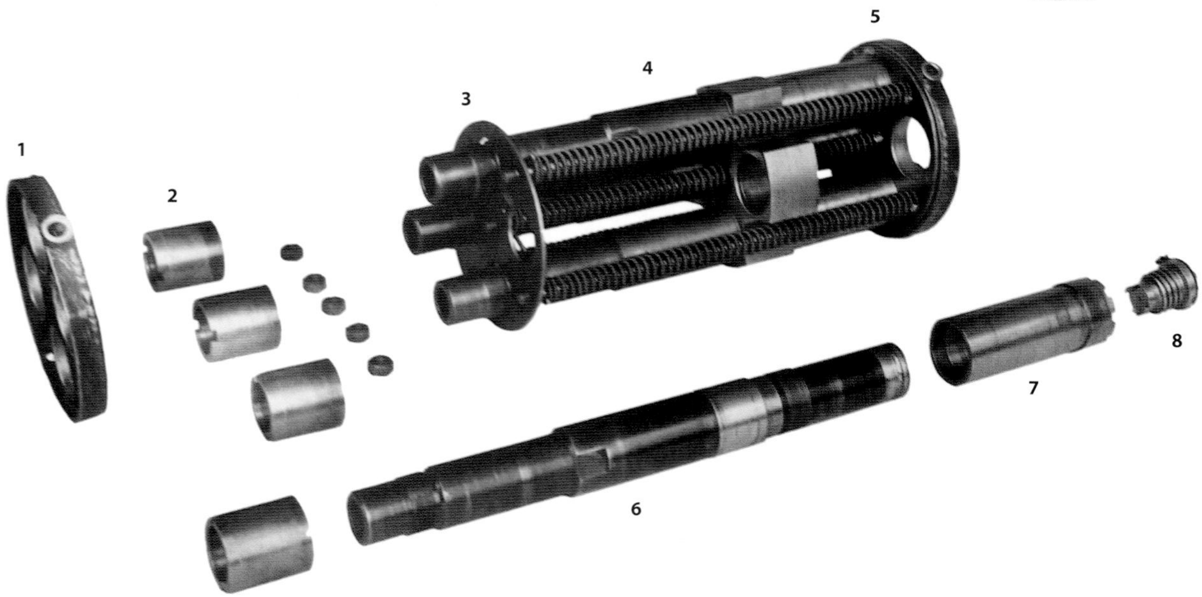

BArch RL 3-4554

»Rohrbatterie«

Die sogenannte »Rohrbatterie« war ein weiteres starres Bordwaffensystem, das von der Firma Rheinmetall-Borsig entwickelt wurde. Ähnlich wie beim »Rohrblock 108« kam dabei ein Rohrbündel der MK 108 zum Einsatz. Zur Reduzierung des Rückstoßes und zur Verkleinerung des Gesamtaufbaus beschränkte man sich in diesem Entwurf jedoch auf lediglich vier Waffenrohre.

Diese vier Rohre wurden zwischen drei Metallplatten montiert. Die mit den Rohren fest verschraubte Grundplatte trug die Hauptführungsbuchse und enthielt die Zündeinrichtung. Die äußere Platte an den Laufenden war starr mit der Waffenlafette verbunden und bildete gemeinsam mit den Rohrbuchsen an den Rohrmündungen sowie einer dritten, dünneren Führungsplatte die Lagerungseinheit. Um den Rückstoß weiter zu dämpfen, waren die Rohre innerhalb dieser Platten federnd gelagert.

Sondergerät SG 119 »Große Rohrbatterie 108«

Die sogenannte »Große Rohrbatterie 108« war ein besonders leistungsstarkes, starres Bordwaffensystem, das ebenfalls von der Firma Rheinmetall-Borsig entwickelt wurde. Dabei wurden sieben einzelne SG 117-Waffen zu einer Einheit zusammengefasst. Diese kombinierte Anlage erhielt die Bezeichnung SG 119. Die sieben Waffen wurden fest auf einer schweren Metallplatte montiert, die wiederum an einer Panzerplatte am Flugzeugrumpf gefedert befestigt war. Das Ziel dieses Systems war es, mit einem einzigen, geballten Feuerstoß feindliche Bomber auf einen Schlag zu zerstören. Insgesamt konnten 49 Schuss gleichzeitig abgefeuert werden – eine beeindruckende Feuerkraft für damalige Verhältnisse.

Allerdings hatte diese enorme Schussleistung auch einen gravierenden Nachteil: Sie erzeugte beim Abfeuern eine extrem hohe Rückstoßkraft. Diese wurde mit etwa 798 Kilonewton (umgerechnet etwa 80.000 Kilopond) angegeben – eine Kraft, die ein normales Flugzeug nicht einfach so aufnehmen konnte, ohne strukturelle Schäden zu erleiden. Um diesem Problem zu begegnen, entwickelten die Ingenieure eine spezielle elektrische Schaltung. Diese ermöglichte es, dass die Geschosse nicht alle gleichzeitig, sondern in extrem kurzen Abständen von jeweils 6 Tausendstelsekunden (0,006 Sekunden) abgefeuert wurden. Durch diese zeitlich versetzte Abgabe wurde die Rückstoßbelastung deutlich reduziert.

Ein erstes Prototyp-Gerät wurde Ende 1944 im Bug einer Messerschmitt Bf 110 eingebaut und auf dem Erprobungsgelände in Tarnewitz getestet. Die Erfahrungen aus diesem Versuch sollten später in den Einbau der Waffe in andere Flugzeugtypen einfließen. Es war geplant, die SG 119-Anlage in einem speziell entwickelten Waffencontainer unterzubringen, der auf dem Rumpf des experimentellen Objektschutzjägers Heinkel P 1077 »Julia« montiert werden sollte. Im senkrecht startenden Raketenflugzeug Ba 349 A-1 »Natter« war ein Einbau im Bug vorgesehen. Allerdings kam es dort vermutlich nur zu einem einzelnen Testbeschuss. Die Ergebnisse waren offenbar nicht zufriedenstellend, denn danach wurde der Einbau dieser Waffe in der »Natter« wieder infrage gestellt.

Letztlich kam die SG 119 deshalb zu spät für einen aktiven Kriegseinsatz – weder die »Julia« noch die »Natter« konnten serienmäßig mit der Waffe ausgerüstet werden.

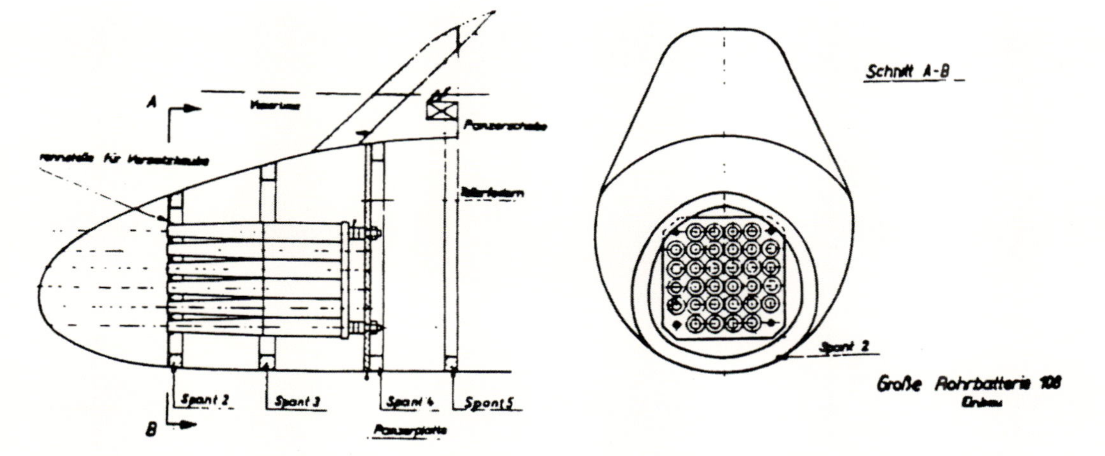

Manfred Griehl

Einbauskizze der »Großen Rohrbatterie« im Bug der Ba 349 »Natter«. Eine Panzerplatte, welche den gesamten Rumpfquerschnitt ausfüllte sollte Schäden an der Flugzeugzelle verhindern helfen.

Versuchsaufbau der »Großen Rohrbatterie 108« mit 32 Rohren bei Rheinmetall-Borsig. Der Abstand zwischen den Außenkanten von sechs Rohren beträgt 300 mm.

BArch RL 3-4554

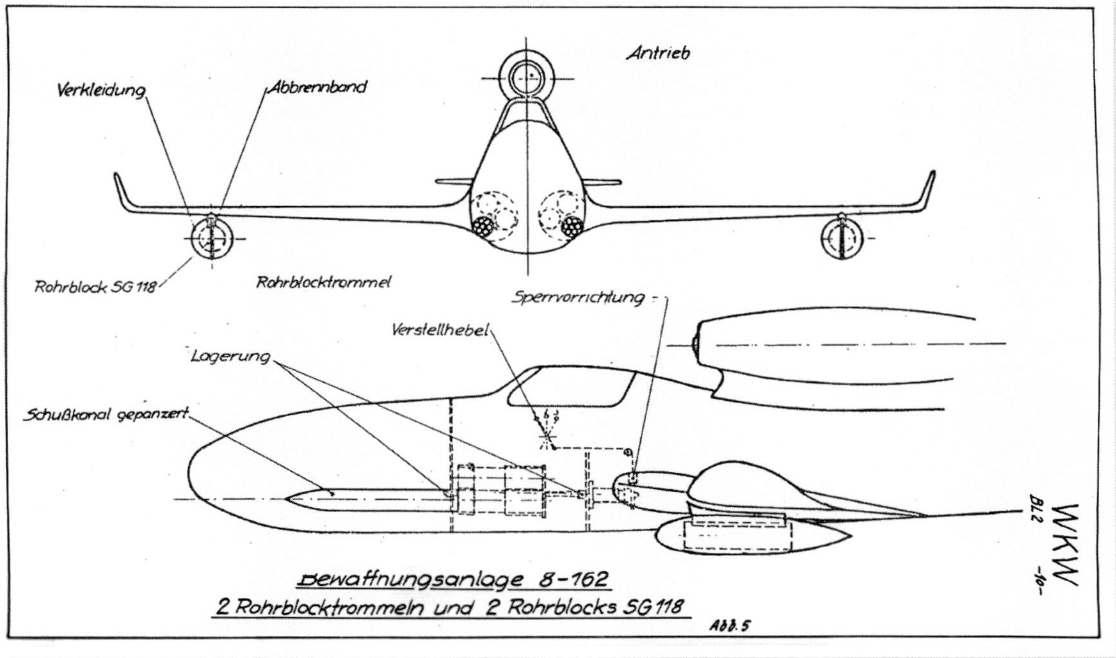

BArch RH 8-3528

Anfang 1945 war geplant, die He 162 anstelle mit zwei Rohrwaffen mit zwei »Rohrblocktrommeln« und zwei unter den Flächen angebrachten SG 118 »Rohrblock« auszurüsten.

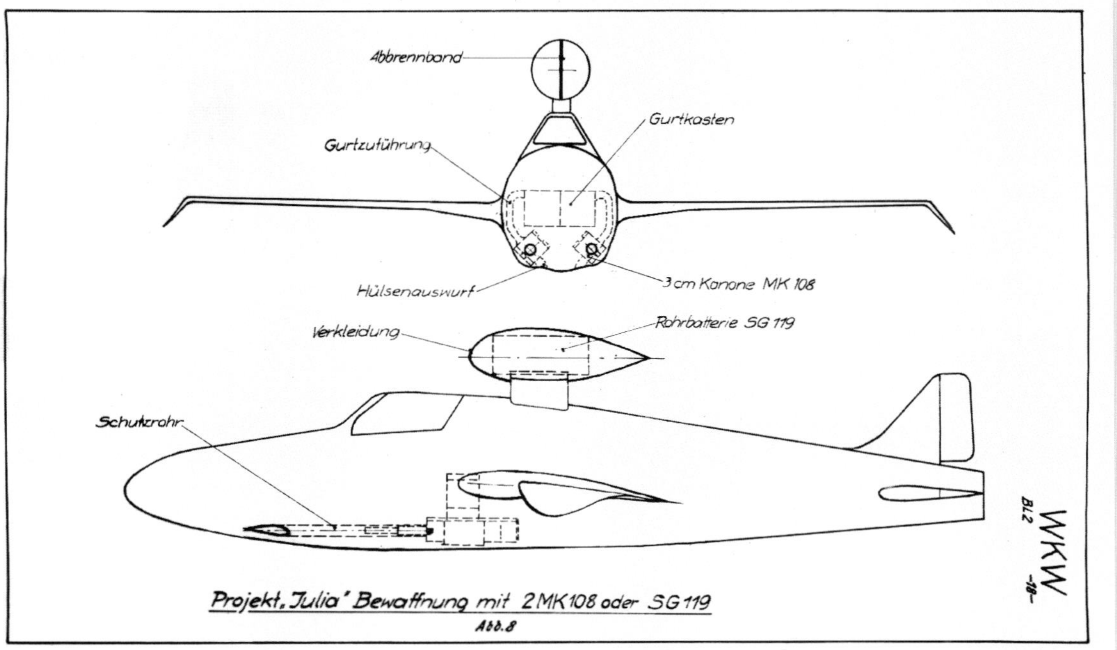

BArch RH 8-3528

Das Projekt »Julia«, der experimentelle Objektschutzjäger Heinkel P 1077 »Julia«, sollte Anfang 1945 mit zwei MK 108 oder mit dem SG 119 »Rohrbatterie« am Rumpf hinter der Kanzel ausgerüstet werden.

Sondergerät SG 500 »Jägerfaust«

Eine der wirkungsvollsten Waffen zur Bekämpfung schwerer feindlicher Bomber war die sogenannte »Jägerfaust«. Dabei handelte es sich um ein spezielles Bordwaffensystem, das gegen Kriegsende für die Luftwaffe entwickelt wurde. Die Versuche mit dieser Waffe wurden ohne offiziellen Entwicklungsauftrag von der Erprobungsstelle Tarnewitz durchgeführt – was sehr ungewöhnlich war und zeigt, wie vielversprechend das System eingeschätzt wurde.

Die ersten Testgeräte waren für den Einbau in die Jagdflugzeuge Focke-Wulf Fw 190 A-8 und F-9 vorgesehen. Bereits im Dezember 1944 zeigten erste Vermessungen und theoretische Berechnungen, dass die neue Waffe gute Erfolgsaussichten bot. Die »Jägerfaust« basierte auf Geschossen mit 5-cm-Kaliber, die aus vorhandenen Rohlingen gezogen und durch einen stabilisierenden Drall in der Flugbahn gehalten wurden. Ein wesentliches Merkmal dieser Waffe war, dass sie rückstoßfrei arbeitete – nach dem Abschuss wurde das Rohr, aus dem das Projektil abgefeuert worden war, automatisch ausgeworfen. Dadurch war jedes Rohr nur einmal verwendbar. Die Mündungsgeschwindigkeit der Geschosse lag bei etwa 400 m/s.

Die erste Testmaschine, eine Fw 190 F-8, wurde mit je einem Rohr in jeder Tragfläche ausgestattet – später wurde dieses System jedoch weiterentwickelt. Im Dezember 1944 erhielt die Firma HASAG (Hugo Schneider AG) vom General der Jagdflieger Adolf Galland den Auftrag, umgehend eine detaillierte Einbaustudie anzufertigen und so schnell wie möglich ein Versuchsflugzeug mit vollständiger Waffenausrüstung bereitzustellen. Die vollständige Version der »Jägerfaust« bestand aus zwei Reihen mit jeweils fünf Rohren, also insgesamt zehn Schuss. Diese Waffenanordnung war speziell für die Montage in einmotorigen Jagdflugzeugen wie der Fw 190 konzipiert. Das komplette SG 500-System wog nur rund 81 kg.

Die Waffe funktionierte automatisch: Sobald ein gegnerisches Flugzeug durch eine opto-elektronische Zielerfassung (meist eine Fotosensorzelle) erfasst wurde, löste das System selbstständig den Schuss aus – der Pilot musste also nicht manuell feuern. Im Januar 1945 wurden weitere Tests durchgeführt, bei denen erneut eine Mündungsgeschwindigkeit von 400 m/s bestätigt wurde. Die Technik funktionierte grundsätzlich gut.

Allerdings gab es auch Rückschläge: Die mit der »Jägerfaust« ausgerüstete Fw 190 F-8 stand zunächst in Brandis bei Leipzig, konnte aber wegen fehlendem Treibstoff nicht wie geplant zur Erprobung nach Tarnewitz überführt werden. Erst Ende Februar 1945 kam das Flugzeug dort an, wo dann erste Beschussversuche mit dem SG 500 – zunächst nur am Boden – durchgeführt wurden. Erst im März folgten erste Schießflüge. Bei den Lufttests mit einer sogenannten »Drachenscheibe« (ein Schleppziel) kam es jedoch zu wiederholten Zündversagern. Die Ursache wurde in Störungen der automatischen Auslösung, vermutlich in der elektrischen Schaltung der Fotosensorzelle, vermutet.

Trotz dieser technischen Schwierigkeiten plante das Oberkommando der Luftwaffe (OKL), ab dem 24. März 1945 eine erste Staffel mit Fw 190 A-8, A-9 und F-8-Maschinen mit der »Jägerfaust« auszustatten. Der Einsatz dieser Einheit – Teil des Jagdgeschwaders 301 – sollte bereits am 27. März beginnen. Doch angesichts der dramatischen Kriegslage im Frühjahr 1945 ist es sehr wahrscheinlich, dass dieser Einsatz nie vollständig umgesetzt wurde.

Trotzdem gilt die »Jägerfaust« als eines der wenigen neu entwickelten Waffensysteme des späten Kriegs, das tatsächlich das Potenzial hatte, seine militärischen Aufgaben wirkungsvoll zu erfüllen.

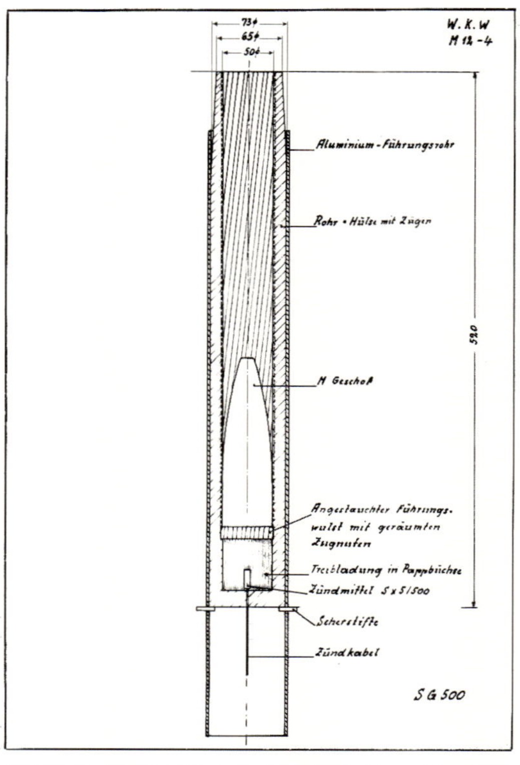

Schematische Darstellung der WKW zur SG 500 »Jägerfaust«. Eine vielversprechende Lösung zur Panzerbekämpfung, da sich das geringe Gewicht der Waffe nicht auf die Flugleistungen des Trägerflugzeugs ausgewirkt hätte. Eine für die Piloten lebenswichtige Eigenschaft, angesichts des gegnerischen Abwehrfeuers. Die Führungswulst der Granaten hatte geräumte Zugnuten, um eine sichere Führung des Geschosses innerhalb des gezogenen Laufprofils zu gewährleisten, und gleichzeitig den Gasdruck und damit die Rückstosskräfte zu verringern.

Gerät »Bürste«

Das Sondergerät mit dem Decknamen »Bürste« war eine experimentelle Waffe, die gegen Ende des Zweiten Weltkriegs zur Bekämpfung feindlicher Bomber entwickelt wurde. Die Idee hinter diesem System war, durch eine große Anzahl von kleinkalibrigen Schüssen eine möglichst hohe Trefferwahrscheinlichkeit zu erzielen – insbesondere beim Angriff aus kurzer Distanz von unten.

Das Gerät bestand aus einer Vielzahl von sehr kurzen, abgedrehten Läufen – jeder war nur etwa 20 cm lang. Diese stammten ursprünglich vom bekannten MG 151/15 und hatten lediglich ein Kaliber von 15 mm. Ein Kompromiss angesichts der zu erwartenden Rückstosskräfte. Insgesamt waren 189 dieser Läufe im Gerät »Bürste« verbaut.

Die Munition war drallstabilisiert. Allerdings war die Mündungsgeschwindigkeit der Geschosse vergleichsweise niedrig – sie betrug nur etwa 200 m/s, zwar sehr wenig im Vergleich mit anderen Bordwaffen, doch war man der Ansicht, dass diese geringe Rasanz auf der kurzen Schussdistanz ausreichen würde.

Das Prinzip des Systems beruhte auf schierer Menge: Durch die gleichzeitige Abgabe von 189 Schüssen sollte ein Bomber, der in geringer Entfernung unterflogen wurde, von einer »Schusswolke« getroffen werden. Rechnerisch ging man davon aus, dass rund 40 der 189 Projektile tatsächlich das Ziel treffen und es schwer beschädigen oder sogar vollständig zerstören würden. Damit hätte die »Bürste« eine sehr hohe Trefferdichte erzielt – zumindest auf dem Papier.

Trotz dieser rechnerischen Vorteile hatte das Gerät einen entscheidenden Nachteil: Das verwendete Kaliber von 15 mm war nach Einschätzung der Luftwaffenführung zu schwach, um den stark gepanzerten Großbombern der Alliierten zuverlässig Schaden zuzufügen. Aus diesem Grund wurde die Weiterentwicklung der »Bürste« im Dezember 1944 eingestellt. Stattdessen konzentrierte man sich auf andere Projekte – insbesondere auf das Sondergerät »Bombersäge«, das mit größerem Kaliber und höherer Durchschlagskraft ausgestattet war.

Gerät »Bombersäge«

Die sogenannte »Bombersäge« war eine neu entwickelte, fest eingebaute Flugzeugbewaffnung, die senkrecht nach oben feuerte. Auch bei dieser Waffenkonstruktion war das Ziel, feindliche Bomber direkt von unten zu bekämpfen – insbesondere beim Anflug aus entgegengesetzter Richtung (im sogenannten Gegenkurs). Der Jäger sollte dazu auch bei dieser Waffe unter den gegnerischen Bomber fliegen.

Es bestand in seiner ersten Ausführung aus insgesamt 60 Läufen der 3 cm-Bordkanone MK 108. Diese waren in sechs nebeneinanderliegenden Reihen mit je zehn Läufen angeordnet. Die Schussrichtung war starr nach oben ausgerichtet. Gedacht war dieses System vor allem für den Einsatz in Hochgeschwindigkeitsflugzeugen, also beispielsweise in Strahljägern, die schnell genug waren, um feindliche Bomber sicher anzufliegen und unter ihnen hindurchzufliegen.

Die Schussauslösung erfolgte automatisch über eine neuartige fotoelektrische Zelle, ähnlich wie bei anderen Sondergeräten. Besonders war hierbei, dass sich die Waffe so einstellen ließ, dass jeweils zehn Läufe gleichzeitig abgefeuert wurden. Damit konnte man die Rückstoßkräfte besser kontrollieren und gezieltere Feuerstöße abgeben.

Parallel zur ersten Version mit sechs Reihen wurde auch eine zweite Variante der »Bombersäge« geplant. Diese sollte nur drei Reihen zu je 20 Läufen umfassen – ebenfalls von der MK 108. Der Unterschied bestand vor allem in der Feuerkraft: Bei dieser zweiten Ausführung sollten jeweils 20 Granaten gleichzeitig abgefeuert werden. Das stellte die Ingenieure allerdings vor ein neues Problem – den Rückstoß. Um die starke Rückstoßkraft in den Griff zu bekommen, wurde ein spezielles Puffersystem entwickelt, das in dieser Version erstmals praktisch erprobt werden sollte.

Als der Krieg jedoch zu Ende ging, waren die Arbeiten an der »Bombersäge« noch längst nicht abgeschlossen. Ein funktionsfähiges Muster war noch nicht fertiggestellt, und praktische Tests standen noch aus. Dennoch zeigt das Projekt, wie intensiv in den letzten Kriegsmonaten an unkonventionellen Waffenlösungen gearbeitet wurde – vor allem mit dem Ziel, die wachsende Bedrohung durch alliierte Bomberverbände in den Griff zu bekommen.

Gerät »Salvengerät 100«

Das sogenannte »Salvengerät 100« war ein experimentelles Waffensystem, das von der Luftfahrt-Forschungsanstalt (LFA) entwickelt wurde. Ziel war es auch bei dieser Konstruktion, mit einer möglichst großen Anzahl an gleichzeitig abgefeuerten Projektilen eine hohe Zerstörungswirkung gegen feindliche Bomber zu erzielen. Das Konzept beruhte auf dem Einsatz von insgesamt 100 Geschützläufen, die leicht zueinander versetzt angebracht waren. Diese Anordnung sollte sicherstellen, dass sich die Geschosse beim Austritt aus den Läufen nicht gegenseitig beeinflussten und sich in einem möglichst breiten

Streufeld verteilten. Jeder der Läufe verschoss eine kleine, drallstabilisierte Granate. Zur Stabilisierung im Flug waren diese Projektile zusätzlich mit kleinen Leitwerken ausgestattet. Im Gegensatz zu anderen Projekten setzte das »Salvengerät 100« nicht auf hohe Mündungsgeschwindigkeit, sondern bewusst auf langsamer fliegende Geschosse. Die vergleichsweise geringe Geschwindigkeit sollte dafür sorgen, dass die Granaten länger im Zielbereich blieben und so die Wahrscheinlichkeit für Treffer erhöht wurde – insbesondere bei Angriffen auf großflächige Ziele wie schwere Bomberverbände.

Zur automatischen Schussauslösung sollte die Waffe mit einer fotoelektrischen Zelle oder ein ähnliches Sensorsystem ausgestattet werden.

Trotz des theoretischen Potenzials wurde das »Salvengerät 100« nie zur Einsatzreife gebracht. Anfang 1945 wurden die Arbeiten an dem System eingestellt, da sich die Luftwaffenführung auf andere, vielversprechendere Projekte konzentrieren wollte – vor allem auf die sogenannte »Bombersäge«, die eine deutlich höhere Durchschlagskraft bot und als technisch ausgereifter galt.

Gerät »Salvenrohr«

Eine weitere entwickelte mehrrohrige Waffe war das sogenannte »Salvenrohr«. Die Idee für dieses Waffensystem wurde im Oktober 1944 von der AVA (Heeresversuchsanstalt) in Göttingen entwickelt. Es sollte dazu dienen, mehrere Granaten hintereinander abzufeuern, um so die Wahrscheinlichkeit zu erhöhen, ein Ziel zu treffen.

Das »Salvenrohr« war so konzipiert, dass zwischen 25 und 30 Granaten mit einem Kaliber von 5 cm nacheinander abgefeuert werden konnten. Diese Granaten wurden von vorne in ein spezielles drei Meter langes Rohr geladen, welches in einem mit einer Pufferfeder versehenen Gehäuse montiert war. Diese Feder sollte helfen, den Rückstoß der Waffe zu dämpfen und die Stabilität zu erhöhen.

Die speziell konstruierten Geschosse waren jeweils 95 Millimeter lang und bestanden aus einem zylindrischen Stahlmantel mit 2 Millimetern Wandstärke. Die vordere Stirnfläche war leicht gewölbt verschlossen. Im Inneren der Granate befand sich eine Sprengladung von rund 110 g. Ein zentrales Zündrohr, das gleichzeitig zur Stabilisierung der Granate diente, ragte in diesen Sprengstoffbereich hinein. Am hinteren Ende des Zündrohrs saß ein Treibladungselement in Form eines gepressten Pulverblocks mit einem Gewicht von etwa 50 Gramm. Dieser war so geformt, dass er durch die jeweils dahinterliegende Granate exakt an Ort und Stelle gehalten wurde.

Der Abschussmechanismus funktionierte sequentiell und wurde elektrisch ausgelöst. Sobald die erste Granate gezündet und aus dem Rohr getrieben wurde, drückte der Rückstoß die nächste Granate fest an ihren Platz. Erst nachdem das vordere Geschoss den Lauf verlassen hatte, konnte das nächste gezündet werden – eine Kettenreaktion, die das System zu einer Art mechanisch getaktetem Schnellfeuergerät machte. Um ungewollte Rückzündungen zu verhindern – etwa durch heiße Pulvergase, die sich zurück durch das Rohr ausbreiten könnten – wurde zwischen jede Granate ein Dichtungsring aus Weichmetall eingefügt. Diese Maßnahme sollte nicht nur die Sicherheit erhöhen, sondern auch für eine präzisere Schussabfolge sorgen.

Mit jeder weiteren abgefeuerten Granate stieg der Gasdruck im Rohr an. Dieser Effekt führte dazu, dass die Mündungsgeschwindigkeit stufenweise zunahm: Die erste Granate verließ das Rohr mit etwa 500 m/s, während die letzte eine Geschwindigkeit von bis zu 600 m/s erreichte.

Man kalkulierte eine theoretische Feuerrate von bis zu 5.000 Schuss pro Minute – eine Zahl, die das gewaltige Zerstörungspotenzial des Systems verdeutlicht. Die dabei entstehenden Rückstoßkräfte hätten allerdings bei rund zwei Tonnen gelegen, weshalb eine Mündungsbremse vorgesehen war, um diese Belastung wenigstens um die Hälfte zu reduzieren.

Trotz der vielversprechenden technischen Idee und des fortschrittlichen Konzepts kam das »Salvenrohr« nie über die Entwurfsphase hinaus. Weder ein Prototyp noch eine Versuchsserie wurden gebaut. Gründe dafür lagen wahrscheinlich in den zunehmend chaotischen Verhältnissen der deutschen Rüstungsindustrie im Spätjahr 1944 sowie in der Umstellung auf andere, bereits serienreife Waffenlösungen wie die R-4/M-Rakete. Zudem blieb unklar, ob das »Salvenrohr« tatsächlich den hohen technischen Anforderungen im Fronteinsatz gerecht geworden wäre.

Gerät »Laternenpfahl«

Der »Laternenpfahl« war eine spezielle Waffe, die für den Beschuss von Luftzielen oberhalb der eigenen Maschine entwickelt wurde. Es handelte sich um eine starre Vertikalwaffe, die in einem steilen Winkel nach oben feuern konnte.

Die Entwicklung des »Laternenpfahls« wurde von der Firma HASAG übernommen. Die Waffe sollte ein kurzes Rohr mit einem Kaliber von 12,8 cm verwenden, aus dem Granaten des Kalibers 8,8 cm abgefeuert werden konnten. Hierzu wurde ein Treibspiegel eingesetzt. Anstelle

Manfred Griehl

Der General der Jagdflieger Adolf Galland besuchte am 30. November 1944 das Jagdgeschwader 10 (JG 10) bei Parchim, um sich den an einer Fw 190 seitlich angebrachten Versuchsaufbau des aus jeweils zwei Reihen mit 15 Rohren bestehenden Sondergeräts »Harfe« anzusehen. Er scheint Zweifel gehabt zu haben. Interessant sind die offenen Verkabelungen der Auslöseeinrichtung an der seitlichen Rumpfwand des Jagdflugzeugs.

der üblichen Sprengladung in den Granaten war vorgesehen, dass im Kopf der Granate 300 kleine Metallkörper mit einer Schrappnellfüllung untergebracht wurden. Die Hauptfunktion bestand darin, vor allem die Treibstofftanks feindlicher Flugzeuge zu zerstören und durch eine verstärkte Brandwirkung das gesamte Flugzeug in Brand zu setzen. Die Schrapnellfüllung war so ausgelegt, dass sie bei der Detonation der Granate und dem Durchschlagen des Treibstofftanks ihre Brandsplitterwirkung entfalten konnte. Die Entwicklung des Projekts konnte jedoch nicht abgeschlossen werden, da es nicht gelang, einen geeigneten Zünder zu konstruieren. Ohne diesen entscheidenden Bestandteil wurde das Vorhaben schließlich aufgegeben, und der sogenannte »Laternenpfahl« gelangte nie zur praktischen Verwendung.

Gerät »Harfe«

Das Sondergerät »Harfe« war eine spezielle Waffe, die aus nahtlos gezogenen Stahlrohren bestand. Diese Rohre waren an der Unterseite offen und konnten 30 Schuss Sondermunition rückstoßfrei abfeuern. Die Rohre waren in zwei Reihen mit jeweils 15 Rohren angeordnet und vertikal ausgerichtet. Zusammen wogen sie etwa 64 kg. Die »Harfe« hatte eine Mündungsgeschwindigkeit von etwa 325 m/s.

Zur Erprobung wurde die Waffe an einer Fw 190 A-8 angebracht. Nach dem Abfeuern konnte die gesamte Waffenkonstruktion abgeworfen werden. Der erste Test der »Harfe« fand am 21. August 1944 statt. Leider misslang der Abwurf der Waffe. Obwohl die Maschine nach der

Landung einige Schäden an der Struktur aufwies, hatte dies keinen großen Einfluss auf die Flugsicherheit.

Ende August 1944 waren bereits zwölf weitere Waffensätze bei der Firma HASAG in Arbeit, während in Tarnewitz zusätzliche Tests und Messungen durchgeführt wurden. Bis Ende Oktober 1944 war eine Fw 190 mit der »Harfe« im Einsatz, aber die Waffe zeigte insgesamt nicht die gewünschten Ergebnisse. Auch modifizierte Versionen der »Harfe«, die bis zu 15 getrennte MG 151/20-Läufe enthielten, erfüllten die Anforderungen nicht.

Die Techniker der E-Stelle Tarnewitz kamen zu dem Schluss, dass Salvengeschütze mindestens ein Kaliber von 3 cm erforderten, um eine wirksame Zerstörung beim Ziel zu erzielen. Aufgrund dieser Erkenntnisse und weil die Probleme mit den Fotozellen, die für die Zielerfassung benötigt wurden, nicht schnell gelöst werden konnten, wurde die Entwicklung der »Harfe« im Dezember 1944 eingestellt.

Gerät »Flugsommer«

Das Gerät »Flugsommer« wurde 1944 von der Deutschen Versuchsanstalt für Luftfahrt (DVL) entwickelt. Insgesamt wurden vier Muster des Geräts gebaut, aber es ist nicht genau bekannt, wie das Gerät aussah. Die Erprobung sollte an einer Fw 190 durchgeführt werden. Anfang September 1944 wurden an diesem Flugzeug Anpassungen an der Elektrik vorgenommen, um das Gerät zu testen. Allerdings erfüllten die Ergebnisse der Tests nicht die Erwartungen, sodass die Arbeiten an dem »Flugsommer« vorzeitig eingestellt wurden.

Gerät »Nitropenta«

Ein ungewöhnlicher Versuch war die Entwicklung eines »Abwurftopfs«, der mit langen Schnüren versehen war, die leicht entzündbaren Sprengstoff enthielten. Dieser Topf sollte über einem Ziel im Luftkampf abgeworfen werden. Das Gerät wurde von der Firma Baermann entwickelt und ein erstes Mustergerät war im August 1944 für die Jagdgruppe 10 vorgesehen. Ob es aufgrund der Gefahr durch den verwendeten Sprengstoff tatsächlich zu Flugversuchen kam, ist jedoch nicht bekannt. Ebenso fehlen Details zur genauen Ausgestaltung und Funktionsweise des Geräts.

Gerät »Schlitter«

Das »Schlitter-Gerät« wurde von Oberleutnant Hans Schlitter entwickelt, der seine Idee Focke-Wulf vorstellte. Geplant war zunächst, 100 auf 50 cm Lauflänge verkürzte, mit Laufdrall versehene Läufe des MG 151/20 senkrecht in ein Flugzeug einzubauen, um sowohl Ziele oberhalb als auch unterhalb des angreifenden Flugzeugs zu bekämpfen. Um den Rückstoß der Waffe auf ein erträgliches Maß zu reduzieren, wurde die Treibladung der Granaten verringert. Schlitter ging davon aus, dass die Rasanz der Waffe aufgrund der kurzen Kampfentfernung von nur 50 m und der kurzen Flugdauer der Granaten ausreichen würde.

Im Laufe der Entwicklung wurde die Anzahl der verwendeten Läufe auf Zahl auf zwei Reihen mit jeweils 60 Rohren geändert. Die gesamte Waffenanlage wog 194 kg und hatte eine Mündungsgeschwindigkeit von 400 m/s.

Leider wurde die Entwicklung bald eingestellt, da es nicht gelang, zuverlässige Fotozellen für die automatische Auslösung der Waffe zu entwickeln.

Einsatz gegen Bodenziele

Trotz der Verfügbarkeit bewährter Panzerabwehrwaffen wie dem »Panzerblitz« oder dem »Panzerschreck« blieb das Interesse an aufwendigeren, speziell entwickelten Sondergeräten ungebrochen. Diese richteten sich vor allem gegen besonders widerstandsfähige Bodenziele wie schwere Panzerverbände oder gut ausgebaute Befestigungsanlagen. Zwar galten derartige Systeme als technisch komplex und im Hinblick auf Material und Fertigung ressourcenintensiv, doch versprachen sie in bestimmten taktischen Szenarien eine deutlich höhere Durchschlagskraft und operative Wirksamkeit.

Zu den fortschrittlichsten Entwicklungen auf diesem Gebiet zählte das Sondergerät SG 113, auch unter der Bezeichnung »Förstersonde« bekannt. Es war für den vertikalen Einsatz aus Flugzeugen vorgesehen und sollte durch eine Kombination aus Gravitation und Rückstoßenergie Salven panzerbrechender Geschosse senkrecht nach unten auf das Ziel abfeuern. In Vergleichstests zeigte sich das SG 113 dem parallel entwickelten SG 116 überlegen, das ebenfalls zur Bekämpfung von Bodenzielen vorgesehen war, jedoch mit Funktionsstörungen zu kämpfen hatte und nicht dieselbe Zielwirkung erzielte.

Diese Waffensysteme verdeutlichen den fortschreitenden Technologisierungsprozess innerhalb der Luftwaffe in der Endphase des Zweiten Weltkriegs. Die Entwicklung spezialisierter Bordwaffen spiegelte zugleich den wachsenden Druck wider, unter schwierigen Bedingungen auf sich wandelnde Bedrohungslagen flexibel zu reagieren – häufig mit unkonventionellen und experimentellen Lösungen. Ein entscheidender Antrieb für derartige

Entwicklungen war auch die zunehmend defensive Lage Deutschlands ab 1944: Mit der alliierten Luftüberlegenheit und dem raschen Vormarsch feindlicher Panzerverbände stieg der Bedarf an Präzisionswaffen, die trotz begrenzter Ressourcen hohe Wirksamkeit versprachen. Projekte wie SG 113 oder die »Harfe« sind Ausdruck einer Rüstungsstrategie, die auf technologische Innovation setzte, um operative Defizite zu kompensieren – auch wenn sie nicht über das Versuchsstadium hinauskamen.

Automatische Schussauslösung auf Bodenziele

Nachdem sich automatische Schussauslösesysteme im Luftkampf als vorteilhaft erwiesen hatten, wurde Ende 1944 ein ähnliches Prinzip zur Bekämpfung von Bodenzielen erprobt – insbesondere gegen feindliche Panzer. Durch eine automatisierte Auslösung der Bordwaffen beim Überfliegen eines Panzers sollte eine schnellere und präzisere Wirkung im Tiefflugangriff erzielt werden.

Im November 1944 wurde zu diesem Zweck eine Focke-Wulf Fw 190 F-8 mit dem nach unten gerichteten SG-116-Bewaffnungssystem sowie dem bereits erwähnten »Opta«-Gerät der Opta Radio AG (später Loewe AG) ausgerüstet. Dieses System war darauf ausgelegt, das Feuer automatisch auszulösen, sobald sich das Flugzeug in nur wenigen Metern Höhe direkt über dem Ziel – in der Regel ein feindlicher Panzer – befand.

In der Praxis jedoch erwies sich diese erste Anlage bei Bodenzielen als unzuverlässig. Die automatische Auslösung funktionierte nur unregelmäßig, was die Wirksamkeit und Genauigkeit des Systems stark einschränkte. Aufgrund dieser Probleme wurde fieberhaft nach besseren Lösungen gesucht.

Mitte Dezember 1944 trafen drei neue Auslösegeräte in Tarnewitz ein, um in weiteren Fw 190-Maschinen mit SG 116 installiert zu werden. Doch schon der erste Einbau offenbarte eine fehlerhafte Schaltung, was zu einem sofortigen Funktionsausfall führte. Erschwerend kam hinzu, dass auch hier das schlechte Winterwetter wiederholt geplante Flugversuche verhinderte.

Dennoch konnte im Februar 1945 erstmals ein speziell für die Panzerbekämpfung entwickeltes Auslösegerät – das sogenannte ALG 2 – erfolgreich in eine Fw 190 integriert und getestet werden. Die Versuche, bei denen im Tiefflug über einen erbeuteten Panzer geflogen und geschossen wurde, verliefen erstmals einwandfrei. Voraussetzung für eine erfolgreiche Zielbekämpfung war jedoch, dass der Pilot den Panzer präzise mittig überflog. Aufgrund der hohen Geschwindigkeit im Tiefflug war dies eine anspruchsvolle Aufgabe, die nur gut trainierten Piloten gelang.

Um die Reaktionszeit des Systems weiter zu reduzieren, wurde das ALG 2 nochmals überarbeitet. Anfang März 1945 wurde das verbesserte Gerät erneut in eine Fw 190 eingebaut. Bei den folgenden Testflügen gelang es den Erprobungspiloten, mehrere direkte Treffer zu erzielen – teils sogar gezielt in den Turm des Panzers.

Beeindruckt von diesen Erfolgen ordnete das Oberkommando der Luftwaffe (OKL) an, eine komplette Staffel mit Fw 190-Maschinen auszustatten, die über SG 116 und automatisches Auslösegerät verfügen sollten – und das noch vor dem endgültigen Abschluss der Erprobung.

Doch bereits im März 1945 wurde die Produktion der benötigten elektronischen Komponenten in das oberfränkische Küps verlegt, was faktisch zu einem Zusammenbruch der Fertigung führte. Hinzu kamen ab Anfang März immer gravierendere Treibstoffengpässe, die weitere Flugversuche bei der Erprobungsstelle (E-Stelle) unmöglich machten.

Ob die geplante Staffel mit SG 116-bewaffneten Maschinen tatsächlich noch aufgestellt wurde, ist angesichts der sich rapide verschlechternden Kriegslage und des raschen Rückzugs der Fronten sehr fraglich. Die letzten Monate des Krieges verhinderten letztlich eine breite Einführung dieser potenziell wirksamen Waffe zur Panzerbekämpfung aus der Luft.

Sondergerät SG 113 »Förstersonde«

Im Jahr 1943 begann die Entwicklung des sogenannten Sondergeräts SG 113 – einer unkonventionellen Bordwaffe, die speziell zur Bekämpfung stark gepanzerter Bodenziele wie alliierter Kampfpanzer konzipiert war. Anders als herkömmliche Bordbewaffnung setzte das SG 113 auf ein vertikales Wirkprinzip: Die Waffe feuerte ihre Munition senkrecht nach unten ab, während das Trägerflugzeug im Tiefflug über das Ziel hinwegflog. Diese Form der Bewaffnung stellte eine radikale Abkehr von konventionellen Waffensystemen dar und erforderte hochpräzise Steuer- und Auslösemechanismen.

Herzstück des SG 113 war ein rückstoßfreier Abschussmechanismus: Beim Feuern eines 7,7-cm-Treibspiegelgeschosses wurde gleichzeitig ein Ausgleichsgeschoss, der sog. Knüppel, in entgegengesetzter Richtung ausgestoßen, um den Rückstoß zu kompensieren. Diese ausgeklügelte Technik ermöglichte es, die empfindliche Flugzeugzelle nicht durch die Schussabgabe zu gefährden.

Besondere Aufmerksamkeit erhielt das automatische Zielerfassungs- und Auslösesystem. Über eine metallbasierte Sensorsonde – die sogenannte »Förstersonde« – sollte das System eigenständig metallische Objekte am Boden, etwa Panzer, erkennen und automatisch den Schuss auslösen. Sobald ein entsprechendes Signal erfasst wurde, sollte die Waffe ohne Eingreifen des Piloten feuern – eine bemerkenswerte Automatisierung für die damalige Zeit.

Die Entwicklung erfolgte in Zusammenarbeit mehrerer Institutionen und Unternehmen: Rheinmetall-Borsig zeichnete für die Waffenkomponente verantwortlich, während Sensorik und Steuerung von der Luftfahrtforschungsanstalt (LFA), dem Elektromechanischen Flugzeugbau (EMF) sowie der Opta-Radio GmbH vorangetrieben wurden.

Erste Erprobungsträger entstanden Ende 1944. So wurde im Dezember ein MG 131 mit vertikaler Ausrichtung und einer Auslösungseinheit vom Typ Askania ALG 0403 in eine Focke-Wulf Fw 189 eingebaut. Parallel dazu bereitete man den Einbau eines kompletten SG-113-Systems in eine Fw 190 vor, die der Erprobungsstelle Tarnewitz übergeben wurde. Die technische Umsetzung gestaltete sich allerdings komplex. Insbesondere die zuverlässige Erkennung metallischer Ziele und die präzise Auslösung bei genau definierter Überflughöhe erwiesen sich als Herausforderung. In einer Fw 190 F-8 der Jagdgruppe 10 wurde im Dezember 1944 ein überarbeitetes Auslösegerät installiert – ein System, das zuvor auch im Rahmen

Detailansicht der an der Fw 190 F-8 installierten sogenannten »Förstersonde«, mit der beim Überflug Treibspiegelgeschosse im Kaliber 7,7 cm auf gegnerische Panzer abgefeuert werden konnten.

Manfred Griehl

Eine mit dem Sondergerät SG 113 A »Förstersonde« ausgerüstete Fw 190 F-8 während der Erprobungseinsätze im Frühjahr 1945.

DTMB VI.1.006 04769 Luftfahrt-Archiv H.J. Nowarra (Berlin), Fotograf unbekannt

San Diego Air and Space Museum 16-005349

Als Musterflugzeug mit einer sechsrohrigen »Förstersonden«-Anlage wurde eine Hs 129 B-2 zusätzlich mit einer elektrostatischen Zielerfassung versehen.

des Projekts SG 116 »Zellendusche« erprobt worden war. Die Schussauslösung sollte bei einer Höhe von etwa sechs Metern über dem Ziel erfolgen. In der Praxis reagierten die Sensoren jedoch häufig auch auf kleinere Metallobjekte, Trümmer oder Bodenunebenheiten, was zu einer hohen Fehlerschussquote führte. Die tatsächliche Trefferrate wurde auf nur etwa 50 Prozent geschätzt.

Im Januar und Februar 1945 wurden mit einer Fw 190 umfangreiche Flugtests durchgeführt. Dabei erreichten die Geschosse eine Mündungsgeschwindigkeit von rund 750 m/s. Die verbesserte Auslösetechnik – nun in der Variante ALG 2 – zeigte dabei zufriedenstellende Resultate. Die Trefferlagen wurden von der Erprobungsstelle als »gut« bewertet, wenngleich eine umfassende Analyse der Panzerdurchschlagskraft der

Manfred Griehl

Detailansicht der aus der abgetarnten Hs 129 B-2 herausragenden sechs rückstoßfrei ausgelegten Verschussrohre.

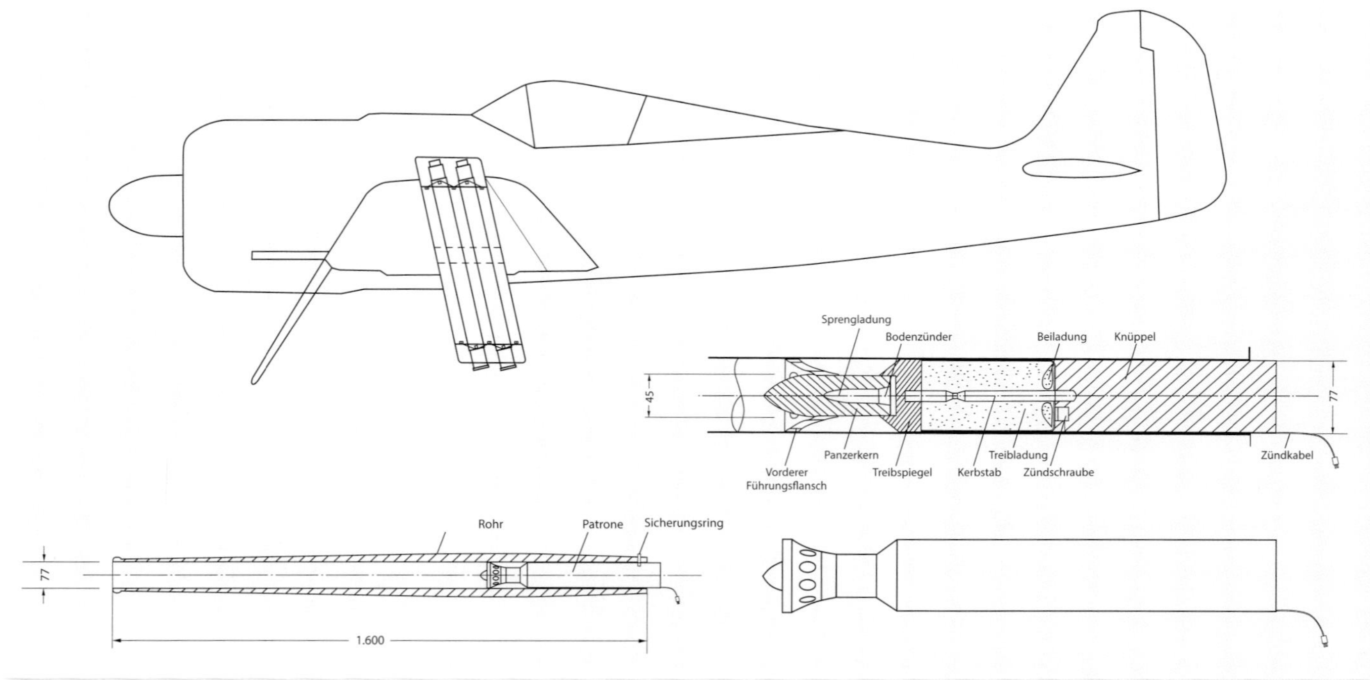

Schematische Darstellung des Einbaus der »Förstersonde« in eine Fw 190 F-8 sowie der zugehörigen Treibspiegelpatrone im Kaliber 7,7 cm. Der Treibspiegel beschleunigte dabei ein unterkalibriges Geschoss – eine Panzersprenggranate im Kaliber 45 mm.

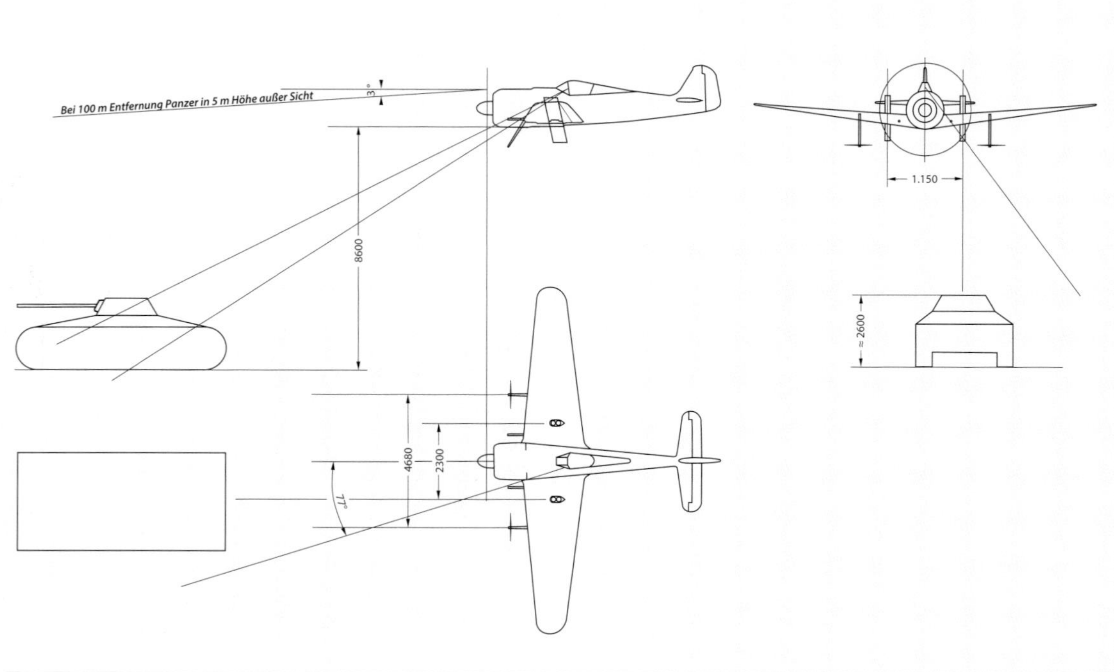

Schematische Darstellung der Sichtverhältnisse beim Überflug eines feindlichen Panzers durch eine Fw 190 mit eingebauter »Förstersonde«. Die Maße der Zeichnung entsprechen einem sowjetischen T-34-Panzer.

Manfred Griehl

Die Hs 129 B-2 mit elektrostatischen Zielerfassungs-Anlage in der Frontansicht.

Geschosse noch ausstand. Bei anschließenden Bodentests durchschlugen die 45-mm-Panzersprenggranaten die rund 5 cm starke Turmdecke eines erbeuteten sowjetischen KW-I, auch Treffer an der Turmwand und den Laufwerken wurden dokumentiert. Am 3. März 1945 mussten die Versuche jedoch eingestellt werden – Nachschub für Munition blieb aus.

Parallel dazu wurde das SG 113 A in ein speziell modifiziertes Schlachtflugzeug des Typs Henschel Hs 129 B-2 integriert. Sechs SG-113-Rohre wurden im mittleren Rumpf untergebracht, um beim Überflug gezielt mehrere Ziele gleichzeitig bekämpfen zu können. Bereits im Oktober 1944 wurde die erste Versuchseinheit nach Völkenrode überführt. Zwischen Januar und Februar 1945 fanden mehr als 15 Testflüge statt, in denen insbesondere die Abstimmung der Sensorik im Fokus stand. Am 18. Januar 1945 gelang es im Tiefflug aus etwa neun Metern Höhe, sowohl einen beschädigten deutschen Panther als auch einen erbeuteten T-34 erfolgreich zu treffen – ein erster Beleg für die prinzipielle Einsatzfähigkeit des Systems. Dabei zeigte sich allerdings auch, dass das System seine volle Wirkung nur unter idealen Einsatzbedingungen entfalten konnte. Besonders wechselhafte Lichtverhältnisse, Vegetation oder unebener Untergrund beeinträchtigten die Funktion der Förstersonde erheblich. Zudem mussten die Piloten ihre Anflüge mit hoher Präzision fliegen, da selbst geringe Abweichungen in Flughöhe oder Kurs die Zielerfassung behinderten. Diese Einschränkungen warfen zunehmend Zweifel an der Praxistauglichkeit des Systems auf.

Ab dem Frühjahr 1945 wurde das Projekt SG 113 A nicht weiterverfolgt. Der technische Aufwand, die hohe Fehleranfälligkeit des Sensorsystems und die sich zunehmend abzeichnende Überlegenheit anderer Panzerabwehrmittel – insbesondere raketengestützter Waffen wie des »Panzerblitz« – führten zur Einstellung der weiteren Entwicklung. In enger Abstimmung mit der Technischen Luftwaffen-Rüstung (TLR), der Reichsforschungsführung und der Führung der Schlachtflieger wurde das Projekt offiziell beendet.

Versuchsgerät »Zossen«

Das sogenannte Gerät »Zossen« war ein experimentelles Zielerfassungssystem, das im letzten Kriegsjahr zur Unterstützung der Panzerbekämpfung aus der Luft entwickelt wurde. Anders als viele konventionelle Ansätze setzte dieses Projekt auf Infrarot-Technologie – ein damals noch weitgehend unerforschtes Gebiet mit vielversprechendem Potenzial für nächtliche Kampfeinsätze.

Ziel des Systems war es, feindliche Fahrzeuge bei Nacht zu erkennen und automatisch Waffen auszulösen. Dazu wurde ein spezieller Scheinwerfer mit 100 Watt Leistung und einem Ultra-Rot-Filter (UR) ausgestattet. Diese Komponenten stammten von der Firma Carl Zeiss in Jena, einem der führenden Unternehmen auf dem Gebiet der Optik. Das Infrarotlicht sollte vom Zielobjekt – etwa einem Panzer – reflektiert und anschließend von einer an Bord des Flugzeugs montierten Ultrarot-Zelle (einem Detektor) erkannt werden.

Diese Technologie sollte es ermöglichen, Panzer auch bei völliger Dunkelheit sichtbar zu machen und eine automatische Zielidentifikation durchzuführen – ein Konzept, das seiner Zeit weit voraus war.

Die Entwicklung wurde in Zusammenarbeit mehrerer Firmen durchgeführt. Neben Zeiss war insbesondere die Allgemeine Elektrizitäts-Gesellschaft (AEG) stark an der Umsetzung beteiligt. Das Waffensystem, das mit dem Zielgerät gekoppelt werden sollte, war das SG 116 – ein ebenfalls noch in Erprobung befindliches Abwärtsfeuergerät zur Panzerbekämpfung. Allerdings traten bei der Entwicklung des »Zossen«-Systems erhebliche technische Schwierigkeiten auf. Insbesondere die Zuverlässigkeit der Zielerkennung war mangelhaft, was den operativen Nutzen in Frage stellte. Erst Ende November 1944 wurde festgestellt, dass das Zielgerät noch gravierende Mängel aufwies – darunter vermutlich unzureichende Sensorempfindlichkeit und Probleme bei der Unterscheidung zwischen echten Zielen und Umgebungseinflüssen. In der Folge wurde ein überarbeitetes Versuchsmuster zur weiteren Erprobung bei der Erprobungsstelle Tarnewitz angefordert, das aus dem Flugplatz Werneuchen stammen sollte. Hinweise darauf, dass diese weitere Testphase tatsächlich durchgeführt wurde, sind jedoch nicht belegt.

Nach Dezember 1944 verlieren sich die Spuren des Geräts »Zossen« in den verfügbaren Unterlagen. Es wird angenommen, dass die Entwicklung entweder zugunsten des weiter fortgeschrittenen SG 113 eingestellt wurde oder aufgrund der sich verschärfenden Kriegslage und Ressourcenknappheit schlicht aufgegeben wurde.

Verwendung von Kleinstluftminen

Zum Schutz eigener Bomberverbände vor feindlichen Jägern und – ab Kriegsmitte – zur Abwehr massierter Angriffe alliierter Bomberformationen entwickelte die deutsche Luftwaffe eine Reihe unkonventioneller Waffen- und Abwehrsystemen. Dazu zählte auch der Einsatz sogenannter Kleinstluftminen. Ihre Entwicklung und Erprobung stehen beispielhaft für den technischen Einfallsreichtum, aber auch für die zunehmende Verzweiflung der späten Kriegsjahre. Wie viele andere Sonderkonstruktionen jener Zeit blieben auch diese Systeme im Versuchsstadium und gelangten nie zur serienmäßigen Verwendung.

Kleinstluftminen zur Verteidigung eigener Bomberverbände

Im Rahmen der Bemühungen, die Verteidigungsfähigkeit deutscher Bomberflugzeuge gegenüber angreifenden feindlichen Jägern zu verbessern, wurde ab 1940 neben der Verstärkung konventioneller Defensivbewaffnung auch an unkonventionellen Maßnahmen geforscht. Eine davon war der Einsatz sogenannter Kleinstluftminen – als »Störkörper« bezeichnet –, die über spezielle Ausstoßvorrichtungen aus dem Flugzeugheck abgegeben wurden. Ein angreifender Jäger, der sich in unmittelbarer Hecknähe näherte, sollte durch plötzlich explodierende Sprengkörper überrascht und idealerweise beschädigt oder abgeschreckt werden. Bereits 1940 wurden sogenannte Störkörperanlagen (SKAV) in mittlere Bomber wie die Heinkel He 111 H integriert.

Im Heck befand sich eine Ausstoßvorrichtung. Die Minen waren mit kleinen Fallschirmen (Durchmesser ca. 0,9 m) versehen, um deren verzögerte Abbremsung und kontrollierte Ausbreitung zu ermöglichen. Sie besaßen Abrisszünder, die etwa ein bis zwei Sekunden nach dem Auswurf detonierten – zu einem Zeitpunkt, an dem sich das Flugzeug durch seine Geschwindigkeit (ca. 400 km/h) bereits 100 bis 250 m entfernt hatte. Die Explosionen erzeugten ein »schwebendes Minenfeld« in der Flugbahn des verfolgenden Jägers. Die etwa 300 g schwere Sprengladung zerbarst in rund 40 Splitter – verheerend für ungeschützte Flugzeugteile. Neben dem Standardmodell existierten Varianten wie SK 70 (Durchmesser 7 cm) und SK 106 (10 cm), die je nach Flugzeugtyp und Einsatzzweck eingesetzt wurden. Die Vorrichtungen fassten je nach Version zwischen zehn und 55 Störkörper.

Allerdings hatte das System einen entscheidenden Nachteil: Der Jäger musste sich in unmittelbarer Nähe befinden, idealerweise innerhalb von 200 bis 300 m Entfernung. Eine für den angegriffenen Bomber bereits extrem gefährliche Schussdistanz. Auch eröffneten in der Praxis feindliche Jagdflugzeuge jedoch oft schon aus größerer Distanz das Feuer und konnten somit durch Ausweichmanöver der Wirkung der Minendetonationen entgehen. Bereits Ende 1940 wurde die serienmäßige Ausstattung mit der SKAV daher eingestellt.

Der »Minenangriff« auf alliierte Bomberformationen

Im Jahr 1944, angesichts der immer weiter zunehmenden alliierten Luftüberlegenheit und immer größerer Angriffe durch alliierte viermotorige Bomberpulks, wurde auch der offensive Einsatz von Kleinstluftminen in Erwägung gezogen. Ziel war es, durch eine konzentrierte Freisetzung großer Mengen kleiner Luftminen in der Flugbahn gegnerischer Bomberformationen ein wirksames Sperrfeuer zu erzeugen.

Die Firma Fieseler in Kassel entwickelte ein entsprechendes Konzept unter dem Titel »Jagdangriff mit Minensperre«. Der Plan sah vor, dass Jagdflugzeuge aus erhöhter Position in Bahnneigung auf eine Bomberformation zusteuerten und dabei aus spezieller Höhe – etwa 60 m über dem Ziel – eine große Zahl an Sprengkörpern abwarfen. Diese wurden in sogenannten Schüttbehältern mit sich nacheinander öffnenden Deckeln transportiert. Ein einziger Abwurfvorgang konnte bis zu 600 Kleinstminen freisetzen.

Besonders geeignet erschien für diesen Einsatz das damals neue Düsenjagdflugzeug Messerschmitt Me 262 A-1a. Im Spätherbst 1944 wurde versucht, dieses Jagdflugzeug mithilfe des sogenannten »März-Verfahrens« für die Minenmissionen auszurüsten – ein bereits zuvor entwickeltes Verfahren, bei dem Minen durch ausstoßbare Vorrichtungen im Flug freigegeben wurden.

Obwohl die Idee auf dem Papier vielversprechend klang, scheiterte sie an der Praxis. Die empfindlichen Zünder der Minen reagierten in vielen Fällen bereits während des Ausstoßvorgangs oder unmittelbar nach Verlassen des Flugzeugs – was eine direkte Gefahr für das eigene Einsatzmuster bedeutete. Einige Detonationen erfolgten so nahe am Trägerflugzeug, dass es selbst in Mitleidenschaft gezogen wurde.

Auch alternative Ansätze, etwa beim Kommando Stamp, bei dem mit Me 262 A-1a/Bo-Modellen Splitterbomben gegen Bomberpulks eingesetzt wurden, blieben erfolglos. Die barometrischen Zünder der Bomben konnten nicht exakt auf die gewünschte Detonationshöhe innerhalb der feindlichen Verbände eingestellt werden. So detonierten viele Bomben zu früh oder zu spät, ohne signifikanten Schaden zu verursachen.

Angesichts der mäßigen Erfolgsaussichten, der logistischen Komplexität und der Gefährdung der eigenen Besatzung wurden die Mineneinsatzversuche Anfang 1945 eingestellt. Die umgerüsteten Maschinen wurden wieder zurückgebaut und im regulären Jagdeinsatz – unter anderem beim Jagdgeschwader 7 – verwendet.

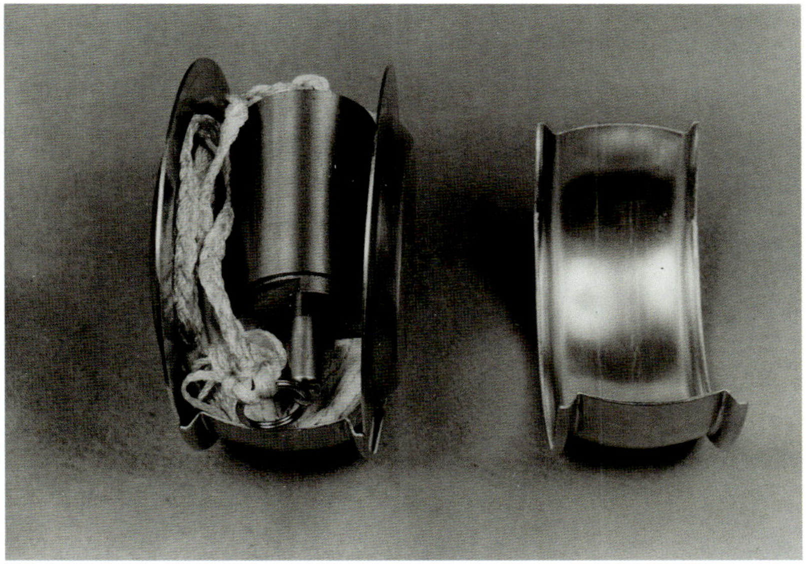

DTMB VI.1.006 08220 Fotograf unbekannt

DTMB VI.1.006 08219 Fotograf unbekannt

Der Störkörper SK 116 (oben) und SK 70 (unten). Diese Kleinstluftminen waren mit einem kleinen Fallschirm und einer Sprengladung mit automatischem Zeitzünder ausgerüstet. Sie wurden zur Verteidigung des eigenen Kampfflugzeugs in die Verfolgungsbahn des feindlichen Jägers geschleudert. Die versuchsweise Erprobung beider Sprengkörper ergab eine zu geringe Wirkung des kleinen Sprengsatzes.

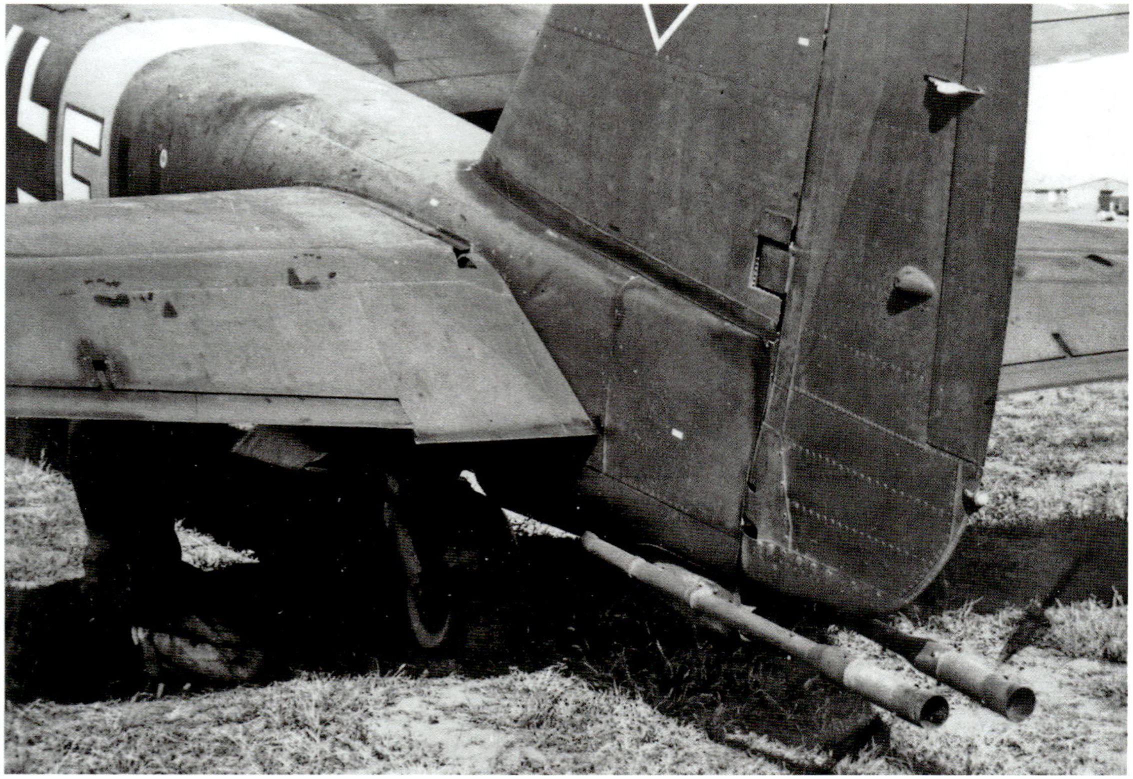

Manfred Griehl

Die Verwendung von Flammenwerfern, wie hier bei einer Ju 88 A-4, sollte vornehmlich defensiven Zielen dienen.

Verwendung von Flammenwerfern

Die Idee, Flammenwerfer in Flugzeugen zur Verteidigung auf kurze Distanz gegen von hinten angreifende feindliche Jagdflugzeuge einzusetzen, stellte ein ungewöhnliches und experimentelles Konzept innerhalb der deutschen Luftwaffe im Zweiten Weltkrieg dar. Solche Waffensysteme wurden nur in kleinem Umfang erprobt und blieben im Versuchsstadium. Es handelte sich um sogenannte Rüstsätze für mittlere Flammenwerfer, die an den Rumpfträgern (ETC – Abwurfvorrichtung für externe Lasten) von Bodenangriffsflugzeugen wie der Focke-Wulf Fw 190 F-8 oder F-9 angebracht werden sollten.

Die Idee war simpel: Ein mitgeführter Flammenwerfer sollte bei einem Angriff nach hinten eine brennende Flüssigkeit in einer Flammenwolke ausstoßen und so einen folgenden Jäger beschädigen, abdrängen oder abschrecken. Die technische Umsetzung sah spezielle Tanks mit flüssigem Brandmittel (vermutlich auf Naphtabasis) und eine Zündvorrichtung vor. Vereinzelt wurden solche Systeme an Prototypen getestet, doch die Wirksamkeit erwies sich als sehr begrenzt. Der Flammenstrahl wirkte nur über kurze Distanz und war nur dann effektiv, wenn sich der angreifende Jäger exakt in der Achse des ausstoßenden Flugzeugs befand – eine seltene und kaum planbare Situation im Luftkampf.

Auch die Montage solcher Flammenwerfer an mittleren Bombern wurde erwogen – mit ähnlich enttäuschenden Ergebnissen. Die Flammenwand, so spektakulär sie im Test erschien, hatte kaum Effekt im Luftkampf, da gegnerische Maschinen meist nicht nahe genug herankamen oder sich seitlich versetzt positionierten.

Ein weiterer entscheidender Nachteil war die Gefahr für das eigene Flugzeug. Undichte Leitungen oder Treffer durch Feindfeuer konnten schlimmstenfalls einen Brand an Bord verursachen. Auch das zusätzliche Gewicht der Brandmittelbehälter sowie die komplexe Integration ins Flugzeug erwiesen sich als problematisch.

Der Versuch, Flammenwerfer als Luftabwehrmittel zu adaptieren, blieb eine kuriose Randnotiz in der Geschichte der deutschen Luftwaffenentwicklung. Während die Bodenanwendung solcher Waffen – etwa bei Sturmtrup-

Manfred Griehl

Ein im Heck des Flugzeugs installierter Flammenwerfer sollte verhindern, dass feindliche Jagdflugzeuge einen gezielten Anflug auf den hinteren Bereich durchführen konnten. Mehrere Versuche mit einer im Heck einer He 111 eingebauten Flammenwerfer-Anlage wurden im Frühjahr 1940 mit nur geringem Erfolg durchgeführt.

Manfred Griehl

Der Flammenstoß, wie hier bei einer Ju 88 A-4 zu sehen, hinterließ eine spektakuläre Rauchspur. Die beabsichtigte Wirkung war allerdings sehr begrenzt.

pen oder Panzerfahrzeugen – eine gewisse Wirkung zeigte, ließ sich das Konzept nicht sinnvoll auf den Luftkrieg übertragen. Angesichts der geringen taktischen Wirksamkeit, hoher Risiken und verfügbarer Alternativen wurde die Entwicklung fliegender Flammenwerfersysteme bereits im Versuchsstadium aufgegeben.

Einbau in Jagdflugzeugen: Projekt »Gero«

Im Rahmen eines Rüstsatzes wurde unter der Bezeichnung »Gero« (vermutlich ein Akronym, genaue Herkunft unbekannt) ein spezieller Flammenwerfer für den Einbau in Jagdflugzeuge – insbesondere in die Focke-Wulf Fw 190 – konzipiert. Geplant waren insgesamt drei Ausführungen: Gero IIa, IIb und IIc, wobei sich diese offenbar in Tankvolumen, Ausstoßleistung und technischer Steuerung unterschieden.

Die Vorrichtung war so konstruiert, dass sie am Rumpfträger (ETC – »Elektrischer Träger für Container«) unter dem Rumpf befestigt werden konnte. Der Flammenausstoß erfolgte über ein gebogenes Ausstoßrohr nach schräg hinten unten, was darauf hindeutet, dass die Vorrichtung vor allem gegen direkt folgende Verfolger wirken sollte. Die Auslösung des Systems sollte manuell durch den Piloten oder automatisch über einen rückwärtigen Sensor erfolgen.

Erprobungsträger war offenbar eine Fw 190 F-8, möglicherweise auch weitere Maschinen aus der F-Serie. Leider existieren bis heute keine konkreten technischen Berichte oder detaillierte Versuchsergebnisse über den Einsatz. Die Wirksamkeit dürfte jedoch ähnlich gering gewesen sein wie bei anderen Flammenwerferprojekten der Luftwaffe, sodass keine Serienproduktion erfolgte.

Einbau in Kampfflugzeugen: Versuche im KG 51

Parallel zum Einbau in Jagdflugzeuge gab es auch experimentelle Einbauten in mittlere Bomber, um den besonders verwundbaren toten Winkel im Heckbereich gegen angreifende Jäger abzusichern. Diese Versuche wurden beim Kampfgeschwader 51 (KG 51) durchgeführt, das auch als »Edelweißgeschwader« bekannt war. Der Technische Offizier des Verbandes, Dr. Stahl, veranlasste den Versuchseinbau eines mittelschweren Flammenwerfers in das Heck einer Junkers Ju 88.

Ziel war es, bei Annäherung eines feindlichen Jägers eine große Menge brennbaren Flammöls rückwärts auszustoßen, welches sich durch eine Zündeinrichtung entzünden sollte. Der Angreifer würde so nicht nur mit der brennenden Flüssigkeit benetzt – was zur Entzündung des Triebwerks oder der Zelle führen konnte – sondern auch die Sicht durch eine verölte Kabinenhaube verlieren.

Der erste dokumentierte Versuch fand am 9. Februar 1940 über dem Flugplatz Memmingen statt. Eingesetzt wurde eine Heinkel He 111 des KG 51. Vermutlich handelte es sich dabei um eine sehr einfache Anlage mit einem einzigen Flammrohr und Zündmechanismus.

Einige Fotos aus der Erprobungszeit zeigen, dass in mindestens einer Ju 88 A zwei rückwärtsgerichtete Flammrohre mit separaten Zündern installiert wurden. Die effektive Reichweite dieser Flammenstöße lag bei etwa 300 bis 400 m – ein vergleichsweise beachtlicher Wert. Es gibt Hinweise darauf, dass auch eine Ju 88 C-4, eine schwer bewaffnete Zerstörerversion der Ju 88, mit einem offensiv verwendbaren Flammenwerfer ausgerüstet wurde. In diesem Fall könnte es sich um einen Versuch gehandelt haben, Bomberformationen mit einer feurigen »Nahkampfwaffe« aus nächster Nähe zu attackieren. Dennoch bleiben viele Details ungeklärt. Es ist unklar, wie oft die Geräte tatsächlich ausgelöst wurden, wie zuverlässig sie funktionierten und ob es jemals zu dokumentierten Treffern kam. Mehrere Gründe führten letztlich zur Einstellung der Flammenwerferprojekte:

- Die Auslösung war schwer exakt abzustimmen und nur bei sehr nahen Verfolgern wirksam.
- Der Treibstoff für die Flammenwerfer stellte eine erhebliche Brandgefahr für das eigene Flugzeug dar.
- Das Zusatzgewicht und die technische Komplexität standen in keinem Verhältnis zum taktischen Nutzen.
- Durch hohe Geschwindigkeit und die auftretende Zerstäubung der brennenden Flüssigkeit konnte die Flammenwolke oft keinen nachhaltigen Effekt erzielen.

Die Versuche, Flammenwerfer in Jagd- und Kampfflugzeuge zu integrieren, zeugen von der technischen Kreativität, aber auch von der Verzweiflung, mit der im Luftkrieg des Zweiten Weltkriegs neue Verteidigungs- und Angriffsformen gesucht wurden. Trotz aufwändiger Konstruktion und gewisser Anfangserfolge bei den Tests, erwiesen sich die Systeme als unpraktikabel und gefährlich für die eigenen Besatzungen. Die Projekte wurden daher in einem frühen Stadium wieder eingestellt und gerieten nach dem Krieg weitgehend in Vergessenheit.

BArch RL 3-4554

KAPITEL 5
DRALLSTABILISIERTE BORDRAKETEN

Im Waffenraum der Bf 210 und Me 410 sollten bis zu zwei Trommelgeräte TG 65 untergebracht werden.

MIT RAKETEN GEGEN BOMBERPULKS UND PANZER

VOM RAUCHZYLINDER ÜBER DEN PANZERBLITZ BIS ZUR R-4/M

Die Entwicklung von Bordraketen jeder Art wurde lange vernachlässigt, da die noch vollends vom Ersten Weltkrieg geprägten Entscheidungsträger im RLM viel zu lange glaubten, jeden Gegner mit herkömmlichen Bordwaffen Herr zu werden. Sie vermochten sich nicht vorzustellen, in welche Schwierigkeiten riesige Pulks viermotoriger Bomber die Luftwaffe einmal stürzen könnten. Wenn auch die Entwicklung der »Rauchzylinder«, einem Flugkörper mit Feststoffantrieb, nicht erfolgreich abgeschlossen wurde, verlief die Entwicklung anderer Bordraketen, beispielsweise der R-4/M, mit deutlich besserem Erfolg.

RZ-Entwicklung

Unter der Tarnbezeichnung »Rauchzylinder« (RZ) begann Mitte der 1930er-Jahre die Entwicklung von Bordraketen. Die Raketen sollten anfangs nur zur Bekämpfung von Luftzielen, kurz vor Abbruch der Entwicklung auch gegen lohnende Bodenziele eingesetzt werden.

RZ 65

Die praktische Erprobung des »Rauchzylinders« RZ 65 lief ab 1937 an. Hierbei ergaben sich zu Beginn der Erprobung am Boden eine starke Streuung der abgefeuerten Raketen. Im Juli 1938 wurde mit der Zuweisung einer Fw 58, als Versuchsträger für die weitere Erprobung der RZ 65 gerechnet, doch verschob sich deren Zuführung von Woche zu Woche. Im August und September 1938 kam es bei der E-Stelle in Tarnewitz beim RZ 65 erstmals zur Vermessung der Flugbahn. Inzwischen waren die Geräte mehrfach überarbeitet und verbessert worden, doch änderte sich an der Tatsache, dass die Streuung anhaltend groß war, nichts wesentliches. Als Treibsatz der Raketen wurde die Feststoffmischung R 61 verwandt, deren Zündung elektrisch erfolgte. Die Funktion der elektrischen ausgelösten Abschussanlage wurde als befriedigend eingestuft. Allerdings verschmutzten die Kontakte durch die beim Schuss auftretenden Pulvergase sehr schnell. Besonders in diesem Bereich bedurfte es noch einiger Anstrengungen, schnell eine passable Lösung zu finden. Auch die Versuche mit einem um 30 cm verlängerten Abschussgestell ergaben weder eine Verbesserung, noch ein Absinken der bisherigen Leistungen der Waffe. Immer neue Probleme tauchten auf. So sorgten die unter dem Rumpf in Rohren untergebrachten »Rauchzylinder« für einen merklichen Leistungsverlust des Trägerflugzeugs.

Die anfangs aus einer Art einfacher Verschusskörben verschossenen RZ 65 konnten im Flug nicht nachgeladen werden. Aus diesem Grund sollte mittelfristig ein leicht produzierbares Mehrschusssystem entwickelt werden. Als Vorstufe wurde im September 1938 ein fünfläufiges Gestell zunächst im Standversuch erprobt. Eine gegenseitige Beeinflussung der Projektile bei gleichzeitigem Abschuss, wie auch bei einer Salve, fand – entgegen den Befürchtungen – nur in geringem Umfang statt. Mit der endlich eingetroffenen Fw 58, die eine RZ 65-Abschussanlage für fünf Projektile erhielt, wurden im Spätjahr 1938 mehrere Beschussversuche auf eine 4 m x 4 m große, auf dem Boden stehende Scheibe durchgeführt. Bei einer Justierung auf 300 m kam es nur zu 20 bis 40 Prozent Treffern. Das Ergebnis fiel somit noch schlechter aus als bei den zunächst am Stand erprobten Einzelschussgeräten (EG). Auch die späteren Beschussversuche im Flug änderten nichts am Ergebnis, obwohl die Munition inzwischen aerodynamisch verbessert worden war. Als nächstes Erprobungsmuster wurde eine Ju W 34 (D-OXOR) verwandt und für den Luftbeschuss eingesetzt. Nach deren Abgabe an das Luftzeugamt Rotenburg, mussten

Manfred Griehl

Unter dem Rumpf einer Bf 110 F-2 wurde diese zwölfrohrige Verschussanlage für jeweils ein durch den Geschossdrall stabilisierte RZ 65-Projektil erprobt.

Manfred Griehl

Bei der Fw 190 A-3/U2 wurden versuchsweise drei RZ 65-Rohre pro Fläche eingebaut. Das Laden erfolgte mittels eines Ladestocks.

Ausschließlich zu Versuchszwecken wurden unter dem Rumpf einer Ju 88 A-5 vier Mehrfachschussgeräte für RZ 65-Raketen installiert.

Manfred Griehl

Von den Versuchsanlagen für den Mehrfachschuss mit dem RZ 65 wurden mindestens 25 Geräte hergestellt.

Manfred Griehl

BArch RL 36-271

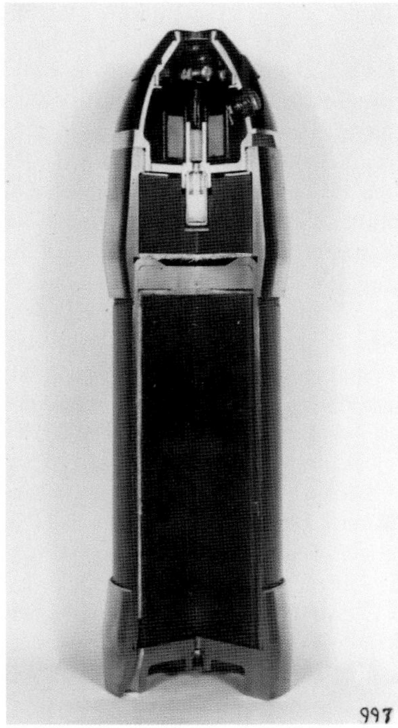

RZ 65-Projektile. Man beachte die Austrittsöffnungen der Antriebsgase der Rakete. Links mit Übungskopf, rechts Schnittmodell des RZ 65 mit Gefechtskopf.

die Versuche ausgesetzt werden bis ein leistungsfähiges Flugzeug bereitgestellt wurde. Die Erprobung wurde daher erst Ende 1940 in Tarnewitz fortgesetzt. Ab Sommer 1941 wurde fieberhaft an einem neuen Entwurf des RZ 65 gearbeitet. Im November 1941 wurde der RZ 65 A von Dr. Klein durch den Entwurf des RZ 65 B ersetzt. Die Arbeiten zogen sich immer mehr in die Länge. Die bislang zumeist benutzten Einzelabschussanlagen (EG-RZ 65) wurden ab 1941 bei der Firma Appel GmbH in Berlin entsprechend den Vorgaben aus Tarnewitz sukzessive verbessert. Insgesamt 13 überarbeitete Musterstücke befanden sich im April 1942 wieder bei der E-Stelle in Tarnewitz. Infolge unvorhersehbarer Rohrkrepierern waren allerdings schon bald die Geräte V6 und V8 erheblich beschädigt und fielen aus.

Die RZ 65-Projektile waren im April 1942 noch immer weit von ihrer Serienreife entfernt. Der Kommandeur der E-Stellen ordnete daher an, dass die Techniker in Tarnewitz selbst für eine Optimierung der Bordwaffe sorgen sollten. Hierzu gehörte auch, schnellstmöglich eine verbesserte Düse und verlässlichere Zünder für die Offensivladung des RZ 65 zu entwickeln. Die Bewaffnung musste zunächst, um überhaupt eingesetzt zu werden, leichter zu beherrschen sein. Zuvor waren mehrfach »Rauchzylinder« ohne ersichtlichen Grund detoniert. Als Grund wurden Schaltfehler vermutet. Daher wurden die Pläne der RZ-Anlage für die Bf 109 und Bf 110 nochmals überprüft und in einigen Details durch die E-Stelle geändert. Inzwischen waren drei Bf 110 (NE+AC, BB+AK und ND+AU), eine Ha 137 (NE+AG) sowie die Bf 210 V4 (CF+BB) jeweils mit einer Abschussanlage ausgerüstet worden. Mit ihnen wurden insgesamt 2.303 RZ 65 am Stand und weitere 690 in der Luft, davon nur 31 mit komplettem Gefechtskopf, verschossen.

Für den scharfen Einsatz gegen Luftziele wurde bis Anfang 1942 ein Trommelgerät (TG) entwickelt und in mindestens sechs Exemplaren hergestellt. Am 1.04.1942 waren bei Rheinmetall-Borsig zehn komplette Flugzeugausstattungen, das heißt insgesamt 20 Trommelgeräte (TG) in Arbeit. Die beiden Geräte TG-RZ 65 V5 und V6 dienten damals bereits der Erprobung am Boden sowie zu ersten Test im Flug. Außer den bislang verfügbaren Musterflugzeugen wurde im Frühjahr 1942 eine Bf 109 F-2 als Versuchsmuster mit acht EG-RZ 65 vorbereitet. Gleichzeitig erhielt Focke-Wulf sechs weitere Einzel-Abschussgeräte, die in eine Fw 190 A-3 eingebaut werden sollten. Inzwischen wurde die Bf 109 F-2 im April 1942 fertiggestellt und bald darauf nach Tarnewitz überführt.

Da die angelieferten Einzelgeräte für die Fw 190 inzwischen überholt waren, mussten neue angefordert und eingebaut werden. Nur so war es möglich, mit dem Standbeschuss, der im Oktober 1942 noch immer lief, fortzufahren. Die Fw 190 A-3 war im April 1942 noch immer nicht flugklar, da der Einbau der Raketenbewaffnung sich verzögert hatte. Die erst im Sommer abgenommene Mustermaschine wurde nach Tarnewitz geflogen und zu Waffentests, auch im Flug, verwandt. Infolge der Beschädigung des Versuchsträgers musste ab dem 13.08.1942 die weitere Erprobung mit der RZ 65-Anlage in einmotorigen Jagdmaschinen vorerst ausgesetzt werden.

Auch das Bf 110-Musterflugzeug stand im Frühsommer 1942 noch immer bei Messerschmitt. Dort dauerten die Arbeiten an, ohne dass ein konkretes Ende der E-Stelle bekannt wurde. Erst im Spätsommer 1942 konnte der verbesserte Mustereinbau endlich beendet werden. Bis Oktober 1942 gelang es jedoch nicht, auch noch die vorgeschriebene Abnahmeroutine im Werk durchzuführen, da dafür kein Treibstoff vorhanden war.

Erst im Frühjahr 1943 waren drei Musterflugzeuge mit RZ 65-Anlage in Tarnewitz vorhanden. Hierbei handelte es sich einmal um die Fw 190 A-3 (DM+NI, WerkNr. 386), die außer der üblichen Starrbewaffnung auch 2 x 3 RZ 65-Rohre in den Flächen aufwies. Die Maschine sollte in den nächsten 14 Tagen zur Truppenerprobung abgegeben werden. Daneben war eine Bf 109 F-2 (TH+TX, WerkNr. 9246) vorhanden, die vier RZ 65 unterhalb der Flächen besaß. Die Maschine stand am 28.04.1943 auf dem Rollfeld in Tarnewitz. Außerdem war dort endlich auch die mit zwölf Einzelgeräten (EG) RZ 65 ausgestattete Bf 110 F-2 (BD+WR) vorhanden. Die Abschussgeräte befanden sich bei der Bf 110 unter dem mittleren Rumpf. Inzwischen war es in Tarnewitz mit großem Aufwand gelungen, die Technik zwar sicher zu machen, doch der vom Technischen Amt eindringlich geforderte Durchbruch stand weiterhin aus. Auch die vom OKL verlangte Aufnahme der Truppenerprobung musste unterbleiben, da die Streuung der Waffe noch immer unverantwortlich groß ausfiel. Trotzdem kam es zu neuen Einbaustudien, von denen einige noch bis Ende 1943 in die Tat umgesetzt wurden. So wurden im vorderen Rumpf der Bf 210 V4 zwei auf einer gemeinsamen Bodenplatten verschraubte Trommelgeräte (TG-RZ 65) eingebaut. Ab April 1943 folgte die Montage einer RZ 65-Anlage mit Nachladevorrichtung bei einer ersten Ju 88-Serienmaschine.

Wegen anderer, dringender eingestuften Aufgaben mussten inzwischen Arbeiten am »Rauchzylinder« zunehmend unterbrochen werden. Monate währende Verzögerungen waren die Folge.

Völlig überraschend wurde seitens des OKL auch die Weiterentwicklung des RZ 65 für den Einsatz gegen Bodenziele gefordert. Die Entwicklung sollte nun vordringlich der Bekämpfung von Lokomotiven und Zügen gelten. Im Sommer 1943 erfolgte daher der Einbauauftrag bezüglich einer mit 22 EG-RZ 65 ausgerüsteten Ju 88 A-5. Die Anlage sollte vollständig unter dem Rumpf angebracht werden, wobei die äußeren ETC als Aufhängung dienen sollten. Bis zum 16.10.1943 legte Junkers gleich mehrere, zum Teil recht unterschiedliche Vorschläge für den geforderten Einbau vor. Diese scheinen jedoch keinen Anklang mehr gefunden zu haben. Die Fortsetzung der fliegerischen Erprobung mit den noch vorhandenen Erprobungsmustern wurde einstweilen aufgeschoben. Bis Ende 1943 wurden alle Arbeiten zugunsten des neuen RZ 73 endgültig eingestellt.

RZ 73

Der RZ 73 war gleichfalls eine Entwicklung von Rheinmetall-Borsig. Die Bordwaffe sollte eine weit größere Reichweite als der RZ 65 aufweisen und zugleich einen größeren Gefechtskopf als diese tragen. Die Technik wurde nahezu vom Vorgängermodell übernommen, so dass von Anfang an mit den selben Schwierigkeiten wie beim RZ 65 zu rechnen war. Der neue »Rauchzylinder« wies ein Kaliber von 7,3 cm auf, war mit Zünder 33 cm lang und hatte eine Masse von 3,2 kg. Als fester Treibstoff wurden Diglycol-Presslinge, das sogenannte »Ringpulver« verwandt. Das Triebwerk leistete etwa 6,7 kN (680 kp), lief aber nur weniger als eine Sekunde. Dies genügte im Grunde, da die gesamte, nur maximal 400 m lange Flugstrecke in knapp zwei Sekunden bewältigt wurde. Was blieb, war die ungenügende Streuung der Rakete. Der RZ 73 wurde daher nur in ganz geringen Stückzahlen gebaut. Es existierten die Varianten RZ 15/1 bis RZ 15/8. Nur relativ wenige dieser Geräte wurden am Ende bei Standversuchen in Tarnewitz abgefeuert.

Aus einer dieser Raketen entstand am Ende das Projektil »Föhn«, von der bis Kriegsende noch eine beträchtliche Anzahl produziert wurden. Die Bordrakete war ab Ende 1944 als Hauptbewaffnung der »Natter« geplant. Ursprünglich war auch der Einsatz gegen schwer gepanzerte Bomberformationen vorgesehen, konnte aber den Erwartungen nicht gerecht werden. Probleme bei der Zielgenauigkeit sowie die begrenzte Reichweite führten letztlich zur Einstellung der Serienfertigung.

Dennoch gilt das Projekt als frühes Beispiel für die zunehmende Raketenbewaffnung in der späten Phase des Luftkriegs.

RZ 100

Die Entwicklung der drallstabilisierten Bordrakete RZ 100 begann Rheinmetall-Borsig ab 1941. Die im Vergleich zum RZ 65 und RZ 73 schweren Bordraketen, sollten wegen der zu erwartenden starken Splitterwirkung selbst größte Kampfflugzeuge im Falle eines Nahtreffers zum Absturz bringen. Die Waffe wies ein Kaliber von 42 cm auf und hatte mit 730 kg ein beträchtliches Gewicht. Hiervon entfielen 235 kg auf die Offensivladung und 85 kg auf den festen Treibstoff. Die 1,65 m lange Waffe konnte daher nur von zweimotorigen Einsatzflugzeugen, beispielsweise der Bf 210, mitgeführt werden.

Bis April 1942 war mit der Schusserprobung noch nicht begonnen worden, da sich die Arbeiten am Antrieb länger als erwartet hingezogen hatten. Nach etlichen Versuchen am Boden und nach dem Bau eines extra für die RZ 100 erstellten, äußerst massiven Abschussgestells, kam es zu den ersten scharfen Schüssen von einem fest im Boden verankerten, nach oben gerichteten Verschusskorb. Schon beim ersten Versuch zeigte sich die außerordentlich starke Flammenwirkung nach der Zündung des Feststoffantriebs. Beim zweiten Test wurde ein Korb unter der ausgedienten Zelle einer gut arretierten Bf 210 befestigt. Zwar verließ der RZ 100 problemlos den seitlich offenen Korb, doch der gewaltige Rückstoß hinterließ äußerst starke Schäden an der Flugzeugzelle. Nach dem nächsten Test wurde festgestellt, dass »ein Abschuss aus dem Flugzeug in dieser Form nicht möglich« wäre. Man wollte es zwar noch mit der Verlängerung der Brenndauer, einem kleineren Treibsatz oder einer rückstoßlosen Kartusche versuchen, doch alle Anstrengungen schienen sinnlos. Erst der achte Versuch, bei dem man das Feuer der Schubdüsen durch eine längere Brennzeit wenigstens gedämpft hatte, brachte den erwarteten Erfolg.

Hinzu kam eine Änderung der gesamten Anbringung des RZ 100. Dieser sollte von nun an nicht mehr unter dem Rumpf, sondern unter den Flächen angebracht werden. Da Anfang 1944 auch der neunte Probeschuss ein gutes Ergebnis erzielte, glaubte die Techniker in Tarnewitz bereits an den Durchbruch bei der Entwicklung.

Trotz positiver Berichte an das RLM untersagte dieses am 20.04.1944 die weitere Erprobung. Sicherlich ist davon auszugehen, dass auch hier die als sinnvoller angesehene Entwicklung der X-4 eine Rolle gespielt hat. Zudem versprach man sich von der drahtgelenkten Lenkwaffe eine höhere Präzision bei gleichzeitig geringerer Gefährdung des Trägerflugzeugs, was den taktischen Anforderungen des Luftkriegs zu diesem Zeitpunkt besser entsprach.

Manfred Griehl

Der etwa 730 kg schwere »Rauchzylinder RZ 100« sollte durch sein Feststoff-Antrieb eine größere Reichweite als der RZ 65 besitzen und dank seiner Sprengkraft in der Lage sein, selbst ganze Bomberpulks zu vernichten.

Die Erprobung des RZ 100 wurde nach wenigen Tests eingestellt, da die Treibsätze verheerend auf die Flugzeugzelle wirkten und für schwere Schäden an der Beplankung sorgten.

Manfred Griehl

Werfergranaten (Wgr.)

Der Einsatz ursprünglich für den Bodenkampf entwickelter Nebelwerfer-Granaten gegen Luftziele verdeutlicht den improvisierten Charakter der Raketenbewaffnung in dieser Rolle. Die Verwendung solcher Munition begann zunächst im Rahmen eines Truppenversuchs. Beim JG 1 sowie dem JG 26 hatten die örtlichen Technischen Offiziere, inspiriert von der Waffenwirkung der rückstoßfreien Granaten, sich ab Mitte 1942 Gedanken gemacht, diese gegen schwere Kampfflugzeuge einzusetzen, um sie mit nur einem Treffer vernichten zu können. Der Umbau und die Verwendung des 21-cm-Nebelwerfer 42 unter den Flächen einmotoriger Jagdmaschinen, etwa der Bf 109 oder der Fw 190, schien genauso einfach wie effizient. Die angestrebte Taktik bestand darin, die anfliegenden Bomberformationen zunächst durch den Einsatz von Werfergranaten aufzusprengen. Anschließend sollten die eigenen Jagdflugzeuge die nun vereinzelt fliegenden Maschinen angreifen, ohne dabei unmittelbar dem geballten Abwehrfeuer des gesamten Verbands ausgesetzt zu sein. In der Praxis zeigte sich jedoch, dass die Treffergenauigkeit unzureichend war und die zusätzliche Belastung die Flugleistung der Jäger deutlich beeinträchtigte.

21 cm-Werfergranate und Wurfgranate 42

Während des Truppenversuchs wurden zunächst zehn einmotorige Jagdflugzeuge mit einfachen Abschussrohren für 21-cm-Werfergranaten ausgestattet. Mit einem Teil dieser Maschinen erfolgte Anfang 1943 ein erster provisorischer Luftbeschuss. Nach Lieferung der vom Heer bereitgestellten Granaten fanden in Tarnewitz die Bewertung der Waffenwirkung sowie die Bestimmung des optimalen Luftsprengpunkts statt.

Im April 1943 waren diese Arbeiten noch in vollem Gange. Mit dem Bau der bisherigen Rohre war die Entwicklung jedoch keineswegs abgeschlossen. Aus der »Werkstattkonstruktion« einer Feldwerft sollte durch die E-Stelle Tarnewitz eine leistungsfähige, zielsichere Waffe entstehen. Dafür wurde eine verbesserte Pulvermischung für die bisher verwendeten sieben Treibladungsstangen gesucht, um dem Geschoss eine stabile Flugbahn zu verleihen. Die Treibladung brannte nur zwei Sekunden, erzeugte aber einen Schub von 1,7 kN (175 kp) und beschleunigte die Granate auf bis zu 315 m/s. Die Reichweite betrug maximal 2.200 m. Auch die E-Stelle Rechlin war beteiligt und steuerte verbesserte Lancierrohre bei, entwickelt durch die Abteilung E7. Bei Flugversuchen

BArch RL 36-56-42

Eine Fw 190 A-4 mit beidseitig unter den Tragflächen angebrachten Abschussrohren für 21-cm-Werfergranaten; neben dem Rohr unter der rechten Tragfläche die in ihren Ausmaßen beeindruckende Granate.

Die Fw 190 A-4 konnte mit zwei oder gar vier Abschussrohren der 21-cm-Werfergranate ausgerüstet werden. Der überraschende Einsatz der Fw 190 A-4 auf viermotorige alliierte Bomber fiel zumindest anfangs relativ erfolgreich aus. Dies galt beispielsweise für die Angriffe am 14.10.1943 im Raum Schweinfurt.

BArch RL 36-56-42

BArch RL 36-56-42

Manfred Griehl

Unter den Flächen der Bf 110 G und Me 410 A ließen sich ebenfalls ohne weiteres bis zu vier Abschussrohre unterbringen. Die Flugleistungen sanken allerdings bei allen Maschinen infolge der Zusatzbewaffnung sehr stark ab.

Manfred Griehl

Die Form der Abschussrohre für die Werfergranaten vom Kaliber 21 cm variierte zu Beginn der Funktionserprobung ebenso wie deren Aufhängung unter den Flächen der Bf 109 G oder Fw 190 A.

Me 410 B-1 mit eingebautem Raketenwerfer RW 30/42 im Bombenschacht; das Gehäuse der Waffenanlage ist montiert.

DTMB VI.1.006 06938 Fotograf unbekannt

Nach dem Abnehmen der Verkleidung werden die Details der drehbaren Abschussanlage sichtbar. Speziell für den Einbau im Bug der Me 410 B-1 vorgesehen, konnte sie sechs 21-cm-Wurfkörper aufnehmen.

DTMB VI.1.006 06940 Fotograf unbekannt

auf 1.000 m kam es zu Höhenabweichungen von etwa ±7 m sowie Seitenabweichungen bis 40 m – auf größere Distanzen nahm die Streuung entsprechend zu. Um die Treffgenauigkeit zu verbessern, sollte ein geeigneter Zeitzünder verwendet werden, da noch kein funktionierendes Entfernungsmessgerät zur Verfügung stand. Die Entfernung zum Ziel musste mit dem Revi C12d-Visier stadimetrisch geschätzt werden. Das Luftziel erschien dabei als Doppelbild, und der Schuss wurde ausgelöst, sobald sich im Visier die Tragflächenspitzen berührten.

Der erste Einsatzversuch erfolgte am 14. Oktober 1943, als mehrere mit je zwei Werfergranaten ausgerüstete Fw 190 A-4 Bomberpulks über Schweinfurt angriffen. Die Formationen lösten sich – wie erhofft – teilweise auf, sodass die Jäger die nun vereinzelt fliegenden Bomber gezielter und mit geringerem Risiko bekämpfen konnten. Um die Trefferquote zu erhöhen, wurden die Granaten mit Zeitzündern versehen, um Fehldetonationen vor oder hinter dem Verband zu vermeiden.

Angriffe in größerem Umfang wurden mit weiterentwickelten Raketen geflogen, deren Geschosse ein Gewicht von bis zu 112 kg erreichten. Sie wurden unter den Tragflächen von Bf 109 G, Bf 110, Me 410 und Fw 190 A

Manfred Griehl

Beim Stab des Jagdgeschwaders JG 7 kamen kurz vor Kriegsende – wenn auch nur versuchsweise – unter den von der Jagdbomber-Ausführung bekannten ETC »großkalibrige Bordraketen« ähnlich der Werfergranate 42 zum Einsatz.

montiert. Ein Zeitzünder zündete den 40 kg schweren Sprengkopf in einer festgelegten Entfernung zwischen 600 und 1.200 m. Trotz hoher Sprengkraft blieb der Gesamterfolg der WGr. 21 begrenzt. Mit nur 306 m/s war die Rakete zu langsam für präzise Zielanflüge. Zudem fiel es den Piloten schwer, die Entfernung exakt zu bestimmen, um die Rakete rechtzeitig zu zünden. Die meisten Geschosse explodierten wirkungslos vor oder hinter dem Bomberverband. Kam es jedoch zu einem Treffer, war die Wirkung verheerend – etwa bei einem dokumentierten Fall, in dem eine Rakete unter einer B-17 detonierte, die daraufhin außer Kontrolle geriet, mit zwei weiteren Maschinen kollidierte und alle drei abstürzten.

Zum Verschuss der 1,2 m langen Granaten dienten 1,3 m lange Einzel- oder Doppelrohre. Versuchsweise wurden auch Ju 88 mit Zwillingsrohren unter den äußeren Tragflächen ausgestattet. Die Do 217 W wurde hingegen nicht ausgerüstet – ihre Steigleistung, Dienstgipfelhöhe und Höchstgeschwindigkeit reichten nicht aus. Erste Einsatzerfahrungen zeigten deutlich, dass nur leistungsfähige Flugzeuge bis auf 10.000 m vordringen konnten.

Um die Flugleistungen nicht durch außenliegende Rohre zu beeinträchtigen, wurde der Einbau einer Waffenanlage in zweimotorige Flugzeugmuster erwogen. Ein Prototyp mit drehbarem Magazin für sechs Granaten wurde entwickelt und im Bug der Me 410 B-1 (WerkNr. 425416) installiert. Die Anlage verursachte deutlich weniger Luftwiderstand als die Außenmontage. Erste Versuchsflüge am 3. Februar 1944 führten jedoch zu strukturellen Schäden am Rumpf, woraufhin auch die geplante Erprobung an der Ju 88 abgebrochen wurde.

Auch der Einsatz durch einmotorige Jäger erwies sich ab Anfang 1944 als zunehmend problematisch: Angesichts der wachsenden Zahl alliierter Begleitjäger – insbesondere der P-51 »Mustang« – hatten mit Werfergranaten ausgerüstete Maschinen kaum noch Erfolgschancen. Der Einsatz der WGr. 42 wurde daher zunehmend eingestellt. Man hoffte auf leistungsfähigere Trägerflugzeuge als die bislang eingesetzten Muster.

Das Technische Amt prüfte alternative Verwendungen. Nach Vergleichsversuchen mit der Werfergranate 28/32 wurde ein Bodeneinsatz getestet: Eine Fw 190 F-8 wurde mit je zwei Granaten 42 unter den Tragflächen ausgestattet und auf Bodenziele angesetzt. Die Versuche führten jedoch nicht zur Einführung im Erdkampf, sondern mündeten später in der Entwicklung der Jagdrakete 42.

21-cm-RB-Sprenggranate Bord/Flügel

Die 21-cm-RB-Sprenggranate Bord/Flügel (RB = Rakete Bord) stellte eine modernisierte Weiterentwicklung der bekannten Werfergranate 42 (WGr. 42) im Kaliber 21 cm dar. Als Teil eines umfangreichen Maßnahmenpakets der deutschen Luftwaffe war ihr primäres Einsatzszenario im Rahmen der Reichsverteidigung, insbesondere zur Abwehr amerikanischer schwerer Bomber vom Typ B-17 und B-24, die in großen Höhen und dichter Staffelung schwer zu bekämpfen waren.

Im Gegensatz zur WGr. 42, war die RB-Sprenggranate speziell für den Unterflügel-Einsatz konzipiert. Trägerflugzeuge waren unter anderem die Focke-Wulf Fw 190 in verschiedenen Jagdbombervarianten sowie das Düsenjagdflugzeug Messerschmitt Me 262 A-1a. Als Startvorrichtung dienten modifizierte AG-140-Schienen, ursprünglich entwickelt für die Panzerblitz-Rakete. Diese Montageschienen vereinten Robustheit, einfache Massenproduktion und geringen Luftwiderstand, was für den Einsatz an schnellen Jagdmaschinen entscheidend war.

Die Entwicklung begann im Mai 1944. Eine der wichtigsten technischen Neuerungen war die Zentralisierung des Antriebs: Während die WGr. 42 noch über ein aufwendig gefertigtes Bodenstück mit mehreren seitlich angeordneten Schrägdüsen verfügte – nötig zur Erzeugung eines stabilisierenden Dralls – kam die RB-Sprenggranate mit einer zentralen Schubdüse und einem aufklappbaren Messerspreizleitwerk aus. Letzteres entfaltete sich kurz nach dem Verlassen der Startschiene und stabilisierte das

Verschiedene 21-cm-Raketen von links nach rechts: 21-cm-RB-Sprgr. Bord Drall (1), 21-cm-RB-Sprgr. Bord Flügel mit über dem Messerspreizleitwerk geschobener Hülse (2), und die alte Ausfertigung der Jagdrakete (3).

NARA T178-Roll-004-RFR78-0214

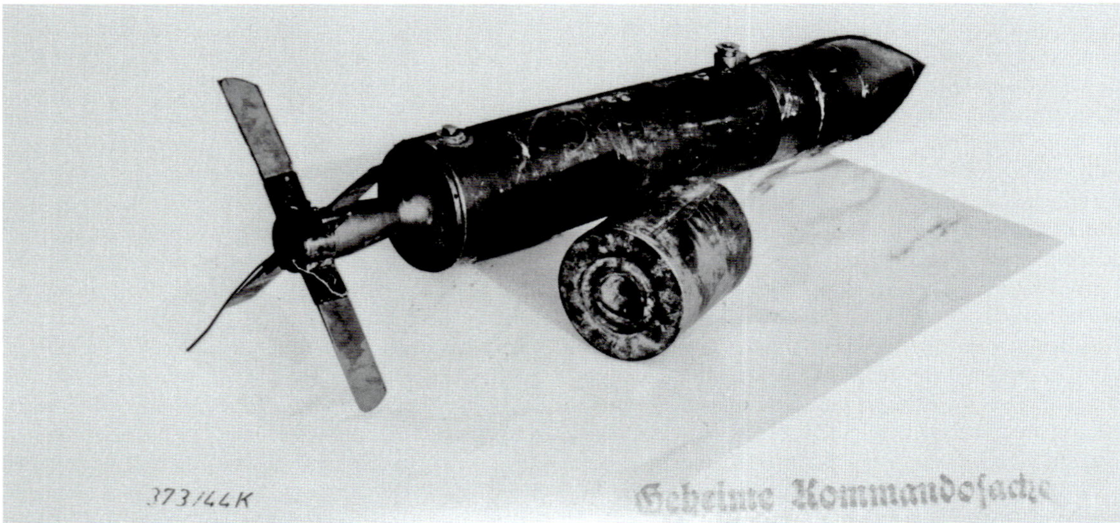

21-cm-Raketen-Brand-Sprenggranate Bord (21 cm R.B.Sprgr. Bord). Zu beachten ist das neuartige Messerspreizleitwerk, daneben die Hülse, die das Leitwerk umschloss und die zentrale Antriebsdüse.

NARA T178-Roll-004-RFR78-0212

Flugverhalten auf aerodynamischem Weg. Diese Umstellung vereinfachte nicht nur die Produktion erheblich, sondern ermöglichte auch eine präzisere Flugbahn mit höherer Anfangsgeschwindigkeit.

Das erste Mustergerät mit einer rund 20 kg schweren Sprengladung wurde am 15. September 1944 vorgestellt. Im November folgte eine zweite Version mit verdoppelter Gefechtsladung (etwa 40 kg), was insbesondere die Wirkung gegen schwer gepanzerte Bomber verstärken sollte. Die Rakete erreichte bei Versuchen eine Mündungsgeschwindigkeit von ca. 590 m/s. Der Feststoffantrieb arbeitete etwa 1,3 Sekunden und verlieh der Waffe eine Reichweite, die für den Einsatz gegen Bomberformationen in ca. 500–800 Metern Entfernung ausreichend war.

Die Zielwirkung war erheblich: Der Gefechtskopf war nicht nur mit einer Sprengstoff- Füllung versehen, sondern zusätzlich mit etwa 130 vorfragmentierten Brandsplittern (BS), die im Detonationsumfeld eine breite Streuwirkung entfalten sollten – ideal zur Bekämpfung von dicht geschlossenen Bomberpulks. Ein einziger Treffer versprach massive strukturelle Schäden oder Brände, vor allem im Bereich der Tragflächen oder Treibstofftanks.

Bis Ende Januar 1945 war die technische Erprobung im Wesentlichen abgeschlossen, wenn auch eine vollständige Serienfreigabe noch ausstand. Dennoch wurde bereits die Fertigung einer sogenannten Nullserie in Höhe von 1.000 Exemplaren veranlasst, deren Auslieferung bis Ende Februar 1945 weitgehend abgeschlossen wurde. Der Serienanlauf einer deutlich größeren Stückzahl war für das Frühjahr 1945 geplant.

Im März 1945 wurde ein Teil der fertigen RB-Raketen an das Jagdgeschwader 7 (JG 7) übergeben, das mit der Me 262 ausgestattet war. Auch war der Einsatz beim Jagdgeschwader 10 (JG 10) vorgesehen. Ziel war es, die neue Waffe im operativen Truppenversuch gegen alliierte Bomber einzusetzen. Ob es jedoch zu einem tatsächlichen Fronteinsatz kam, ist aufgrund der dünnen Quellenlage und des chaotischen Kriegsverlaufs in den letzten Kriegswochen nicht eindeutig nachweisbar.

Die RB-Sprenggranate war Ausdruck des zunehmenden technischen Innovationsdrucks, unter dem die deutsche Luftwaffe ab 1943 stand. Angesichts der materiellen Überlegenheit der Alliierten versuchte man durch vergleichsweise einfache, aber wirkungsstarke Waffensysteme die Lücke in der Luftverteidigung zu schließen. Die Kombination aus hoher Sprengkraft, geringer Baukomplexität und Anpassbarkeit an vorhandene Trägerplattformen machte die 21-cm-RB-Rakete zu einer vielversprechenden Lösung für das dringend benötigte Luft-Luft-Raketensystem.

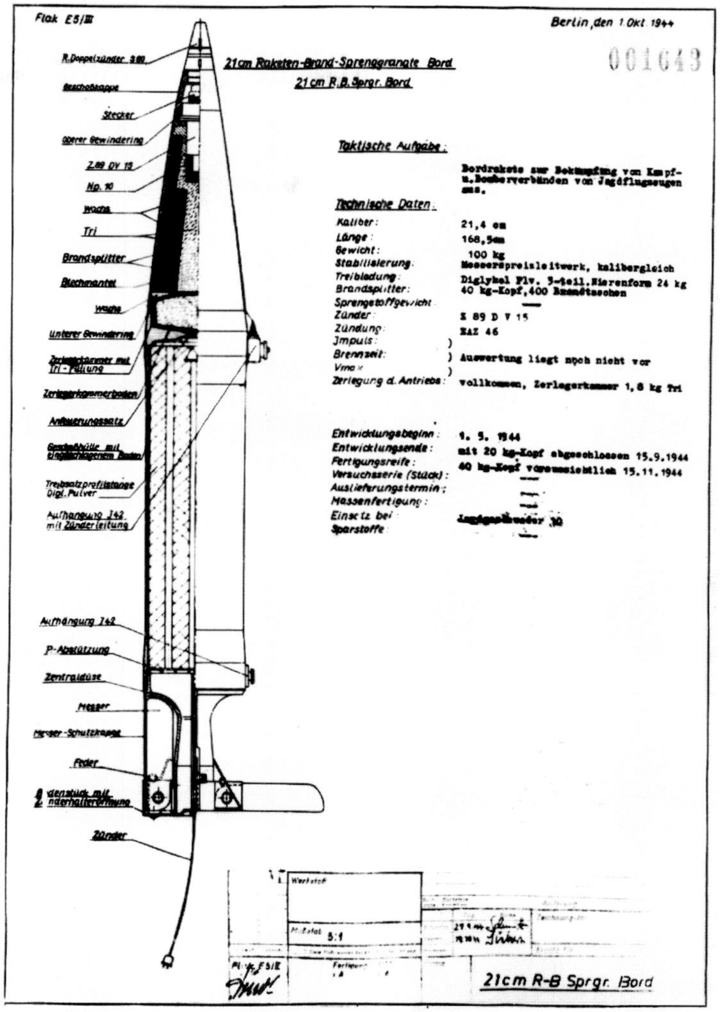

Schematische Darstellung der 21-cm-Raketen-Brand-Sprenggranate Bord (21 cm R.B.Sprgr. Bord) mit technischen Daten. Die Rakete trägt bereits die abschließende, spitz zulaufende Form des Sprengkopfs.

Doch wie bei vielen Projekten der deutschen Spätkriegsrüstung kam das Raketensystem zu spät, um noch einen nennenswerten Einfluss auf den Kriegsverlauf zu nehmen. Die geplante Großserienproduktion konnte aufgrund der sich dramatisch verschlechternden Versorgungslage, alliierten Bombardierungen der Produktionsstätten und logistischer Engpässe nicht mehr verwirklicht werden. Die RB-Sprenggranate blieb daher ein technologisch sehr interessantes, durch ihren gelungenen innovativen Aufbau in die Zukunft weisendes aber operationell kaum wirksam gewordenes Beispiel für die späte Raketentechnik der Luftwaffe.

R-4/M »Orkan«

Die lediglich 4 kg schwere Bordrakete R-4/M mit Minengefechtskopf zählte gegen Kriegsende zu den effektivsten Luftkampfwaffen der Luftwaffe. Bereits ein einziger direkter Treffer reichte aus, um einen schweren, viermotorigen Bomber vollständig zu zerstören. Mit ihrer hohen Fluggeschwindigkeit ließ sich die Rakete deutlich präziser ins Ziel bringen als frühere Modelle. Ihr geringes Gewicht ermöglichte zudem die Mitführung einer erheblich größeren Stückzahl pro Einsatz.

Für diese Rakete entstanden später Abschusscontainer, ein Raketenautomat und etliche andere Verschussgeräte. Auch in Form einer Wabe sollte die R-4/M als wirksame Starrbewaffnung für Hochleistungs- und Objektschutzjäger dienen. Die meisten der mit der R-4/M ausgerüsteten Jagdmaschinen kamen allerdings mit einfachen, unter den Flächen angebrachten hölzernen Abschussrosten in der Reichsverteidigung zum Einsatz.

Die Entwicklung dieser Bordrakete begann bei der DWM in Lübeck sowie den Waffenwerken in Brünn. Als Lieferant für Abschussanlagen fungierte die Firma Heber in Osterode. Schon nach relativ kurzer Entwicklungszeit wurde die sie vom RLM als einführungsreif betrachtet und sofort ein Auftrag über 20.000 Stück erteilt. Von diesen wurden kaum mehr als 12.000 fertiggestellt. Die Serienproduktion erfolgte bei den Deutschen Waffen- und Munitionsfabriken (DWM) in Lübeck-Schlutup, der Hugo Schneider AG (HASAG) in Leipzig sowie dem Luftfahrtgerätewerk (LGW) in Hakenfelde bei Berlin. Die R-4/M war konstruktiv möglichst einfach gehalten worden, um die Produktion in größten Stückzahlen – trotz schlechter Rahmenbedingungen – zu ermöglichen.

Die Rakete bestand aus einem Gefechtskopf mit Aufschlagzünder, der Treibladung und dem gefalteten, vor dem Abschuss beigeklappten Stabilisierungsleitwerk, das sich nach dem Verlassen der Abschussschienen – nach dem Abstreifen eines Papprings – selbst entfaltete und den Flug des Raketengeschosses stabilisierte. Die nur 0,81 m lange und 3,85 kg schwere R-4/M hatte ein Kaliber von 55 mm. Die 0,52 kg schwere von Dr. Weidle (DWM) entwickelte Ladung, bestehend aus HTA 41-Sprengstoff mit einem Nitropenta-Mantel war überaus brisant. Der Feststoffantrieb bestand aus einem Diglykol-Stab und lieferte während 0,75 Sekunden einen Schub von 2,4 kN (245 kp). Dies reichte immerhin für eine Geschwindigkeit von 525 m/s aus. Die Auftreffgeschwindigkeit bei einem in 1.000 m Entfernung fliegenden Zielobjekt lag noch bei 125 m/s. Als Einsatzreichweite wurden während der Mustererprobung etwa 1.250 m ermittelt. Beim Luftkampf wurden die

Raketen aus einer Entfernung von etwa 500 bis 600 m nach einer bestimmten Reihenfolge annähernd gleichzeitig auf das Ziel geschossen. Die Sprengkraft wirkte in einem Umkreis der Größe eines viermotorigen Bombers.

Trotz eines weiteren Forschungsbedarfs, setzte der Chef TLR ab Ende 1944 alles daran, die praktische Erprobung voranzutreiben.

R-4/M »Orkan«-Verschuss vom Holzrost

Der Verschuss der Luftkampfrakete R-4/M »Orkan« erfolgte grundsätzlich durch Einzelgeräte (EG). Diese wurden nebeneinander in Batterien zusammengefasst. Am 18.11.1944 wurden die ersten 48 Abschussanlagen vom Hersteller, der Maschinenfabrik Carl Heber, abgeholt und zur E-Stelle Tarnewitz gebracht. Bis es soweit war, wurden auch die Einbauunterlagen für die erste damit auszustattende Fw 190 fertiggestellt. Unter beiden Fläche sollte jeweils ein Rost in Holzbauweise angebracht werden. Nachdem die dazu erforderlichen Unterlagen am 21.11.1944 in Tarnewitz eingetroffen waren, musste nur noch auf die Verfügbarkeit der R-4/M-Projektile gewartet werden. Da die bisherigen Musterstücke völlig unterschiedlich reagierten, und ihre ballistische Bewertung völlig unterschiedlich ausfiel, glaubte niemand vor Ende 1944 an eine verlässliche Beurteilung der Waffe.

Ein angeordnete Anbringung von 24 Einzelgeräten (EG-R-4/M) erfolgte unter den Flächen einer Fw 190, welche der E-Stelle Tarnewitz zugeteilt worden war. Bis zum 4.12.1944 stand fest, dass die Anbringung der Roste völlig problemlos sein würde.

In jenen Tagen gingen die ersten Raketen aus Lübeck ein, so dass zumindest die Standerprobung beginnen konnte. Wenige Tage später, bis zum 9.12.1944, wurde der Mustereinbau von nur 22 anstelle der zunächst geplanten 24 EG-R-4/M unter den Flächen der Fw 190 vorgenommen. Da die Anlage sich im Flug ungünstig auswirkte, wurde an einer Verringerung auf zehn bis zwölf Geräten gearbeitet. Bis dahin waren nur zwölf R-4/M am Stand verschossen worden, da geeignete Munition für den Luftbeschuss noch immer nicht in Tarnewitz eingetroffen war. Die nächsten drei Musterflugzeuge mit R-4/M-Rosten wurden versehentlich nach Brieg und nicht nach Hagenow (Land) zur Umrüstung überführt, was naturgemäß zu neuen Verzögerungen führte. Um die Betriebssicherheit der Einzelabschussgeräte (EG-R-4/M) vorab

Manfred Griehl

Die in einfacher Holzbauweise erstellten Zwischenträger nahmen die Startschienen für die drallstabilisierten R-4/M auf und ermöglichten die Mitnahme von insgesamt 24 der Projektile unter den beiden Flächen der Me 262 A-1a.

Schematische Darstellung zur Verschussanlage der R-4/M mit Schienenrost oder Papprohr-Rost.

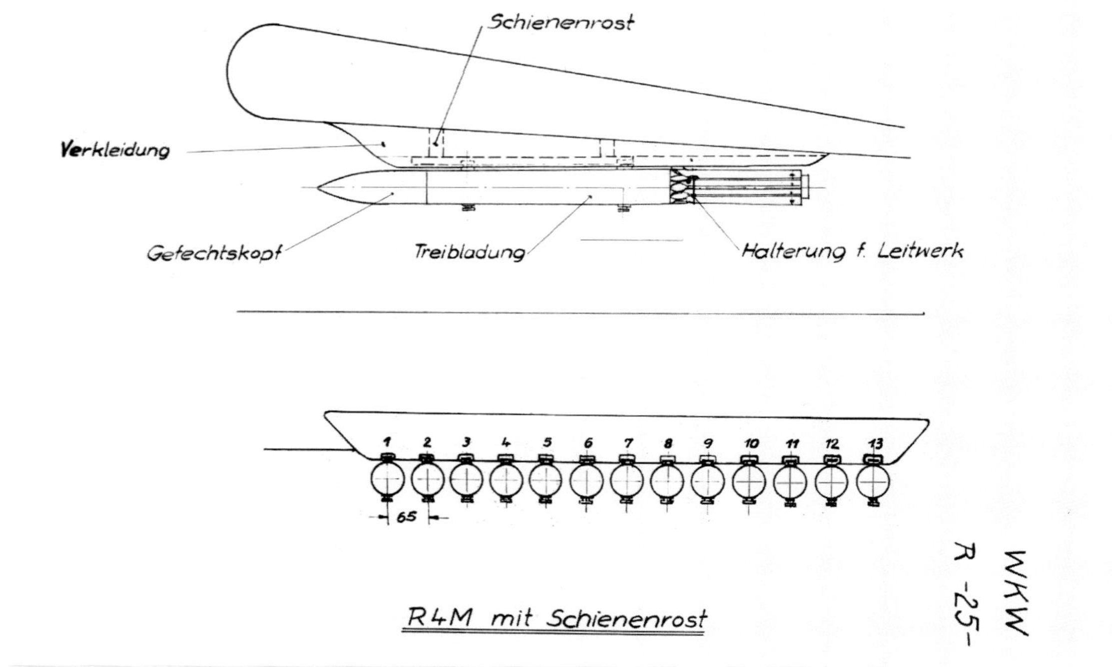

BArch RH 8-3529

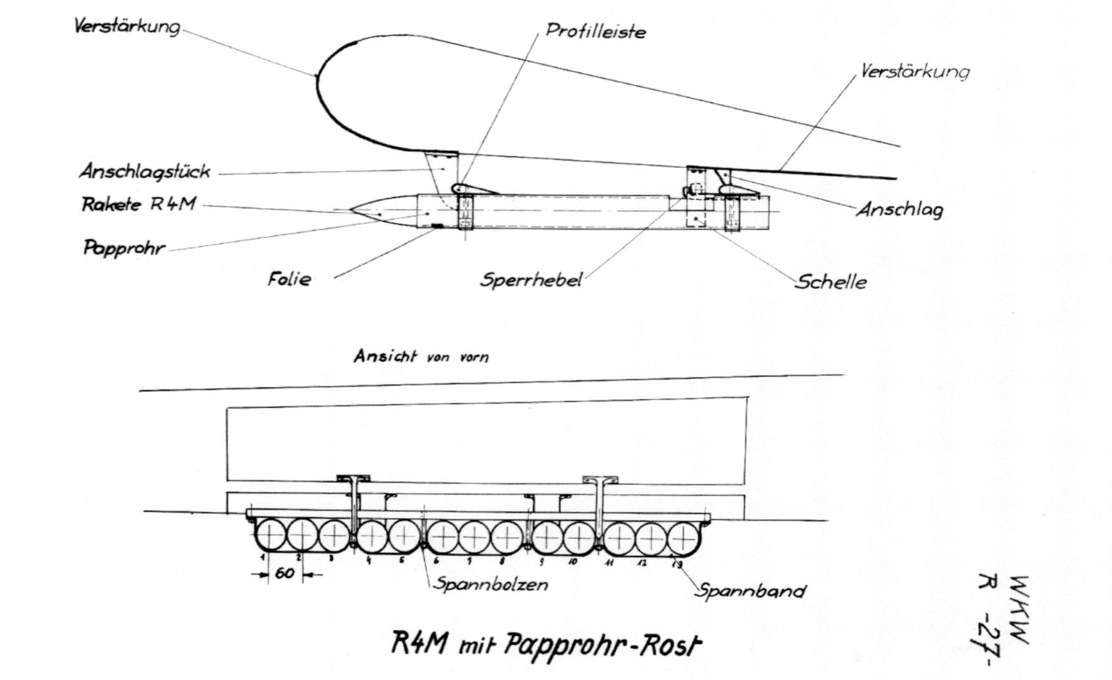

BArch RH 8-3529

E.T.O ORD. TECH. INTELL. REPORT No. 333

Der hölzerne Zwischenträger und der darauf befestigte 12-schüssige Schienenrost mit den Startschienen der R-4/M. Mit und ohne Raketenbestückung. Originalaufnahmen der US-Army vom Mai 1945.

sicherzustellen, wurden Mitte Dezember 1944 einige von ihnen erfolgreich »gerüttelt« und anschließend in Tarnewitz einem harten Belastungstest unterzogen. Hierbei zeigte sich, dass die Haltbarkeit der bisherigen Stromzuführung noch nicht ausreichte. Mit den provisorisch verbesserten Geräten fanden wiederum Tests am Boden statt.

Die drei avisierten Fw 190 waren bis dahin noch immer nicht in Tarnewitz eingetroffen. Die erste Fw 190, die bis zum 23.12.1944 flugklar wurde, besaß bereits zwei der auf elf Schienen reduzierten Abschussanlage pro Flächenhälfte. Die immer wieder angeforderte Munition traf nicht ein, so dass sich alle weiteren Tests verzögerten. Die bis zum 23.01.1945 wiederum zugesagten 500 R-4/M hatten selbst bis zum 19.02.1945 nicht den Weg nach Tarnewitz gefunden. Gleiches galt für die bereits angekündigten, teilweise überarbeiteten Roste für die R-4/M. Die in viel zu geringer Menge schließlich eingetroffenen Raketen mussten daher von den ersten Rosten aus verschossen werden. Erst gegen Ende Februar 1945 gelangten in Tarnewitz zwei weitere Fw 190 mit verbesserten EG-R-4/M-Schienen zum Einsatz. Außer der schlechten Wetterlage, zuweilen aber auch infolge der unklaren Versuchsträger, wurden die Arbeiten von nun an vor allem durch akuten Kraftstoffmangel erschwert. Die Versuche ergaben mit den serienmäßigen R-4/M jedoch nur noch eine Anfangsgeschwindigkeit von 460 m/s. Die Trefferlage fiel längst nicht so zufriedenstellend aus wie zunächst erwartet. Ob dies an den Geräten selbst oder an den Piloten lag, ist nicht überliefert. Bei der Abgabe der ersten, durch die neuen Roste abgefeuerten R-4/M-Salve lag diese viel zu kurz und traf die Scheibe nicht. Von der zweiten auf die 6 m x 6 m große Scheibe abgefeuerten Raketen traf nur eine einzige das gut sichtbare Bodenziel. Ab März 1945 sollten die Versuche mit erneut modifizierten, wesentlich leichteren Abschuss-Schienen, die nur 23 kg wogen, fortgesetzt werden. Die Arbeiten liefen wegen fehlenden Materials nur sehr langsam an. Auf Grund immer stärkerer Lieferengpässe stand der Erprobungsbetrieb vor dem Kollaps. Der Not gehorchend beschritt die E-Stelle immer neue Wege.

Um die Umrüstung möglichst vieler Einsatzmaschinen – trotz der wenigen, noch vorhandenen Ressourcen zu ermöglichen – wurden neuartige Schienen aus fester Pappe geplant. Diese sollten nach dem Verschuss der daran angebrachten R-4/M einfach abgeworfen werden. Die überarbeitete Anlage wies eine sogenannte »Kurzschlussschaltung« zur Auslösung der Projektile auf. Da es sich um Verschleißgeräte handelte, musste die elektrische Anlage wesentlich vereinfacht werden, um wertvolles Material einzusparen.

Nur etwa 60 Me 262 A-1a, vor allem solche des Jagdverbands (JV) 44, wurden kurz vor Kriegsende mit R-4/M-Rosten ausgestattet und vor allem über Bayern gegen alliierte Bomberkräfte eingesetzt. Mehr als 25 viermotorige Kampfflugzeuge wurden von den Piloten abgeschossen. Dabei bedurfte es etwa 2.500 Raketen. In weit geringerem Maße wurden R-4/M auch von der Fw 190 D-9 verschossen.

Die Produktion der R-4/M wurde in letzter Stunde ein letztes Mal umgestellt, da die bisherigen Leitwerke als zu aufwendig erschienen. Die letzten Raketen wiesen daher ein verkleinertes Leitwerk auf. Dies hatte auch den Vorteil, dass diese ohne weitere Änderung mit dem Raketenautomat RA 55 zu verschießen waren.

R-4/M-Verschuss aus Magazin- oder Gurtwaffe

Die Mauser-Werke entwickelten zwei verschiedene Arten von Abschusseinrichtungen für Raketen des Typs R-4/M, eine Magazinwaffe (Modell 1) und eine Gurtwaffe (Modell 2). Beide Einrichtungen sollten für den Einbau in Jagd- und Kampfflugzeuge besonders leicht sein.

Besonderes Interesse bestand zu Anfang für die Magazinwaffe, da sie sich in die bereits vorhandenen Flugzeugmuster einbauen lies. Dieses Gerät bestand aus einem Magazin, in dessen Mitte sich das Abschussrohr befand und jeweils seitlich vier Raketen angeordnet waren. Da sich in dem Abschussrohr eine Rakete befand, konnte das Gerät mit insgesamt neun Raketen bestückt werden. Die Zuführung der Raketen in das Rohr erfolgte über einen

Mauser-Abschusseinrichtung der Rakete R-4/M

	Kaliber (mm)	Maximale Fluggeschwindigkeit (kg)	Länge der Rakete (mm)	Gewicht der Rakete (kg)	Länge des Behälters (mm)	Breite des Behälters (mm)	Höhe des Behälters (mm)	Schussfolge (Schuss/Min.)	Zuführung
Modell 1 (Doppel-Trommel)	55	500	810	3,5	1100	250	160	300	Neun Raketen im Behälter
Modell 2 (Zwilling)	55	500	810	3,5	1300	130	220	400	Zerfallgurt

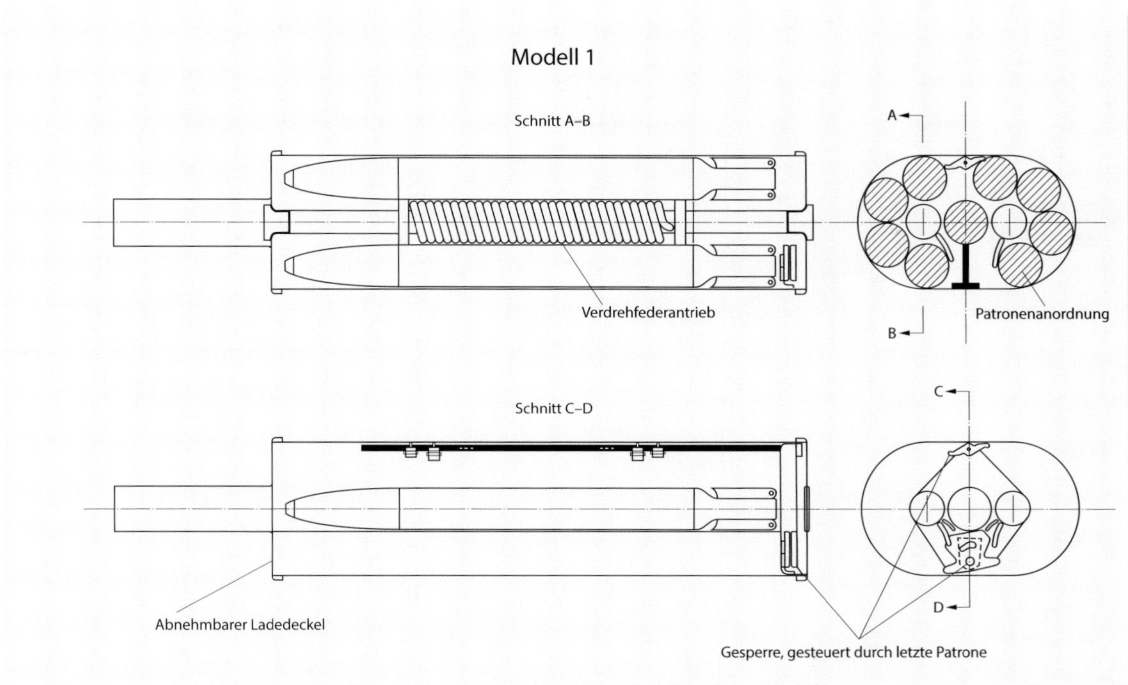

Entwurf der Firma Mauser einer Abschusseinrichtung der R-4/M-Rakete als Magazinwaffe (Modell 1).

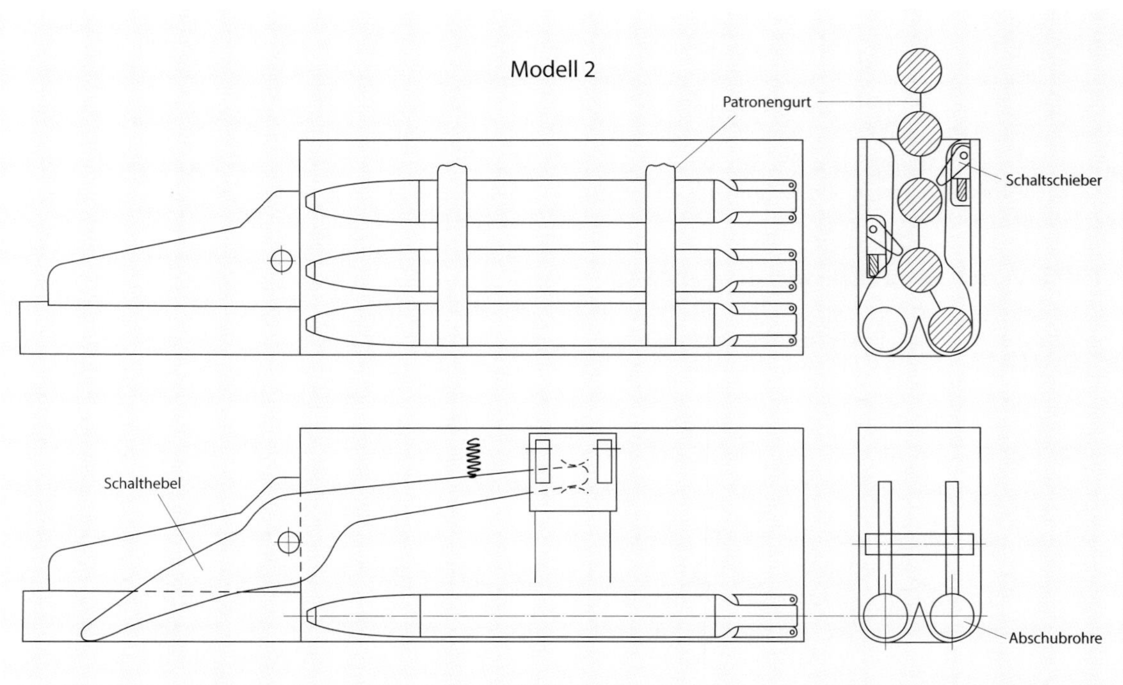

C.I.O.S.-Report Visit to Mauser Werke A.G.

Abschusseinrichtung der R-4/M-Rakete als Gurtwaffe (Modell 2).

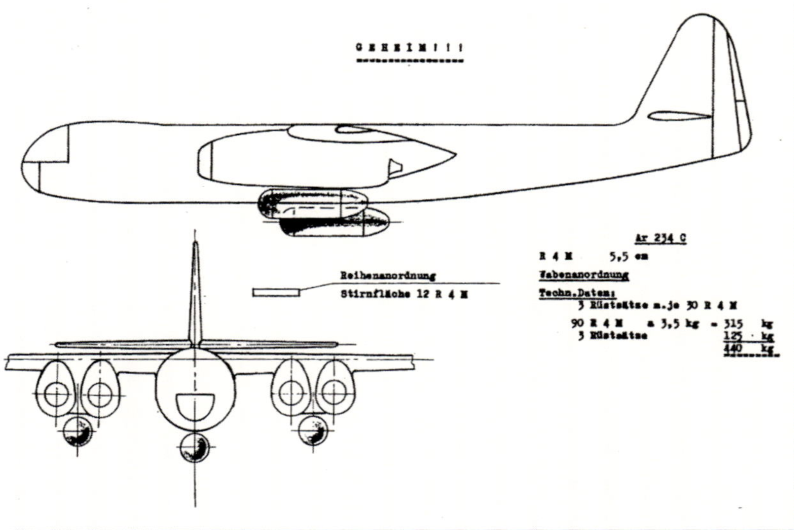

Manfred Griehl

Bis zu 90 R-4/M-Raketen sollten von der Ar 234 C in drei abwerfbaren Behältern mit wabenförmiger Anordnung mitgeführt und gegen Luftziele eingesetzt werden.

federgetriebenen Hebel. Zuerst wurde eine Trommel abgefeuert und dann die andere. Es wurde gefordert, eine Feuergeschwindigkeit von 300 Schuss pro Minute zu erreichen, was bei dieser Konstruktion auch gelang.

Das Modell 2, war ein Doppelrohrmechanismus mit Gurtzuführung. Es wurde eine Schussfolge von 600 Schuss pro Minute gefordert. Dies war praktisch unmöglich, da das aus der ersten Rakete ausströmende Gas bei zu geringer Entfernung die Balance der folgenden Rakete störte. Aus diesem Grund konnte die Schussgeschwindigkeit nicht wesentlich größer als 300 Schuss pro Minute sein. Die Zuführung erfolgte über einen Gurt, die Rohre wurden abwechselnd geladen.

R-4/M-Verschuss aus Raketenautomat RA 55

Auch der Einbau des modernen Raketenautomats (RA) 55 bei Maschinen wie der Ar 234 C-3 schien ab Anfang 1945 kaum mehr absehbar. Die Schusserprobung mit dieser leistungsfähigen Bewaffnung sollte nicht vor Juni 1945 anlaufen können. Mit der Fertigstellung eines ersten Musterflugzeugs, auf der Basis der Ar 234 C-3, rechnete der Chef TLR nicht vor dem 31.12.1945.

Es handelte sich um ein relativ leichtes Gerät, das insgesamt 30, in einem Gurt befindliche R-4/M-Raketen aufnehmen konnte. Der Einbau von zwei dieser Geräte war beim Henschel Projekt P-136 geplant. Außerdem waren noch viele andere Entwürfe in der Planung, beispielsweise das Doppelrohr-Verschussgerät für R-4/M oder die Federtrommel für R-4/M, und nicht zuletzt etliche Wabenformen, aus welcher die Bordrakete abgefeuert werden konnte.

R-4/M-Verschuss aus Wabenanordnung

Anfangs war an die Verwendung der R-4/M in einer ähnlichen Wabenanordnung wie etwa bei den Föhn-Raketen vor allem im Bug der Ba 349 A-1 gedacht. Die ersten Messungen fanden direkt bei der Firma Heber statt. Anschließend sollte eine Einbauattrappe in Form des Waffenkopfes (Anlage A), in Tarnewitz versuchsweise bei einer Bf 110 angebracht werden, um so das spätere Flugverhalten mit dem neuartigen Waffenbug ausreichend bewerten zu können. Die erste Ausführung wurde jedoch schnell verworfen und auf die B-Attrappe gesetzt. Erst am 8.12.1944 traf die besagte Attrappe in Tarnewitz ein. Der erste funktionsfähige Waffenkopf (Anlage B) ließ dagegen noch auf sich warten. Erst Mitte Dezember 1944 traf die zugesagte funktionsfähige Waffenanlage an der Ostsee ein. Die Erprobung am Boden musste dennoch bis Mitte Februar 1945 unterbleiben, da es vorher in Tarnewitz zeitweise an scharfen R-4/M mangelte. In den nächsten Wochen gelang es nur mit erheblichen Schwierigkeiten, den eingetroffenen Waffenbug der Bf 110 anzubringen. Erst am 19.02.1945 war der Einbau der funktionsfähigen R-4/M-Raketenspitze abgeschlossen. Ende Februar 1945 fand ein erster Test am Boden statt. Die Auslösung der Raketen führte dabei zu schweren Schäden an der Anlage sowie an der Außenhaut des Versuchsträgers. Sicherlich lag dies daran, dass alle Raketen zum selben Zeitpunkt abgefeuert worden waren. Aus diesem Grund wurde in den letzten Februartagen an einer Schaltung gearbeitet, welche das Abfeuern in kaum merklichen Intervallen gestattete. Die bevorstehende Flugerprobung mit der »Natter«-Spitze wurde Anfang März 1945 mangels ausreichender Kraftstoffreserven vorerst unterbrochen und vermutlich nicht mehr aufgenommen.

Außer der Ba 349 sollte auch die He 162 später eine aus R-4/M bestehende Bewaffnung erhalten. In zwei unter den Flächen angebrachten Wabengondeln sollten dazu jeweils 20 R-4/M Platz finden. Die konstruktive Untersuchung, ob und wie diese Behälter angebracht werden sollten, war zwar bereits im Dezember 1944 angelaufen, hatte aber bis zum Frühjahr 1945 noch zu keinem Durchbruch in der Entwicklung geführt.

Als weiteres wichtiges Vorhaben im Bereich der R-4/M liefen bei der E-Stelle Tarnewitz Arbeiten, welche die Ausrüstung der Fw 190 D-9 mit R-4/M-Rosten zum Ziel hatten. Auch sie kamen nur denkbar langsam voran, da es zuweilen an Treibstoff, dann wieder an Elektrizität mangelte. Das durchweg schlechte Wetter im Februar und März 1945 behinderte die angesetzten Luftbeschussversuche zusätzlich. Anschließend musste die Erprobung unterbleiben, da es zeitweise an genügend R-4/M-Raketen mangelte. Allein die Versuche am Boden liefen fürs erste – wenn auch stark eingeschränkt – weiter. Anfang März 1945 wurden die Rückstoßkräfte bei der verbesserten R-4/M neu gemessen, nachdem letztmals geänderte Munition eingetroffen war. Hierzu wurden die Raketen in kleinen Salven, jedoch nicht mehr in ihrer Gesamtheit abgefeuert.

Mit der drastischen Lageverschlechterung im März 1945 wurden viele der noch anstehenden Erprobungsvorhaben hinfällig. Insbesondere die Anweisung des Chefs TLR vom Vormonat, die »Natter« mit einer zentralen R-4/M-Wabe im Bug auszurüsten. Auch der Einbau zweier MK 108 wurde abgelehnt und auf die Vordringlichkeit des SG 117 »Rohrbatterie«-Einbaus verwiesen. Als Waffenkopf (Anlage C) sollte nun die Abschussanlage für die Ba 349 B-0 ebenfalls schnellstens in Tarnewitz getestet werden. Auch hier kam es auf Grund der Kriegsereignisse nicht mehr dazu. Bei den letzten Waffenerprobungen handelte es sich um eine R-4/M-Raketenbatterie, bei der – wie schon einmal geplant – diesmal im Bug eingebaute Papprohre die R-4/M-Geschosse aufnehmen sollten. Als vereinfachte Auslösung war wiederum eine Kurzschlussschaltung in der engeren Wahl.

Außer den gerade genannten Einsatzmustern wurde im Frühjahr 1945 noch immer überlegt, die gerade erst in größeren Stückzahlen anlaufende Ar 234-Serie mit R-4/M-Containern auszurüsten. In diesen hätten sich die R-4/M-Projektile in einem dem zur Verfügung stehenden Raum optimal angepassten Wabengitter befunden. Es gab vorerst jedoch noch ein nicht unbedeutendes Problem. Durch die an drei separaten ETC aufgehängten Behälter hätten die Flugleistungen merklich verringert. Den Leistungsverlust wollte der Chef TLR durch entsprechend starke Strahlturbinen ausgleichen. Deren Auslieferung zeichnete sich jedoch erst ab Sommer 1945 ab. Selbst bei der vierstrahligen Ar 234 C-3 war bei drei Behältern mit einer Reduzierung der Höchstgeschwindigkeit um gut 40 km/h, auf nur noch 850 km/h zu rechnen. Mit der kurzfristig geplanten ersten Auslieferung des Jumo 004 C-1 oder des HeS 011 A-1 sollte der Geschwindigkeitsverlust in einem erträglichen Rahmen gehalten werden. Bei einem Einzelgewicht von 5,5 kg pro R-4/M-Projektil hätte dies bei drei Sätzen zu jeweils 30 Geschossen insgesamt 315 kg Mehrgewicht ausgemacht. Die Waffenbehälter selbst waren mit jeweils 41,5 kg Gewicht überraschend leicht ausgefallen. Insgesamt hätte die im Oktober 1944 erstellte Planung ein zusätzliches Gewicht von 440 kg verursacht. Die Kriegslage verhinderte jedoch kurzfristig die Fortführung dieser Entwicklung. Die Erprobung der in stromlinienförmigen Behältern untergebrachten R-4/M sollte laut einer Anweisung des Chefs TLR bereits ab etwa Mai 1945 beginnen. Das erste Serienflugzeug mit dieser Waffenanordnung erwartete Arado jedoch nicht vor Ende September 1945.

Manfred Griehl

In der Bugsektion der Bachem »Natter« konnten bis zu 24 Raketen des Typs R-4/M in einer kompakten Batterie untergebracht werden. Alternativ war der Einsatz der »Föhn«-Rakete vorgesehen, die auf der RZ 73 basierte.

R-Entwicklungsreihe

Unter der Bezeichnung R für Rakete entstanden zwischen 1941 und 1942 zahlreiche in ihrer Konzeption unterschiedliche Luftkampfgeschosse, die zur Vernichtung schwerer und schwerster gegnerischer Kampfflugzeuge gedacht waren.

R 42 »Jagdrakete«

Das Gerät R 42 »Jagdrakete« ging auf einen Entwurf von Dipl.-Ing. Zeyss zurück. Es handelte sich im Grunde um eine verbesserte Werfergranate 42. Die Rakete sah daher wie die 21-cm-Granate aus. Sie war 85 kg schwer und 1,19 m lang. Die serienmäßigen Raketen wiesen eine Offensivladung von 6,5 kg Sprengstoff mitsamt einer Zerleger-Ladung von 1,9 kg aufweisen. Insbesondere war hier an die Verwendung von 130 Brandsplittern gedacht. Nach der Übernahme der Entwicklungsarbeiten durch Rheinmetall-Borsig, wurde die Ladung auf 20,5 kg erhöht, um eine noch größere Waffenwirkung gegen Luftziele zu erzielen. Außer dem drallgesicherten Zeitzünder mit einer Laufzeit zwischen 1,7 und 8,0 Sekunden waren bereits ab 1943 noch weitere Zünder, unter anderem ein Aufschlagzünder, beim Kommando der Erprobungsstellen (KdE) diskutiert worden. Dort hielt man für eine gute Trefferlage zudem ein verlässlich arbeitendes Messgerät zur exakten Bestimmung der Kampfentfernung für geboten. Die Abfeuerung der Jagdrakete sollte mittels des Zündgeräts ERZ 39 erfolgen. An der Raketenspitze konnte jederzeit auch ein 0,17 m langen Raketendoppelzünder (RdoppZ 9) eingebaut werden.

In der runden Raketenhülle waren drei Treibladungen untergebracht. Nach deren Zündung gaben diese ihren Schub über 68 einzelne, in zwei Ringen im Bodenstück der Rakete angebrachten Ausschussöffnungen ab. Da die Waffe in der Regel nur auf 1.000 m Kampfentfernung zum Einsatz gelangen sollte, reichte ein Feststofftriebwerk mit nur 1,4 Sekunden Brenndauer aus. Die Schubleistung wurde jedoch innerhalb der Entwicklung bis auf 52 kN (5.300 kp) erhöht. Im Laufe der Zeit gelang es dem Hersteller die Geschwindigkeit der Bordrakete von 600 m/s auf 620 m/s leicht zu verbessern.

Im Frühjahr 1945 wurden versuchsweise zwei mit der Fw 190 D-9 ausgerüsteten Erprobungsstaffeln mit den 21-cm-Werferrohren zum Verschuss der Jagdrakete 42 ausgerüstet und versuchsweise gegen alliierte Bomber eingesetzt. Bereits am 24.03.1945 wollte der Führungsstab der Luftwaffe die Staffeln wieder auflösen. Die Piloten, das gesamte technische Personal und alle Flugzeuge sollten der Jagdgruppe 10, wo sie sich ohnehin befanden, übergeben werden. Ob dies im allgemeinen Zusammenbruch, der schon bald folgte, am Ende auch geschah, bleibt unbekannt. Angesicht von Treibstoff- und Munitionsmangel dürften die Einsätze schon bald ihr Ende gefunden haben. Auch beim Stab des JG 7 wurden einige Me 262 A-1a ab Februar 1945 mit zwei der Werferrohren getestet. Die mit der Zusatzbewaffnung versehenen Maschinen wurden jedoch schon bald auf die aussichtsreichere R-4/M-Bewaffnung umgestellt.

Außer den oben genannten Einsatzmustern für zumeist einmotorige Jagdmaschinen, sollten zwei oder drei Zwillingsrohre – auf einen Vorschlag der Arado-Werke vom 30.10.1944 – auch bei der Ar 234 B-2 und der C-3 Verwendung finden. Hauptsächlich hatte das Entwurfsbüro bei Arado an sechs Zwillingsrohre gedacht. Diese sollten paarweise unter dem Rumpf und unter beiden Triebwerken angebracht werden. Bei einem Gewicht von 115 kg pro Granate und 210 kg Gewicht pro Zwillingsanordnung, ergab dies ein zusätzliches Gewicht von 900 kg. Insbesondere sollten diese Maschinen dank ihrer vergleichsweise höheren Leistungen erneut gegnerische Bomberpulks durch den massiven Einsatz der Werfergeschosse aufbrechen. Wie schon früher sollten Kolben- und Strahljäger sich dann den gegnerischen Bomber annehmen. Außerdem schlug Arado vor, die Ar 234 B-2/C-3 mit ein bis drei Vierlingswerfer gegen alliierte Bomber einzusetzen. Infolge des sich abzeichnenden Zusammenbruchs, war die Chance diesen Vorschlag zu verwirklichen, von Anfang an minimal. Die R 42 sollte in Salven von jeweils zwölf Raketen auch gegen Panzerfahrzeuge zum Einsatz kommen.

R (RS) 50 BS und MS

Auch die mittelschwere Bordrakete RD 50, später R 50 BS genannt, sollte der Bekämpfung von Luftzielen dienen. Die bei Rheinmetall-Borsig durchgeführten Entwicklungsarbeiten sahen einen Sprengkopf vor, in dem sich 28 kg Brandsplitter befanden. Das Raketengeschoss hatte ein Kaliber von nur 15 cm und ein Gesamtgewicht von 50 kg. Als weitere Offensivladung kam alternativ auch ein Minen-Splitter-Gefechtskopf in Frage. Anfang Dezember 1944 kam es in Tarnewitz zum Mustereinbau von AG 140-Rosten unter den Flächen der Fw 190 F-8 sowie der F-9. Erst am 9.12.1944 konnten die meisten Arbeiten abgeschlossen werden. Anschließend folgten einige statische Tests mit zwei Gewichtsattrappen, die wegen ihrer Masse von 100 kg auch für die kommende Erprobung mit der R 100 dienten. Munition fehlte Anfang

Dezember 1944 auch für diese Waffe. Da die Kriegslage ein weiteres Zuwarten verbot, wurden die Arbeiten am 13.01.1945 zugunsten der R 100 aufgegeben und deren Produktion beschlossen.

R (RS) 100 BS und MS

Bei der Entwicklung der R 100 setzte Rheinmetall-Borsig vor allem auf die zerstörerische Schrapnellwirkung des Sprengkopfes. Schon ab 1943 wurde an bis zu Mach 1,5 erreichenden Bordrakete gearbeitet. Einige der 21-cm-Projektile mit einer Masse von 100 kg bis 110 kg wiesen zuletzt ein modernes Klappleitwerk auf. Die Offensivladung setzte sich aus 400 Brandsplittern von jeweils 56 g Gewicht zusammen, die in konischer Richtung nach vorn geschleudert wurden. Sie sollten vor allem die Tankwände der alliierten Bomber durchschlagen und den Treibstoff in Brand setzen.

Außer der Verwendung von Brandsplittern (BS) sollte auch eine Version mit Minensplittern (MS) entwickelt werden. Der Verschuss sollte von abwerfbaren AG-140-Schienen aus erfolgen. Erste Universal-Abschussgeräte, die sowohl für die R 50, als auch die R 100 geeignet waren, wurden im Sommer 1944 entwickelt und eigens bei der Firma Heber erste Mustergeräte erstellt. Von diesen wurde das erste am 18.11.1944 an die E-Stelle Tarnewitz geliefert. Bei der Erprobung der Abschussanlage kam es gleich beim ersten Mustergerät zu Beschädigungen. Dass zweite Musterstück musste wegen Zeitmangels gegen Ende November 1944 direkt bei der Firma Heber abgeholt werden. Ein erster der späteren Serienausführung entsprechender Musterbau, der gleichzeitig auch für die Tests mit der R 50 dienen sollte, wurde im Dezember vorbereitet. Doch die dazu notwendige Munition war bis zum 31.12.1944 noch immer nicht in Tarnewitz eingetroffen. Dennoch kamen bis Ende Januar 1945 die Arbeiten an den Abschussgeräten weiter. Nach den notwendigen Tests am Boden fanden bei der E-Stelle erste Tests mit der

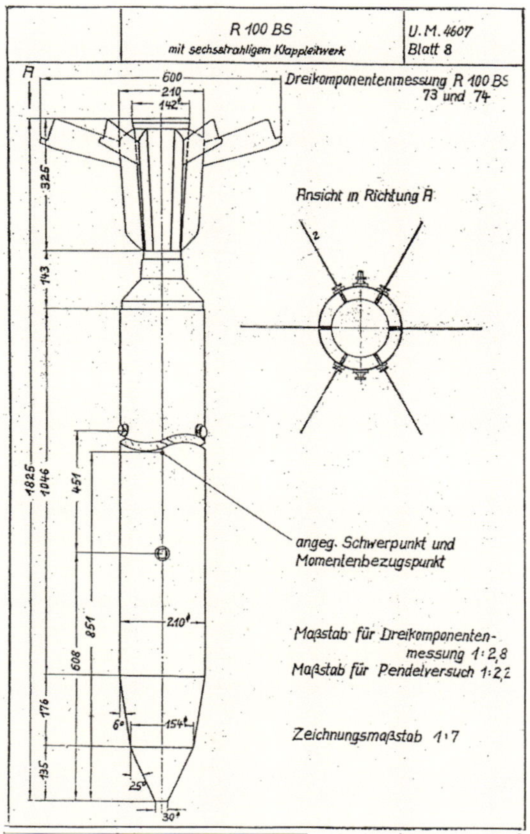

Manfred Griehl

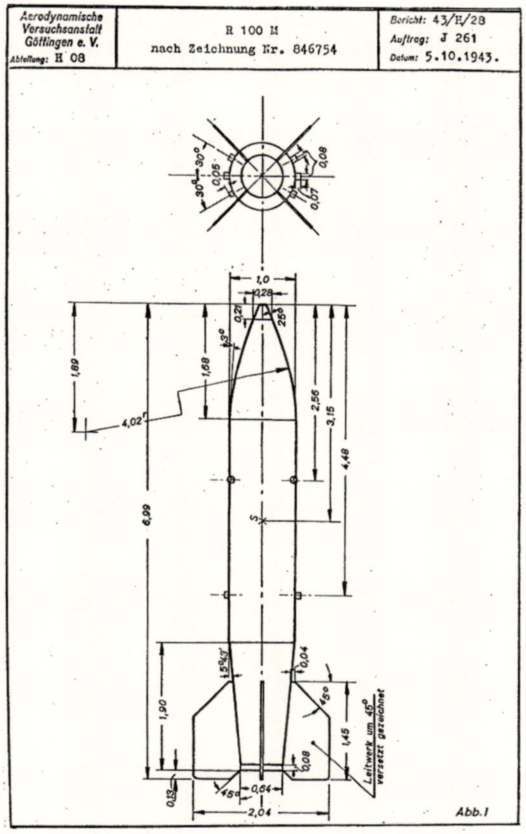

Links: Die Bordrakete R 100 BS wies eine Füllung mit Brand-Splittern auf, welche die Tanks eines gegnerischen Flugzeugs durchschlagen und die Maschine in Brand setzen sollten.

Rechts: Zeichnung des Windkanalmodells, das dem mit einer Minenladung zu versehenden R 100 M-Bordrakete entsprechen sollte. Im Gegensatz zur R 100 BS wies letztere ein festes Leitwerk auf.

R 100 BS im Flug statt. In weniger als einer Sekunde legten die Projektile gut 200 m zurück. Für eine Entfernung von 1.000 m zum Ziel wurden 3,06 Sekunden gemessen.

Für den späteren Einsatz, war, anders als bei der Verwendung herkömmlicher Rohrwaffen, eine größere Distanz, in der Regel etwa 1.250 m und mehr, gefragt, um das Risiko vom gegnerischen Abwehrfeuer getroffen zu werden, merklich zu verringern. Naturgemäß führte dies zu einem höheren Munitionsaufwand. Durch die Verwendung von Brandsplittern sollte jedoch eine bedeutend größere Streufläche als bisher abgedeckt werden. Die Ingenieure stellten sich nun 1.000 m² anstelle der ursprünglichen 100 m² vor. Hierzu war es nötig, mehr R 100 als anfangs erwogen, einzusetzen. Noch dazu sollte ihr Einsatz insgesamt mit einer weit größeren Präzision ablaufen. Die in Salven abgefeuerten Bordraketen würden mittels der Anlage »Faun«, bei der ein kreiselstabilisiertes Reflexvisier EZ 42 mit dem Auslösegerät FuG 217 »Elfe« sowie dem Entfernungsmesser auf der Basis des FuG 217 »Neptun« bestand, optimal ausgelöst werden. Diese Lösung wurde jedoch schnell durch das Verfahren »Oberon« ersetzt, bei welchem die Schussauslösung völlig automatisch erfolgte.

Während der Erprobung der Bordrakete R 100 wurden bis Ende 1944 zehn Raketen ohne größere technische Probleme verschossen. Daher folgte im Januar 1945 der Auftrag des Rüstungsstabs über 500 R 100, mit denen die taktische Erprobung – unter Einsatzbedingungen – durchgeführt werden sollte. Hierbei war an den Verschuss von bis zu fünf R 100 von der Me 262 aus, oder sechs bei der Me 410, beziehungsweise acht bei der Ar 234 geplant. Beschussversuche mit der AG 140-Anlage und der Rakete R 100 BS fanden Anfang Februar 1945 wiederum bei der E-Stelle Tarnewitz statt. Die Abschussschienen waren an ETC 50-Aufhängungen unter dem Rumpf oder unter den Triebwerken der in Frage kommenden Strahlflugzeuge, beispielsweise der Ar 234 angebracht. Ende Februar 1945 fehlte es aber bereits an ausreichend Munition für die Fortführung des geplanten Luftbeschusses. Bis zum 03.03.1945 stockte die Erprobung immer mehr, da die Munition zwar ausgeliefert, aber nur unvollständig in Tarnewitz eintraf. Ob die Erprobung bis zum 02.05.1945 nachgeholt werden konnte, bleibt unbekannt. Erwiesen ist nur, dass es dem Hersteller noch gelang, zwischen 20 und 25 Stück der georderten 500 R 100 BS-Raketen herzustellen.

Außer dem Verschuss der Raketen von Schienen (AG 140) aus, wurde ab Januar 1945 eine verbesserte, mehrschüssige Ausstoßanlage, das Gerät »Lotte 1«, entwickelt. Die Arbeiten fanden Mitte März ein jähes Ende. Die Gesellschaft für elektro-akustische und mechanische Apparate mbH, kurz Gema genannt, die das Gerät entwickelt hatte, war von einem alliierten Luftangriff schwer getroffen worden, so dass nichts anderes übrig blieb, als die Entwicklung vorzeitig aufzugeben.

Der Einsatz der R 100-Bordrakete in Kombination mit dem »Oberon«-Gerät hätte in der damaligen Kriegslage eine überaus leistungsfähige Waffe dargestellt und für die damalige Verhältnisse einen bedeutenden technischen Fortschritt markiert. Geplant war, die Me 262 mit fünf und die Me 410 mit sechs dieser Raketen auszurüsten. Es besteht kaum ein Zweifel daran, dass diese Waffe für die amerikanischen Tagesbomber verheerende Folgen hätte haben können. Wie jedoch alle radarbasierten Systeme war auch das »Oberon«-Gerät anfällig für elektronische Gegenmaßnahmen. So hätte etwa der Abwurf von Stanniolstreifen (»Düppel«) vermutlich eine vorzeitige Zündung der Raketen auslösen können. Zur Abwehr von Frontal- oder Heckangriffen hätte unter Umständen bereits ein einfacher Störsender genügt.

R 250 BS und R 420 BS

Obwohl die Entwicklung der Bordraketen R 250 BS und R 420 BS ab Ende 1944 bei Rheinmetall-Borsig erste Fortschritte gemacht hatte, wurde sie zusammen mit der kleineren R 50 BS durch Entscheidung des Chefs TLR aufgegeben. Die beiden zuerst genannten Projektile waren vor allem für den Einsatz gegen Luftziele gedacht und wiesen ein Kaliber von 30 cm beziehungsweise 42 cm auf. Sie sollten – ohne die Verwendung aufwendiger Technik – vor allem durch die Brisanz ihrer Gefechtsköpfe und einer neuen Einsatztaktik zum Erfolg führen. Hierzu schlug Rheinmetall-Borsig die Verwendung von zwei Flugzeugen, dem »Raketenträger« sowie einem weiteren, dem »Lenkflugzeug« vor, das sich in großer Höhe über dem gegnerischen Verband befinden sollte. Von dort aus war die Überwachung des Luftraums sowie das Lenken der vom Trägerflugzeug aus ausgelösten Raketen – nach Sicht – geplant, ohne dass es größeren technischen Aufwands bedurft hätte. Die längst verlorene Luftherrschaft ließ jedoch aus taktischen Gesichtspunkten ein derartiges Vorgehen kaum noch zu. Vor allem wäre ein alleine über den gegnerischen Bombern kreisendes deutsches Kampfflugzeug schnell zur Beute alliierter Jagdmaschinen geworden. Hinzu kam, dass die visuelle Zielzuweisung bei großer Entfernung und wechselnden Wetterbedingungen äußerst unzuverlässig gewesen wäre. Auch der notwendige Funkkontakt zwischen beiden Maschinen hätte unter den Bedingungen alliierter Funkstörung kaum aufrechterhalten werden können.

Raketenbomben mit Antrieb

Als bloße Notlösung für fehlende Bordraketen wurde beim Technischen Amt des RLM die Verwendung herkömmlicher Fliegerbomben in Erwägung gezogen – insbesondere der Typen SD 4, SC 250 und SC 500, die in größerer Menge zur Verfügung standen. Diese sollten durch die nachträgliche Ausrüstung mit einem Feststoffantrieb in eine Art improvisierter Raketenbombe umgewandelt werden, um sie gegen gegnerische Luftziele, vor allem alliierte Bomberpulks, einsetzen zu können. Die Idee war, die Bomben über dem Zielverband in Flugrichtung abzusetzen, sodass sie durch ihren Antrieb eine kurze Eigenbeschleunigung erhielten und inmitten der Formation detonieren konnten. Wegen der erheblichen Missweisung und Streuung bei einem Abwurf aus großer Höhe sowie der praktisch unmöglichen exakten Entfernungsbestimmung zwischen angreifendem Flugzeug und Ziel, wäre jedoch ein aufwendiger barometrischer Zünder nötig gewesen, der die Bombe in einer zuvor definierten Höhe zur Detonation gebracht hätte.

Dazu kamen weitere technische Schwierigkeiten, etwa bei der Stabilisierung des Flugkörpers während des Abwurfs, der Sicherung des Trägerflugzeugs gegen eigene Detonationen sowie bei der Zündung unter wechselnden Druck- und Temperaturverhältnissen. Auch war unklar, ob die Sprengkraft herkömmlicher Bomben bei derart unpräzisem Einsatz überhaupt die nötige Wirkung gegen eng fliegende Verbände entfalten würde. Die Abwehrwirkung der feindlichen Begleitjäger sowie die Gefahr einer Frühdetonation in der Nähe des eigenen Flugzeugs machten den Einsatz zusätzlich riskant.

Da sich diese Variante weder technisch beherrschen ließ noch taktisch sinnvoll erschien, fiel die Entwicklung dieser sogenannten »Raketenbomben« im Laufe des Jahres 1944 immer weiter hinter die Arbeiten an echten Luft-Luft-Raketen zurück. Infolge ausbleibender Fortschritte und mangelnden Vertrauens in eine praxistaugliche Lösung wurden alle noch laufenden Arbeiten an diesem Projekt Mitte 1944 endgültig eingestellt.

SD 4 HL RS

Die bislang als dickwandige Splitterbombe eingesetzte SD 4 HL mit Hohlladungssprengkopf, die vor allem gegen gepanzerte Bombenziele gedacht war, wurde Anfang 1943 ausgewählt, um damit auch fliegende Großverbände wirksam zu bekämpfen. Die Bomben sollten so überarbeitet werden, dass anstelle der Splitterwirkung eine Verbesserung der Durchschlagleistung erzielt werden würde. Dies wurde seitens der E-Stelle Rechlin für die Verwendung gegen Luftziele als durchaus aussichtsreiche Maßnahme zur Zerstörung eines Bombers mit nur einem Treffer angesehen. Die raketengetriebenen Kleinbomben sollten von 18 beispielsweise unter den Flächen der Bf 110 anzubringenden Schienen als Schrotschuss, oder aber in Gruppen von drei bis sechs, ausgelöst werden. Geplant war auch der Einbau als »Rumpf-Gleitschienengerät«, von dem nur ein Musterbau in Rechlin entstand. Wie bei allen anderen Raketenbomben fehlte auch hier eine genügend leistungsstarke Zündeinrichtung. Versuche mit fernzündbaren Näherungszündern blieben erfolglos, da sie entweder zu früh oder gar nicht zündeten. Darüber hinaus stellte sich die ballistische Stabilisierung der Bomben bei schneller Fluggeschwindigkeit als technisch nur unzureichend lösbar heraus. Die Arbeiten wurden daher 1944 eingestellt.

SD 70 RS (Projekt)

Als Ersatz für die zunächst noch nicht vorhandenen SD 70 RS wurden die in großer Anzahl erbeuteten russischen Beta B 150-Bomben eingesetzt. Anstelle von vier Werfergranaten 42 sollten im Frühsommer 1943 vier SD 70 unter den Flächen einer Bf 110 G-2 angebracht werden. Die Waffentechniker in Rechlin vermuteten, dass die damit zu erzielende Anzahl an Treffern sicherlich höher liegen würde, als beim Einsatz einer 500 kg schweren Sprengbombe mit R-Antrieb. Zudem versprach man sich durch die größere Streuwirkung eine effektivere Bekämpfung enger Bomberformationen mit vergleichsweise geringem technischem Aufwand.

SC 250 RS (Versuch)

Versuchsweise wurde als Notlösung, bis zum Abschluss der Entwicklung leistungsfähigerer Bordraketen, eine SC 250-Bombe mit einem Feststoffraketentriebwerk versehen. Die SC 250 RS sollte aus einer unter dem Rumpf einer Bf 110 angebrachten, nur 0,65 m langen Gleitschiene verschossen werden. Das Ziel, eine 6 × 6 m große Scheibe, war bei den Standversuchen nacheinander in 1.000 m, 2.000 m und 3.000 m Entfernung aufgebaut. Die Raketenbombe wies eine Geschwindigkeit von nur 130 m/s auf. Es kam zu einer überaus starken Streuung, von bis zu 85 m × 90 m. Dies schloss eine spätere Verwendung im Einsatz natürlich völlig aus. Die Treffergenauigkeit ließ sich durch keine der getesteten Leitflächenkonstruktionen nennenswert verbessern. Letztlich wurde das Projekt nicht weiterverfolgt.

SC 500 RS

Aufbauend auf der SC 250 RS entstand die Raketenbombe (RB) SC 500 RS/I. Durch die SC 500 RS, einer mit Raketenantrieb versehenen SC 500-Splitterbombe, sollten vor allem nicht oder nur leicht gepanzerte Schiffsziele bekämpft werden. Die Offensivladung machte 130 kg aus. Diese Ladung war ausreichend, selbst einen 25 m entfernten viermotorigen Bomber zu vernichten. Bei einer Verstärkung der Ladung war die Vernichtung des Luftzieles sogar noch aus über 40 m Entfernung möglich. Dazu hätte ein Gefechtskopf mit bis zu brisanten 4.800 Brand-Splittern (BS) bereits völlig ausgereicht. Die alternative Verwendung von anderen Gefechtsköpfen erschien jederzeit möglich. Die größtmögliche Sprengkraft einer in einem geänderten Bombenvorderteil untergebrachten Ladung hätte sogar innerhalb von 550 m zu einer Trefferwirkung geführt. Die Grundausführung der neuen Offensivwaffe wies ein Kaliber von 42 cm und eine Länge von 2,58 m auf. Ihr Gewicht lag bei 570 kg. Die Treibladung mitsamt der im Heck angebrachten Brennkammer wog allein knapp 200 kg. Die Raketenbombe hätte binnen 8,5 Sekunden ihr 1.500 m entferntes Ziel erreicht. Die Höchstreichweite bei einer konstanten Schubabgabe von 57 kN (5.850 kp) lag bei etwa 3.000 m. Wie auch bei anderen mit einem Raketenantrieb versehenen Offensivwaffen, wurde auch beim favorisierten Trägerflugzeug, der Bf 110, eine massiv verstärkte Rumpfbeplankung notwendig.

Außer der SC 500 RS/I entstand auch noch eine zweite Ausführung, die SC 500 RS/II. Bei dieser Waffe sollte die Trefferwirkung des gleichfalls drallstabilisierten Projektils durch ein verbessertes, zwölfteiliges Leitwerk erzielt werden. Außer der Überprüfung des späteren Flugverhaltens im Windkanal kam es noch zum Bau und der Erprobung einiger Mustergeräte. Wegen der zahlreichen technischen Probleme – nicht zuletzt der bei den Tests festgestellten erheblichen Seitenstreuung – wurden die Arbeiten hinsichtlich des Einsatzes auf Luftziele nicht zu Ende geführt. Die Bewertung anderer Bordraketen war inzwischen wesentlich erfolgversprechender verlaufen.

Trotz ihres beeindruckenden Zerstörungspotenzials blieb die SC 500 RS letztlich ein experimentelles System. Ihre komplexe Handhabung, das hohe Startgewicht sowie die strukturellen Anforderungen an das Trägerflugzeug erschwerten die Integration in bestehende Einsatzverbände. Zudem war der gezielte Abschuss einer unlenkbaren Raketenbombe auf bewegliche Luft- oder Seeziele aus größerer Entfernung technisch wie taktisch äußerst anspruchsvoll. Ohne ein begleitendes System zur präzisen Zielerfassung und Feuerleitung – etwa durch Radar oder infrarotoptische Zielhilfe – war der tatsächliche militärische Nutzen begrenzt. Hinzu kamen die ab 1944 zunehmend prekären Produktions- und Treibstoffverhältnisse sowie die rapide wachsende Luftüberlegenheit der Alliierten, die den praktischen Einsatz solcher Einzelwaffen weitgehend illusorisch machten.

SD 500 RS

Im Gegensatz zur SC 500 RS war die dickwandige Sprengbombe SD 500 RS dazu ausersehen, auch gegen größere fliegende Kampfverbände eingesetzt zu werden. Hierbei war an eine Kampfentfernung von bis zu 3.000 m gedacht. Wegen der Abhängigkeit des Einsatzerfolgs von dem in die raketengetriebenen Bombe eingebauten Zeitzünders, galt es, zuvor die Kampfentfernung verlässlich zu ermitteln. Die Arbeiten an dem für den Verschuss der Waffe benötigten, verlängerten Gleitschienengerät wurde der Firma MWN in Neubrandenburg übertragen. Diese nahm sich der Aufgabe zwar mit allem Nachdruck an, aber alle Anstrengungen waren auch hier sinnlos, solange es keine präzise arbeitenden Geräte für die Entfernungsbestimmung zum Zielpunkt gab. Auch hier wurden die Arbeiten deshalb vorzeitig abgebrochen.

SE 1000 RS (Projekt)

Bei Rheinmetall-Borsig arbeitete die Waffenversuchsgruppe (WVG) ab Sommer 1943 an der Entwicklung einer noch größeren Bordrakete, der SE 1000 RS. An einer SE 1000 K-1 wurde – wie schon bei der SD 500 RS – ein Klappleitwerk angebracht. Dieses wies sechs kleine Ruder auf. Sie sollten die Bordrakete, trotz der nur wenige Sekunden währenden Schubabgabe des Feststoffantriebs, auf Zielkurs halten. Die Waffe selbst hatte ein Kaliber von 65 cm und eine Länge von 3,13 m. Sie wies eine Masse von 1.015 kg auf. Wegen der Einführung der Werfergranate vom Kaliber 21 cm wurde die Entwicklung vorzeitig abgebrochen, ohne dass es jemals zum Einbau eines Eigenantriebs oder zu antriebslosen Flugversuchen gekommen wäre.

Der enorme Material- und Fertigungsaufwand im Verhältnis zum taktischen Nutzen ließ das Projekt letztlich als nicht zielführend erscheinen. Zudem wurden alternative, leichter herzustellende Raketenwaffen bevorzugt, die eine höhere Flexibilität im Einsatz versprachen. Die technischen Herausforderungen bei der Stabilisierung und Steuerung großer Raketen trugen ebenfalls zur Einstellung des Projekts bei.

DTMB VI.1.006 06789 Fotograf unbekannt

Me 110 mit einer Raketenbombe SC 500 RS/I.

DTMB VI.1.006 06933 Fotograf unbekannt

Testweiser Abschuss einer SC 500 RS-Raketenbombe von einer am Boden verankerten Messerschmitt Me 410.

Luft-Boden-Raketen

Angesichts der ab 1943 nahezu ins Unermessliche gesteigerten Rüstungsproduktion der Alliierten – insbesondere der massiven mechanisierten Kräfte der Roten Armee – gewann die effektive Bekämpfung feindlicher Panzerverbände zunehmend strategische Bedeutung. Der deutsche Wehrmachtführung war bewusst, dass der konventionellen Übermacht auf Dauer nur mit technisch überlegenen und möglichst präzise eingesetzten Waffensystemen begegnet werden konnte.

Neben dem Einsatz großkalibriger Rohrwaffen – etwa der 88-mm-Kanonen in Flak- und Panzerrollen – kam einer Reihe spezialisierter Luft- und Infanteriewaffen entscheidende Bedeutung zu. Besonders hervorzuheben sind hierbei drallstabilisierte Raketenwaffen, wie sie beispielsweise bei dem Luftwaffenprojekten »Panzerblitz« zum Einsatz kamen. Diese wurden insbesondere auf Jagdbombern wie der Focke-Wulf Fw 190 montiert und erlaubten einen halbwegs präzisen Angriff auf gegnerische Panzerkolonnen aus der Luft.

Parallel dazu wurden im infanteristischen Bereich tragbare Panzerabwehrwaffen weiterentwickelt. Der »Panzerschreck« – eine rückstoßfreie Raketenwaffe, stark inspiriert vom amerikanischen Bazooka-System – ermöglichte es einzelnen Soldaten, auch schwer gepanzerte sowjetische T-34- oder IS-Panzer zumindest auf kurze Distanz zu bekämpfen. Zusammen mit der Panzerfaust stellte er eine der wenigen, halbwegs wirksamen Gegenmaßnahmen gegen die sowjetische Panzerübermacht im infanteristischen Bodenkampf dar.

Gegen Ende des Krieges befand sich zudem bei der Luftwaffe eine neue Generation fernlenkbarer Panzerabwehrwaffen in der Erprobung. Systeme wie die »X-7 Rotkäppchen«, eine drahtgelenkte Panzerabwehrrakete, versprachen eine Revolution im Kampf gegen gepanzerte Ziele, kamen jedoch über das Prototypenstadium nicht mehr hinaus. Ihr Entwicklungspotenzial unterstrich jedoch das Bemühen der deutschen Rüstungsindustrie, auf technologischem Wege den materiellen Rückstand gegenüber den Alliierten zumindest teilweise zu kompensieren.

Panzerbekämpfung mit Wurfkörper (Wk) BS

Für die Bekämpfung offener Feldstellungen oder von Truppenansammlungen auf dem Gefechtsfeld wurde für die neuen Strahlbomber – insbesondere für die Typen Ar 234 C-3 und C-5 – an einer Ausrüstung der Maschinen mit bis zu 14 Wurfkörpern (WK) BS gearbeitet. Die Projektile hatten ein Kaliber von 15 cm bis zu 28 cm und sollten sowohl eine Flächenwirkung gegen Infanterieeinheiten als auch gegen leicht befestigte Stellungen entfalten. Beide Werfergranaten sollten über die neu entwickelten Schienen der Abschussgeräte (AG) 200 verschossen werden. Die Granaten wiesen ein Gewicht von jeweils etwa 80 kg auf. Bei einer typischen Beladung mit 14 dieser Geschosse hätte sich die Flugmasse eines zwei- oder vierstrahligen Bombers auf Basis der Ar 234 C-3/C-5 um bis zu 815 kg erhöht, was sich sowohl auf die Reichweite als auch auf das Steigverhalten negativ ausgewirkt hätte.

Ein erstes Mustergerät (AG 200) wurde schließlich im November 1944 fertiggestellt und anschließend durch die Herstellerfirma Heber unmittelbar nach Rechlin gebracht, wo es zunächst statischen Belastungstests unterzogen werden sollte. Gleich nach der Auslieferung plante man in Tarnewitz noch vor Jahresende mit ersten Schussversuchen zu beginnen. Doch es kam anders: Das erste Abschussgerät musste bereits kurz nach Anlieferung wieder an den Hersteller zurückgesandt werden, da es den mechanischen Anforderungen nicht genügte. Eine Verstärkung der Struktur war notwendig. Auch die parallel verfolgten Arbeiten an einer unter den Tragflächen einer Fw 190 anzubringenden Musteranlage waren Anfang 1945 noch immer nicht abgeschlossen. In Tarnewitz fehlte sowohl an der geforderten 1:1-Attrappe der Abschussanlage als auch an scharfer Munition. Mitte Dezember 1944 stand noch immer keine funktionsfähige Anlage zur Verfügung. Erst Anfang 1945 traf das lang erwartete Mustergerät ein. Wichtige konkurrierende Vorhaben, gepaart mit der ungünstigen Witterungslage, führten jedoch zu fortlaufenden Verzögerungen bei den Erprobungsterminen. Im Februar 1945 wurde das Projekt zeitweise ganz unterbrochen, da es weiterhin an Wurfkörpern mangelte.

Selbst im März 1945 wies die Abschussanlage noch kleinere, aber sicherheitsrelevante Mängel auf, deren Behebung in den kommenden Wochen geplant war. Der operative Einsatz der einfach herzustellenden Bewaffnung hätte realistisch frühestens ab Juni 1945 erfolgen können. Die Anfang März endlich angelieferte erste Munitionscharge war unvollständig und in Teilen fehlerhaft, sodass die angesetzten Tests erneut verschoben werden mussten. Wenig später kam es zur teilweisen Räumung der Erprobungsstelle Tarnewitz. Die Hoffnung, die Arbeiten an einem neuen Standort wieder aufnehmen zu können, zerschlug sich angesichts der sich rapide verschlechternden Kriegslage. Damit blieb das Projekt AG 200 samt Wurfkörper BS im Prototypenstadium stecken – ein weiteres Beispiel für die zahlreichen kriegsbedingten Verzögerungen und Fehlschläge im deutschen Raketenwaffenprogramm der späten Kriegsphase.

Manfred Griehl

Aus primitiven Verschusskörben sollten 28 cm Wurfkörper zum Einsatz gelangen. Einige Fw 190 wurden daher mit einer Abschussanlage für bis zu vier Geräte ausgestattet.

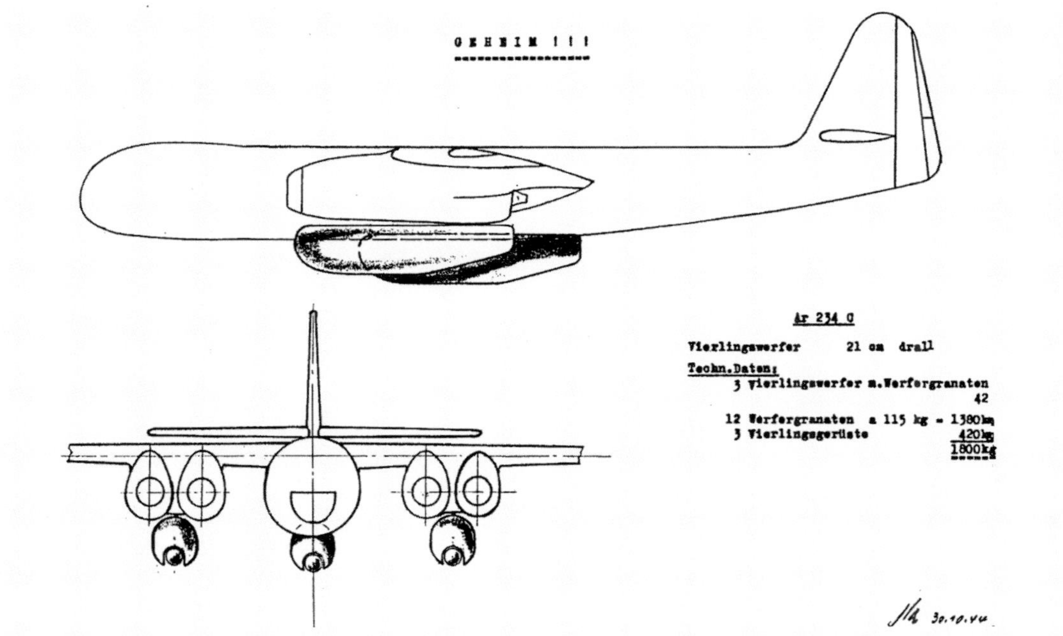

Manfred Griehl

Bis zu zwölf Werfergranaten oder andere Luftkampfmittel sollten, so die Planung bei Arado, aus bis zu drei Vierlingswerfer, die man unter den Triebwerken und dem Rumpf der Ar 234 C-3 anbringen wollte, abgefeuert werden.

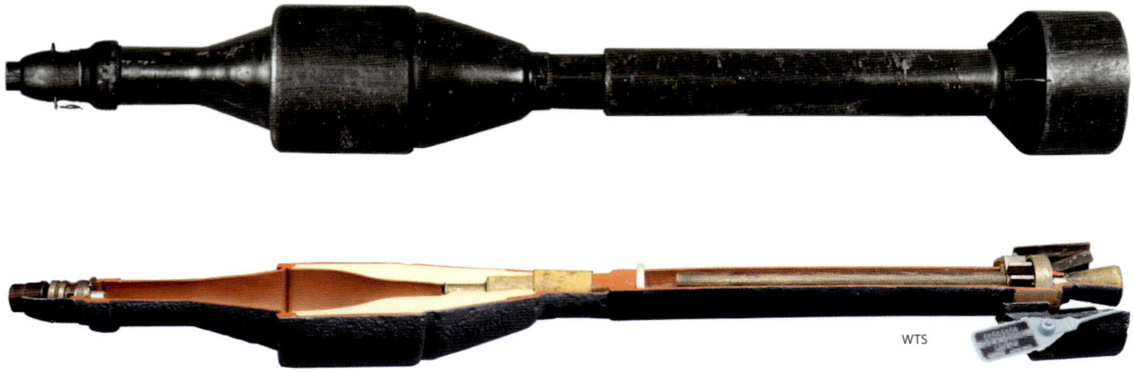

Raketen-Panzerbüchsen-Granate 4322 der Hugo Schneider AG (HASAG).

»Fliegender Panzerschreck«

Unter der Bezeichnung »Fliegender Panzerschreck« unternahm die deutsche Luftwaffe gegen Ende des Zweiten Weltkriegs einen ungewöhnlichen Versuch, bewährte Infanteriewaffen zur Bekämpfung gegnerischer Panzerverbände aus der Luft einzusetzen. Der Hintergrund war die zunehmende Notwendigkeit, Feindpanzer auf dem Vormarsch gegen das Reichsgebiet schnell und flexibel aus der Luft zu bekämpfen – insbesondere im Hinblick auf die Panzerkeile der Roten Armee, die seit 1944 die Ostfront dominierten.

Das Konzept basierte auf der bereits bei der Infanterie eingesetzten, schultergestützten Panzerabwehrwaffe RPzB 54 »Panzerschreck«, einem rückstoßfreien Raketenrohr mit Hohlladungsmunition. Für den Luftwaffeneinsatz wurde keine neue Konstruktion entwickelt, sondern improvisiert: Drei modifizierte Panzerfaust-Projektile – in der Regel aus dem Bestand der »Panzerfaust Klein« oder der Panzerfaust 60/100 – wurden in einer stabilen Dreifachhalterung montiert, die unter dem universellen ETC 250-Bombenschloss der Fw 190, Ju 87 oder Bf 109 befestigt wurde. Die Idee: Ein einfacher, kostengünstiger Notbehelf mit hoher Waffenwirkung auf kurze Distanz – bei gleichzeitig minimalem Produktionsaufwand

Die Projektile waren zumeist mit einem kurzen Startimpuls versehen und wurden ohne nennenswerte aerodynamische Führungsflächen verschossen. Wegen der äußerst begrenzten Reichweite (meist unter 150 m) und des geringen Vortriebs musste der anfliegende Pilot das Ziel sehr genau ansteuern und sich dabei in gefährliche Tiefflugbereiche mit starker Flakbedrohung begeben. Die effektive Bekämpfung eines Panzers war zwar bei direktem Treffer möglich – insbesondere bei Treffern auf die obere Panzerung –, doch der sich einstellende starke Abfall der Flugkurve und die schlechte Zielgenauigkeit machten den Einsatz sehr riskant und wenig effektiv.

Zur Stabilisierung der Flugbahn und als Zündverstärker wurden zum Teil abgeänderte Rohre der PD 8,8-cm-Panzerbüchse verwendet. Diese boten einen festen Abschusspunkt für die Rakete, waren jedoch ebenfalls nur improvisierte Lösungen. Derartige Trägersysteme wurden im Herbst 1944 in geringer Stückzahl getestet, vereinzelt auch an modifizierten Fw 190-F-Maschinen verbaut. Die taktische Rolle war eindeutig defensiv: Als schnelle Reaktionswaffe bei Tiefflugangriffen auf vorrückende Feindpanzer, z. B. bei Rückzugsgefechten oder zur Unterstützung abgeschnittener Infanterieverbände.

Die offizielle Einführung dieser Waffe erfolgte jedoch nie. Vielmehr handelte es sich um ein behelfsmäßiges

Übergangssystem, das in einigen wenigen Frontverbänden – insbesondere an der Ostfront – experimentell genutzt wurde. Das lag vor allem an der mangelhaften Ballistik, der unzureichenden Treffergenauigkeit sowie der geringen Reichweite, die den Einsatz extrem gefährlich und operativ ineffektiv machten. Im direkten Vergleich zu den bald darauf eingeführten, besser stabilisierten und deutlich präziseren Raketen vom Typ Panzerblitz I und II wirkte der »Fliegende Panzerschreck« wie ein Rückschritt.

Bereits ab Ende 1944 wurden die Versuche schrittweise dieses improvisierten Systems eingestellt. Auch der wachsende Mangel an Treibstoff, Fluggerät und ausgebildeten Piloten setzte der weiteren Erprobung Grenzen.

Aus heutiger Sicht stellt der »Fliegende Panzerschreck« ein interessantes Beispiel für den improvisatorischen Erfindungsgeist der deutschen Rüstungsindustrie in der Endphase des Krieges dar. Technisch handelte es sich jedoch nicht um eine echte Bordrakete, sondern um eine bodengestützte Infanteriewaffe, die notdürftig an Flugzeugen adaptiert wurde – mit entsprechend geringen Erfolgsaussichten.

Trotzdem war der Versuch nicht ohne Bedeutung: Er lieferte wichtige Erkenntnisse über die Notwendigkeit einer effektiven Zielerfassung aus der Luft, die Grenzen ungelenkter Raketen und die Anforderungen an künftige Luft-Boden-Waffen – Aspekte, die in der Nachkriegszeit sowohl bei den Westalliierten als auch in der Sowjetunion weiterentwickelt wurden.

Patrick Koczol

Die Einzelteile der Raketen-Panzerbüchsen-Granate. Gut zu erkennen sind die vergleichsweise kleinen aerodynamischen Führungsflächen des Leitwerks.

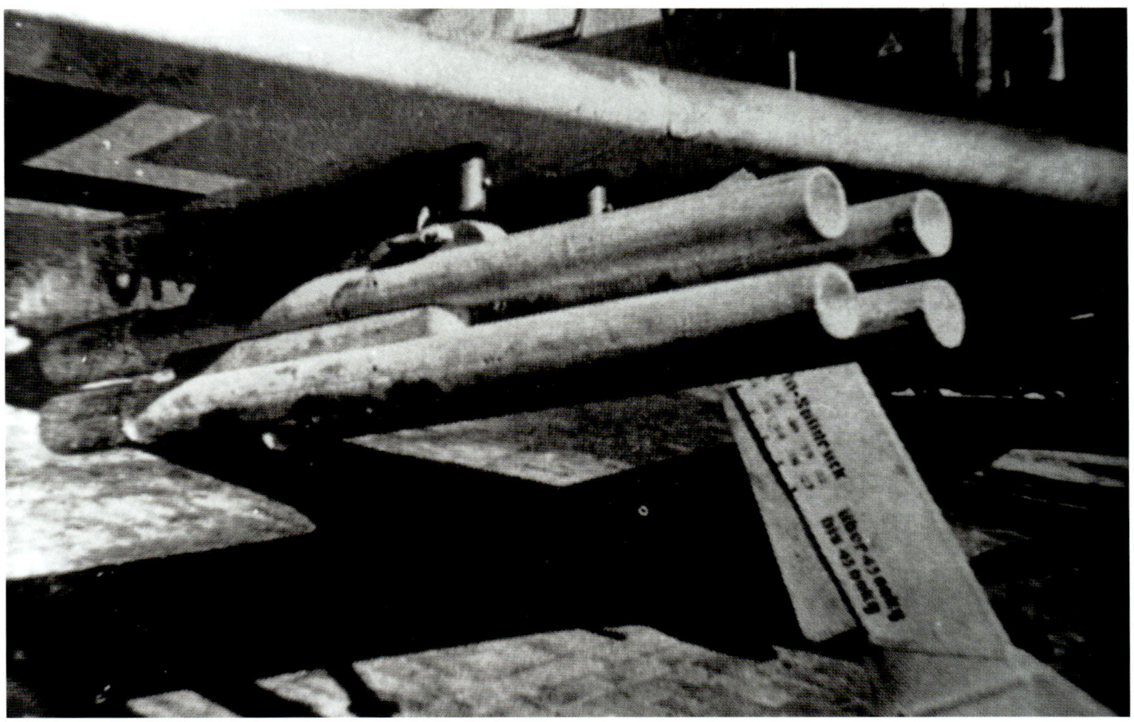

Manfred Griehl

Die zweite Ausführung des »Panzerbüchsenrohres« PD 8,8 cm war als Verschussanlage für vier »Panzerschreck-Geschosse« gedacht.

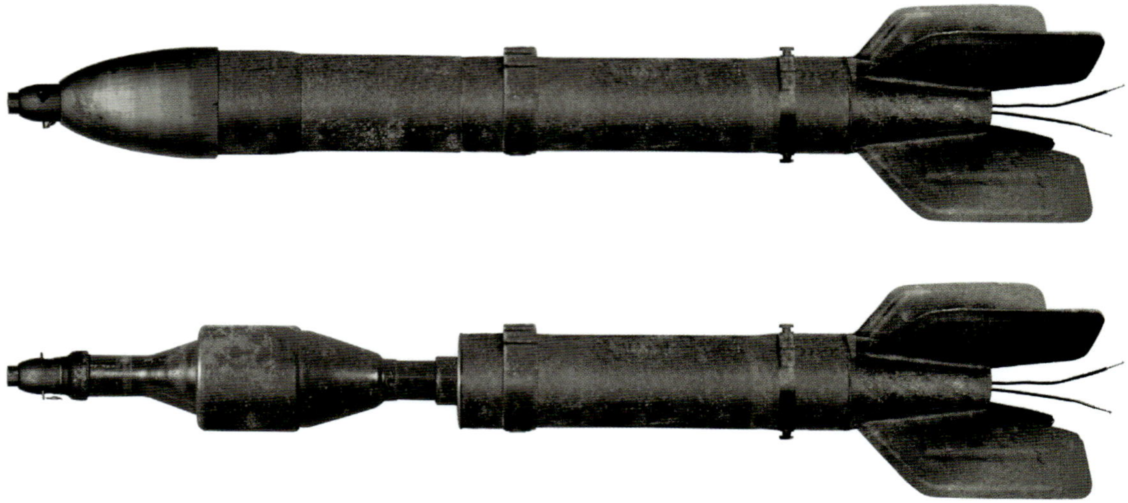

»Panzerblitz I« mit Gefechtskopf der Raketenpanzerbüchsen-Granate (RPzB Gr.) 4322 und Raketenmotor der 8-cm-Raketenspreng-granate. Der Gefechts-kopf der oberen Rakete trägt eine ballistische Haube.

»Panzerblitz I«

Die drallstabilisierte Panzerabwehrrakete »Panzerblitz I« stellte eine bemerkenswerte Weiterentwicklung bestehender Waffentechnologien dar. Sie kombinierte den bewährten Hohlladungs-Gefechtskopf des »Panzerschreck« mit dem Antrieb der 8-cm-Raketensprenggranate und wurde zu einem hochmodernen Waffensystem ihrer Zeit. Die Wirkung des Gefechtskopfs reichte aus, um bei einem direkten Treffer auf die Hauptpanzerung und insbesondere auf Panzerdach und Motorabdeckung, jeden gegnersichen Panzer zu zerstören. Im Rahmen der Entwicklung wurden Panzerblitz-Projektile mit Gefechtsköpfen unterschiedlicher Größenordnungen getestet, um ihre Wirksamkeit weiter zu steigern.

Die bereits eingeführte 8-cm-Raketensprenggranate, die ursprünglich für Bodenwaffen wie den Nebelwerfer entwickelt worden war, trug einen 23 cm langen Gefechtskopf, der in die dahinter liegende Raketenhülse eingeschraubt war. Diese Hülse beinhaltete sechs feststoffgefüllten Treibstoffstangen. Das daran anschließende Hecksegment verfügte über vier leicht versetzte Leitwerksflächen.

Insgesamt erreichte der »Panzerblitz I« eine Gesamtlänge von 70 cm und einen maximalen Durchmesser von 9 cm im Bereich der Gefechtsladung. Das Gesamtgewicht lag bei 6,5 kg, wobei 2,1 kg auf den Gefechtskopf entfielen, der mit 0,67 kg Sprengstoff gefüllt war. Ein Aufschlagzünder (AZ) wurde nach rund 50 m Flugstrecke durch das Schmelzen einer Weichmetallsicherung aktiviert – ausgelöst durch die Hitze der Brennkammer. Der Feststoffantrieb erzeugte einen Schub von 4,3 kN, der innerhalb von nur 0,45 Sekunden freigesetzt wurde und das Geschoss auf eine Anfangsgeschwindigkeit von 375 m/s (ca. 1.350 km/h) beschleunigte. Um eine exakte Zielerfassung durch das eingebaute Schiebewinkelgerät zu ermöglichen, musste der Pilot seine Fw 190 dabei auf eine Geschwindigkeit von unter 500 km/h reduzieren.

Während der Erprobung in der Erprobungsstelle Tarnewitz zeigte sich bald der Bedarf nach einem stärkeren Hohlladungssprengkopf, um auch gegen schwer gepanzerte sowjetische T-34 und IS-2 bestehen zu können. Die Erprobung der eigens entwickelten Abschussvorrichtungen verlief hingegen wesentlich unproblematischer. Bereits am 10. November 1944 wurden erste Munitionslieferungen in Tarnewitz registriert, einen Tag später konnten erste Standbeschussversuche stattfinden. Alle Projektile wurden störungsfrei verschossen, sodass unmittelbar mit Flugbahnvermessungen in verschiedenen Höhen begonnen werden konnte. Auf 300 m Entfernung erreichte man aus dem Stand bereits eine Trefferquote von mindestens einem Treffer auf einer 6 x 6 m großen Zielscheibe pro fünf abgefeuerte Raketen.

Am 25. November 1944 wurden erstmals zwei 1,3 m lange Abschussgeräte (AG-Pb) unter die Tragflächen einer Fw 190 F-8 montiert. Diese ersetzten die bisher erprobten 3,0 m langen Schienen (EG-Pb). Beim ersten Bodenversuch kam es jedoch gleich zu Beginn zur Explosion eines Geschosses – die Abschussvorrichtung wurde dabei nur leicht beschädigt. Ab dem 28. November wurde die Erprobung in der Luft mit den kürzeren Schienen erneut aufgenommen, musste jedoch wegen schlechter Witterung und fehlender einsatzbereiter Maschinen zeitweise ausgesetzt werden.

Anfang Dezember 1944 erfolgte die nächste Versuchskonfiguration mit vier AG-Pb unter jeder Tragflächenhälfte der Versuchsmaschine. Da die angeforderte Rauchspurmunition nicht rechtzeitig eintraf, wurde behelfsmäßig eine einfache Leuchtspureinrichtung an den Raketen angebracht. Auch eine zweite Testmaschine fiel zeitweise aus. Der eigentliche Luftbeschuss begann daher erst im Dezember.

Die Tests zur Vermessung der Flugbahnen wurden fortgeführt. Am 3. Dezember wurden die ersten überarbeiteten 24 EG-Pb in Osterode fertiggestellt, die per Kurier nach Tarnewitz gebracht werden sollten, jedoch erst Mitte Januar eintrafen. Mit der gelieferten Munition wurden daraufhin diverse Beschuss- und Erschütterungstests durchgeführt. Unter einer Fw 190 wurde eine reduzierte Bewaffnung von 2 x 8 EG-Pb montiert, um Trefferbilder zu erstellen. Diese ergaben auf 300 m Entfernung eine bemerkenswerte Trefferlage auf einer Fläche von nur 0,8 x 0,8 m. Schlechte Wetterverhältnisse behinderten jedoch die Visiererprobung mit dem Revi 16H erheblich. Dennoch wurde die Waffenanlage schließlich für den Fronteinsatz freigegeben.

Kurz darauf kamen an der Ostfront zahlreiche Fw 190 F-8 und F-9 sowie einzelne Ju 87 D-Staffeln mit der Panzerblitz-Bewaffnung zum Einsatz. Die Wirksamkeit stieg vor allem dann, wenn begleitende Schlachtflugzeuge durch Splitterbomben gegnerische Flakstellungen unterdrückten. Nach dem Serienanlauf wurden vier komplette Waffenanlagen zur Endabnahme nach Tarnewitz beordert, trafen jedoch erst Anfang März 1945 dort ein – der Mangel an Transportmitteln verzögerte erneut den Ablauf. Dennoch verliefen die Erprobungen der Se-

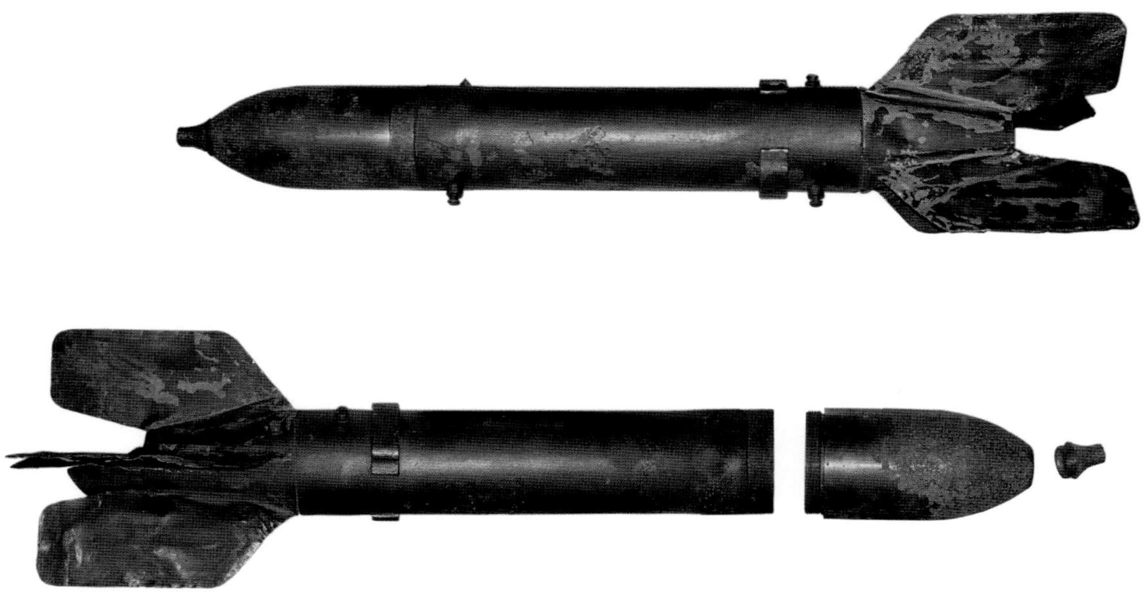

»Die 8-cm-Raketensprenggranate mit herkömmlichem Gefechtskopf.

Patricc Petermann

rienausführung, auch bei niedrigen Temperaturen, überraschend problemlos. Es wurde schließlich die uneingeschränkte Einführung der Rakete sowie die Freigabe zur Massenproduktion durch das Oberkommando der Luftwaffe (OKL) beantragt. Parallel dazu lief die Optimierung der Fertigung zur Vereinfachung des Projektilaufbaus sowie zur Qualitätssicherung an. Doch die sich dramatisch zuspitzende Versorgungslage führte Mitte März 1945 erneut zu einem weitgehenden Stillstand: Es fehlte an Munition, Ersatzteilen und vor allem am Treibstoff für die Fw 190, was eine Fortsetzung der Arbeiten vorerst unmöglich machte.

Obwohl der »Panzerblitz« in seiner späten Ausbaustufe technisch als serienreif galt, kam es nie zu einem systematischen Fronteinsatz in größerem Maßstab. Die Waffe besaß ein hohes Zerstörungspotenzial gegen gepanzerte Verbände, insbesondere bei überraschenden Tiefflugangriffen. Doch unter den realen Bedingungen der Endphase des Krieges – mit fehlender Luftüberlegenheit, schlechter Infrastruktur, ungenügender Logistik und ausgedünnter Luftwaffe – blieb die Wirkung auf lokale Einzelgefechte beschränkt und letztendlich im Einsatzerfolg sehr beschränkt.

Das »Panzerblitz«-Programm war ein innovativer Schritt von klassischer Bombenbewaffnung hin zu gerichteten, kompakten Flugkörpern, die in hoher Geschwindigkeit auf Punktziele abgefeuert werden konnten. Besonders bemerkenswert ist, dass der »Panzerblitz« durch seine einfache Konstruktion und geringe Produktionskosten auch in der angespannten Rüstungswirtschaft des späten Kriegsstadiums noch Aussicht auf Serienfertigung bot. Darüber hinaus lassen sich Ansätze zur taktischen Integration erkennen: Es gab Versuche, die »Panzerblitz«-Bewaffnung in abgestimmter Koordination mit konventionellen Bombenangriffen einzusetzen, um gegnerische Flak- und Panzerstellungen gezielt auszuschalten, bevor konventionelle Luftwaffenkräfte eingriffen. Ferner belegen Quellen, dass Überlegungen bestanden, »Panzerblitz«-Raketen auf speziell modifizierten Jagdbombern mit gepanzerten Kanzeln und verbesserter Zieloptik (zum Beispiel Revi-Visieren mit höherer Zielauflösung) einzusetzen, was das System deutlich kampftauglicher gemacht hätte. Auch wenn diese Konzepte nicht mehr zur Reife gelangten, beeinflussten sie doch mittelbar spätere Entwicklungen wie das amerikanische »Zuni«-System oder die sowjetischen S-5-Raketen in der Nachkriegszeit.

Die Fw 190 F-8 konnte mit zwei Rosten für jeweils sechs »Panzerblitz«-Raketen ausgerüstet werden.

Manfred Griehl

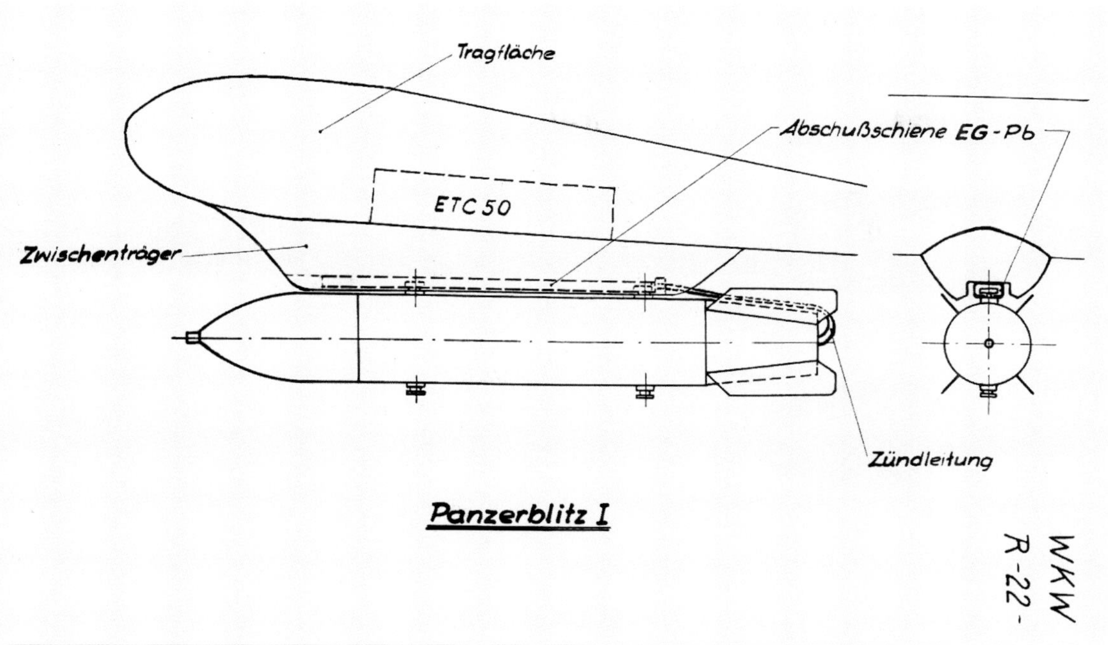

BArch RH 8-3529

Schematische Darstellung der zunächst am normalen Bombenschloss ETC 50 befestigten Abschussschiene EG-Pb des Panzerblitz I.

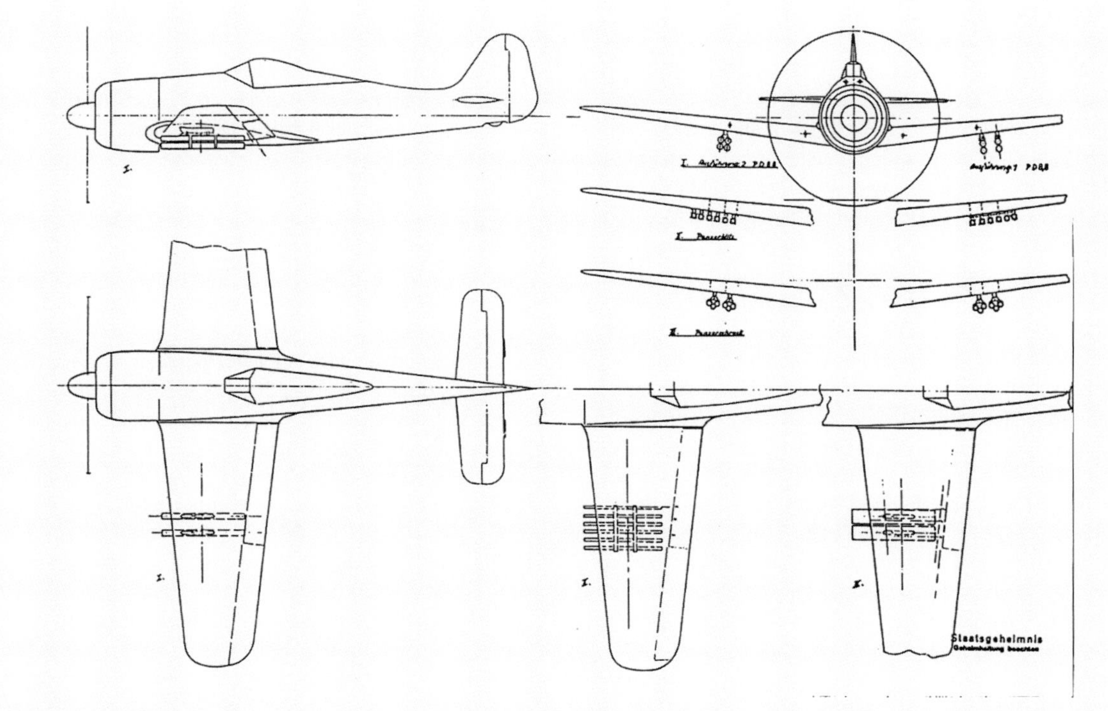

Manfred Griehl

Diese Übersicht zeigt alle entwickelten Möglichkeiten, eine Fw 190 F-8 mit dem »Panzerblitz«, dem »Panzerschreck« sowie mit der PD 8,8-Anlage auszurüsten. Die Verschussanlagen konnten acht oder zwölf Raketen unter den Flächen aufnehmen.

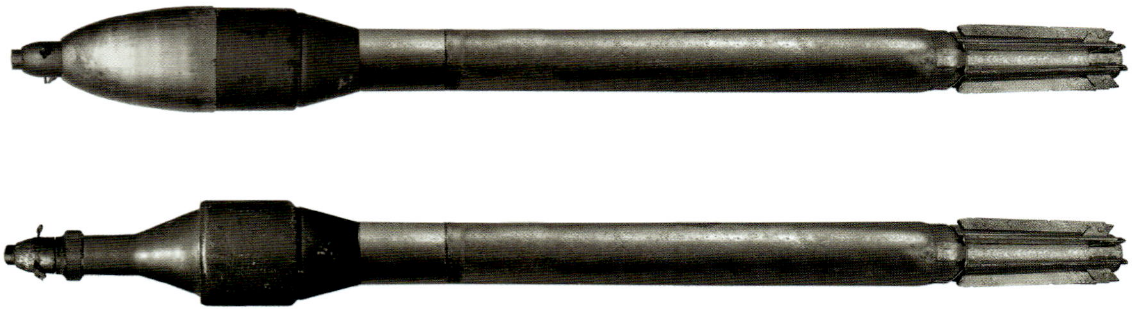

»Panzerblitz II« mit Gefechtskopf der RPz.B. Gr. 4322 mit und ohne ballistischer Haube. Das Antriebssystem wurde von der R-4/M-Rakete übernommen und verhalf der Rakete gegenüber dem »Panzerblitz 1« zu erheblich verbesserten Flugeigenschaften.

»Panzerblitz II«

Als verbesserte Version des »Panzerblitz I« entstand gegen Kriegsende der »Panzerblitz II« (Pb II). Während der »Panzerblitz I« im Wesentlichen aus einer umgebauten 8,8-cm-Raketensprenggranate bestand, kombinierte der »Panzerblitz II« dessen bewährten Hohlladungs-Gefechtskopf mit dem fortschrittlicheren Antriebs- und Leitwerkssystem der Luft-Luft-Rakete R-4/M, was ihn zu einem aerodynamisch stabileren und technisch weiterentwickelten Projektil machte. Durch die Verwendung des Raketenmotors der R-4/M besaß die neue Waffe eine gleichmäßigere Flugbahn, eine höhere Reichweite und Treffgenauigkeit – ein wesentlicher Vorteil bei der Bekämpfung gut gedeckter oder in Bewegung befindlicher Panzerziele ohne sich direkt gegnerischer Flak auszusetzen.

Bereits ab Dezember 1944 wurden spezielle Startvorrichtungen entwickelt und in kleiner Serie gefertigt. Dazu zählten Verschussroste mit sechs bzw. sieben Startschienen, die unter die Tragflächen vorhandener Focke-Wulf Fw 190 F-8 und F-9 montiert wurden. Während einzelne Versuche mit F-8-Maschinen stattfanden, kam in der E-Stelle Tarnewitz vor allem die robustere F-9-Variante für die Erprobung der Abschussgeräte zum Einsatz, die über ein verstärktes Tragwerk verfügte und daher besser für die Aufnahme der relativ schweren Raketenroste geeignet war. Die durchgeführten Erprobungen umfassten sowohl Standversuche als auch Messflüge zur Bestimmung des Schussverhaltens, des ballistischen Verlaufs und der Zielgenauigkeit in verschiedenen Flughöhen und Anflugwinkeln.

Die systematische Erprobung und Bewertung der neuen Rakete begann im Februar 1945 auf dem Erprobungsgelände in Tarnewitz. Zunächst wurden umfangreiche Bodenversuche zur Zündsicherheit, Abbrandgeschwindigkeit des Feststoffantriebs sowie zur Ermittlung des Abstrahlverhaltens der Leuchtspurhilfen durchgeführt. Nach erfolgreichem Abschluss dieser Phase kam es zu ersten Luftbeschüssen sowie zur Erstellung von Trefferbildern, die wichtige Daten zur Streuung, Trefferdichte und ballistischen Präzision lieferten. Zahlreiche Versuchsflüge erfolgten in enger Kooperation mit der Jagdgruppe 10 (JGr 10), die nicht nur Piloten und Maschinen bereitstellte, sondern auch operative Rückmeldungen zur Einsetzbarkeit der Waffe aus Pilotensicht lieferte. Die Ergebnisse waren vielversprechend: Der »Panzerblitz II« zeigte erheblich bessere Flugeigenschaften als sein Vorgänger und ermöglichte gezieltere Anflüge bei größerer Entfernung.

Besondere Bedeutung erhielt der »Panzerblitz II« darüber hinaus bei der Entwicklung neuer Schlachtflugzeuge, insbesondere der strahlgetriebenen Henschel Hs 132 sowie des experimentellen, sehr leichten Raketenjägers Junkers EF 126. Beide Muster waren auf minimalen Luftwiderstand, hohe Geschwindigkeit und maximale Waffenwirkung bei niedrigem Gewicht hin konzipiert – Eigenschaften, die mit der kompakten und leicht montierbaren Panzerblitz-Bewaffnung gut harmonierten. Für beide Typen war der Pb II bereits als Primärbewaffnung vorgesehen, wobei aufgrund der kompakten Abmessungen auch eine Reihung mehrerer Raketen unter den Tragflächen oder entlang des Rumpfs in Erwägung gezogen wurde. Noch bevor diese neuen Trägerplattformen einsatzbereit waren, begannen allerdings schon Überlegungen zur nächsten Evolutionsstufe der Panzerabwehrrakete – dem »Panzerblitz III«.

»Panzerblitz III«

Der »Panzerblitz III« unterschied sich von seinem Vorläufer vor allem durch einen weiter verstärkten Gefechtskopf mit verbesserter Hohlladung und eine nochmals optimierte Antriebseinheit. Auch wurden neue Materialien für das Leitwerk verwendet, um die Wärmebeständigkeit und Zielstabilität in größeren Höhen und bei höheren Anfluggeschwindigkeiten zu verbessern. Die neue Panzerabwehrwaffe gelangte Anfang 1945 allenfalls bis zur Werkserprobung. Sie sollte von denselben Rosten – wie auch die R-4/M – eingesetzt werden, so dass gleichzeitig auf eine größere Anzahl einsatzfähiger Maschinen hätte zurückgegriffen werden können. Aufgrund der sich drastisch verschlechternden Kriegslage wurde die Entwicklung jedoch nicht mehr über das Entwurfsstadium hinausgeführt.

Rückblickend stellt der »Panzerblitz II« und der »Panzerblitz III« einen technologisch beachtlichen Schritt dar: Es handelte sich um fortschrittliche, taktisch vielseitige Luft-Boden-Waffen, die – wären sie früher und in größerer Stückzahl zur Verfügung gestanden – das Einsatzprofil deutscher Jagdbomber erheblich erweitert hätte. Besonders in Kombination mit modernen, strahlgetriebenen Trägerflugzeugen hätte das System in bestimmten Einsatzszenarien der späten Kriegsphase punktuelle Vorteile gegenüber gegnerischen Panzerverbänden bringen können. Die gewonnenen Erkenntnisse flossen jedoch später in sowjetischen und westalliierte Nachkriegsentwicklungen von ungelenkten oder halbgeführten Raketen ein.

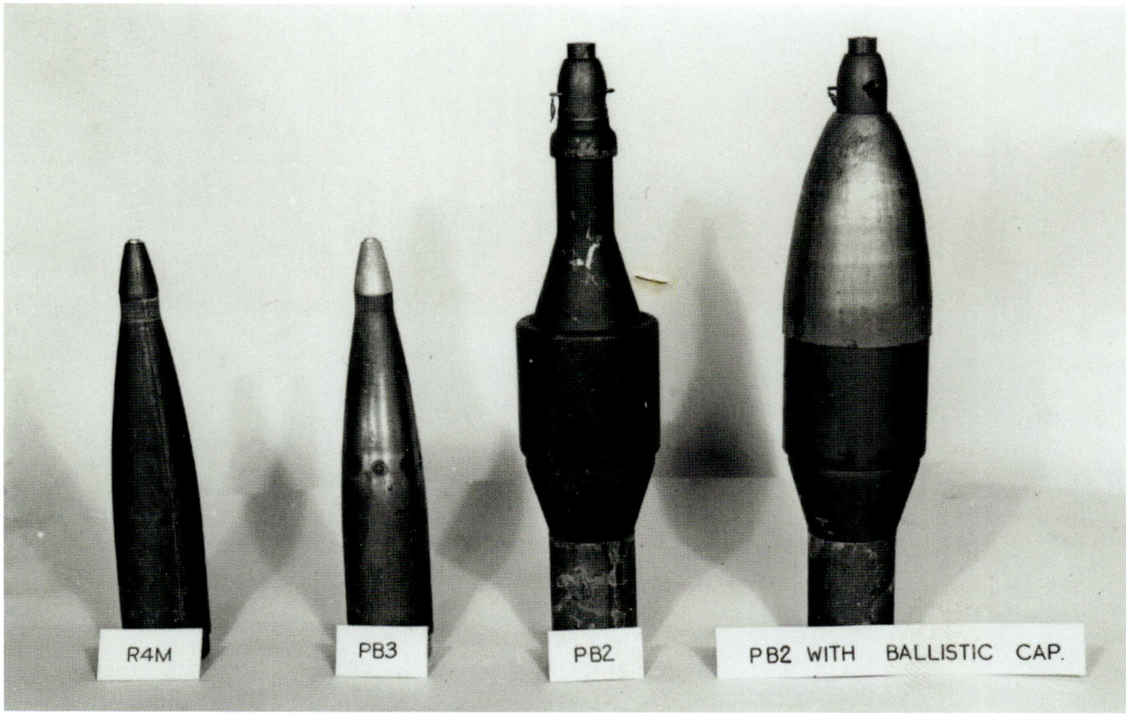

E.T.O ORD. TECH. INTELL. REPORT No. 333

Die Gefechtsköpfe mit denen der Raketenmotor der R-4/M ausgerüstet wurde: Minenkopf R-4/M, Panzerblitz 3 (Pb 3), Panzerblitz 2 (Pb 2) ohne ballistische Haube, und Panzerblitz 2 (Pb 2) mit ballistischer Haube.

Waffenbehälter mit »Panzerblitz«-Bestückung

Neben der Focke-Wulf Fw 190 in den Erdkampfvarianten F-8 und F-9 war auch vorgesehen, die vierstrahlige Arado Ar 234 C-3 – eine weiterentwickelte Ausführung des ersten einsatzfähigen deutschen Düsenbombers – mit der neuartigen Panzerabwehrrakete »Panzerblitz« auszurüsten. Im Rahmen eines im Oktober 1944 angestoßenen Planungsvorhabens sollten dazu drei Reihen mit jeweils fünf Abschussrosten installiert werden. Diese konnten entweder unter den Tragflächen montiert oder – bei zweimotoriger Konfigurationen – zusätzlich unter dem Rumpf sowie unter den Triebwerksgondeln angebracht werden. Die Ar 234 C-3 bot hierfür durch ihre Bauweise ausreichend Raum.

Jeder der insgesamt 15 »Panzerblitz«-Flugkörper verfügte über ein Kaliber von 8,8 cm und wog etwa 7 kg. Einschließlich der drei Startgestelle samt Halterungen, die selbst rund 50 kg wogen, ergab sich ein Gesamtgewicht von etwa 155 kg für die gesamte Waffenanlage. Angesichts der zu erwartenden Waffenwirkung ein hervorragender Wert. Als alternative Bewaffnungsoption wurde ein modulares System mit zwei eigens entwickelten Waffenbehältern konzipiert. Diese konnten jeweils bis zu 30 Raketen aufnehmen, sodass eine Gesamtzahl von 60 »Panzerblitz«-Geschossen mitgeführt werden konnte. Die leeren Behälter wogen jeweils rund 40 kg; unter Berücksichtigung der eingebauten Munition ergab sich ein Gesamtgewicht von etwa 540 kg. Dieses System hätte einen noch deutlich höheren Wirkungsgrad gegen Fahrzeugansammlungen oder Panzerformationen ermöglicht, stellte aber zugleich höhere Anforderungen an die Tragfähigkeit und strukturelle Festigkeit der Trägerplattform.

Eine operationelle Nutzung dieser Bewaffnung wurde ausschließlich für die Ar 234 C-3 oder deren projektierten Nachfolger Ar 234 C-5 als realistisch angesehen. Andere verfügbare Flugzeugmuster – einschließlich der bewährten Propellermaschinen – boten weder die notwendige Zuladungskapazität noch die aerodynamischen Voraussetzungen für die Integration des Systems ohne erhebliche Leistungseinbußen.

Trotz der vielversprechenden Konzepte und Planungen kam es jedoch nicht mehr zur praktischen Erprobung oder gar zum Fronteinsatz dieser Anlagen. Angesichts der sich rapide verschlechternden Kriegslage im Frühjahr 1945 wurden die Entwicklungen nicht weiterverfolgt und blieben im Prototypenstadium stecken.

Diese am 22.01.1944 zu Bruch gegangene Fw 190 F-8 war mit AG 140-Abschussrohren für den verbesserten »Panzerblitz« ausgerüstet.

Manfred Griehl

National Museum of the U.S. Air Force 231002-F-IO108-001

KAPITEL 6
FERNGELENKTE BORDRAKETEN

X-4-Rakete im National Museum of the U.S. Air Force.

Trotz etlicher Versuche kam die Erprobung der Ruhrstahl X-4 nur langsam voran. Die meisten dieser Raketen flogen anfangs noch ohne eigenen Antrieb.

Manfred Griehl

Bei Focke-Wulf in Hannover-Langenhagen wurden mehrere Fw 190 F-8 für die fliegerische Bewertung mit zwei untergehängten X-4-Flugkörpern hergerichtet.

Manfred Griehl

ZIELSUCHENDE TECHNIK – LENKRAKETEN

VON DER ERFINDUNG DER ERSTEN LENKWAFFEN

Bereits ab 1940 begannen deutsche Ingenieure und Rüstungsstellen mit der systematischen Entwicklung ferngesteuerter oder sich selbst lenkender Luftkampfmittel. Nach ersten grundsätzlichen Konzeptstudien wurden ab 1941 konkrete Projekte zur Konstruktion von Lenkraketen gestartet. Zu den frühesten und technisch ambitioniertesten Entwürfen zählten die X-4 – ein Gemeinschaftsprojekt der Deutschen Versuchsanstalt für Luftfahrt (DVL) und der Ruhrstahl AG – sowie diverse Lenkwaffen der Henschel-Werke. Parallel dazu entstanden auch fernlenkbare Abwurfwaffen wie die Gleitbombe Hs 293 und die präzisionsgelenkte Panzerbombe »Fritz X«.

So visionär diese Konzepte waren, so zahlreich waren auch die Hindernisse, die ihrer Umsetzung im Weg standen: technische Komplexität, mangelnde Produktionskapazitäten und ständige Änderungen der taktischen Anforderungen verzögerten die Einführung. Dennoch markieren diese Lenkraketen einen bedeutenden Wendepunkt in der Geschichte der Luftkriegsführung – den Übergang von ungelenkten zu präzisionsgelenkten Waffensystemen, wie sie in moderner Militärtechnik selbstverständlich sind.

Die folgenden Abschnitte konzentrieren sich auf die Entstehung, die Funktionsweise und den geplanten Einsatz dieser bemerkenswerten Raketenwaffen.

Einsatz gegen Luftziele

Als der Luftkrieg über Europa eskalierte, stießen herkömmliche Abwehrmittel wie Flakbatterien und Jagdflugzeuge zunehmend an ihre Leistungsgrenzen. Eine technologische Antwort darauf waren fernsteuerbare Raketen. Ziel dieser innovativen Entwicklungen war es, einzelnen Jagdflugzeugen die Möglichkeit zu geben, gegnerische Bomberverbände aus sicherer Distanz mit präzise gelenkten Flugkörpern zu bekämpfen. Systeme wie die drahtgelenkte X-4 standen sinnbildlich für einen Paradigmenwechsel im Luftkampf: Weg von der direkten Konfrontation – hin zu einer kontrollierten, distanzierten Form der Kriegsführung aus dem Hintergrund.

X-4 (8-344)

Die X-4 war die weltweit erste serienreife, ferngelenkte Luft-Luft-Rakete – ein technologischer Meilenstein der Raketentechnik, der nicht nur ein neues Kapitel in der Geschichte der Lenkwaffen aufschlug, sondern auch den Anspruch erhob, die Luftkriegsführung grundlegend zu verändern. Dieser bedeutenden Entwicklung sei im Folgenden besondere Aufmerksamkeit gewidmet.

Bereits im Jahr 1941 formulierte das Reichsluftfahrtministerium (RLM) das ambitionierte Ziel, eine sogenannte »Jägerrakete« zu schaffen – ein neues Waffensystem, das es Jagdflugzeugen ermöglichen sollte, feindliche Bomberverbände aus sicherer Entfernung und mit hoher Zielgenauigkeit zu bekämpfen. Die Vorstellung war revolutionär: Eine Rakete, gelenkt aus der Luft, die ihre Aufgabe ohne menschliches Risiko im Zielgebiet erfüllen konnte. Doch der Weg zu einer funktionsfähigen Lösung war lang und von zahlreichen Rückschlägen geprägt. Wechselnde Anforderungen, ständige technische Neuausrichtungen und fehlende Planungskontinuität führten dazu, dass die Entwicklung zunächst nur schleppend vorankam. Immer neue Forderungen ersetzten frühere Konzepte, ohne dass eine klare, langfristige Linie erkennbar wurde.

Erst Anfang 1942 kam Bewegung in das Projekt, als Dr.-Ing. Max Kramer von der Deutschen Versuchsanstalt für Luftfahrt (DVL) gemeinsam mit der Ruhrstahl AG die Verantwortung übernahm. Kramer verfolgte einen radikal neuen Ansatz: eine leichte, drahtgelenkte Rakete, speziell für den Luftkampf konzipiert. Unter seiner Leitung entstand die spätere »Kramer X-4«. Ihre Konstruktion war durchdacht: Ein kompaktes Geschoss mit kreuzförmigem Heckleitwerk, versehen mit vibrierenden Störkanten, die durch die Erzeugung gezielter Luftverwirbelungen zur Stabilisierung des Flugkörpers beitragen sollten. Dieses aerodynamische Prinzip versprach eine stabile Flugbahn bei gleichzeitig hoher Wendigkeit – ein entscheidender Vorteil im Gefecht gegen bewegliche Luftziele.

In den Augen des Oberkommandos der Luftwaffe galt die X-4 bald als eine der großen Hoffnungen im verzweifelten Abwehrkampf gegen alliierte Bomberflotten. Die operative Vorstellung ihres Einsatzes war, zumindest theoretisch, relativ simpel und bestechend klar: Der Pilot eines deutschen Jagdflugzeugs sollte auf einen feindlichen Bomberverband zusteuern und dabei die X-4 in grober Ausrichtung auf das Ziel abschießen. Nach Auslösung der Zündung stieg der Druck im Flüssigkeitsraketenmotor explosionsartig auf etwa 30 Atmosphären. Der Schub katapultierte die Rakete in Sekundenbruchteilen von der Startschiene, die unter dem Flugzeugrumpf, meist unter einem ETC-70-Träger, montiert war.

Kaum abgefeuert, traten die Leuchtpatronen in Aktion, die an den Enden der Tragflächen angebracht waren. Sie dienten nicht der Wirkung gegen das Ziel, sondern ausschließlich der optischen Verfolgung – sie ermöglichten dem Piloten, die Position und Fluglage der Rakete im Raum zu erkennen. Im Flug vollführte die X-4 etwa eine Umdrehung pro Sekunde um ihre Längsachse – eine Maßnahme zur Verbesserung der aerodynamischen Stabilität. Gleichzeitig begannen sich zwei hauchdünne Steuerdrähte von Spulen an den Flügelenden abzuwickeln – über diese wurde die Verbindung zwischen Flugzeug und Rakete während des gesamten Fluges aufrechterhalten.

Ein elektronisches Ausgleichsgerät sorgte dafür, dass die vom Piloten übermittelten Steuersignale geglättet und störungsfrei an die Ruderanlage der Rakete weitergeleitet wurden. Die eigentliche Steuerung übernahm der Flugzeugführer über einen kleinen, handlichen Steuerknüppel – den sogenannten Kommandogeber »Knirps«. Dieser war unmittelbar am Instrumentenbrett angebracht und ähnelte in seiner Funktion einem modernen Joystick. Über ihn konnte der Pilot während des Fluges präzise Korrekturen an der Flugbahn der X-4 vornehmen, wobei er gleichzeitig auch das Trägerflugzeug im Kurs halten musste – eine anspruchsvolle Doppelaufgabe unter Gefechtsbedingungen.

Die Steuerimpulse wurden vom Sender FuG 510 mit dem Decknamen »Düsseldorf« über die Drahtverbindung zur Rakete übertragen. Dort nahm das Funkgerät FuG 238 »Detmold« die Signale auf und leitete sie verzögerungsfrei an die Steuerflächen der Rakete weiter. So konnte die X-4 durch eine manuelle Drahtlenkung bis ins Ziel geführt werden – ein Prinzip, das später auch in anderen Waffensystemen zum Einsatz kommen sollte.

Je näher die Rakete ihrem Ziel kam, desto größer wurde die Gefahr, dass sie ihr Ziel im letzten Moment verfehlte – etwa durch ein abruptes Ausweichmanöver des Bombers. Um dies zu verhindern, war in der X-4 zusätzlich ein akustisches Zielsuchgerät mit dem Tarnnamen »Dogge« integriert. Dieses übernahm die Steuerung in der Endphase des Fluges und richtete die Rakete automatisch auf das Geräusch der feindlichen Triebwerke aus.

Im Idealfall näherte sich die X-4 dem Zielmotor bis auf wenige Meter. Bei einer Entfernung von etwa sieben Metern aktivierte der akustische Annäherungszünder »Meise« den Sprengkopf an der Spitze der Rakete. Die Detonation eines rund 20 kg schweren Sprengsatzes reichte aus, um selbst stark gepanzerte viermotorige Bomber empfindlich zu beschädigen oder vollständig zu zerstören. Schon ein Nahtreffer der X-4 konnte verheerende Folgen haben: Selbst ohne direkten Einschlag reichten die Druckwelle und die Splitterwirkung der Rakete aus, um Triebwerke, Tragflächen oder den Rumpf eines feindlichen Flugzeugs schwer zu beschädigen und es kampfunfähig zu machen. Bodenversuche belegten, dass selbst in einer Entfernung von über 15 m noch erhebliche strukturelle Schäden an der gegnerischen Flugzeugzelle zu erwarten waren – die zerstörerische Wirkung der X-4 war in jedem Fall beachtlich.

Doch bis zu diesem Punkt war es für Dr. Max Kramer und sein Team noch ein weiter Weg. Zunächst standen zahlreiche administrative und bürokratische Hürden im Vordergrund, die es zu überwinden galt. Vor der eigentlichen technischen Umsetzung war eine detaillierte Projektbaubeschreibung anzufertigen, die nicht nur sämtliche Entwicklungsaspekte abdeckte, sondern auch den formalen Anforderungen des Reichsluftfahrtministeriums genügen musste. Darüber hinaus war eine maßstabsgetreue Vollattrappe der geplanten Rakete im Maßstab 1:1 zu erstellen – ein aufwendiges Unterfangen, dessen Ziel es war, den oft überkritischen Vertretern des Technischen Amtes (TA) ein greifbares Bild des Vorhabens zu liefern und sie zugleich für die Idee zu gewinnen.

Erst nachdem diese Attrappe – und mit ihr die zugrunde liegende Konzeption – die Zustimmung der Experten im RLM gefunden hatte, konnte die eigentliche Entwicklungsarbeit in Gang gesetzt werden. Am 5. Juni 1943 wurde das Projekt offiziell unter der Bezeichnung »8-344«

NARA 342-FH 000235

Nach Kriegsende fiel diese X-4 A in die Hände der Alliierten, die das erbeutete Exemplar zu Untersuchungszwecken in die USA überführten. Die Bildunterschrift des zugehörigen Berichtes lautete: »Die X-4 war eine von mehreren neuen Waffen, die die Deutschen gegen Kriegsende zum Angriff auf unsere Flugzeuge entwickelten. Die X-4 ist ein drahtgesteuerter, raketengetriebener, flugfähiger, einsatzbereiter und schlagkräftiger Flugkörper mit einem potenziellen Todespotenzial.« (NARA)

Catalog of Enemy Ordnance Materiel-Part I, March 1, 1945

X-4-Rakete der zweiten Ausführung mit abgenommenem Zünder und Spulenträger.

in die militärische Systematik aufgenommen. Gleichwohl blieb intern der Name X-4 weiterhin in Gebrauch – ein Zeugnis der engen Verbindung zur ursprünglichen Vision ihres Schöpfers.

Ab dem Frühsommer 1944 war die Rakete für die Fertigung in Kleinserie vorgesehen. Ihre Konzeption folgte dabei einem klaren Prinzip: Sie sollte technologisch auf dem neuesten Stand, gleichzeitig jedoch in der Herstellung möglichst unkompliziert sein. Diese scheinbar widersprüchlichen Anforderungen sollten sich in einem ausgeklügelten Design vereinen. In der Bugsektion der etwa zwei Meter langen Rakete befand sich eine Offensivladung von 20 kg. Man ging mit voller Überzeugung davon aus, dass diese Sprengkraft ausreichte, um sämtliche zu jener Zeit eingesetzten Großbomber – insbesondere die schweren viermotorigen Maschinen der Alliierten – vollständig zu zerstören.

Der mittlere Rumpfabschnitt diente als Tragstruktur für vier gepfeilte Leitflächen aus Sperrholz, die in einem Winkel von 30 Grad angebracht waren und der Rakete eine Spannweite von etwa 75 cm verliehen. Zwei dieser Flächen trugen die bereits erwähnten Leuchtpatronen, die zur optischen Flugbahnverfolgung dienten. Die anderen beiden Flächen endeten jeweils in einem zylindrischen Behälter, aus dem sich während des Fluges hauchdünne Steuerdrähte abspulten. Im Inneren der Rakete, zwischen zwei separaten Kraftstofftanks, waren sowohl der Kurskreisel zur Stabilisierung als auch die Batterie zur Stromversorgung untergebracht. Die Brennkammer selbst wurde von drei stabilen Haltestangen getragen und über zwei Rohrleitungen mit Treibstoff versorgt – eine Konstruktion, die trotz ihrer Komplexität auf maximale Betriebssicherheit und Raumökonomie ausgelegt war.

Das Gesamtgewicht der X-4 lag bei rund 60 kg. Davon entfielen etwa 14,5 kg auf das Triebwerk sowie 8,5 kg auf die flüssigen Raketentreibstoffe. Beim Start erreichte das Geschoss eine Abschussgeschwindigkeit von durchschnittlich 180 m/s, entsprechend etwa 650 km/h. Die maximal zugelassene Geschwindigkeit war anfangs auf 320 m/s (etwa 1.150 km/h) limitiert. Die geplante Einsatzdistanz bewegte sich in einem Bereich von 2.000 bis 3.000 m. Um auf dieser Entfernung zuverlässig wirken zu können, war ein Triebwerk erforderlich, das unabhängig von der Fluglage eine konstante Leistung erzeugen konn-

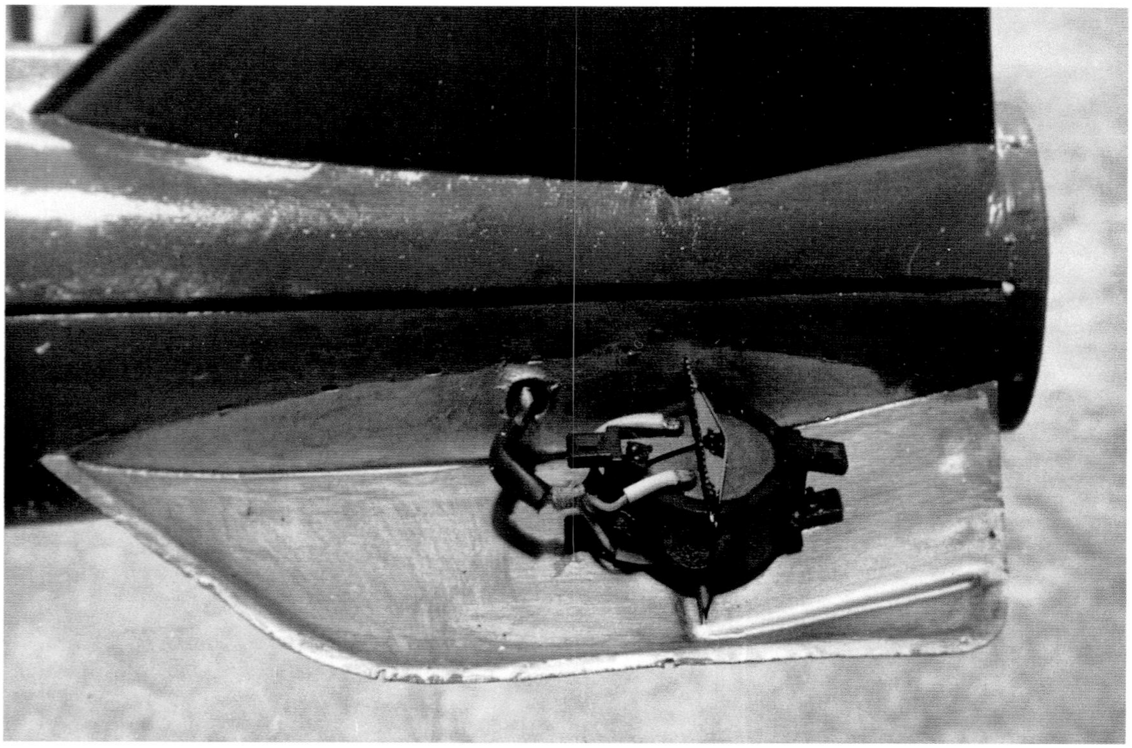

Manfred Griehl

Detailansicht des geänderten Leitwerks der X-4, bei der wegen der Anbringung eines »Elektromagneten mit Flossenkamm« das obere Leitwerksblech entfernt worden war.

te – eine der größten technischen Herausforderungen des Projekts.

Bei BMW wurde eigens hierfür ein innovativer Zweistoffantrieb entwickelt. Das rund 17 kg schwere Aggregat bestand im Wesentlichen aus zwei Druckluftbehältern, die von insgesamt 33 Windungen metallischer Rohrleitungen umgeben waren – davon 16 Windungen für den sogenannten R-Stoff und 17 für den S-Stoff, zwei spezielle, hochreaktive Komponenten. Nachdem sich gezeigt hatte, dass die Versuche bei der Deutschen Versuchsanstalt für Luftfahrt (DVL) nicht die gewünschte Dynamik entfalteten, wurde die Triebwerksentwicklung Anfang 1943 an BMW übergeben. In München-Allach entstand daraufhin unter der Bezeichnung BMW P 3378 ein erster, vielversprechender Flüssigraketenmotor, der anfänglich eine Schubkraft zwischen 1,08 und 1,28 kN (etwa 110 bis 130 kp) erreichte, später sogar bis zu 1,37 kN (140 kp).

Allerdings hatte dieses System erhebliche Nachteile: Die verwendeten Treibstoffe waren extrem gefährlich. Besonders die Salpetersäure, ein Bestandteil des R-Stoffs, reagierte korrosiv mit den zur Brennkammer führenden Rohrleitungen und verursachte wiederholt schwere Schäden. Es bedurfte zahlreicher Testreihen und Materialstudien, ehe geeignete, genügend widerstandsfähige Werkstoffe identifiziert werden konnten, die dem chemischen Angriff standhielten. Schließlich wurde dem Triebwerk die offizielle RLM-Bezeichnung 109-548 zugewiesen. Die im Anschluss gefertigte Nullserie der Triebwerke zeigte bereits eine beachtliche Leistungsstabilität: Über einen Zeitraum von mehr als 22 Sekunden lieferte das Aggregat einen konstanten Schub von durchschnittlich 1,37 kN – eine bemerkenswerte Leistung für jene Zeit. Dennoch blieb die Zuverlässigkeit des Systems problematisch. Während der Erprobung kam es wiederholt zu Ausfällen und sogar Explosionen, was das Vertrauen in den Flüssigtreibstoffantrieb erheblich belastete.

Die sicherheitstechnischen Bedenken gegenüber dem ursprünglich vorgesehenen Flüssigantrieb der X-4-Rakete, die trotz intensiver Prüfungen und weitreichender Schutzmaßnahmen nie vollständig ausgeräumt werden konnten, führten schließlich zu einer grundlegenden Überprüfung der Antriebskonzeption. Auf Anregung der Deutschen Versuchsanstalt für Luftfahrt (DVL) wurde daher die Entwicklung eines alternativen Feststoffantriebs ins Auge gefasst. Als besonders aussichtsreich erwies sich hierbei der Schmidding-Raketenmotor mit der Bezeichnung 109-603, ein System, das auf einer gepressten Diglycol-Pulverladung basierte. Diese konnte eine konstante Schubkraft von rund 150 kp erzeugen. Auch wenn die Brenndauer mit lediglich acht Sekunden recht kurz bemessen war, vertrauten die beteiligten Ingenieure darauf, dass diese Zeitspanne unter realistischen Einsatzbedingungen ausreichend sein würde. Man rechnete mittlerweile ohnehin nicht mehr mit den ursprünglich angestrebten Bekämpfungsdistanzen von bis zu 3.000 m. Vielmehr gingen die Planer davon aus, dass der tatsächliche Kampfabstand deutlich darunter liegen würde – eine Einschätzung, die vor allem auf Erfahrungswerten aus dem Fronteinsatz und technischen Simulationen beruhte.

Der Feststoffantrieb versprach nicht nur eine spürbar höhere Betriebssicherheit, sondern auch eine drastische Vereinfachung in Logistik und Handhabung – zwei Faktoren, die im angespannten Material- und Personalzustand des späten Kriegsjahres 1944 von besonderer Bedeutung waren. In Zeiten zunehmender Produktionsengpässe, rückläufiger Rohstoffverfügbarkeit und kritischer Transportsituation wurde jeder Fortschritt, der die Komplexität der Fertigung reduzieren konnte, zu einem strategischen Vorteil.

Parallel zu diesen Entwicklungen arbeitete man bei BMW intensiv daran, den bisherigen Flüssigantrieb trotz aller Widrigkeiten weiter zu verbessern. Zwar blieb es bei der Verwendung der gefährlichen Treibstoffe S-Stoff (auch unter dem Decknamen »Salbeik« bekannt) und R-Stoff (»Tonka 250«), doch konnten sowohl die Zuverlässigkeit als auch die Leistung des Aggregats spür-

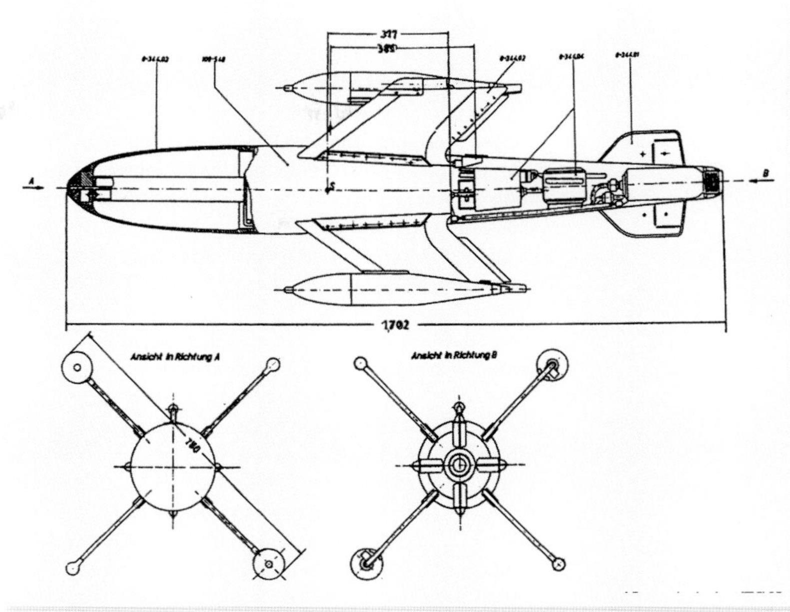

Manfred Griehl

Originalzeichnung der ersten Musterausführung der X-4 A aus dem Jahr 1944.

bar gesteigert werden. Die maximale Schubkraft wurde schließlich auf bis zu 1,47 kN (150 kp) erhöht – ein beachtlicher Fortschritt, der BMWs Antriebstechnologie in Konkurrenzfähigkeit zu anderen Systemen brachte. Die technische Leitung lag in den Händen von Dipl.-Ing. Ziegler, der unter der Gesamtverantwortung von Dr.-Ing. Helmut von Zborowski agierte. Ihm gelang die Optimierung entscheidender Komponenten, insbesondere bei der Auslösung des Antriebs.

Die Zündung selbst erfolgte durch einen bemerkenswert komplexen Mechanismus: Zwei Kleinkaliber-Geschosse perforierten gleichzeitig jene Membranen, die bis dahin die Verbindung der hypergolen Treibstoffe verhinderten. Kurz darauf setzte unter enormem Druck – etwa 120 Atmosphären – komprimierte Förderluft ein, die eine weitere Sicherheitsmembran durchbrach und so die Tanks aus Leichtmetall unter Druck setzte. Dies wiederum führte zur Freigabe der Treibstoffe, die sich im Verhältnis 4,1:1 mischten und spontan miteinander reagierten. Dennoch zeigten Bodentests, dass die hohe Anfangsschubkraft von 1,47 kN schon nach kurzer Zeit auf etwa 35 kp absank – ein Umstand, der für die operative Tauglichkeit erhebliche Einschränkungen bedeutete. Zwar stand das Triebwerk kurz vor Kriegsende technisch nahezu vor der Serienreife, doch fehlten zunehmend die notwendigen hochwertigen Materialien für eine industrielle Fertigung.

Im März 1945 wurde das Entwicklungsteam schließlich durch Dr. Lübke sowie mehrere Fachkräfte der Siemens-Schuckert-Werke verstärkt. Trotz ihres fachlichen Know-hows blieb angesichts des rasch vorrückenden Kriegsverlaufs keine Zeit mehr für grundlegende Verbesserungen. In Karlshagen verzögerten sich die Tests mit dem modifizierten BMW-Triebwerk aufgrund von Personalengpässen, und schon bald mussten die Prüfstände endgültig geräumt werden, da alliierte Verbände überraschend schnell die Ostseeküste erreichten.

Gleichwohl wurde die Entwicklung anderer kritischer Systeme fortgesetzt – allen voran der Zündertechnik. Besonders große Herausforderungen ergaben sich beim sogenannten »Dogge«-Gerät, einem neuartigen Annäherungszünder mit zwei hochsensiblen Kristallmikrophonsonden. Diese Sonden waren dazu gedacht, akustische Signaturen anfliegender Flugzeuge zu erfassen und dadurch eine automatische Detonation in unmittelbarer Nähe des Ziels auszulösen. Allerdings reagierten sie äußerst empfindlich auf Störgeräusche – etwa Triebwerksgeräusche der eigenen Trägermaschine oder atmosphärische Störungen – was zu wiederholtem Systemversagen führte. Hinzu kamen Schwierigkeiten bei der elektrischen Verschaltung der Bauteile, da die filigrane Technik der damaligen Zeit kaum mit den für den Flugkörper typischen Belastungen kompatibel war. Die komplexe Elektronik war nicht ausreichend resistent gegenüber Vibrationen, thermischen Einflüssen und elektromagnetischen Interferenzen, was den Entwicklungsprozess erheblich verzögerte.

Da »Dogge« noch nicht einsatzbereit war, wurde ab Sommer 1944 entschieden, die ersten Serienmodelle der X-4 ohne diesen Zünder auszuliefern. Stattdessen setzte man zunächst auf konventionellere Lösungen wie einfache Aufschlagzünder. Dennoch wurde das Dogge-Gerät unter Leitung von Dr. Benecke bei Telefunken weiterentwickelt. Am 31. Januar 1945 wurde das Projekt sogar in das sogenannte Führer-Notprogramm aufgenommen – eine Initiative zur beschleunigten Fertigstellung technologisch vielversprechender Waffensysteme in der Endphase des Krieges. Im Zuge dessen wurden vorsorglich 20.000 Einheiten bestellt, obwohl die Serienfertigung aufgrund mangelnder industrieller Kapazitäten kaum mehr anlaufen konnte. Nur eine Handvoll Versuchsmuster konnte bis Kriegsende an das Erprobungszentrum in Karlshagen geliefert werden.

Ein ähnliches Schicksal ereilte den Abstandszünder »Meise«, der bei der Reichspostforschungsstelle entwickelt wurde. Aufgrund

Schematische Darstellung der X-4-Rakete:

1 **Raketenmotor**
2 **Salbei-Tank**
3 **Tonka-Tank**
4 **Druckluftflaschen**
5 **Ventil**
6 **Zünder (akustisch)**
7 **Flügel**
8 **Spulenträger**
9 **Steuerdraht**
10 **Leuchtpatrone**
11 **Steuerkreisel**
12 **Batterie**

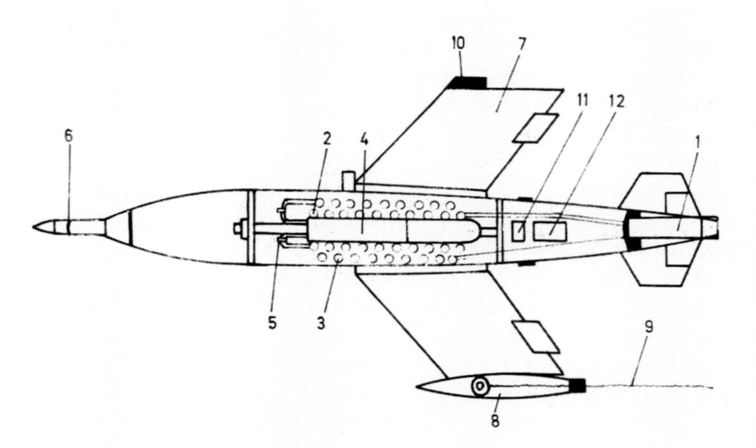

National Museum of the U.S. Air Force 051021-F-1234P-030

Die X-4 -Rakete ist ein Beispiel der fortgeschrittenen deutschen Technolgie, die die Entwicklung zukünftiger Waffensysteme vorwegnahm und begünstigte. (National Museum of the U.S. Air Force)

zahlreicher technischer Schwierigkeiten und einer unzureichenden Versorgungslage konnten bis Anfang 1945 lediglich drei Versuchsexemplare hergestellt werden. Trotz intensiver Entwicklungsarbeit geriet das Projekt ins Stocken und musste schließlich im April 1945 eingestellt werden.

Vor dem Hintergrund der ausbleibenden Fortschritte im Bereich der Annäherungszündung rückte die Optimierung des Gefechtskopfs verstärkt in den Mittelpunkt. In Ermangelung eines funktionsfähigen Abstandszünders plante man den Einbau verschiedener Aufschlagzünder. Der ursprüngliche Sprengkopf war etwa 0,45 m lang, wog rund 20 kg inklusive Verkleidung und war mit hochexplosivem Sprengstoff gefüllt. Die Wandstärke betrug 10 mm, was eine gewisse Penetrationswirkung versprach. In einer weiterentwickelten Version sollte der Sprengkopf durch eine 24 kg schwere Offensivladung ersetzt werden, die mit dem neuartigen brisanteren Plastiksprengstoff Nipolit gefüllt war. Diese Ladung, unter Leitung von Dr.-Ing. von Holt bei der Westfälisch-Anhaltinischen Sprengstoff AG (WASAG) entwickelt, war insbesondere gegen schwere viermotorige Bomber wie die Boeing B-29 ausgelegt. Ihre Spreng- und Gasschlagwirkung sollte selbst robuste Zielkonstruktionen vollständig zerstören können. Allerdings führte die sich immer weiter verschärfende Versorgungslage mit Explosivstoffen dazu, dass die Serienproduktion dieser verbesserten Gefechtsköpfe nie aufgenommen wurde.

Die Flugerprobung der X-4 begann bereits im Spätsommer 1944. Erste Startversuche erfolgten vom Boden aus auf einem Schießplatz bei Bielefeld, bei denen fünf erfolgreiche Schrägstarts mit Feststofftriebwerken durchgeführt wurden. Im weiteren Verlauf fanden über der Ostsee, insbesondere in der Nähe von Karlshagen auf Usedom, ausgedehnte Flugtests statt. Dabei kamen zunächst Heinkel He 111 H-6 als Trägermaschinen zum Einsatz, später leistungsfähigere Typen wie die Junkers Ju 88 S-1 (VL+KY) und Ju 88 G-1 (GF+XC). Der erste Abwurf einer antriebslosen X-4-Zelle erfolgte am 11. August 1944 von einer He 111 – ein Versuch, der ausschließlich der Untersuchung des aerodynamischen Verhaltens diente. Bis zum 10. September wurden neun weitere Prototypen aus großer Höhe abgeworfen, gefolgt von sechs weiteren im Oktober. Um den 8. Oktober 1944 setzte eine Fw 190 (GO+KJ) insgesamt 16 antriebslose Raketen ab. Am 14. Oktober kam erstmals eine Ju 88 S-1 für Erprobungen zum Einsatz, bis zum 26. November folgten 17 weitere Versuchsmuster.

Parallel zu den Flugversuchen fanden bei Ruhrstahl und BMW umfangreiche Bodenerprobungen statt. Mindestens elf weitere X-4-Raketen wurden für stationäre Teststände verwendet. Ende Dezember begannen auf dem Testgelände im Dachauer Moos bei München-Allach die ersten Starts mit betriebsbereiten Triebwerken. Anfangs griff man auf provisorische Feststoffantriebe zurück, ehe auf das eigens entwickelte BMW-Flüssigkeitstriebwerk umgestellt wurde. Die Tests wurden von Technikern der Elektromechanischen Werke (EMW) und des Versuchskommandos Nord begleitet. Dabei konnten in Bodennähe Flugreichweiten zwischen 3.500 und 5.500 m erzielt werden – ein für damalige Verhältnisse bemerkenswerter Wert. Aufgrund der sich rasch verschlechternden Kriegslage wurden die Erprobungen im Januar 1945 nach Sagan in Schlesien verlegt. Auf dem Arado-Testgelände bei Küpper begannen am 30. Januar neue Flugversuche – die jedoch bereits am Folgetag durch die Ankunft eines Luftwaffenverbands jäh unterbrochen wurden.

Trotz widriger Umstände gelangen zwischen dem 8. und 14. Januar drei erfolgreiche Flüge mit stabilisiertem Schubverlauf unter Einsatz des BMW-Triebwerks. Dennoch zeigte der abschließende Bericht des Chefs der Technischen Luftwaffenrüstung vom 28. Februar 1945 eine ernüchternde Bilanz. Neben der zunehmenden Knappheit an Versuchsmaterial verursachten Triebwerksprobleme und Lieferverzögerungen bei Kleinteilen – vor allem infolge zerstörter Transportwege – gravierende Verzögerungen.

Immerhin gelang es, die vormals störanfälligen Drahtspulen durch eine überarbeitete Konstruktion zu verbessern. Die grundlegenden Herausforderungen mit dem Flüssigkeitstriebwerk blieben jedoch bestehen. Aus diesem Grund wurden unter Aufsicht der E-Stelle Karlshagen nochmals 40 Starts mit Schmidding-Feststoffantrieben durchgeführt, die überwiegend zufriedenstellende Ergebnisse lieferten. Dennoch kam es zu kritischen Zwischenfällen: Bei einem Versuch brach das Heck des Flugkörpers während des Abwurfs ab, bei einem anderen explodierte das Triebwerk unmittelbar nach dem Zünden, wobei ein Fw 190-Pilot nur knapp dem Tod entging. Die zu kurze Brenndauer des Schmidding-Antriebs verhinderte letztlich den für März 1945 geplanten operativen Einsatz.

Anfang April 1945 wurde die gesamte Entwicklung der X-4 abrupt eingestellt – ein klares Signal dafür, dass das Projekt angesichts der sich zuspitzenden militärischen Gesamtlage nicht länger zu rechtfertigen war. Damit endete auch die Weiterentwicklung der Drahtlenkung, die ursprünglich als eine der Schlüsseltechnologien der X-4 galt. Zwar hatten frühere Tests gezeigt, dass die Drahtsteuerung bei Fluggeschwindigkeiten bis etwa Mach 0,9 durchaus stabil funktionierte. Die verwendeten Steuerdrähte – isoliert und nur 0,2 mm dick – erreichten beeindruckende Längen von bis zu 5.500 m. Doch bei höheren Geschwindigkeiten stießen sie an ihre physikalischen Grenzen: Die entstehenden Zugkräfte waren bei Überschallgeschwindigkeit so enorm, dass ein Reißen der Drähte nahezu unausweichlich erschien. Daher wurde eine Umstellung auf Funkfernlenkung für zukünftige Varianten als unabdingbar angesehen.

Auch abseits der technischen Aspekte gab es sicherheitsrelevante Bedenken: Bei Einsätzen über dem eigenen Territorium wäre der abgespulte Draht auf den Boden gefallen – mit potenziellen Gefahren für Stromleitungen, Verkehrswege oder die Zivilbevölkerung. Angesichts der zunehmenden Zerstörung in der Heimatfront war dies ein Risiko, das kaum noch zu rechtfertigen war.

Industriepolitisch stand das gesamte X-4-Programm ebenfalls unter keinem guten Stern. Wiederholte alliierte Luftangriffe legten zentrale Produktionsanlagen lahm. Der Versuch, die Fertigung in das als bombensicher geltende »Mittelwerk« zu verlagern, scheiterte an Materialmangel, Transportproblemen und Personalknappheit.

Die Oberste Luftwaffenleitung (OKL) hatte am 11. Dezember 1944 noch die großflächige Einführung der X-4 beschlossen, etwa an der Focke-Wulf Fw 190 D-9 und der Messerschmitt Me 262 A-1a. Diese Pläne zerschlugen sich jedoch bald. Gleichwohl erlosch das technische Interesse an der Waffe nicht gänzlich: In einem letzten Versuch, das Projekt zu retten, wurden auch leistungsfähige Trägermodelle wie die Ta 152, insbesondere die Varianten D-12 und D-13, für den Einsatz mit der X-4 in Betracht gezogen. Sogar Konzepte zur Bestückung größerer Flugzeuge wie der Ju 88 G-1 oder der Ju 388 J-1 mit bis zu vier Raketen wurden diskutiert – ein Hinweis darauf, wie ernsthaft man selbst in den letzten Monaten des Krieges an eine operative Nutzung glaubte. Doch letztlich war der Zusammenbruch des Dritten Reichs schneller als jede technische Ambition.

Die X-4 war ein Waffensystem, das seiner Zeit weit voraus war: Eine präzise lenkbare Rakete, gesteuert aus der Distanz, durchaus mit dem Potenzial, das Kräfteverhältnis im Luftraum zugunsten der Verteidiger zu verschieben. Auch wenn die X-4 letztlich nicht mehr zum Fronteinsatz kam, bleibt sie als Meilenstein der Militärtechnik in Erinnerung – als Vorläufer heutiger Luft-Luft-Raketen und als Symbol für den rasanten technischen Fortschritt in einer Zeit des totalen Krieges.

Gerät »Oberon«

Das sogenannte Gerät »Oberon« war eine optische Zielverfolgungseinrichtung, die zur Steuerung deutscher funkferngelenkter Raketen entwickelt wurde. Mit Hilfe dieses Systems konnte eine Rakete visuell auf ein Ziel – beispielsweise einen feindlichen Bomber – ausgerichtet und ihr Kurs während des Fluges angepasst werden. Es war für die Raketen X-4 und R 100 BS vorgesehen. Das Herzstück des Geräts war eine spezielle Optik mit Strichplatte, durch die der Bediener gleichzeitig sowohl das Ziel als auch die eigene Rakete beobachten konnte. Über einen Steuerknüppel oder Hebel konnten per Funkkursimpulse an die Rakete gesendet werden, um sie präzise ins Ziel zu lenken.

Technisch basierte das »Oberon«-System auf einem im Jagdflugzeug installierten Funkmessgerät, das einen starren Leitstrahl nach vorne projizierte. Vor dem legte der Pilot die Zündzeit für Geschoss und Zielrechner fest. Danach bestand seine Hauptaufgabe darin, das Ziel im Visier zu halten. Das Funkmessgerät erfasste kontinuierlich die Entfernung zum Ziel, während der integrierte Rechner die Annäherungsgeschwindigkeit berechnete.

Sobald das Flugzeug die optimale Schussdistanz erreicht hatte, löste der Rechner automatisch den Abschuss der Rakete aus, indem ein elektrischer Stromkreis aktiviert wurde. Die Rakete war so programmiert, dass sie nach einer voreingestellten Flugzeit rund 75 m vor dem Ziel explodierte. Die exakte Durchführung dieses Vorgangs erforderte vom Bediener höchste Konzentration, da er das eigene Flugzeug steuern und gleichzeitig permanent das Ziel und die Rakete verfolgen und die Flugbahn aktiv korrigieren musste. Farbige Leuchtspuren am Heck der Rakete ermöglichten eine gute Sichtbarkeit während des Fluges.

Das Gerät »Oberon« war Teil eines technisch anspruchsvollen, jedoch nicht mehr wirksam gewordenen Waffensystems. Es gilt als frühes Beispiel optisch gesteuerter Waffen und stellt einen technologischen Vorläufer moderner Luft-Luft-Lenkwaffen dar.

Hs 117 H

Die Henschel Hs 117 H stellte eine luftgestützte Weiterentwicklung der ursprünglich bodengebundenen Flakrakete »Schmetterling« dar und war primär für den Einsatz gegen schwere alliierte Bomberverbände konzipiert. Ihre Aufgabe bestand darin, feindliche viermotorige Maschinen wie die britische Lancaster oder die US-amerikanische B-17 und über Europa zu erwartende B-29 bereits in großen Höhen abzufangen und zu zerstören. Das Projekt spiegelte die zunehmende Verlagerung der Luftkriegsführung in den vertikalen Raum wider, da konventionelle Abwehrmaßnahmen mit Flak und Jagdflugzeugen immer seltener ausreichten, um die alliierten Luftoffensiven wirksam einzudämmen.

Ursprünglich war vorgesehen, die Hs 117 H mit einem Feststoffantrieb der Westfälisch-Anhaltischen Sprengstoff AG (WASAG) auszustatten. Dieses Triebwerk mit der Bezeichnung 109-512 sollte für einen sicheren und wartungsarmen Betrieb sorgen. Allerdings erwiesen sich die praktischen Eigenschaften dieses Antriebs als unzuverlässig. Technische Schwierigkeiten bei der Umsetzung führten dazu, dass man sich gezwungen sah, auf ein bereits bestehendes Flüssigkeitstriebwerk der Bayerischen Motorenwerke (BMW) zurückzugreifen. Dieses Triebwerk, intern unter der Bezeichnung 109-558 geführt, war ursprünglich für andere Raketenprojekte entwickelt worden, entsprach aber in den grundlegenden Anforderungen auch für die Hs 117 H.

Der BMW-Antrieb besaß eine Brenndauer von 57 Sekunden und entwickelte dabei einen Schub von rund 400 kp. Damit war es möglich, die Rakete auf eine maximale Geschwindigkeit von etwa 250 m/s zu beschleunigen, was rund 900 km/h entsprach – ein beachtlicher Wert, gemessen an den damaligen technischen Rahmenbedingungen. Die geometrischen Abmessungen der Hs 117 H entsprachen denen einer mittelgroßen Lenkwaffe: Bei einer Länge von 3,69 m (ohne Zünder), einer Spannweite von exakt zwei Metern und einem Rumpfdurchmesser von 35 cm war sie dennoch kompakt genug, um unter Flugzeugtragflächen mitgeführt zu werden.

Wie schon bei der X-4 setzte man bei der Steuerung auf ein drahtgebundenes System. Zwei dünne, isolierte Drähte wurden während des Flugs hinter der Rakete abgewickelt, über die der Bordschütze oder Waffenspezialist die Lenkkommandos übermitteln konnte. Dieses Verfahren war im Prinzip erprobt, wenn auch anfällig für mechanische Beschädigungen und Signalstörungen, vor allem bei längeren Einsatzdistanzen oder hohen Fluggeschwindigkeiten.

Für die Zündung der Rakete waren mehrere verschiedene Systeme vorgesehen. Dazu zählten unter anderem die Geräte mit den Codenamen »Meise«, »Marabu«, »Fox« und »Kakadu« – allesamt teils experimentelle Entwicklungen, die sich hinsichtlich Zuverlässigkeit und Reaktion auf Annäherung noch in unterschiedlichen Stadien der Erprobung befanden. Auch bei der Gefechtskopfbestückung wurden verschiedene Varianten untersucht. Eine Möglichkeit sah eine 36 kg schwere Splitterladung mit insgesamt 643 Brandkörpern vor, welche bei Detonation eine verheerende Streuwirkung im Zielbereich entfaltete. Alternativ stand eine 60 kg schwere Nipolit-Füllung zur Verfügung – ein plastischer Sprengstoff, der sich durch seine hohe Gasschlagwirkung bei vergleichsweise geringem Volumen auszeichnete. In der leistungsstärksten Konfiguration sollte ein Minenkopf mit 100 kg Sprengstoff eingesetzt werden, der gezielt zur Zerstörung schwer gepanzerter Großflugzeuge wie der US-amerikanischen B-29 konzipiert war.

Erste Flugerprobungen begannen im Mai 1944, als eine Hs 117 H-Zelle ohne Antrieb erstmals von einer Heinkel He 111 H abgeworfen wurde. Ziel dieser Tests war es, das aerodynamische Verhalten der Rakete im freien Fall zu analysieren. Die eigentliche Flugerprobung begann jedoch erst ab Ende August 1944. In diesem Zeitraum wurden mehrere Raketen auf große Flughöhen geschleppt und dort von einer He 111 aus ausgeklinkt. Auf diese Weise konnte man unter realitätsnahen Bedingungen wertvolle Daten zum Gleit- und Steuerverhalten sammeln. Bis zum 10. September 1944 folgten drei weitere Abwurfserprobungen, die dazu dienten, die Funktionsweise unter variierenden Bedingungen zu bewerten.

Parallel dazu wurde in Peenemünde-West mit der Erprobung einer Version begonnen, die mit dem BMW-109-558-Triebwerk ausgestattet war. Insgesamt 28 solcher Einheiten wurden dort getestet. Die Rakete zeigte in dieser Konfiguration insgesamt akzeptable Leistungen, wenn auch die erhoffte Waffenwirkung gegen gut geschützte Zielverbände nur in bestimmten Varianten gewährleistet war.

Für den tatsächlichen Fronteinsatz plante man, die Hs 117 H unter anderem von der Junkers Ju 388 oder der

Schematische Darstellung der Hs 117 H.

1 **Abstandszünder**
2 **Geräteraum (Lenkanlage)**
3 **Gefechtskopf**
4 **Druckluftbehälter**
5 **Armaturen**
6 **Startantrieb**
7 **Salbeibehälter**
8 **Brennstoffbehälter**
9 **Steuerventil**
10 **Brennkammer**
11 **Stromerzeuger mit Propeller**
12 **Querruder**
13 **Höhenruder**

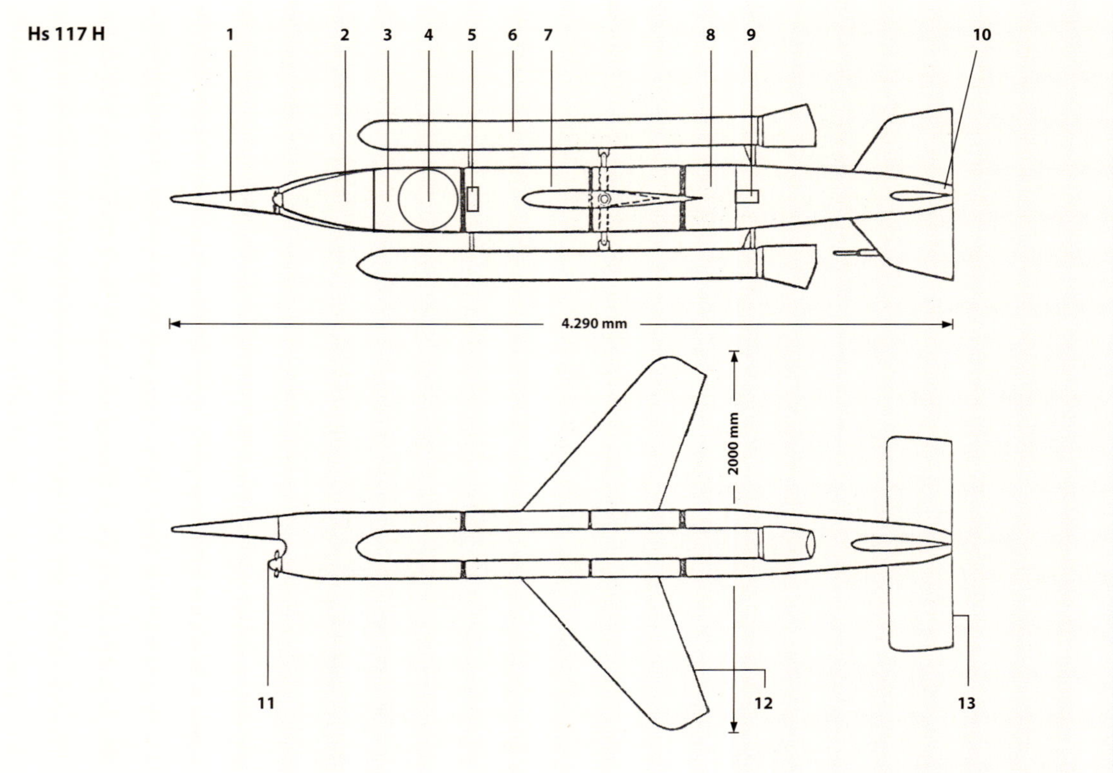

fortschrittlichen Dornier Do 335 abzufeuern – zwei Maschinen, die aufgrund ihrer Leistungsreserven und Tragkraft besonders geeignet erschienen. Die Einsatzdoktrin sah vor, dass die Rakete gezielt gegen Bomberformationen eingesetzt werden sollte, bevor diese ihre Bombenlast über deutschen Städten abwerfen konnten.

Trotz mehrfacher technischer Anpassungen und Verbesserungen, die über den Jahreswechsel 1944/45 hinweg in die Serienproduktion einfließen sollten, standen erste funktionsfähige Serienmodelle erst ab Januar 1945 zur Verfügung. Doch zu diesem Zeitpunkt war die militärische und politische Lage des Dritten Reichs bereits so desolat, dass selbst technisch ausgereifte Systeme kaum noch operative Relevanz entfalten konnten.

Am 6. Februar 1945 erfolgte schließlich auf Anweisung von SS-Obergruppenführer und General der Waffen-SS Dr.-Ing. Hans Kammler der endgültige Abbruch aller Arbeiten an der Hs 117 H. Auch ein in letzter Minute vorgelegter Vorschlag zur Entwicklung einer nochmals stark verbesserten Version der Rakete konnte das Aus des Projekts nicht mehr abwenden. Damit endete ein weiteres Kapitel deutscher Raketenentwicklung, das zwar vielversprechend begonnen hatte, jedoch unter dem Druck kriegsbedingter Ressourcenknappheit und fortschreitender Frontverluste letztlich keine Chance auf Umsetzung fand.

Hs 118

Infolge der unzureichenden Zusammenarbeit aller beteiligten Stellen kamen die Arbeiten an der Henschel Hs 118 gegen Anfang 1945 nur sehr langsam voran. Es sollte sich hierbei um eine Abwandlung der Boden-Luft-Rakete Hs 117 gehandelt habe. Die neue Waffe sollte einen wesentlich stärkeren Antrieb besitzen und für die Verwendung als Flugzeugbewaffnung geeignet sein. Wegen des verstärkten Antriebssystems steht zu vermuten, dass hier eine Überschall-Jägerrakete im Entstehen war. Mitte Januar 1945 bemerkte der Chef TLR zur Hs 118, dass vorerst mit dem Serienanlauf noch nicht zu rechnen wäre, da bislang zu viele Probleme ungelöst geblieben wären. Die Entwicklung wurde daher ab Februar 1945 ebenfalls auf Weisung von Dr.-Ing. Hans Kammler eingestellt.

Hs 293 H

Die »Pulkzerstörer-Rakete« Hs 293 H sollte der Bekämpfung größerer Bomberverbände dienen. Hierzu sollte die Bordwaffe aus einer Entfernung von bis zu 3.500 m ausgelöst und im Zieldeckungsverfahren mitten in den 500 bis 2.000 m tiefer fliegenden Pulk gesteuert werden. Als Zündeinrichtung waren die von der X-4 und der Hs 117 H bekannten Anlagen wie beispielsweise die »Meise« geplant. Aber auch akustische Annäherungszünder wie das Gerät »Rheingold« kamen in Frage. Die Hs 293 H unterschied sich von den Luft-Boden-Gleitbomben, beispielsweise der Ausführung Hs 293 A-1, durch eine wesentlich verbesserte Empfangsanlage und zwei unter dem Rumpf angebrachten Triebwerke der Ausführung 109-543.

Bei ersten Mustergeräten wurde von einer Schubleistung von gut 3,9 kN (400 kp) ausgegangen, die über neun Sekunden abgegeben wurde. Mit verbessertem Antrieb konnte der Schub auf bis zu 8,8 kN (900 kp) gesteigert werden. Die Rakete wies eine Masse von 975 kg auf, von der 605 kg auf den mit 295 kg brisantem Sprengstoff gefüllten Gefechtskopf entfiel.

Von der Hs 293 H wurden sieben Versuchsserien HV1 (Mustergeräte), HV2 (verbesserte Mustergeräte), HV3 (ZAZ »Marder«), HV4 (ZAZ »Kakadu«), HV5 (Fernsehsteuerung), HV6 (barometrischer Zünder) sowie die HV7 (Ultrarot-ZAZ) geplant. Nach der Auswahl der für den Einsatz am besten geeigneten Ausführung sollte die Serienausführung Hs 293 H-1 folgen. Nur ein Teil dieser Varianten wurde als Musterstück realisiert, da die technischen Voraussetzungen längst noch nicht gegeben waren.

Bis Ende Juli 1943 wurden drei Do 217 K-2 (WerkNrn. 4541, 4558 und 4570) zur K-2/U1 umgebaut, um versuchsweise als Trägerflugzeuge für die Hs 293 H zu dienen. Die von der E-Stelle Peenemünde-West durchgeführte Erprobung bezog sich auf die Heizungsanlage für die untergehängten Raketen, die Abwurfanlage selbst, aber auch die FuG 203e und die Flugleistungen. Ohne eine Warmluftheizung wäre die kälteempfindliche Technik der Rakete bei der in großer Höhe herrschenden Kälte zu störanfällig gewesen. Die Do 217 K-2 konnte jedoch für den Einsatz nur bedingt freigegeben werden, da die mit ihr erreichbare Einsatzhöhe zur Bekämpfung der zuweilen in großer Höhe einfliegenden Bomberpulks nicht ausreichte. Außerdem versagten bei Höhen um 9.000 m die an der Hs 293 angebrachten Leuchtkapseln, so dass gleichzeitig das Zieldeckungsverfahren in Frage gestellt war. Die Erprobung im Flug wurde noch bis Ende 1943 fortgesetzt. Alle dabei ausgelösten Hs 293 H wurden übrigens durch Funkkommandos gesteuert. Im Juli 1944 wurde die gesamte Entwicklung seitens des RLM endgültig abgebrochen.

Hs 298

Neben der X-4 war die Hs 298 bei Kriegsende das am weitesten fortgeschrittene Entwicklungsprojekt auf dem Gebiet der luftgestützten Lenkwaffen. Sie war als erste speziell zur Luftzielbekämpfung entwickelte deutsche Luft-Luft-Rakete konzipiert. Ihr Ursprung geht auf einen ersten Entwurf zurück, der bereits im Jahr 1941 unter der Leitung von Professor Wagner entstand. Obwohl die Idee technisch vielversprechend war, blieb das Reichsluftfahrtministerium (RLM) zunächst zurückhaltend: Die Entwicklung wurde nur mit geringer Priorität und parallel zur serienreifen Hs 293 A-1 betrieben. Erst Anfang 1943, inmitten zunehmender alliierter Luftherrschaft, vollzog das RLM eine Kehrtwende und erteilte überraschend den Auftrag zur Aufnahme einer Nullserie der Hs 298 durch die Firma Henschel – ein Schritt, der die Bedeutung des Projekts schlagartig erhöhte.

Angetrieben werden sollte die Rakete durch ein neuartiges Doppelkammer-Feststofftriebwerk vom Typ Schmidding SG 32. Dieses bestand aus zwei getrennt zündbaren Stufen, die mit Diglykol-Treibstoff befüllt waren und durch eine Polygan-Schicht voneinander getrennt wurden. Im Vergleich zur technisch aufwendigeren, flüssigkeitsgetriebenen X-4 versprach dieses Feststoffantriebssystem entscheidende Vorteile, insbesondere hinsichtlich Zuverlässigkeit, Betriebssicherheit und einfacher Handhabung. Auch aus produktionstechnischer Sicht erschien die modulare Bauweise für eine industrielle Serienfertigung deutlich geeigneter.

Je nach Ausführung variierte die Gesamtlänge der Hs 298 zwischen etwa 1,29 und 1,32 m, wobei die Flügelfläche rund 0,45 m² betrug. Das Steuergerät maß rund 2,1 m. Die ersten Prototypen, bekannt als Version V1, hatten eine Startmasse von knapp 100 kg. Für die überarbeitete V2-Ausführung wurde eine Masse von etwa 120 kg veranschlagt, wobei in der geplanten Serienproduktion durch Vereinfachungen im Aufbau ein Zielgewicht von nur 90 kg erreicht werden sollte. Die anfängliche Geschwindigkeit der Rakete lag bei rund 140 m/s, stieg im Flugverlauf auf etwa 220 m/s an und fiel nach dem Ausbrennen der Treibladung wieder auf rund 125 m/s zurück.

Die Steuerung erfolgte über das sogenannte Zieldeckungsverfahren, ein halbautomatisches Lenkprinzip, das es dem Bediener ermöglichte, die Rakete während des Fluges optisch auf das Ziel auszurichten. Die maximale Reichweite lag bei rund 5.000 m, wobei eine spätere Ausweitung auf bis zu 6.000 m angestrebt wurde. Der Gefechtskopf der etwa 96 kg schweren Rakete bestand in der Erprobungsphase aus einer 25 kg schweren Sprengladung, die in späteren Versionen deutlich verstärkt werden konnte.

Die praktische Umsetzung des Projekts kam jedoch erst vergleichsweise spät in Gang. Der Bau der ersten Versuchsexemplare begann im Sommer 1944, wobei man große Teile der bereits bei der Hs 293 A-1 bewährten Ausrüstung übernahm, insbesondere im Bereich der Steuerungstechnik. Die Funklenkung erfolgte über eine modifizierte Kehl-Strahlsteuerung, während das Empfangsgerät FuG 232 »Colmar« zum Einsatz kam. Nach der Fertigstellung wurden die Raketen zumeist nach Karlshagen geliefert, wo sie überprüft und anschließend von der Erprobungsstelle Peenemünde-West eingehend getestet wurden.

Der erste dokumentierte Testabwurf fand um den 28. August 1944 statt und wurde durch ein Erprobungsflugzeug der Peenemünder E-Stelle durchgeführt. In den folgenden Tagen wurden weitere fünf Raketenstarts – diesmal mit einer Do 217 M-1 als Trägerplattform – registriert. Bis Mitte September kamen vier zusätzliche Abwürfe hinzu. Die Resultate dieser frühen Tests offenbarten erhebliche Stabilitätsprobleme während des Fluges, die sich auch durch Modifikationen wie eine Veränderung der Seitenleitwerke nur unzureichend beheben ließen. Zwischen Oktober und Anfang November 1944 folgten dennoch 18 weitere Erprobungsflüge, wobei weiterhin technische Schwierigkeiten auftraten. Am 9. Dezember 1944 wurden sieben weitere Raketen dieses Typs von einer Ju 88 S-1 (Werknummer 714 446, Kennzeichen NS+RZ) abgefeuert. Kurz vor Weihnachten wurde dann eine verbesserte Versuchsausführung getestet, deren Er-

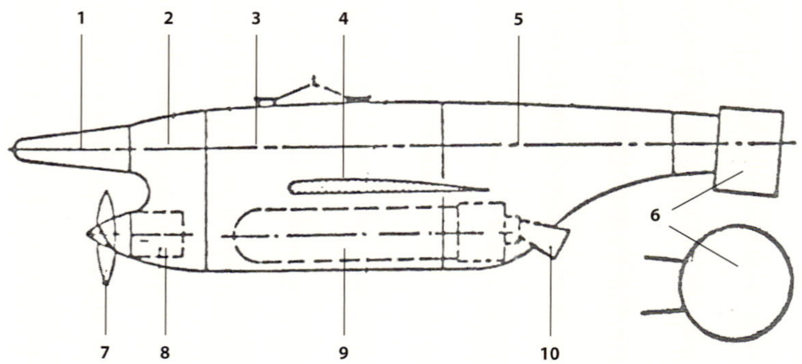

Schematische Darstellung der Hs 298.

1 Zündkopf
2 Sprengladung
3 Mittelrumpf
4 Flügel
5 Heckteil mit Steuerapparaten
6 Leitflächen
7 Propeller für den Generator
8 Generator
9 Raketenmotor
10 Auspuffdüse

BArch RL 36-246-0064

Originalzeichnung der Hs 298. Neben der drahtgelenkten X-4 gehörte dieses Waffensystem zu den fortschrittlichsten luftgestützten Lenkwaffenprojekten des Deutschen Reiches gegen Ende des Zweiten Weltkriegs. Das Bild zeigt die erste Version Hs 298 V-1 mit viereckigen Leitwerksflächen.

BArch ZA-9-70

Originalzeichnung der zweiten Musterausführung Hs 298 V-2 mit kreisrunden Leitwerksflächen.

Als Erprobungsmuster für die Abwurfversuche mit der Hs 298 wurde eine Do 217 M-1 eingesetzt.

Manfred Griehl

gebnisse jedoch nicht mehr in eine stabile Serienfertigung überführt werden konnten.

Nach Abschluss der ersten Fertigungsserie von 100 Stück der Version Hs 298 V1 bestellte das RLM weitere 200 Exemplare der weiterentwickelten Version V2.

Während der Erprobung, die zur Hs 298 A-1 führen sollte, wurden Geräte der Ausführung V1 (Bild) und V2 verwandt.

Manfred Griehl

Diese war durch ein vergrößertes Leitwerk, eine verbesserte Zünderanlage sowie einen deutlich schwereren Sprengkopf mit einer 48 kg starken Ladung charakterisiert. Die Serienproduktion wurde ab Januar 1945 im Werk Wansdorf bei Berlin aufgenommen. Aufgrund zunehmender Versorgungsengpässe und alliierter Luftangriffe konnten jedoch lediglich 135 Exemplare vollendet werden, bevor die Produktion im Februar 1945 offiziell eingestellt wurde. Die Entscheidung, das Projekt zugunsten der bereits weiter fortgeschrittenen X-4 zu beenden, erfolgte unter dem Eindruck akuter Material- und Treibstoffknappheit. Nichtsdestoweniger wurde die Fertigung der Hs 298 V2 so lange wie möglich weitergeführt. Noch bis Mitte April 1945 konnten rund 100 weitere Exemplare produziert werden, ehe die verbleibenden Raketen im Angesicht der heranrückenden sowjetischen Truppen gesprengt wurden, um einer feindlichen Nutzung zuvorzukommen.

Mit dem Abbruch der Produktion wurden auch die zuletzt erarbeiteten Einsatzpläne obsolet. Anfang 1945 hatte man vorgesehen, die Hs 298 A-1 unter den Tragflächen

Manfred Griehl

Schwere Lenkwaffen, wie die Hs 293, sollten während des ersten Teils ihrer Erprobung noch durch einen kleinen Steuerknüppel ins Ziel gelenkt werden.

der Me 262 A-1 oder der Do 335 zu montieren und sie zur Bekämpfung größerer alliierten Luftziele einzusetzen. Als Gefechtskopf war dabei ein 25 kg schwerer Sprengsatz vorgesehen, dessen Zerstörungskraft nach Versuchsergebnissen ausreichte, um beispielsweise eine Tragfläche einer Heinkel He 111 vollständig abzureißen. Der eingesetzte Plastiksprengstoff war hochbrisant und sollte durch seine starke Detonationswirkung zusätzliche strukturelle Schäden im Zielbereich hervorrufen.

Den Alliierten fiel umfangreiches technisches Dokumentationsmaterial in die Hände, ebenso wie mehrere nahezu serienreife Musterexemplare der Hs 298. Diese Funde ermöglichten es, das Projekt in all seinen technischen und taktischen Dimensionen nachzuvollziehen. Rückblickend zeigt sich, dass die Hs 298 trotz ihres fortschrittlichen Designs und der intensiven Erprobung nie über das Stadium der vorbereitenden Einführung hinausgelangte – ein weiteres Beispiel für ambitionierte deutsche Waffentechnik, die letztlich an Ressourcenmangel, Zeitdruck und dem strategischen Zusammenbruch der Kriegführung scheiterte.

»Zitterrochen«

Auf Vorschlag von Professor Herbert Wagner (Henschel) wurde eine stark modifizierte Variante der Hs 298, der »Zitterrochen«, als Musterstück im Göttinger Windkanal der AVA getestet. Die Aerodynamische Versuchsanstalt (AVA) hatte den Auftrag erhalten, die Eignung des Geräts im Unter- und Überschallbereich zu bewerten. Außer dem Bau mehrerer Windkanalmodelle und zahlreichen, inzwischen angestellten Berechnungen kam Henschel mit der Entwicklung der Rakete bis Frühjahr 1945 nur langsam voran. Zur Anfangsbeschleunigung des »Zitterrochens« war besonders an zwei abwerfbare Flüssigkeitstriebwerke gedacht. Im Heck der Raketenzelle sollte entweder ein Feststoff- oder ein Flüssigkeitstriebwerk eingebaut werden, um der Jagdrakete eine gleichbleibend hohe Geschwindigkeit zu verleihen. Die Arbeiten mussten Mitte Februar 1945 vorzeitig eingestellt werden, da die X-4 von Dr.-Ing. Kammer als vordringlicher angesehen wurde. Die vorhandenen Entwicklungsunterlagen wurden daraufhin archiviert und nicht weiterverfolgt.

Verwendung gegen Bodenziele

Bereits 1941 wurde dem technischen Amt des RLM Entwürfe zu Panzerabwehrraketen vorgelegt. Der günstige Kriegsverlauf im Sommer 1941 führte dazu, dass das RLM sich nicht mehr im bisherigen Umfang mit derartigen Waffen befassen wollte. Erst ab 1943 kam das Ministerium wieder verstärkt auf die Entwicklung von Panzerabwehrraketen zurück. Nun aber standen alle Entwicklungen nicht nur unter Zeitdruck, sondern litten auch unter dem Mangel an hochwertigen Baustoffen.

BMW-Projekt (ohne Bezeichnung)

Die Firma BMW startete bereits zu Anfang der 1940er-Jahre der Entwurf einer Panzerabwehrrakete mit Flüssigkeitsantrieb. Anfangs war beim RLM durchaus einiges Interesse an einer solchen Entwicklung vorhanden. Soweit bekannt ist, wurden insgesamt für die Ausarbeitung und den Musterbau daher 798.000,- RM an den Motorenhersteller überwiesen, aber noch im gleichen Jahr nicht mehr weiter geführt, da man mit einem baldigen Kriegsende rechnete.

X-4 (Pz)

Erst in den letzten Monaten des Zweiten Weltkriegs, unter dem Druck akuten Mangels an einsatzfähigem Gerät und wirkungsvollen Waffensystemen, wurden mehrere Exemplare der X-4-Rakete notgedrungen für alternative Einsatzszenarien umgerüstet – unter anderem zur Panzerbekämpfung. Der ursprünglich geplante Verwendungszweck, nämlich der Abschuss alliierter schwerer Bomber aus sicherer Distanz, war angesichts fehlender Ressourcen und der sich dramatisch verschlechternden Luftlage kaum noch realisierbar.

Für die bodengestützte Verwendung wurden improvisierte, stationäre Abschussvorrichtungen errichtet und mit einem speziell entwickelten Zielsystem ausgestattet: dem sogenannten »Kranichstab-Visier«. Diese einfache, optisch-mechanische Visiereinrichtung sollte es ermöglichen, die ursprünglich für die Bekämpfung von Luftzielen konzipierte Rakete auf gepanzerte Bodenziele auszurichten.

Derartige Maßnahmen verdeutlichen den hohen Grad an technischer Improvisation und taktischer Verzweiflung, mit dem gegen Kriegsende versucht wurde, theoretisch vielversprechende, aber noch nicht einsatzreife Waffentechnologien für alternative Zwecke nutzbar zu machen.

Zeitzeugenberichten zufolge wurden in den letzten Wochen des Krieges mehrere X-4-Raketen im Rahmen experimenteller Versuche auf einen fahruntüchtigen Panzer abgefeuert – vermutlich, um Zielgenauigkeit und Durchschlagskraft unter realitätsnahen Bedingungen zu testen. Ein operativer Fronteinsatz der modifizierten Waffe erfolgte jedoch nicht mehr.

X-7 »Rotkäppchen«

Die X-7 »Rotkäppchen« gilt als die erste funktionsfähige Panzerabwehrrakete der Welt – ein technologischer Vorläufer moderner Lenkwaffen. Ihre Entwicklung begann 1943 bei der Deutschen Versuchsanstalt für Luftfahrt (DVL), ursprünglich als leichte, fernlenkbare »Jägerrakete« zur Luft-Luft-Bekämpfung konzipiert. Im Laufe des Projekts änderte sich jedoch das Anforderungsprofil: Erste Prototypen zeigten das Potenzial des Systems, auch im Bodeneinsatz gegen gepanzerte Fahrzeuge verwendet zu werden. In der Folge wurde die X-7 für die Panzerabwehr modifiziert und sollte mit einem 2,5 kg schweren Hohlladungsgefechtskopf ausgestattet werden – genug, um selbst die Panzerung schwerer alliierter Kampfpanzer zu durchschlagen.

Konstruktiv erinnerte die X-7 an eine Granate im Kaliber 15 cm: ein zylindrischer Flugkörper mit zwei kompakten Tragflächen und einem zurückversetzten Kreuzleitwerk. An den Flächenenden befanden sich Drahtspulen zur Fernlenkung, analog zur Luft-Luft-Rakete X-4.

Für den Antrieb diente ein zweistufiges Feststofftriebwerk (Doppeltriebwerk) vom Typ WASAG 109-506: Die erste Stufe, der Startsatz in der Vorkammer, erzeugte einen Schub von 0,7 kN (68 kp) und beschleunigte die Rakete von ihrer Startschiene, während die zweite Stufe, der Fahrtsatz, für die weitere Flugphase sorgte. Der Abbrand der Treibladungen konnte gleichzeitig oder nacheinander erfolgen. Nach dem Start begann sich die X-7 mit etwa zwei Umdrehungen pro Sekunde um ihre Längsachse zu rotieren, um Flugstabilität zu erzeugen – ein Verfahren, das allerdings noch unausgereift war.

Mit nur 76 cm Länge, einer Spannweite von 60 cm und einem Rumpfdurchmesser von 14 cm war die X-7 extrem kompakt gebaut und wog lediglich rund 9 kg. Trotz ihrer geringen Größe erreichte sie eine Geschwindigkeit von rund 98 m/s (etwa 350 km/h) und eine maximale Reichweite von bis zu 1.200 m. Die Lenkung erfolgte per Draht vom Bediener aus – ähnlich der X-4 und späteren Panzerabwehrlenkwaffen der Nachkriegszeit.

Die erste Flugerprobung des Schubgerätes erfolgte am 21.9.1944 auf dem Schiessplatz Sennelager bei Paderborn. In 1000 m Entfernung vom Startplatz wurde eine Scheibe in der Größe von 2 x 2 m leicht erhöht aufgebaut. Zur Registrierung der Versuche wurden die Flüge von hinten und von der Seite gefilmt und die gegebenen Steuerimpulse von einer Oszillographenapparatur synchron aufgezeichnet. Die Schüsse erfolgten mit eingebautem Elektro-Kreisel oder mit Pulver-Kreisel, die für die späteren Einsatz-Geräte vorgesehen waren.

Die ersten Standbeschussversuche des vollständigen Gerätes erfolgten im Februar und März 1945 an der Erprobungsstelle Peenemünde-West, wobei die Raketen parallel zur Peene abgefeuert wurden. Eine reguläre Flugerprobung konnte allerdings nicht mehr durchgeführt werden, da das System unter starker Eigeninstabilität litt. Der vorgesehene Pulverkreisel zur Lagestabilisierung war technisch noch nicht ausgereift und bereitete erhebliche Probleme.

Trotz dieser Defizite planten deutsche Rüstungsstellen gegen Kriegsende eine Serienproduktion im großem Maßstab: Bis zu 200.000 Einheiten pro Monat sollten parallel bei der Ruhrstahl AG in Brackwede (Westfalen) und der Maschinen- und Waffenfabrik Neubrandenburg (MWN GmbH) gefertigt werden. Ob auch in der sogenannten »Aladin-Höhle« bei Stolberg im Harz X-7-Raketen montiert oder lediglich eingelagert wurden, bleibt unklar.

Vereinzelt gibt es Hinweise auf improvisierte Abschüsse von X-7-Raketen aus aufgebockten Fw 190 F-8-Jagdflugzeugen, doch auch im April 1945 befand sich das Waffensystem weit entfernt von jeder Einsatzreife. Ein letzter Versuch, die X-7 kurzfristig in ein Flugabwehrsystem gegen Tiefflieger umzuwandeln – vergleichbar der späteren »Luftfaust« – scheiterte an fehlenden Ressourcen und der sich rapide verschlechternden militärischen Lage.

Erst rund zwei Jahrzehnte nach Kriegsende gelang mit der französisch-deutschen Panzerabwehrrakete »Milan« die erfolgreiche Realisierung jener Konzepte, die mit der X-7 erstmals erprobt, aber unter Kriegsbedingungen nicht zur Einsatzreife gebracht werden konnten.

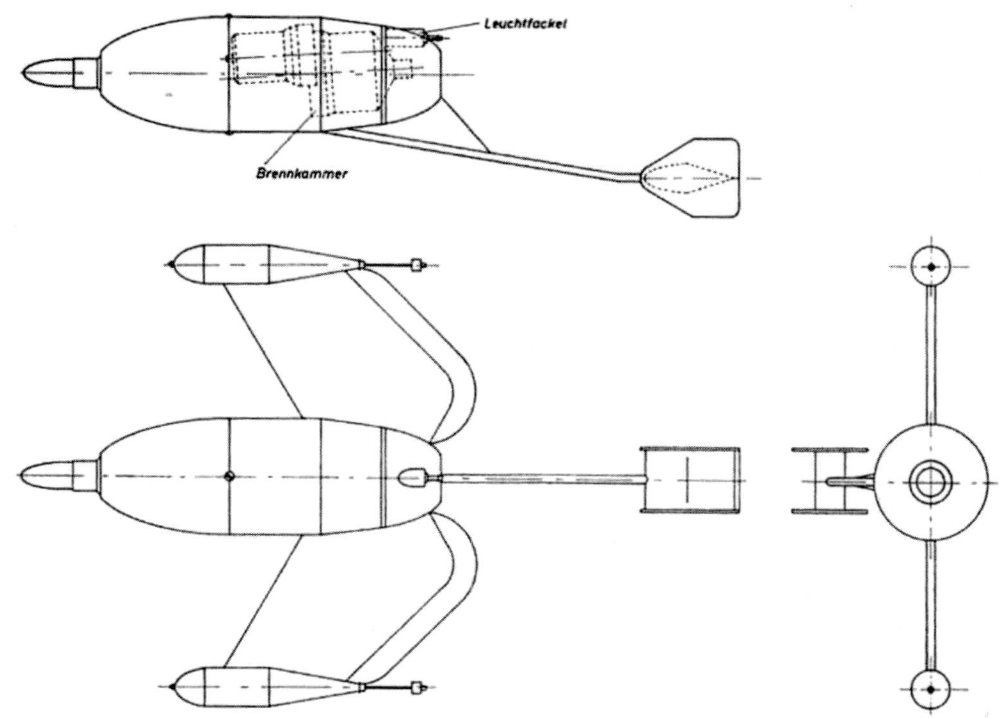

Manfred Griehl

Originalzeichnung der 8-347 V1 vom 16.01.1945. Die Panzerabwehrrakete X-7 stand im März 1945 noch ganz zu Anfang ihrer Entwicklung.

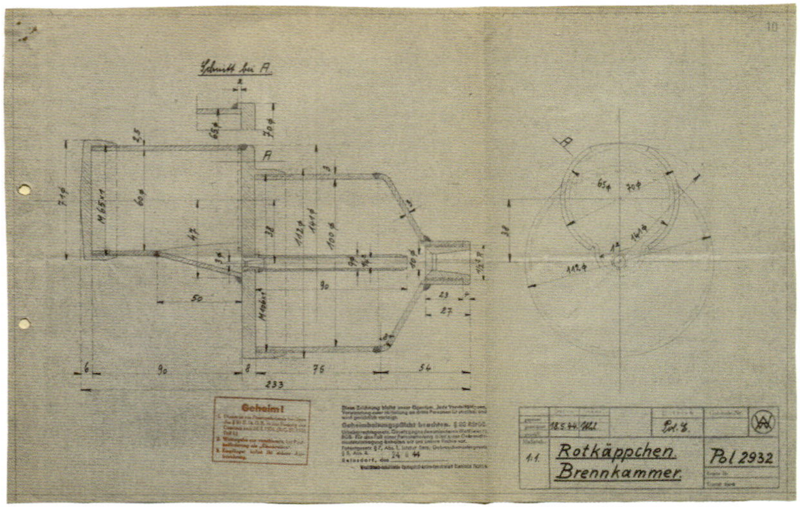

BArch RH 8-1823-0020

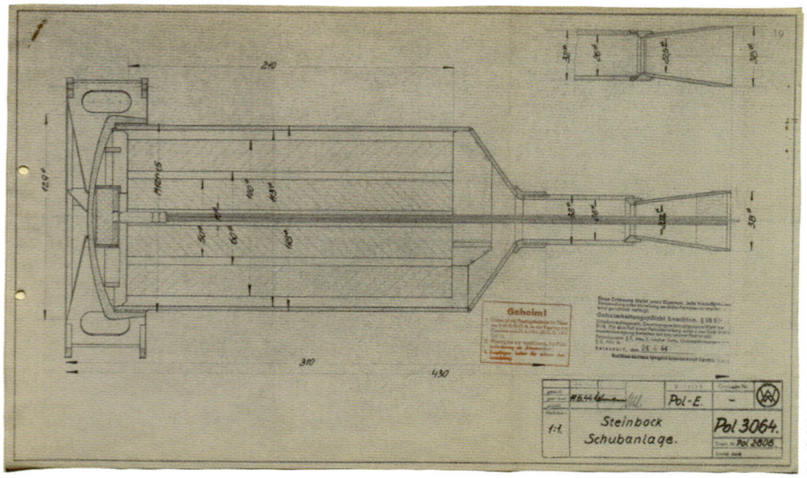

BArch RH 8-1823-0038

Originalzeichnungen der Firma WASAG von der zweistufigen Brennkammer der Panzerabwehrrakete X-7 »Rotkäppchen« sowie der Schubanlage der Panzerabwehrrakete »Steinbock«.

»Steinbock«

Unter der Bezeichnung »Steinbock« verbarg sich eine ferngesteuerte Panzerabwehrwaffe, die ihre Kommandos nicht mehr über feine Drähte erhielt, sondern mittels ultra-roter Impulse gelenkt wurde. Die 11,6 kg schwere Rakete wies als Offensivladung ebenfalls den Kopf einer Panzerfaust auf. Die Waffe war anfangs nur für den Einsatz vom Boden aus gedacht. Da die direkte Übertragung der Steuerungsbefehle vom Flugzeug aus erfolgversprechender war, wurde schließlich auch diese Verwendung ins Auge gefasst. Die Entwicklung des Schubgerätes bei WASAG begann 27.4.1944 mit der Beauftragung durch den Stab Wa Prüf 2. Das Gewicht des Gesamtantriebs lag bei 4,6 kg, die Länge bei 430 mm. Die Reichweite des Gerätes betrug 1.000 m.

Wie die meisten derartige Einsatzmittel, wurde die Entwicklung vom nahen Kriegsende eingeholt.

»Flunder« und »Panzer-Flunder«

Das Gerät »Flunder« wurde Anfang 1945 von den Elektromechanischen Werken (EMW), dahinter verbarg sich nichts anderes als die E-Stelle Karlshagen, entwickelt. Es handelte sich um einen Gleitkörper, in welchem eine Panzerfaust integriert war. Die am 01.02.1945 vorgelegten Pläne sahen als Zweitverwendung – neben dem Einsatz gegen Panzer – auch die Tieffliegerbekämpfung vor. Die Steuerung sollte wie bei der X-4 oder X-7 über Steuerungsdrähte erfolgen. Am 20.03.1945 legten die EMW zudem die Beschreibung des Geräts »Panzer-Flunder« vor, das aus 1,5 cm dickem Sperrholz gefertigt werden sollte. Hierbei handelte es sich um eine frühere Entwicklung der E-Stelle Gotenhafen. Wegen der Verlagerung beider E-Stellen blieb es bei den Plänen. Nicht einmal Modelle für die Windkanal-Erprobung, geschweige denn ein Musterstück, wurden jemals gebaut.

»Rochen 600, 1000 und 2000«

Der Rochen wurde im Sommer 1944 seitens der Torpedoversuchsanstalt in Gotenhafen erstellt. Aus möglichst billigen Pressstoffen sollte ein rechteckiger Tragkörper mit einem sich anschließenden doppelten Leitwerk gebaut werden. Die kleinste Ausführung, der Rochen 600, war ausschließlich für die Panzerbekämpfung gedacht. Je nach seiner Bestückung mit zwei oder drei Hohlladungen oder einer Panzerfaust, wog das Gerät zwischen 15 und 25 kg. Da an eine Fernlenkung für die kleinste Ausführung nicht gedacht war, konnte auf 500 m Kampfentfernung allenfalls mit Zufallstreffern gerechnet werden. Der Rochen 1000 war für den Einsatz über 1.500 m Entfernung ausgelegt. Er sollte bereits mit einer Zwei-Kanal-Fernsteuerung ausgestattet sein und bis zu 57 kg wiegen. Der Rochen 2000 glich seinen Vorläufern, allerdings war ein Marschtriebwerk nebst einer Fernsteuerung geplant. Als Offensivlast sollten entweder eine Hohlladung gegen gepanzerte Ziele, oder aber gebündelte Handgranaten oder eine entsprechend brisante Schrappnellladung gegen Truppenansammlung verwandt werden. Als Einsatzentfernung rechneten die Ingenieure in Gotenhafen mit bis zu 3.000 m. Aus dem Rochen 600 entstand schließlich das Gerät »Panzer-Flunder«.

National Museum of the U.S. Air Force 210922-F-AU145-3007

KAPITEL 7
ZIELGERÄTE

BArch RL 36-263

IM FADENKREUZ DER TECHNIK – ZIELGERÄTE IM LUFTKRIEG

VON EINFACHEN RINGVISIEREN BIS ZUR KOMPLEXEN »REVI«-OPTIK

Bereits Mitte der 1930er-Jahre, in der frühen Aufbauphase der Luftwaffe, legte man in Deutschland großen Wert darauf, nicht nur leistungsfähige Bordwaffen, stabile Lafettierungen (Waffenhalterungen) und geeignete Munitionsarten zu entwickeln, sondern auch die Zielsysteme deutlich zu verbessern. Ziel war es, die Treffgenauigkeit im Luftkampf und damit in großem Maße die Kampfkraft der Flugzeuge zu steigern.

Die Treffsicherheit wurde dabei auf der Seite des Zielsystems durch verschiedene Faktoren beeinflusst: entscheidend waren der sogenannte Vorhalt – also der Vorhaltewinkel, der bei der Bekämpfung beweglicher Ziele berücksichtigt werden musste –, die Richtgenauigkeit der Zielausrichtung, die Präzision des verwendeten Visiers sowie systematische Abweichungen, die durch Ziel- oder Justierfehler entstanden. Auf Seiten der Waffe und der Lafette kamen zusätzliche Einflüsse hinzu: etwa die Streuung der Waffe selbst (also die waffentechnisch bedingte Abweichung mehrerer Schüsse vom Zielpunkt), die Eigenbewegung der Lafette und – bei später eingeführten ferngesteuerten, beweglichen Waffenständen – mechanisches Spiel und Übertragungsfehler in der Fernsteuerung.

Mechanische Visiere

Die Entwicklung moderner Zielgeräte setzte bereits auf Grundlage der Erfahrungen des Ersten Weltkriegs ein. Zu Beginn kamen bei starr eingebauten Bordwaffen einfache mechanische Visiereinrichtungen aus Metall zum Einsatz – in der Regel eine Kombination aus Kimme und Kreiskorn. Um ein Ziel zu erfassen, musste der Pilot das gesamte Flugzeug präzise auf den Gegner ausrichten. Diese Zielvorrichtung brachte mehrere Nachteile mit sich: Bei größerer Entfernung verdeckte das metallene Korn das kleine Ziel vollständig, was eine präzise Erfassung erheblich erschwerte. Bei Nacht oder schlechter Sicht war es für den Piloten ohnehin schwierig, das Ziel überhaupt auszumachen. Zwar verfügte das Kreiskorn über mehrere konzentrische Visierringe zur Abschätzung des notwendigen Vorhalts, doch blieb es im Wesentlichen dem Piloten überlassen, intuitiv zu bestimmen, an welchem Punkt der Gegner sich befinden müsste, wenn die Geschosse dort einschlügen. Letztlich beruhte das Verfahren also weniger auf technischer Präzision als auf dem Instinkt und der Erfahrung des Schützen.

Windfahnenvisier

Für bewegliche Bordwaffen wurden im Laufe der Zeit ausgefeiltere Systeme entwickelt. Eine dieser Entwicklungen war das sogenannte Windfahnenvisier, das speziell für den beweglichen Luftkampf konzipiert wurde. Es handelte sich dabei um ein Visier mit einem beweglichen Korn, dem sog. Windfahnenkorn, das durch eine kleine Windfahne automatisch entsprechend der Eigengeschwindigkeit des Flugzeugs eingestellt wurde. Dadurch konnte das Visier einen Geschwindigkeitsausgleich schaffen, indem es die Fluggeschwindigkeit der eigenen Maschine in die Zielvorgabe einbezog – eine deutliche Verbesserung gegenüber starren Visieren. Doch trotz der technischen Raffinesse blieb der eigentliche Schuss auch hier von der Intuition und Erfahrung des Bordschützen abhängig. Die Geschwindigkeit, Flugbahn und Ausweichmanöver des gegnerischen Flugzeugs mussten nach wie vor visuell eingeschätzt werden. Ebenso erforderte der richtige Vorhalt – also das gezielte Vorhalten vor das Ziel zur Kompensation von Bewegung und Projektilflugzeit – ein hohes Maß an Können. Dies bedeutete, dass die Wirksamkeit solcher Visiersysteme stark von der Ausbildung und dem Geschick des Schützen abhing.

Versuchsweise montiertes MG 15 mit Windfahnenvisier auf einer schwenkbaren Pivotlafette.

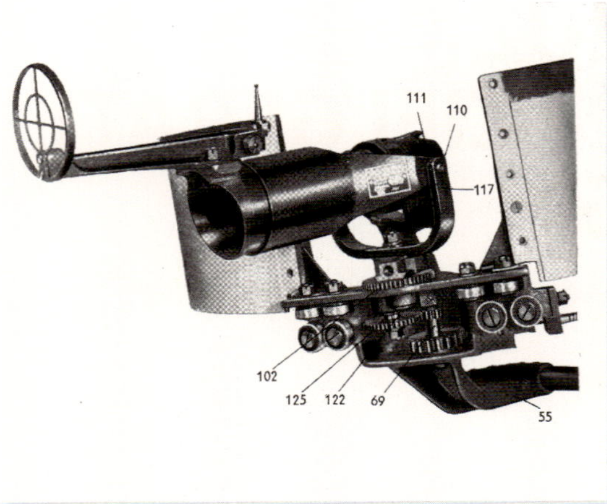

Die Visiereinrichtung 26 (VE 26).

Manfred Griehl

Das in der Ju 87 A-1 verwendete Reflexvisier C/12 kam in insgesamt sechs verschiedenen Ausführungen zum Einsatz und wurde in zahlreichen Flugzeugmustern der Luftwaffe integriert.

VE-Visier

Mit steigenden Fluggeschwindigkeiten erwiesen sich einfache Zielsysteme zunehmend als unzureichend. Es folgten daher mechanisch unterstützte Vorhaltevisiere wie das sogenannte VE-Visier – beispielsweise das Modell VE 22 oder VE 26. Dieses System bestimmte den Rückhalt (also die nötige Zielvorverlagerung) mithilfe einer mechanischen Vorrichtung, wobei der Schütze weiterhin selbst die Geschwindigkeit und Flugrichtung des Ziels beurteilen musste. VE-Visiere kamen etwa bei der sogenannten Linsenlafette zum Einsatz – einer Halterung für bewegliche Bordwaffen mit optischer Zielunterstützung. Trotz dieser Fortschritte stießen auch diese Systeme an ihre Grenzen, insbesondere im Hochgeschwindigkeitsluftkampf in der Luftschlacht über England. Die Weiterentwicklung zielte daher auf präzisere, halbautomatische und künftig auch elektro-optische Zielhilfen ab, um Flugziele auch bei hoher Geschwindigkeit und anspruchsvollen Manövern zuverlässig erfassen zu können.

Reflexvisiere

Ausschlaggebend für Abschusserfolge im Einsatz galt in den 1930er-Jahren neben einer umfassenden Ausbildung als Jagdflieger oder Bordschütze, natürlich auch der Einsatz leistungsfähiger Visiermittel. Bei starr eingebauten Maschinengewehren und -kanonen, musste, wie bereits erwähnt, mit der gesamten Maschine präzise in Zielrichtung eingedreht werden. Hierbei erforderten alle mechanischen Zielvorrichtungen (Kimme und Korn), dass sich der Schütze auf ständig neue Entfernungen und den Vorhalt einstellen musste. Dies erforderte Können und Erfahrung.

Hilfreich war hier die Einführung des Reflexvisiers, kurz »Revi« genannt. Es löste in allen Bereiche die Zielmittel ab, die zumeist noch aus dem Ersten Weltkrieg stammten.

Der Vorhaltering und das Fadenkreuz wurden mithilfe eines kleinen Projektors erzeugt und auf ein Reflektorglas im Sichtfeld des Piloten projiziert. Der Fokus war auf unendlich eingestellt und richtete sich auf das Ziel ein, das auch bei schlechtesten Lichtverhältnissen noch zu sehen war. Der große Vorteil bestand darin, dass das Auge des Piloten sowohl das projizierte Visierbild als auch das tatsächliche Ziel gleichzeitig scharf erfassen konnte. Dies stellte einen bedeutenden Fortschritt gegenüber herkömmlichen Visierungen wie Kimme und Korn dar, bei denen stets nur entweder die Visiermarkierung oder das Ziel selbst klar fokussiert werden konnte.

National Museum of the U.S. Air Force 210922-F-AU145-3026

Das Reflexvisier C/12 D von der Firma Carl Zeiss Jena im Cockpit einer Messerschmitt Bf 109 G-10 repräsentierte die Standard-Zielvisiereinrichtung späterer deutscher Jagdflugzeuge. Es verfügte über eine stadimetrische Entfernungsmessung, mit der der Pilot die Distanz zum Ziel anhand dessen scheinbarer Größe im Visier abschätzen konnte.

National Museum of the U.S. Air Force 210922-F-AU145-3041

Bei vielen Waffenständen wurden Waffen wie hier das MG 131 mit einer eigenen Visiereinrichtung versehen, um so die Trefferquote beim Einsatz zu erhöhen.

Manfred Griehl

Trotz dieses technologischen Sprungs brachte das Reflexvisier – mit seinem leuchtenden Zielkreis anstelle des früheren Metallrings – die Piloten dem eigentlichen Kernproblem kaum näher: der exakten Berechnung des notwendigen Vorhaltewinkels. Auch mit der neuen Visierung blieb es letztlich eine anspruchsvolle Aufgabe, den Punkt im Raum zu bestimmen, an dem sich das Ziel befinden würde, wenn die Geschosse dort einträfen. Diese Herausforderung war nach wie vor weniger eine Frage der Ausrüstung als des fliegerischen Könnens und der Erfahrung.

Bereits 1935 hatten verschiedene Flugzeugausrüster dem RLM die Einführung eines kreiselstabilisierten Zielgeräts für starre Bordwaffen vorgeschlagen. Die Sachbearbeiter im Ministerium vertraten jedoch die Ansicht, dass der hohe Aufwand nicht lohnen würde und blieben bei den gerade in der Einführung befindlichen Reflexvisieren 3A und 3B. Erst mit der Freigabe des späteren von einem Kreisel stabilisierten Reflexvisiers, beginnend mit der »Einheitszielvorrichtung« (EZ) 40, brachte ab Ende 1944 die von der Truppe längst erwartete umfassende Verbesserung des bisherigen Reflexvisiers (Revi).

Reflexvisier (Revi) 3A, 3B und 6A

Ab 1935 wurden die Reflexvisiere 3A und 3B einführungsreif und kamen zunächst bei einmotorigen Jagdflugzeugen, vermutlich vor allem bei der Ar 68, zum Einbau. Da die frühen Geräte nur wenig leistungsfähig waren, setzte das Technische Amt des RLM schnell auf das Revi C/12. Zu Anfang fehlten nicht nur eine Abschirmung gegen die direkt von vorne eintretenden Sonnenstrahlen, auch der Auffassungswinkel von 55 Grad des Revi 3 und 6 genügten den taktischen Anforderungen an ein modernes Zielmittel in keiner Weise. Auch die zu geringe Trefferwahrscheinlichkeit und eine zu kurze mögliche Kampfentfernung sprachen gegen die Verwendung dieser ersten Geräten.

Reflexvisier (Revi) C/12 A bis F

Die Entwicklung der ersten leistungsfähigen Visiereinrichtung begann bei der Firma Carl Zeiss in Jena mit dem Modell Revi C/12. Von diesem frühen Reflexvisier wur-

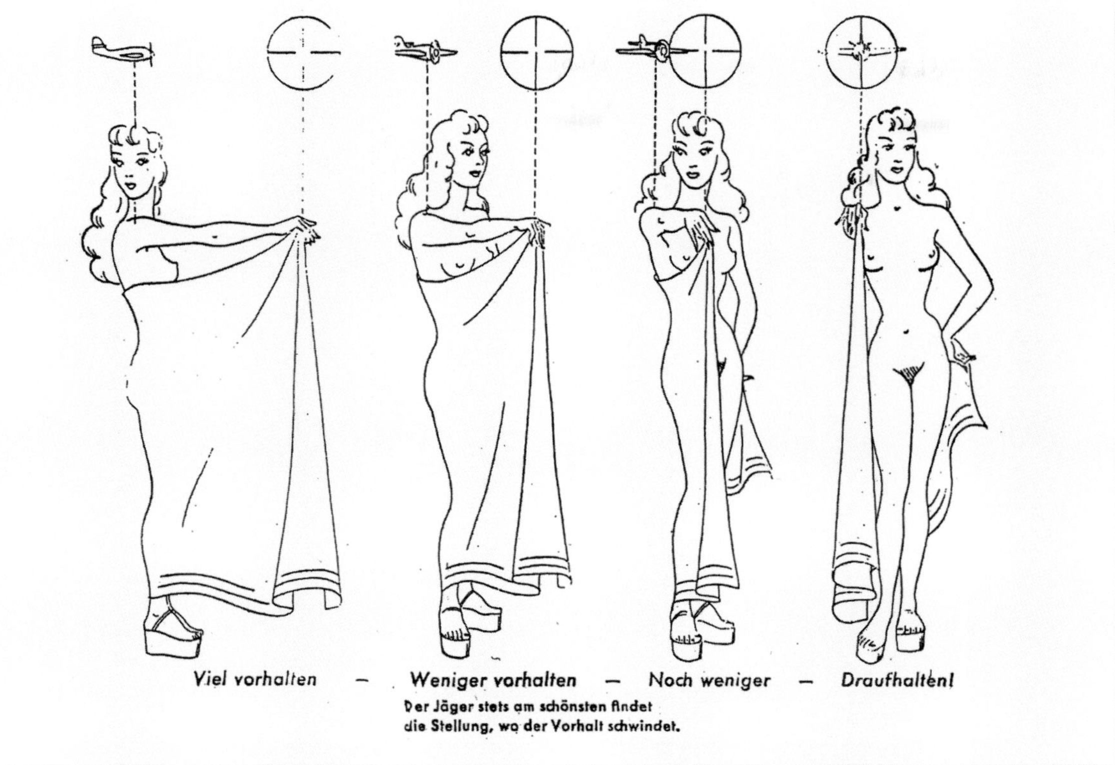

Manfred Griehl

Aus der für die Zielgruppe humorvoll und anschaulich illustrierten Ausbildungsvorschrift zum Einsatz von Bordwaffen in Jagdflugzeugen stammt die Anleitung D.(Luft) 5001 zur korrekten Wahl des Vorhalts. Die unter dem Titel »Schießfibel Horrido« veröffentlichte Broschüre erschien im Juni 1944.

den zunächst zwei Varianten – das Revi C/12 A und C/12 B – in geringer Stückzahl produziert. Die verbesserte Ausführung, das Revi C/12 C, wurde später in größerem Umfang gefertigt, obwohl es im Vergleich zum späteren EZ 40 mit einer Trefferwahrscheinlichkeit von nur 27 % bei einer Kampfentfernung von 100 m (gegenüber 38 % beim EZ 40) weniger präzise war.

Beim nachfolgenden Revi C/12 D wurde erstmals die stadimetrische Entfernungsmessung eingesetzt: Das Zielobjekt erschien im Visier als Doppelbild, und der Schuss wurde automatisch ausgelöst, sobald sich die Spitzen der Tragflächen im Bild berührten.

Trotz seiner begrenzten Präzision war das Revi C/12 C bis zur Einführung des Revi 16 A weit verbreitet und galt als brauchbare Standardlösung innerhalb der Luftwaffe. Es wurde unter anderem in den frühen Stuka-Varianten Ju 87 A-1 und A-2 verbaut. In der Ju 87 B-1 bis G-2 kam anschließend das Revi C/12 D zum Einsatz. Für die zu Nachtschlachtflugzeugen umgerüsteten Ju 87 D wurde eine speziell angepasste Version, das Revi C/12 D/N, verwendet.

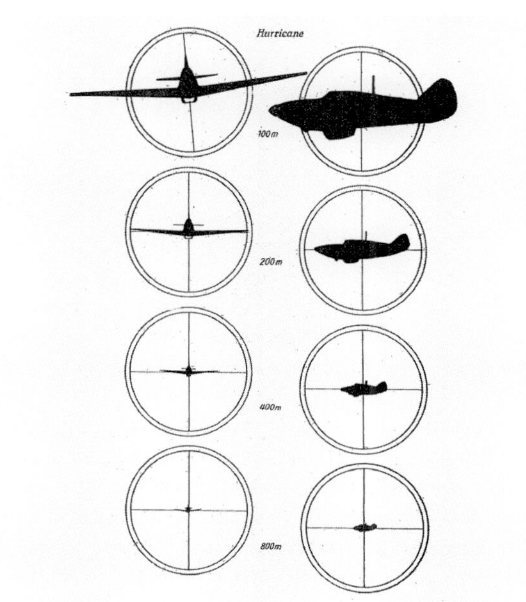

Manfred Griehl

Noch in 800 m, so das hier vorgestellte Beispiel für die Ausbildung von Jagdpiloten, war das Ziel, eine Hawker Hurricane, noch relativ klein im Visier zu erkennen. In 200 m Entfernung füllte es das Ziel den Visierkreis bereits vollständig aus.

Das Revi 16 A von rechts und links sowie mit Blick in den Lampenraum mit abgenommenem Deckel.

1 Reflexglas
2 Farbglas
3 Schalthebel für Farbglas
4 Abbildungslinsen (Objektiv)
5 Optikgehäuse
6 Fußplatte
7 Deckel für Beleuchtungsgehäuse
8 Sicherungsbügel
9 Stiftsteckdose
10 Abbildungslinsen (Objektiv)
11 Kimme
12 Haltefedern für Farbglas
13 Korn
14 Befestigungsschraube für Kimme
15 Justierschraube für Seite
16 Lampe
17 Blendglas
18 Patrone mit Blaugelfüllung
19 Justierschraube für Höhe
20 Schaltknopf für Blendglas

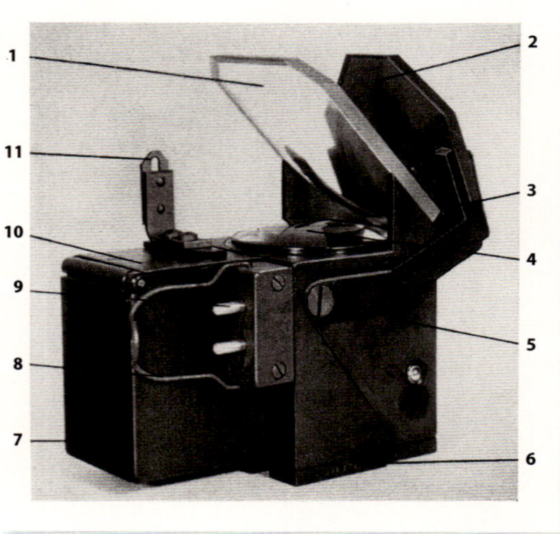

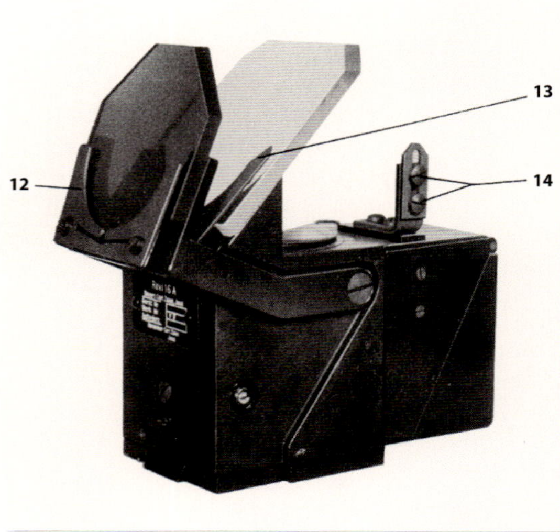

BArch RL 3-7238 D. (Luft) T. 6400

Auch bei einmotorigen Jagdflugzeugen wurde das Revi C/12 eingesetzt: Das Revi C/12 C – und später die Variante D – fand Verwendung in der Heinkel He 112 B sowie vor allem in zahlreichen Versionen der Messerschmitt Bf 109, von der E-1 bis zur E-7, F-1 bis F-4 und G-1 bis G-5, ebenso wie in frühen Ausführungen der Focke-Wulf Fw 190.

Darüber hinaus kam das Revi C/12 C bei den Bombern Ju 88 A-1 und A-5 sowie in der Ju 188 E-1 bis zur G-2 zum Einsatz. Auch in den Zerstörern Bf 110 C bis F sowie in Teilen der frühen Bf 110 G, der Bf 210 A-1 und der Me 410 war das C/12 C – später zunehmend das C/12 D – zunächst das Standardvisier.

Das Revi C/12 E wurde nach und nach durch das modernere Revi 16 B ersetzt. Weiterentwicklungen wie das Revi C/12 F – ein Doppelspiegelvisier ähnlich dem späteren Revi 16 F – blieben für das RLM von besonderem Interesse, vor allem im Hinblick auf den geplanten Einsatz mit Bordraketen und Raketenbomben.

Reflexvisier (Revi) 16 A bis H

Nach intensiven Erprobungen am Boden und in der Luft gelang es, eines der fortschrittlichsten Reflexvisiere seiner Zeit – das Revi 16 – zur Serienreife zu bringen. Im Jahr 1941 begann die Luftwaffe mit der Einführung der ersten Variante, dem Revi 16 A. Obwohl man sich von diesem neuen Visier deutliche Verbesserungen bei Zielerfassung und -bekämpfung erhoffte, blieben die praktischen Ergebnisse hinter den Erwartungen zurück.

Bereits ein Jahr später wurde daher die überarbeitete Version Revi 16 B eingeführt. Diese fand ab der Messerschmitt Bf 109 G-5 serienmäßig Verwendung und blieb bis zur Endversion K-4 dieses Flugzeugtyps im Einsatz. Auch bei der Focke-Wulf Fw 190 wurde das Revi 16 B ab der Baureihe A-5 zur Standardausrüstung und ersetzte ältere Visiersysteme.

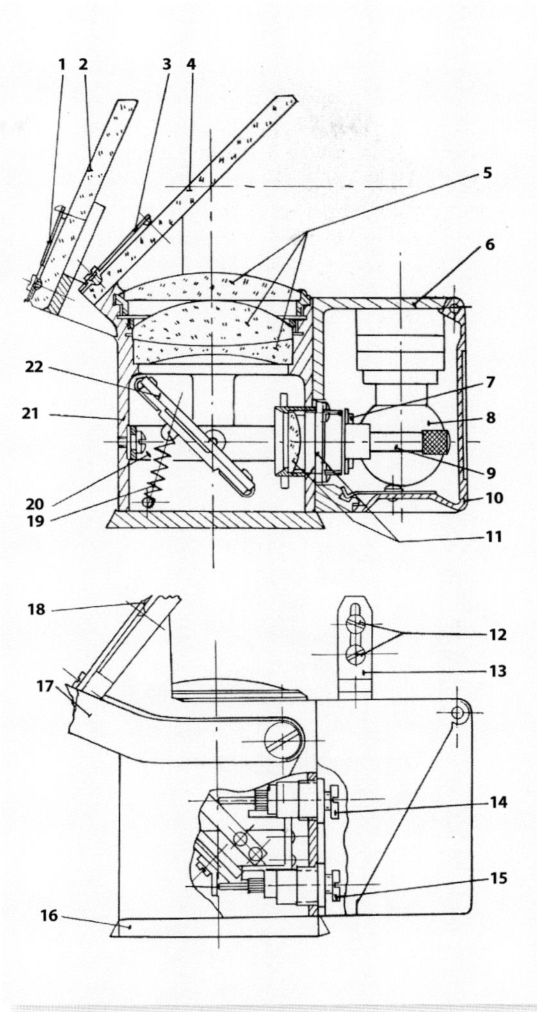

BArch RL 3-7238 D. (Luft) T. 6400

Schnittzeichnung des Revi 16 A.

1 Haltefedern für Farbglas
2 Farbglas
3 Haltefedern für Reflexglas
4 Reflexglas
5 Abbildungslinsen (Objektiv)
6 Beleuchtungsgehäuse
7 Nachtfilter
8 Lampe
9 Schaltknopf für Blendglas
10 Deckel für Beleuchtungsgehäuse
11 Strichglas
12 Befestigungsschrauben für Kimme
13 Kimme
14 Justierschraube für Seite
15 Justierschraube für Höhe
16 Fußplatte
17 Schalthebel für Farbglas
18 Korn
19 Rückholfeder
20 Kardanrahmen
21 Optikgehäuse
22 Umlenkspiegel

Besonders in späteren Kriegsjahren griffen zahlreiche Flugzeugtypen auf dieses optimierte Visier zurück. So gehörte es zur Ausstattung der Fw 190 A-8 und A-9 ebenso wie der Me 163 B, der Fw 190 D-9, der Hochleistungsjäger Ta 152 H-0 und der Strahljäger He 162 A-1 und A-2. Auch bei zweimotorigen Flugzeugen, insbesondere bei Zerstörern und Nachtjägern, wurde das Revi 16 B breit eingesetzt: Die Heinkel He 219 in den Varianten A-0, A-2 und A-7, die Junkers Ju 88 von der Version C-6 bis zur G-6 sowie der Düsenjäger Messerschmitt Me 262 A-1a waren mit dem verbesserten Visier ausgerüstet. Bei der Baureihe Ju 388 in den Versionen J-1 bis J-3 gehörte das Revi 16 B zur Standardausstattung, teils in Kombination mit dem älteren Revi C/12c. In der experimentellen Ju 288 war das Visier sogar dreifach vorhanden, jeweils für die Waffenstände A, B und C.

Die Weiterentwicklung des Revi 16 wurde in verschiedenen Varianten fortgesetzt, wobei die Version Revi 16 C offenbar nur in sehr geringer Stückzahl produziert wurde. Einen bedeutenderen Entwicklungsschritt stellte das Revi 16 D dar, das unter anderem in der Dornier Do 335 A und B Verwendung fand. Diese Variante diente nicht nur der Zielerfassung bei konventionellen Waffen, sondern wurde auch als Visierlösung für den Einsatz von Bordraketen wie der SC 500 RS genutzt. Während der Waffenerprobung zeigte sich, dass mit dem Revi 16 D sowohl Höhen- als auch Seitenstreuung auf Entfernungen bis zu 3.000 Metern präzise analysiert werden konnten – ein nicht unerheblicher Fortschritt für den Waffeneinsatz auf größere Distanzen.

Mit dem Revi 16 F ging man bei der Firma Carl Zeiss einen innovativen Schritt weiter. Dieses Visier ermöglichte während des Fluges eine anpassbare Zielerfassung, die sowohl auf die geschätzte Schussentfernung als auch auf die vom Piloten eingegebene Spannweite des gegnerischen Luftziels abgestimmt werden konnte. Das System war so ausgelegt, dass die Schussauslösung automatisch erfolgte, sobald die projizierten Tragflächenspitzen des Gegners das zentrale Fadenkreuz – dargestellt durch zwei vertikale Linien – berührten. Eine künftige Verbesserung der Treffergenauigkeit versprach man sich durch die geplante Integration eines Ultrakurzwellen-Entfernungsmessers. Trotz des hohen technischen Potenzials wurde die Weiterentwicklung des Revi 16 F schließlich zugunsten der bevorstehenden Einführung der EZ-Visierreihe eingestellt.

Die Variante Revi 16 G war eine konstruktiv vereinfachte Ausführung, die jedoch nicht mehr in Serienfertigung ging, da die Ressourcen zugunsten der moderneren EZ-Reihe gebündelt wurden. Die vermutlich letzte Entwicklungsstufe dieser Serie stellte das Revi 16 H dar – ein stark vereinfachtes Visier, das speziell für Objektschützer und Abfangjäger wie das senkrecht startende Raketenflugzeug Bachem Ba 349 »Natter« vorgesehen war. Bei der Konstruktion dieses Typs achtete man gezielt auf den Einsatz kriegsbedingt noch verfügbarer Werkstoffe, um eine Produktion selbst in der angespannten Versorgungslage des Frühjahrs 1945 zu ermöglichen. Letztlich verhinderte jedoch der rapide Zusammenbruch der deutschen Rüstungsindustrie die Serienproduktion dieses letzten Revi-Modells. Damit endete die Entwicklungslinie einer der bedeutendsten Reflexvisier-Reihen der deutschen Luftwaffe.

Reflexvisier (Revi) 25 A, B

Das Revi 25 stellte eine konsequente Weiterentwicklung früherer Reflexvisier-Modelle wie des Revi 16 B und des Revi C/12 D dar und wurde gezielt für den Einbau in moderne Jagdflugzeuge der späten Kriegsjahre konzipiert. Bei der Entwicklung wurde großer Wert auf eine verbesserte optische Leistung gelegt: Das Visier zeichnete sich durch ein deutlich erweitertes Sehfeld, höhere Abbildungsqualität und eine insgesamt robustere und vibrationsresistentere Bauweise aus. Es war darüber hinaus konstruktiv so ausgelegt, dass sich Zusatzkomponenten wie ballistische Korrekturvorrichtungen oder Entfernungsmesser integrieren ließen – Technologien, die sich zu dieser Zeit in der Erprobung befanden und in experimentellen Konfigurationen bereits getestet wurden. Eine vollständige Umsetzung dieser Zusatzfunktionen in die Serienproduktion blieb jedoch infolge der sich verschärfenden Kriegslage meist aus.

Das Revi 25 wurde insbesondere für den Einsatz in fortgeschrittenen Jagd- und Jagdbombermustern der Jahre 1944/45 vorgesehen. Zu den Flugzeugen, in denen es zur Anwendung kam, zählten unter anderem die leistungsstarken Varianten der Focke-Wulf Fw 190 D-Serie, insbesondere die D-9 und D-11 – bekannt als »Langnasen-Dora« –, die Messerschmitt Bf 109 K-4, die Ta 152 H sowie der Strahljäger Me 262 A-1a. In diesen Maschinen unterstützte das Revi 25 den Piloten bei der präzisen Zielerfassung und Waffenführung sowohl im Luftkampf als auch beim Einsatz gegen Bodenziele.

Obwohl das Revi 25 zum Zeitpunkt seiner Einführung nicht mehr die absolute technologische Spitze darstellte – gyro-stabilisierte Visiere wie das EZ 42 befanden sich bereits in fortgeschrittener Entwicklung oder ersten Erprobungsphasen –, erwies es sich als äußerst zuverlässig, einsatzbewährt und wartungsarm. Besonders unter den widrigen Bedingungen der späten Kriegsmonate war die robuste und unkomplizierte Konstruktion des Revi 25

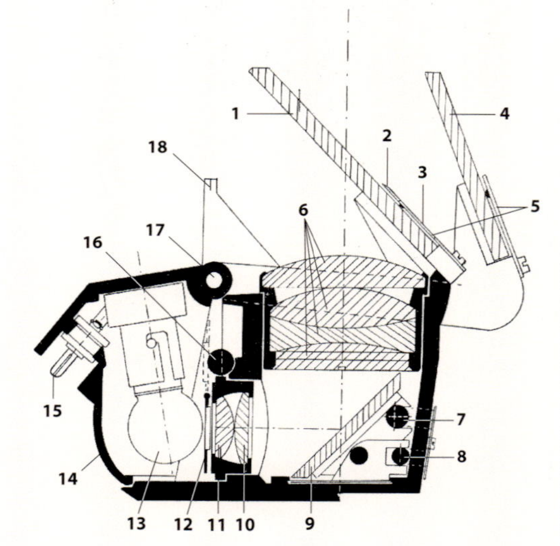

Schnittzeichnung des Revi 25 B.

1 Reflexscheibe
2 Korn
3 Hilfsvisier
4 Farbglas
5 Federnde Halterung
6 Abbildungslinsen
7 Spindel
8 Spindel
9 Umlenkspiegel
10 Strichglas
11 Beleuchtungslinse
12 Nachtfilter
13 Beleuchtung
14 Lampendeckel
15 Steckverbindung
16 Spindel
17 Scharnier
18 Kimme

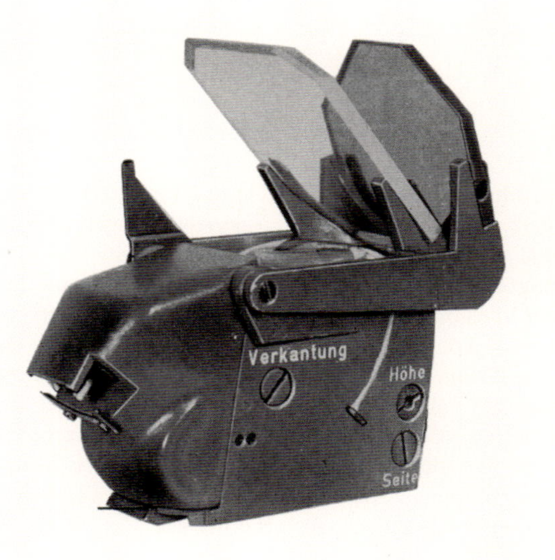

Revi 25 B von rechts und links.

BArch RL 3-7240 D. (Luft) T. 6402

DTMB VI.1.006 06881 Fotograf unbekannt

Cockpit der Me 262 A-1 mit Revi 25 A.

ein erheblicher Vorteil. Es konnte auch unter erschwerten logistischen und materiellen Voraussetzungen noch in begrenzter Stückzahl produziert und in den Fronteinsatz kommen.

In der Rückschau stellt das Revi 25 einen wichtigen Zwischenschritt auf dem Weg zur nächsten Generation von Zielvisieren dar – eine technische Brücke zwischen den rein optischen Reflexvisieren und den anvisierten elektro-optischen und gyroskopisch stabilisierten Systemen, die sich in der Theorie bereits abzeichneten, jedoch kriegsbedingt nur noch vereinzelt zur Anwendung gelangten. Das Revi 25 steht damit exemplarisch für die letzte Reifestufe der klassischen Reflexvisiertechnik in der deutschen Luftwaffe.

Kreiselstabilisierte Reflexvisiere

Der Anlass zur Weiterentwicklung des Reflexvisiers kam Anfang 1942, nachdem man ein überlegenes Reflexvisier mit Kreiselstabilisierung aus einer erbeuteten US-amerikanischen P-47 untersuchte. Dieses übertraf das deutsche Revi 16 in Leistungsfähigkeit bei Weitem. Erst nachdem das Kommando der Erprobungsstellen (E-Stellen) dem RLM die Überlegenheit des amerikanischen Systems bestätigte, besann sich das Ministerium auf bereits 1935 eingereichte deutsche Entwürfe. In der Folge forderte der Amtschef eine sofortige Entwicklung eines noch leistungsfähigeren Visiers. Die folgenden Arbeiten mündeten in die Entwicklung des kreiselstabiliserten Reflexvisiers.

Die sogenannte Kreiselzielvorrichtung stellte eine bedeutende Weiterentwicklung des herkömmlichen Reflexvisiers dar. Die Beweglichkeit und Flugbahn des gegnerischen Luftziels wurde in die Zielberechnung einbezogen. Dies ermöglichte es, unterschiedliche Flugzeugtypen unter jeweils spezifischen Vorhaltwinkeln anzuvisieren und zu bekämpfen. Ein kleiner Kreisel im Gerät (ähnlich einem Gyroskop) maß, wie schnell sich das gegnerische Flugzeug drehte oder bewegte. Abhängig davon wurde ein Spiegel im Visier so eingestellt, dass er dem Piloten zeigte, wo er hinzielen musste, um den Gegner zu treffen – also mit »Vorhalt«, weil das Ziel sich ja ebenfalls bewegte.

Das Problem dabei: Der richtige Vorhalt hing auch davon ab, wie weit das gegnerische Flugzeug entfernt war. Deshalb funktionierte das Visier nur genau für eine bestimmte Entfernung. Zur Ermittlung derselben wurde eine innovative Lösung eingesetzt: Der Pilot musste über

Cockpit der Me 262 A-1 mit abgeklapptem Revi 25 A in Ruhestellung. Links am Knüppelgriff der Bombenknopf.

DTMB VI.1.006 06957 Fotograf unbekannt

einen Einstellmechanismus die Spannweite (Flügelbreite) des feindlichen Flugzeugs in der Zieloptik einstellen. Im Visier war ein Kreis zu sehen, der sich nicht mit dem Vorhaltewinkel veränderte, sondern sich nur an die eingestellte Spannweite anpasste. Wenn das gegnerische Flugzeug dann genau in den Kreis passte, war die exakte Entfernung ermittelt und der Zielrechner konnte den korrekten Vorhalt anzeigen.

Kurz gesagt: Der Pilot stellte die Flügelbreite des Ziels ein, passte sie im Visier durch Drehen eines Knopfs an, und das Gerät berechnete dann, wohin er schießen musste.

Reflexvisier EZ 40

Die »Einheitszielvorrichtung« EZ 40 der Askania-Werke AG galt als das modernste Visier ihrer Zeit und stellte einen entscheidenden Schritt hin zum kreiselstabilisierten Reflexvisier dar – einer Technologie, die den bisherigen Zielsystemen deutlich überlegen war.

Nach Erreichen der Serienreife im Sommer 1943 wurden erste Geräte an das Jagdgeschwader 26 (JG 26) ausgeliefert. Bis Anfang Oktober lagen jedoch noch keine belastbaren Feldergebnisse vor, und die Truppenerprobung verlief in mehreren Bereichen nur mit eingeschränktem Erfolg. Im Dezember 1943, nach einer Besprechung beim Hersteller ETA in Prag, entschied das RLM, die Produktion des EZ 40 fortzuführen – solange, bis das noch in Entwicklung befindliche EZ 42 einsatzbereit war. Nach technischen Anpassungen an der Zielvorrichtung erfolgte am 15. August 1944 die offizielle Abnahme der ersten zwölf Seriengeräte bei ETA. Gleichzeitig wurden zwölf Einbausätze für das Schulungsflugzeug Bü 181 vorbereitet; bis dahin waren lediglich fünf Maschinen in Tarnewitz entsprechend umgerüstet worden.

Bis Ende August waren fünf EZ-40-Geräte bei der II./JG 300 im Einsatz. Die Einsatzerprobung brachte beeindruckende Ergebnisse: Mehrere gegnerische Flugzeuge konnten mit nur einem Feuerstoß abgeschossen werden.

DTMB VI.1.006 06745 Erprobungsstelle Tarnewitz, Fotograf unbekannt

Versuchseinbau des EZ 40 in einer Me 109. Das Reflexvisier EZ 40 diente der selbsttätigen Ermittlung des Vorhaltemaßes (Eigen- und Zielgeschwindigkeitsvorhalt).

Daraufhin ordnete das Oberkommando der Luftwaffe (OKL) den sofortigen Einbau weiterer EZ 40 in die Fw 190 A an. Auch Schulflugzeuge wie die Bü 181 wurden mit dem Visier ausgestattet.

Selbst Piloten mit nur geringer Gefechts- und Einsatzerfahrung erzielten mit dem EZ 40 bemerkenswerte Erfolge – auch im Luftkampf gegen alliierte Jagdflugzeuge. Bis zum 18. November 1944 war der Auftrag über 50 Geräte bei der Firma ETA in Prag abgeschlossen.

Mit der Verfügbarkeit des verbesserten Nachfolgemodells EZ 42 wurden die installierten EZ-40-Vorrichtungen aus den Frontmaschinen wieder ausgebaut und fortan ausschließlich zu Schulungszwecken verwendet.

Reflexvisier EZ 41

Das EZ 41 wurde von der Carl Zeiss AG in Jena entwickelt. Das erste Mustergerät der Einheitszielvorrichtung (EZ) 41, das zur E-Stelle Tarnewitz gelangte, musste wegen technischer Unzulänglichkeiten bald wieder an den Hersteller zurückgesandt werden. Die Arbeiten an dem kreiselstabilisierten Visier wurden im Herbst 1942 zugunsten des als leistungsstärker eingestuften EZ 42 abgebrochen. Beim Visier EZ 41 hatte die Firma Carl Zeiss den Antriebsmotor des Kreisels, die Fliehkraftbremse und das Visier selbst in einem Gehäuse vereinigt.

Reflexvisier EZ 42 »Adler«

Die Entwicklung der sogenannten »Einheitszielvorrichtung« EZ 42 markierte einen entscheidenden Fortschritt in der deutschen Luftwaffentechnik der späten Kriegsjahre. Bei dem EZ 42 handelte es sich um ein gyro-stabilisiertes Reflexvisier, das dem Piloten erstmals während des Fluges eine dynamische Zielanpassung ermöglichte. Die Spannweite des gegnerischen Flugzeugs konnte manuell eingestellt werden, wodurch sich die projizierte Zielmarke im Visier automatisch an die Entfernung und Geschwindigkeit des Ziels anpasste – eine Innovation, die vor allem im Hochgeschwindigkeitsluftkampf erhebliche Vorteile versprach.

Die ersten drei Prototypen wurden im Juli 1944 fertiggstellt und zunächst im Werk sowie bei der Erprobungsstelle Tarnewitz umfangreichen Tests unterzogen. Das als »Adler-Visier« bezeichnete System erreichte bald einen nahezu serienreifen Zustand. Der ursprünglich geplante Ersteinbau in eine Focke-Wulf Fw 190 A-8 verzögerte sich jedoch bis August 1944, da Focke-Wulf die notwendigen technischen Unterlagen für den Einbau verspätet zur Verfügung stellte. Parallel dazu wurden die ersten praktischen Prüfungen auf die Treffpunktlage bei mittlerer Einstellung durchgeführt. Eine automatische Aufsatzeingabe – also die automatische Korrektur der Zielmarkierung basierend auf Entfernung und Fluglage – wurde nicht realisiert, da das Reichsluftfahrtministerium (RLM) den potenziellen Nutzen als zu gering einschätzte.

Ende August 1944 befanden sich die drei Versuchsmuster in unterschiedlichen Stadien: Während das erste (EZ 42-V1) noch im Werk verblieb, wurde das zweite (EZ 42-V2) bei Zeiss überholt, und das dritte (EZ 42-V3) befand sich zur fortlaufenden Erprobung bei der E-Stelle Tarnewitz. Erst im September gelang es, das EZ 42-V3 versuchsweise in eine Fw 190 einzubauen. Ein gleichzeitiger Einbau in eine Bf 109 G oder K wurde vom General der Jagdflieger (GdJ) vorerst nicht als notwendig erachtet. Stattdessen sollte die komplette Visiereinrichtung in Form einer Attrappe in das Cockpit einer Me 262 A-1a eingebaut werden, um die Einbaubarkeit zu prüfen.

Nach der technischen Abnahme mussten noch kleinere Konstruktionsänderungen vorgenommen werden, bevor am 2. Oktober 1944 die ersten drei verbesserten Seriengeräte bei der Erprobungsstelle eintrafen. Dort wurden sie zunächst in zwei Bü 181 Schulflugzeugen zur Dauererprobung integriert. Gleichzeitig erfolgte ein Umbau des EZ 42-V3 auf elektrische Dämpfung, um Schwingungseinflüsse auf das Gyrosystem zu minimieren. In einer Fw 190 A-8 wurde schließlich eines der ersten Seriengeräte eingebaut, während zum Vergleich ein erbeutetes amerikanisches Visier in einer zweiten Maschine getestet wurde. Weitere Geräte wurden zur Ausstattung von Schulflugzeugen wie der Bü 181 herangezogen, um Piloten mit dem neuen System vertraut zu machen. Auch wurden spezielle Trainingsgeräte für die Schießschule im dänischen Vaerloese entwickelt.

Bis zum 20. Oktober 1944 trafen planmäßig die ersten zwölf EZ 42 bei der II. Gruppe des Jagdgeschwaders 300 ein. Die dort durchgeführte Erprobung verlief bis November erfolgreich. Parallel dazu untersuchte man die Integration des Visiers in weitere moderne Flugzeugtypen, darunter die Bf 109 K-4, Me 163 B-2, Me 262 A-1a, Dornier Do 335 A-1, Arado Ar 234 C-3, Horten Ho 229 A-1, Junkers Ju 388 J-1 bis J-3 sowie Heinkel He 162 A-1 und A-2. Am 9. November 1944 fand dazu eine umfassende Einbaubesprechung mit Vertretern der Technischen Luftwaffenrüstung (TLR) statt, woraufhin der sofortige Bau von Einbauattrappen angeordnet wurde. Während ein Probeeinbau in eine Me 163 B-1 beim JG 400 in Brandis durchgeführt wurde, erwies sich die vorhandene Attrappe der He 162 bereits als kompatibel.

Im Dezember 1944 sollte schließlich der Mustereinbau

in eine Me 262 A-1a erfolgen. Doch das Vorhaben verzögerte sich infolge schlechten Wetters, das die Überführung der Maschine nach Tarnewitz verhinderte. Der GdJ bestimmte daraufhin die I. Gruppe des Jagdgeschwaders 1 als erste Einheit, die mit dem EZ 42 ausgerüstet werden sollte. In der Praxis scheiterte dies jedoch an den organisatorischen und logistischen Schwierigkeiten. Ein weiterer Rückschlag betraf die geplante Erprobung in einer Bf 109: Aufgrund des hohen Treibstoffverbrauchs dieses Musters wurde stattdessen eine Bf 108 zur Durchführung von Abkommflügen mit einem eingebauten Mustergerät herangezogen. Erst später wurde das EZ 42 – fälschlich auch als »EZ 41« bezeichnet – in eine Bf 109 K-4 integriert.

Im Verlauf des Februar 1945 traten bei Testflügen technische Probleme auf: Schwingungen im Flugzeug beeinträchtigten die Funktion des empfindlichen Visiersystems. Auch der Einbau in das Versuchsmuster Do 335 V14 war zu diesem Zeitpunkt noch nicht abgeschlossen. Der ursprünglich in Gatow vorgesehene Einbau in eine Fw 190 A-9 musste Mitte Februar ebenfalls abgesagt werden; das betroffene Flugzeug wurde stattdessen nach Tarnewitz überführt. Der sich verschärfende Treibstoffmangel hemmte die weitere Erprobung und Ausbildung spürbar. Dennoch wurden bei der Me 262 A-1a vergleichsweise schnelle Fortschritte erzielt: Nachdem das erste Flugzeug mit dem Visier ausgestattet war, erfolgten mehrere Zielanflüge, die zeigten, dass das System grundsätzlich funktionstüchtig war und großes Potenzial als Standardvisier für Hochleistungsjäger besaß.

Für Anfang März 1945 war daher die flächendeckende Einweisung von Piloten aus verschiedenen Verbänden geplant. Doch die anhaltenden alliierten Luftangriffe auf Produktionsanlagen und Infrastruktur führten rasch zum Stillstand dieser Bestrebungen. Vermutlich infolge von Bombentreffern bei der Herstellerfirma Carl A. Steinheil & Söhne in München und der anschließenden, nur notdürftig organisierten Verlagerung der Fertigung konnten bis Kriegsende deutlich weniger Geräte ausgeliefert werden als ursprünglich vom RLM vorgesehen.

Insgesamt wurden zwischen August 1944 und Februar 1945 lediglich 270 EZ 42 gefertigt. Im März 1945 folgten nochmals rund 500 Geräte, von denen jedoch nur ein Bruchteil – schätzungsweise etwa 200 – tatsächlich in Frontflugzeugen der Luftwaffe eingebaut werden konnte, darunter sowohl Kolbenmotorjäger als auch erste Strahlflugzeuge. Damit blieb das EZ 42 trotz seiner technischen Innovationskraft letztlich nur ein vielversprechender, jedoch kaum noch einsatzwirksam gewordener Versuch, den fortgeschrittenen Kriegsverlaufs zu beeinflussen.

Reflexvisier EZ 42 »Adler« mit Entfernungsmesser »Faun«

Bis zum 18.12.1944 war in Gatow der Einbau des Gerätes »Faun«, das mit dem Reflexvisier EZ 42 »Adler« verbunden war, in eine Bf 109 G-10 vorgenommen worden. Auch war ein Einbau des Geräts bei einer Bf 109 K-4 in Tarnewitz geplant. Hierbei handelte es sich um das bisherige, kreiselstabilisierte Reflexvisier EZ 42, das wie schon lange seitens des RLM gefordert, endlich mit automatischer Entfernungsmessung ausgerüstet werden sollte. Wegen der überaus komplexen Schaltungen hörten die technischen Problemen bis Kriegsende nicht auf. Noch Anfang März 1945 folgte eine Panne der anderen, obwohl Mitarbeiter der beteiligten Firmen und die von der E-Stelle Tarnewitz eingesetzten Techniker ihr Möglichstes gaben. Kurz darauf mussten die Arbeiten »unter Feinddruck« eingestellt und die E-Stelle geräumt werden.

Reflexvisier EZ 44

Die Entwicklung des EZ 44 begann ab Herbst 1943, wobei anfangs verstärkt Teile des bereits vorhandenen Lotfe 7d Verwendung fanden, um die Herstellung zu erleichtern. Die zur Verfügung stehenden Teile hätten allerdings eine komplizierte Umarbeitung erfordert, als das RLM vorausgesehen hatte. Wegen des zu großen Aufwands wandte sich die Firma Carl Zeiss daher der Entwicklung des EZ 45 zu.

Reflexvisier EZ 45

Das EZ 45 war eine kriegsbedingt vereinfachte Version des EZ 42 »Adler« und wurde speziell für die schnelle Massenproduktion in großen Stückzahlen unter Einsatz von Ersatzmaterialien konzipiert. Es sollten dabei alle wesentliche Funktionen des Reflexvisiers ohne Einschränkungen erhalten bleiben. Die Bauunterlagen sollten, nach Weisung des Chef TLR, bis spätestens zum 20.03.1945 vorgelegt werden. Bei den ersten Geräten war noch an eine Fertigungsdauer von 128 Stunden pro EZ 45 gedacht. Später wollte der Rüstungsstab diese auf nur noch 90 Stunden absenken. Die Produktion von zunächst 5.000 EZ 45 sollte bereits ab April 1945 anlaufen. Ferner hoffte die Rüstungsführung, dass der damit zu betrauende Nachbaubetrieb das anfängliche Fertigungsgewicht von 14 kg auf nur noch 7 kg würde senken können. Auch die Arbeiten an der Umstellung von hochwertigen Baustoffen auf leichter zu beschaffende Materialien waren bei Kriegsende noch längst nicht abgeschlossen.

»Gegnerpfeilvisier«

Anfang 1945 begannen Versuche mit dem »Gegnerpfeilvisier«, kurz »GPfV« genannt. Die Überprüfung der Visieranlage verlief – wenn auch am Boden – zumindest bis auf Details erfolgreich. Die Anlage lieferte den richtigen Vorhaltewinkel und unterstützte so den Zielvorgang merklich. Die Versuche wurden, obwohl sie als äußerst aussichtsreich eingeschätzt wurden, noch bis zum Frühjahr 1945 fortgesetzt und wurden in den letzten Kriegswochen aufgegeben.

Zielfernrohre (ZFR)

Zu Beginn der 1940er-Jahre wurden Zielfernrohre nur in begrenztem Umfang in einmotorige Jagdflugzeuge eingebaut, da man sich von ihrer Verwendung vor allem Vorteile beim Einsatz auf größere Kampfentfernungen versprach. Die Geräte stammten aus der Fertigung der Firma Leitz in Wetzlar, wo die Entwicklungsarbeiten unter der Leitung von Dr. Schaffer stattfanden. Die Fernrohre wogen lediglich 2,5 kg, verfügten jedoch nur über eine 2,5-fache Vergrößerung und ein Sichtfeld von sechs Grad – eine technische Auslegung, die sich im späteren Einsatz als unzureichend erwies. Erste Versuchseinbauten erfolgten in Messerschmitt Bf 109 E-2 des Jagdgeschwaders 26, die in Frankreich einer kurzen Truppenerprobung unterzogen wurden. Die Ergebnisse fielen offenbar ernüchternd aus: Das Zielfernrohr wurde nach kurzer Zeit wieder ausgebaut, vermutlich aufgrund der geringen Zielerfassungsleistung und des eingeschränkten Sichtbereichs, der im beweglichen Luftkampf kaum praktikabel war.

Ein erneuter Ansatz zur Nutzung von Zielfernrohren erfolgte später im Rahmen der Bewaffnung schwerer Jäger und Zerstörer, vor allem solcher mit weitreichenden, großkalibrigen Bordwaffen wie der 50-mm-Bordkanone BK 5. In diesem Zusammenhang wurde die Kombination aus Reflexvisier und Zielfernrohr als mögliche Lösung betrachtet, insbesondere für den Kampf gegen schwer gepanzerte Bomber aus großer Entfernung. Dabei kamen vorrangig die Modelle ZFR 3A und ZFR 4A zum Einsatz. Für die Erprobung dieser Systeme wurde der E-Stelle Tarnewitz ein zweimotoriges Versuchsmuster vom Typ Bf 110 bereitgestellt, in dem ab Anfang 1944 beide Fernrohrtypen nacheinander getestet wurden.

Auch beim Erprobungskommando (EK) 25 in Achmer

Adolf Gallands Me 109 war individuell modifiziert und spiegelte seinen Anspruch an Präzision und Effizienz im Luftkampf wider. Auffällig war das Zielfernrohr, das durch eine Aussparung in der Panzerglasscheibe ragte. Ergänzt wurde es durch das kombinierte Reflexvisier, das ihm eine schnelle Zielerfassung ermöglichte.

DTMB VI.1.006 06744 Fotograf unbekannt

BArch RL 36-265

Versuchsweiser Einbau des ZFR in Verbindung mit einem Revi C/12 zur Evaluierung der Handhabung, des Schussverhaltens und der Visiergenauigkeit einer MK 101 bei Flugbedingungen. Solche Tests bildeten eine wichtige Grundlage für die spätere Integration schwerer Bordwaffen in Jagd- oder Erdkampfflugzeuge wie die Bf 110 oder Hs 129. Hier in einer Me 110 c.

BArch RL 36-265

Im Rahmen der Erprobungen erfolgte auch der Einbau eines Zielfernrohrs für die Maschinenkanone MK 101 in eine Bf 110 C, kombiniert mit dem Reflexvisier Revi C/12 C.

Manfred Griehl

Nur in begrenztem Umfang wurden Zielfernrohre bei Jagd- und Zerstörerflugzeugen eingebaut. Außer bei einigen Bf 109 E-2, fand sich das ZFR vor allem bei der mit einer 5-cm-Kanone ausgerüsteten Me 410.

und später bei der II./ZG 26 waren einige mit Zielfernrohren ausgerüstete Me 410 im Einsatz in der Reichsverteidigung. Mit präzisen Einzelschüssen aus großer Entfernung sollten einzelne feindliche Bomber bekämpft werden, ohne sich in die dichte Verteidigung der US-Bomberformationen begeben zu müssen. Doch auch hier zeigten sich bald die praktischen Schwächen: Die Fernrohre waren nicht nur schwer exakt zu justieren, sondern auch im Einsatz anfällig gegenüber Erschütterungen und Vibrationen. Die begrenzte Zielerfassung bei dynamischen Gefechten erwies sich erneut als gravierender Nachteil.

Periskopvisiere (PVE) und Rückblickfernrohre

Um die aerodynamische Form von Kampfflugzeugen zu verbessern – etwa durch den Verzicht auf wuchtige Bodenwannen –, die Panzerung zu vereinfachen und das Sicht- und Schussfeld ferngesteuerter Waffenstände (die seitlich oder am Heck des Flugzeugs angebracht waren) zu vergrößern, entwickelte man in der zweiten Kriegshälfte spezielle optische Zielhilfen. Dazu gehörten Periskopvisiere für bewegliche Waffen und Rundblickfernrohre mit einem oder zwei Sichtausgängen für starre Waffen. Darüber hinaus benötigte man Rückblickfernrohre für starke Abwehrwaffen, die vom Piloten selbst nach hinten abgefeuert wurden. Durch diese Bewaffnungssysteme konnte auf den Einsatz eines zusätzlichen Bordschützen verzichtet und der Schutz der Besatzung vor feindlicher Waffeneinwirkung verbessert werden.

Vollständige technische Forderungen für Periskopvisiere konnten aus Mangel an Erfahrungen noch nicht aufgestellt werden. Für die Optik wurde eine geringe Bildvergrößerung gefordert, da das Verhältnis 1:1 zu einer Bildverkleinerung führte. Für Rückblickfernrohre wurde eine 1,5-fache Vergrößerung bei einem Gesichtsfeld von 45° bis 50° als optimal angesehen, während für Periskopvisiere eine Vergrößerung von etwa 1,8-fach als vorteilhaft ermittelt wurde. Versuche bei Dämmerung und Nacht zeigten, dass der Vergrößerung eine besondere Bedeutung zukam, da kontrastschwache Objekte dadurch besser erkannt werden konnten. Die Gesichtsfelder der hergestellten Musterperiskope lagen zwischen 40° und 55°.

Trotz umfangreicher Bodentests von zahlreichen Versuchsstücken, die allesamt nicht sehr zufriedenstellend verliefen, wurden die Entwicklungsarbeiten mit großem Nachdruck betrieben. Nach sieben frühen PVE-Versuchsanlagen wurden die PVE 8 und PVE 9A in der Kabine der Ju 288 eingebaut. Unter anderem war die Erprobung der Waffenanlage bei der Ju 288 V8 sowie bei einigen Maschinen der Baureihen Ju 288 C-0 und C-1 vorgesehen. Dagegen entfiel der ursprünglich geplante Einbau in die Ar 240 und He 219, da die vorgesehene fernbedienbare Defensivbewaffnung nicht realisiert werden konnte. Zwar war beabsichtigt, zur Zielausrichtung solcher Waffenstände ab Mitte 1944 bei bestimmten Varianten der Ju 290 und Ju 390 eine PVE-9-Anlage einzusetzen, doch mit der Einstellung nahezu aller Fernkampfflugzeug-Projekte verlor dieser Plan durch eine Entscheidung des RLM rasch seine Bedeutung.

Mit dem Beginn der Serienfertigung der Ju 388 rückte die Periskop-Visiereinrichtung PVE 11 wieder verstärkt in den Fokus. Es handelte sich um ein Doppel-Periskopvisier, von dem bis Kriegsende etwa 200 Exemplare gefertigt wurden. Zu Beginn traten noch Probleme mit der PVE 11a auf: Nach Beanstandungen während der Waffenerprobung musste die Umschaltoptik für den oberen und unteren Bereich des an der Rückseite der Kabine eingebauten Periskops konstruktiv überarbeitet werden. Anschließend wurde die PVE 11a-Anlage in der Ju 388 V6 direkt durch Fachpersonal der Firma Carl Zeiss Jena justiert.

Beschussversuche am 2. August 1944 zeigten, dass präzises Schießen außerhalb der Justierentfernung stark erschwert war – insbesondere aufgrund der erheblichen Parallaxe zwischen Visier und Waffen von immerhin elf Metern sowie des großen Visierlinienabstands. Zudem stellte sich in dieser Phase heraus, dass das PVE 11 nicht druckdicht war und sich somit für den Serieneinbau als ungeeignet erwies. Es folgten weitere Untersuchungen. Zwar bestand die Anlage die sogenannte »Schüttelprüfung« zufriedenstellend, doch führte die anschließende »Kälteprüfung« zum Beschlagen der Optik. Dies stellte die Einsatzfähigkeit der Hecklafette bei niedrigen Temperaturen – und damit auch bei Höhenflügen – grundsätzlich infrage. Daraufhin wurden Tests mit verbesserter Optik an der E-Stelle Tarnewitz angesetzt.

Anfang 1945 traf schließlich das lang erwartete Musterflugzeug, die Ju 388 V6, in Tarnewitz ein. Es war mit der Hecklafette FHL 131 Z, dem Fernrichtantrieb FA 15 und dem Periskopvisier PVE 11 ausgerüstet. Obwohl die Werkserprobung noch nicht abgeschlossen war und kein weiteres vollständig ausgestattetes Serienmuster zur Verfügung stand, wurde die Fortsetzung der Erprobung beim Hersteller vorläufig zurückgestellt. Im Februar 1945, nach der endgültigen Einstellung aller Ju-388-bezogenen Entwicklungsarbeiten, wurden die Versuche abgebrochen.

Das Periskopvisier PV 1, wie es in den Strahlbombern und Aufklärern vom Typ Ar 234 B-2, B-2b und C-3 zum Einsatz kommen sollte, war ursprünglich – ähnlich wie die früher verwendeten Rückblickfernrohre RF 1 und RF 2 – dazu vorgesehen, eine im Heck starr eingebaute Defensivbewaffnung zu unterstützen und so gegnerische Angreifer effektiv am Zielanflug zu hindern. Letztlich entfiel jedoch der rückwärtige Starrbewaffnungs-Einbau – mit

Ju 288 V11 mit DB 606. Im Rumpfboden das Periskop.

DTMB VI.1.006 06452 Quelle unbekannt, Fotograf unbekannt

Durch das optische Periskopvisier der Ju 388 L-0 und L-1 ließen sich Luftziele ober- und unterhalb des Rumpfes auffassen.

Manfred Griehl

Ausnahme der Ju 188 L-0 – bei nahezu allen Flugzeugen.

Gegen Kriegsende befanden sich die Periskopvisiere noch in einem entwicklungsfähigen Stadium, insbesondere hinsichtlich der Vereinfachung des Fertigungsprozesses und der Standardisierung ihrer Bauweise. Ziel war es, durch ein Baukastensystem möglichst viele identische Komponenten für verschiedene Visierstände eines Bombers – etwa für Rumpfober-, Kanzel- und Bodenstände – einsetzbar zu machen. Grundsätzlich kamen Periskopvisiere für bewegliche Waffenstände jedoch nur dann zur Anwendung, wenn andere Visiereinrichtungen keine zufriedenstellende Lösung boten, da sie mit erheblichem Arbeitsaufwand verbunden waren.

Einfache Rückblickfernrohre für starre Rückwärtsbewaffnung wurden in unterschiedlichen Ausführungen eingeführt – teils mit wegklappbarem Einblickstutzen oder als Teleskoprohr, um den Schützen beim Start und bei der Landung nicht zu behindern. Um dem Piloten das visuelle Erfassen eines von hinten anfliegenden Ziels auf sinnvolle Weise zu ermöglichen, wurden seitenrichtige Bilder gefordert, die allerdings auf dem Kopf stehen durften.

Neben der Verbesserung der Aerodynamik trug das Periskopvisier wesentlich zur Erhöhung der Richt- und Treffgenauigkeit bei, da Ablenkungsfehler der Visierlinie entfielen, die bei anderen Visier- und Waffenständen durch den schrägen Durchblick und nicht vollständig planparallele Scheiben unvermeidbar waren.

Visiereinrichtungen wie diese hätten ab 1945 sicherlich das Bild aller künftigen Kampfflugzeuge geprägt. Die Visiereinrichtung für die HL 131 Z am Rumpfende befand sich an der Rumpfunterseite der Ju 388 zwischen den vier Rohren der starren MG 151/20-Kanonen (rechts).

Manfred Griehl

Manfred Griehl

KAPITEL 8
EINSATZTAKTIKEN UND -ERFAHRUNGEN

Eine mit der BK-5-Kanone bewaffnete Messerschmitt Me 410 A-1/U4 des Zerstörergeschwaders 26 passiert nach einem Angriff auf das Heck des US-amerikanischen B-17-Bombers »Lady Godiva« in weniger als acht Metern Abstand dessen Tragflächenspitze und geht anschließend in den Sinkflug über. Diese außergewöhnliche Aufnahme entstand im Moment höchster Gefahr – festgehalten von einem mitfliegenden Kriegsfotografen.

ZWISCHEN LUFTÜBERLEGENHEIT UND RÜCKZUG

DER WAFFENEINSATZ IN ANGRIFF UND VERTEIDIGUNG

Kampftaktiken von Jagdflugzeugen im Zweiten Weltkrieg

Der Luftkrieg des Zweiten Weltkriegs stellte höchste Anforderungen an Technik, Taktik und Piloten gleichermaßen. Jagdflugzeuge mussten nicht nur über hervorragende Flugeigenschaften verfügen, sondern auch mit durchschlagskräftiger und zuverlässiger Bewaffnung ausgestattet sein. Ziel war es, gegnerische Maschinen mit möglichst wenigen, präzise platzierten Feuerstößen kampfunfähig zu machen – idealerweise mit einem einzigen, kurzen Angriff aus vorteilhafter Position. Zu diesem Zweck setzte die Luftwaffe auf eine Kombination aus schnell feuernden Maschinenkanonen und Maschinengewehren, die bei einem Treffer eine verheerende Wirkung entfalten konnten.

Die Effektivität eines Angriffs hing dabei von zahlreichen Faktoren ab: dem Flugzeugtyp, dem Gegner, der konkreten Kampfsituation sowie den fliegerischen Fähigkeiten des Piloten. Besonders entscheidend waren die Wahl der richtigen Schussentfernung, die korrekte Vorhalttechnik bei beweglichen Zielen und eine möglichst überlegene Angriffsposition – etwa aus der Sonne, aus der Überhöhung oder aus dem toten Winkel des Gegners. Auch die Art der Munition, deren Zielwirkung sowie die Zuverlässigkeit der Bordwaffen spielten eine zentrale Rolle.

Angesichts der sich ständig wandelnden Bedingungen des Luftkriegs entwickelten und verfeinerten deutsche Jagdflieger eine Vielzahl unterschiedlicher Angriffsverfahren. Gerade im Luftkampf, wo Sekunden über Sieg oder Niederlage entschieden, war die Anwendung durchdachter Taktiken von größter Bedeutung. Zu Beginn des Krieges profitierten deutsche Piloten von ihrer exzellenten Ausbildung und einem taktischen Vorsprung. Bewährte Formationen wie der »Schwarm« oder die »Rotte« ermöglichten flexible Manöver und gegenseitige Deckung. In dieser frühen Phase wurde der Luftkrieg oft offensiv geführt – mit aktiver Luftraumsicherung und tiefen Vorstößen in feindliches Gebiet.

Doch mit der allmählich wachsenden Luftherrschaft der Alliierten verschlechterte sich die strategische Ausgangslage der Luftwaffe zunehmend. Jagdflugzeuge wurden nun häufiger defensiv eingesetzt: als Begleitschutz für eigene Bomber, in Hinterhaltstellungen nahe der Heimatfront oder bei gezielten Angriffen unter Nutzung von Wetterverhältnissen und Radarschatten. Der Luftkampf verlagerte sich mehr und mehr in den Bereich taktischer Notwendigkeit und technischer Improvisation.

Ein markantes Beispiel für diese Entwicklung war der Einsatz des Strahljägers Messerschmitt Me 262 gegen Kriegsende. Ihre enorme Geschwindigkeit ermöglichte Angriffe mit hohem Geschwindigkeitsüberschuss aus großer Höhe. Die gegnerischen Bomberverbände wurden dabei in schnellen, durchstoßenden Angriffen angegriffen – oft zu schnell, als dass deren Bordschützen wirkungsvoll reagieren konnten. Erstmals seit Langem waren wieder Frontal- und Überkopf-Angriffe möglich, was den taktischen Spielraum der deutschen Jagdflieger deutlich erweiterte. Gleichzeitig stellte die Geschwindigkeit des Düsenjägers neue Anforderungen an Zieltechnik, Reaktionszeit und Ausbildungsstand – das präzise Zielen wurde zur Herausforderung, und herkömmliche Schießtechniken mussten überarbeitet werden.

Insgesamt spiegeln die Angriffsverfahren deutscher Jagdflugzeuge im Zweiten Weltkrieg eine dynamische Verbindung aus klassischer Luftkampferfahrung, technologischer Innovation und fortlaufender Anpassung an die rasant veränderten Bedingungen des modernen Luftkriegs wider.

Grundsätzlich lassen sich die Einsatztaktiken in zwei Hauptkategorien einteilen: den Luft-Luft-Kampf – also den Kampf gegen feindliche Jagdflugzeuge oder Bomber – und den Luft-Boden-Kampf, bei dem Bodenziele wie Panzer, Fahrzeugkolonnen oder Eisenbahnanlagen angegriffen wurden. Beide Szenarien erforderten eigene Flugprofile, Waffeneinsätze und Taktiken. Während im Luftkampf Geschwindigkeit, Wendigkeit und Zielgenauigkeit im Vordergrund standen, kam es beim Erdkampf eher auf Überraschung, Tiefflugfähigkeiten und robuste Bordbewaffnung an. So war der Luftkampf nicht nur eine technische Herausforderung, sondern auch ein permanenter Wettlauf zwischen Innovation, Anpassung und taktischem Geschick.

Rotten- und Schwarmtaktik

In Deutschland wusste man aus dem Luftkrieg während des Spanischen Bürgerkriegs taktische Lehren zu ziehen. Die sogenannte »Rotten- und Schwarmtaktik« wurde von dem erfolgreichen Jagdflieger und späteren Inspekteur der Jagdflieger Werner Mölders aus diesen Erfahrung entwickelt. Zwei oder vier Maschinen operierten eng koordiniert miteinander. Die Rotte«, als Zweierformation, war flexibel, übersichtlich und bot deutlich mehr Schutz als starre Formationen wie der »Vic« der britischen RAF. Der Rottenführer übernahm die offensive Rolle, während der Flügelmann, leicht nach hinten versetzt, ihn bei Angriffen absicherte und ihm »den Rücken freihielt«. Ihre Kommunikation lief meist nonverbal: durch klare Bewegungsmuster und ständige gegenseitige Sichtverbindung.

Ein Schwarm bestand aus vier Flugzeugen, also zwei Rotten, die versetzt und in lockerer Linie flogen (meist in diagonaler Staffelung, auch als »vierfingrige Formation« bezeichnet). Diese Formationen brachte mehrere Vorteile:

- Optimale Sicht nach allen Seiten.
- Hohe Flexibilität und rasche Reaktionsmöglichkeit auf Bedrohungen.
- Individuelle Beweglichkeit jedes Flugzeugs bei gleichzeitiger Teamkoordination.
- Die Rotte hielt im Gefecht immer Sichtkontakt. Kam es zu einem Angriff, griff der Rottenführer an, während der Flügelmann auf etwa 200–300 m Abstand versetzt blieb und sowohl den Luftraum über als auch hinter der Formation sicherte.
- Die Schwärme griffen nie als starre Vierereinheit an, sondern teilten sich bei Feindkontakt auf. So entstanden autonome Rottenpaare, die jeweils auf ihre unmittelbare Bedrohung reagieren konnten.
- Piloten wurden für eigenständiges Handeln ausgebildet, sollten jedoch nie allein fliegen. Diese Kombination aus individueller Taktik und Teamarbeit erhöhte ihre Überlebenschancen erheblich.

Die Schwarmtaktik war besonders für den Luftkampf an der Ostfront geeignet, wo sich oft großflächige Luftgefechte mit gemischten Gegnergruppen entwickelten. Fliegerasse wie Erich Hartmann, Gerhard Barkhorn oder Günther Rall perfektionierten diese Taktiken und wurden durch ihre disziplinierte Flugführung nahezu unangreifbar. Bis heute bildet diese Kampftaktik die Grundlage der Pilotenausbildung weltweit.

Kurvenkampf

Ende der 1930er-Jahre gingen viele Experten davon aus, dass sich der Luftkampf durch die enorm gesteigerten Flugleistungen grundlegend verändern würde. Man erwartete, dass Jagdflugzeuge künftig vor allem gegnerische Bomber bekämpfen und direkte Duelle zwischen Jägern der Vergangenheit angehören würden. Doch diese Annahme erwies sich als falsch.

Zu Beginn des Zweiten Weltkriegs lieferten sich Jagdmaschinen erneut intensive Luftkämpfe im klassischen »Kurvenkampf« – auch als »Dogfight« bekannt. Diese Taktik, bei der Piloten durch enge Wendemanöver in die Schussposition hinter dem Gegner zu gelangen versuchen, stammte ursprünglich aus dem Ersten Weltkrieg und wurde damals durch Flieger wie Max Immelmann oder Oswald Boelcke entscheidend geprägt und weiterentwickelt.

Besonders auf kurze Distanz konnte ein erfahrener Pilot durch Fluggefühl, taktisches Geschick und Reaktionsvermögen den entscheidenden Vorteil erringen. Deutsche Jagdflugzeuge wie die Messerschmitt Bf 109 oder die Focke-Wulf Fw 190 zeigten in diesen wendigen Gefechten exzellente Leistungen.

Mit dem Fortschreiten des Krieges und dem Aufkommen immer leistungsfähigerer alliierter Jäger – etwa der Supermarine Spitfire oder der nordamerikanischen P-51 Mustang – änderte sich jedoch das Bild. Die klassischen Wendekämpfe verloren an Bedeutung. Höhere Geschwindigkeiten, verbesserte Bewaffnung und neue Taktiken machten den Dogfight zunehmend riskant und ineffizient. Der Luftkampf verlagerte sich mehr und mehr auf kurze, energiegeladene Angriffsmanöver aus der Überlegenheit in Höhe und Geschwindigkeit – der klassische Kurvenkampf wurde zum Auslaufmodell.

Angriff aus überhöhter Position von hinten oder schräg oben

Der klassische Kurvenkampf wurde durch eine neue Taktik ergänzt: den Angriff aus überhöhter Position, auch als »Höhenstoß« bezeichnet. Dabei näherte sich der angreifende Pilot seinem Ziel aus einer überhöhten Position leicht versetzt hinter dem Bomber, meist in einem Winkel von etwa 20 bis 45 Grad zur Flugrichtung des Gegners. Dieses Verfahren hatte den Vorteil, dass sich der Angreifer dem Ziel teilweise außerhalb des Hauptschussfeldes der Bordwaffen nähern konnte. Gleichzeitig erlaubte die erhöhte Position eine bessere Übersicht über das Ziel sowie eine effektivere Erfassung sensibler Strukturbereiche wie Tragflächen, Leitwerk oder Triebwerke. Der Pilot nutzte seinen Höhenvorteil, um im Sturz zusätzliche Geschwindigkeit zu gewinnen und drang mit hoher Geschwindigkeit in den Kampfraum ein. Ein konzentrierter Schuss aus kurzer Distanz sollte dabei genügen, um das gegnerische Flugzeug erheblich zu beschädigen oder abzuschießen. Der Angriff selbst wurde in einem flachen bis mittleren Sturzflug eingeleitet, wobei der Pilot kurz vor dem Ziel das Feuer eröffnete und unmittelbar nach dem Feuerstoß entweder durch Wegtauchen oder durch ein abruptes Ausweichmanöver dem Abwehrfeuer und etwaigen Begleitjägern zu entkommen versuchte. Dieses Verfahren eignete sich auch für den Angriff aus einer Position unterhalb des Gegners und war besonders effektiv bei Jagdflugzeugen mit starker Motorisierung und guter Höhenleistung, etwa bei der Messerschmitt Bf 109 oder später in noch besserer Weise bei der Focke-Wulf Fw 190. Sie erlaubte es, die Vorteile der Geschwindigkeit und Position gezielt auszunutzen und dem Gegner kaum Raum für Gegenmaßnahmen zu lassen. Diese Angriffsart reduzierte die eigene Verwundbarkeit erheblich und basierte auf dem Prinzip, durch Geschwindigkeit und Überraschung einen entscheidenden Vorteil zu erzielen. Besonders gegen langsamer fliegende oder weniger wendige Gegner wie alliierte Bomber oder sowjetische Erdkampfflugzeuge war dieses Verfahren wirkungsvoll, wurde aber durch das immer weiter sich verstärkende Abwehrfeuer der Bomber und Begleitjäger zunehmend verlustreich.

Angriff aus der Hundekurve

Beim Angriff aus der »Hundekurve« setzte sich der angreifende Jagdflieger nicht direkt hinter die anzugreifende Maschine, sondern näherte sich dem Gegner in einer Flugkurve. Bei dieser Art des Angriffs hatte er die Möglichkeit, seinen Gegner längere Zeit gut im Visier zu behalten und genügend Treffer im Bereich von Rumpf, Flächen und Motoren anzubringen. Der Jägerpilot musste um den notwendigen Vorhalt bei der Schussabgabe bemüht sein, um wirksam zu treffen. Der Anflug hatte auch den Nachteil, dass die angreifende Jagdmaschine großen Querbelastungen ausgesetzt war und das Zielen so natürlich schwieriger war, als bei einem völlig geraden Anflug.

Frontal- oder Stoßangriff im Luft-Luft-Einsatz

Eine weitere, häufig von erfahrenen Piloten angewandte Taktik war der Frontal- bzw. Stoßangriff – insbesondere gegen schwerfällige Bomberformationen wie die amerikanischen B-17 oder B-24, aber auch gegen Bodenziele im Jagdbombereinsatz. Hierbei flog der deutsche Jäger direkt von vorne oder in einem steilen Winkel auf die Front der Bomber zu, um deren empfindlichen Cockpit- und Triebwerksbereiche zu treffen. Trotz des Überraschungsmoments und der stark reduzierten Gefahr gegenüber feindlichem Abwehrfeuer hatte diese Angriffstaktik mehrere gravierende Nachteile. Aufgrund der extrem schnellen Annäherung, die Geschwindigkeit beider Flugzeuge konnte sich auf über 800 km/h addieren, war die Zeitspanne für den Schuss äußerst kurz, was präzises Zielen stark erschwerte und die Wirkung des Angriffs oft deutlich verringerte. Hinzu kam das hohe Risiko einer Kollision – sei es mit dem Ziel selbst oder mit herumfliegenden Trümmern –, besonders bei Frontalangriffen auf andere Flugzeuge oder bei Einsätzen in Bodennähe. Denn die hohe Geschwindigkeit des Anflugs erschwerte das anschließende Ausweichen erheblich, vor allem bei niedrigem Anflugwinkel. Die Durchführung erforderte vom Piloten somit höchste Konzentration, exzellente Reaktionsfähigkeit und außerordentliche Nervenstärke, da kaum Spielraum für Korrekturen vorhanden war. Diese Angriffstechnik stellt auch eine enorme Belastung für das Flugzeug dar, da plötzliche Kurswechsel und hohe Geschwindigkeiten das Material an ihre Belastungsgrenzen führten.

Aus all diesen Gründen wurde der Stoßangriff in der Praxis nur unter bestimmten taktischen Voraussetzungen bevorzugt eingesetzt – etwa bei Angriffen auf weiche oder schlecht geschützte Ziele – oder wenn ein Angriff von hinten nicht möglich war. In vielen Fällen erwiesen sich Angriffe aus der Flanke oder von hinten als deutlich effektiver und risikoärmer. Gegen alliierte Bomber wurde diese Angriffsform wegen des massiven Abwehrfeuers von vielen Jagdfliegern als einzige wirksame Methode angesehen, solche Ziele überhaupt erfolgreich zu bekämpfen. Einzelne besonders erfahrene und befähigte Piloten erzielten dabei beachtliche Einsatzerfolge.

Ablauf und Taktik der Frontalangriffe auf alliierte Bomber

Obwohl alliierte Bomberflotten im Zweiten Weltkrieg üblicherweise von hinten angegriffen wurden, bot der Frontalangriff für erfahrene deutsche Jagdflieger entscheidende Vorteile. Zum einen war das Risiko, beim Anflug von den Verteidigungswaffen der Bomber getroffen zu werden, deutlich geringer, da deren Abwehrbewaffnung nach vorne nur eingeschränkt wirksam war. Zum anderen war der Panzerschutz der Bomberbesatzung im vorderen Bereich kaum vorhanden – er beschränkte sich meist auf die Rückseite und den unteren Bereich des Sitzes. Ein Treffer von vorn konnte daher besonders verheerend wirken.

Der Angriff selbst verlief nach einem bestimmten Schema: Zunächst flogen die deutschen Jäger dem Bomberverband einige Zeit hinterher, sodass der Staffelführer Kurs und Geschwindigkeit der Formation abschätzen konnte. Anschließend leitete er einen weiten Bogenflug ein, mit dem die Staffel außerhalb der Reichweite der gegnerischen Abwehrwaffen um den Verband herumgeführt wurde.

Sobald sich die Jäger etwa drei Kilometer vor dem Bomberpulk befanden, positionierten sie sich in einer Linie nebeneinander – quer zur Flugrichtung der Bomber – und gingen in den direkten Anflug über. Aufgrund der unterschiedlichen Geschwindigkeiten – rund 280 km/h bei den Bombern gegenüber etwa 500 km/h bei den Jägern – näherte man sich mit einer relativen Geschwindigkeit von fast 800 km/h.

Das Feuer wurde in der Regel aus etwa 600 Metern Entfernung eröffnet. Daraus ergab sich eine Zeitspanne von lediglich zwei Sekunden, um zu schießen, bevor die Jäger über den Verband hinwegzogen. Das Steigmanöver diente sowohl der Vermeidung von Kollisionen mit abstürzenden Flugzeugteilen als auch dem Schutz vor etwaigen Abwehrfeuer durch die Bordschützen der Bomber, die oft nicht mehr rechtzeitig reagieren konnten.

Erfahrene Jagdflieger warteten mit dem Schuss bis zum optimalen Moment, in dem sie einen sicheren Treffer erwarteten. Ein kurzer, gezielter Feuerstoß von ein bis anderthalb Sekunden auf das Cockpit – die »Nervenzentrale« des Bombers – reichte meist aus. Bereits zwei bis drei Treffer mit 20-mm-Geschossen führten häufig zum Absturz des getroffenen Flugzeugs.

Anzahl der zerstörten schweren US-Bomber (B-17 und B-24) über Europa und dem Mittelmeer

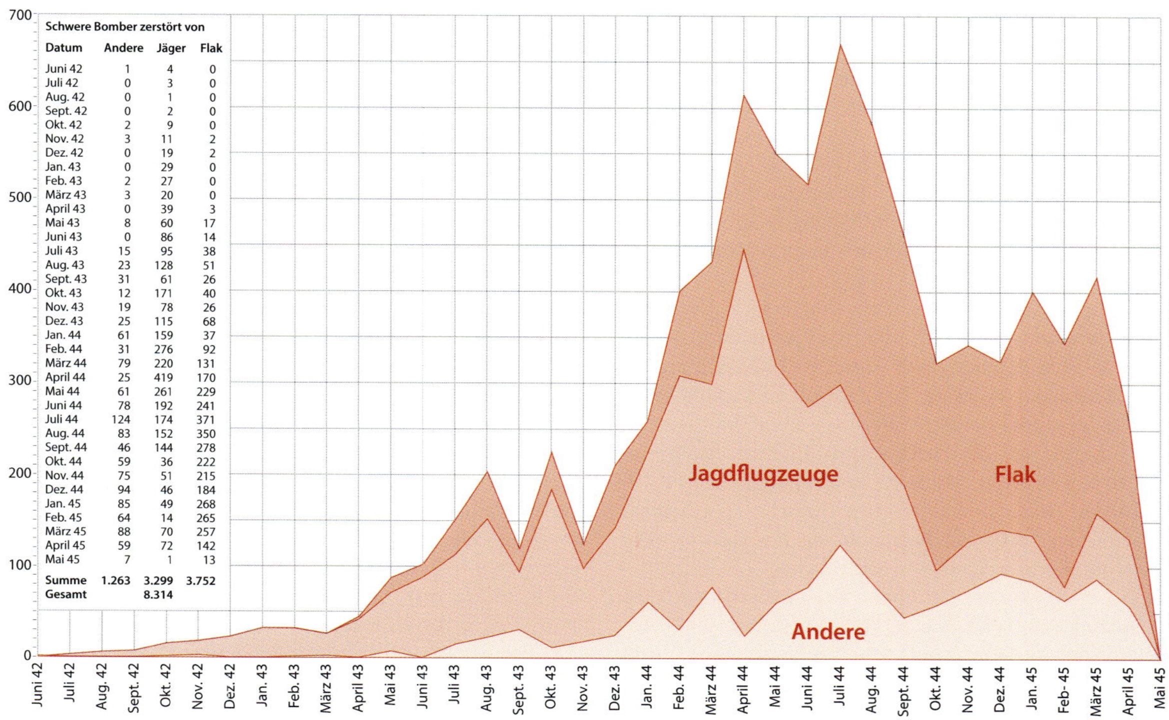

Schwere Bomber zerstört von

Datum	Andere	Jäger	Flak
Juni 42	1	4	0
Juli 42	0	3	0
Aug. 42	0	1	0
Sept. 42	0	2	0
Okt. 42	2	9	0
Nov. 42	3	11	2
Dez. 42	0	19	2
Jan. 43	0	29	0
Feb. 43	2	27	0
März 43	3	20	0
April 43	0	39	3
Mai 43	8	60	17
Juni 43	0	86	14
Juli 43	15	95	38
Aug. 43	23	128	51
Sept. 43	31	61	26
Okt. 43	12	171	40
Nov. 43	19	78	26
Dez. 43	25	115	68
Jan. 44	61	159	37
Feb. 44	31	276	92
März 44	79	220	131
April 44	25	419	170
Mai 44	61	261	229
Juni 44	78	192	241
Juli 44	124	174	371
Aug. 44	83	152	350
Sept. 44	46	144	278
Okt. 44	59	36	222
Nov. 44	75	51	215
Dez. 44	94	46	184
Jan. 45	85	49	268
Feb. 45	64	14	265
März 45	88	70	257
April 45	59	72	142
Mai 45	7	1	13
Summe	**1.263**	**3.299**	**3.752**
Gesamt		**8.314**	

Army Air Forces Statistical Digest WW II, Dec. 1945 via WWIIUSBombers

Die Anzahl der Abschüsse von schweren US-Bombern durch deutsche Jagdflugzeuge erreichte nach kontinuierlicher Steigerung seit Mitte 1943 den Höhepunkt im April 1944. Danach nahm sie durch die Eskortierung der Bomberströme durch P-51-Begleitjäger, immer weiter zunehmenden Betriebsstoffmangel, Zerstörung der Radarstationen und vor allem der Abnahme der Anzahl erfahrener Piloten immer weiter ab. Die gegenüber den Einsatzflugzeugen erfolgreiche Steigerung der Flakabwehr erklärt sich durch das immer kleiner werdende Einsatzgebiet, der Rückführung der Geschütze und der daraus folgenden größeren Abwehrdichte.

Psychologische Wirkung der Frontalangriffe auf US-Bomberbesatzungen

Die Besatzungen der B-17 »Flying Fortress« und B-24 »Liberator« waren auf Angriffe von hinten oder von der Seite eingestellt. Obwohl die »fliegenden Festungen« als schwer bewaffnet galten, waren sie bei Frontalangriffen besonders verwundbar. Der Bugbereich, in dem sich der Bombenschütze, Navigator und die vordere Geschützkanzel befanden, boten relativ wenig Schutz.

Als die deutschen Jäger ab etwa Mitte 1943 begannen, mit hoher Geschwindigkeit frontal auf die Bomberformationen zuzufliegen, war das für viele Amerikaner ein Schockerlebnis. Die Situation wurde besonders belastend durch die extrem kurze Reaktionszeit – nur wenige Sekunden blieben zur Abwehr, die hohe Geschwindigkeit und Kollisionsgefahr, die ungewohnte Zielrichtung – die Bordschützen mussten überkreuz feuern – und die erschreckende Nähe der angreifenden Maschinen. Viele amerikanische Bombenschützen berichteten, dass sie bei Frontalangriffen deutscher Jagdflieger kaum eine Chance hatten, zurückzuschießen – der feindliche Jäger war meist schon wieder verschwunden oder hatte das eigene Flugzeug schwer beschädigt, bevor überhaupt reagiert werden konnte. Die dichte Formation, die bislang als verlässlicher Schutz galt, bot plötzlich keine Garantie mehr. Der Eindruck, dass der Gegner nichts mehr zu verlieren hatte und deshalb mit äußerster Entschlossenheit angriff, verstärkte die Unsicherheit zusätzlich. Hinzu kam die zerstörerische Wirkung der Angriffe: Ein einziger Treffer konnte das gesamte Flugzeug oder insbesondere die empfindliche Flugzeugnase zerreißen.

Ein Veteran der 8th Air Force beschrieb einen Frontalangriff als »wie ein Expresszug, der direkt auf dich zurast« – begleitet von grellen Mündungsfeuern, Einschlägen im Cockpitbereich und der unmittelbaren Gefahr eines Zusammenstoßes.

Diese Erlebnisse blieben nicht ohne Folgen. Unter den Besatzungen breitete sich eine wachsende Anspannung aus, die sich besonders vor Einsätzen tief ins Deutsche Reich bemerkbar machte. Die Zahl der als kampfuntauglich eingestuften Soldaten stieg, vor allem bei Fronteinsteigern, die mit der Härte solcher Einsätze kaum umgehen konnten. Die vorderen Bordschützen litten dabei besonders stark – viele zeigten Anzeichen psychischer Überlastung, etwa durch Nervenzusammenbrüche oder unkontrollierbares Zittern in den Händen.

Der erste Kontakt mit einem Frontalangriff traf viele Besatzungen besonders hart. Oft beschrieben sie das Erlebnis als völlig überraschend – der Angreifer sei nicht einmal zu sehen gewesen. Stattdessen erinnerten sich viele nur an einen plötzlichen Lichtblitz und danach an Dunkelheit oder Schockzustand, ausgelöst durch Bewusstlosigkeit oder das sofortige Ausfallen der Bordfunktionen. Die USAAF versuchte daraufhin, mit Trainingsprogrammen zu reagieren, die solche Angriffe simulierten, um die Schützen besser vorzubereiten. Doch in der Realität konnten diese Übungen kaum die Angst lindern, die im Moment des tatsächlichen Angriffs entstand.

Langfristig hinterließen die Frontalangriffe tiefe psychische Spuren. Viele amerikanische Veteranen berichteten selbst Jahrzehnte nach dem Krieg noch von diesen Erlebnissen – oft mit einer Mischung aus Furcht und Respekt. Die Taktik wurde rückblickend als waghalsig, beinahe selbstmörderisch beschrieben, aber zugleich auch als beeindruckend effektiv. Psychologisch verankerte sich der Frontalangriff als Inbegriff maximaler Bedrohung. Der Gegner wurde nicht etwa unterschätzt, sondern als kühn, entschlossen und tödlich effizient wahrgenommen. Besonders bei Bugschützen und Piloten, die solche Angriffe überlebt hatten, traten posttraumatische Belastungsstörungen in beachtlichem Umfang auf.

Zusammenfassend lässt sich sagen, dass die Frontalangriffe deutscher Jagdflieger eine verheerende psychologische Wirkung auf die Besatzungen alliierter Bomber hatten. Sie rissen die Männer aus dem Gefühl kontrollierter Überlegenheit, konfrontierten sie mit plötzlicher, scheinbar unausweichlicher Gefahr und steigerten die psychische Belastung erheblich. Für viele wurde der Moment des Frontalangriffs zum Symbol der eigenen Verwundbarkeit – eine Erkenntnis, die auch die modernste Technik ihrer Maschinen nicht aufheben konnte.

Frontal- oder Stoßangriff im Luft-Boden-Einsatz

Gegen Bodenziele – insbesondere schwere Panzer – erwies sich der Stoßangriff häufig als schwierig und wenig effektiv, da nur für kurze Zeit und oft unter ungünstigem Winkel das Feuer eröffnet werden konnte. Hier kamen für gezielte Tiefflugangriffe insbesondere die Jagdbomber-Varianten der Fw 190 oder Bf 109 zum Einsatz. Diese Angriffe erfolgten meist in niedriger Höhe und hoher Geschwindigkeit, um der feindlichen Flak zu entgehen. Dabei wurde entweder mit Bordwaffen auf weiche Ziele (wie Fahrzeuge oder Infanterieansammlungen) geschossen oder spezielle Abwurfwaffen wie Bomben und Raketen eingesetzt. Solche Angriffe erforderten höchste Präzision, da der Pilot in kürzester Zeit das Ziel erfassen, anvisieren und wieder ausweichen musste.

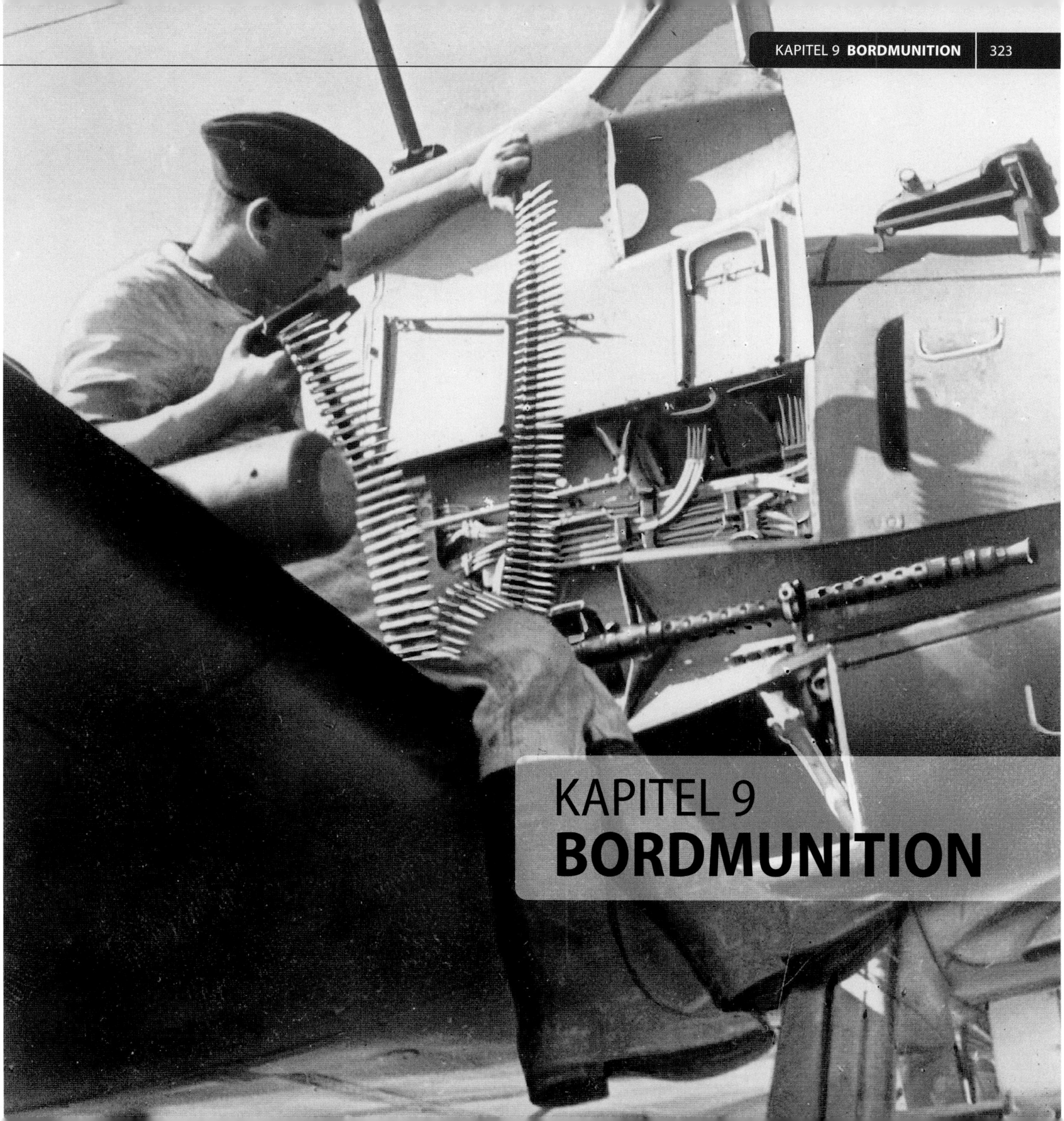

KAPITEL 9
BORDMUNITION

ENTWICKLUNG DER BORDMUNITION BIS 1945

TECHNOLOGISCHER WANDEL UND TAKTISCHE ANPASSUNG

Die Entwicklung der deutschen Flugzeug-Bordwaffenmunition im Zweiten Weltkrieg war durch einen rasanten technologischen Fortschritt gekennzeichnet, der den Kampfwert sowohl von Jagdflugzeugen als auch von Bombern entscheidend beeinflusste.

Anfangs verfügten deutsche Flugzeuge über Bordwaffen im Kaliber 7,92 × 57 mm Mauser – eine Infanteriepatrone, die sich bald als unzureichend für den Einsatz in der Luft erwies. Im Bodenkrieg bewährt, reichte die Geschosswirkung und Reichweite gegen robuste Metallflugzeuge und gepanzerte Ziele kaum mehr aus. Treffer führten oft nur dann zum Erfolg, wenn sie zufällig lebenswichtige Bauteile oder den Piloten trafen.

Mit dem Aufkommen moderner Flugzeugtypen wie der Messerschmitt Bf 109 und der Focke-Wulf Fw 190, deren Flugleistungen stetig zunahmen, wuchs der Bedarf an leistungsfähigerer Bewaffnung. Leichte Maschinengewehre wurden durch schwerere Varianten ersetzt, etwa durch das MG 131 im Kaliber 13 mm. Eine noch bedeutendere Steigerung stellte die Einführung der Maschinenkanone MG FF im Kaliber 20 mm dar, die in frühen Bf-109-Versionen eingesetzt wurde. Obwohl sie eine vergleichsweise geringe Mündungsgeschwindigkeit und Feuerrate aufwies, war sie aufgrund ihrer Granatmunition mit Spreng- und Brandwirkung bereits deutlich effektiver als herkömmliche Maschinengewehre.

Die Einführung des sogenannten Minengeschosses bedeutete eine weitere Wirkungssteigerung – ein dünnwandiges Projektil mit großer Sprengstoffladung, das bei Treffern gewaltige Schäden verursachen konnte, ohne gepanzerte Flächen durchschlagen zu müssen. Auch Mischgeschosse mit kombinierter Spreng-, Brand- und Zerlegerwirkung kamen zum Einsatz, um die Effektivität gegen verschiedenste Ziele zu erhöhen.

Ab 1941 wurde dann mit dem MG 151/20 eine der erfolgreichsten Bordwaffen eingeführt. Diese Maschinenkanone verschoss Munition im Kaliber 20 × 82 mm und kombinierte eine brauchbare Feuerrate mit hoher Mündungsgeschwindigkeit. Sie wurde in zahlreichen Flugzeugtypen verbaut und war gleichermaßen für den Luftkampf wie für Einsätze gegen Bodenziele geeignet. Doch selbst diese Waffe reichte nicht mehr aus, als die Alliierten zunehmend schwere, gepanzerte Bomber wie die B-17 oder B-24 einsetzten.

In Reaktion darauf entwickelte die Luftwaffe Maschinenkanonen wie die MK 103 und MK 108 mit einem Kaliber von 30 mm. Besonders die MK 108 erwies sich als wirkungsvoll im Einsatz gegen Bomberverbände. Ihre 30 × 90 mm RB-Munition war zwar langsam und hatte eine bogenförmige Flugbahn, verursachte aber mit nur wenigen Treffern verheerende Schäden. Der hohe Energieeintrag und die starke Sprengwirkung machten sie ideal für kurze, schnelle Angriffe – insbesondere mit Düsenjägern wie der Messerschmitt Me 262, die in hoher Geschwindigkeit durch Bomberformationen stießen.

Mit fortschreitender Kriegsdauer und dem immer drängenderen Zwang zur Luftverteidigung wurden auch extrem großkalibrige Bordwaffen erprobt. So kam etwa die Bordkanone BK 5 in der zweimotorigen Me 410 zum Einsatz. Sie verschoss 50-mm-Granaten und war ursprünglich für den Einsatz gegen Panzer konzipiert worden. Ihre Rolle im Luftkrieg bestand darin, feindliche Bomber bereits aus großer Entfernung mit gezielten Einzelschüssen anzugreifen. Zwar war die Kanone bei einem Treffer in ihrer Wirkung eindrucksvoll, doch begrenzte Feuerrate, hohes Gewicht, Rückstoß und die Verwundbarkeit gegenüber den feindlichen Jägern setzten der praktischen Einsatzfähigkeit der Maschine klare Grenzen.

Geschosse

Neben der Entwicklung der Waffen selbst wurde auch die Munitionstechnologie erheblich verbessert. Verschiedene Arten von Geschossen wurden entwickelt, darunter:

- Leucht- und Glimmspurgeschosse: Geschosse mit im Boden eingepressten Leucht- oder Glimmsätzen, die von der Treibladung entzündet wurden. Sie dienten dem Schützen als Richthilfe bei Tage und bei Nacht.
- Geschosse mit Zerlegung: Die Zerlegung erfolgte entweder durch den zu Ende gebrannten Leuchtsatz oder durch einen speziellen Zerlegerzünder (ZZ). Die Gefährdung der Erdtruppen und der eigenen Zivilbevölkerung am Boden sollte hierdurch herabgesetzt werden.
- Minengranaten: Ein Mantelgeschoss mit dünner Geschosshülle und vergleichsweise großer Sprengstofffüllung zeigte zwar eine geringere Splitterwirkung, aber eine hohe Gasschlagwirkung. Es war hochwirksam gegen Flugzeugstrukturen.
- Panzerbrechende Geschosse: Geschosse mit gehärtetem unterkalibrigem Stahlkern (H-Panzergeschoss) oder dickwandigem Geschoss aus gehärtetem Stahl sollten Panzerbleche oder -platten durchdringen. Der Geschosskörper war meistens hohl, um durch die Herabminderung des Gewichts den anderen Geschossarten des gleichen Kalibers ballistisch ähnlich zu sein. Diese Hohlräume wurden mit Spreng- oder Brandsätzen gefüllt, um dem Geschoss nach dem Panzerdurchschlag Splitter- und Brandwirkung zu verleihen.
- Brandgeschosse: Das Mantelgeschoss mit Brandsatz zeigte hohe Brandwirkung in Flugzeugen und Fahrzeugen. Spätere Versionen wurden mit speziellen Flüssigkeitszündern versehen.
- Mischmunition: Kombinationen aus Spreng-, Brand- und panzerbrechenden Eigenschaften für vielseitige Einsatzmöglichkeiten.

Die Minengranate

Die Minengranate war eine spezielle Art von Bordmunition, die während des Zweiten Weltkriegs von der deutschen Luftwaffe entwickelt und eingesetzt wurde. Sie war insbesondere für Maschinenkanonen wie dem MG 151/20 und der MK 108 konzipiert. Die erfolgreiche Integration in diese Waffentypen bot eine erhebliche Verbesserung der Zerstörungskraft gegenüber herkömmlichen Sprenggranaten und machte sie zu einer der tödlichsten Munitionstypen des Luftkrieges.

Die Minengranate wurde so konstruiert, dass sie eine maximale Menge an Sprengstoff enthielt. Im Gegensatz zu herkömmlichen Granaten, die eine dickere Wandung hatten, um die Struktur und Form bei der Durchdringung von Zielen zu erhalten, hatte die Minengranate ein dünneres Gehäuse.

Beispielsweise hatte ein Standard-50-mm-Projektil eine Wandstärke von 8 bis 10 mm für die Splitterwirkung. Das Gewichtsverhältnis von Stahl zu Sprengstoff lag bei etwa 80:20. Die »Jägerfaust« oder Sondergerät 103 verwendete eine Minengranate oder M-Granate, die deutlich dünnere Wände hatte (2 bis 3 mm), wodurch sich das Gewichtsverhältnis von Stahl zu Sprengstoff auf 60:40 änderte. Der Schrapnelleffekt war sehr begrenzt, der Gasschlag der Detonation jedoch enorm.

Damit war die Minengranate besonders effektiv gegen die Blechteile von Flugzeugen. Bei einem Treffer drang die Granate vor der Detonation etwa ein Drittel ihrer Länge in das Flugzeugblech ein. Der bei der Detonation eintretende massive Gasschlag verursachte große Schäden an den Flächen- und Strukturteilen eines Flugzeugs und löste damit bei mehreren naheliegenden Treffern einen Absturz aus. Als Sekundärwirkung galt der kleinteilige Splitterregen der dünnen Geschosswandung, der die Wahrscheinlichkeit weiter erhöhte, lebenswichtige Komponenten wie Motoren, Treibstofftanks und die Besatzung zu treffen.

Vergleich – Geschossarten und -wirkungen

	Durchschlagsleistung	Splitterwirkung	Gasschlagwirkung	Brandwirkung
Sprenggranate	gering	sehr gut	gut	gut
Sprengbrandgranate	gering	gut	gut	gut
Minengranate	keine	gut	sehr gut	gut
Brandgranate	mittelmäßig	keine	keine	sehr gut
Panzersprenggranate	gut	gut	gut	gut
Panzerbrandgranate	gut	keine	keine	gut
Panzergranate	sehr gut	keine	keine	keine
H-Panzergranate *	sehr gut	gering	keine	gut

* Die H-Panzergranate war nicht zur Bekämpfung von Flugzielen geeignet, da ihre Wirksamkeit hierfür unzureichend war.

Die Hauptplattform für die Verwendung der Minengranate war das MG 151/20. Häufig wurde für diese Waffe gemischte Munition eingesetzt. Die MK 108 wurde speziell für diese Granate entwickelt. Die noch bedeutend höhere Geschosswirkung ihrer 30-mm-Granaten konnte mit wenigen Treffern so große Schäden an feindlichen Bombern verursachen, dass sich die Anzahl der erforderlichen Treffer und Angriffe stark verringerte und somit auch die Überlebenschancen der deutschen Piloten erhöhte.

Obwohl die Minengranate primär für den Luftkampf entwickelt wurde, konnte sie auch effektiv gegen Bodenziele eingesetzt werden. Ihre Wirkung war ausreichend, um leicht gepanzerte Fahrzeuge, Artilleriestellungen und andere militärische Ziele zu zerstören.

Geschossgrundarten im Kaliber 20 mm

Sprenggranate | Minengranate | Brandgranate | Panzersprenggranate | H-Panzergranate

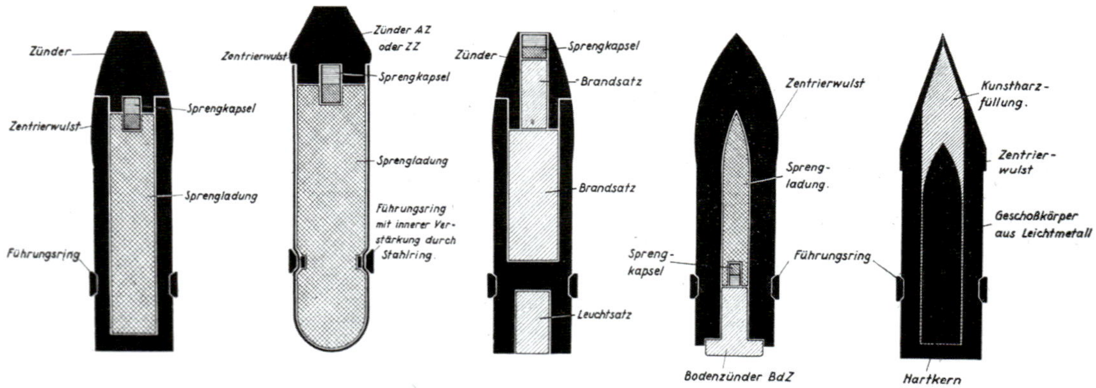

Geschoss-Farbkennzeichnung im Kaliber 20 mm

Leuchtspur | Glimmspur | Selbstzerlegung | Sprengsatz | Phosphor-Brandsatz | Elektron-Brandsatz

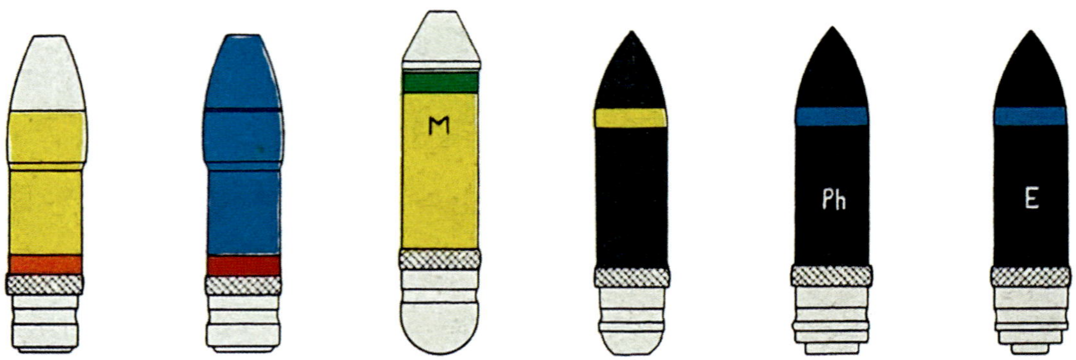

20-mm-Brandsprenggranate 151 Leuchtspur ohne Zerleger | 20-mm-Brandgranate 151 Glimmspur ohne Zerleger | 20-mm-Minen-Geschoss 151 mit Zerleger | 20-mm-Panzersprenggranate 151 ohne Zerleger | 20-mm-Panzerbrandgranate (Phosphor) 151 ohne Zerleger | 20-mm-Panzerbrandgranate (Elektron) 151 ohne Zerleger

L.Dv. 4/3 Schießvorschrift für die Luftwaffe

Nach dem Zweiten Weltkrieg wurde die Technologie der Minengranate von den Alliierten untersucht und fand Eingang in die Entwicklung moderner Luftwaffenmunition. Die Idee, das Verhältnis von Sprengstoff zu Gehäusematerial zu maximieren, wurde in verschiedenen militärischen Anwendungen verfeinert und spielten eine Rolle bei der Gestaltung zukünftiger Luft-Luft- und Luft-Boden-Waffen.

Granatzünder

Der wichtigste Teil einer Granate ist der Zünder. Die Munition musste bei einem Treffer im Ziel möglichst sicher eine möglichst hohe Wirkung entfalten – sei es durch Spreng-, Brand-, Splitter-, Gasschlagwirkung oder Durchschlagswirkung.

Grundsätzlich waren alle Zünder der deutschen Bordwaffenmunition Aufschlagzünder. Da er erst beim Auftreffen auf das Ziel ansprechen sollte, musste er zunächst unscharf sein. Auch während des Aufenthalts im Lauf musste das Geschoss noch gesichert sein (Rohrsicherheit). Beim Treffen eigener Flugzeugteile durfte das Geschoss noch nicht zerlegen (Maskensicherheit).

Die Rohr- und Maskensicherheit bestimmten den Aufbau des *empfindlichen Zünders* (AZ und ZZ). Der Zündermechanismus war recht einfach: Die Haltebacken wurden zunächst durch Federkraft zusammengepresst, damit die Zündnadel nicht aus dem Zünderkörper hervortreten konnte. Beim Abfeuern erhielt das Geschoss einen Drall. Die Haltebacken waren bestrebt, der Fliehkraft zu folgen. Jedoch wurde das Geschoss noch ständig angetrieben.Aus diesem Grund wurde der Stößel durch sein Beharrungsvermögen nach hinten gedrückt und hielt die Haltebacken mit der Backenrast fest. Der Zünder konnte noch nicht ansprechen. Hatte das Geschoss den Lauf verlassen, konnten die Haltebacken den Stößel beiseite drücken. Dies geschah nach etwa 10 m Flugstrecke. Das Geschoss war nun scharf.

Der *unemfindliche Zünder* (BdZ und IZ) sollte erst beim Auftreffen auf starkes Panzerblech ansprechen. Deshalb konnte die Zündnadel mit einer starken Spreizfeder versehen werden, die sie in der Ausgangslage festhielt. Beim Auftreffen wurde die Nadel durch ihr Beharrungsvermögen unter Zusammendrücken der Spreizfeder auf das Zündhütchen gedrückt. Der feuerstrahl des Zündhütchens wurde durch eine enge Düse in die Zündladung geleitet, wodurch die Ladung der Granate verzögert gezündet wurde, bis das Geschoss die Panzerung durchdrungen hatte.

Aufgabe und Bezeichnungen der Granatzünder

Einbau	Bezeichnung	Zünderart	Aufgabe	Anwendung bei	Zünderkennung der verschiedenen Kaliber			
					13 mm	15 mm	20 mm	30 mm
Kopfzünder	AZ	Aufschlagzünder	Entzündung der Sprengladung bei geringstem Aufschlag (Empfindlicher Zünder)	Brandsprenggranaten und Minengeschosse	AZ 1531	AZ 1551	AZ 1502 (Mine) AZ 1503 AZ 1504	AZ 1503 AZ 1504
	ZZ	Aufschlagzünder m. Selbstzerlegung	Entzündung der Sprengladung bei Verfehlen des Zieles, Zerlegung bei bei 1.000 – 1.500 m (Empfindlicher Zünder)	Minengeschosse	–	–	ZZ 1505 ZZ 1506	–
Bodenzünder	BdZ	Aufschlagzünder	Entzündung der Sprengladung erst bei Auftreffen auf Mindestpanzerstärke (Unempfindlicher Zünder)	Panzersprenggranaten	–	–	BdZ 1511 BdZ 1512 BdZ 1513	BdZ 1583 BdZ 1584
Innenzünder	IZ	Aufschlagzünder	Entzündung einer Treibladung bei Durchschlag und Ausstossen des Brandsatzes nach 1–2 m Geschossweg (Unempfindlicher Zünder)	Panzerbrandgranaten (Elektron)	–	–	IZ 1527	IZ 1595

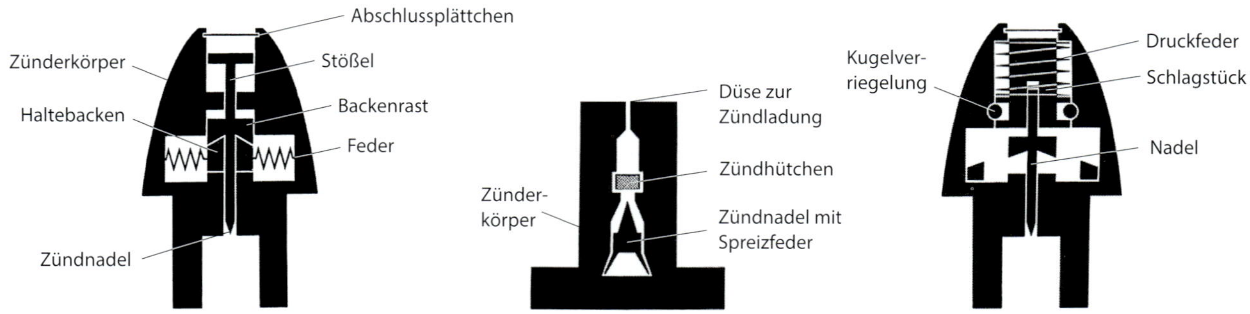

Empfindlicher Zünder **Unempfindlicher Zünder** **Zerlegerzünder**

L.Dv. 4/3 Schießvorschrift für die Luftwaffe

Schematische Darstellung der unterschiedlichen Granatzünder. Empfindliche Zünder (links) wurden bei den Spreng- und Minengranaten, unempfindliche bei den Panzersprenggranaten (Mitte) verwendet. Zerlegerzünder (rechts) waren nur für Minengranaten vorgesehen.

Um die Wirkung von Spreng- und Minengeschossen zu erhöhen, wurden Verzögerungssprengkapseln in die geschosse eingesetzt. Der Zünder sprach zwar bei Aufschlag an, das Geschoss kam jedoch erst im inneren der Flugzeugteile zur Detonation. Insbesondere wurde die Gasschalgwirkung von Minengeschossen hierdurch erheblich vergrößert.

Beim *Zerlegerzünder* (ZZ) wurde der Schlagstift durch die Fliehkraft verriegelt. Wurde das Ziel verfehlt, so nahm die Umdrehungsgeschwindigekit des Geschosses ab, bis die Federkraft die Fliehkraft überwandt und der Schlagstift die Zündnadel in die Sprengkapsel drückte.

Hülse

Die Patronenhülsen mussten extremen mechanischen und thermischen Belastungen standhalten, insbesondere bei großkalibrigen Maschinenkanonen, die mit hoher Feuerrate arbeiteten. Daher spielten sowohl die geometrische Form der Hülsen als auch das verwendete Material und das Zündsystem eine entscheidende Rolle für die Zuverlässigkeit der Waffe. Je nach Einsatzzweck und Waffentyp unterschieden sich die Hülsen in ihrer äußeren Form und in der Art ihrer Randgestaltung.

Randlose Hülsen waren am weitesten verbreitet. Der Hülsenboden endet bündig mit dem Durchmesser des Hülsenkörpers. Die Führung und Arretierung der Patrone im Patronenlager erfolgte meist über den Hülsenmund oder die Hülsenschulter.

Hülsen mit eingezogenem Rand – wie sie etwa bei der MG FF oder der MK 108 verwendet wurden – kamen in Waffen mit sogenannter Vorlaufzündung zum Einsatz. Dabei erfolgte die Zündung der Patrone noch während des Zuführvorgangs, kurz bevor sie ihre endgültige Position im Patronenlager erreicht hatte. Dennoch musste die Patrone vollständig eingeführt und korrekt abgestützt sein, um einen sicheren und zuverlässigen Schuss zu gewährleisten.

Gürtelhülsen besaßen einen umlaufenden Gürtel knapp oberhalb des Hülsenbodens, der über den Hülsendurchmesser hinausragte. Der Gürtel diente nicht nur der Arretierung im Patronenlager, sondern sorgte für den richtigen Verschlussabstand und erhöhte auch die Festigkeit des Hülsenbodens.

Randpatronen kamen nur in wenigen Fällen zum Einsatz, etwa bei Umbauten aus infanteristischer Munition. Die Arretierung erfolgte hier direkt über den Rand.

Die meisten Patronenhülsen wurden aus Messing gefertigt, da dieses Material den Belastungen in einer Waffe bestens standhielt und zudem korrosionsbeständig und gut formbar war. Ab 1941 wurden zur Einsparung von Kupfer vermehrt Stahlhülsen mit Messing- oder Lackbeschichtung verwendet.

Patronenzündung

Die Entwicklung der Patronenzündung für Flugzeugbordwaffen begann mit der klassischen mechanischen Zündtechnik, wie sie auch bei Infanteriewaffen Verwendung fand. In diesem System wurde das Zündhütchen der Patrone durch einen Schlagbolzen mechanisch ausgelöst. Das MG 17 beispielsweise, die frühe Standardwaffe deutscher Jagdflugzeuge, verschoss Patronen im Kaliber 7,92 × 57 mm mit mechanischer Zündung. Diese Technik war einfach, zuverlässig und für leichte, schnell feuernde Waffen vollkommen ausreichend.

Mit der Einführung großkalibriger Maschinenkanonen stiegen jedoch die Anforderungen. Die Kaliber 13 mm, 20 mm oder 30 mm erforderten stärkere Treibladungen, grobkörnigeres Pulver und stabilere Hülsen. Dies führte zu verlängerten und ungleichmäßigen Schussentwicklungszeiten. Bei synchronisierten Bordwaffen – also solchen, die durch den Propellerkreis feuerten – stellte dies ein erhebliches Risiko dar, da selbst geringfügige Verzögerungen dazu führen konnten, dass ein Geschoss die Luftschraube traf. Um das zu verhindern, legte das Reichsluftfahrtministerium eine maximal zulässige Austrittszeit von 7 Millisekunden fest. Diese Zeitspanne bezeichnet das Intervall zwischen dem Anlegen des Zündimpulses und dem Austritt des Projektils aus dem Lauf. Mechanische Systeme konnten diese Anforderung mit zunehmendem Kaliber kaum noch einhalten. Zwar standen bei einem dreiblättrigen Propeller mit 1500 U/min theoretisch 12 bis 15 ms zwischen den einzelnen Propellerflügeln zur Verfügung, doch wurde aus Sicherheitsgründen ein konservativer Grenzwert angesetzt.

Die Lösung bestand in der Einführung der elektrischen Patronenzündung. Sie erlaubte eine präzisere Steuerung des Zündzeitpunkts und war unabhängig von rein mechanischen Abläufen wie Schlagbolzenbewegung oder Schlagfederverzögerung. Darüber hinaus bot sie Vorteile bei gesteuerten Waffen, etwa in beweglichen Türmen oder Lafetten: Die Feuerrate ließ sich exakter regeln, und das Zündsignal konnte über Kabel problemlos an schwer zugängliche Waffensysteme weitergeleitet werden.

Die Umstellung auf elektrische Zündung begann 1938. Zunächst wurden das MG 131 und MG 151 modifiziert. Rheinmetall-Borsig entwickelte für das MG 131 das elektrische Zündhütchen J2 (C25) und die zugehörige Ausrüstung. Erste Erprobungen fanden 1941 in einer Bf 109 statt. Parallel dazu arbeitete die IGW (Industriegemeinschaft Waffenbau) an der Elektrik für das MG 151, das mit einem Glühdrahtzündhütchen ausgestattet wurde. Erste Schusstests erfolgten bereits 1940 in Lübeck. Trotz erheblicher technischer Herausforderungen konnte eine serientaugliche Lösung (die sogenannte IGW-Zündung) realisiert werden. Später entwickelte Mauser eine leistungsfähigere elektrische Zündeinrichtung, die die frühere Technik ablöste. Zur Unterscheidung wurden zwei Varianten eingeführt: Waffen mit IGW-Zündung (Ausführung A) und solche mit der neuen Mauser-Zündung (Ausführung B).

Die größte technische Hürde lag in der Entwicklung geeigneter elektrischer Zündhütchen. Im Gegensatz zur Pulvertechnologie konnte hier nicht auf bestehende Erfahrungen zurückgegriffen werden. Verschiedene Firmen – darunter Rheinmetall-Borsig, DWM, RWS und die Deutsche Waffen- und Munitionsfabriken – entwickelten zwischen 1938 und 1944 eine Vielzahl von Prototypen. Ab 1944 wurde die Arbeit auf wenige bewährte Hersteller konzentriert.

Zwei Zündprinzipien setzten sich durch: das Spaltzündhütchen (brückenlos), bei dem ein elektrischer Funke einen leitfähigen Initialstoff entzündet, und das Brückenzündhütchen (Glühdrahtzündung), bei dem ein erhitzter Widerstandsdraht den Zündsatz auslöst. Letzteres erwies sich im Fronteinsatz als zuverlässiger und wurde zum Standard. Es wurden folgende Zündhütchen verwendet:

- J2 (C25) für MG 131
- P2 (C27) für MG 151 und MK 108
- P3 (C44) für MK 108
- C/23 L für MK 103

Das P2 war besonders zuverlässig: Nur ein Schuss von 80.000 verfehlte die sichere Zeitgrenze von 7 ms. Das P3 hingegen erwies sich als weniger präzise: 4,5 % der Schüsse lagen außerhalb der zulässigen Schussentwicklungszeit, was den Einsatz in synchronisierten Waffen ausschloss.

Munitionsart und Gurtung (Stand: September 1944)

	z. Zt. verfügbare Munition	Bewährte Gurtung gegen viermotorige Bomber	Bewährte Gurtung gegen alle anderen Flugzeuge
MG 131	Brandgranate, Panzergranate	1 Brandgranate + 1 Panzergranate	1 Brandgranate + 1 Panzergranate
MG 151/20	Mine, Brandgranate, Panzerbrandgranate	1 Mine + 1 Brandgranate + 1 Panzerbrandgranate	3 Minen + 1 Brandgranate + 1 Panzerbrandgranate
MG FF	Mine, Brandgranate, Panzerbrandgranate	1 Mine + 1 Brandgranate + 1 Panzerbrandgranate	3 Minen + 1 Brandgranate + 1 Panzerbrandgranate
MK 103	Mine, Sprenggranate, Panzersprenggranate, (in Kürze: Brandgranate)	2 Minen + 1 Sprenggranate + 1 Panzersprenggranate (in Kürze nur noch: 1 Mine + 1 Brandgranate	
MK 108	Mine, Brandgranate	1 Mine + 1 Brandgranate	1 Mine + 1 Brandgranate

H-Panzergranaten sollten nur gegen gepanzerte Bodenziele eingesetzt werden. Bei Mangel an Brandgranaten konnte noch die Brandspreng-Granate mit guter Brandwirkung eingesetzt werden. Den Anteil an L'spur sollte nach eigenen Erfahrung gewählt werden. Oft erledigte sich das aber von selbst, da es nicht jede Munitionsart mit und ohne L'spur gab.

Vergleich – Technische Daten der im Einsatz befindlichen Bordwaffenmunition nach Nationen

Wirkungsbereich

Kaliber	7,6–7,9 mm									12,7–13 mm							15 mm	
Staat	D		GB			USA	SU			D		USA			SU		D	
Waffe	MG 15, MG 17, MG 81 (7,9 mm)		Vickers, Browning (7,7 mm)			Browning (7,6 mm)	Schkass (7,6 mm)			MG 131 (13 mm)		Browning (12,7 mm)			Beresin BS (12,7 mm)		MG 151 (15 mm)	

Brandmunition

Sprengladung
Brandladung
Durchschlagkern (Stahl)
Leichtmetall
L'spur bzw. Gl'spur

o., m. Zerl. = ohne, mit Zerleger
A.Z. = Aufschlagzünder
Bd.Z. = Bodenzünder

D = Deutschland
GB = Großbritannien
SU = Sowjetunion

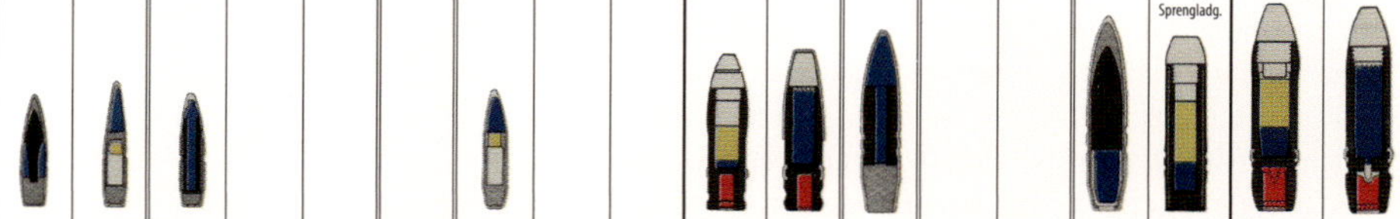

										L'spur o. Zerl.	L'/Gl'spur o. Zerl.					Auch als Sprgesch. mit 5 g Sprengladg.	L'spur o. Zerl. Gl'spur m. Zerl.	L'spur m. Zerl. Gl'spur m. Zerl.
Bezeichnung	**P.m.K.**	**B-Geschoss**	**Brand-G.**				**B-Geschoss**			**Brandspr-Gr.**	**Brandgr.**	**Brandg.**			**P.m.K.**	**Brdsprgesch.**	**Brdsprgesch.**	**Brandgr.**
Geschossgewicht	10 g	10 g	11 g				10 g			34 g	34 g	40 g			48 g	40 g	57 g	57 g
Gew. Brand-/Sprgladg.	0,5 g	0,4 g					0,4 g			0,3/0,9 g	2,2 g				2 g		1,3/1,9 g	4,9 g
Patronengewicht	24 g	24 g	24 g				23 g			72 g	72 g	110 g			131 g	110 g	151 g	151 g
Vo	790 m/s	775 m/s	720 m/s				850 m/s			750 m/s	750 m/s	850 m/s			840 m/s	840 m/s	960 m/s	960 m/s
Durchschlagsleistung	6,5 mm																	

Sprengmunition

Bezeichnung																		
Geschossgewicht																		
Gew. Brand-/Sprgladg.																		
Patronengewicht																		
Vo																		
Durchschlagsleistung																		

Panzermunition

		L'spur 100/600 Gl'spur			L'spur			L'spur		L'spur o. Zerl.				L'spur		L'spur	L'spur o. Zerl. Gl'spur o. Zerl.	
Bezeichnung	**S.m.K.**	**S.m.K.**	**S.m.K.**	**S.**	**S.**	**S.m.K.**	**S.m.K.-Br.**	**S.m.K.-Br.**	**S.**	**Panzergr.**		**S.m.K.-Br.**	**S.m.K.**	**S.**	**S.m.K.-Br.**	**S.m.K.-Br.**	**Panzergr.**	
Geschossgewicht	10 g	10 g		11 g		11 g		10 g		38 g		42 g	48 g	43 g	49 g	45 g	72 g	
Gew. Brand-/Sprgladg.	–	–		–		–	–	–	–	–			–	–			–	
Patronengewicht	24 g	24 g		25 g		25 g		23 g		76 g		111 g	116 g	112 g	128 g	125 g	166 g	
Vo	765 m/s	790 m/s		720 m/s		840m/s		800 m/s		710 m/s		820 m/s	820m/s	770m/s	840 m/s	840 m/s	850 m/s	
Durchschlagsleistung (Vorsatz 3 mm Dural)	10,5 mm 4 mm	7,5 mm	9 mm 2 mm	–	–	10 mm	10,5 mm 4 mm	10,5 mm 4 mm	–	17 mm 15 mm		25 mm 10 mm	25 mm 10 mm	–	25 mm 8,5 mm	23 mm 7,5 mm	25 mm 15 mm	

Stand: 1944

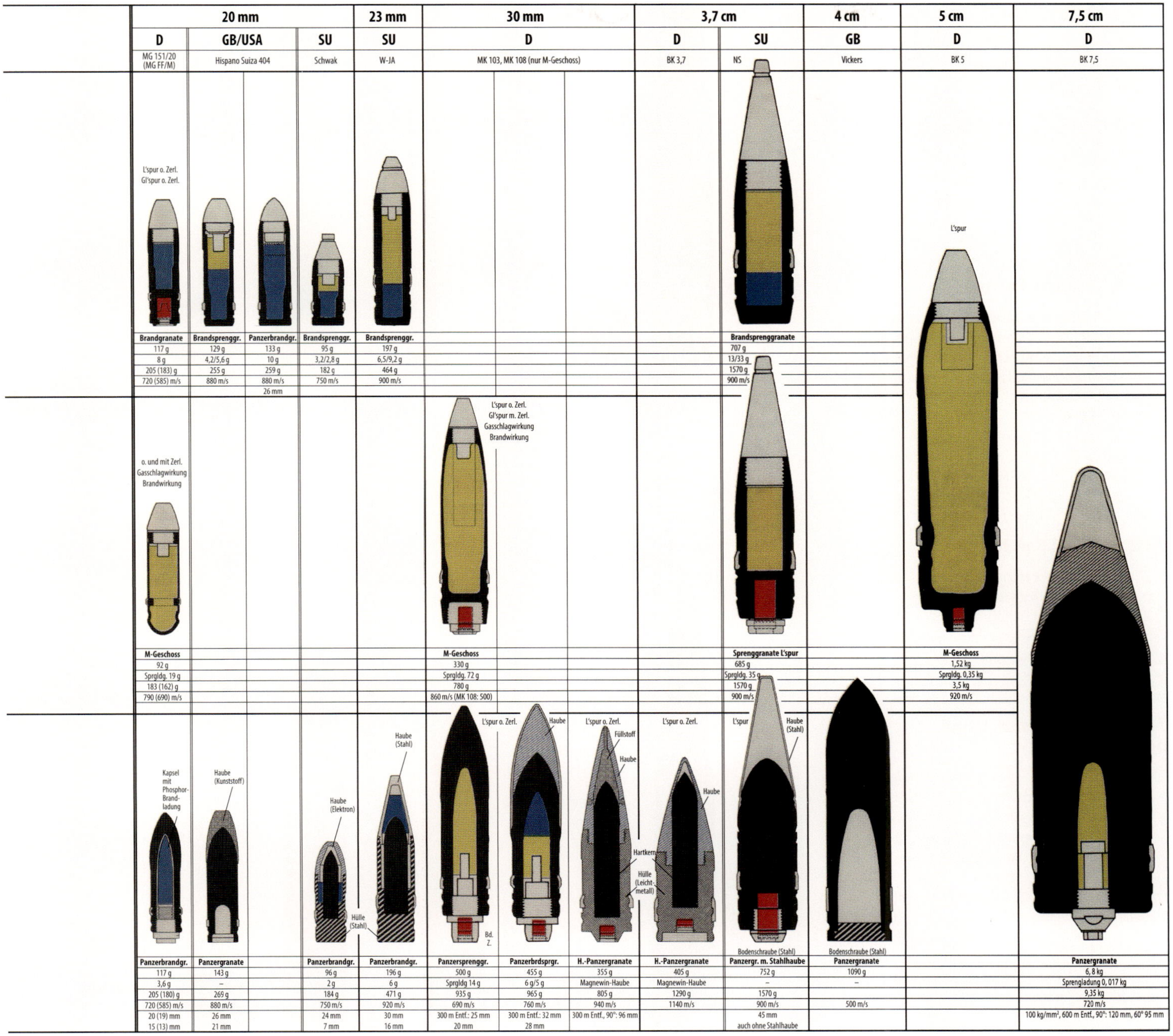
20 mm
D
MG 151/20 (MG FF/M)
GB/USA
Hispano Suiza 404
SU
Schwak
23 mm
SU
W-JA
30 mm
D
MK 103, MK 108 (nur M-Geschoss)
3,7 cm
D
BK 3,7
SU
NS
4 cm
GB
Vickers
5 cm
D
BK 5
7,5 cm
D
BK 7,5
L'spur o. Zerl.
Gl'spur o. Zerl.
Brandgranate
117 g
8 g
205 (183) g
720 (585) m/s
Brandsprenggr.
129 g
4,2/5,6 g
255 g
880 m/s
Panzerbrandgr.
133 g
10 g
259 g
880 m/s
26 mm
Brandsprenggr.
95 g
3,2/2,8 g
182 g
750 m/s
Brandsprenggr.
197 g
6,5/9,2 g
464 g
900 m/s
Brandsprenggranate
707 g
13/33 g
1570 g
900 m/s
L'spur
o. und mit Zerl.
Gasschlagwirkung
Brandwirkung
M-Geschoss
92 g
Sprgldg. 19 g
183 (162) g
790 (690) m/s
L'spur o. Zerl.
Gl'spur m. Zerl.
Gasschlagwirkung
Brandwirkung
M-Geschoss
330 g
Sprgldg. 72 g
780 g
860 m/s (MK 108: 500)
Sprenggranate L'spur
685 g
Sprgldg. 35 g
1570 g
900 m/s
M-Geschoss
1,52 kg
Sprgldg. 0,35 kg
3,5 kg
920 m/s
Kapsel mit Phosphor-Brand-ladung
Haube (Kunststoff)
Haube (Elektron)
Hülle (Stahl)
Haube (Stahl)
L'spur o. Zerl.
Bd. Z.
Haube
L'spur o. Zerl.
Füllstoff
Haube
Hartkern
Hülle (Leicht-metall)
L'spur o. Zerl.
Haube
L'spur
Haube (Stahl)
Bodenschraube (Stahl)
Bodenschraube (Stahl)
Panzerbrandgr.
117 g
3,6 g
205 (180) g
720 (585) m/s
20 (19) mm
15 (13) mm
Panzergranate
143 g
–
269 g
880 m/s
26 mm
21 mm
Panzerbrandgr.
96 g
2 g
184 g
750 m/s
24 mm
7 mm
Panzerbrandgr.
196 g
6 g
471 g
920 m/s
30 mm
16 mm
Panzersprenggr.
500 g
Sprgldg 14 g
935 g
690 m/s
300 m Entf.: 25 mm
20 mm
Panzerbrdsprgr.
455 g
6 g/5 g
965 g
760 m/s
300 m Entf.: 32 mm
28 mm
H.-Panzergranate
355 g
Magnewin-Haube
805 g
940 m/s
300 m Entf., 90°: 96 mm
H.-Panzergranate
405 g
Magnewin-Haube
1290 g
1140 m/s
Panzergr. m. Stahlhaube
752 g
–
1570 g
900 m/s
45 mm
auch ohne Stahlhaube
Panzergranate
1090 g
–
500 m/s
Panzergranate
6, 8 kg
Sprengladung 0, 017 kg
9,35 kg
720 m/s
100 kg/mm², 600 m Entf., 90°: 120 mm, 60° 95 mm

MG 15, MG 17, MG 81

1

7,92 x 57 mm P.m.K.

Wirkung: panzerbrechend mit Brandsatz
Kennzeichnung: roter Hülsenboden
oder rote Ringfuge

Das Geschoss der Patrone P.m.K. (Phosphor mit Kern) besitzt eine seitliche, mit Weichmetall verschlossene Öffnung. Durch Abschmelzen des Weichmetalls nach dem Abschuss tritt der Phosphor aus und erzeugt eine Rauchspur, die die Flugbahn sichtbar macht.

2, 3

7,92 x 57 mm B-Patrone

Wirkung: Sprenggeschoss mit Brandsatz
Kennzeichnung: silberne Geschossspitze (erste Version) oder schwarzes Geschoss mit messingfarbener Spitze (zweite Version), schwarze Ringfuge

Die sog. B- oder Beobachtungspatrone erzeugte beim Aufprall durch Aktivierung des Sprengsatzes einen Lichtblitz, der die Trefferlage markierte.

4

7,92 x 57 mm S.m.K.

Wirkung: panzerbrechend
Kennzeichnung: rote Ringfuge

Die S.m.K.-Patrone (Spitzgeschoss mit Kern) diente der Bekämpfung leichtgepanzerter Ziele.

5, 6

7,92 x 57 mm S.m.K. L'spur oder Gl'spur

Wirkung: panzerbrechend mit Leuchtsatz
Kennzeichnung: schwarze Geschossspitze, rote Ringfuge. Die schwarze Geschossspitze der Leuchtspur-Patrone beträgt etwa 8 mm, die der Glimmspur-Patrone etwa 4 mm.

Die Patrone S.m.K. L'spur (Spitzgeschoss mit Kern und Leuchtspur) und S.m.K. Gl'spur (Glimmspur) besaß einen panzerbrechenden Stahlkern mit Leucht- bzw. Glimmspursatz. Die schwächere Glimmspur sollte im Nachteinsatz die Blendung des Schützen verhindern.

1

2

3

4

5

6

7

8

9

7, 8

7,92 x 57 mm P.m.K.-v und P.m.K-v trop.

Wirkung: panzerbrechend mit Brandsatz
Kennzeichnung: dünner roter Ring am Geschoss und rote Ringfuge

Die Patrone P.m.K.-v (Phosphor mit Kern verstärkt) besaß eine verstärkte Treibladung mit stark erhöhtem Gasdruck. Die Patrone durfte deshalb, wie alle andere Patronen auf dieser Seite, nur innerhalb der Luftwaffe in speziell hierfür vorgesehenen Waffen verwendet werden.

9

7,92 x 57 mm B-Patrone-v.

Wirkung: Sprenggeschoss mit Brandsatz
Kennzeichnung: silberne Geschossspitze (erste Version) oder schwarzes Geschoss mit messingfarbener Spitze (zweite Version), schwarze Ringfuge

10, 11

7,92 x 57 mm S.m.K.-v und S.m.K. L'spur trop.

Wirkung: panzerbrechend
Kennzeichnung: rote Ringfuge, schwarzer Ring am Geschoss

12

7,92 x 57 mm S.m.K. Gl'spur-v

Wirkung: panzerbrechend mit Leuchtsatz
Kennzeichnung: schwarze Geschossspitze und grüner Ring am Geschoss, rote Ringfuge

10

11

12

Alle Abbildungen dieser Doppelseite mit freundlicher Genehmigung von Jim Miles (www.militarycartridges.com).

MG 131

13

13 x 64 B Brandspreng-Granatpatrone L'spur ohne Zerleger

Kennzeichnung: gelbes Geschoss mit rotem Ring

14

13 x 64 B Brandgranatpatrone

Kennzeichnung: blaues Geschoss mit rotem Ring

15

13 x 64 B Panzergranatpatrone L'spur ohne Zerleger

Kennzeichnung: schwarzes Geschoss mit rotem Ring

16

13 x 64 B

Abschnitt des Zerfallgurts mit drei Panzergranatpatronen

17

15 x 64 B

Versuchspatrone zur Kalibervergrößerung des MG 131 von 13 auf 15 mm

18

7,92 x 82 B

Versuchspatrone des MG 131/8 mit verlängerter und eingezogener Hülse des MG 131.

Sämtliche nachfolgend abgebildete Patronen sind inert.

Alle Abbildungen dieser Seite mit freundlicher Genehmigung von Patricc Petermann.

13

14

15

16

17

18

MG 151/15

19, 20

Jörg Freudenstein

21

22

19, 20

15 x 96 Brandspreng-Granate L'spur ohne Zerleger, Gl'spur mit Zerleger

Kennzeichnung: gelbes Geschoss mit rotem Ring, Gl'spur mit rotem und grünem Ring

21

15 x 96 Brandgranate L'spur mit Zerleger, Gl'spur mit Zerleger

Kennzeichnung: blaues Geschoss mit rotem und grünem Ring

22

15 x 96 Panzergranate L'spur ohne Zerleger, Gl'spur ohne Zerleger

Kennzeichnung: schwarzes Geschoss mit rotem Ring am Hülsenmund

MG FF/M

23

24, 25

26

Patricc Petermann

23

20 x 80 RB Brandgranate L'spur ohne Zerleger Gl'spur ohne Zerleger

Kennzeichnung: blaues Geschoss mit rotem Ring.

24, 25

20 x 80 RB Minengranate ohne und mit Zerleger

Kennzeichnung: gelbes Geschoss mit oder ohne grünem Ring. Aufschrift »M«.

26

20 x 80 RB Panzerbrandgranate ohne Zerleger

Kennzeichnung: schwarzes Geschoss mit grünem Ring. Aufschrift »Ph«.

MG 151/20

27, 28

Patricc Petermann

Jörg Freudenstein

29

Patricc Petermann

30

Patricc Petermann

27

20 x 82 Brandgranate L'spur ohne Zerleger Gl'spur ohne Zerleger

Kennzeichnung: blaues Geschoss mit rotem Ring. Das Bild 28 zeigt eine Brandgranate 44 mit Flüssigkeitsdruckzünder.

29

20 x 82 Minengranate ohne und mit Zerleger

Kennzeichnung: gelbes Geschoss mit oder ohne grünem Ring. Aufschrift »M«.

30

20 x 82 Panzerbrandgranate ohne Zerleger

Kennzeichnung: schwarzes Geschoss mit grünem Ring. Aufschrift »Ph«.

MK 103

31, 32

30 x 184 B H-Panzergranate ohne Zerleger L'spur ohne Zerleger

Kennzeichnung: schwarzes Geschoss mit spitzer Magnewin-Haube

33

30 x 184 B Panzersprenggranate ohne Zerleger

Kennzeichnung: schwarzes Geschoss mit gelbem Ring.

34

30 x 184 B Minengranate L'spur ohne Zerleger Gl'spur mit Zerleger

Kennzeichnung: gelbes Geschoss mit oder ohne grünem Ring. Aufschrift »M«.

Darstellungen dieser Doppelseite verkleinert in 66 % der Originalgröße.

31

Patricc Petermann

32

Patricc Petermann

33

Patricc Petermann

34

Patricc Petermann

MK 108, MG 213/20, MK 213/30, MG 215/13

35, 36

30 x 90 RB Minengranate L'spur ohne Zerleger und Gl'spur mit Zerleger

Kennzeichnung: Gelbes Geschoss mit oder ohne grünem Ring. Aufschrift »M«.

37

20 x 138 mm

Versuchspatrone des MG 213/20

38

30 x 90 B mm

Versuchspatrone des MG 213/30

39

13 x 86 B mm

Versuchspatrone des MG 215/13

35, 36

Jörg Freudenstein

37, 38

Patricc Petermann

39

Patricc Petermann

TECHNISCHE DATEN

Vergleich – Automatische Waffen zur Panzerbekämpfung

	Kaliber (mm)	Waffengewicht (kg)	Munitionsart	Vo (m/s)	Geschossgewicht (g)	Durchschlagsleistung bei 100 kg/mm² Plattenfestigkeit. Schussentfernung (m)	Auftreffwinkel (/°)	Plattenstärke (mm)
MK 101	30	180	H-.Pzgr.Patr.	960	350	300	60	70
MK 103	30	140	H-.Pzgr.Patr.	960	350	300	60	70
BK 3,7 cm*	37	278	H-.Pzgr.Patr.	1.170	380	300	60 (90)	130 (145)
BK 5 cm**	50	485	Pzspr.gr.Patr.	835	2.060	100	60	65

* Aptiert aus der Flak-Kanone 3,7 cm Flak 18.
** Aptiert aus der Kampfwagenkanone KwK 39.

Vergleich – Im Einsatz befindliche Waffen mit elektrischer Zündung

	Hersteller	Kaliber (mm)	Schussfolge (Schuss/Min.)	Vo (m/s)	Bemerkungen
MG 131	Rheinmetall-Borsig	13	950	710-750	gesteuert und ungesteuert
MG 151 E	Mauser	15	700	960	ungesteuert
MG 151/20 E	Mauser	20	700	780	gesteuert und ungesteuert
MK 103	Rheinmetall-Borsig	30	450	960	ungesteuert, gesteuert war in Entwicklung
MK 108	Rheinmetall-Borsig	30	620		ungesteuert

MK 108– Kreuzung der Geschossflugbahnen der MK 108 in den Flügelgondeln der Bf 109 G

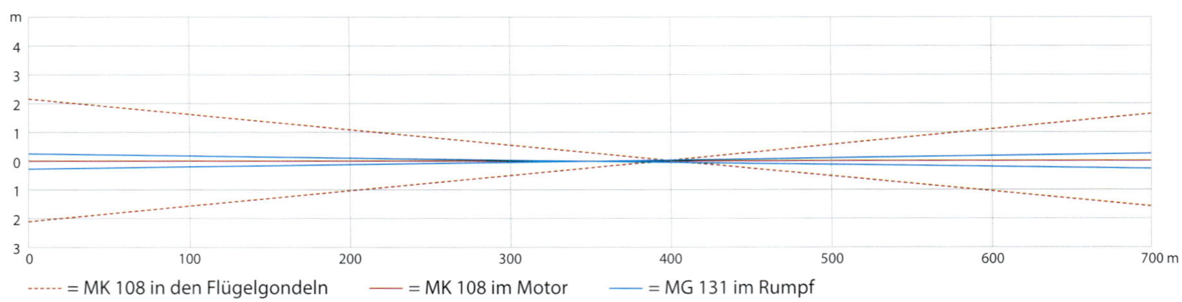

Vergleich – Raketen zur Panzerbekämpfung

	Vmax (m/s)	Gewicht (kg)	Gefechtskopf	Durchschlagsleistung (mm)	Bemerkungen
Panzerschreck	135	5,5	Hohlladung	über 100	Heeresgerät mit elektrischer Abfeuerung
Panzerblitz I	340	7	Hohlladung	über 100	Heeresgerät mit elektrischer Abfeuerung
Panzerblitz II	380	5	Hohlladung	über 100	R-4-Antrieb mit Panzerschreckkopf
Panzerblitz III	480	4	Hohlladung	über 100	R-4-Antrieb mit kalibergleichem Gefechtskopf

Vergleich – Sonderschusswaffen

	Kaliber (mm)	V_o (m/s)	Geschoßgewicht (g)	Rohrlänge (mm)	Anzahl der Rohre	Gewicht geladen (kg)
SG 116	30	845	330	1600	3	96
SG 117	30	480	330	590	7	70
SG 118	30	480	330	590	7	70
SG 119	30	480	330	590	49	
SG 500	50	400	1500	515	5	40

Vergleich – Verschiedene Bewaffnungsarten

	Gewicht	Anwendbare Kampfentfernung (kg)	Art der Wirkung (m)	Gewicht der Spreng- oder Brandladung (g)	Feuerart
MK 112 + 30 Schuss 5,5 cm	375	1.000	Mine	420	Feuerstösse
MK 114 + 30 Schuss 5,5 cm	785	1.500	Mine	450	Feuerstösse
Raketenabschuss-Automat + 30 Schuss R-4/M	130	600	Mine	500	Feuerstösse
2 Abschussroste + 26 Schuss R-4/M	117	600	Mine	500	Salve
Abschussschiene + 1 Schuss R-100/BS	115	2.000	Brandsplitter		Schrapnell
Schiessgerät »Zettl« Granate mit 7 Geschossen		600	Brand		Schrotschuss
Rohrblock SG 117/118 + 7 Schuss 3-cm-Munition	70	600	Mine/Brand	85/140	Schrotschuss
Rohrbatterie SG 119 + 49 Schuss 3-cm-Munition		600	Mine/Brand	85/140	Schrotschuss
5 Rohre SG 500 + 5 Schuss 5-cm-Munition	40	1.000	Mine/Panzerspreng	350/?	Schrotschuss

Vergleich – Technische Daten der deutschen Maschinengewehre und -kanonen

	Entwicklungsjahr	Kaliber (mm)	Funktionsprinzip	Gesamtlänge (mm)	Lauflänge (mm)	Waffengewicht (kg)	Mündungsgeschwindigkeit Vo (m/s)	Mündungsenergie (J)	Kadenz (Schuss/Min.)
MG 08	1908	7,92	Rückstosslader	1.190	721	23 (50)[1]	770[A]	3.650[A]	500[2]
MG 08/15	1915	7,92	Rückstosslader	1.390	721	19,75[5]	770[A]	3.650[A]	450–600
MG 08/18	1918	7,92	Rückstosslader	1.390	721	16	770[A]	3.650[A]	540
MG 15	1932	7,92	Rückstosslader	1.078	595	8,2	750[A]–900[B]	3.600[A]–5.185[B]	950–1.100
MG 17	1934	7,92	Rückstosslader	1.075	475[6]/600	10,2	750[A]–900[B]	3.600[A]–5.185[B]	1.100–1.200
MG 81	1938	7,92	Rückstosslader	915/965[7]	475	6,5	705[A]–785[D]	2.815–4.075	1.600
MG 81 Z	1938	7,92	Rückstosslader	915/965[7]	475	12,9	705[A]–785[D]	2.815–4.075	3.200
MG 131	ab 1932–1938	13,1	Rückstosslader	1.168	546	16,6[10]	710–750	9.560–9.700	930
MG 131/8	–	7,92	Rückstosslader	1.488	870	–	1.150[C]	6.615[C]	–
MG 215[19]	–	13,1	Gasdrucklader	1.100	550	–	790	10.610	1.200
MG 215/A[20]	–	13,1	Gasdrucklader	1.500	950	–	960	–	1.350
MG 215/15	ab 1940–1944	15	Gasdrucklader	1.500	950	23,7	850	20.590	1.400
MG C30/L	–	20	–	–	–	183	930	57.950	330
MG 204	1939	20	–	–	–	–	728	57.950	–
MG FF	1935	20	Rückstosslader	1.338	822	35,7	585[E]	20.020[E]	540
MG HS 404	ab 1932	20	Gasdrucklader	2.323/2.496[16]	1.600	43[17]	880	–	570–700
MG 151	1935	15	Rückstosslader	1.916	1.254	35,8	960[F]–1.010	26.265[F]	660–700
MG 151/20	1935	20	Rückstosslader	1.766	1.104	42,3	695–810	28.710[E]	630–720
MK 101	1935	30	Rückstosslader	2.642	1.350	139/185[21]	725–960	122.035[E]	220–260
MK 103	1942	30	Gasdrucklader	2.318	1.338	145	860–950	122.035[E]	380–420
MK 108	1941	30	Rückstosslader	1.057	545	58	500[E]	41.250[E]	600, später 800
MG 213 A	1942–1945	20	Gasdrucklader	1.560	1.215	52	1.075	68.760	1.100
MG 213/20	1942–1945	20	Gasdrucklader	1.930	1.600	75	1.065	68.760	1.200–1.400
MG 213/30	1942–1945	30	Gasdrucklader	1.630	1.300	75	530	46.350	1.100–1.200
MK GL/50	1938–1941	50	Rückstosslader	5.750	4.550	550	840	776.160	150
MK 214/A	1943	50	Rückstosslader	4.160	2.825	490	930	–	150
MK 214/B	1944	55	Rückstosslader	–	–	630	–	–	180
MK 112	1945	55	Rückstosslader	2.012	1.050	271	600	313.620	300
MK 114	–	55	Gasdrucklader	–	–	–	1.050	1.119.040	150
MK 115	–	55	Gasdrucklader	3.300	1.200	190	610		300
MK 412	1944	55	Rückstosslader	3.095	2.210	190[22]	650	313.620	260–300
BK 3,7	1942	37	Rückstosslader	3.750	2.106	272[23]	795–1.140	263.170[G]	80[24]
BK 5	1943	50	Rückstosslader	4.342	3.040	540	920	643.265	45
BK 7,5	1942	75	Rückstosslader	6.105	3.920	705[24]	720[H]	1.762.560	30

Verschießt Geschossmasse (kg/s)	Verschießt Sprengstoff (kg/s)	Munitionszuführung	Verwendung	Entwicklung	Herstellung
0,106[A]	–	Gurt	starr	Loewe[3], DWM[4]	Loewe, DWM
0,096–0,128[A]	–	Gurt	starr/bew.	Loewe, DWM	Loewe, DWM
0,115[A]	–	Gurt	starr/bew.	Loewe, DWM	Loewe, DWM
0,202[C]	–	Magazin	bew.	Rheinmetall	Rheinmetall
0,231[C]	–	Gurt	starr	Rheinmetall	Rheinmetall
0,308[C]	–	Gurt	bew.	Mauser Oberndorf	Mauser[8], Waffenwerke Brünn, Krieghoff[9]
0,616[C]	–	Gurt	bew.	Mauser Oberndorf	Mauser[8], Waffenwerke Brünn, Krieghoff
0,527	0,019	Gurt	starr/bew.	Rheinmetall-Borsig[11]	Rheinmetall-Borsig[12], DWM[13], Wagner[14], Krieghoff
–	–	Gurt	Versuch	Rheinmetall-Borsig	Rheinmetall-Borsig
0,680	0,070	Gurt	starr/bew./Versuch	Mauser	Mauser
–	–	Gurt	starr/bew./Versuch	Mauser	Mauser
1,330	–	Gurt	starr/bew./Versuch	Mauser	Mauser
0,737	–	Magazin	starr/Versuch	Rheinmetall-Borsig	Rheinmetall-Borsig
–	–	–	starr/bew.	Rheinmetall-Borsig	Rheinmetall-Borsig
0,810[E]	0,168	Magazin	starr/bew.	Oerlikon[15], Ikaria Berlin	Ikaria Velten
–	–	Magazin	starr/bew.	Hispano-Suiza[18]	Hispano-Suiza
0,665	0,033	Gurt	starr/bew.	Mauser	Mauser, Krieghoff
1,080[E]	0,224[E]	Gurt	starr/bew.	Mauser	Mauser, Krieghoff
1,278[E]	0,416[E]	Magazin	starr	Rheinmetall-Borsig	Rheinmetall-Borsig
2,310	0,525	Gurt	starr/bew.	Rheinmetall-Borsig	Rheinmetall-Borsig
3,575[E]	0,812[E]	Gurt	starr/bew.	Rheinmetall-Borsig	Rheinmetall-Borsig
2,180	0,385	Gurt	starr/bew./Versuch	Krieghoff, Mauser	Mauser
2,426	0,541	Gurt	starr/bew./Versuch	Mauser	Mauser
6,492	1,771	Gurt	starr/bew./Versuch	Mauser	Mauser
–	–	–	starr/Muster	Mauser	Mauser
3,850	0,675	Gurt	starr/Versuch	Mauser	Metallwerke Spaichingen
–	–	Gurt	starr/Versuch	Rheinmetall/Mauser	Rheinmetall/Mauser
7,423	2,100	Gurt	starr/bew./Versuch	Rheinmetall-Borsig	Rheinmetall-Borsig
5,075	1,150	Gurt	starr/bew./Versuch	Rheinmetall-Borsig	Rheinmetall-Borsig
7,400	2,100	Gurt	starr/Versuch	Rheinmetall-Borsig	Rheinmetall-Borsig/Mauser
7,423	2,100	Gurt	starr/Versuch	Mauser	Mauser
0,830	–	Magazin	starr	Gustloff Suhl	Gustloff Suhl
1,140[E]	0,265[E]	Magazin	starr	Rheinmetall-Borsig	Rheinmetall-Borsig
4,675[G]	0,085[G]	Magazin	starr	Rheinmetall-Borsig	Rheinmetall-Borsig

1 Gewicht ungeladen. Zusätzliches Gewicht des Schlittens: 37 kg.
2 500 Schuss/Min. mit Schloss 08. 600 Schuss/Min. mit Schloss 16.
3 Waffenfabrik Loewe, Berlin
4 Deutsche Waffen- und Munitionsfabriken Berlin-Spandau
5 Mit 2,8 Liter Kühlwasser, Dampfschlauch und Bezug. Mit Gabelstütze 20,85 kg.
6 Mit 85 mm langem Feuerdämpfer
7 Ohne und mit Feuerdämpfer
8 Mauser Oberndorf und Berlin
9 Heinrich Krieghoff, Suhl
10 Bei Handabzug und manueller Durchladeeinrichtung. 19,7 kg mit elektrischer Abzugs- und Durchladeeinrichtung.
11 Rheinmetall-Borsig AG Sömmerda
12 Rheinmetall-Borsig AG Berlin-Tegel
13 DWM Posen
14 I. C. Wagner Mühlhausen
15 Maschinenfabrik Oerlikon Schweiz
16 Ohne und mit Mündungsbremse
17 Ohne Magazin, die 60-Schuss-Trommel wiegt voll 25,7 kg, leer 11 kg.
18 Société Française de Hispano-Suiza, Bois-de-Colombes, Frankreich
19 Für »kurze Patrone«
20 Für »lange Patrone«
21 Ohne und mit gefüllter Trommel
22 Ohne Lafette, 278 kg mit Lafette
23 Ohne Lafette
24 Kadenz theoretisch 140 Schuss/Min.
25 Die Masse des Rohres beträgt 450 kg.

A sS-Patrone
B sSv-Patrone
C SmK-Patrone
D PmK-Patrone
E Minengeschoss
F Brand-Spreng-Geschoss
G H-Panzergranate mit Brandwirkung durch Magnewin-Haube
H Panzergranate

Vergleich – Technische Daten der im Einsatz befindlichen Flugzeug-Bordwaffen nach Nationen

Kaliberbereich	7,62–7,92 mm						12,7–13 mm		
Staat	D				GB	SU	D	USA	SU
Bezeichnung	MG 15	MG 17	MG 81	MG 81 Z	Browning	Schkass	MG 131	Colt	Beresin BS
Einbau	beweglich	starr	beweglich	beweglich	starr/beweglich	starr/beweglich	starr/beweglich	starr/beweglich	starr/beweglich
Steuerung (starrer Einbau)		gest./ungest.			ungesteuert	gest./ungest.	gest./ungest.	gest./ungest.	gest./ungest.
Art der Funktion	Rückstosslader	Rückstosslader	Rückstosslader	Rückstosslader	Rückstosslader	Rückstosslader	Rückstosslader	Rückstosslader	Rückstosslader
Munitionszuführung	Doppeltrommel	Gurt	Gurt	Gurt	Gurt	Gurt	Gurt	Gurt	Gurt
Kaliber (mm)	7,92	7,92	7,92	7,92	7,7	7,62	13,1	12,7	12,7
Kadenz (Schuss/Min.)	950–1.100	1.100–1.200	1.600	3.200	1.150	2.000	900	650	930
Gewicht (kg)	8	8	5	10	10	10	16	29	25
Waffenlänge (mm)	1.078	1.075	915/965	915/965	980	980–1.300	1.168	1.450	1.350
Lauflänge (mm)	595	475/600	475	475	608	600–745	546	910	1.010
Vo (m/s) Durchschlagsmunition	780, v-Munition: 880		760	760	720	800	710	820	840

Waffe

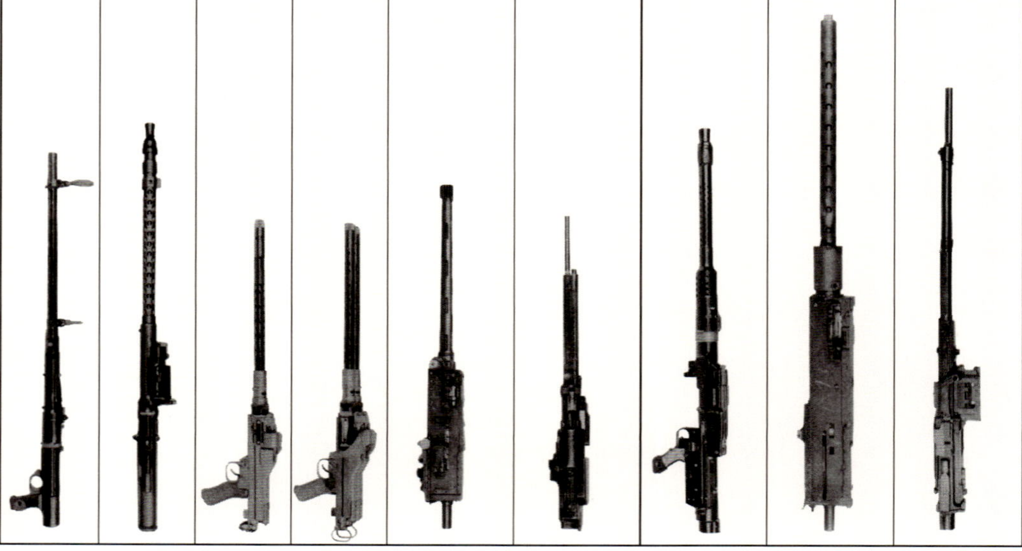

BArch RL 3-8410

Stand: 1.3.1943

	15 mm	20 mm				23 mm	30 mm		
	D	D		GB/USA	SU	SU	D		
	MG 151	**MG 151/20**	**MG FF/M**	**Hispano Suiza 404**	**Schwak**	**W-JA**	**MK 101**	**MK 103**	**MK 108**
	starr/beweglich	starr/beweglich	starr/beweglich	starr/beweglich	starr/beweglich	starr	starr	starr	starr
	ungesteuert	gest./ungest.	ungesteuert	ungesteuert	gest./ungest.	ungesteuert	ungesteuert	ungesteuert	ungesteuert
	Rückstosslader	Rückstosslader	Rückstosslader	Gasdrucklader	Gasdrucklader	Gasdrucklader	Rückstosslader	Gasdrucklader	Rückstosslader
	Gurt	Gurt	Trommel	Gurt/Trommel	Gurt	Gurt	6-Sch.-Magazin. 30-Sch.-Trommel	Gurt	Gurt
	15	20	20	20	20	23	30	30	30
	660–700	630–720	540	600	800	500	220–260	380–420	600 (später 800)
	37	37	28	43	40	40	130	125	58
	1.916	1.766	1.338	2.360	1.760	2.140	2.642	2.318	1.057
	1.254	1.104	822	1.735	1.245	1.650	1.350	1.350	545
	850, H-Pzgr.: 1.040	710	580	880	750	920	Pzsprgr., Pzbrandgr. (Elektron): 725, Pzbrandsprgr.: 800, H-Pzgr.: 960		M-Geschoss: 540

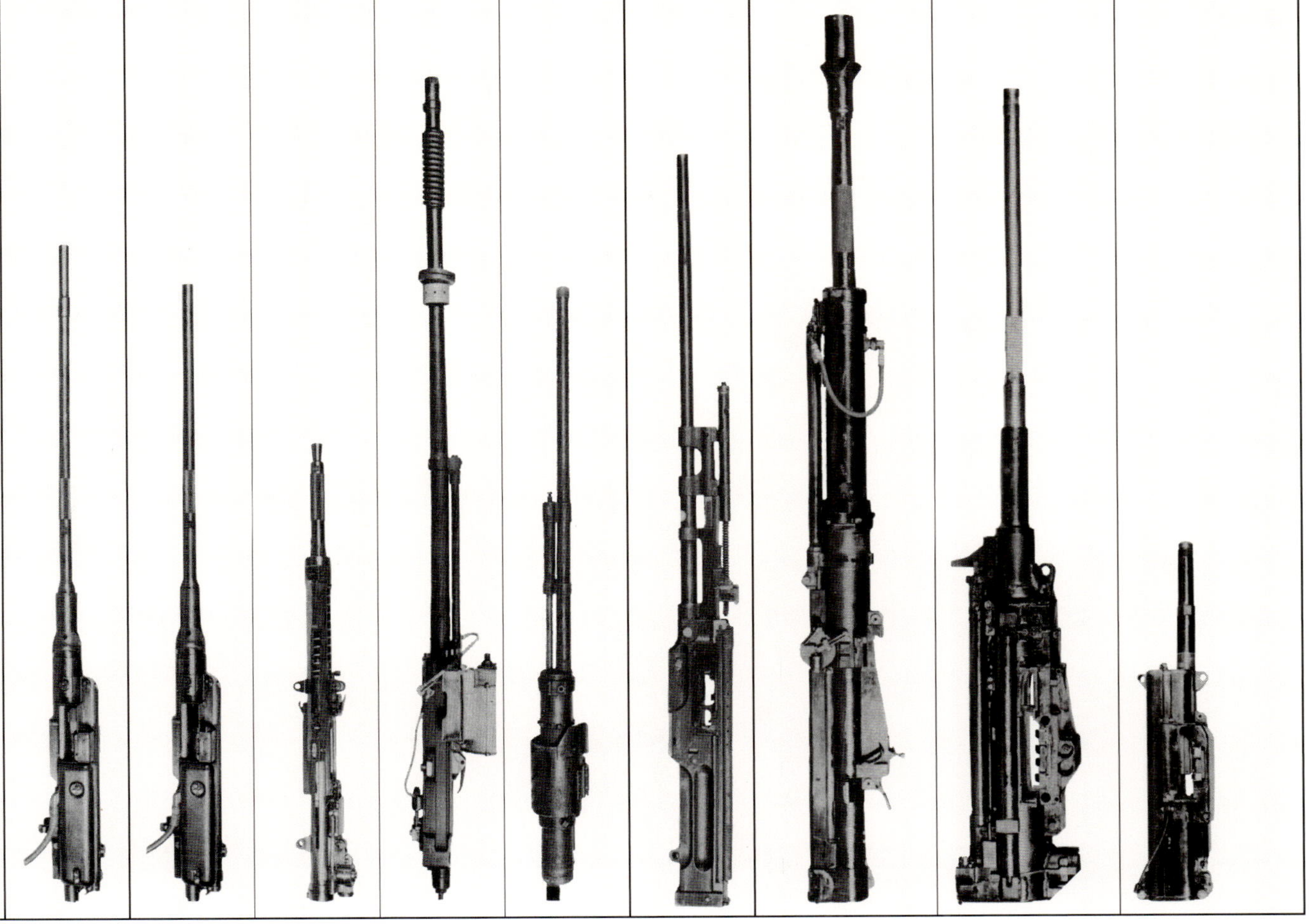

Entwicklungsarbeiten bei Focke Wulf an der Fw 190 und Ta 152

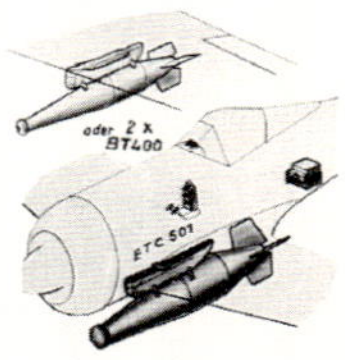
Fw 190 F-6/R 16
BT-Einsatz (700) mit TGA 2A

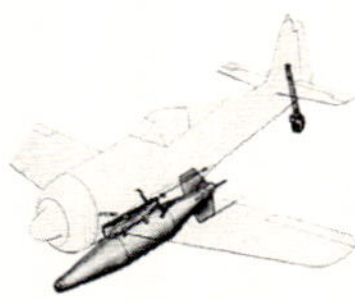
Fw 190 F-8/R 16
BT.1400

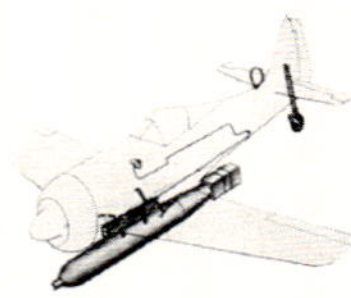
Fw 190 F-6/R 14BT-Einsatz
Torpedo-Flugzeug

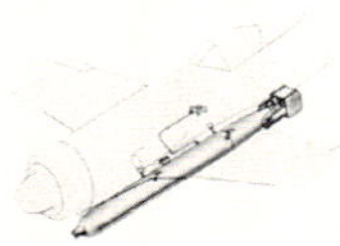
Ta 152 C
Torpedo-Flugzeug

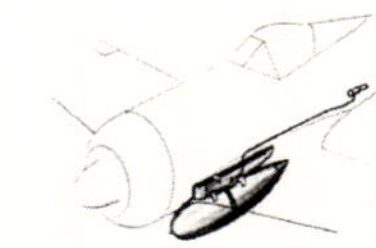
Jagdflugzeug Fw 190 A
Tanklafette ZB 300 A-1

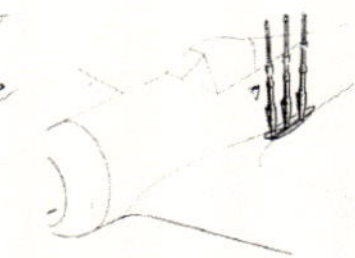
Jagdflugzeug Fw 190
SG 116 »Zellendusche«

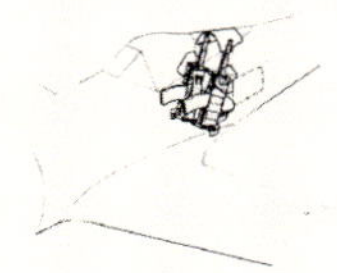
Jagdflugzeug Fw 190
MK 108 Schrägeinbau

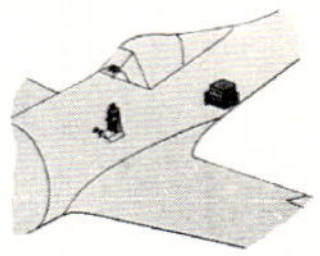
Fw 190 F-16
mit TSA 2 D

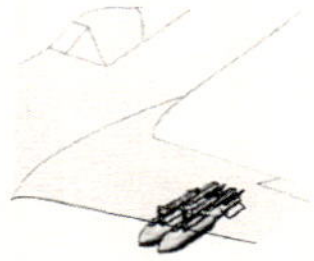
Schlachtflugzeug Fw 190 F-8
Werfer 28/32 cm

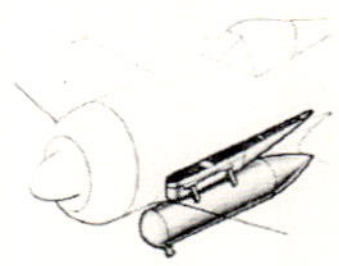
Schlachtflugzeug Fw 190 F
Flammenwerfer »Gero«

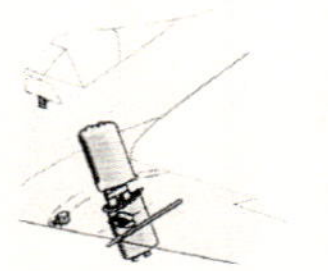
Schlachtflugzeug Fw 190 F
SG 113

Fw 190
Leistungsverbesserung

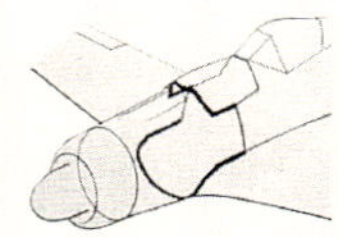
kleiner Triebwerksspalt
Fw 190 D-9
Leistungsverbesserung

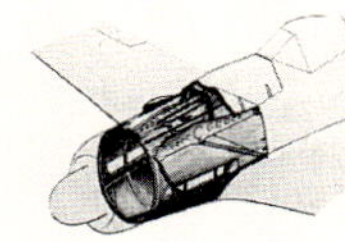
Zellenfeste Verkleidung
Fw 190 D-9
Leistungsverbesserung

Fw 190 F-16
Schlachtflugzeug

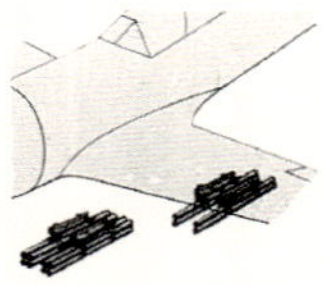
Schlachtflugzeug Fw 190 F
PD 8,8 cm

Schlachtflugzeug Fw 190 F
Panzerblitz

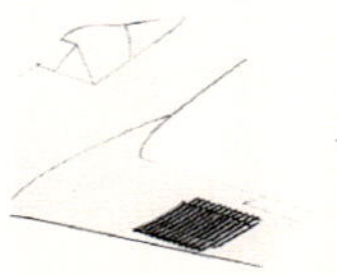
Schlachtflugzeug Fw 190 F
R4M (Panzerblitz)

Fw 190 S
Schulflugzeug

Jäger u. Umrüstung
Fw 190 A-8/R8
Sturmflugzeug

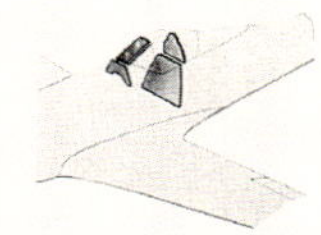
Jagdflugzeug Fw 190/ Ta 152
(0° Beschuss)
Erhöhte Panzerung

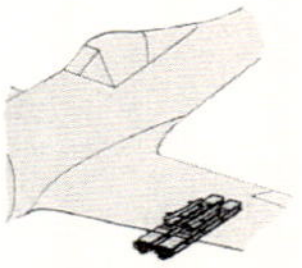
Schlachtflugzeug Fw 190 F
Panzerschreck

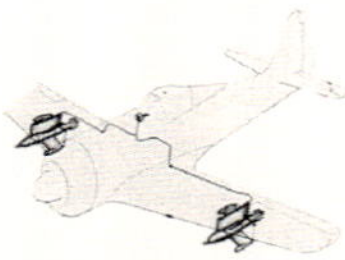
Jagdflugzeug Fw 190/ Ta 152
Gerät »X 4«

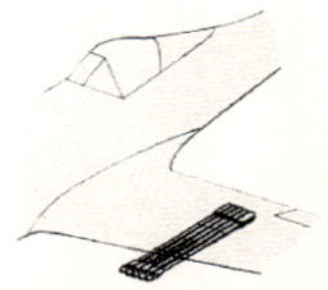
Schlachtflugzeug Fw 190
HF 15

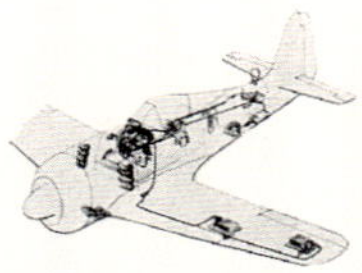
Fw 190 F-16/R-13
Nachtschlachtflugzeug

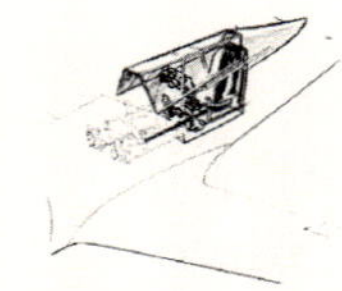
Ta 152 S
Schulflugzeug

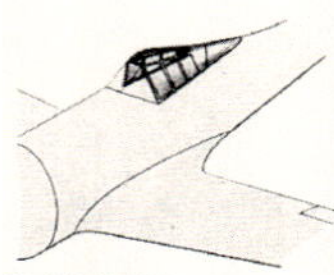
Fw 190, Ta 152
Silikat-Schiebehaube

Fw 190
Zusätzlicher Wendezeiger

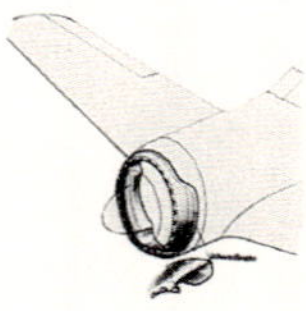
Fw 190 A, F
Ölbehälter geschweißt

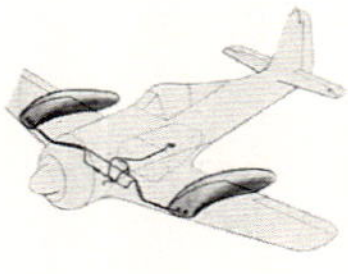
Jagd- u. Schlachtflugzeug
Fw 190
Doppelreiter

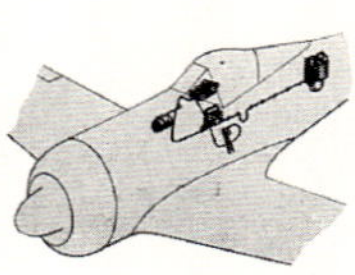
Jagd- u. Schlachtflugzeug
Fw 190/Ta 152
Revi EZ 42

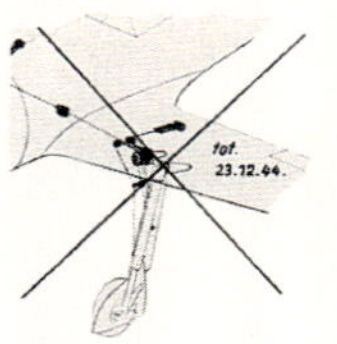
Fw 190 F
Vereinfachter Fahrwerks-
antrieb

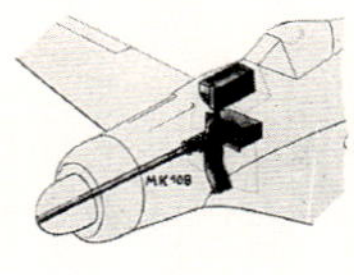
Fw 190 D-12
Motoreinbau MK 108

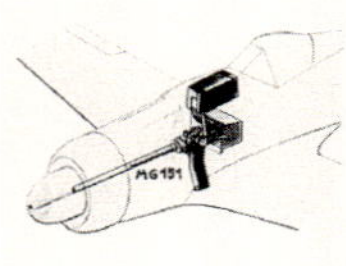
Fw 190 D-13
Motoreinbau MG 151

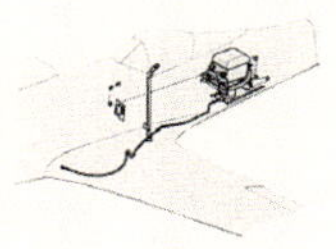
Ta 152 E-1
Aufklärer

Stand: 20. März 1945

Fw 190 F-6/Ta 152
Mansfeld Federbein

Schlechtwetterjagd
Fw 190 A.D./R11
Kurzsteuerung PKS 12/FuG 125

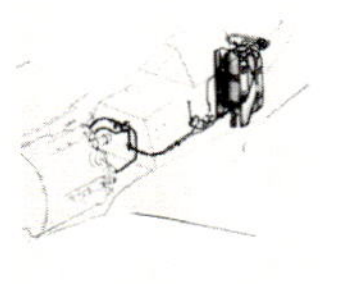
Jagdflugzeug Fw 190 D-9
MW-Anlage

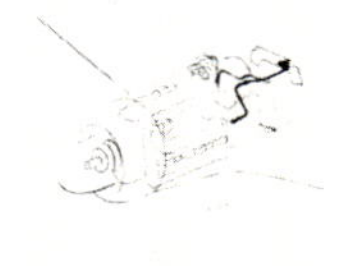
Jagdflugzeug Fw 190 D-9
Ladedruckerhöhung

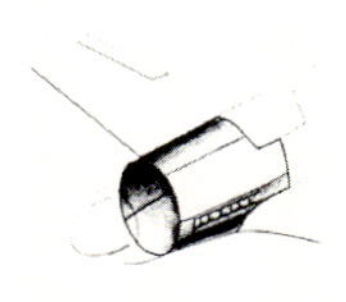
Fw 190 D-12
Triebwerksverkleidung
in Stahl

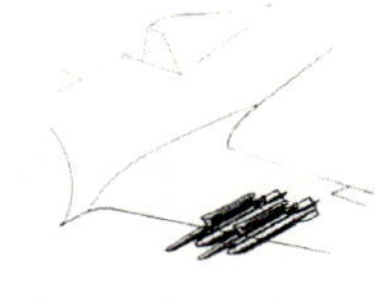
Fw 190
Abschuss-Gestell AG 140

Fw 190 A
Rohrblock 108

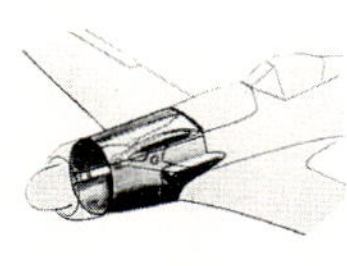
Zellenfeste Verkleidung
Ta 152 C, H
Leistungsverbesserung

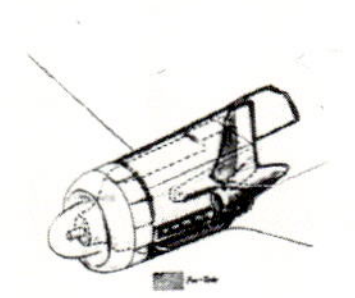
Fw 190 D-14
DB 603 A E

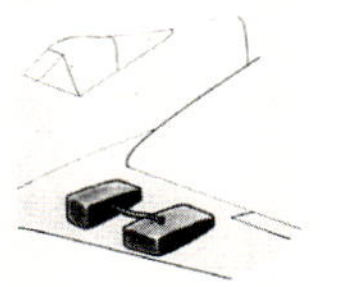
Jagdflugzeug Fw 190 D-/R5
Flügelbehälter

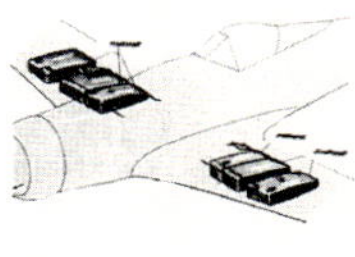
Ta 152 H
Flügelbehälter

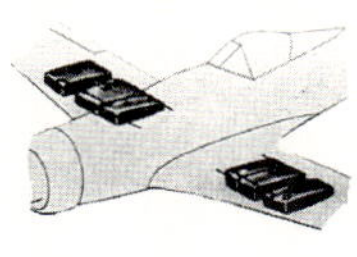
Ta 152 C
Flügelbehälter

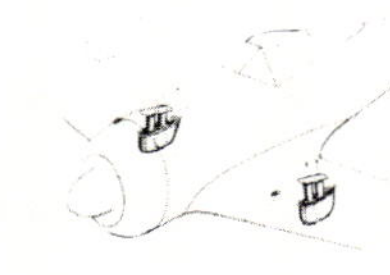
Fw 190 A
Rohrblock 108

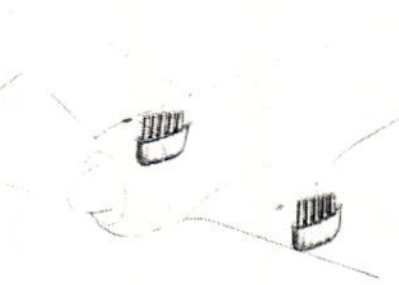
Fw 190 A
SG 500

Jagdflugzeug Fw 190/Ta 152
(10° Beschuss)
Sturmflugzeug

Ta 152 C
DB 603 E

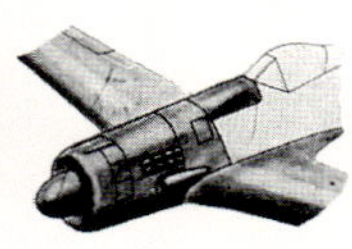
Jagdflugzeug Ta 152
Jumo 222

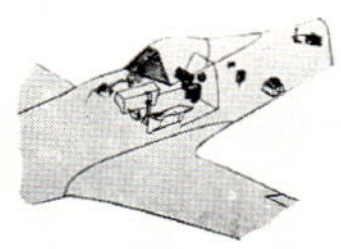
Schlechtwetterjagd
Ta 152 C H/R11
Kurzsteuerung LGW K23/
FuG 125

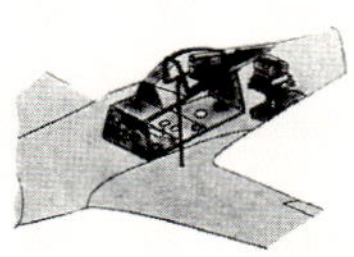
Ta 152 H-10 (Druckkabine)
Begleitaufklärer

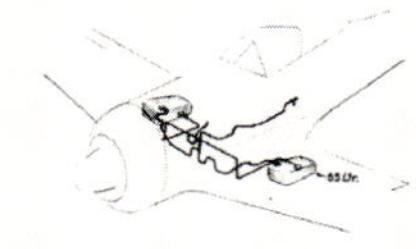
Fw 190 F-16/R5
Rohrblock 108

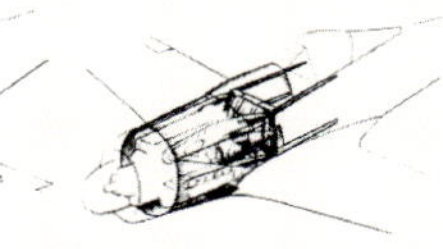
Fw 190 D-15 (Umbau aus A-8, F-8)
DB 603 E

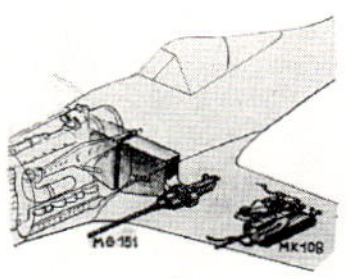
Fw 190 D-11
(Ersatz für Fw 190 D-12)
mit MG 151 und MK 108

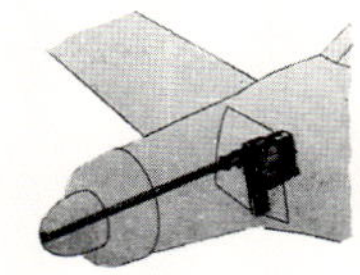
Schwerer Jäger Ta 152 C-3
Motorkanone MK 103

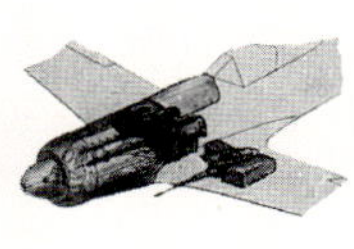
Schwerstjäger Ta 152 B-5
MK 103 gesteuert

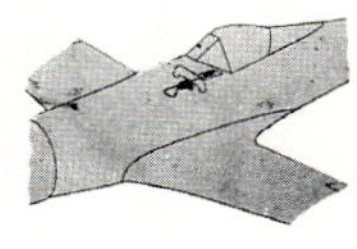
Ta 152
Zusätzlicher Wendezeiger

Ta 152 C
Stahlflügel

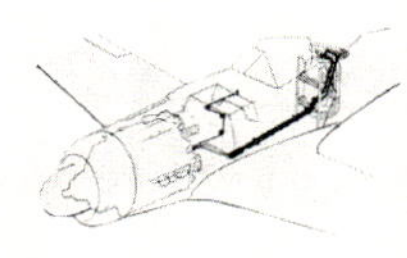
Fw 190 D-11, 12, 13
MW-Druckanlage

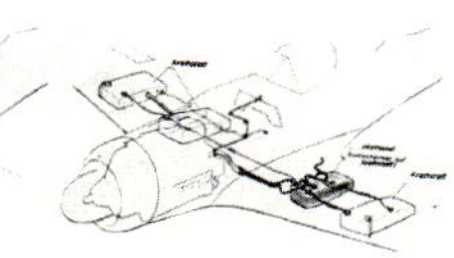
Fw 190 D-12/R25
mit Jumo 213 EB
MW-Druckanlage im Flügel

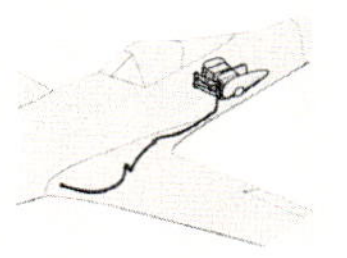
Aufklärer-Umrüstung
Ta 152 E-/R1
Kamera-Schrägeinbau

Ta 152 / Fw 190 D
Holzleitwerk

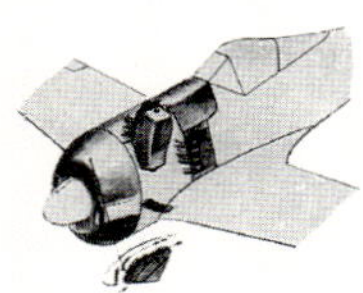
Fw 190 A und F
Aerodynamische
Verbesserung des Triebwerkes
I./II./VIII

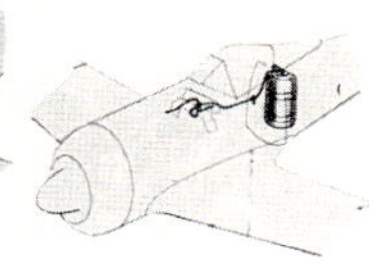
Fw 190 A
MW-Anlage

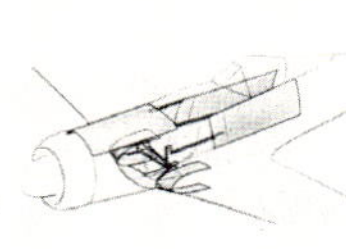
Ta 152 H
DB 603 L

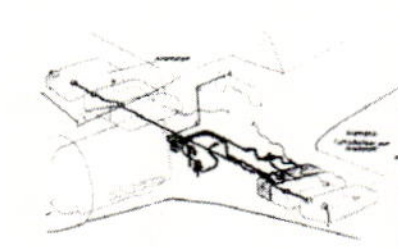
Ta 152 H-1/R21
MW-Druckanlage im Flügel

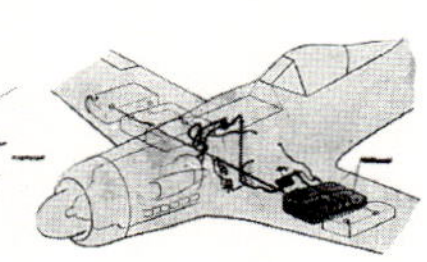
Ta 152 C
MW-Anlage

ABKÜRZUNGEN

A-Stand	Abwehr-Waffenstand im Rumpfbug
AB	Abwurfbehälter
AEG	Allgemeine Elektrizitätsgesellschaft Berlin
AG	Abschussgerät
ALG	Auslösegerät
AR	Arado Flugzeugwerke Brandenburg
AVA	Aerodynamische Versuchsanstalt Göttingen
AZ	Aufschlagzünder
BA	Bachem Flugzeugwerke Waldsee
BdZ	Bodenzünder
BIOS	British Intelligence Objectives Sub-Commitee
BK	Bordkanone
BMW	Bayerische Motorenwerke München
Bola	Bodenlafette
BR	Brünn/CSSR
BS	Brandsplitter
B-Stand	Abwehr-Waffenstand auf der Rumpfoberseite oder Rumpfrücken
B1-Stand	Vorderer Waffenstand von zwei Waffenständen auf der Rumpfoberseite oder Rumpfrücken
B2-Stand	Hinterer Waffenstand von zwei Waffenständen auf der Rumpfoberseite oder Rumpfrücken
BrGr	Brandgranatpatrone
BrSprG	Brandsprenggranatpatrone
BV	Blohm & Voss Flugzeugwerke Hamburg
BZ	Brennzünder
CIOS	Combined Intelligence Objectives Sub-Commitee
C-Stand	Abwehr-Waffenstand unterhalb des vorderen Rumpfteils
C1-Stand	Vorderer Waffenstand bei zwei Waffenständen unter dem Rumpf
C2-Stand	Hinterer Waffenstand bei zwei Waffenständen unter dem Rumpf
CZ	Carl Zeiss Jena
DAG	Dynamit Nobel Aktiengesellschaft Troisdorf
DB	Daimler Benz AG Stuttgart
DFS	Deutsche Forschungsanstalt für Segelflug Darmstadt
DL	Drehringlafette
DO	Dornier Flugzeugwerke Friedrichshafen
DVL	Deutsche Versuchsanstalt für Luftfahrt Berlin
D-Stand	Abwehr-Waffenstand in der vorderen Waffen-/Bodenwanne
Düka	Düsenkanone
DWM	Deutschen Waffen- und Munitionsfabrik Berlin oder Lübeck
E	Elektrisch, Erprobung, Entwicklung
EA	Elektrische Abzugseinrichtung
ED	Elektrische Durchladeeinrichtung
EdL	Erprobungsstelle der Luftwaffe
EDL	Elektrisch betätigte Drehlafette
EDSK	Elektrischer Durchlade- und Schaltkasten
EG	Einzelschussgerät
EK	Erprobungskommando
EMW	Elektro-Mechanische Werke Karlshagen
EPD	Elektropneumatische Durchladung
ETC-Träger	Elektrischer Träger für Container
EZ	Einheits-Zielvorrichtung
FA	Ferngesteuerte Anlage
FDL	Ferngerichtete Drehringlafette
Fensterstand	Abwehr-Waffenstand in der Rumpfseite nach links (Backbord) oder nach rechts (Steuerbord)
FEH	Abteilung Forschung und Entwicklung im Heereswaffenamt
FF	Flügelfest
FGB	Flächengondelbewaffnung
FHL	Ferngerichtete Hecklafette
FI	Fieseler Flugzeugwerke Kassel
FIAT	Field Information Agency, Technical
FIB	Flugtechnisches Institut der TH Berlin
FIST	Flugtechnisches Institut Stuttgart
Flak	Fliegerabwehrkanone
FLAZ	Flüssigkeitsaufschlagzünder
FK	Flugkörper
FoFü	Abteilung Forschungsführung der Luftwaffe
FS-Revi	Fernsteuerungs-Reflexvisier
FW	Focke-Wulf Flugzeugwerke Bremen
FZG	Fernzielgerät
GdJ	General der Jagdflieger
Gesch.	Geschoss
GF	Gurtförderer
Gkdos	Geheime Kommandosache
GL	General-Luftzeugmeister
Gl'spur	Glimmspur (auch Gl.Sp.)
Gr.	Granate
GRS	Geheime Reichssache
HD	Handbetätigter Drehturm

HE	Heinkel Flugzeugwerke Warnemünde
HL	Hecklafette, Hohlladung
HS	Henschel Flugwerke Berlin
H-Stand	Abwehr-Waffenstand im Heck
H.S.	Hispano-Suiza Bois Colombes
HVA	Heeresversuchsanstalt Peenemünde
HWA	Heereswaffenamt
IZ	Innenzünder
JG	Jagdgeschwader
JU	Junkers Flugzeug- und Motorenwerke Dessau
JV	Jagdverband
KG	Kampfgeschwader
KL	Kegellafette
KWK	Kampfwagenkanone
LGW	Luftfahrtgerätewerk Berlin-Hakenfelde
LC	Technisches Amt der Luftwaffe
LGB	Lilienthal-Gesellschaft für Luftfahrt Berlin
LL	Linsenlafette
LM.Gr.	Lange Minengranate
L'spur	Leuchtspur (auch L.Sp.)
LW	Luftwaffe
M	Magazin, Kennzeichnung für Minengranate
ME	Messerschmitt Flugzeugwerke Augsburg
MG	Maschinengewehr
M.Gr.	Minengranate (auch M-Gr.)
MK	Maschinenkanone
MoL	Motorlafette
MS	Minensplitter
Navi	Nachtvisier
NSG	Nachtschlachtgeschwader
NW	Nebelwerfer
O	Optisch
OKW	Oberkommando der Wehrmacht
P	Projekt
Patr.	Patrone
Pb	Panzerblitz
PmK	Spitzgeschoss mit Phosphorsatz und panzerbrechendem Kern
PmK n.A.	Spitzgeschoss mit Phosphorsatz und panzerbrechendem Stahlkern neuer Art
PV	Periskopvisier
Pz	Panzer
Pz.Gr.	Panzergranate (auch Pzgr.)
Pz.Br.Gr.	Panzerbrandgranate (auch Pzbrgr.)
Pz.Spr.Gr.	Panzersprenggranate (auch Pzsprgr.)
R	Rakete
RA	Raketenautomat
RAF	Royal Air Force
RB	Raketenbombe
RBF	Rundblickfernrohr
RFR	Reichsforschungsrat
RfRuK	Reichsminister für Rüstung und Kriegsproduktion
Rh.B.	Rheinmetall-Borsig AG Düsseldorf
RLM	Reichsluftfahrtministerium
RPF	Reichspostforschungsanstalt
RPzB	Raketenpanzerbüchse
RS	Raketensatz
RWS	Rheinisch-Westfälische Sprengstoff AG Troisdorf
RZ	Rauchzylinder
SAL	Schwenkarmlafette
SF	Schrapnellfüllung
SG	Sondergerät, Schlachtfliegergruppe
SKAV	Störkörperanlage
SL	Sockellafette
SmK	Spitzgeschoss mit Stahlkern (panzerbrechend)
SmK'L	Spitzgeschoss mit Stahlkern und Leuchtspursatz
SmKGL	Spitzgeschoss mit Stahlkern und Glimmspursatz
SmKH	Spitzgeschoss mit gehärtetem Stahlkern
Spr.Gr.	Sprenggranate (auch Sprgr.)
sS	Schweres Spitzgeschoss
StL	Starre Lafette
OKL	Oberkommando der Luftwaffe
TB	Technischer Bericht
TG	Trommelgerät
TLR	Amt Technische Luftrüstung im RLM
TS	Treibspiegel
Üb.Gr.	Übungsgranate (auch Übgr.)
USAAF	United States Army Air Force
v	Verstärkte Treibladung der Patrone 7,92 x 57 mm
V	Versuch
VB	Versuchsbericht
VE	Eigengeschwindigkeitsgesteuertes Visier
VSE	Visierstand, elektrisch
WaPrüf	Waffenprüfamt
WASAG	Westfälisch-Anhaltische Sprengstoff-Aktien-Gesellschaft
WB	Waffenbehälter
WFA	Mauser-Waffenforschungsanstalt
WFG	Wehrforschungsgemeinschaft
Wfr.Gr.	Werfergranate (auch Wfrgr.)
WKL	Waffenkonstruktion Luft Entwicklungsgruppe der Rheinmetall-Borsig AG
WKW	Waffenkonstruktion-Waffe Entwicklungsgruppe der Rheinmetall-Borsig AG
WL	Walzenlafette
Z	Zwilling
ZAZ	Zielabstandszünder
Zerl.Z.	Zerlegerzünder
ZFR	Zielfernrohr
ZSG	Zielsuchgerät
ZZ	Zerlegerzünder
ZZR	Zeitzünder für Raketen

QUELLENVERZEICHNIS

Biographien

Galland, Adolf: Die Ersten und die Letzten.
Verlag Franz Schneekluth, Darmstadt, 1953.

Übersichtswerke

Novarra, Heinz J., Die deutsche Luftrüstung 1933–1945 (4 Bände), Bernard & Graefe Verlag, Koblenz.

Dressel, Joachim & Griehl, Manfred – Luftwaffe Combat Aircraft: Development – Production – Operations 1935–1945. Schiffer Publishing, Atglen (USA), 1994.

Green, William – Warplanes of the Third Reich. Doubleday & Company, New York, 1970.

Lepage, Jean-Denis G.G. – Aircraft of the Luftwaffe 1935–1945: An Illustrated Guide. McFarland & Company, Jefferson (North Carolina), 2009.

Militärhistorische Fachliteratur

Baumbach, W., Zu spät – Aufstieg und Untergang der deutschen Luftwaffe. Richard Pflaum Verlag, München, 1949.

Boog, Horst, Die Deutsche Luftwaffenführung 1935-1945, Deutsche Verlags-Anstalt, Stuttgart, Germany, 1982.

Caldwell, Donald; Müller, Richard: The Luftwaffe Over Germany: Defense of the Reich. Greenhill, 2007.

Corum, James S.: The Luftwaffe: Creating the Operational Air War, 1918–1940. University Press of Kansas, 1997.

Dahms, H. G., Die Geschichte des Zweiten Weltkriegs. Herbig Verlagsbuchhandlung, München-Berlin, 1983.

Feuchter, G. W., Geschichte des Luftkriegs – Entwicklung und Zukunft. Athenäum Verlag, Bonn, 1954.

Groehler, O., Geschichte des Luftkriegs 1910 bis 1980. Militärverlag der DDR, Berlin, 1981.

Irving, David: The Rise and Fall of the Luftwaffe. The Life of Field Marshal Erhard Milch. Weidenfeld & Nicolson, 1973.

Hentschel, G., Die geheimen Konferenzen des Generalluftzeugmeisters. Bernard & Graefe, Koblenz 1989.

Heupel, A., Deutsche Geschichte – Ereignisse und Probleme. Ullstein Verlag, Frankfurt-Berlin-Wien, 1972.

Hillgruber, A., Chronik des Zweiten Weltkriegs. Droste Verlag, Düsseldorf, 1978.

ders., Der Zweite Weltkrieg – Kriegsziele und Strategie der großen Mächte. Kohlhammer Verlag, Stuttgart-Berlin-Köln-Mainz, 1982.

Hubatsch, W., Hitlers Weisungen für die Kriegsführung 1939-1945. Bernard & Graefe Verlag, Koblenz, 1983.

Müller, Rolf-Dieter (Hrsg.): Die Wehrmacht – Mythos und Realität. De Gruyter, 2012.

Murray, Williamson, »British and German Doctrine Between the Wars«, Air University Review, Vol. 31.

Murray, Williamson: Strategy for Defeat: The Luftwaffe 1933–1945. Maxwell Air Force Base, 1983.

Overy, Richard: Die Diktatoren. Hitlers Deutschland, Stalins Russland. DVA, 2005.

Zentrum für Militärgeschichte und Sozialwissenschaften der Bundeswehr Potsdam und Boog, Horst (Hrsg.): Das Deutsche Reich und der Zweite Weltkrieg, Bd. 1–10. DVA, 2001.

Rüstungsindustrie und Produktion

Boelke, W. A., Deutschlands Rüstung im Zweiten Weltkrieg – Hitlers Konferenzen mit Albert Speer 1942 – 1945. Akademische Verlagsgesellschaft, Frankfurt/Main,1969.

Bontrup, H.-J. u.a., Die Deutsche Rüstungsindustrie – Ein Handbuch. Distel Verlag, Heilbronn, 1988.

Eichholtz, D., Geschichte der Deutschen Kriegswirtschaft Bde. I bis III, Akademie Verlag, Berlin, 1996.

Fritze, Hans-Jürgen: Krieghoff. Geschichte einer Waffenfabrik. Peter-Arfmann Verlag, 2003.

Ludwig, Karl-Heinz: Technik und Ingenieure im Dritten Reich. Droste Verlag, Düsseldorf, 1974.

Tooze, Adam: Ökonomie der Zerstörung. Die Geschichte der Wirtschaft im Dritten Reich. Pantheon Verlag, 2008.

Wagenführ, R., Die deutsche Industrie im Kriege 1939 – 1945. Duncker & Humblot, Berlin, 1955.

Technische Fachquellen

Beauvais, H. u. a., Flugerprobungsstellen bis 1945. Bernard & Graefe Verlag, Bonn, 1998.

Benecke, Th., Hedwig, H.-H. und Hermann, J., Flugkörper und Bordraketen. Bernhard & Graefe, Koblenz, 1987.

Bock, G., Die deutsche Luftfahrtforschung im Jahre 1945. Eigenverlag Dr. Peter Korrell, Wolfenbüttel, 1998.

Bukowski, H. u. a., Junkersflugzeuge, Bewaffnung-Erprobung-Prototypen. Pozun-Pallas Verlag, Friedberg (Hess.), 1991

Captured Ammunition Bulletin No. 1, 5, 6. Office of A.C. of S.C-2. Supreme Headquarters Allied Expeditionary Force.

Cescotti, R., Kampfflugzeuge und Aufklärer. Bernard & Graefe, Koblenz, 1989.

Chinn, George M.: The Machine Gun. History, Evolution, and Development of Manual, Automatic, and Airborne Repeating Weapons. Volume 1. Bureau of Ordnance. Department of the Navy. Government Printing Office, 1951.

Cooksley, Peter G. / Price, Alfred: German Aircraft Guns: WWI & WWII.

Ethell, J. u. a., The German Jets in Combat. Jane‘s Publishing Company, London/Sydney, 1979.
Griehl, Manfred: Deutsche Flugzeugbewaffnung bis 1945. Motorbuch Verlag Stuttgart, 2008.
Hahn, Fritz: Deutsche Geheimwaffen 1939–1945. Flugzeugbewaffnungen. Erich Hoffmann Verlag, 1963.
Handbook of Enemy Ammunition - Pamphlet No.5: German Small Arms Ammunition, Grenades and Demolition Charges, The War Office, 20 January, 1943.
Hogg, I. V., German Secret Weapons of the Second World War. Greenhill Books, London, 1999.
Hoffschmidt, Edward J. – German Aircraft Guns and Cannons: WWI–WWII. Aero Publishers Inc., Fallbrook, California, 1969
Johnson, B., Streng Geheim – Wissenschaft und Technik im Zweiten Weltkrieg. Motorbuch Verlag, Stuttgart, 1983.
Klein, H., Vom Geschoss zum Feuerpfeil, Kurt Vowinkel Verlag, Neckargemünd, 1972.
Lussar, R., Die deutschen Waffen und Geheimwaffen des Zweiten Weltkriegs. Lehmanns Verlag, München, 1971.
Musgrave, D., Deutsche Maschinengewehre. Motorbuch Verlag, Stuttgart, 2003.
Pruszynski, Jarosław – Deutsche Bordwaffen und Munition 1933–1945 (2 Bände). VDM Heinz Nickel, Zweibrücken, 1997–1998
Pulla, R., Raketentechnik in Deutschland, Ein Netzwerk aus Militär, Industrie und Hochschulen 1930 bis 1945. P. Lang – Europäischer Verlag der Wissenschaften, 2004.
Rätzke, A., Mythos Tarnewitz, Geheimnisse einer Halbinsel. 2. Aufl., Boltenhagen Verlag, Ostseebad Boltenhagen, 2004.
Schliepharke, H., Die Bordwaffen der Luftwaffe von den Anfängen bis zur Gegenwart. Motorbuch Verlag, Stuttgart, 1977.
Schmidt, W., Die Entwicklungsgeschichte der Mauser Flugzeugbordwaffe MG/MK 213 C, Eigenverlag, Oberndorf, 2001.
Simon, L. E., Secret Weapons of the Third Reich. WE Inc., Old Greenwich CO, 1971.
USAF, Historical Studies No.193. The Development of German Aircraft Armament to 1945. MA/AH Publishing, Manhattan (KA), o. J.
Wollé, H., u. a. (edit.), E-Stellen Travemünde und Tarnewitz, Band 1 bis 3, Luftfahrt Verlag Walter Zuerl, Steinebach-Wörthsee, o. J..

Primärquellen

Visit to Mauser Werke A.G. Oberndorf am Neckar and Mauser Personnel at Lager Haiming. C.I.O.S.-Bericht 1945.
Waffen- und Geräteverzeichnisse der Luftwaffe: L.Dv. 16, Luftkriegführung, 1935 and März 1940.
L.Dv. 4000/10 Munitionsvorschrift für Fliegerbordwaffen.
D. (Luft) 5001 »Horrido! – des Jägers Schießfibel«, Ausgabe Juni 1944.
Handbuch der Flugzeug-Bordwaffenmunition 1936–1945.
Bundesarchiv Militärarchiv Freiburg, BArch RH 8, RL 3, RL 8, RL 36.